中国轻工业“十三五”规划教材

“十三五”江苏省高等学校重点教材

食品加工机械与设备

主编　邹小波

中国轻工业出版社

图书在版编目（CIP）数据

食品加工机械与设备/邹小波主编．—北京：中国轻工业出版社，2024.5
中国轻工业“十三五”规划教材
“十三五”江苏省高等学校重点教材
ISBN 978－7－5184－1762－9

Ⅰ．①食…　Ⅱ．①邹…　Ⅲ．①食品加工设备—高等学校—教材　Ⅳ．①TS203

中国版本图书馆 CIP 数据核字（2019）第 285809 号

策划编辑：马　妍
责任编辑：马　妍　　责任终审：孟寿萱　　封面设计：锋尚设计
版式设计：锋尚设计　　责任校对：晋　洁　　责任监印：张　可

出版发行：中国轻工业出版社（北京鲁谷东街 5 号，邮编：100040）
印　　刷：三河市国英印务有限公司
经　　销：各地新华书店
版　　次：2024 年 5 月第 1 版第 4 次印刷
开　　本：787×1092　1/16　印张：28.25
字　　数：600 千字
书　　号：ISBN 978－7－5184－1762－9　定价：65.00 元
邮购电话：010-85119873
发行电话：010-85119832　010-85119912
网　　址：http：//www.chlip.com.cn
Email：club@chlip.com.cn

如发现图书残缺请与我社邮购联系调换
240794J1C104ZBW

本书编写人员

主　　编　邹小波　江苏大学

副 主 编　石吉勇　江苏大学

　　　　　朱恩俊　南京财经大学

　　　　　李　勇　徐州工程学院

　　　　　黎　静　江西农业大学

参编人员　王加华　许昌学院

　　　　　陈守江　晓庄学院

　　　　　朱瑶迪　河南农业大学

　　　　　李清明　湖南农业大学

　　　　　和劲松　云南农业大学

　　　　　蒋长兴　淮阴工学院

　　　　　严　聃　长沙理工大学

序 Preface

食品加工机械与设备现代化的程度是衡量一个国家食品工业发展的重要标志，在保障食品安全方面有着举足轻重的地位。近年来，一方面，我国食品工业的高速发展给食品加工机械与设备提出了新的要求，食品加工机械与设备的品种成倍增加；另一方面，我国食品机械与设备在转型升级过程中，质量和信息化水平显著提高，正在逐步缩小与发达国家之间的差距。

为了方便我国高等院校食品相关专业学生和科研技术人员了解当今食品加工机械与设备的基本理论、主要结构、先进装备和具体应用，为选择和设计新型食品加工机械与设备、解决实际工程问题提供必要的知识。本书依据教育部高等学校食品科学与工程类专业教学指导委员会颁布的《食品科学与工程专业本科教学质量国家标准》中“食品机械与设备”专业核心课程体系规范组织编写，由来自全国各地 11 所高校具有丰富一线教学和科研经验的老师合作编著。

作为一部食品专业核心课程的新教材，除了介绍食品工业生产中常用机械与设备外，一些近年来涌现的新型食品机械设备也将呈现，体现了很好的继承性和新颖性。内容上，本书将介绍一些典型食品生产线来加深学生对各种食品机械与设备应用的理解，具有很好的易读性和适用性。本书涵盖食品物料输送、清理与分选、分离、粉碎与脱壳、混合、浓缩与干燥、杀菌、熟化与成型、速冻与发酵、包装等单元操作的各类机械与设备，具有很好的系统性和连贯性。同时本书增加了有关新工艺、新技术、新产品、新动态的内容，具有明显的时代特点。

本教材编者正值年富力强的时候，都活跃在教学和科研的第一线。正是他们的纵横驰骋，上下求索，给我国食品行业奉献了一本好教材。

本教材对食品类专业师生、食品从业者，以及相关专业人员都有很好的借鉴作用，已入选中国轻工业“十三五”规划教材及“十三五”江苏省高等学校重点教材。

江南大学

前言 | Preface

食品生产的工业化、规模化离不开相关的食品加机械与设备。在过去的三十年中，人民生活发生了翻天覆地的变化，食品、食品科技及食品文化同样有了巨大的变化。食品工业作为我国的第一基础产业，其发展离不开食品机械与设备的进步。近二十些年来，食品加工机械与设备的品种成倍增加，设备质量和信息化水平显著提高，在一定程度上满足了我国食品工业高速发展的要求。

本教材依据教育部高等学校食品科学与工程类专业教学指导委员会颁布的《食品科学与工程专业本科教学质量国家标准》中“食品机械与设备”专业核心课程体系规范组织编写。入选“十三五”江苏省高等学校重点教材。可供我国高等院校食品科学与工程、食品质量与安全、食品机械及其自动化等相关专业学生和科研技术人员了解食品加工机械与设备的基本理论、主要结构、先进装备和具体应用，为选择和设计新型食品加工机械与设备，解决实际工程问题提供必要的知识。

本书涵盖食品物料输送、清理与分选、分离、粉碎与脱壳、混合、浓缩与干燥、杀菌、熟化与成型、速冻与发酵、包装等单元操作的各类机械与设备。着重介绍其原理，结构和性能，参数的确定与选择，自动控制的应用及设备选型、使用等内容，并介绍典型食品厂生产线的配套、生产设备的安装、维护、检修技术，增强学生的动手能力与创新意识，培养学生的工程素质和实践能力。

本教材共十四章。具体编写分工：第一章由江苏大学邹小波编写；第二章由许昌学院王加华编写；第三章和第十三章由江苏大学邹小波、石吉勇编写；第四章和第十四章第二、三节由江西农业大学黎静编写；第五章和第十四章第四节由南京财经大学朱恩俊编写；第六章由河南农业大学朱瑶迪编写；第七章和第十四章线第一节由徐州工程学院李勇编写；第八章由晓庄学院陈守江编写；第九章由湖南农业大学李清明编写；第十章由云南农业大学和劲松编写；第十一章由淮阴工学院蒋长兴编写；第十二章由长沙理工大学严聃编写。全书由邹小波负责统稿，并给每章配备了学习目标和思考题。

由于参编人员较多，本教材内容涉及各种各样的机械与装备，知识面广，内容繁杂多样，书中有疏漏和错误之处在所难免，衷心希望同行和读者不吝指正。

编者

2020 年 1 月

目录 Contents

第一章 绪论

CHAPTER 1

[学习目标]

了解学习该课程的意义，对“食品加工机械与设备”课程产生兴趣，掌握学习该课程的主要方法；了解食品加工工业、食品机械工业的发展现状；掌握食品机械与设备的分类方法。

第一节 食品加工工业和食品机械工业发展现状

一、食品工业发展现状

食品工业是以农产品为主要原料，通过各种手段及技术措施将种植业、养殖业、采集业所得到的原料如粮、油、果、蔬、肉、蛋、奶、水产品等加工成人们生活中所必需的成品。实际上，食品工业是农业生产的继续、深化和发展。

中国食品工业是国民经济的支柱行业，更是保障民生的基础产业。按照《国民经济行业分类》（GB/T 4754—2017），食品工业包括农副食品加工业，食品制造业，酒、饮料和精制茶制造业，烟草制品业 4 个大类、22 个中类、56 个小类。

中国食品工业的高速发展与国民收入的增长呈同步趋势。1998 年，中国食品工业总产值为 5780 亿元。2014 年，中国规模以上食品工业企业（含烟草）累计完成主营业务收入 10. 89 万亿元，为 16 年前的 18. 84 倍。从 20 世纪纪 80 年代中期开始，中国食品工业保持了 15% ~ 20% 的持续增长，图 1 - 1 为 2001—2014 年中国食品工业总产值变化情况。这种世界罕见的高速成长源于中国社会的巨大进步，中国食品工业的市场需求已经由“温饱型”和“小康型”正逐渐过渡到“健康型”。中国食品工业自 2011 年起至今，已逐步进入中速发展期。行业利润下跌，利润率从 2012 年的 8. 6%，下降到 2013 年的 7. 4%，继而下降到 2014 年的 7%。三年下跌了1.6%。以2014年10.89万亿元产值计，减少1742亿元的利润，全行业造血功能降低。在20世纪80年代，中国食品企业的主体是国企（占60%），民企（占28%）、外企和港台企业（占12%）是一支相对弱小的力量；到2014年，内资企业占到70.4%，外企及港台企业在部分领域占据行业高端，并且内资企业的技术、管理、人才及资金优势日益缩小。自2004年起，中国已从食品出口国转变为进口国，质检总局对进出口食品的监管也从以出口为主，转变为对出口、进口食品进行同样严格的监管，并将监管的链条由国内延伸到产地。随着企业竞争力的提升及对国际农产品原料依存度提高，大型食品企业布局全球的步伐已经加速，中国食品工业仍是全球食品业最活跃的板块。

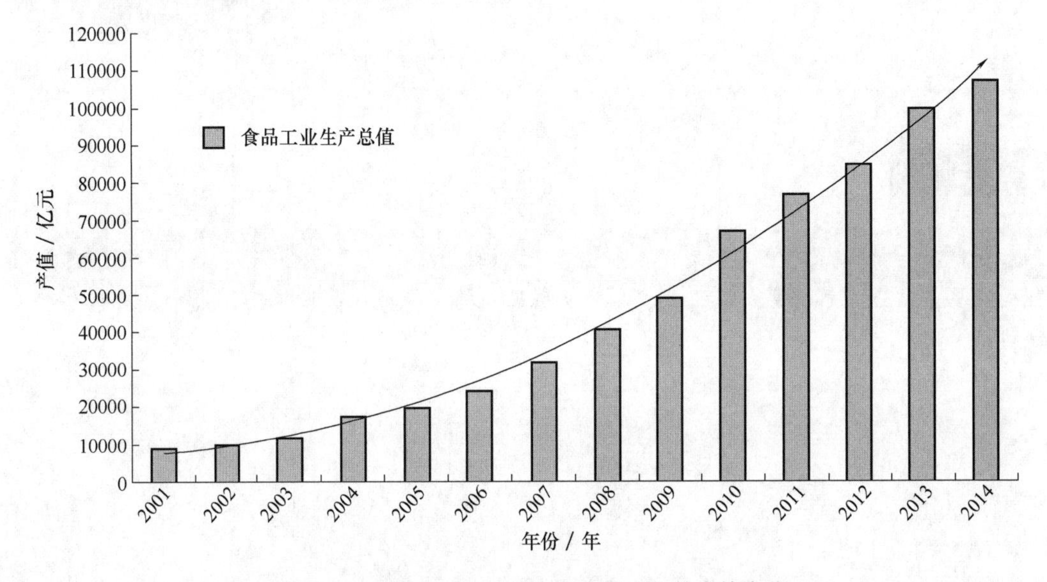

图1-1 2001—2014年中国食品工业总产值变化

中国食品产业面临着复杂的生存环境，同时受到政策、经济、社会和技术四个因素的影响（PEST）（见图1-2）。从政策来看，中国已扩大内需的政策，但财政政策紧缩；食品原料的进口逐步放开，食品原料的来源越来越多元化；同时加大了食品安全的监管力度。从经济来看，中国经济发展进入“新常态”，中国居民可支配收入逐年提升；物流形态的变化加速，推动了城乡一体化的发展；传统产业的转型，对健康的需求更大。从社会来看，公众对食品安全与营养健康的关注度越来越高；消费者对食品具有多元化的选择；二胎政策的推出、老龄化的加速、单身贵族人数的增长等因素，给食品产业的发展提供了更多的商机；随着食品安全公众科普活动的启动，食品企业也开始重视公益性活动的投入并积极参与其中。从技术上来看，与食品安全相关的技术层出不穷，尤其是食品溯源控制技术、食品安全预警技术等；农药残留分析技术、营养安全降油及减盐技术、节能环保及减排技术等也成为当今研发的热点。

原料与劳动力等资源性成本上升，中国食品在国际贸易竞争中的比较优势趋弱。商业物流及连锁经营业具有对市场终端的强力把控能力，与食品企业在购买议价、进行价格谈判中占据优势，工业利润减少，诸多产品的商业留利增加，并转嫁到终端售价，一些中小企业无法承受，被迫退出市场。国际、国内资本加大对食品工业的投入，市场集中度提升，企业转型与淘汰加速。食品安全倒逼中国食品工业整体水平提升，消费者对中国食品工业重建信任，需要行

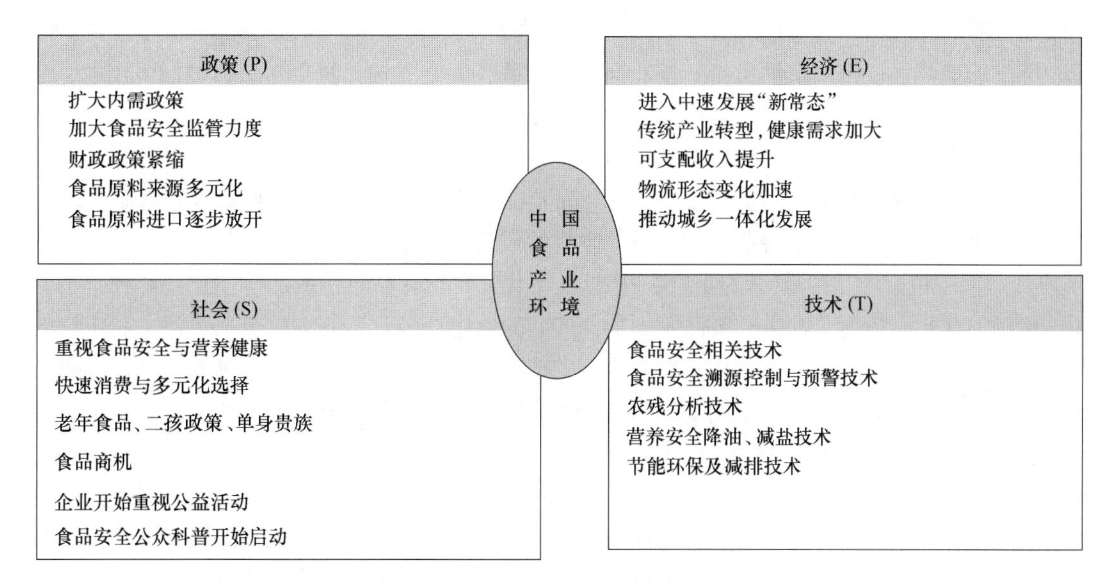

图1-2　2014年中国食品产业环境

业作出艰苦的努力。食品市场将加速整合，市场集中度提升，小企业淘汰加速，大中型企业比重将提升。不同消费人群对食品的需求呈现差异化的分层，对高端品牌产品及低端优质价廉食品的需求，将引导行业走差异化之路，以企业为主体的创新已经提速。食品将成为网购商品中成长最快的类别之一。传统食品回归及与餐饮业的对接，将加速中国传统食品工业化的进程，对中国传统食品的“固本培魂”至关重要，食品工业仍将是中国制造业中最具活力的板块。

二、　食品机械工业发展现状

食品工业的发展离不开食品机械工业的进步，我国食品机械的发展起步于20世纪70年代，目前已经形成了一批具有一定技术水平、装备条件、自主开发能力和一定规模经济的骨干企业，形成了以国家部委科研所为龙头、地方科研所为骨干、企业科技力量为基础的科研队伍和科技开发能力以及相当数量的设有食品工程专业的大专院校，培养了大批专业技术人员，初步形成了独立的工业体系。行业发展的市场广阔，潜力巨大，成为国民经济发展的一个热点领域，更多的企业和科研单位投入这个产业。

由于食品工业的发展，对食品机械的品种和数量的需求不断增长，促进了食品机械产品品种和产值稳步上升。食品工业的发展不仅促进了食品机械品种和数量的增长，也使食品机械产品技术水平有了一定程度的提高，一些新技术被逐步应用到食品机械中，例如微波技术、速冻技术、真空压力技术、膜分离技术、挤压膨化技术、超微粉碎技术、微胶囊技术以及电子技术等。从食品工业对农产品加工程度看，可分为对农产品的粗加工、深加工以及食品工业的社会化3个阶段。工业发达国家大部分已进入第二阶段，少数国家已进入第三阶段。中国和其他发展中国家基本上处于第一阶段。

发达国家食品工业的高度发展是因为具有了高度发展的食品机械工业，其特点是：高度机械化、自动化，食品加工机械单机高度的机电光液一体化，加工生产线高度的自动化；高新技术（超临界气体提取技术、膜分离技术、食品辐射技术、挤压膨化技术、微胶囊技术、速冻加工技术、超声波技术、光电检测技术以及电子技术等）广泛应用；高效节能产品（干燥、蒸煮、蒸发、油炸、杀菌以及烘烤等）多；高保鲜贮藏技术（气调保鲜技术、辐射保鲜技术、涂膜保鲜技术、预冷保鲜技术、化学保鲜技术、速冻保鲜技术和无菌包装技术等）日趋成熟；高度重视食品资源综合利用和环境保护；食品种类发展趋于更营养、卫生、方便，保鲜食品、微波食品、速冻食品、功能食品、方便食品、儿童食品、休闲食品和微生物食品等应运而生。

多年来，我国食品机械行业取得了举世瞩目的成就，具体表现在以下几个方面。

（1）食品机械的品种成倍增加　20 世纪 80 年代，我国食品机械的品种不足 500 种，主要用于粮油、饮料、酿造、糖果、乳品等加工，产品的空白点多，设备不成套，装备食品工业的能力极差。随着中国食品和包装机械工业协会的成立，加强了对各部门食品机械生产、科研的经济协调，促进了新产品的大量涌现。经过近年来的发展，目前我国食品机械产品繁多，已能不同程度地装备食品工业的 23 个行业，装备食品工业的能力大大提高。

（2）食品机械的质量有明显的提高　现在生产的食品机械，凡与食品接触部位或易腐蚀部位，都采用不锈钢或无毒材料，或在碳钢表面喷涂耐腐蚀涂料，从而有效防止了腐蚀以及对食品的污染，保证了食品卫生，延长了使用寿命。食品机械的加工工艺日趋精细，零件的合格率高达 95%。产品的三漏（漏气、漏水、漏油）得到了较好的解决，产品工作时的噪声明显降低，可靠性有所提高，产品的外观质量也有较大的提高。高新技术的应用研究取得了较大的进展。我国对辐射技术的应用进行了广泛的试验，并已进入实用化阶段，超高压、超临界萃取技术、膜分离及微波技术等高新技术，在食品机械应用中得到了广泛的试验研究和部分实用化推广。各级食品机械产品质量监控体系都已建立，统筹规划食品机械行业的发展，一个门类齐全、体系基本完善、独立的新兴产业已经形成。

（3）初步形成了一个与之配套的食品工程专业教育体系，造就了大批专业技术人员　按照“科教兴国”战略和“以人为本”的思想，积极探索一条适应我国国情的教育、科技与生产密切结合的办学道路，为食品机械行业定向培养人才，实行以中央为主、地方和社会参与办学，充分利用大专院校在人才、知识密集等综合优势为行业发展服务。

（4）初步形成了科技队伍和科研开发能力　以部属科研所为龙头、地方科研所为骨干、企业科技力量为基础的科研队伍及科研开发能力的初步形成，为行业科技发展发挥了重要作用。到目前为止，科工贸一体化和技术较强的科研单位被列入行业重点科研所，完成了一大批科研项目，填补了许多国内空白，技术水平在国内居领先水平。

我国食品机械工业是改革开放以后发展起来的新兴产业，大部分设备都是通过引进设备消化吸收研制出来的，可以说是价廉物美，售价只是国外的 1/5 ~ 1/3，当前的技术水平适应国内市场，也非常适合发展中国家和地区的经济条件，这是我们的优势。但我们的设备与工业发达国家相比，还有很大差距，主要表现在技术水平低、产品质量差、企业规模小、技术装备差、管理水平比较落后、自我开发能力弱等方面。另外生产率低、能耗高、稳定性和可靠性差，产品造型落后、外观粗糙、基础件和配套性的寿命低等，这种状况远远满足不了当前食品与包装机械工业的需要，挡不住进口。

发达国家食品机械企业把科技开发投入、科技队伍、实验基地的建设放在重要的位置，科技开发的费用占销售额的 8% ~ 10%。我国食品机械多为中小型企业，几乎没有自己的科研开发机构，企业对科技开发的投入，平均不到销售额的 1%，大专院校与科研单位的科研项目与市场需求脱节，至今尚未形成带动科研与生产的紧密结合的运行机制，企业试验与检测手段和仪器陈旧，企业科技人员少。发达国家食品机械企业管理水平高，我国食品机械行业历史短，企业大多数技术水平不高，缺乏生产经营经验，企业过多地关注扩大产量，对通过内涵发展生产力来提高技术水平始终重视不够，管理不力、生产效率低、效益差、人均劳动生产率低、出口产品的产值仅占总产值的10%。国外的食品机械企业信息的收集，一般公司都有专门收集、整理、分析市场的信息机构，并及时为公司决策提供可靠有据的市场分析。而我国食品机械企业信息相对闭塞，尚未建成必要的信息系统，对国外同类产品主要是仿制为主。

我国加入了世贸组织（WTO）后，食品机械行业受到国际市场的冲击，这不仅对科研机构和高等院校食品科技工作提出了新的要求，也为食品机械行业带来了空前的机遇。一方面主攻配套，狠抓关键产品的开发，尽快改变食品机械单机多，成套设备相对较少的格局，做到主机、辅机、配件协调发展；另一方面，要加快高新技术应用研究，尽快把科研成果转化为机械设备，开发新产品，实现产业化。以市场为导向，积极调整产品结构，既要有出口和供应大城市为主的高档产品，也要有在广大城乡进行农产品初加工的食品。食品生产既有大型现代化水平较高的工厂，又有大量分散、小型、以手工为主的食品工厂，因此食品机械要考虑多层次的需要，既有高技术水平的设备，又有以实用技术为主的中等技术水平的设备。同时要把目标转向国际市场，发展一批适合国际市场需要，技术先进、质量好的产品，投入国际竞争，扩大出口。近年来，经历“十五”“十一五”“十二五”期间的集体攻关，我国食品机械行业上了一个新台阶。

要改变我国目前的食品机械工业的现状我们必须要做到如下几点。

（1）通过消化吸收加快引进技术为我所有、为我所用的进程，支持重点产品的开发研制。

（2）要求消化吸收和自主开发都应该注重技术创新，形成国内自己的独有技术。

（3）要采取有效措施，鼓励制造、使用单位与科研院所联合开发。

（4）要按市场竞争要求，选择急需发展的项目给予重点支持，重点突破，充分发挥食品机械行业重点科研院所的作用，将开发能力提高到一个高水平。

（5）要优化组织结构，成立跨部门食品机械企业集团，走规模效益之路。我国食品机械行业具有多品种、小批量、中小企业多的特点，同时企业又分属机械、轻工、商业等部门，重复生产多，重复研究多，很多企业在低水平上研究，低水平上生产，低水平上竞争。要组织推进以产品为纽带，以技术为纽带和以资产为纽带的联合，成立跨部门、跨区域、跨所有制的不同层次的企业集团，形成优势互补、分工合作的格局，共同促进行业的发展。

（6）要面向用户，按用户要求确定产品的质量目标，真正做到为用户服务，对用户负责，让用户满意；要严格设计、制造的质量控制，要求从设计、制造、装配到调试技术、管理和服务措施全到位；要建立起适应市场经济的质量保证体系，按照“质量第一，用户第一，服务第一”的方针，树立质量是企业生命的意识，加强质量管理，重视售后服务，努力创造出名牌产品。加强科学研究工作，提高行业整体水平，在研究中既要重视重大成龙配套，又要重视基本理论和基础元件的研究。

第二节 我国食品工业与食品机械制造业展望

食品机械工业要相应发展，以适应食品工业自动化、高效化、现代化发展的要求。根据我国食品机械产品品种的发展速度和各部委组织的食品机械新产品攻关项目数初步统计，2010年食品机械产品将达到2800多种。

一、 我国食品机械工业的发展重点

（一） 粮油加工设备

1977年全国粮食部门所属粮油加工企业11279个（其中大米加工企业5777个，面粉加工企业4104个，植物油加工企业1416个），产值752亿元。粮食、食用油深加工设备“九五”期间一直保持在20%～30%的年增长速度。“十五”期间，粮油加工设备将提高技术结构水平，产品结构升级换代加快发展，进入设备质量、品种数量、技术含量的提高和调整时期。发展能提高大米、面粉得率，降低杂质含量的技术和装备；适当发展免淘米、珠光洁米、专用粉、杂粮精加工的技术和装备；发展粮食深加工和综合利用的技术和装备；发展膨化等油脂浸出工艺、油脂精炼和豆粕低温脱溶技术与装备；开发并应用棉籽、菜籽的脱毒技术与装备；发展大豆加工和综合利用设备。

（二） 淀粉加工设备

根据淀粉行业发展规划，淀粉年均递增8.3%，淀粉糖年均递增10.9%，变性淀粉年均递增30.8%，为满足淀粉发展需求和减少淀粉机械进口量，我国淀粉机械应在提高生产能力和技术水平上狠下功夫。解决好关键主机和设备成套方面的问题。进一步加大薯类资源开发和综合利用，应全面开发马铃薯全粉的生产设备及开发利用马铃薯全粉生产系列食品的加工工艺和设备。

（三） 方便食品加工设备

为使城乡居民饮食生活进一步多样化、方便化，满足人们对方便食品在营养、卫生、经济、风味等方面的需求。发展方便面、方便米饭、方便粥、方便米粉、膨化食品、馒头、包子、春卷、馄饨、饺子等方便主食加工成套设备。发展方便主食，各种蔬菜，肉，禽，水产品等速冻小包装相关设备。发展快餐、学生课间餐、营养餐、午餐等工业化生产装备。重点发展传统食品，保健、婴幼食品加工设备，也应注意发展各种休闲膨化食品加工设备。

（四） 果蔬保鲜与加工设备

我国水果产量1997年达到5200万吨，居世界第二位，人均水果占有量41kg/年。蔬菜产量居世界第一位，1997年总产量达3.5亿吨，占世界总产量的1/4以上。总产量达到6000万吨。由于果蔬生产季节性和地域性很强，每年采收后因腐烂而损耗高达10%～20%。我国果蔬仍以销为主，加工量占总产量的10%，发达国家果蔬加工量占总产量的60%以上。“十五”期间果蔬保鲜与加工设备仍有广阔的市场需求，应发展果蔬分级技术与装备；高得率的鲜榨果汁技术和设备；节能的浓缩技术和设备；速冻及脱水技术与设备；发展分离和提取果蔬资源（尤其是皮、籽等废弃物）中功能成分的技术与设备。发展全自动速冻食品加工成套设备及相关配套设备。

（五） 乳品加工机械

2000年，全世界奶类总产量56849万吨，其中牛奶产量48490万吨，奶类总产量产量以美国最高，其次为印度。从人均产量来看，最高的是新西兰（达2939kg），其次是澳大利亚（502kg），欧洲（395kg）和北美（263kg），亚洲最低，仅为47kg。从年消费水平来看，全球人均94kg，发达国家平均为261kg，新西兰和澳大利亚等达380kg以上，欧洲平均水平也在

300kg 以上，发展中国家最低，在 30kg 左右。2001 年全国牛奶总产量达 1025 万吨，较上年增长 24%。如 2000—2010 年年均递增速度保持在 9% ~10%。由此可以看出，我国的乳品工业与世界其他国家还有一定的差距，这也预示着我国的乳品和乳品机械市场空间很大。

正是看到了中国乳品行业潜在的巨大市场，外国公司纷纷抢滩中国乳品和乳品机械市场，致使国外先进的乳品设备占据了国内乳品市场的较大份额。面对竞争激烈的乳品设备市场，国内一些乳品设备企业主动迎战，加大研发力度，取得应有的市场。我国的乳品机械应增加产品品种，提高关键产品的质量、发展国内急需的大型自动化生产线。建议今后开发的重点：①原料奶的自动质检，检测仪器，低温预处理有关设备，原料奶的贮藏设备，专用鲜奶检测仪器；②大中型乳品生产线实现微机自动化；③提高和完善均质机的技术性能和质量水平；④鲜奶生产的超高温瞬时杀菌设备、灭菌奶的无菌灌装设备及其与 UHT 设备的成套化；⑤牛奶的分离技术和设备；⑥高效率、低能耗的多次蒸发器；⑦奶粉二次干燥设备，大型奶粉生产线，小型奶酪加工设备。

（六）肉类加工设备

肉类工业是我国食品工业的支柱产业，也是我国“菜篮子”工程的重点。从 1990 年肉类总产量达 2857 万吨，超过美国居世界第一位，至 1997 年达到 6150 万吨。

目前，我国家畜、家禽屠宰设备以中、小型成套设备为主，大型设备还需进口。在中、小型成套设备中，关键设备，如胴体分割、骨肉分离、电麻、自动宰杀、内脏摘取等与发达国家存在较大差距。熟肉制品加工关键设备，如盐水注射机、斩拌机、全自动真空灌肠机、蒸煮设备等与发达国家存在较大差距。今后，应在增加产品品种，提高产品质量和技术水平上狠下功夫。大力发展熟肉制品和方便肉食品的加工设备，同时也要大力发展冷却肉、分割肉、小包装肉等加工和包装设备。发展畜、禽屠宰的内脏、血、皮、骨、毛和各种腺体等的综合利用技术与设备，应用分离、提纯新技术，开发功能性、生理活性物质的加工设备。

（七）饮料加工设备

我国饮料工业发展迅速。2001 年全国饮料总产量达 1680.28 万吨，工业总产值 514.26 亿元。瓶装饮用水以 40.6% 的比例仍保持了绝对的领先地位，高于碳酸饮料；由于果汁类饮料的快速发展，同时也由于碳酸型调味茶饮料市场的丢失，茶饮料的市场份额由去年的第三位降为第四位。但可喜的是，一些有实力的企业，相继进入果汁类饮料和茶饮料的生产行列，促进了整体水平的提高。在“十强”企业中，瓶装饮用水的比例为 45.29%；国产碳酸饮料的比例由上年的 9.25% 提高到 12.34%。饮料工业调整产品结构和发展的重点是大力发展果蔬汁饮料、天然矿泉水、豆奶和稳定发展茶饮料等天然、营养有益健康的饮料新产品。

饮料加工机械有清洗机械，分级选果/机械、粉碎机械、打浆机、榨汁机、分离机、均质机、过滤机、浓缩设备、热交换机械、水处理设备，汽水混合机、提香机、杀菌机械、灌装设备、冷饮成套设备等。

目前，饮料设备的年生产能力已达 2000 万吨以上，行业内已引进国际先进水平的两片式易拉罐生产线和灌装线以及 PET 瓶、利乐包、康美盒等一次性软包装生产线和各种规格、型号的玻璃瓶、塑料瓶灌装线浓缩果汁、纯净水生产线、高压杀菌设备以及其他各种饮料生产设备，国际上最先进的 PET 瓶无菌灌装设备也被引进投入使用。先进的生产工艺技术如膜分离技术、酶工程技术、无菌灌装技术等也在国内饮料行业得到应用。

国产饮料机械基本能满足饮料加工业的一般要求，尚不能完全满足饮料工业发展的需要。

与发达国家相比，存在产品规格不全、成套性差、大型成套设备少、自动化水平不高、先进技术应用不多等差距。今后应加强目前缺门短项的单机，如浓缩、杀菌、香味、回收等新产品开发，加快新技术的应用，提高设备的可靠性、稳定性。

（八） 无菌包装设备

无菌包装诞生于20世纪40年代，应用于60年代，发展于70年代，到90年代中，国外已有数十家生产各种无菌包装设备的公司。目前，国外发达国家的液体食品包装中，无菌包装已占65%以上，且每年以超过5%的速度增长。我国的无菌包装技术起步于20世纪70年代，到80年代末90年代初迅速地发展起来，从最初的引进国外成套无菌设备生产线及包装耗用材料到自主研究开发，我国的无菌包装技术经过了从无到有，并逐渐走向成熟的过程。

目前，世界上较大的较有影响力的无菌包装器材生产企业有瑞典利乐包装有限公司、美国国际纸业公司、德国PKL公司、德国意韦卡公司和日本大日本印刷株式会社等。目前，国内广东省远东食品包装机械有限公司、安徽省科苑集团、杭州中亚包装有限公司、上海轻工机械厂等10余家企业已经有能力生产各种无菌包装生产线。

我国采用无菌包装的产品范围日益扩大。无菌包装机的市场需求也在日益扩大。目前国产无菌包装机在品种规格、产品质量、技术水平等方面与国外先进水平均有较大差距。应积极努力，加大研发力度。

二、 食品加工业中高新技术配套装备的研究

当今国际市场上食品工业新产品大约有90%以上是采用新技术手段完成的。为了缩小我国食品机械产品与发达国家的差距，应不断吸收各种新的食品加工技术。目前，可应用于食品机械生产中的新的食品加工技术主要有以下几种。

（一） 冷杀菌技术

传统的高温杀菌方法容易破坏食品的原有风味和维生素C，使酶特性发生变化，影响食品品质。美国食品与药物管理局（FDA）1995年7月通过了Coolpure公司的冷杀菌法，该法适用于液态或可泵送食品的杀菌，采用短时高电压脉冲杀灭液体和黏性食品中的微生物。冷杀菌技术包括物理冷杀菌和化学冷杀菌，近年来发展较快的物理冷杀菌技术包括超高压杀菌、脉冲电场杀菌、脉冲磁场杀菌、电子射线杀菌、强光脉冲杀菌等。目前有关冷杀菌的机理研究较多，开发了不少不同规格的小型试验设备，但技术实施的共同困难是设备的放大问题。

（二） 超临界萃取技术

超临界流体萃取技术是利用某些物质（主要是一些低沸点、在常温常压下呈气态的物质）处于超临界状态下所具有的优良溶解特性，来分离混合物中目标组分的一种高新分离技术。超临界流体萃取技术常常以CO_2为溶媒，在萃取食品、香料、中药材中有效成分时，具有萃取温度低、选择性好、无有机溶剂残留、对环境无污染等优点，因此得到快速的发展，前景广阔。我国已经研制出了萃取达1000L超临界流体萃取设备，25L以下的试验设备比较普及，且性能基本可以满足试验的需要，生产型的设备还有待完善。我国已进口多套大型超临界流体萃取生产设备，单只萃取釜的容积最大达3500L。

（三） 超声波技术

超声波技术在食品加工中有多种应用，例如超声强化萃取技术、超声波均质机细化技术、超声波细胞破碎技术等。超声强化萃取技术是借助超声波的“空化效应”，使得提取介质中的

微小气泡压缩、爆裂，破碎被提取原料和细胞壁，加速了天然产物中有效成分的溶出；借助超声波的“机械振动”和“热效应”还可进一步强化溶出成分的扩散，因此超声强化可以大大缩短提取时间，降低提取温度、提高提取效率。

传统的高压式均质机已发展到了极限，即不可能再靠提高压力的方法来取得进一步细化物料的效果，对纤维状结构和脂肪球的破碎效果不理想。目前，美国已研制成功新一代聚能式超声波均质机，能使果汁饮料中的固形物尺寸细化到0.1～0.5μm，不会像高压均质机那样因升温而改变物料特性。

（四）挤压技术

挤压技术是借助螺杆挤压机完成输送、混合、加热、加压、质构重组、熟制、杀菌、成型等多加工单元，从而取代食品加工的传统生产方法。目前已研究开发出适应高淀粉、高蛋白质、高脂肪、高水分的挤压加工机械，用于生产各类工程肉、水产、谷物早餐等食品。螺杆挤压机分为单螺杆挤压机和双螺杆挤压机。

（五）真空技术

真空技术在食品工业的应用潜力很大。目前，食品工业普遍采用真空浓缩、真空包装、真空充氮气包装、真空贴体包装、真空干燥、真空油炸、真空熏蒸、真空输送、真空浸渍、真空冷却等技术。

第三节 食品机械与设备的特点与分类

食品机械与其他机械相比，食品机械加工对象（食品物料）的种类繁多，各种物料的性质差别很大，每种食品都各有不同的特殊要求。所以，食品机械的形式多种多样，结构简繁不一。由于我国幅员广阔，各地气候、风俗差异较大，使某些食品带有部分地区性特色及特殊风味，所以又形成一些各具特色的食品加工特点。另外，由于食品机械是把食品原料加工成食品（或半成品）的机械，被食品机械加工的对象是人们获取营养的主要来源，食品质量的好坏直接关系到人们身体健康，关系到一个民族全体身体素质的提高，由于食品是一种特殊的商品，因此对食品机械有其特殊的要求。

(1) 食品物料的成分、性质、形态等差别较大，决定食品机械的单机性强，这些设备一般外形尺寸较小，重量较轻，移动方便。

(2) 由于食品机械在工作时常常伴随着水、酸、碱等强腐蚀物质，因此，要求食品机械使用的材料应能防腐、防锈，与食品直接接触的部分，应采用不锈钢材料或经防腐、防锈处理过的材料，选择防潮、防爆炸的电动机作为动力，控制装置应具有良好的防潮性能，符合国家《食品机械卫生和安全》标准中规定的需要强制执行的内容。因此，食品机械的造价一般高于其他机械设备。

(3) 为了保证食品生产的卫生条件，防止遭受由于机械设备本身造成的食品污染，凡与食品接触的零部件，要保证无毒、无味、无污染、耐磨、耐腐蚀，有些机械的工作部件应在密封的环境中工作，与食品直接接触的工作部件应便于拆卸和清洗。

(4) 食品工厂生产的食品花色品种较多，且食品加工有季节性很强的特点（特别是以水果和蔬菜等农产品为原料的食品加工），同时加工的物料具有多品种、多种类和多特性等因素，因此食品机械要具有很强的适应性，具有调节容易、调整模具方便和一机多用的特点。

（5）食品机械与设备的运行，应安全可靠、操作简便，具有造价低、性能多、工效高、能耗低、噪声小等特点。

由于食品工业原料和产品的品种繁多，加工工艺各异，因此食品加工机械品种十分繁杂，我国目前尚未制定食品机械分类标准，各部门根据工作方便常有不同的分类方法。其分类按照食品的种类和行业的不同，可以分为：粮油加工设备、果蔬保鲜与加工设备、畜禽产品加工设备、水产品加工设备、方便食品加工设备、饮料加工设备和食品加工中废弃物综合利用设备等。按照食品加工的单元操作的不同，可以分为：食品输送机械、食品清理与分选机械、食品粉碎机械、食品分离机械、食品混合机械、食品浓缩机械、食品干燥机械、食品杀菌机械、食品熟化机械、食品冷冻机械和食品包装机械等。以上的分类并不科学，有的重复，有的不全，但对有些业务部门比较方便。按照机械设备的功能分类如下。

（1）原料处理机械　包括去杂、清洗、选别、分选分级等各种机械与设备。

（2）粉碎和分切、分割机械　包括破碎、研磨、分割、分切等机械与设备。

（3）混合机械　包括粉料混合和捏和机械与设备。

（4）成型机械　如饼干、糕点、糖果的成型机械与设备。

（5）分离提取机械　如过滤、离心机械与设备，各种提取和提纯机械与设备。

（6）搅拌与均质机械　包括液状物料的混合处理机械与设备。

（7）蒸煮机械　包括蒸煮、杀青、熬糖、煎炸等机械与设备。

（8）蒸发浓缩机械与设备。

（9）干燥机械　包括各种常压和真空干燥机械与设备；有箱式、隧道式、回转式、链带式、喷雾式、流化式等。

（10）杀菌机械与设备。

（11）烘烤机械　包括固定式、回转式、链带式等烘烤机械与设备。

（12）冷冻和冻结机械　包括各种速冻机和冷饮品冻结机械与设备，也包括制冷机械与设备。

（13）挤压膨化机械。

（14）定量包装机械　包括各种固体和液体的定量、计数和包装机械与设备；如容积式、重量式的装罐、装瓶、装袋机械。

（15）其他机械　包括各种难以归类的机械与设备。

另外，还有一些通用设备，如输送机械、包括皮带输送机、斗式提升机、气力输送机、各种泵类、生物反应机械与设备以及换热设备和容器等，也都是食品加工中常用的机械设备。

近年来，随着食品加工业的发展，在每一个分支中均分化出了不少新的加工机械种类，例如在分离机械中发展出了超临界流体萃取、纳滤、微波辅助萃取、超声辅助萃取等新的分离机械；在食品粉碎机械中新推出了气流粉碎、振动粉碎、球磨粉碎等超细粉碎设备。与此同时，不同行业的交叉又产生出一些新的行业。例如，粮食加工中的植物蛋白饮料、果蔬加工中的果蔬汁饮料、畜禽加工中液态牛奶等工业的发展，形成了技术先进，产品便捷营养的饮料加工业，培养出了一批专业从事生产饮料成套设备研发与生产的科研机构与企业。

第四节 食品加工机械与设备课程学习方法

食品加工机械是实现机械化食品加工工艺的必要设备，是通过机械的工作完成食品的中间体和成品的工具，它是通过机械的动作和传动完成所需要的工作，因此，“食品加工机械与设备”是一门食品科学与工程专业的专业基础课程。通过本课程的学习，对帮助我们实现食品的机械化、现代化生产过程，提高食品的质量和食品生产的效益，提高劳动生产力都有不可替代的作用。

“食品加工机械与设备”课程是以理论力学、材料力学、金属材料、机械基础、机械制造基础和工程控制为依托的实践性很强的一门工程类课程。因此，在学习本课程之前，必须首先学习“工程图学”“食品机械基础”“电子基础”等基础课程。在本课程的学习过程中采用理论联系实践的学习方法，做到既要学习好教材中出现过的机械与设备，也要联系在认识实习和生产实习中接触过的相关机械与设备的工作原理和工作过程；既要掌握食品加工各个操作单元中带有普遍性质的内容，也要注意具有民族食品加工工艺特点的具有特殊性质的东西。由于食品加工机械的种类太多，不可能在有限的课堂教学中详细分析各种机械和设备，只能在各类食品机械中选择少数典型的机械或设备，我们在学习的过程中不能拘泥于形式，要更好地研究各种食品生产工艺中各种机械与设备的内部联系，分析其工作原理和使用中需要注意的问题。其次，在学习过程中要十分注意学习方法的掌握，掌握正确的分析问题的方法后，对教材中出现的具体机械与设备的例子就能做到举一反三、融会贯通，今后在工作中即使遇到新的机械与设备，也能正确分析它的工作原理和使用中应该注意的事项，从而真正掌握食品加工机械与设备的精髓。

思考题

1. 食品机械与设备分类方法有哪些？
2. 参阅相关书籍，了解食品工业、食品机械发展现状。

第二章

CHAPTER 2

食品输送机械与设备

[学习目标]

了解物料输送机械与设备在食品工厂的作用，理解固体物料和液体物料的不同输送方式。掌握带式输送机、斗式提升机、螺旋输送机的工作原理、主要部件结构、生产率的计算方法。了解振动输送机或气力输送装置等输送机械与设备的工作原理。理解各种类型的泵（如离心泵、螺杆泵、齿轮泵、滑片泵等）的工作原理，掌握各类型泵的特点和优点。掌握流送槽以及真空吸料装置等输送机械与设备工作过程及装置流程。学会根据物料的特性和生产工艺的要求选用适合的输送机械或设备。

第一节　液态食品输送机械

在食品加工厂中，存在着大量原辅料、半成品及成品的输送问题，为了提高劳动生产率、减轻劳动强度以及使得整个食品加工生产线有机结合、协调统一，需要采用输送机械来完成这一重要任务。特别是采用先进技术设备和实现单机自动化后，更需要将单机之间有机地衔接起来组成自动化生产线。同时，采用机械输送物料，对保证食品卫生及食品质量安全具有重要意义。

食品加工中的输送机械按被输送原料的形态一般可分为流体输送机械和固体输送机械。

在食品生产中，常常需要将流体物料从低处输送到高处，或沿管道送至较远的地方。为达到此目的，必须对流体物料加入外功，以克服流体阻力及补充输送流体物料时所不足的能量。为流体物料输送提供能量的机械称为流体输送机械，一般将用于输送流体的机械称为泵。在食品加工中，对于流体物料的输送经常用泵（离心泵、螺杆泵、齿轮泵等）及真空吸料装置来完成。

一、离　心　泵

离心泵具有结构简单、流量大而且均匀、操作方便的优点。它在食品加工中得到广泛地应用。

（一）离心泵的工作原理

最简单的离心泵的工作原理示意图如图2-1所示。在蜗壳形泵壳2内，有一固定在泵轴3上的工作叶轮1。叶轮上有6~12片稍微向后弯曲的叶片，叶片之间形成了使液体通过的通道。泵壳中央有一个液体吸入口与吸入管5连接。液体经底阀和吸入管进入泵内。泵壳上的液体压出口与压出管9连接，泵轴用电机或其他动力装置带动。启动前，先将泵壳内灌满被输送的液体。启动后泵轴带动叶轮旋转，叶片之间的液体随叶轮一起旋转，在离心力的作用下，液体沿着叶片间的通道从叶轮中心进口处被甩到叶轮外围，以很高的速度流入泵壳，液体流到蜗形通道后，由于截面逐渐扩大，大部分动能转变为静压能。于是液体以较高的压力，从压出口进入压出管，输送到所需的场所。

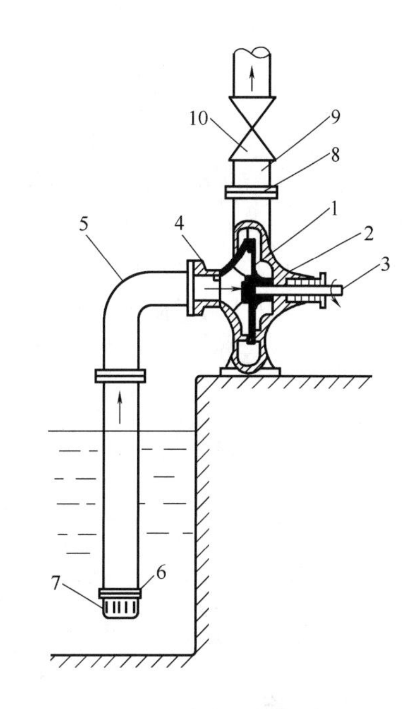

图2-1　离心泵装置简图

1—叶轮　2—泵壳　3—泵轴　4—吸入口　5—吸入管　6—单向底阀　7—滤网　8—压出口　9—压出管　10—调节阀

当叶轮中心的液体被甩出后，泵壳的吸入口就形成了一定的真空，外面的大气压力迫使液体经底阀吸入管进入泵内，填补了液体排出后的空间。这样，只要叶轮旋转不停，液体就源源不断地被吸入与排出。

离心泵若在启动前未充满液体，则泵壳内存在空气。由于空气密度很小，所产生的离心力也很小。此时，在吸入口处所形成的真空不足以将液体吸入泵内，虽启动离心泵，但不能输送液体，此现象称为“气缚”。为便于使泵内充满液体，在吸入管底部安装带吸滤网的底阀，底阀为止逆阀，滤网是为了防止固体物质进入泵内，损坏叶轮的叶片或妨碍泵的正常操作。

（二）离心泵的主要部件

离心泵的主要部件有叶轮、泵壳和轴封装置。

1. 叶轮

从离心泵的工作原理可知，叶轮是离心泵的最重要部件。按结构可分为以下三种（图2-2）。

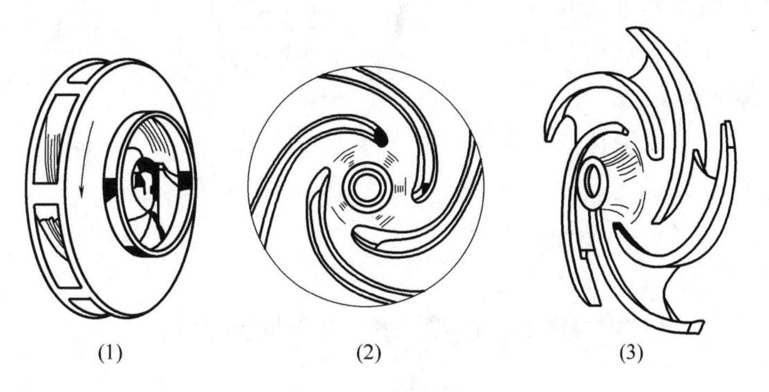

图2-2　离心泵的叶轮

（1）闭式　（2）半闭式　（3）开式

（1）开式叶轮　如图2-2（3）所示，开式叶轮两侧都没有盖板，制造简单，清洗方便。但由于叶轮和壳体不能很好地密合，部分液体会流回吸液侧，因而效率较低。它适用于输送含杂质的悬浮液。

（2）半闭式叶轮　半闭式叶轮如图2-2（2）所示，叶轮吸入口一侧没有前盖板，而另一侧有后盖板，它也适用于输送悬浮液。

（3）闭式叶轮　闭式叶轮如图2-2（1）所示，叶片两侧都有盖板，这种叶轮效率较高，应用最广，但只适用于输送清洁液体。

闭式或半闭式叶轮的后盖板与泵壳之间的缝隙内，液体的压力较入口侧为高，这使叶轮遭受到向入口端推移的轴向推力。轴向推力能引起泵的振动，轴承发热，甚至损坏机件。为了减弱轴向推力，可在后盖板上钻几个小孔，称为平衡孔［见图2-3（1）］，让一部分高压液体漏到低压区以降低叶轮两侧的压力差。这种方法虽然简便，但由于液体通过平衡孔短路回流，增加了内泄漏量，因而降低了泵的效率。

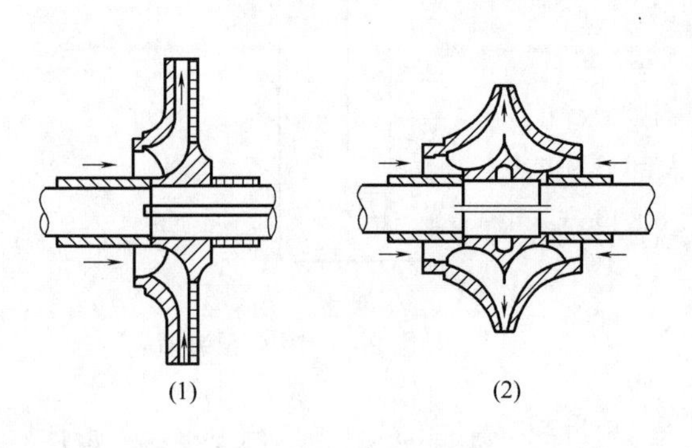

图2-3　离心泵的吸液方式

（1）单吸式　（2）双吸式

按吸液方式的不同，离心泵可分为单吸和双吸两种，如图2-3所示，单吸式构造简单，液体从叶轮一侧被吸入；双吸式比较复杂，液体从叶轮两侧吸入。显然，双吸式具有较大的吸液能力，而且基本上可以消除轴向推力。

2. 泵壳

离心泵的外壳多做成蜗壳形，其内有一个截面逐渐扩大的蜗形通道如图2-4所示。

叶轮在泵壳内顺着蜗形通道逐渐扩大的方向旋转。由于通道逐渐扩大，以高速度从叶轮四周抛出的液体可逐渐降低流速。减少能量损失，从而使部分动能有效地转化为静压能。

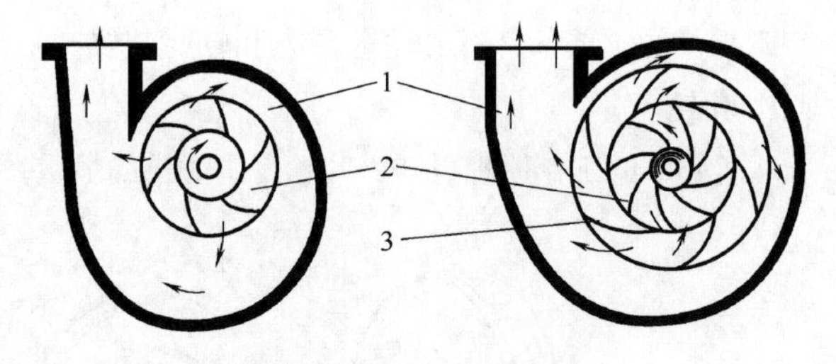

图2-4　泵壳和导轮

1—泵壳　2—叶轮　3—导轮

有的离心泵为了减少液体进入蜗壳时的碰撞，在叶轮与泵壳之间安装一固定的导轮，如图2-4所示。导轮具有很多逐渐转向的孔道，使高速液体流过时能均匀而缓慢地将动能转化为静压能，使能量损失降到最小程度。

3. 轴封装置

泵轴与泵壳之间的密封称为轴封。作用是防止高压液体从泵壳内沿轴的四周面漏出，或者外界空气以相反方向漏入泵壳内。轴封装置有填料密封和机械密封两种形式（如图2-5所示）。

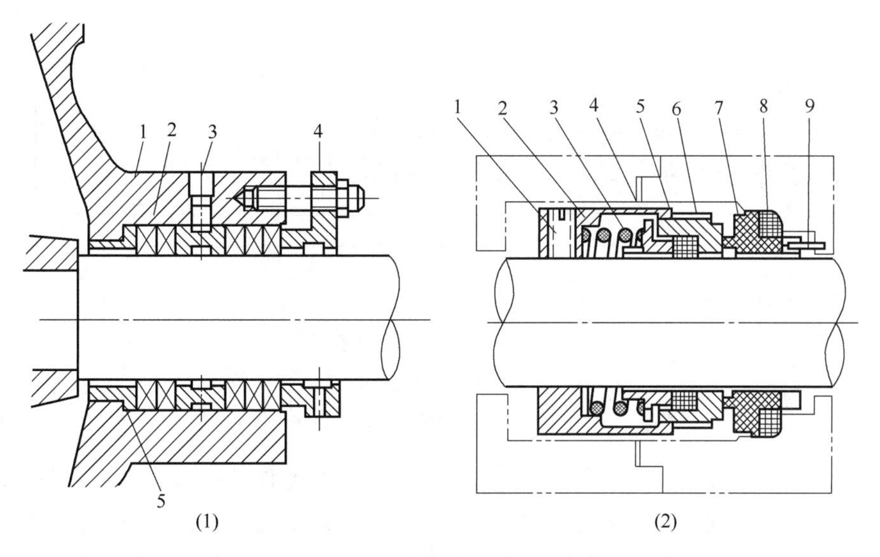

图 2-5　填料密封及机械密封装置

（1）填料密封装置
1—填料函壳　2—软填料　3—液封圈
4—填料压盖　5—内衬套

（2）机械密封装置
1—螺钉　2—传动带　3—弹簧　4—锥环　5—动环密封圈
6—动环　7—静环　8—静环密封圈　9—防转销

二、螺　杆　泵

螺杆泵是一种新型的内啮合回转式容积泵，是利用一根或数根螺杆的相互啮合空间容积变化来输送液体的，具有效率高、自吸能力强、适用范围广等优点，对各种难以输送的介质都可用螺杆泵来输送。

螺杆泵有单螺杆、双螺杆和多螺杆等几种。按螺杆的轴向安装位置可分为卧式和立式两种。目前食品加工中多采用单螺杆卧式泵，主要用于高黏度黏稠液体及带有固体物料的浆体的输送。例如，酿酒、未稀释的啤酒芽、酒花、奶粉、麦乳精、淀粉、番茄、酱油、发酵液、醪液、蜂蜜、巧克力混合料、牛奶、奶油、奶酪和肉浆等抽吸输送。

（一）工作原理

单螺杆泵的工作原理是偏心单头螺旋的转子（螺杆）在双头螺旋的定子孔（螺腔）内绕定子轴线作行星回转时，转子—定子运动副之间形成的密闭腔就连续地、匀速地、容积不变地将介质从吸入端输送到压出端。

由于这巧妙的工作原理，使单螺杆泵具有一般泵的通用性能外，单螺杆泵流量与转速成正比，吸入室与压出室之间有效的密封，使泵具有良好的吸入性能而与转速无关。

（二）单螺杆泵结构

单螺杆泵的结构如图 2-6 所示。

泵的主要部件是转子（螺杆）和定子（螺腔）。转子是一根单头螺旋的钢转子；定子是一个通常由弹性材料制造的、具有双头螺旋孔的定子。转子在定子内转动。

泵内的转子是呈圆形断面的螺杆，定子通常是泵体内具有双头螺纹的橡皮衬套，螺杆的螺距为橡皮套的内螺纹螺距的一半。螺杆在橡皮套内作行星运动，螺杆通过平行销联轴节（或偏心联轴器）与电机相连来转动的。

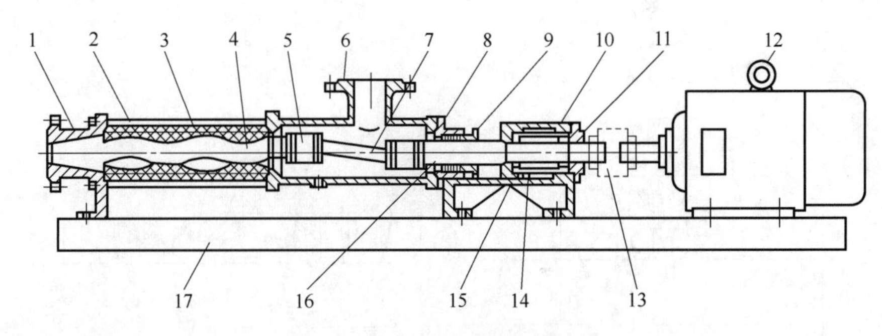

图2-6　螺杆泵装置

1—出料腔　2—拉杆　3—螺杆套　4—螺杆轴　5—万向节总成　6—吸入管　7—连接轴　8—填料压盖　9—填料压盖　10—轴承座　11—轴承盖　12—电动机　13—联轴器　14—轴套　15—轴承　16—传动轴　17—底座

螺杆与橡皮套相配合形成一个个互不相通的封闭腔。当螺杆转动时，封闭腔沿轴向由吸入端向排出端方向运动，封闭腔在排出端消失，同时在吸入端形成新的封闭腔。螺杆作行星运动使封闭腔不断形成，向前运动以致消失即将料液向前推进，从而产生抽吸料液的作用。为了保护橡皮套，泵不能空转，开泵前需灌满液体，否则橡皮套发热会使橡皮套变成浆糊状，使泵不能正常运转。

三、齿　轮　泵

齿轮泵是一种回转式容积泵，在食品工厂中主要用来输送黏稠液体，如糖浆、油类等。

齿轮泵的种类型式较多：按齿轮的啮合方式分为外啮合和内啮合两种，按齿轮形状可分为正齿轮泵、斜齿轮泵、人字齿轮泵等。一般在食品加工中采用最多的是外啮合齿轮泵。

（一）工作原理

外啮合齿轮泵工作原理如图2-7所示。在泵体中装有一对回转齿轮，一个主动，一个被动，依靠两齿轮的相互啮合，把泵内的整个工作腔分为两个独立的部分（吸入腔和排出腔）。泵运转时主动齿轮带动被动齿轮旋转，当齿轮从啮合到脱开时在吸入侧（1）就形成局部真空，液体被吸入。被吸入的液体充满齿轮的各个齿隙而带到排出侧（2），齿轮进入啮合时液体被挤出，形成高压液体并经泵的排出口排出泵外。

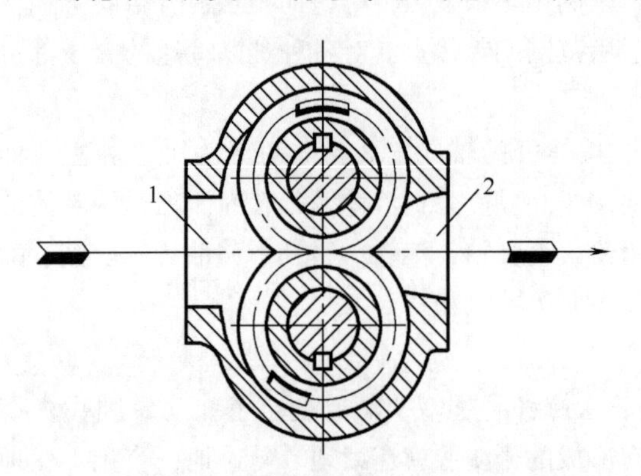

图2-7　外啮合齿轮泵工作原理图

1—吸入腔　2—排出腔

（二）结构

外啮合齿轮泵主要由主动齿轮、从动齿轮、泵体及泵盖等组成。齿轮靠两端面来密封，主动齿轮与从动齿轮齿均由两端轴承支承。泵体、泵盖和齿轮的各个齿间槽形成密封的工作空间。

一般食品加工中要求组成齿轮泵的各个零件均采用不锈钢材料制成，其结构简单，工作可靠，但所输送的液体必须具有润滑性，否则齿极易磨损，甚至发生啮合现象。其次，齿轮泵效率低，振动和噪声大。为了避免液体流损，齿轮与泵体及齿轮侧面与泵体壁的间隙很小，通常径向间隙为 0.1～0.15mm，端面间隙在 0.04～0.10mm。

四、 真空吸料装置

真空吸料装置是一种简易的流体输送方法，只要食品工厂中有真空系统的都可以将流体作短距离的输送及一定高度的提升。如果原有输送装置是密闭的，就可以直接利用这些设备作真空吸料之用，不需添加其他设备。对于果酱、番茄酱或带有固体块粒的料液尤为适宜。因为，如果用泵来输送此类物料，需选特殊的泵，由于此类物料黏度较大或具有一定的腐蚀性，普通的离心泵等是不能使用的，所以使用真空吸料装置可解决没有特殊泵时物料的输送问题。但它的缺点是输送距离短或提升高度小，效率低。近些年来，有些罐头食品厂的生产中也常采用此法进行物料的垂直输送。

（一） 工作原理

真空吸料装置如图 2-8 所示。

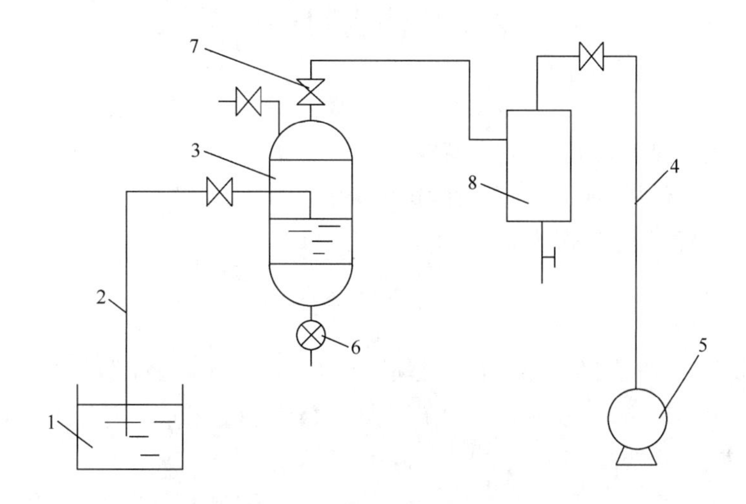

图 2-8　真空吸料装置

1—输出槽　2,4—管道　3—输入罐　5—真空泵　6—叶片式阀门　7—阀门　8—分离器

真空泵将密闭的输入罐 3 中的空气抽去，造成一定的真空度。这时由于罐 3 与相连的输出槽 1 之间产生了一定的压力差，物料由槽 1 经管道 2 送到罐 3 里。

物料从罐 3 中排出的方法有间歇式和连续式两种。间歇式能破坏罐 3 中的真空度，较少采用；一般多采用连续式排料的方式。连续式排料装置是一种特制的阀门。

连续式排料阀门 6 是一个旋转叶式阀门，要求旋转阀门出料能力与管道 2 吸进罐 3 中的流量相同。罐 3 上有一阀门 7，用来调节罐 3 中的真空度及罐内的液位高度。

真空泵 5 与分离器 8 相连，分离器 8 再与罐 3 相连。因从罐 3 抽出的空气有时还带有液体，先在分离器中分离后再进入真空泵中抽走。如果液体是水，不一定采用分离器，一般采用水环式真空泵。

（二） 真空吸料装置操作及优缺点

1. 操作方法

（1） 开始抽真空前，应在贮料槽中先注入适量的水，使淹没贮料槽的进口管或先放满料液，起水封作用，不然贮料槽与大气相通而抽不了真空。

（2）运转时要控制恒定的真空度，以保证贮罐内液位稳定。

（3）停机时应排出掉分离器内的积液。

（4）对贮罐、管道等要经常进行清洗。

2. 主要优缺点

由于物料处于贮罐内抽真空，比较卫生，同时把物料组织内的部分空气排除，减少成品的含气量，防止氧化变质。但是由于管路密闭，清洗困难，功率消耗较大。

如果输出设备是密闭的，也可以采用压缩空气注入输出罐，利用压缩空气的压力将料液输送至另一个设备，其原理和真空吸料装置是类似的。

第二节　固体物料输送机械

在食品工厂生产中，存在着大量物料如食品原料、辅料或废料和成品或半成品及物料载盛器的输送问题。为了提高劳动生产率和减轻劳动强度，需要采用各式各样输送机械来完成物料的输送任务。输送固体物料时，采用各种类型的输送机，如带式输送机、斗式提升机、螺旋输送机、气力输送装置等来完成物料的输送任务。

一、带式输送机

带式输送机是一种利用连续而具有挠性输送带连续地来输送物料的输送机，是食品工厂中最广泛采用的一种连续输送机械。它常用于块状、颗粒状物料及整件物料进行水平方向或倾斜方向运送。同时可用作选择、检查、包装、清洗和预处理操作台等。

带式输送机的工作速度范围广（0.02～4.00m/s），输送距离长，生产效率高，所需动力不大，结构简单可靠，使用方便，维护检修容易，无噪声，能够在全机身中任何地方进行装料和卸料。主要缺点是输送轻质粉状物料时易飞扬，倾斜角度不能太大。

如图2-9所示，带式输送机是具有挠性牵引构件的运输机构的一种型式。它主要由封闭的环形输送带、托辊和机架、驱动装置、张紧装置所组成。各部分的主要结构和作用如下。

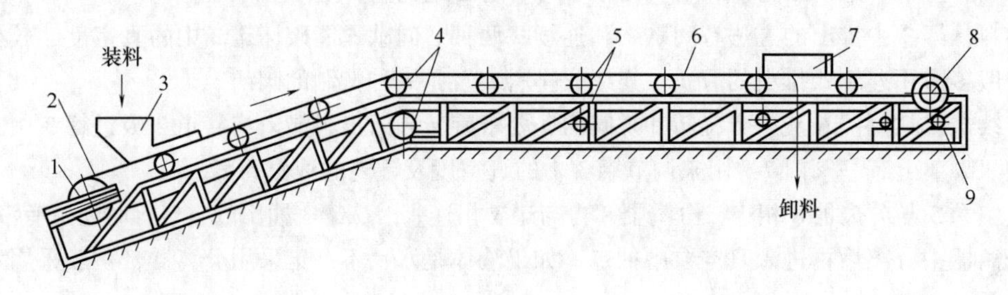

图2-9　带式输送机

1—张紧滚筒　2—张紧装置　3—装料料斗　4—改向滚筒　5—支承滚柱
6—环形带　7—卸载装置　8—驱动滚筒　9—驱动装置

1. 输送带

常用的输送带有：橡胶带；各种纤维编织带；塑料、尼龙、强力锦纶带；板式带；钢带和钢丝网带。其中用得最多的是普通型橡胶带。在带式输送机中，输送带既是牵引构件，又是承载构件。

（1）橡胶带　橡胶带是由2～10层棉织品或麻织品、人造纤维的衬布用橡胶加以胶合而成。其外表面附有覆盖胶作为保护层，称为覆盖层。橡胶带中间的衬布可给予输送带以机械强度和用来传递动力。而覆盖层的作用是连接衬布，保护其不受损伤及运输物料的磨损，并防止潮湿及外部介质的侵蚀。工作面（与物料接触面）的覆盖层厚为3～6mm，而非工作面（不与物料接触面）的厚度为1.5～3mm。

橡胶带按其用途不同分为强力型、普通型和耐热型三种。相对于普通型橡胶带而言，强力型能承受更大的载重，而耐热型能用于比室温高些的温度环境。

目前，国产橡胶带的品种及规格可查阅机械设计手册（GB 523—1974）。主要的生产规格有：宽度200，250，350，400，450，500，650，800，1000，1200，1600mm。

选择橡胶输送带时，主要应确定带宽、衬布层数和带长。

橡胶输送带购回后需自行连接。胶带连接有多种型式，有皮线缝纽法、胶液冷粘缝纽法、带扣搭接法和加热硫化法。最好是采用硫化接头，其强度可达原来的90%，同时接口无缝，表面平整，运转平稳。而缝合法和带扣法则简单易行，但强度降低很多，只有原来的35%～40%。

（2）钢带　钢带的厚度一般为0.6～1.5mm，宽度在650mm以下。钢带的机械强度大，不易伸长，耐高温，因而常用于烘烤设备中。食品生坯可直接放置在钢带之上，节省了烤盘，简化了操作，且因钢带较薄，在炉内吸热量较小，节约了能源，而且便于清洗。但钢带的刚度大，与橡胶带相比，需要采用直径较大的滚筒。钢带容易跑偏，其调偏装置结构复杂，且要求所有的支承及导向装置安装较准确。钢带采用强度和挠性较好的冷轧低碳钢制成，造价较高，一般黏着性较大，灼热的物料不能用胶带时才考虑使用。

（3）钢丝网带　钢丝网带强度高，耐高温。因为它具有网孔，且网孔的大小可按需要选择，网带的长度也可任意选定，故多用于一边输送，一边固液分离的场合。如油炸食品设备中的物料输送，水果洗涤设备中的水平输送等常采用钢丝网带。钢丝网带用于烘烤食品设备中时，由于网带网孔能透气，故烘烤时食品生坯底部水分容易蒸发，其外形不会因胀发而变得不规则或发生油滩、洼底、粘带及打滑等现象。但因长期烘烤，网带上积累的面屑碳黑不易清洗，致使制品底部粘上黑斑而影响食品质量。此时，应对网带涂镀防粘材料（如泰富龙）来解决。

（4）塑料带　它具有耐磨、耐酸碱、耐油、耐腐蚀和适用于温度变化大等优点，所以它已被逐渐推广使用。

塑料带分多层芯式和整芯式两种。多层芯塑料带和普通橡胶带相似，其径向断裂强度为549N/cm·层。整芯式塑料带制造工艺简单，生产率高、成本低、质量好，但挠性较差。整芯式带厚度有3mm和4mm两种，其断裂强度分别为1470N/cm和1960N/cm，采用塑化接头时强度稍好些，若用机械接头则强度会大大降低。

（5）帆布带　帆布带主要用于饼干成型前的面片和饼坯的输送，如面片叠层、加酥辊压、饼干成型过程中均用帆布作为输送带。帆布带除抗拉强度大之外，主要特点是柔性好，能经受多次反复折叠而不疲劳。目前，配套国产饼干机的帆布带宽度有500、600、800、1000和1200mm等。帆布的缝接通常采用棉线和人造纤维缝合，少数情况下用皮带扣连接。

（6）板式带　板式带即链板式传送带，它与带式传动装置的不同之处是：带式传送装置用来移动物品的牵引件为各式传送带，传送带同时又作为承载被送物品的构件；而链板式传送装置中，用来移动被送物料的牵引件为板式关节链，而支承被送物品的构件则为托板下固定的导板，即链板是在导板上滑行的。在食品工业中，这种输送带常用来输送未装料和已装料的包装容器如玻璃瓶、金属罐等。

食品工厂用的链板式传送装置，托板和链节做成一个整体而成为链板，如图2-10所示。链板与链板间用销子连接，销子用碳钢或不锈钢制造，而链板常用不锈钢和ABS塑料制成。驱动链轮和改向链轮应根据链板的结构而做成槽形和多边形。

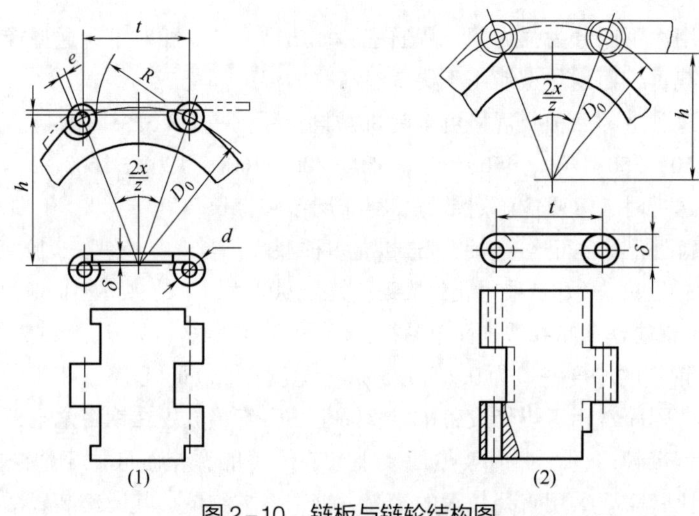

图2-10　链板与链轮结构图

（1）槽形　（2）多边形

链板式传送装置中所用的关节链的节距比较大，这是因为在链节上要固定承载的链板的缘故。链轮的几何尺寸从上图中可以看出，其中 D_0 为节圆直径，d 为销轴直径，t 为节距，e 为销轴中心的松动距离，h 为多边形的边至中心的距离。

链板式传送装置与带式传送装置相比较，其结构紧凑，作用在轴上的载荷较小，承载能力大，效率高，并能在条件差的场合下工作，如高温、潮湿的场合。链板与驱动链轮间没有打滑现象，因而能保证链板具有稳定的平均速度。但链板的自重较大，制造成本较高，对安装精度的要求也较高。由于链板之间有铰链关节，需仔细地保养和及时调整、润滑。

2. 机架和托辊

带式输送机的机架多用槽钢、角钢和钢板焊接而成。可移式输送机的机架装在滚轮上以便移动。

托辊在输送机中对输送带及其上的物料起承托的作用，使输送带运行平稳。板式带不用托辊，可通过板下的导板承托滑行。

托辊分上托辊（即载运段托辊）和下托辊（即空载段托辊）。上托辊有如图2-11所示的几种形式。槽形托辊是在带的同一横截面方向接连安装3或5条平型辊，底下一条水平，旁边的倾斜而组成一个槽形，主要用于输送量大的散状物料。

定型的托辊的总长度应比带宽 B 大100~200mm。

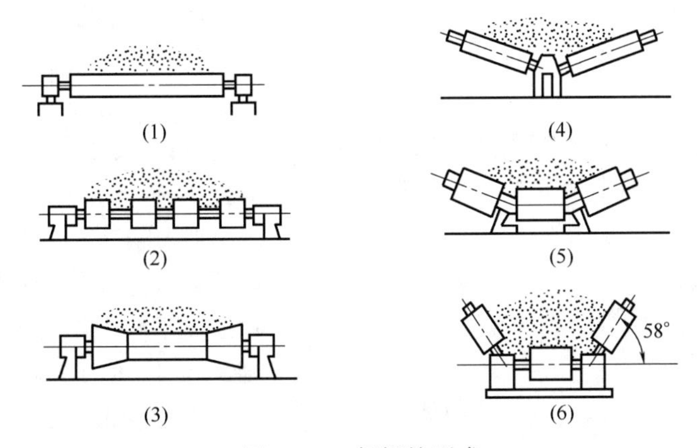

图2-11　托辊的形式

（1）平直单辊式　（2）平直多节单辊式　（3）单辊槽式

（4）双辊“V”式　（5）三辊槽式　（6）三辊“V”式

托辊的间距和直径，与带的种类、带宽及运送物料的重量等有关。物料重时，间距应小，当物料为大于20kg的成件物品时，间距应小于物品在运输方向的长度的一半，以保证物品同时有两个以上的托辊支承，通常取0.4～0.5m。物料比较轻的，间距可取1～2m。对于较长的胶带输送机，为了防止胶带跑偏，每隔若干组托辊，须装一个调整托辊（图2-12），这种托辊在横向能摆动，两边有挡板，防止胶带脱出。定型的托辊直径采用ϕ89、ϕ108、ϕ159mm几种。

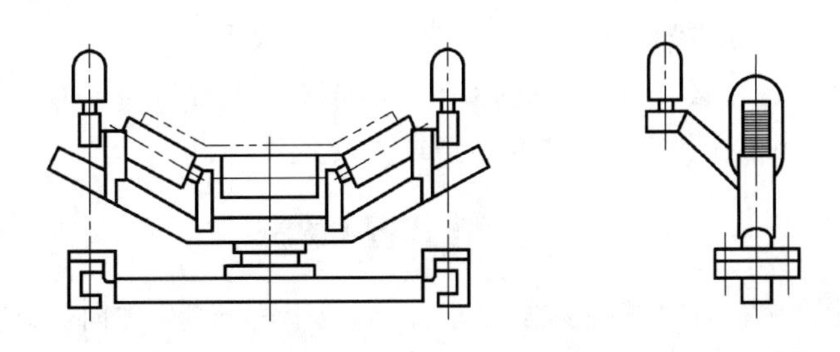

图2-12　调整托辊

托辊可用铸铁制造，但较常见的是用两端加上凸缘的无缝钢管制造。托辊轴承有滚珠轴承和含油轴承两种。端部有密封装置及添加润滑剂的沟槽等。

3. 驱动装置

带式输送机的驱动装置主要由电动机、减速装置和驱动滚筒等组成。在倾斜式输送机上还有制动装置或停止装置。减速装置通常用体积较小的齿轮减速箱或蜗杆蜗轮减速箱，采用摆线针轮减速器则可使结构更为紧凑。除板式带的驱动滚筒为表面有齿的滚轮外，其他输送带的驱动滚筒通常为直径较大、表面光滑的空心滚筒。滚筒通常用钢板焊接而成，为了增加滚筒和带的摩擦力，有时在表面包上木材、皮革或橡胶。滚筒的宽度比带宽大100～200mm。驱动滚筒做成鼓形，即中间部分直径比两端直径稍大，这样能自动纠正胶带的跑偏。

驱动滚筒的牵引力，应根据传送带在滚筒表面不打滑为条件来确定。

4. 张紧装置

在带式输送机中，由于输送带具有一定的伸长率，在拉力作用下，本身长度会增大。这个

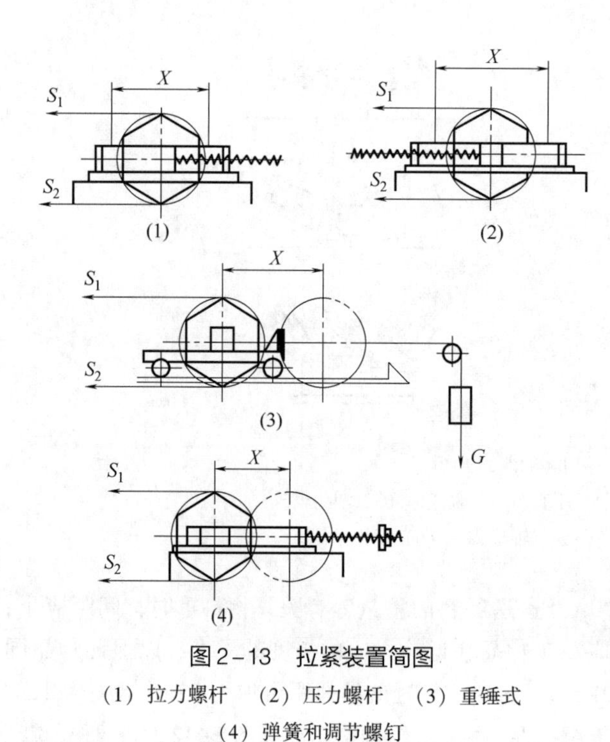

图 2-13 拉紧装置简图

（1）拉力螺杆 （2）压力螺杆 （3）重锤式

（4）弹簧和调节螺钉

增加的长度需要得到补偿，否则带与驱动滚筒间不能紧密接触而打滑，使输送带无法正常运转。常用的张紧装置有重锤式、螺旋式和压力弹簧式等，如图 2-13 所示。

对于输送距离较短的输送机，张紧装置可直接接装在输送带的从动滚筒的支承轴上，而对于较长的输送机则需调专用的张紧辊。

输送带张不紧时，带的紧边不平坦，不仅承载能力下降，且使物料运行不平稳。

螺旋式张紧装置是利用拉力螺杆［图 2-13（1）］、压力螺杆［图 2-13（2）］使之张紧。其主要优点为外形尺寸小，较紧凑。缺点是必须经常调整，以使两边张力相等。

重锤式张紧装置如图 2-13（3），是在自由悬垂的重物作用下产生拉紧作用的。其优点是能够保证张紧力恒定，缺点是外形尺寸较大。

压力弹簧张紧装置是在张紧辊两端的轴承座上连接一弹簧和调节螺钉［如图 2-13（4）所示］。其优点是外形尺寸小，有缓冲作用，但结构较复杂。

二、斗式提升机

在食品连续化生产中，有时需将物料沿垂直方向或接近于垂直方向进行输送。由于采用带式输送机时倾斜输送的角度必须小于物料在输送带上的静止角，输送物料方向与水平方向的角度不能太大，此时应该采用斗式提升机。如酿造食品厂输送豆粕、散装粉料，罐头食品厂把蘑菇从料槽升送到预煮机，番茄、柑橙制品生产线中也都采用。

斗式提升机的主要优点是占地面积小，可把物料提升到较高的位置（30～50m），生产率范围较大（3～160m^3/h）。缺点是过载敏感，必须连续均匀地供料。

斗式提升机按输送物料的方向可分为倾斜式和垂直式两种；按牵引机构的不同，又可分为皮带斗式和链条斗式（单链式和双链式）两种；按输送速度来分有高速和低速两种。

（一）斗式提升机的结构和工作原理

图 2-14 所示为倾斜式斗式提升机。为了改变物料升送的高度，以适应不同生产情况的需要，料斗槽中部有一可拆段，使提升机可以伸长也可缩短。支架也是可以伸缩的，用螺钉固定。支架有垂直的（如图中支架 1A）和倾料的（支架 2A），倾斜支架固定在槽体中部。有时为了移动方便，机架装在活动轮子上。

图 2-15 所示为垂直式斗式提升机，它主要由料斗、牵引带（或链）、驱动装置、机壳和进、卸料口组成。

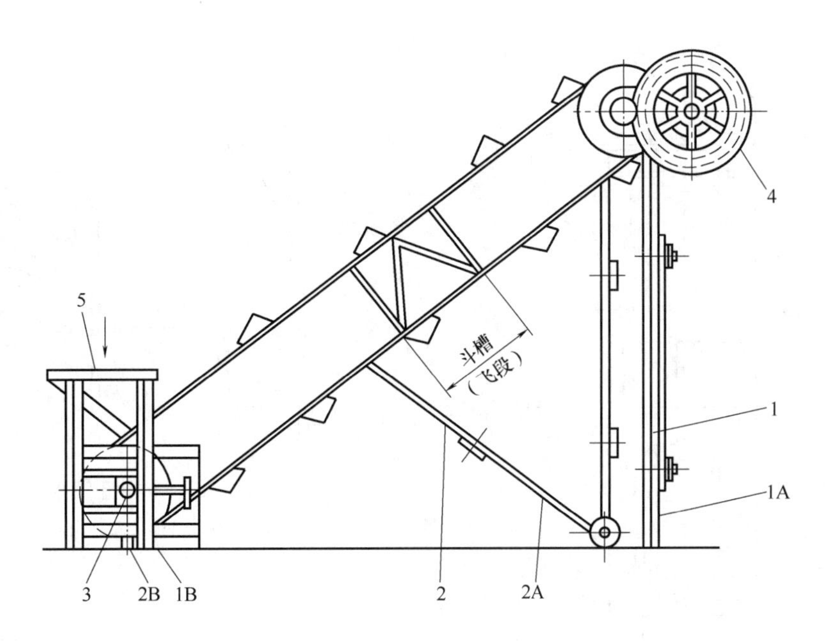

图2－14　倾斜斗式提升机

1，2—支架　3—张紧装置　4—传送装置　5—装料口

斗式提升机的各个料斗，以背部（后壁）固接在牵引带式链条上。双链式斗式提升机的链条有时也可固接在料斗的侧壁上。

图2－16所示为料斗在牵引带上的布置简图。它是根据被运动送物料的特性、使用场合和料斗装料和卸料的方法来决定的。如安置在打浆机、预煮机、分级机等前面的提升机，在生产率相同的条件下，还是以料斗密接的为好，这样可以使进料连续和均匀，有利于各种机械的控制和使用。

斗式提升机的装料方式分为挖取式和撒入式，如图2－17所示。前者适用于粉末状、散粒状物料，输送速度较高，可达2m/s，料斗间隔排列。后者适用于输送大块和磨损性大的物料，输送速度较低（<1m/s），料斗呈密接排列。

物料装入料斗后，提升到上部进行卸料。卸料时，可以采用离心抛出、靠重力下落和离心与重力同时作用三种型式（如图2－18）。靠重力下落称为无定向自流式；靠重力和离心力同时作用的称为定向自流式。其特点和适应场合如下：

1. 离心式

离心式适用于物料提升速度较快的场合，一般在1～2m/s，利用离心力将物料抛出。斗与斗之间要保持一定的距离。离心式卸料适用于粒状较小而且磨损性小的物料。

2. 重力式

重力式适用于提升大块状、相对密度大、磨损性大和易碎的物料。物料靠重力落下，适用于低速运送物料，速度为0.5～0.8m/s，物料沿前一个料斗的背部落下。斗与斗之间紧密相连。

3. 离心重力式

离心重力式适用的提升速度也较低，一般在0.6～0.8m/s，适用于流动性不良的散状、纤维状物料或潮湿物料。

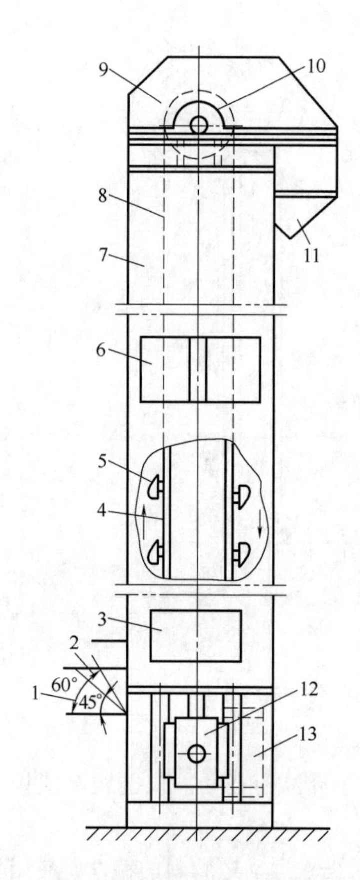

图2-15 垂直斗式提升机

1—低位装载套管 2—高位装载套管 3,6,13—孔口 4,8—带子 5—料斗 7—外壳 9—上鼓轮外壳 10—鼓轮 11—下料口 12—张紧装置

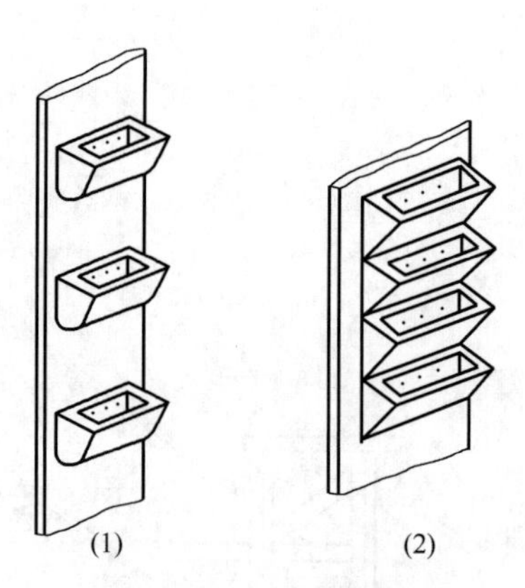

图2-16 料斗布置形式

(1) 料斗疏散型 (2) 料斗紧接型

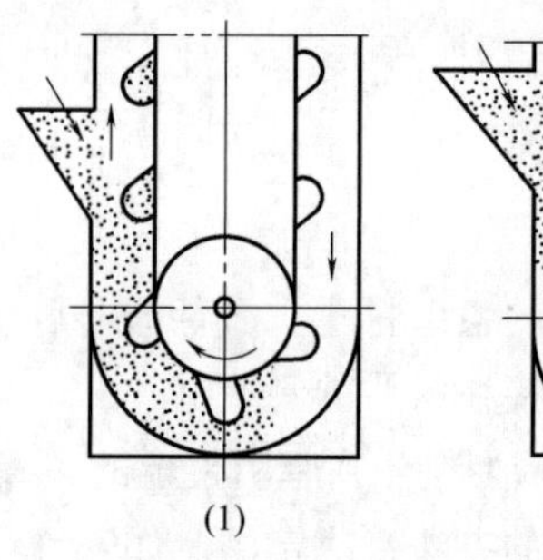

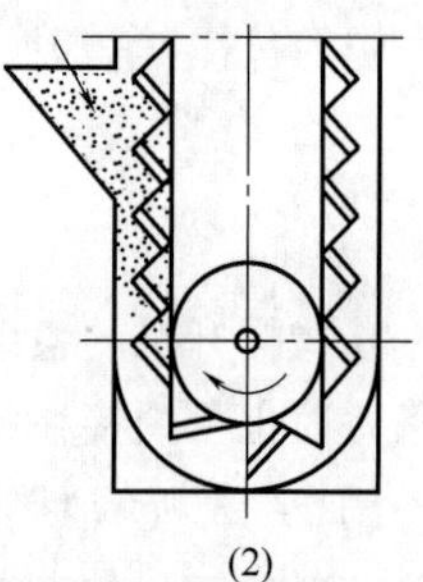

图2-17 斗式提升机装料简图

(1) 挖取式 (2) 撒入式

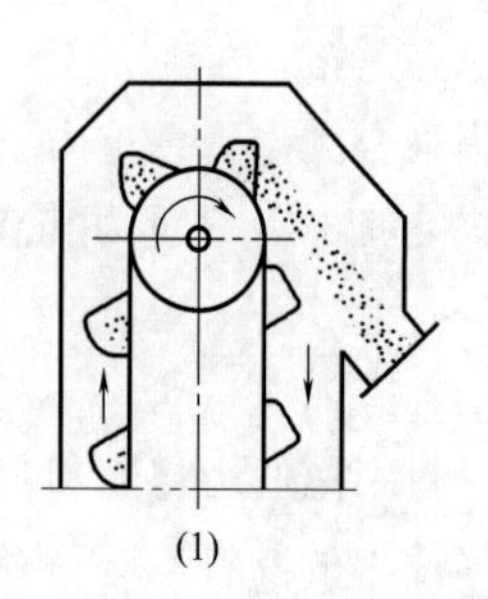

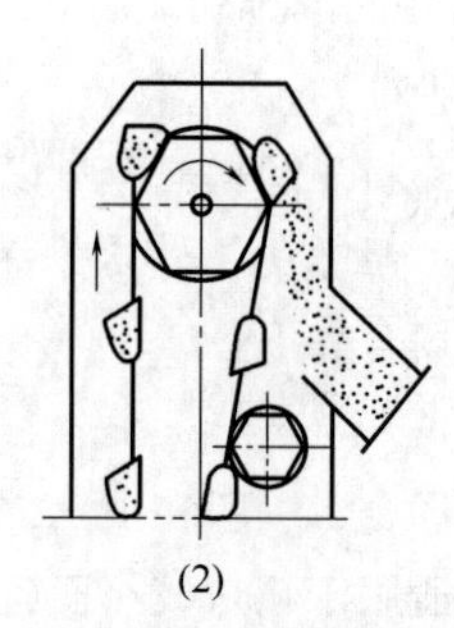

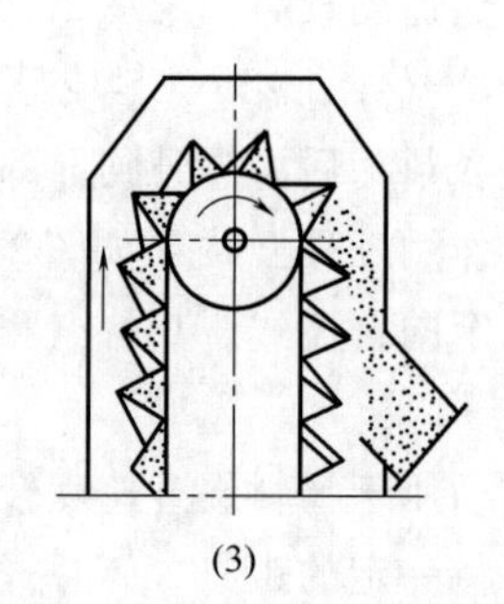

图2-18 斗式提升机卸料方法简图

(1) 离心式 (2) 无定向自流式 (3) 定向自流式

由于离心式卸料是利用料斗通过顶部驱动轮所产生的离心力的作用把物料抛出，直接落入提升机外壳上部的卸料流管中，因此为了保证卸料的正常进行，必须正确地选择下列参数：①料斗的运动速度；②驱动轮的直径；③卸料管的安装位置；④料斗的间距。

（二）斗式提升机的主要构件

1. 料斗

料斗是提升机的盛料构件，根据运送物料的性质和提升机的结构特点，料斗可分为三种不同的形式，即圆柱形底的深斗、浅斗及尖角形斗，如图2-19所示。

深斗的斗口呈65°的倾斜，斗的深度较大。用于干燥的、流动性好的、能很好地撒落的粒状物料的输送，如图2-19（1）。

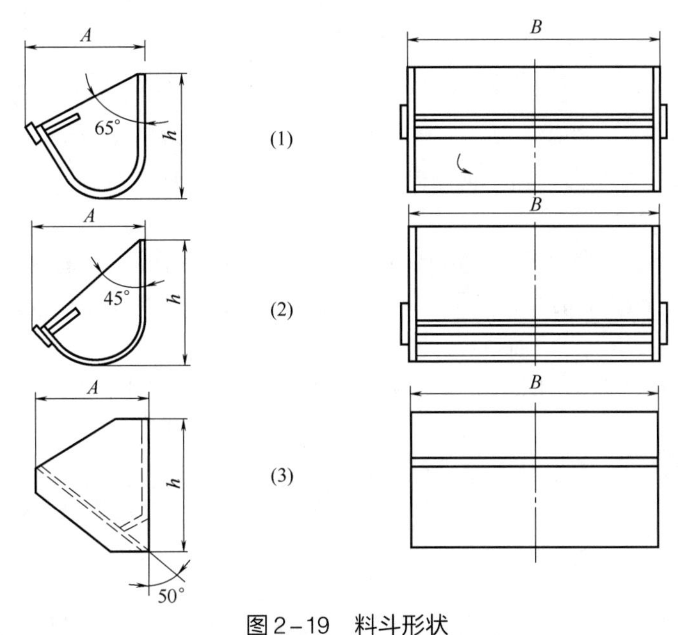

图2-19　料斗形状

（1）深斗　（2）浅斗　（3）尖角形斗

图2-19（2）所示为浅圆底斗，斗口呈45°倾斜，深度小。它适用于运送潮湿的和流动性差的粉末、粒状物料。由于倾斜度较大和斗浅，物料容易从斗中倒出。

深斗和浅斗在牵引件上排列要有一定的间距，斗距通常取为（2.3～3.0）h（h为斗深）。斗是用2～6mm厚的不锈钢板或铝板焊接、铆接或冲压而成。

图2-19（3）为尖角形料斗，它与上述两种斗不同之处是斗的侧壁延伸到底板外，使之成为挡边，卸料时，物料可沿一个斗的挡边和底板所形成的槽卸料。它适用于黏稠性大和沉重的块状物料的运送，斗间一般没有间隔。

料斗的主要参数是斗宽B、伸距A、容积V和高度h及斗的形式，这些参数可从有关产品目录中查取。

2. 牵引件

斗式提升机的牵引件，可用胶带和链条两种，胶带和带式输送机的相同。料斗用特种头部的螺钉和弹性垫片固接在牵引带上，带宽比料斗的宽度大35～40mm。

链条常用套筒链或套筒滚子链。其节距有150，200，250mm等数种。当料斗的宽度较小（160～250mm）时，用一根链条固接在料斗的后壁上；斗的宽度大时，用两根链条固接在料斗的两边的侧板上，即借助于角钢把料斗的侧边和外链板相连。

牵引件的选择，取决于提升机的生产率、升送高度和物料的特性。用胶带作牵引件主要用于中小生产能力的工厂及中等提升高度，适合于体积和密度小的粉状、小颗粒等物料的输送。用链条作牵引件则适合于大生产率及升送高度大和较重物料的输送。

皮带斗式提升所用的驱动轮和改向轮的直径 D 是根据带的帆布层数决定的。一般取 $D=(125\sim150)i$（mm），i 为带的帆布层数。改向轮的直径可比驱动轮稍小些。在改向轮的轴承座上装有螺杆式的张紧装置，调节螺杆的螺母则装在提升机外壳下部的侧壁上，行程在 200～500mm 范围内选取。

三、螺旋输送机

螺旋输送机是一种不带挠性牵引件的连续输送机械，主要用于各种干燥松散的粉状、粒状、小块状物料的输送。例如煤粉、面粉、水泥、谷物、小块煤、卵石等的输送。在输送过程中，还可对物料进行搅拌、混合、加热和冷却等工艺。但不宜输送易变质的、黏性大的、易结块的及大块的物料。

螺旋输送机的结构简单，横截面尺寸小，密封性能好，便于中间装料和卸料，操作安全方便，制造成本低。但输送过程中物料易破碎，零件磨损较大，消耗功率较大。螺旋输送机使用的环境温度为 -20～50℃，物料温度 <200℃，一般输送倾角 $\beta\leq20°$。

螺旋输送机的输送能力一般在 $40m^3/h$ 以下，高的可达 $150m^3/h$。输送长度 <40m，最长不超过 70m。

螺旋输送机的总体结构如图 2-20 所示。

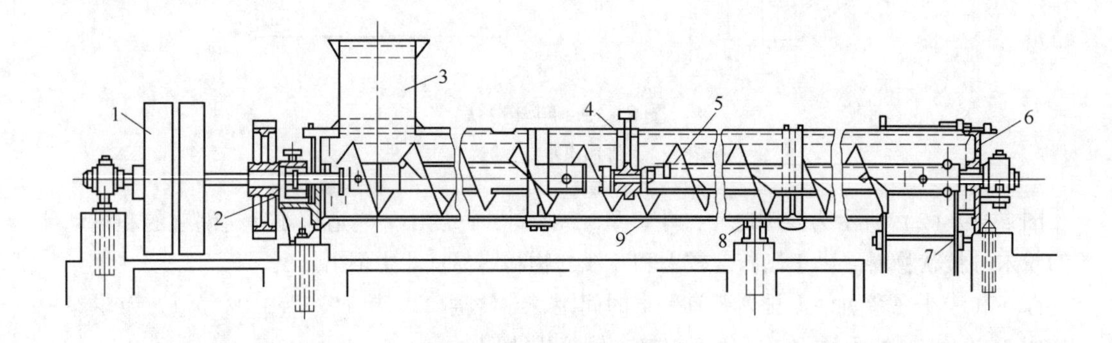

图 2-20 螺旋式输送机

1—传动轮 2—轴承 3—进料口 4—中间轴承 5—螺旋 6—支座 7—卸料口 8—支座 9—料槽

螺旋输送机由一根装有螺旋叶片的转轴和料槽组成。转轴通过轴承安装在料槽两端轴承座上，一端的轴头与驱动装置相联系，机身如较长再加中间吊轴承。料槽顶面和槽底分别开进、

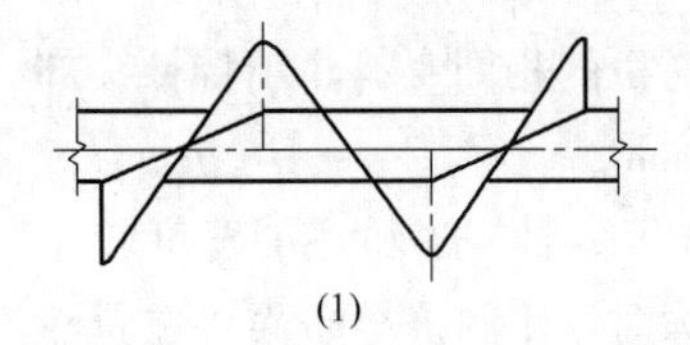

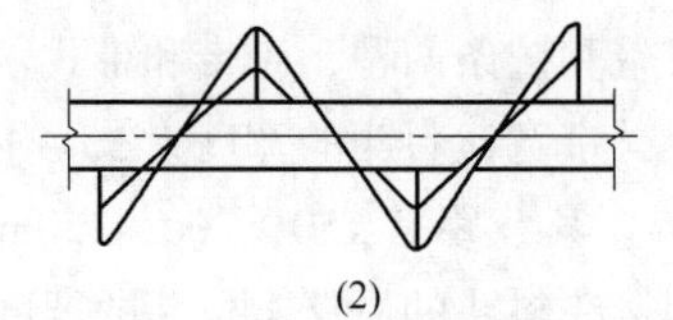

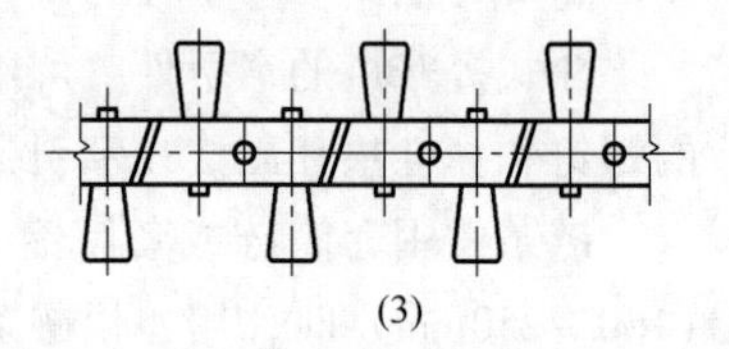

图 2-21 螺旋叶片的面型

(1) 实体面型 (2) 带式面型 (3) 叶片面型

出料口。

物料的输送是靠旋转的螺旋叶片将物料推移而进行的（物料像不旋转的螺母沿螺杆平移）。

旋转轴上焊有螺旋叶片，叶片的面型根据输送物料的不同有实体面型、带式面型、叶片面型等（图 2-21）。转轴在物料运动方向的终端有止推轴承以承受物料给螺旋的轴向反力。

第三节　气力输送机械

运用风机（或其他气源）使管道内形成一定速度的气流，达到将散粒物料沿一定的管路从一处输送到另一处，称为气力输送。人们在长期的生产实践中，认识了空气流动的客观规律，根据生产上输送散粒物料的要求，创造和发展了气力输送的装置。

在国外，19 世纪末期已开始在港口运用气力输送装置来卸散粮。我国从 1958 年起，也开始了对气力输送技术的研究和试验。最先在港口开始采用吸粮机，从船舱卸散粮，其后，其他各行业也创造出多种型式的气力输送装置。特别是近二十年来发展很快，气力输送装置已成为散粒物料装卸和输送的现代化工具之一。

气力输送装置与其他输送机比较具有许多优点：输送过程密封，因此物料损失很少，且能保证物料不致吸湿、污染或混入其他杂质，同时输送场所灰尘大大减少，从而改善了劳动条件；结构简单，装卸、管理方便；可同时配合进行各种工艺过程，如混合、分选、烘干、冷却等，工艺过程的连续化程度高，便于实现自动化操作；输送生产率较高，尤其是利于实现散装物料运输机械化，可大大提高生产率，降低装卸成本。

气力输送也有不足之处：动力消耗较大；管道及其他与被输送物料接触的构件易磨损，尤其是在输送摩擦性较大的物料时；输送物料品种有一定的限制，不宜输送易成团黏结和怕碎的物料。

一、　气力输送原理

气力输送方法是借助气流的动能，使管道中的物料悬浮而被输送。可见物料的悬浮是气力输送中重要的一环。

设物料小颗粒在静止的空气中自由降落，如图 2-22 所示。

作用在颗粒上的力有三个：颗粒重力 G、浮力 F 和空气阻力 f。在重力作用下，颗粒降落的速度愈来愈快，并导致颗粒受到的空气阻力也越来越大。当颗粒的重力 G、浮力 F 和空气阻力 f 平衡，也就是 $G = F + f$ 时，颗粒作匀速降落，此时称颗粒为自由沉降，颗粒的运动速度就称为沉降速度。根据相对运动原理，当空气以颗粒的沉降速度自下而上流过颗粒时，颗粒必将自由悬浮在气流中，这时的气流速度称为颗粒的悬浮速度，在数值上等于颗粒的沉降速度。如果气流速度进一步提高，大于颗粒的悬浮速度时，则在气流中悬浮的颗粒就将被气流带走，产生气流输送，这时的气流速度称为气流输送速度。从以上分

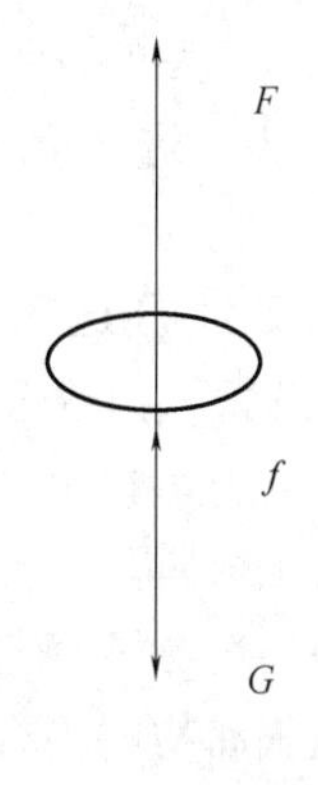

图 2-22　颗粒沉降

析可知，在垂直管中，气流速度大于颗粒悬浮速度，是垂直管中颗粒气力输送的基本条件。

颗粒在水平管中的悬浮较为复杂，它受很多因素的影响。实验发现，当气流速度很大时，颗粒全部悬浮，均分布于气流中。当气流速度降低时，一部分颗粒沉积于管的下部，在管截面上出现上部颗粒稀薄，下部颗粒密集的两相流动状态。这种状态是水平输送的极限状态。当气流速度进一步降低，将有颗粒从气流中分离出来沉于管底。由此可见，必须有足够的气流速度才能保证气流输送的正常进行。但速度过大也没有必要，那样将造成很大输送阻力和较大磨损。

二、气力输送的类型

气力输送的形式较多，根据物料流动状态，气力输送装置可分为悬浮输送和推动输送两大类（目前多采用的是使散粒物料呈悬浮状态的输送形式）。悬浮输送可分吸送式、压送式、混合式三种。

（一）吸送式气力输送

吸送式气力输送又称为真空输送，装置如图 2-23 所示，它是借助压强低于 0.1MPa 的空气流来进行工作的。当风机（真空泵）5 开动后，整个系统内便被抽至一定的真空度。在压力差的影响下，大气中的空气流从物料堆间隙透过，并把物料携带入吸嘴 1，进而沿输料管 2 移动至物料分离器 3 中，空气与物料即被分离。物料由分离器 3 的底部卸出，而含尘空气流继续送到除尘器 4 中，粉尘由底部卸出。最后经过除尘的空气流通过风机 5 和消声器 6 被排入大气中。

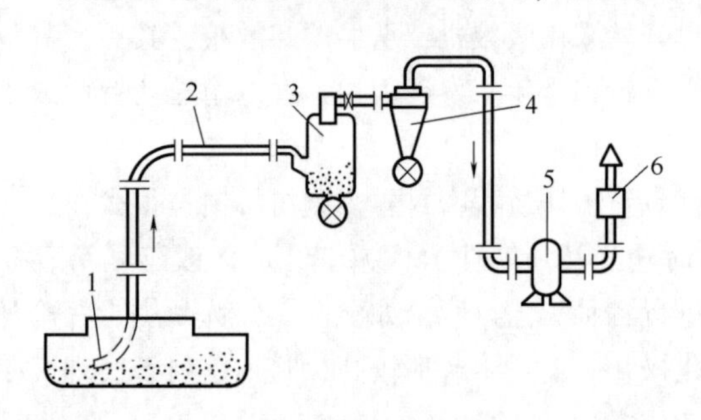

图 2-23　吸送式气力输送装置
1—吸嘴　2—输料管　3—分离器
4—除尘器　5—风机　6—消声器

此种装置的最大优点是供料简单方便，能够从几堆或一堆物料的数处同时吸取物料。但是，其输送物料的距离和生产率是受到限制的，因为装置系统的压力差不大。其真空度一般不超过 0.05 ~ 0.06MPa，如果真空度太低，又将急剧地降低其携带能力，以致引起管道堵塞。而且，这种装置对密封性要求也很高。此外，为了保证风机可靠工作及减少零件磨损，进入风机的空气必须预先除尘。

（二）压送式气力输送

压送式气力输送装置如图 2-24 所示，它是在高于 0.1MPa 的条件下进行工作的。鼓风机 1 把具有一定表压力的空气压入导管，被输送物料由供料器 2 供入输料管 3 中。空气和物料混合物沿着输料管运动，物料通过分离器 4 卸出，空气则经除尘器

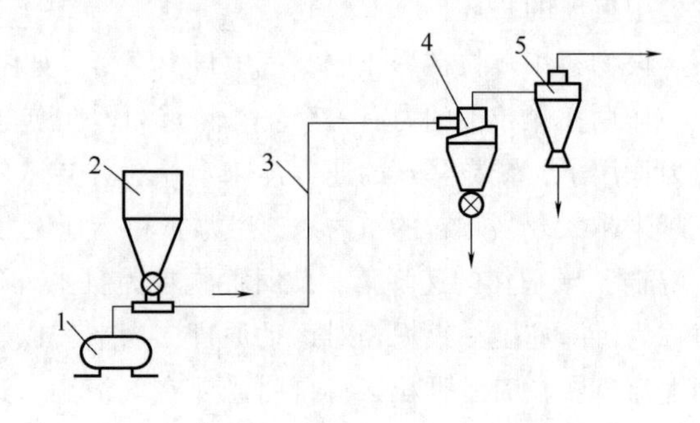

图 2-24　压送式气力输送装置
1—鼓风机　2—供料器　3—输料管
4—分离器　5—除尘器

5净化后排入大气。

此装置特点恰与吸送式相反。由于它便于装设分岔管道，故可同时把物料输送至几处，且输送距离较长，生产率较高。另外是容易发现漏气位置，且对空气的除尘要求不高。它的主要缺点是由于必须从低压往高压输料管中供料，故供料装置较复杂，并且不能或难以由几处同时吸取物料。

（三）混合式气力输送

混合式气力输送装置如图2-25所示，它由吸送式部分和压送式部分组成。首先通过吸嘴1将物料由料堆吸入输料管2，然后送到分离器3中，而分离出来的物料又被送入压送系统的输料管6中继续进行输送。

此种形式综合了吸送式和压送式的优点，既可以从几处吸取物料，又可以把物料同时输送到几处，且输送的距离可较长。其主要缺点是含尘的空气要通过鼓风机，使它的工作条件变差，同时整个装置的结构也较复杂。

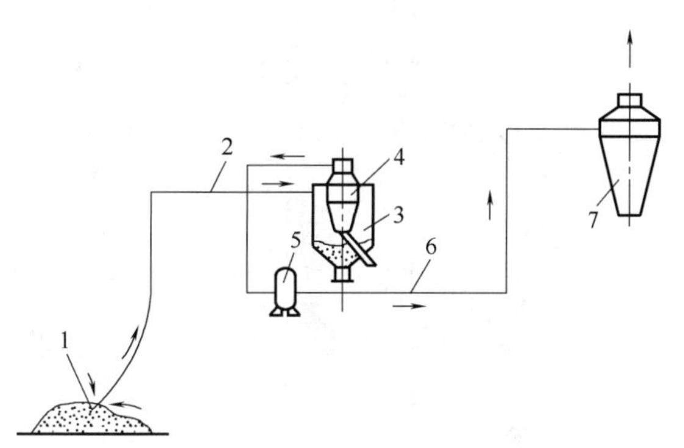

图2-25　混合式气力输送装置

1—吸嘴　2，6—输料管　3—分离器　4—除尘器　5—鼓风机　7—分离器

三、气力输送装置的主要部件

气力输送装置主要由供料器、输送管道系统、分离器、除尘器和风机等部分组成。

（一）供料器

供料器的作用是把物料供入气力输送装置的输送管道，形成合适的物料和空气的混合比。它是气力输送装置的“咽喉”，其性能的好坏直接影响生产率和工作的稳定性。它的结构特点和工作原理取决于被输送物料的物理性质与气力输送装置的形式，可分为吸送式气力输送供料器和压送式气力输送供料器两类。吸送式气力输送供料器有吸嘴、固定式收料器等；压送式气力输送供料器有旋转式供料器、喷射式供料器、螺旋式供料器、容积式供料器等。这里仅简单介绍两种常用的供料器。

1. 吸嘴

它是吸送式气力输送的供料器，如图2-26所示。其工作原理是利用管内的真空度，将物

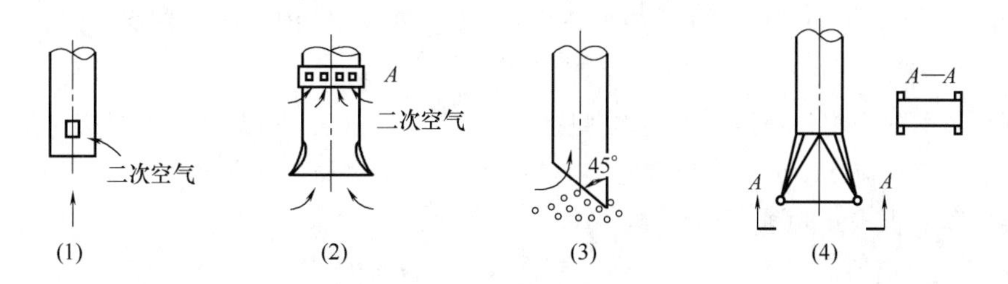

图2-26　单筒吸嘴型式

（1）直口吸嘴　（2）喇叭口吸嘴　（3）斜口吸嘴　（4）扁口吸嘴

料连同空气一起吸进输料管。常用的有单筒和双筒喇叭形吸嘴。单筒吸嘴结构简单，但压力损失大，补充空气无保证，因吸嘴插入料堆后，补充空气口易被物料埋住堵死，有时会因混合比大造成输送料管堵塞。双筒吸嘴吸取物料时，物料及大部分空气经吸嘴部进入内筒，调节外筒上下，可改变间隙，从而调节由内外筒间的环形间隙进入的补充气量，以获得最佳混合比和使物料得到有效的加速，提高输送能力。

2. 旋转式供料器

广泛应用于中、低压的压送式气力输送装置，一般适用于流动性较好、摩擦性较小的粉粒状及小块状物料。最普遍使用的为绕水平轴旋转的圆柱形叶轮供料器，其结构如图 2-27 所示。

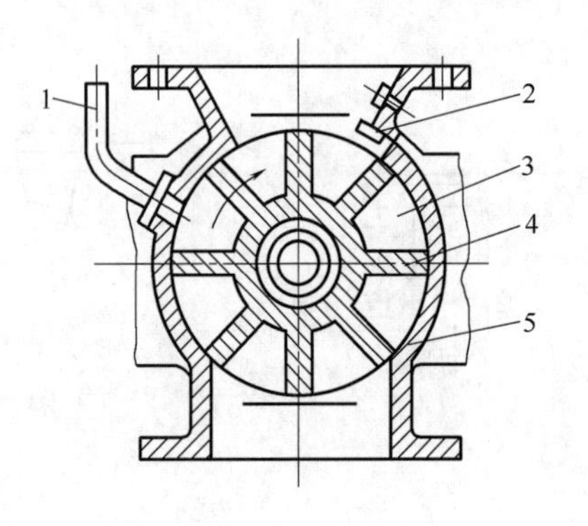

图 2-27　旋转式供料器
1—均压管　2—防卡挡板　3—格室　4—叶轮　5—壳体

它主要由壳体及叶轮组成，壳体两端用端盖密封，壳体上部与加料斗相连，下部与输料管相通。当叶轮由电机和减速传动机带动在壳体内旋转时，物料从加料斗进入旋转叶轮的格室中，然后从下部流进输料管。叶轮的不断转动，即可完成取料与卸料工作。

为了提高格室中物料的装满程度，在加料斗上部装有与大气相通的均压管，以使叶轮格室在转到装料口之前，就将格室中的高压气体从均压管中排出，从而使其中的压力降低，便于物料填装。格子孔的充填系数随物料的性质、叶轮的转速而异，通常是小于 0.75。

旋转式供料器结构紧凑，体积小，运输维修方便，能连续定量供料，有一定程度的气密性。但对加工要求较高，转子与壳体磨损后易漏气。

（二） 输料管

输料管有直管、弯管、软管、伸缩管、回转接头、管道连接部件等。根据工艺要求，输送管系统由以上部件配置组成。需合理地布置、选择输料管及其结构尺寸，以避免管道系统堵塞和减少磨损，降低压力损失，对输送装置的生产率、能量消耗和使用可靠性等都有很大影响。所以，在设计输料管及其元件时，必须满足：接头和焊缝的密封性好；运动阻力小；装卸方便，具有一定的灵活性；尽量缩短管道的总长度。

在气力输送系统中，为了使输料管和吸嘴有一定的灵活性，可在吸嘴与垂直管连接处和垂直管与弯管连接处安装一段挠性管（如套筒式软管、金属软管、耐磨橡胶软管和聚氯乙烯管等），但由于软管阻力较硬管大（一般为硬管的两倍或更大），因此尽可能少用。

（三） 分离器

物料分离器的作用是把被输送的物料从空气流中分离出来。分离的方法是通过适当地降低气流速度、改变气流运动方向或靠离心分离的作用，将物料颗粒分离出来。常用的分离器有离心式分离器和容积式分离器。

1. 离心式分离器

离心式分离器结构如图 2-28 所示。它是由切向进风口、内筒、外筒和锥筒体几部分组成。气料流由切向进风口进入筒体上部，一面作螺旋形旋转运动，一面下降。由于到达圆锥部后，旋转半径减小，旋转速度逐渐增加，气流中的粒子受到更大的离心力，便从气流中分离出来甩到筒壁上，然后由于重力及气流的带动落入底部卸料口排出。气流（其中尚含有少量粉尘）到达锥体下端附近开始转而向上，在中心部作螺旋上升运动，从分离器中内筒排出。

这种分离器结构很简单，制作方便，如设计制作得当，可获得很高的分离效率。例如，对小麦、大豆等颗粒物料，分离效率可达 100%，对粉状物料也可达 98% ~99%。而且压力损失小，没有运动部件，经久耐用，除了由于摩擦性强的物料对壁面产生磨损和黏附性的细粉会产生黏附外，几乎没有其他缺点，所以获得广泛的应用。

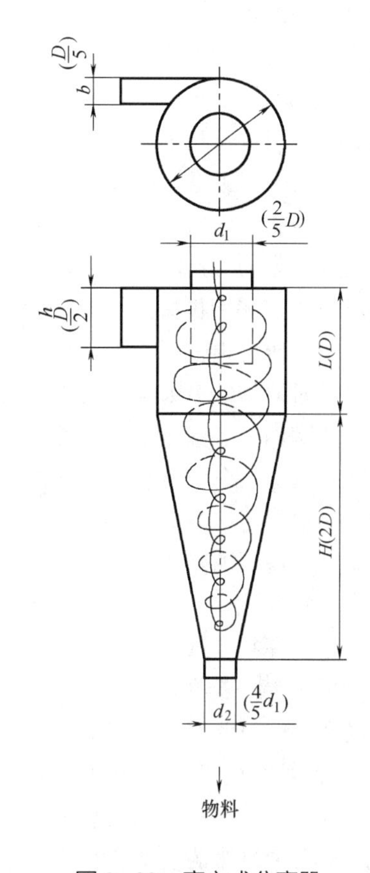

图 2-28 离心式分离器

2. 容积式分离器

这种分离器结构如图 2-29 所示。其作用原理是：空气和物料混合物由输料管进入面积突然扩大的容器中，使空气流降低到远小于悬浮速度 v_f［通常仅为 $(0.03\sim0.1)v_f$］的速度。这样，气流失去了对物料颗粒的携带能力，物料颗粒便在重力的作用下由混合物中分离出来，经容器下部的卸料口卸出。

容积式分离器结构简单，易制造，工作可靠，但尺寸较大。

（四）除尘器

从分离器排出的气体中尚含有较多的粒径 5 ~40μm 的较难分离的粉尘，为防止污染大气和磨损风机，在引入风机前须经各种除尘器进行净化处理，收集粉尘后再引入风机或排至大气。

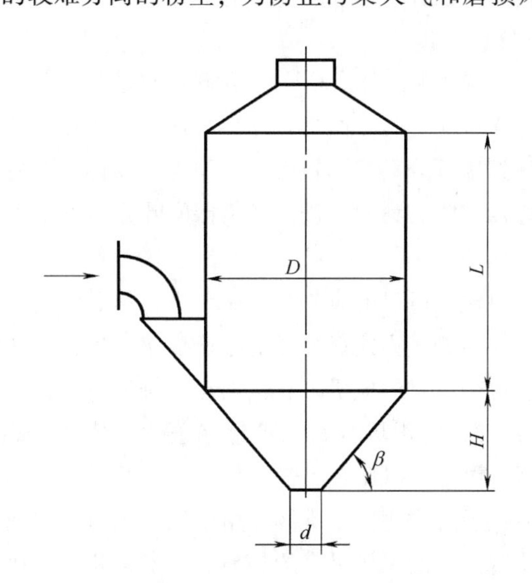

图 2-29 容积式分离器

除尘器的型式很多，但目前应用较多的是旋风除尘器和袋式过滤器。

1. 离心式除尘器

离心式除尘器又称旋风除尘器，结构和工作原理与离心式分离器相同，如图 2-28 所示。所不同的是离心式除尘器的筒径较小，圆锥部分较长。这样，一方面使得与分离器同样的气流速度下，颗粒所受到离心力增大；另外延长了气流在除尘器内停留的时间，有利于分离效率的提高。

2. 袋式过滤器

袋式过滤器是一种利用有机纤维或无机纤维过滤布将气体中的粉尘过滤出来的净化设备，因滤布多做成布袋形，故称袋式过滤器。其结构如图2-30所示。

含尘空气沿进气管1进入过滤器中，并到达下方的锥形体2。在这里有一部分颗粒较大的灰尘被沉降分离出来，而含有细小灰尘的空气则旋向上方进入袋子3中，灰尘就被阻挡和吸附在袋子的内表面。除尘后的空气由布袋内逸出，最后经排气管排出。

经过一定的工作时间后，必须将滤袋上的积灰及时清除（一般采用机械振打、气流反向吹洗等方法），否则将增加压力损失和降低除尘效率。

袋式过滤器的最大优点是除尘效率高。但不适用于过滤含有油雾、凝结水及黏性的粉尘，同时它的体积较大，设备投资、维修费用较高，控制系统较复杂。所以，一般用于除尘要求高的场合。

袋式过滤器的除尘效率与很多因素有关，其中过滤布料、过滤风速、工作条件、清灰方法等影响较大，在设计或选择袋式过滤器时应予考虑。

离心式除尘器和袋式过滤器均属于干式除尘器。除此之外，还有利用灰尘与水的黏附作用来进行除尘的湿式除尘器以及利用高压电场将气体电离，使气体中粉尘带电，然后在电场内静电引力的作用下，使粉尘与气体分离开来的达到除尘目的的电除尘器等。

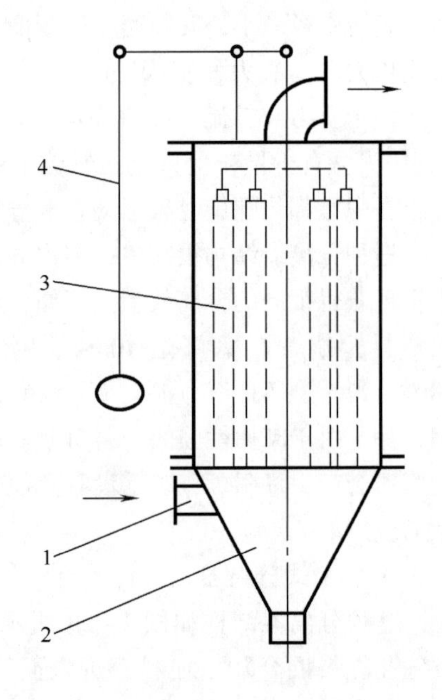

图2-30 袋式过滤器
1—进气管 2—锥形体
3—袋子 4—振打机构

（五）卸料器

在气力输送装置中，为把物料从分离器中卸出和把灰尘从除尘器中排出，并为防止大气中的空气跑入气力输送装置内而造成生产率的降低，必须在分离器和除尘器的下部分别装设卸料器和卸灰器。目前应用最广的是旋转叶轮式卸料（灰）器。

旋转式卸料器的结构和计算与旋转式供料器（图2-27）完全相同，所不同的是其上部不是与加料斗相连，而是与分离器相通，其下部不是连着输料管，而是和外界相通；其均压管不再是把格室的高压气体引出，而是使叶轮格室在转到接近分离器卸料口时借助均压管达到叶轮格室内的压力与分离器中的压力相等，因而使分离器中的物料便于进入卸料器的叶轮格室中。

（六）风机

风机是把机械能传给空气产生压力差而流动的机械。风机的风量和风压大小直接影响着气力输送装置的工作性能，风机运行所需的动力大小关系着气力输送装置的生产成本。因此，正确地选择风机对气力输送装置来说是十分重要的。各种型式的风机各有优缺点，排风量和排气压力有一定范围。所以必须综合考虑各种机械的特性、使用场合和维护检修条件，从经济观点，选择最合适的型式。对风机的要求是：效率高；风量、风压满足输送物料要求且风量对风压的变化要求小；有一些灰尘通过也不会发生故障；经久耐用便于维修；用于压送装置的风机排气中尽可能不含油分和水分。目前，气力输送装置采用的风机最多的是离心式通风机，另外还有一些气源设备如空气压缩机、罗茨鼓风机、水环式真空泵等也用于气力输送中。

离心式通风机的构造如图2-31所示，其工作原理是利用离心力的作用，使空气通过风机后压力和速度都增高从而被送出去。当风机工作时，叶轮在蜗壳形机壳内高速旋转，充满在叶片之间的空气便在离心力的作用下沿着叶片之间的流道被推向叶轮的外缘，使空气受到压缩，压力逐渐增加，并集中到蜗壳形机壳中。这是一个将原动机的机械功传递给叶轮内的空气使空气静压力（势能）和动压力（动能）增高的过程。这些高速流动的空气，进一步提高了空气的静压力，最后由机壳出口压出。与此同时，叶轮中心部分由于空气变得稀薄而形成了比大气压力小的负压，外界空气在内外压差的作用下被吸入进风口，经叶轮中心而去填补叶片流道内被排出的空气。由于叶轮旋转是连续的，空气也被不断地吸入和压出，这就完成了输送气体的任务。

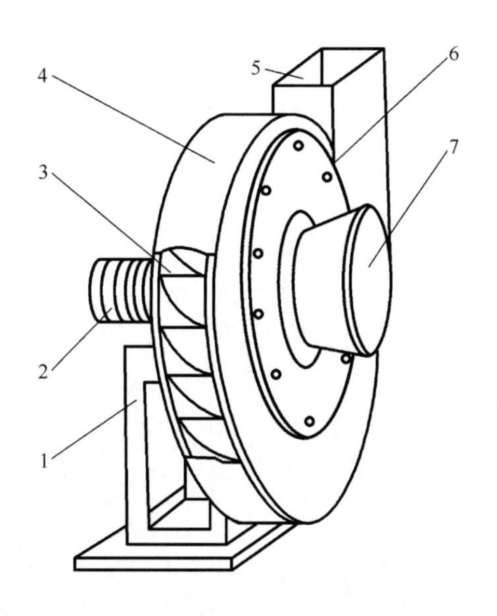

图2-31　离心式通风机的构造

1—机架　2—轴和轴承　3—叶轮　4—机壳　5—出风口　6—风舌　7—进风口

思考题

1. 固体输送机有哪些，它们都有哪些优缺点？

2. 请指出离心泵、齿轮泵、螺杆泵的各自特点和应用场合？

3. 料斗是提升机的盛料构件，根据运送物料的性质和提升机的结构特点，料斗有三种不同的形式，即圆柱形底的深斗和浅斗以及尖角形斗，它们各自的结构特点和应用场合是什么？

4. 请比较本章中各种输送机械与设备的特点和应用场合。

第三章 食品清理与分选机械与设备

CHAPTER 3

[学习目标]

理解食品生产和加工过程中，原料清理与清洗机械与设备使用的必要性和所起的作用；了解各类型清理与清洗机械与设备采用的技术原理、工作过程和设备结构。掌握筛选法清理机、除草机、除石机和除铁机的工作原理；掌握鼓风式清洗和全自动洗瓶机的工作原理、生产流程、生产率的计算方法，滚筒式清洗机、镀锡薄钢板空罐清洗机的工作原理；掌握清洗机械与设备的CIP装置。了解食品分选、分级机械的主要作用，食品常用的分选与分级方法；掌握筛分、形选、光电分选等分级方法的基本知识，可以计算生产效率，具有工程机械的设计和优化能力，根据分级要求，选择和设计分级机械与设备。掌握筛分机械中筛面的种类和结构筛面传动方式，摆动筛和滚筒分级筛的工作原理、生产率的计算方法；掌握形状分级机械与设备中的三辊筒式分级机和带式分级机，滚筒精选机和碟片精选机；掌握光电分选分级机械与设备中光与食品物料的相互作用和食品物料的光特性应用技术以及食品物料光特性应用技术的特点，光电分选机、色选机的工作原理；了解无损检测分级技术中的图像处理、近红外光谱、电子鼻检测技术在农产品、食品中的分级原理与应用。

第一节　食品原料清理和包装容器清洗机械与设备

一、食品原料清理机械

由于食品原料的性质、形状、大小等不同，决定了对其进行洗涤的方法和机械设备也不同，目前广泛使用的有如下几种。

（一）滚筒式清洗机

图3-1所示为连续操作的滚筒式清洗机。滚筒3由角钢、扁钢和钢板焊接而成。滚筒轴线

有3°～5°的倾角，滚筒内壁有螺线导板，以便物料排出。原料从6进料口进入，随着滚筒的转动，物料便在筒内翻滚，物料与物料间，物料与筒壁间互相摩擦而将物料表面污物剥离。同时喷头4连续地向筒内喷水使污物浸润而迅速剥离和排走。清洗干净的物料从出口1排出。

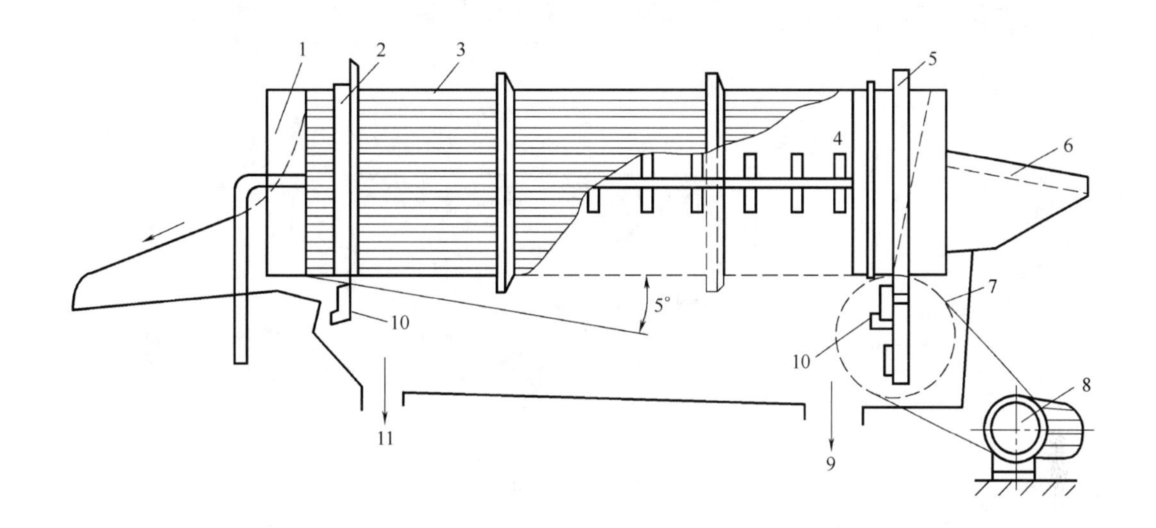

图3-1　滚筒式清洗机

1—物料出口　2—滚筒支架　3—滚筒　4—喷头　5—滚筒托轮　6—进料口
7—传动装置　8—电动机　9,11—洗液出口　10—滚筒支承

滚筒式清洗机主要用于甘薯、马铃薯、生姜、马蹄等块根类食品原料和质地轻硬的水果类原料的清洗。为了提高清洗效果，有的连续式滚筒机内还安装有可上下、左右调节的毛刷。在毛刷的刷洗作用下，食品原料表面的污物更易于脱落，洗净率可达99%，生产能力达1000kg/h。

滚筒式清洗机的滚筒驱动方式一般为托轮-滚圈式。即在滚筒外面装有3～4个滚圈，两边装有小托轮。电机8经传动装置7带动托轮转动，托轮靠摩擦力带动滚圈，从而使滚筒转动。这种驱动方式不仅结构简单可靠，而且传动平稳，因此被广泛采用。

（二）鼓风式清洗机

滚筒式清洗机，由于物料在其中翻滚碰撞激烈，除了能使表面污物脱离外，很可能损伤皮肉。故滚筒式清洗机不适合于软质果蔬的清洗。对软质果蔬，宜采用鼓风式清洗机。图3-2所示为鼓风式清洗机。利用鼓风机4将空气送入洗槽1，使洗涤液产生剧烈的翻动，从而增加洗涤强度，能加速食品原料除去污物而又不损伤原料。原料在洗槽1的水面下浸洗后，由链条6带动其间的输送装置把原料运送到倾斜段，由喷水装置2除去原料表面所沾的污水，然后到达水平输送段，对原料进行检验和修整。

鼓风式清洗机两链条之间的输送装置可采用滚筒（如输送番茄），或金属丝网（如输送块茎类原料），或用平板上装刮板（如水果类原料）等。输送带11借链轮20、压轮3和传动装置驱动。输送机和鼓风机由同一电机驱动，其传动路线如图3-2所示。

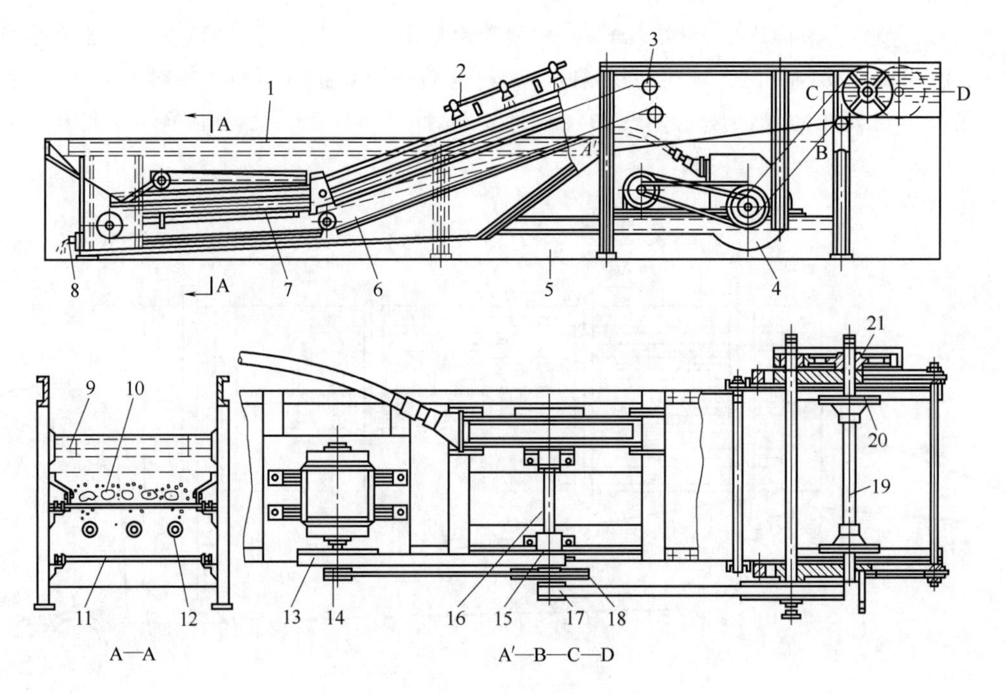

图3-2　鼓风机清洗机

1—洗槽　2—喷水装置　3—压轮　4—鼓风机　5—支架　6—链条　7,12—吹泡管　8—排水管　9—斜槽　10—原料　11—输送带　13～15,17,18—皮带轮　16,19—轴　20—链轮　21—齿轮

（三）刷洗设备

上面介绍的两种清洗设备，不是以刷洗为主。对于制作果酱及果汁的水果，要求彻底清洗，用以上介绍的两种清洗设备是很难满足工艺要求的，而用刷子刷洗设备就比较有效。下面介绍两种刷洗设备。

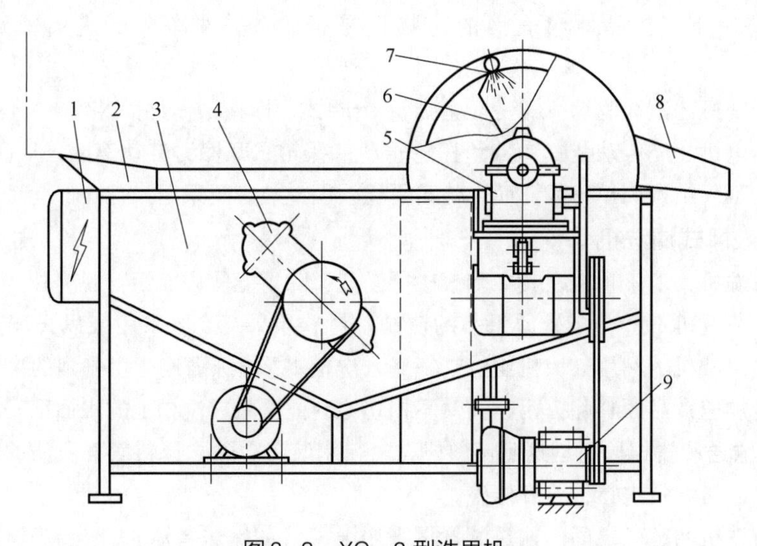

图3-3　XG-2型洗果机

1—电气箱　2—进料口　3—清洗槽　4—刷辊传动装置　5—减速器
6,8—出料口　7—喷水翻斗　9—微型水泵

1. XG－2 型洗果机

图 3－3 所示为 XG－2 型洗果机。该机由清洗槽、刷辊、喷水装置、出料翻斗、机架等构成。果品由进料口落入清洗槽 3，由于两个刷辊的转动使洗槽中的水形成涡流，首先果品在涡流中得到清洗。由于涡流的作用使果品从两个刷辊间隙通过得到全面刷洗。刷洗后的果品由出料翻斗翻上去，再经高压喷水喷洗，从出料口 8 出来。其工作原理如图 3－4 所示。

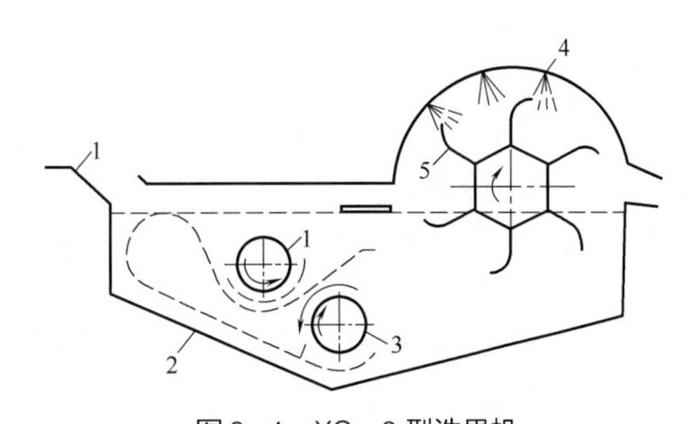

图 3－4　XG－2 型洗果机

1—进料口　2—清洗槽　3—刷辊　4—喷头　5—出料翻斗

该机是冲、刷、喷几个强洗过程的结合，清洗质量好、破损率低、结构紧凑、造价低、使用方便，是目前果品厂较为理想的清洗机。

2. GT_5A_9 型刷果机

图 3－5 所示为 GT_5A_9 型刷果机。该机主要由进出料斗、纵横毛刷辊、传动系统、机架等部分组成。电动机 6 通过 V 带经中间轴、链轮带动纵毛刷辊转动，再经过纵毛刷辊的链轮、圆锥齿轮、V 带带动横向毛刷辊转动。

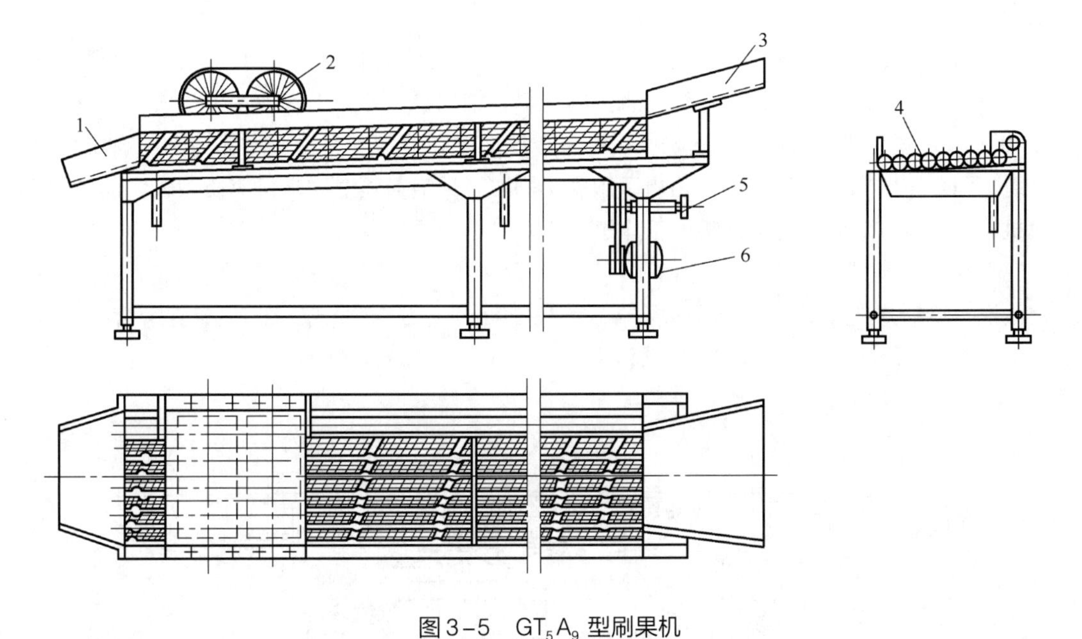

图 3－5　GT_5A_9 型刷果机

1—出料口　2—横毛刷辊　3—进料斗　4—纵毛刷辊　5—传动装置　6—电动机

果品从进料斗进入纵毛刷辊组，毛刷辊上的毛束在辊上呈螺旋线排列，毛束分组，长短相间。相邻两毛刷辊的转向相反，辊轴线与水平方向呈 3°～5°的倾角。这样果品在边转动，边推进、边刷洗的过程中到达横向毛刷辊。横向毛刷辊不仅对果品有刷洗作用，而且可以控制出料速度，以便达到果品表面较完全地刷洗。

二、 食品包装容器清洗机械与设备

食品包装容器的清洗机械与设备，主要是饮料类和罐头类产品生产中的洗瓶机和洗罐机。

（一） 全自动洗瓶机

对饮料生产来说，某些饮料用瓶是回收瓶，如果汁和汽水等用的玻璃瓶，必须清洗干净后才能使用。这些回收瓶除了要去除瓶外的商标纸外，还须除去瓶内日久变干的污垢。对这类瓶子的清洗，食品工厂大多采用全自动洗瓶机。

1. 全自动洗瓶机的分类

全自动洗瓶机的形式较多。

（1）按瓶子在洗瓶机中的流向分

① 单端式：也称来回式，洗瓶机的进瓶部分和出瓶部分都在同一侧。这种形式的洗瓶机仅需一人操作，输送带在机内无空行程。但由于净瓶距脏瓶较近，净瓶易被脏瓶污染。

② 双端式：也称直通式，洗瓶机的进瓶部分和出瓶部分分别在洗瓶机的两端。这种形式的洗瓶机需两个人操作，输送带在机内有空行程。但卫生可靠性好，且易组织连续化生产。

（2）按洗瓶方式分

① 喷射式：这种形式的洗瓶机用洗涤剂、清水等在一定压力（0.2～0.5MPa）下，通过喷嘴对瓶内外进行喷射，从而去除污物。因单用喷射清洗，故易产生较多泡沫，且动力消耗大。适用于中、小型生产线。

② 浸泡与刷洗式：将待洗瓶先进行浸泡，然后用旋转刷将瓶刷净。刷子用合成材料制成，清洗效果较好。但这种形式的全自动洗瓶机刷洗部分结构复杂，在生产中较少使用。

③ 浸泡与喷射式：这种形式的洗瓶机有多个浸泡槽和喷射部分。喷射部分采用高压喷射，当喷射达到一定时间，其清洗效果相当于用刷子刷洗。浸泡与喷射式是目前使用较多的全自动洗瓶机，下面着重介绍这种洗瓶机的工作过程。

2. 浸泡与喷射式洗瓶机

浸泡与喷射式洗瓶机有双端式和单端式。图3-6所示为双端式，图3-7所示为单端式。下面以图3-7所示单端式浸泡与喷射式洗瓶机为例来说明其工作过程。

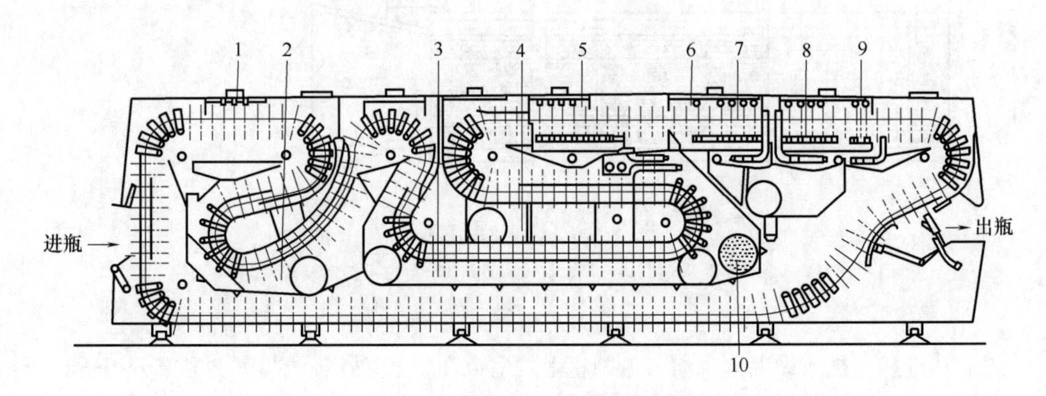

图3-6 双端式浸泡与喷射式洗瓶机

1—预喷洗 2—预泡槽 3—洗涤剂浸泡槽 4—洗涤剂喷射槽 5—洗涤剂喷射区 6—热水预喷区 7—热水喷射区 8—温水喷射区 9—冷水喷射区 10—中心加热器

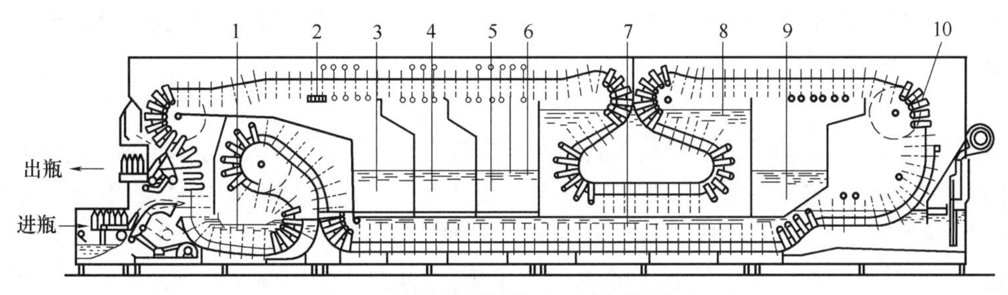

图3-7　单端式浸泡与喷射式洗瓶机

1—预泡池　2—新鲜水喷射区　3—冷水喷射区　4—温水喷射区　5—第二次热水喷射区　6—第一次热水喷射区
7—第一次洗涤剂浸泡槽　8—第二次洗涤剂浸泡槽　9—洗涤剂喷射区　10—改向滚筒

待洗瓶从进瓶处进入到达预泡池 1，预泡池中洗液的温度为 30 ~ 40℃，在此处对瓶子进行初步清洗与消毒。预泡后的瓶子到达第一次洗涤剂浸泡槽 7，此处洗涤液温度可达 70 ~ 75℃。通过充分浸泡，使瓶子上的杂质溶解、脂肪乳化。当瓶子运动到改向滚筒 10 的地方升起并倒过来时，把瓶内洗液倒出，落在下面未倒转的瓶子外表，对其有淋洗作用。在洗涤剂喷射区 9 处设有喷头，对瓶子进行大面积喷洗，喷洗后的瓶子达到第二次洗涤剂浸泡槽 8，其主要目的是使瓶上未被去除的少量污物充分软化溶解。

从第二次洗涤剂浸泡槽出来的瓶子，依次经过第一次热水喷射区 6，第二次热水喷射区 5、温水喷射区 4、冷水喷射区 3、新鲜水喷射区 2 对瓶子上的洗液进行清洗，并降低瓶子温度。最后，洗净的瓶子由出瓶处出瓶。

浸泡与喷射式洗瓶机有如下特点，输送瓶的链带是匀速连续运动的，这样就使所需的驱动力较低，且避免了磨损和较大的噪声。

连续喷射区的喷嘴与连续移动的瓶罩（瓶罩内有瓶子）有一个同步运动过程，它是通过平面槽形凸轮获得的，如图3-8所示。

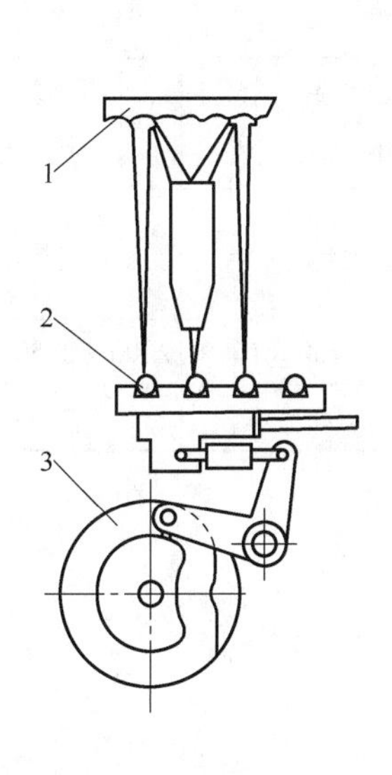

图3-8　跟踪喷射装置原理图

1—折射板　2—喷头
3—平面槽凸轮

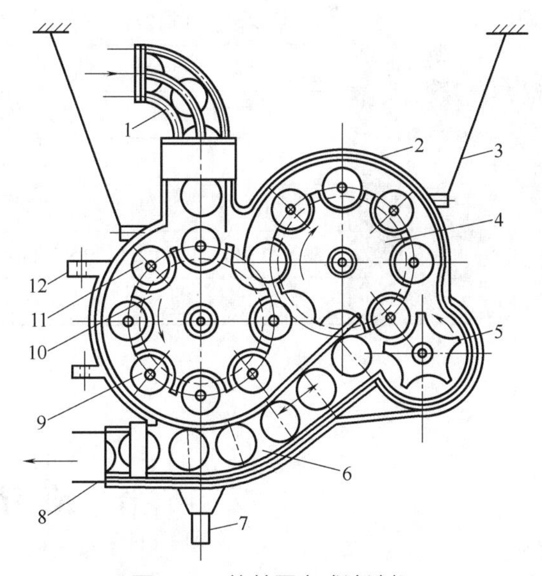

图3-9　旋转圆盘式清洗机

1—进罐槽　2—机壳　3—连杆　4,5,10—星形轮　6—出罐坑道
7—排水管　8—出罐口　9—喷嘴　11—空罐　12—固定盖的环

水的再利用和降低热能消耗。水在洗瓶机中的流动是这样进行的：新鲜水→冷水池→温水池→热水池→预泡池→排水沟。

（二）镀锡薄钢板空罐清洗机

镀锡薄钢板制成的空罐，在进行装料前必须进行清洗。图3-9所示为旋转圆盘式清洗机。

喷洗部件是星形轮10、4和喷嘴。空罐从进罐槽1落下进入星形轮10的凹槽中，星形轮10的空心轴与供热水的管道相连，空心轴借八个分配管把热水送入喷嘴9，喷出的热水对空罐内部进行冲洗。当空罐被星形轮10带着转过一定角度后进入星形轮4。星形轮4的空心轴与供蒸汽的管道相连，所以星形轮4的喷嘴喷出蒸汽对空罐进行消毒。消毒后的空罐经星形轮5送入出罐坑道6。空罐在清洗机中回转时应有一些倾斜，使罐内水易于排出。污水由排水管7排入下水道。

这类空罐清洗机结构简单，生产率较高，耗水、耗汽量较少。其缺点是对多罐型生产的适应性差。

其生产能力可用下式表示：

$$G = n \cdot Z$$

式中 G——生产能力，罐/min

n——星形轮转速，r/min

Z——星形轮齿数，个

除了上面介绍的用来清洗玻璃瓶的全自动洗瓶机和用来清洗空罐的清洗机外，还有其他类型瓶的清洗机械与设备。这些洗瓶机和洗罐机的设计原理和工作过程都有相似之处。如现在饮料生产中用的一次性塑料瓶和玻璃瓶，在灌装之前要进行冲洗。其冲洗方式为回转式多工位喷射。这种喷射式冲洗瓶机在矿泉水、纯净水及其他灌装自动线中经常要用到，能连续自动完成进出瓶、翻转、冲瓶、沥干等清洗工序。QS系列喷射式冲洗瓶机的主要技术参数如表3-1所示。

表3-1 QS系列喷射式冲洗瓶机的主要技术参数

冲洗头数量/个	12	18	24	32
生产能力/（瓶/h）	1500~2500	4000~5000	5000~7000	8000~12000
适用瓶型/mm	$H = 160 \sim 320 \quad \phi = 50 \sim 100$			
功率/kW	0.75	1.1	1.1	1.5
外形尺寸/mm	1200×1380×1680	1450×1500×1680	1700×1700×1680	2000×2350×1800
质量/kg	800	1200	1600	2500

第二节 筛分机械

一、筛面的种类和结构

筛面是筛分机械的主要工作构件。

（一） 栅筛面

栅筛面采用具有一定截面形状的棒料，按一定的间距排列而成，通常用于物料的去杂粗筛。但在淀粉生产中使用的曲筛也可属于此类，由极细的矩形截面不锈钢丝组成弧面。

栅筛面的特点是结构简单：一般粗栅筛很容易制造，但是像淀粉用曲筛那样精细的栅筛是比较困难的。栅筛面的使用，通常物料顺筛格方向运动前进，淀粉曲筛为特例，物料与水的混合物垂直于筛格方向前进。

（二） 板筛面

板筛面由金属薄板冲压而成，又称冲孔筛面，由于板筛的筛孔不可能做得很细，因此仅用于处理颗粒料，不宜于处理粉料。最常用的金属薄板厚度为0.5～1.5mm。

板筛面最常用的筛孔形状是圆孔和长孔，圆孔是按颗粒的宽度进行分级，长孔是按颗粒的厚度分级，也有时采用三角形孔或异形孔。

筛面的筛分效率与孔眼的形状、间距和排列有密切关系，即影响筛分效率的不仅是筛面的开孔率，筛孔的排列也影响到颗粒接触和穿过筛孔的机会。图3-10是几种常见的筛孔排列方式。板筛面的优点为孔眼固定不变，分级准确，同时它坚固、刚硬、使用期限长。由于制造和使用不当，有时筛板产生波形面，会使筛面上各点流量不均匀，应该修整后再使用，否则将严重影响工效。由于筛孔是用冲模制出的，孔边成7°左右的楔角或锥角，安装时应以大端向下，以减少筛孔被颗粒堵塞的机会。近年来国外发展一种厚板筛面，筛孔的密度很大，提高了筛面利用系数，又能保证筛面的刚度和强度。这种厚板筛面的筛孔锥角可以大到40°左右，安装则是大口朝上，更增加了筛下物料穿过筛孔的机会，但是筛上物料也会进入孔口上缘而通不过孔口下缘，形成堵孔。因此这种筛面只适用于某些可以避免堵孔的振动筛。

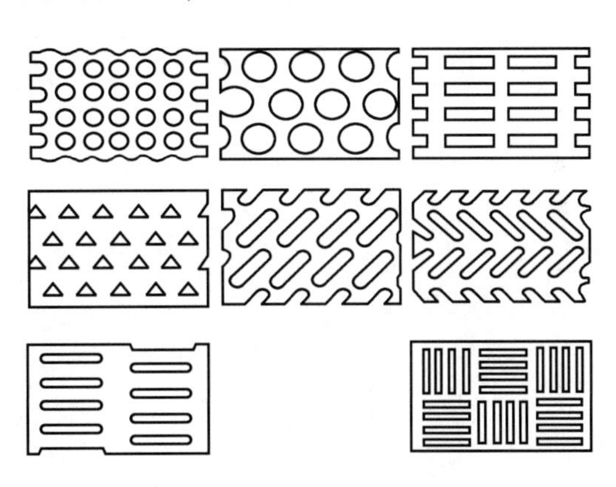

图3-10　板筛面筛孔的排列

（三） 金属丝编织筛面

金属丝编织筛面由金属丝编织而成，又称筛网。其材料为低碳镀锌钢丝（可用于负荷不大、磨损不严重的筛分设备）；高碳钢丝和合金弹簧钢丝（抗拉强度高，伸长率小，可用于较大负荷的筛分设备）；不锈钢丝和有色金属编织的筛网可以用于高水分物料。

编织筛网通常为方孔或矩形孔，孔尺寸大在25mm以上，孔径小在300目以上。一般120目以下的金属丝编织的筛网可以用平纹织法，超过120目就必须用斜纹织法，如图3-11所示。编织筛网不仅用于粉粒料筛分，也常用于过滤作业。金属丝编织筛的优点是轻便价廉，筛面利用系数大，同时由于金属丝的交叠，表面凹凸不平，有利于物料的离析，颗粒通过能力强。主要缺点是刚度、强度

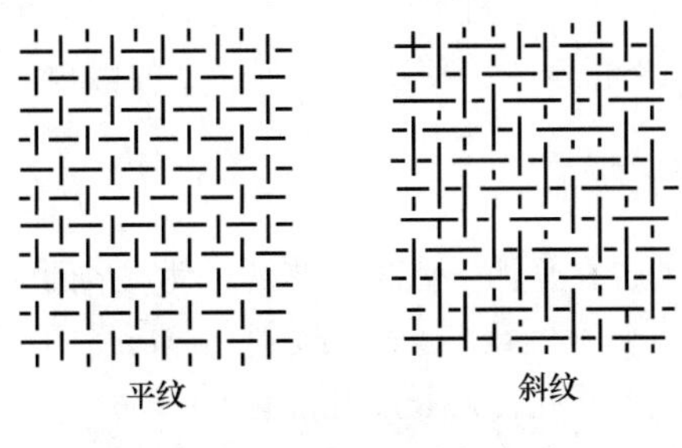

图3-11　金属丝编织方法

差，易于变形破裂，只适用于负荷不太大的场合。使用编织筛时，周围还需有张紧结构。

（四） 绢筛面

绢筛面由绢丝织成，或称筛绢，主要用于粉料的筛分，在面粉工业中粉筛用量最大。由于绢丝光滑柔软，所以在筛面中极易移动而改变筛孔尺寸，使用时必须用大框架绷紧，较大孔的绢筛面都用绞织。筛绢的材料为蚕丝或锦纶丝，也可用两种材料混织。

二、 筛面的运动方式

筛分机械工作过程的基础是物料与筛面的相对运动。对于固定筛面而言，则需要物料具有初始速度或是借重力产生的速度。对于大多数筛分机械而言，则需要借筛面运动的速度和加速度来产生物料与筛面的相对运动（图 3－12 所示的各种筛面的运动方式）。

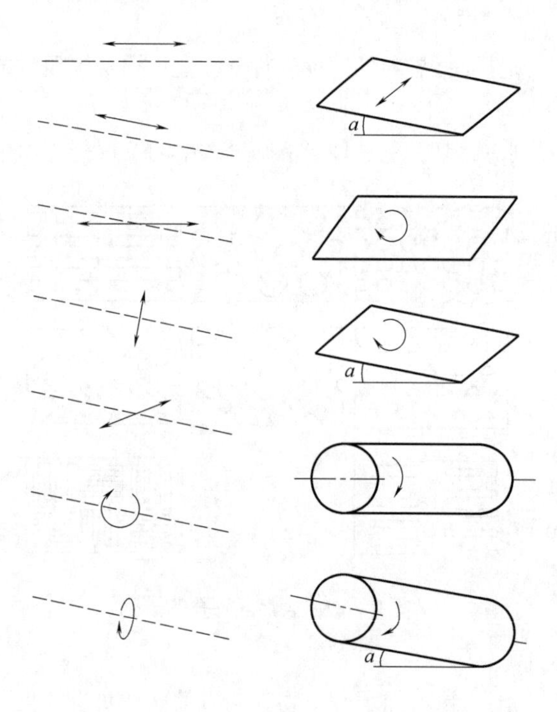

图 3－12 筛面的运动形式

（一） 静止筛面

静止筛面通常是倾斜筛面，改变筛面的倾角，可以改变物料的速度和逗留时间。由于物料在筛面上的筛程较短，所以筛分效率不高。当筛面比较粗糙时，物料在运动过程中产生离析作用。这是最简单而原始的筛分装置。

（二） 往复运动筛面

筛面作直线往复运动，物料沿筛面作正反两个方向的相对滑动。筛面的往复运动能促进物料的离析作用，且物料相对于筛面运动的总路程（筛程）较长，因此可以得到较好的筛分效率。

当筛面的往复运动具有筛面的法向分量，而筛面法向运动的加速度等于或大于重力加速度时，物料可能跳离筛面跳跃前进。这种情况下，可以避免筛孔堵塞现象，对于某些筛分要求是十分有利的，例如当要求筛孔尺寸比较接近筛余级别的粒度时，常常需要清除筛孔堵塞现象。这种情况称作高频振动筛面。

（三） 垂直圆运动筛面

垂直圆运动的筛面是在其垂直平面内作频率较高的圆运动或椭圆形运动，效果与高频率的往复运动筛面差不多。高频振动筛面可破坏物料颗粒的离析现象，使物料得到强烈的翻搅，适宜处理难筛粒含量多的物料。

（四） 平面回转筛面

平面回转的筛面是在水平面内做圆形轨迹运动。物料也在筛面上做相应的圆运动。平面回转筛面能促进物料的离析作用，物料在这种筛面上的相对运动路程最长，而且物料颗粒所受的水平方向惯性力在360°的范围内周期地变化方向，因而不易堵塞筛孔，筛分效率和生产率均较高。

这种筛面常用于粉料和粒料的分级和除杂，特别是在生产能力要求较大的情况。

（五）旋转筛面

旋转的筛面成圆筒形或六角筒形绕水平轴或倾斜轴旋转，物料在筛筒内相对于筛面运动。这种筛面的利用率相对较小，在任何瞬时只有小部分筛面接触物料，因此生产率低，但适用于难筛粒含量高的物料，在粮食加工厂常用来处理下脚物料。

三、筛面的传动方式

筛面的传动方式是每种筛分机械的主要特征，它与支承机构决定了筛面的运动方式。同一筛面的运动方式也可以有不同的传动方式，图 3-13 所示为常用的筛子传动方式。

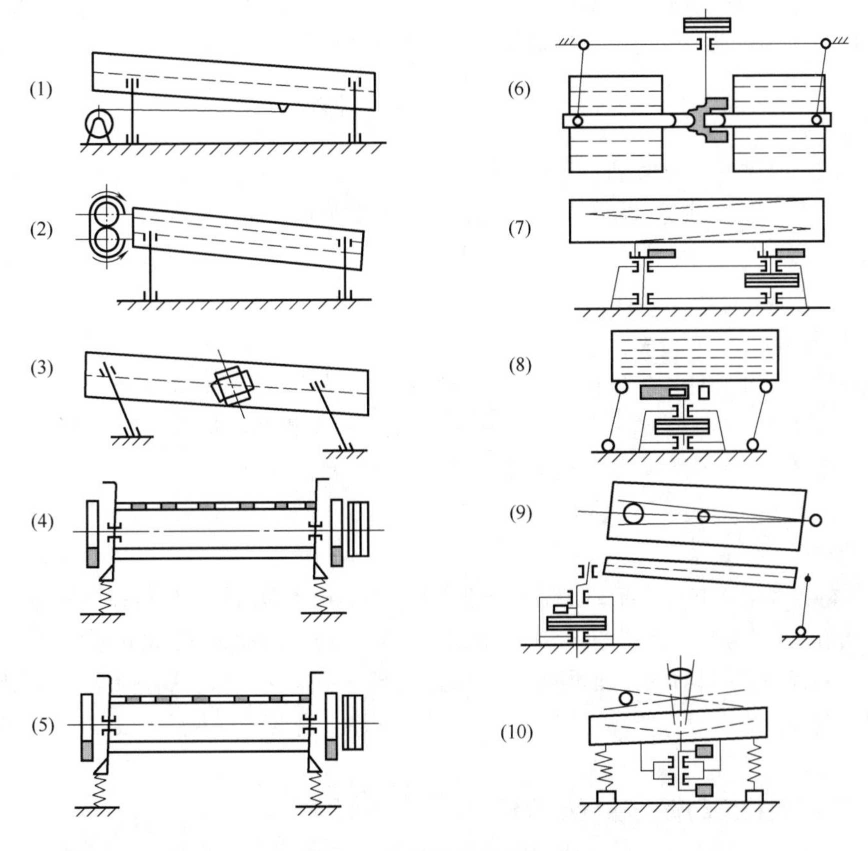

图 3-13　筛子的传动方式

（1）曲柄连杆　（2）自振器　（3）振动电机　（4）偏心　（5）自定中心
（6）悬吊平衡　（7）单转　（8）平转　（9）转摆　（10）晃动

不同的传动方式适合于不同的工艺要求。最传统的要算曲柄连杆传动，但平衡和噪声问题较难解决。自振器可以解决平衡与噪声问题，曾经被广泛使用，但结构较复杂，目前的趋势是广泛采用振动电机传动。

振动电机实际上就是在异步电动机轴的一端或两端加偏重旋转件，偏重块以电动机的转频对筛体施加扰力而产生往复运动。偏重块扰力的方向应尽可能通过筛体的重心。当在筛体两侧配用两台振动电动机时，它们的转速应能自动调整为同步运转，而不致由于异步而产生扭转力矩。当然，两台振动电机的转向必须相反。

筛面的运动方式与支承机构是密切相关的，支承机构起约束筛面运动自由度的作用。用板弹簧支承的筛体只能作近似直线往复运动，用螺旋簧支承的筛体自由度较多。假如弹簧刚度不是太大，则运动轨迹近似圆形，例如偏心振动筛和自定中心振动筛。

悬吊平筛的工作特征是多层筛面，每一点的运动都是一个同样的平面圆。但是如果左右筛体中物料量不均衡，以致总重心与传动中心不重合，其运动轨迹就不再是圆而成为紊乱状态或是卵形。用曲柄传动的平转筛没有上述弊病，但是当由于物料量改变，偏重块不能取得平衡时，不平衡力将会传到地面。

转摆筛和晃动筛的运动特殊，每一点的运动轨迹都不一样。前者基本上是平面运动，但一端圆运动、另一端直线运动，它适应于处理多种形状颗粒的分级，如谷物类的清理除杂。后者是多自由度的空间运动，模仿手工团筛的动作，情况就更复杂了，在工业上难以推广使用。

四、摆 动 筛

摆动筛又称摇动筛，在食品工厂中常称为振动筛。从物料在筛面上受力来看，摆动筛与振动筛是不一样的。摆动筛是以往复运动为主，而以振动为辅，摆动次数在600次/min以下。振动筛在选矿和粮食筛选中，常是一次筛分产品，物料在筛面上是剧烈跳动的，是以振动为主，其振动次数为800～1500次/min。

（一）摆动筛结构特点

摆动筛通常采用曲柄连杆机构传动，电动机通过皮带传动使偏心轮回转，偏心轮带动曲柄连杆使机体（上有筛架）沿着一定方向作往复运动。由于机体的摆动，使筛面上的物料以一定的速度向筛架的倾斜端移动。筛架上装有多层活动筛网，小于第一层筛孔的物料从第一层筛子落到第二层筛子，而大于第一层筛孔的物料则从第一层筛子的倾斜端排出收集为一个级别，其他级别依次类推。

摆动筛的机体运动方向垂直于支杆或悬杆的中心线，机体向出料方向有一倾斜角度，由于机体摆动和倾角存在而使筛面上的物料以一定的速度向前运动，物料是在运动过程中进行分级。

摆动筛的优点是摆动筛的筛面是平的，因而全部筛面都在工作，制造和安装都比较容易，结构简单、调换筛面十分方便，适用于多种物料的分级。缺点是动力平衡较差，运行时连杆机构易损坏，噪声较大等。

（二）物料在摆动筛上的运动分析

图3-14为偏心振动机构驱动筛体的示意图。由于筛体的吊杆及曲柄连杆驱动机构的连杆较曲柄的长度大得多，可以认为筛体上各点均做直线简谐运动。如果以曲柄 OA 在最右边的位置作为筛面位移和时间的起始相位，则筛面的位移、速度和加速度与时间的关系为：

位移 $S = r\cos\omega t$

速度 $v = -\omega r\sin\omega t$

加速度 $a = -\omega^2 r\cos\omega t$

式中 S——筛面的位移，mm

v——筛面的速度，mm/s

a——筛面的加速度，mm/s^2

r——振动机构的偏心半径，mm

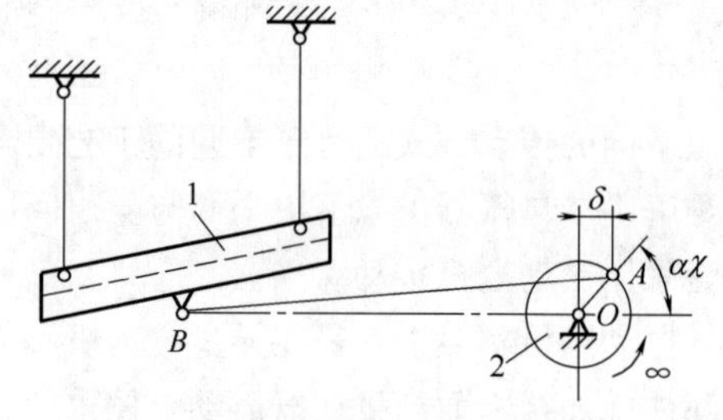

图3-14 筛体运动示意图

1—筛面 2—偏心振动器

t——时间，s

ωt——相位角

当振动筛的筛面作周期性往复振动时，可能出现下列不同情况：①物料相对筛面静止；②物料沿筛面向下滑动；③物料沿筛面向上滑动；④物料在筛面上跳动。振动筛要求物料在筛面上作上下往复滑动且向下滑的距离大于向上滑的距离。

物料沿筛面向下滑动的临界条件推导如下。

为使问题简化，物料颗粒之间的作用力忽略不计，取筛面上单粒物料 M 作为研究对象。设筛面倾角为 α，当曲柄在Ⅱ、Ⅲ象限时，物料所受的惯性力方向向左（图 3-15），物料有沿筛面下滑的趋势。物料所受的力有重力 G，惯性力 Q、筛面约束反力 N 及摩擦力 F。

$$Q = m\omega^2 r\cos\omega t$$

$$N = G\cos\alpha - Q\sin\alpha = mg\cos\alpha - m\omega^2 r\cos\omega t\sin\alpha$$

$$F = fN = \mathrm{tg}\phi(mg\cos\alpha - m\omega^2 r\cos\omega t\sin\alpha)$$

式中　Q——惯性力

G——重力

N——约束反力

F——摩擦力

m——物料质量，kg

f、ϕ——物料与筛面之间的摩擦因数和摩擦角

ω、r——含义同前

物料沿筛面下滑的临界条件：

$$Q\cos\alpha + g\sin\alpha \geqslant F$$

即：

$$\omega^2 r\cos\omega t \geqslant g\tan(\phi - \alpha)$$

又因为 $|\cos\omega t|_{max} = 1$，$\omega r = \frac{\pi n}{30}$（$n$ 为曲柄每分钟转数），则物料沿筛面下滑的曲柄临界转速为：

$$n_1 \geqslant 30\sqrt{\frac{\mathrm{tg}(\phi - \alpha)}{\pi^2 r}} \quad (\mathrm{r/min})$$

当曲柄在Ⅰ，Ⅳ象限时（图 3-16），同理可求得物料沿筛面上滑的临界条件是：

$$n_2 \geqslant 30\sqrt{\frac{g\mathrm{tg}(\phi + \alpha)}{\pi^2 r}} \quad (\mathrm{r/min})$$

物料跳离筛面的临界条件是 $N = 0$，可求得物料跳离筛面的曲柄临界转速为：

$$n_3 \geqslant \frac{30}{\sqrt{r\mathrm{tg}\alpha}} \quad (\mathrm{r/min})$$

对于振动筛来说，适宜的曲柄工作转速 n 应在下列范围：

$$n_2 < n < n_3$$

在实际生产中，工作转速 n 可取为：

$$n = (40 \sim 54)\sqrt{\frac{\mathrm{tg}(\phi + \alpha)}{r}} \quad (\mathrm{r/min})$$

（三）摆动筛主要技术参数

1. 筛子

筛子是主要的工作部分，直接影响分级效果。筛子主要有三种型式：一种为钢条制成的；

一种是金属丝或丝线编织的；一种是冲（钻）孔的薄金属板。食品工厂常用最后一种型式。为了减少筛孔被堵塞，常将筛孔做成圆锥形，孔由上向下逐渐增大，其圆锥角以7°适宜。

筛孔的形状有圆形、正方形和长方形，圆形的比较常用，也有长方形与圆形混合使用。

筛孔的尺寸：应稍大于物料所需分级的尺寸。

其中，圆孔为物料尺寸的1.2~1.3倍；正方形孔为物料尺寸的1.0~1.2倍；长方形孔为物料尺寸的1.1倍。

2. 生产率

摆动筛的生产能力G为：

$$G = B \cdot q$$

式中 G——生产能力，kg/h

B——筛面宽度，m

q——筛面单位流量，kg/(m·h)

筛面单位流量主要与物料在筛面上的流速有关，流量不能过大。因此，要提高G，只能增大B，但筛宽和筛长有一定比例，B过大其结构庞大，不便操作，物料也不容易沿筛宽均匀散落，筛宽一般在600~1200mm内选取。

3. 物料运动特性

物料在摆动的筛面上主要有两种运动，一种是使物料沿筛面倾斜方向向下移动，或称正向移动；一种是使物料沿筛面倾斜方向向上移动，或称反向移动。前者主要与倾斜角度有关，后者与振幅、偏心轮转速和筛面倾斜角度有关（如图3-15和图3-16所示）。

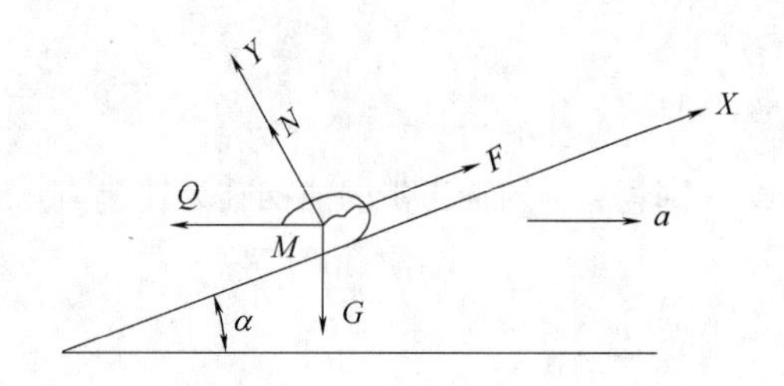

图3-15 物料下滑的临界条件

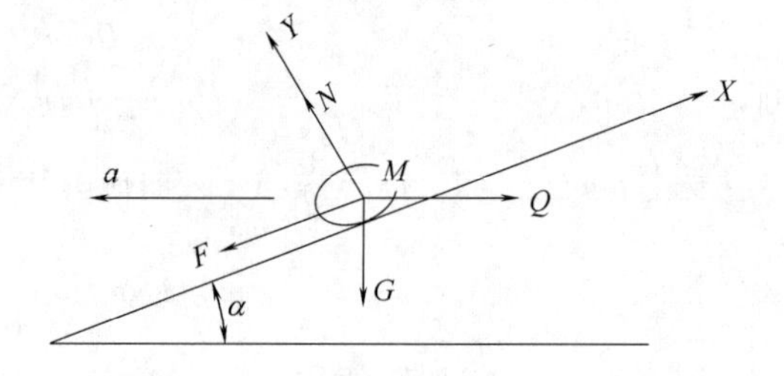

图3-16 物料上滑的临界条件

物料正向移动速度快，显然可使物料层处于较薄状态，从而增加过筛机会。若该速度过快，就需要较长的筛面，否则，就会造成来不及过筛的物料进入另一级中。另外，由于料层太薄，物料在筛面上跳动过大而影响过筛机会。

一般正向运动大于反向运动，才能使物料不断向出料口移动。然而，又必须有一定的反向移动，才能使物料有更多机会通过筛孔。因此，摆动筛安装好后，要多次调试，选择最佳进料量，做到既有较高的分级效率又有较大的生产能力。

（四）摆动筛工作注意事项

由于摆动筛采用偏心曲轴连杆机构传动，筛体往复运动时是变速运动，由于加速度的影响，使筛体产生的惯性力很大，若不采取平衡措施，就会造成筛体发生振动和噪声，以致影响部件的使用寿命。

要使筛体不发生剧烈振动或减少振动，必须做到以下几方面：

（1）筛体的左右吊杆长短要一致（因有倾角存在，故前后不一致），同时任何一根都不得扭曲、变形；

（2）保证筛面张紧和安装平整，筛体不得向两侧倾斜；

（3）偏心机构和连杆应与筛体的长轴线方向一致，不得有偏差与扭曲，更换偏心套时要成对更换；

（4）偏心轴套与传动轴必须紧密配合，不得松动，偏心轴套在轴壳内滑动而不发生晃动，轴壳与连杆连接处必须紧密平整，并且在同一中心轴线上。

（五）摆动筛惯性力的平衡

摆动筛的特点是人为地用机械的方法带动微振动，使物料在振动中移动和分级。但振动带来了噪声以及影响零部件的寿命，则必须控制。这就是摆动筛中振动和平衡一对矛盾。

为了防止发生剧烈的振动，除了在制造、安装中保证其精度外，设计上还必须采取措施，通常的方法是采取平衡重平衡，即在偏心装置上加设平衡重物，或对称平衡，即采取双筛体的方法平衡。

1. 平衡重平衡

该方法是以平衡轮来平衡单筛体惯性力的方法。图 3-17 所示为平衡重平衡作用的示意图。平衡重装置的方位应与筛体运动方向相平行，当曲柄连杆机构转到水平位置时，平衡重所产生的离心惯性力恰好与筛体产生的惯性力方向相反而起平衡作用，如图 3-17（1）所示。但是，当转到垂直方向，如图 3-17（2）所示的位置，反而会产生不平衡的惯性力。

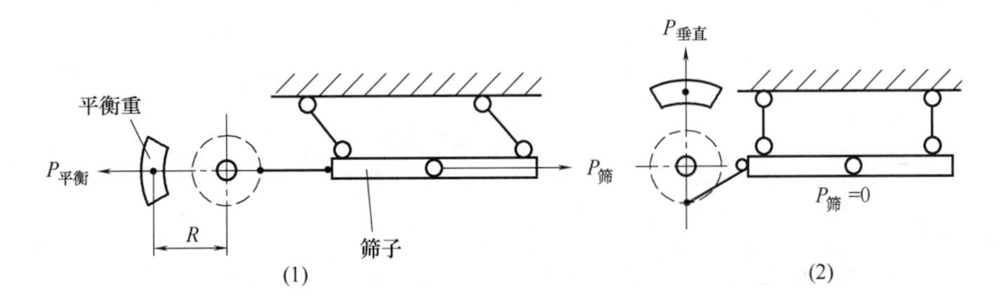

图 3-17　平衡重的平衡作用

（1）平衡重在水平位置时　（2）平衡重在垂直位置时

采用平衡重平衡，需要确定平衡重物的重量和相位（图 3-18）。

2. 对称平衡法

该法是在偏心轴上装置两个偏心轮，用两个连杆带动上下筛体运动。同向双筛体一上一下，如图 3-19 所示。由于上下两个偏心轮的偏心方向相反，则上下两筛体的运动方向也相反，使筛体水平方向的惯性力得以抵消而平衡。垂直方向的不平衡则不能避免。

五、滚筒分级筛

滚筒式分级机的结构如图 3-20 所示。主要工作原理是物料通过料斗流入滚筒时，在其间滚转和移动，并在此过程中通过相应的孔流出，以达到分级。

滚筒式分级机的特点结构简单，分级效率高，工作平稳，不存在动力不平衡现象。但机器

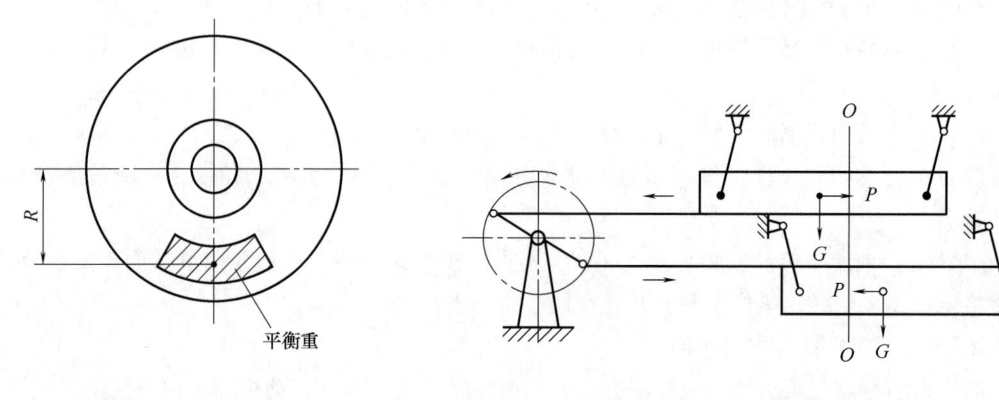

图3-18 平衡轮

图3-19 同向双筛体平衡

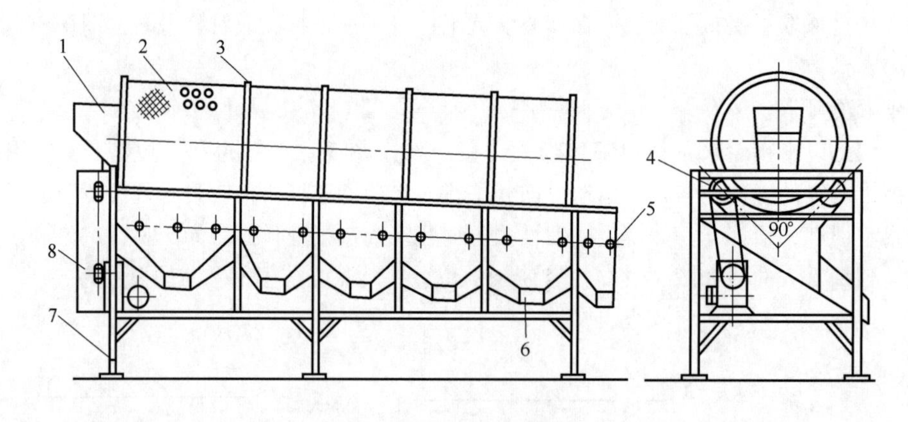

图3-20 滚筒式分级机

1—进料斗 2—滚筒 3—滚圈 4—摩擦轮 5—铰链 6—收集料斗 7—机架 8—传动系统

的占地面积大，筛面利用率低，由于筛筒调整困难，对原料的适应性差。

（一） 滚筒式分级机的主要结构

1. 滚筒

滚筒是一个带孔的转筒，转筒上按分级的需要而设计成几段（组）。各段孔径不同而同一段的孔径一样。进口端的孔径最小，出口端最大。每段下面有一漏斗装置。原料由进口端落下，随滚筒的转动而前进，沿各段相应的孔中落下到漏斗中卸出。

滚筒通常用厚度为1.5~2.0mm的不锈钢板冲孔后卷成圆柱筛。考虑到制造工艺方面的要求，一般把滚筒先分几段制造，然后，焊角钢连接以增强筒体的刚度。

2. 支承装置

支承装置由滚圈3、摩擦轮4、机架7组成（图3-20）。滚圈装在滚筒上（或利用滚筒的连接角钢），它将滚筒体的重量传递给摩擦轮。而整个设备则由机架支承，机架用角钢或槽钢焊接而成。

3. 收集料斗

收集料斗设在滚筒下面，料斗的数目与分级的数目相同。

4. 传动装置

目前广泛应用的传动方式是摩擦轮传动。如图 3-21 所示，摩擦轮 3 装在一根长轴上，滚筒两边均有摩擦轮，并且互相对称，其夹角为 90°。长轴一端（主动轴）有传动系统，装有摩擦轮。

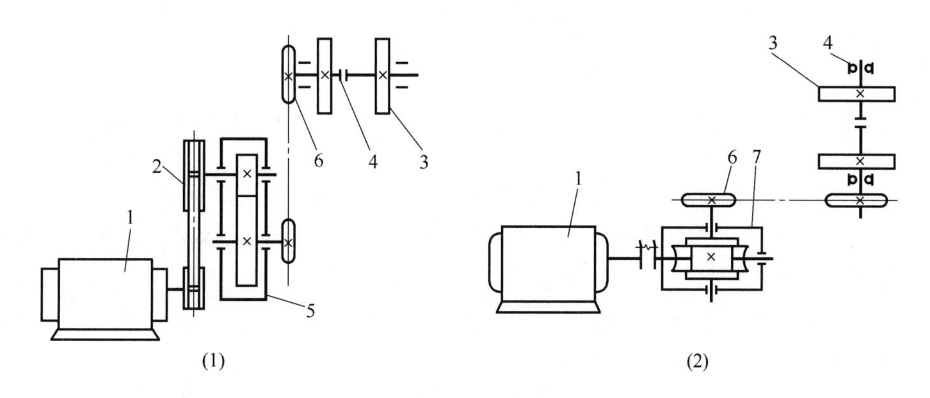

图 3-21 传动简图

(1) 采用单级齿轮减速系统 (2) 采用蜗轮蜗杆减速系统

1—电动机 2—带传动 3—摩擦轮 4—摩擦轮轴 5—单级圆柱齿轮减速机

6—链传动 7—单级蜗轮蜗杆减速机

另一端主动轴从传动系统中得到动力后带动摩擦轮转动，摩擦轮 3 紧贴滚圈，滚圈固接在转筒上，因此摩擦轮与滚圈间产生的摩擦力驱动滚筒转动。

5. 清筛装置

在操作时，原料应通过滚筒相应孔径的筛孔流出，才能达到分级的目的，但滚筒的孔往往被原料堵塞而影响分级效果。因此，需设置清筛装置，以保证原料按相应的孔径流出。机械式清筛装置是在滚筒外壁装置木制滚轴，木制滚轴平行于滚筒的中心轴线，用弹簧使其压紧滚筒外壁。由于木滚轴的挤压，把堵塞在孔中的原料挤回滚筒中，也可以视原料的实际，采用水冲式或装置毛刷清筛。

（二）滚筒式分级机主要参数的确定

滚筒式分级机的主要设计参数为：滚筒的倾斜角度；长度与直径的比值，筛孔的排列，转速等。

1. 生产能力计算

设生产能力为 G，则：

$$G=\frac{3600}{1000\times1000}Z\lambda m$$

式中 G——生产能力，t/h

Z——滚筒上孔眼总数，个

λ——在同一秒内从筛孔掉下物料的系数，该数与分级机型式和物料性质有关，一般为 1.0%～2.5%。长形物，如青豆类取上限，直径较小的圆形物，如蘑菇类取下限，%

m——物料平均质量，kg

2. 滚筒直径 D、长度 L 以及孔数 Z 的确定

在生产能力已知的情况下，通过上式求取的 Z，则为滚筒上所需的孔数。但由于各级筛孔孔径不同而滚筒直径相同，所以这个总孔数不能平均分配在各个级中，而应根据工艺的要求决定分成不同直径的若干级别，再依级数设每级排数，确定同一级中每排筛孔数。若把滚筒展开成平面，则其关系为：

$$每级孔数 = 排数 \times 每排孔数$$

$$每级长度 = (每级筛孔直径 \times 每排孔数) + (筛孔间隙 \times 各排孔数)$$

则：

$$滚筒的圆周长度 = (排数 \times 各级孔径) + (排数 \times 孔隙)$$

通过上述的计算，理论上得到每级的孔数，而孔数之和等于总孔数 Z；每级长度之和是所设计的滚筒长度。但这样计算出的滚筒直径，各级都不相同，无法连接在一起。因此，一般取滚筒中直径最大的一级作为整个滚筒的直径，其他各级按直径增大后的比例多设一些筛孔或把孔隙适当放大即可。

在初步确定了滚筒的直径和长度后，用直径：长度 =1：(4～6) 进行校核，若不在这范围内，就应重新调整每级排数或孔数，以达到此比例范围内为止。

3. 转速 n 及水平倾角 α 的决定

滚筒的转速影响分级效率及生产能力，而滚筒转速的决定取决于直径。

对具有很小倾角的滚筒，近似看作水平，则物料与滚筒一起回转时，其受力情况如图3-22所示。

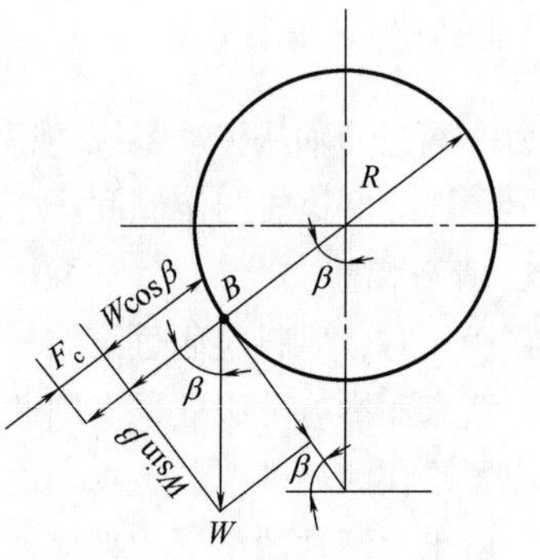

物料 B，受到重力 W 和离心力 F_C 的作用。把 W 分解为 $W\sin\beta$ 和 $W\cos\beta$ 两个分力，前一分力要推动物料从筛面向下滑动，后者则把物料朝筛面上压紧，而在物料运动时和离心力一起产生摩擦力 F。

$$F = f_0(W\cos\beta + F_C)$$

图 3-22 物料在滚筒中受力情况

式中 F——物料受到的摩擦力，N

f_0——物料对筛面的摩擦因数

由于 F 的存在使物料沿筛面向上运动。

而物料受到离心力 F_C 为：

$$F_C = \frac{mv^2}{R} = \frac{Wv^2}{gR} \tag{3-1}$$

式中 F_C——物料受到的离心力，N

m——物料的质量，kg

W——物料的重力，N

g——重力加速度，m/s^2

R——滚筒的内半径，m

v——物料运动的线速度，m/s

而：

$$v = \frac{2\pi Rn}{60} = \frac{\pi Rn}{30}$$

式中　n——滚筒转数，r/min

将 v 代入式（3-1）中得：

$$F_C = \frac{W}{g} \times \frac{\left(\frac{\pi R n}{30}\right)^2}{R} = \frac{W\pi^2 R n^2}{900g} = \frac{GRn^2}{900} \tag{3-2}$$

当物料B沿滚筒切线方向的重力分力 $W\sin\beta$ 等于或大于摩擦力 F 时，物料B即开始向下滑动。当 $W\sin\beta - f_0/(g\cos\beta + F_C) = 0$ 时，物料B处于滚筒内表面的最高点，将 $f_0 = \tan\phi$（ϕ 为摩擦角）代入式（3-2）并化简后得：

$$\sin(\beta - \phi) = \frac{n^2 R\sin\phi}{900} \tag{3-3}$$

式中　β——物料升角

β 角应稍大于物料对筛面的摩擦角 $\varphi = 5° \sim 10°$ 才能正常运转，即 $\beta - \phi = 5° \sim 10°$，将 β 和 ϕ 值代入式（3-3）中，化简后得：

$$\sin(\beta - \phi) = \frac{(12 \sim 16)}{\sqrt{R}} \tag{3-4}$$

实际上，转筒设计有一定的倾角，故通常取转速 n 为：

$$n = \frac{8}{\sqrt{R}} \sim \frac{16}{\sqrt{R}} \tag{3-5}$$

转筒的倾角 α 与筒的长度有关，一般为 $3° \sim 5°$，长的转筒取小值，短的取大值。

图3-23所示为另一种形式的滚筒式分级装备，用于柑橘、樱桃等物料的分级，采用中空的转筒，物料沿每个转筒外表面输送，转筒呈并列状放置。原料从转筒上部送入，从小到大顺序分级。根据工厂规模和进入原料量不同，转筒的数目以2~4个组合为宜，原料大小与孔径匹配。美国A. K. Robin公司制造的蘑菇分选机将预煮后的蘑菇分成8种等级，分级机上装有7

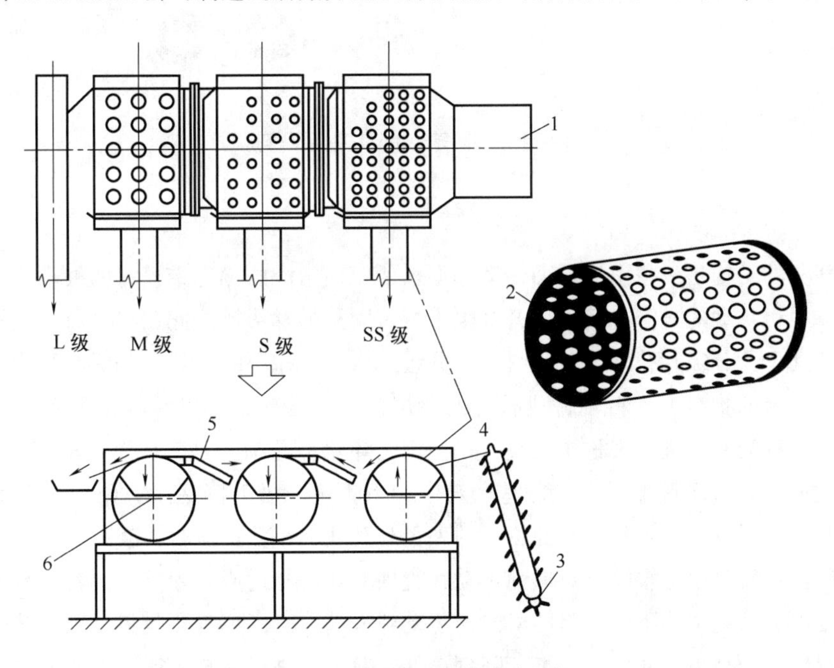

图3-23　柑橘用转筒式分级机

1,3—原料　2—转筒　4—输入输送带　5—滚子运输带　6—输出运输带

种不同孔径的不锈钢转筒。而美国 FMC 公司生产的樱桃分级机，开有不同孔径的 4 组孔，可将樱桃分成 5 种等级，生产能力为 2t/h，标准孔径为 16，18，20，22mm。

第三节 形状分级机械与设备

一、 三辊筒式分级机

三辊筒式分级机主要用于球形体或近似球形的果蔬原料，如苹果、柑橘、番茄和桃子等，按果蔬原料直径大小进行分级。

全机主要由辊筒 1、驱动轮 2、链轮 3、出料输送带 4、理料辊 5 等组成（图 3-24）。

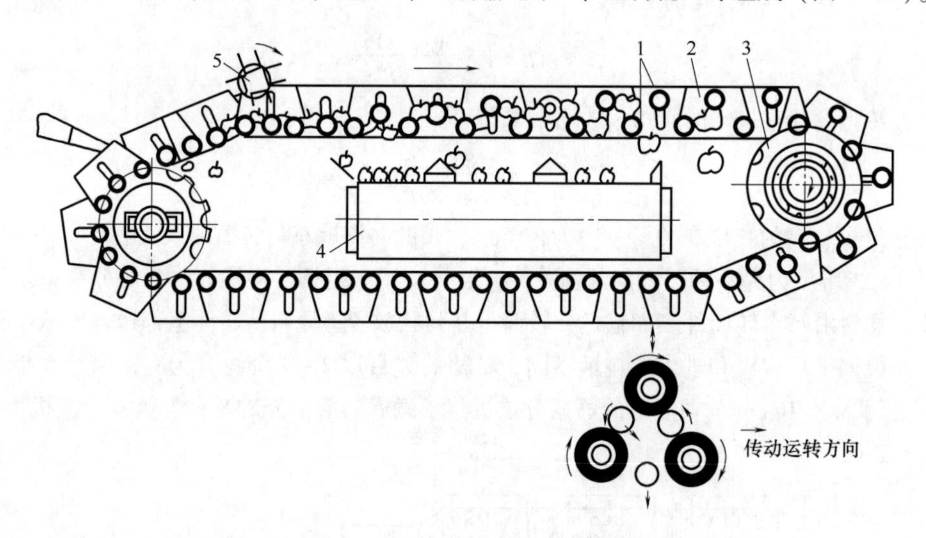

图 3-24 辊筒输送带及棍筒工作原理

1—辊筒 2—驱动轮 3—链轮 4—出料输送带 5—理料辊

分级部分的结构是一条由横截面带动梯形槽的辊筒组成的输送带，每两根轴线不动的辊筒之间设有一根可移动的升降棍筒，此升降辊也带有同样的梯形槽。此三根辊筒形成棱形分级筛孔，物料就处于此分级筛孔之间。物料进入分级段后，直径小的即从此分级筛孔中落下，掉入集料斗中，其余的物料由理料辊排成整齐的单层，由输送带带动继续向前移动。在分级过程中，各分级机构的升降辊，又称中间辊，在特定的导轨上逐渐上升，从而使辊筒 1 及相邻的辊筒之间的棱形开孔随之逐渐增大。但它们对应的下辊不能做升降运动，则使开孔度也随之增大。因为开孔内只有一只物料，当此物料的外径与开孔大小相适应时，物料落下，大于开孔度的物料则停留在辊筒中随辊筒继续向前运动，直到开孔度相适应时才落下。若物料大于最大开孔度时，则不能从孔中落下，而是随机向前运动到末端，再由集料斗收集处理。升降辊在上升到最高位置后分级结束，此后再逐渐下降到最低位置，再进行回转，循环以上动作。

分级机开孔度的调整是通过调整升降辊的距离来获得的，这样则可以使分级原料的规格有一定的改变范围。调整升降辊的机构由蜗轮、蜗杆、螺杆以及连杆机构组成。

为了减少在分级过程中物料的损伤，要求辊筒在运行中旋转。其方法是使辊筒在运行中借助其轴端安装的摩擦滚轮导轨滚动而旋转，辊筒在旋转中带动开孔中的物料也转动。

这种分级机的特点是分级范围大，分级效率高，物料损伤小。对于球形或近似球形体的果蔬原料如苹果、柑橘、番茄、桃子等，可将其在直径 50～100mm 的范围分为 5 个级别。

二、 颗粒形状分级设备

谷物颗粒料（如小麦、大麦）等必须进行精选和分级，其主要原理是按颗粒长度进行分级，以除去不必要的杂粒。常用的精选机有滚筒精选机和碟片精选机两种，其都是利用袋孔中嵌入长度不同的颗粒而带升高度不同的原理制成的，如图 3-25 和图 3-26 所示。

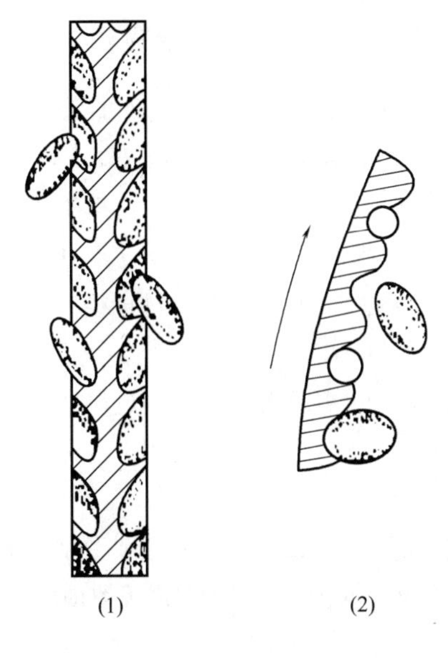

图 3-25 精选机工作示意图

（1）碟片式 （2）滚筒式

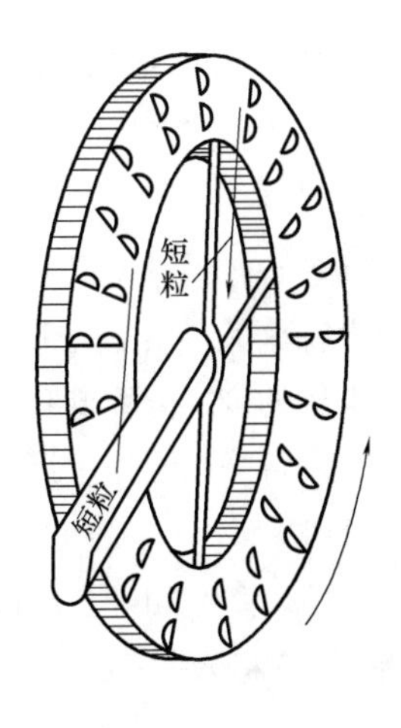

图 3-26 碟片精选机工作示意图

1. 碟片式精选机

在金属碟片的平面上制成许多袋形的凹孔，孔的大小和形式根据除杂条件而定，如从大麦中分离半粒、荞麦、野豌豆，孔洞直径取 6.25～6.5mm，分离小麦取 8.5mm。碟片在粮堆中运动时，短小的颗粒嵌入袋孔被带到较高的位置才会落下，因此只要把收集短粒斜槽放在适当位置上，就能将短粒料分出来，如图 3-26 所示。

碟片精选机的工作面积大、转速高，故产量比滚筒精选机高，而且为除去不同品种杂质所需要的不同袋孔可设在同一台设备中。即在同一台机上安装不同袋孔的碟片。若碟片损坏可以部分更换，还可分别检查每次碟片的除杂效果，因此碟片精选机是一种比较优越的精选机，缺点是碟片上的袋孔容易磨损，功率消耗比较大。

2. 滚筒式精选机

图 3-27 所示为滚筒精选机工作示意图。袋孔 2 是开在筛转筒圆管 1 的内表面，长粒子大麦依靠进料位差和利用滚筒本身的倾斜度，沿滚筒长度方向流动由另一端流出，而短粒子大麦

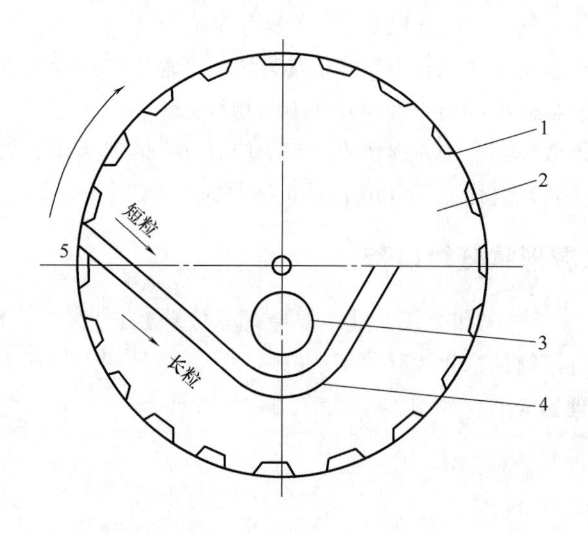

图 3-27　滚筒精选机工作示意图
1—围管　2—袋孔　3—输送机　4—中央槽

嵌入袋孔的位置较深，被带到较高位置而落入中央槽 4 中由螺旋输送机 3 送出。根据滚筒转速差别又分为快速滚筒精选机和慢速滚筒精选机，两者结构基本相似，但由于高速时使颗粒的离心力增大，中央槽和螺旋输送机位置应比低速的高。另外低速滚筒精选机安装应与水平线成 5°～10°角，而高速滚筒精选机可接近水平安装。滚筒精选机的生产能力和精选效果主要取决于滚筒转速。

三、 带式分级机

带式分级机主要由一对长橡皮带所组成，带面相对成 V 形。橡皮带之间，在物料进口端的距离较窄，延至末端出口处逐步加宽。整个过程分为几段，每段为一个等级。物料进入以后，落在成对且并行速度相同的橡皮带上，如果物料直径小于两带之间的距离就落下，由输送带送出。

国外生产的带式分级机有两种形式：使用带有孔眼的带和使用两组带子，通过调整带与带之间的距离进行分级工作。带孔的带主要用于对圆形物料的分级，无孔带子适用于对梨、番茄等物料的分级。

图 3-28 所示为 Atlas Pacific 公司生产的带式分级机，适用于杏、桃，苹果等圆形水果的分级。标准机有 5 组分级带，选别带用不锈钢，带表面用氯丁橡胶包覆，以保护水果不致损伤。

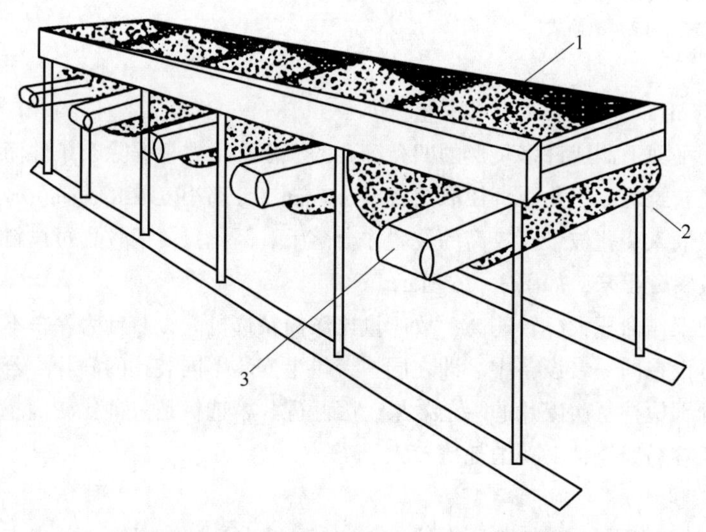

图 3-28　Atlas Pacific 公司带式分级机
1—选别带　2—原料入口　3—运输带

第四节　光电分选分级机械与设备

一、色　选　机

作为食品生产主要原料的农产品是在自然条件下生长的，它们的叶、茎、秆、果实等在阳光的抚育下，形成了各自固有的颜色。这些颜色受到辐照、营养、水分、生长环境、病虫害、损伤、成熟程度等诸因素的影响，会偏离或改变其固有的颜色。换言之，人们可以通过农产品的颜色变化，识别、评价它们的品质（包括内部的成分含量，如糖度、酸度、淀粉、蛋白质等成分含量）特性。家禽以及禽蛋也具有不同的表面颜色，并且它们的表面颜色往往与品质有着密切的关系。

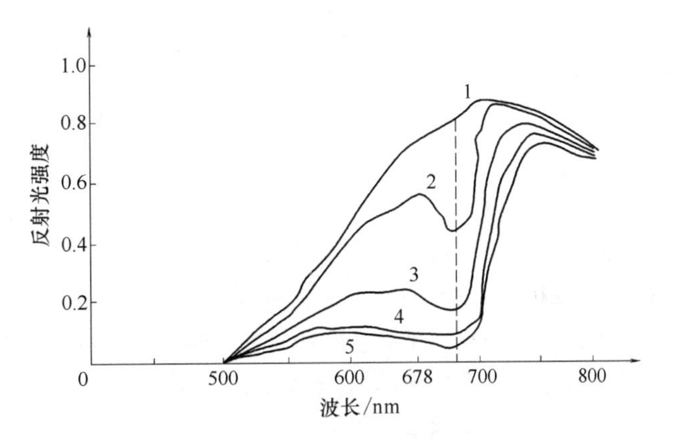

图3-29　蜜橘的光反射特性

1—黄色果皮　2—淡黄色　3—黄绿色　4—淡绿色　5—绿色

水果表皮的颜色可以利用光反射特性来鉴别，将一定波长的光或电磁波照射水果，根据其反射光的强弱可以判别其表面颜色。图3-29所示为一种蜜橘的光反射光谱，它表示不同颜色的蜜橘在不同波长光的照射下的反射强度。由图可以看出，色越绿则反射强度越弱，这是因为叶绿素吸光性强所致。此外，对于不同波长的光，色差造成的反射光强度的差异也不同，其中当采用波长为678nm的光照射时，则其差异较大，故可用此波长来分选。采用光电探测元件将反射光转变为电信号，由电流强度的大小来判别果皮的颜色。

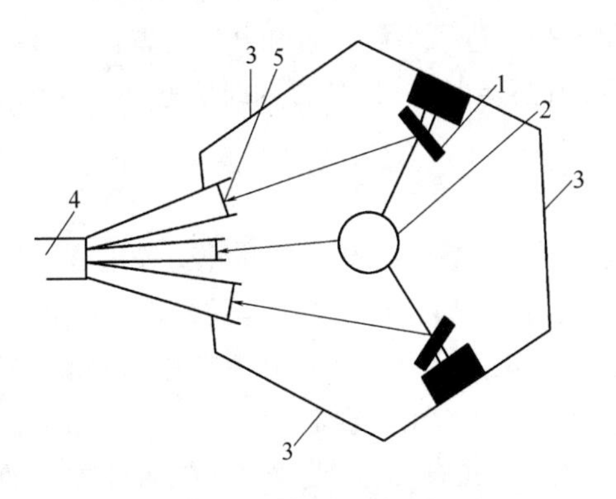

图3-30　果皮色分选装置

1—反射镜　2—果实　3—背景板　4—集光器　5—透镜

果皮色分选装置如图3-30所示，为检箱式分选器。水果依次下落至色检箱，在通过色检箱的过程中，受到上下光线的照射。对于不同的物料，为得到适宜波长的光，可更换背景板3。从果皮反射的光，借箱内相隔120°配置的镜子1反射入三个透镜5，通过集光器4混合，然后分成两路，分别通过带有不同波长滤光片的光学系统，得到不同波长下的反射率，从而判别水果的颜色。

图3-31所示的色选机是利用光电原理，从大量散装产品中将颜色不正常或感染病虫害的个体（球状、块状或颗粒状）以及外来杂质检测分离的设备。

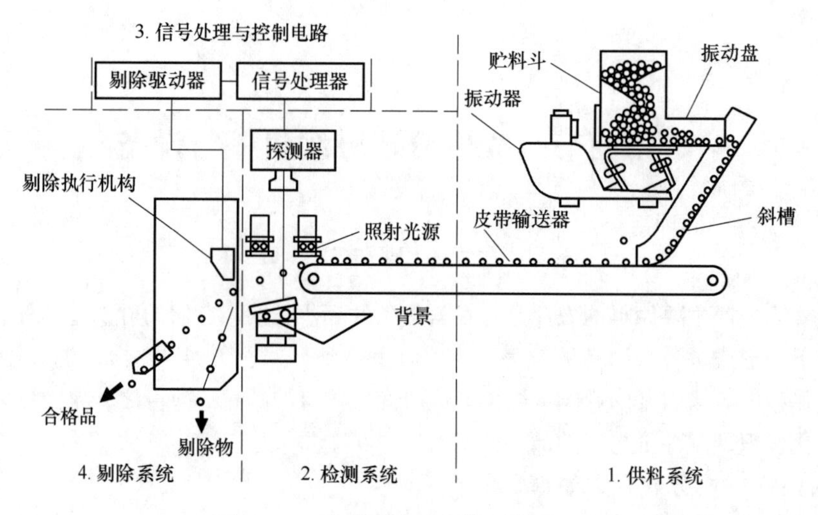

图3-31 光电色选机系统示意图

光电色选机的工作原理为：贮料斗中的物料由振动喂料器送入通道成单行排列，依次落入光电检测室，从电子视镜与比色板之间通过。被选颗粒对光的反射及比色板的反射在电子视镜中相比较，颜色的差异使电子视镜内部的电压改变，并经放大。如果信号差别超过自动控制水平的预置值，即被存贮延时，随即驱动气阀，高速喷射气流将物料吹送入旁路通道。而合格品流经光电检测室时，检测信号与标准信号差别微小，信号经处理判断为正常，气流喷嘴不动作，物料进入合格品通道。

光电色选机主要由供料系统、检测系统、信号处理和控制电路、剔除系统4部分组成。

1. 供料系统

供料系统由贮料斗、电磁振动喂料器、斜式溜槽（立式）或皮带输送器（卧式）组成。其作用是使被分选的物料按所需速率均匀地排成单列，穿过检测位置并保证能被传感器有效检测。色选机系多管并列设置，生产能力与通道数成正比，一般有20，30，40，48，90系列。

供料的具体要求是：

（1）计量　对某物料，保证每个通道中单位时间内进入检测区的物料量均匀一致；

（2）排队　保证物料沿一定轨道一个个按顺序单行排列进入检测位置和分选位置；

（3）匀速　为了保证疵料确实被剔除，物料从检测位置到达分选位置的时间必须为常数，且须与从获得检测信号到发出分选动作的时间相匹配。

2. 检测系统

检测系统主要由光源、光学组件、比色板、光电探测器、除尘冷却部件和外壳等组成。检测系统的作用是对物料的光学性质（反射、吸收、透射等）进行检测以获得后续信号处理所必需的受检产品的正确的品质信息。光源可用红外光、可见光或紫外光，功率要求保持稳定。检测区内有粉尘飞扬或积累，影响检测效果，可以采用低压持续风幕或定时地高压喷吹相结合以保持检测区内空气洁净，环境清洁，并冷却光源产生的热量，同时还设置自动扫帚装置，随时清扫防止粉尘积累。

3. 信号处理和控制电路

信号处理控制电路把检测到的电信号进行放大、整形、送到比较判断电路，判断电路中已经设置了参照样品的基准信号。根据比较结果把检测信号区分为合格品和不合格品信号，当发现不合格品时，输出一脉冲给分选装置。信号处理控制电路框图如图3-32所示。

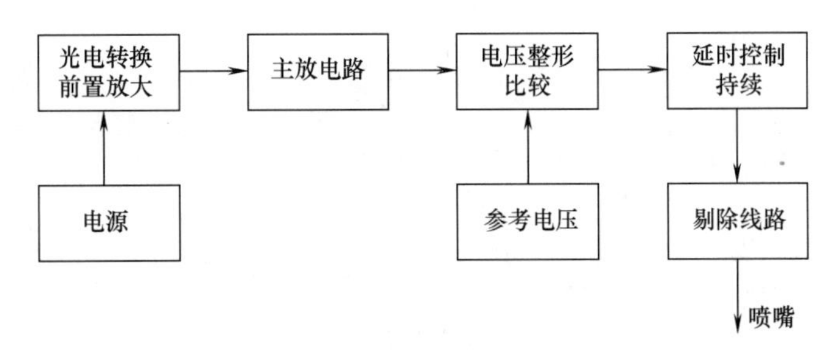

图3-32　信号处理控制电路框图

4. 剔除系统

剔除系统接收来自信号处理控制电路的命令，执行分选动作。最常用的方法是高压脉冲气流喷吹。它由空压机、贮气罐、电磁喷射阀等组成。喷吹剔除的关键部件是喷射阀，应尽量减少吹掉一颗不合格品带走的合格品的数量。为了提高色选机的生产能力，喷射阀的开启频率不能太低，因此要求应用轻型的高速、高开启频率的喷射阀。

二、外部品质检测设备

（一）计算机图像处理系统的发展

计算机图像处理技术是以计算机为核心的应用技术，因此，计算机图像处理系统的发展，是随着计算机技术的提高而发展起来的。从系统的层次看，可分为高、中、低3个档次；从图像传感器的敏感区域看，又可分成可见光、红外、近红外、X射线、雷达、γ射线、超声波等图像处理系统；从采集部件与景物的距离上来说，还可分成遥感、宏观和微观图像处理系统；就应用场所而言，又能分成通用图像处理系统和专用图像处理系统。通用系统一般用于研究开发；专用系统一般用于特殊用途，是在通用系统研究基础上，研制开发的为实现某一个或几个功能的商用系统。

（1）高档图像处理系统采用高速芯片设计，完全适合图像和信号处理特有规律的并行阵列图像处理机。这类系统采用多CPU或多机结构，可以以并行或流水线方式工作。

（2）中档图像处理工作站以小型机或工作站为主控计算机，加上图像处理器构成。这类系统有较强的交互处理能力，同时，由于用通用机做主控机，因而在系统环境下，具有较好的再开发能力。

（3）低档的微机图像处理系统由微机加上图像采集卡构成，其结构简单，是一种便于普及和推广的图像处理系统。

（二）计算机图像处理系统的基本构成

计算机图像处理系统由图像的采集部件、主机、图像的输出部件3部分组成。图3-33是比较典型的通用计算机图像处理系统示意图。

1. 图像采集部件

原始的图像数据是通过图像采集部件进入计算机的，因此，图像采集部件的作用是采集原始的模拟图像数据，并将模拟信号转换成数字信号。计算机图像处理系统常用的图像采集部件

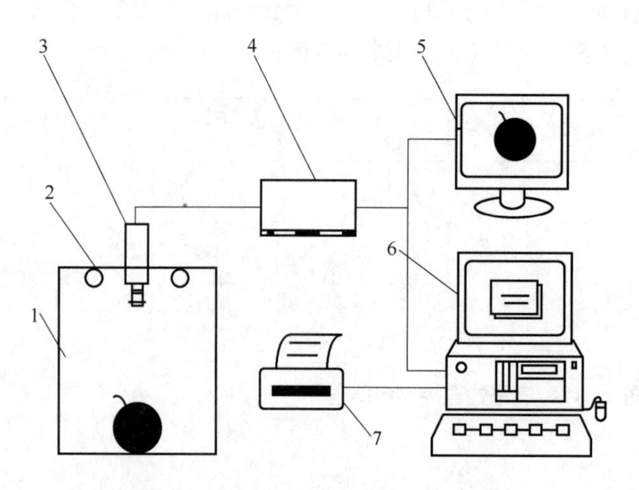

图 3-33 计算机组成的图像处理系统示意图
1—光源箱 2—光源 3—摄像机 4—采集卡
5—监视器 6—主机 7—图像输出设备

有摄像机加上视频图像采集卡、图像扫描仪以及数码摄像机等。

(1) 摄像机和视频图像采集卡 图像处理系统采用的摄像机分为电子管式摄像机和固体器件摄像机，电子管式摄像机根据光图像转换成电子图像的原理不同，可以分成光电子发射效应式和光导效应式两种类型。目前普遍采用的固体器件摄像机是 CCD 类型的，同时实现了光电转换及扫描，因此其体积小、重量轻，结构紧凑。

视频图像采集卡可以将摄像机摄取的模拟图像信号转换成数字图像信号，使计算机得到所需要的数字图像信号。根据图像采集的速度，视频图像采集卡可以分为中速采集卡、实时单帧采集卡、实时采集卡 3 种。

(2) 图像扫描仪 图像扫描仪也是一种获取图像，并将之转换成计算机可以显示、编辑、存储和输出的数字格式的设备，它适合于薄片介质，如纸张、照片（胶片）、插画、图形、树叶、硬币、纺织品等物体的图像数字化的设备。其空间分辨率较高，但是，由于采用机械扫描的方式采集数据，因此采集速度不如 CCD 摄像机快。

(3) 数码摄像机 数码摄像机是近年来出现的数字化产品，将图像采集和数字化部件集成在同一机器上，使其输出的信号能直接为计算机所接受。数码摄像机使图像的采集部件和主机的连接更具有通配性，而且由于其携带方便，有相应的存储器，因此更适用于现场数据采集。

2. 图像处理部件

在计算机图像处理系统中，图像处理工作是由计算机完成的，图像处理的过程通常包含从帧存体取数据到计算机内存、处理内存中的图像数据和送数据回图像帧存体 3 个步骤。

3. 识别结果的输出部件

图像的输出是图像处理的最终目的。从广义的角度讲，图像的输出形式可以分为两种。一种是根据图像处理的结果做出判断，例如质量检测中的合格与不合格，输出不一定以图像作为最终形式，只需做出提示供人或机器做选择。这种提示可以是计算机屏幕信息，或是电平信号的高低，这样的输出往往用于成熟研究的应用上；另一种则是以图像为输出形式的，它包括中间过程的监视以及结果图像的输出。

（三） 图像处理技术在食品和农产品加工中的应用

图像的信息来自人们生活的各个方面，因此，图像处理的应用必然涉及许多方面，并随着人们对自然界认识的深入而进一步扩大。目前涉及的领域很广泛，从文字及图纸的阅读到医用的分析与诊断；从航空图像及遥感监测到工业控制与制造，从天文学中的天体探测以及化学成分分析到化合物的分子结构分析等。在机器人视觉、公安、检察部门中的甄别，以及本节主要涉及到的食品和农产品加工工程都有广泛的应用。

食品和农产品加工工程中的图像处理涉及的内容大致包括：原材料特性的评价、农产品初加工中的分级、农产品收获过程中的成熟果蔬的自动化判别、食品加工过程中的质量控制、最终产品的外形及内部品质的检测等方面。

1. 食品原料的品质评价

作为食品加工的主要原料的农产品物料特性包括表面特性和内部特性。可视图像可以表示景物的形状、颜色、纹理等基本表面特征，图像表面特征的利用和日常生活中人们对这些特性的认识相呼应，也是比较直观的。物料的内在特性和表面特征有时存在着一定的相关关系，例如作物的营养含量与作物叶面颜色之间存在相关关系。红外、近红外、核磁共振（NMR）、X射线、超声波图像的应用，对物料内部信息的认识和利用有着重要的意义，使图像表面的性状研究深入到物料的热性，包括生命现象，组织间热性差别研究；内部损伤类型和严重程度；组织结构，包括组织中结合水和组织硬度；生物化学特征，包括成熟过程中组织变化等的内部信息和构造等方面。

2. 检测

用图像处理技术对食品和食品原料进行检测是图像处理技术在食品加工工程中应用最早，涉及面最广，内容最丰富的一个方面。食品图像检测技术按其目的可分成：分级、检验和分类，提取可视或不可视图像中某一特征或多个单一特征的综合做出合乎专家思想的判断。食品外观的特征有面积、大小（长度与宽度）、长宽比、形状复杂度、灰度、纹理等，特征的综合一般由多个特征加权处理得到。

根据大小或表面积分级是较简单易行的方法，例如，按照牡蛎的投影面积，马铃薯的形状复杂度（图3-34），苹果的直径或周长等，都能有效地将对象分成不同的等级。但是，有时候仅仅一个因素的分级并不很合乎人工分级的要求，例如按长度分级对有一定弯曲度的黄瓜来说，就不能很好地符合上市包装的要求，需要长度和弯曲度两个特征的模型进行分级，要做出合乎这些标准的判别，就需要建立较好的数学模型。一般来说，专家评判的条件越多，空间模型的复杂度越高，做到有较好的评判效果就越困难。

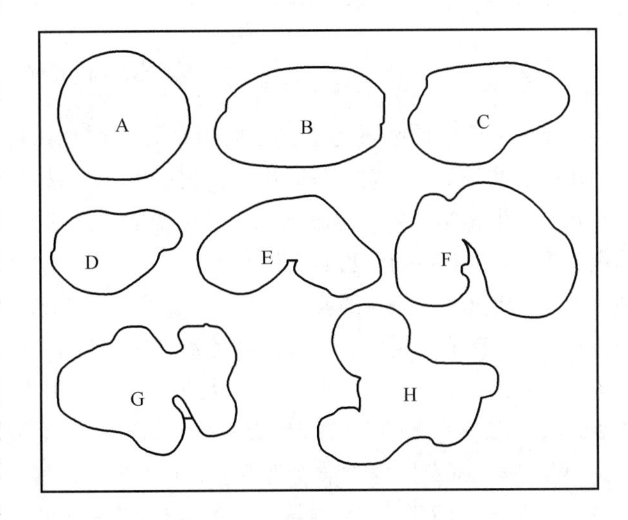

图3-34 提取的马铃薯边缘特征图

图像检验是对食品中某些特性变化或缺陷的一种识别。

（1）损伤 图像中的损伤包括外部损伤和内部损伤。对于外部或表面碰划伤，有效的判别特征是颜色的变化，这在有些物料上有相当明显的分界线，例如，花生、玉米籽粒破碎，损伤处与完好的表皮有明显颜色差异，因此，选择这样的特征误差较低。但是，有些果品损伤的检测就不这样简单，如苹果、梨、橘、桃、杏等，它们早期的损伤是不大容易从外部的颜色变化来判断的，只有当损伤发生褐变或腐烂时，才能有区分于正常果皮颜色的斑块出现。对早期损伤、内部品质，如苹果的水芯病、杏的碰伤、橘瓢干瘪、马铃薯空洞等，采用其他波段图像进行检测，能得到较好的效果。

裂纹是另一种损伤形式，经常发生在易破碎物料以及加工品上，如鸡蛋、大米、坚果等。图像处理可以很好地利用透射或侧光照射的图像中灰度梯度的变化等算法，检出裂纹的存在。对于内部裂纹，超声波图像能够得到裂纹的方位、大小等数据。破碎是损伤的极端结果，除了上面提到的颜色变化外，破碎物料的一个明显特征，是表面积比正常的要小，形状也发生变化，在图像进行标定的前提下，面积区分是一种快速、有效的方法。

（2）新鲜度和成熟度　农产品的新鲜度和成熟度是综合化的概念。在日常生活中，人们依据物料的某个或几个特征来定性。例如鸡蛋的新鲜度，可用其气室的大小、透光性、摇晃时的感觉来确定。图像处理模拟人的这种定性的手段，将新鲜度、成熟度这样综合化的概念定量化了。例如，可利用胡萝卜顶端的叶子颜色判别其新鲜度，利用苹果、番茄表面颜色判别其成熟度，对花生可利用籽粒饱满程度引起的表面纹理的变化来评价成熟度，对苹果还可以利用其淀粉分布图像评定其成熟度等。

（3）病虫害　病虫害产生的损伤有别于一般机械损伤，但是，也会造成有些可见的物理变化，例如，颜色、形状等，或是热图像（红外图像）的特征变化，霉变和虫蚀的米粒等都会形成表面或内部结构缺陷。

3. 分类

分类是根据类别描述做出是或不是的判断。计算机图像处理应用于类别的区分类似于人工的去杂。例如，去除马铃薯中混杂的土块、石头，黄豆中混杂的其他豆类等。也有在同一物品上区分的需要，例如，从番茄上摘除花蒂，胡萝卜、萝卜去顶叶，樱桃去核，剔除未开裂的开心果等，都可以由图像处理结果引导机械装置来做到。还有一种区分是同一大类或品种中差别的识别，例如各种杂草，不同生长期的植物等。

计算机图像处理在食品加工和农产品加工的应用除上述几个方面外，在原料的收获过程中也有广泛的应用，如在收获机器人视觉对物料判断的系统中通过图像的获取和对图像的分析处理，指挥机器人的机械手完成收获动作。

三、内部品质检测设备

水果内部质量的好坏是难于用人的感官进行判别的，然而可以利用水果的透光特性进行检测。用一定波长的光照射水果时由于其内部生物组织的不同，其透光程度也不相同。

水果的生物组织对一定波长光的透光度越差，则光学密度 *OD* 值越大。图 3－35 为不同成热度的桃子其 *OD* 值随波长的变化曲线。可以看出，成熟桃子和未成熟桃子的 *OD* 值有明显差别。由于 *OD* 值除了受光的波长及水果内部质量影响外，还与水果的形状及大小有关，若用一种波长下的 *OD* 值来判别，其精度会受到影响。为了消除水果形状及尺寸对判别精度的影响，同样可采用两种波长的光（如 692nm 及 740nm）照射水果，这样可得到两个 *OD* 值，用两者之差 ΔOD 值（ΔOD_1：AB－EF，ΔOD_2：AC－EG）的不同来判别其内部质量。由图可见，在波长为 692～740nm 范围内，未成熟桃子的 *OD* 曲线的斜率远大于成熟桃子的曲线斜率，即 OD_2 比 OD_1 大得多。因此，只要选择合适的波长范围，即可得到较高的分选精度。

图 3－36 所示为圆盘式滤光器水果内部质量检测装置。由灯 1 发出的光经滤光器 11 得到

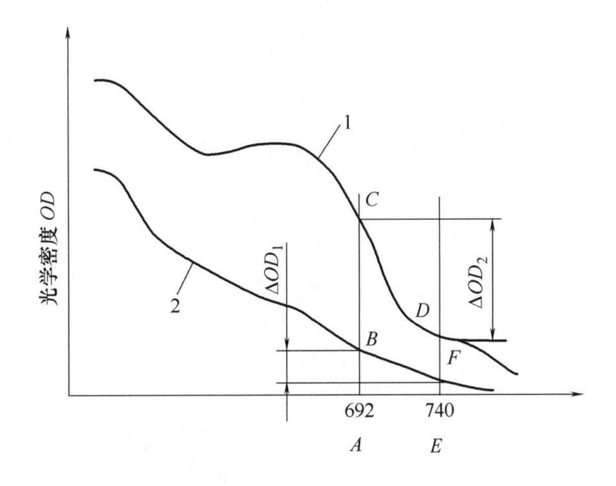

图3-35　桃子光透射光谱特性

1—未成熟桃子　2—成熟的桃子

一定波长的光，由透镜3聚光。物料9夹持在上下缓冲垫10之间向上移动，滤光器圆盘上装有四个滤光片，圆盘由电动机带动回转，使物料得到不同波长光的断续照射，由检测部件测定透光量，再通过运算放大器、指示计，即可得到两组 ΔOD 值。

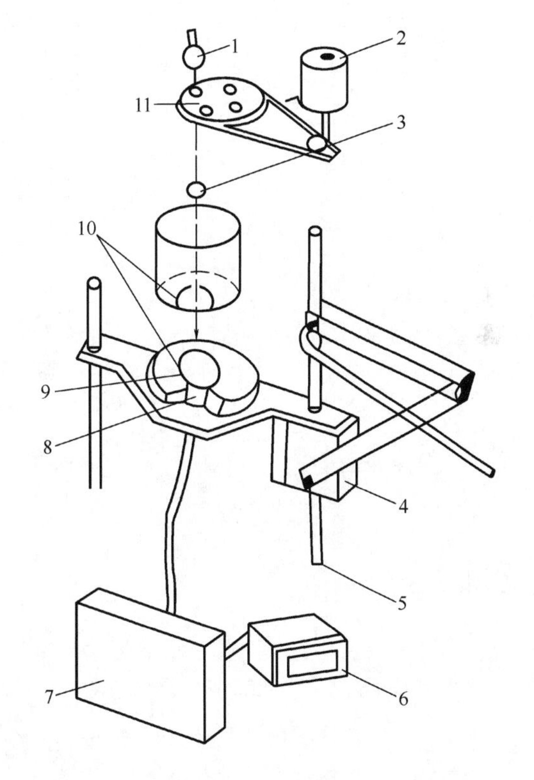

图3-36　农产品内部品质检测装置（圆盘式滤光器）

1—灯　2—电动机　3—透镜　4—试样上下移动装置　5—导杆　6—指示器　7—运算放大器　8—探测器　9—物料　10—缓冲垫　11—滤光器盘

四、 螺旋精选器和重量分选机

螺旋精选器（也称抛车，图3-37）多用于从长颗粒中分离出球形颗粒，如从小麦中分离出荞麦、野豌豆等。螺旋精选器由进料斗1、放料闸门2及4~5层围绕在同一垂直轴上的斜螺旋面所组成。靠近轴线较窄的并列的几层螺旋面3称为内轨道，较宽的一层斜面4称为外轨道。外轨道的外缘装有挡板5，以防止球状颗粒滚出。内、外轨道下边均设有出口。小麦由进料斗出口均匀地分配到几层内轨道上，内轨道螺旋斜面倾角要适当，使小麦在沿螺旋面下滑的过程中速度近似不变，其与垂直轴线的距离也近似不变，因此不会离开内轨道；荞麦、野豌豆等球形颗料在沿螺旋斜面向下滚动时越滚越快，因离心力的作用而被抛至外轨道，实现与小麦的分离。

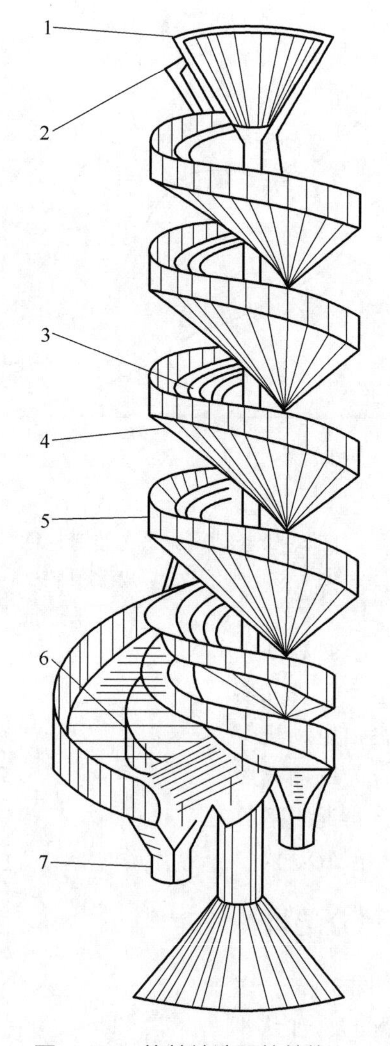

图 3-37 旋转精选器的结构

1—进料斗 2—放料闸门 3—内轨道 4—外轨道 5—挡板 6—隔板 7—出口管道

思考题

1. 简述粒状原料密度除石机的工作原理。
2. 清洗机械与设备一般分为哪几类?
3. 滚筒式清洗机的应用场合有哪些,它的驱动方式是怎样的?
4. 全自动洗瓶机按洗瓶方式的不同分为哪几种形式?各自特点有哪些?
5. CIP 的定义及特点有哪些?
6. 分选、分级机械的主要作用有哪些?
7. 食品常用的分选与分级有多种方法,较为常见的方式有哪些?

8. 生产中为了要将各种粒度的混合物通过筛分分成若干个粒级，或提高总的筛分效率，须将若干层不同筛面组合使用。通常有哪几种组合方式，各自特点有哪些？筛面的种类有哪些，各自的机构特点是什么？

9. 各种筛面的运动方式有哪些特点及其适用场合是什么？

10. 摆动筛与振动筛的差别有哪些？

11. 摆动筛的特点是人为地用机械的方法带动微振动，使物料在振动中移动和分级。但振动带来了噪声以及影响零部件的寿命，则必须控制。为了防止发生剧烈的振动，除了在制造、安装中保证其精度外，设计上还必须采取措施，通常的方法有哪些？

12. 水果的生物组织对一定波长光的透光度越差，则光学密度 *OD* 值越大，怎样消除水果形状及尺寸对判别精度的影响？

第四章

CHAPTER 4

食品粉碎、切分与脱壳机械与设备

[学习目标]

了解粉碎方式和粉碎机械的分类；干法粉碎、湿法粉碎机械及设备中典型设备工作特点和适用范围，果蔬、肉类粉碎特点以及常用脱壳机械设备。掌握干法粉碎机械与设备中锤式、辊式、气流式和振动式粉碎机械及应用；湿法粉碎机械及设备中高压均质机设备与应用以及胶体磨及其他磨浆设备；果蔬破碎机械与设备中果蔬打浆机的主要部件、结构和工作过程，螺旋式压榨机结构和工作过程，蘑菇定向切片机和青刀豆切机的原料定位原理和方法；肉类绞切与粉碎机械与设备中可编程序绞肉机和超级骨糊机的结构与工作过程；超微粉碎机械与设备中的精磨机、行星磨和双锥磨的工作原理与结构；脱壳去皮机械中砻谷机、圆盘和离心剥壳机、干法和碱液去皮机的工作原理与结构。

第一节　食品粉碎机械

一、食品粉碎理论

（一）粉碎基本概念

粉碎是指用机械力克服固体物料的内部凝聚力，使之分裂为要求大小的小块、颗粒或粉末的单元操作。根据物料尺寸大小，通常将大块物料分裂成小块物料的操作称为破碎；将小块物料分裂成细粉的操作称为磨碎或研磨，两者又统称为粉碎。

粉碎操作在食品加工中占有非常重要的地位，其主要目的是：

（1）粉碎成一定粒度的产品，满足消费的需求，如盐、胡椒粉、可可粉等；

（2）粉碎成细小颗粒，以备混合、干燥、溶解、浸出等进一步加工使用，如调味粉、干燥果蔬、淀粉等；

（3）除去物料中不宜食用的部分，如磨粉时研磨掉麦粒的麸皮等。

物料粉碎程度可用粒度表示，它是指物料颗粒的大小。物料粉碎后，其颗粒形状和大小将不一致。通常球形颗粒的粒度用直径表示，立方体颗粒的粒度用边长表示。对于粒度不一致的不规则颗粒群，则用平均粒度来表示，平均粒度可通过特定的仪器和方法进行测定。

根据被粉碎物料原料和成品的粒度大小，可将粉碎操作分为以下四种：

（1）粗粉碎：原料粒度在 40～1500mm 范围内，成品粒度 5～50mm；

（2）中粉碎：原料粒度 10～100mm，成品粒度 5～10mm；

（3）微粉碎（细粉碎）：原料粒度 5～10mm，成品粒度 0.1mm 以下；

（4）超微粉碎（超细粉碎）：原料粒度 0.5～5mm，成品粒度在 10～25μm 及以下。

粉碎物料原料的粒度与粉碎产品的粒度之比称为粉碎比，又称粉碎度，它主要反映粉碎前后物料粒度大小的变化程度，也近似反映了粉碎设备的作业情况。一般粉碎设备的粉碎比为 3～30，但超微粉碎设备可远远超过该范围，达到 300～1000 以上。粉碎某一特定物料时，粉碎比是确定粉碎作业程度、选择设备类型和尺寸的主要依据之一。对于大块物料粉碎成细粉的粉碎作业，若仅仅一次粉碎实现则粉碎比太大，设备利用率太低，故通常将粉碎过程分成若干级，每级完成一定的粉碎比，这时用总粉碎比来表示，等于各级粉碎比之积。

食品的粉碎作业还可根据作业物料含水量的不同分为干法粉碎和湿法粉碎。所谓干法粉碎是指当进行粉碎作业时物料的含水量必须低于一定的限度，一般不超过 4%，若物料水分过高，须先进行干燥处理；湿法粉碎则是以水或其溶液为介质，将原料悬浮于载体液流（常用水）中进行粉碎，要求含水量或含溶剂量高于某一水平（50%），有时甚至高于物料量的一倍。湿法粉碎可避免粉尘飞扬，并可采用淘析、沉降或离心分离等水力分级方法分离出所需的产品。湿法粉碎比干法粉碎易获得更细的制品，故在食品的超微粉碎中应用广泛。但湿法粉碎需要消耗比干法粉碎更大的能量，对设备的磨损也更严重。

（二）粉碎理论

1. 粉碎力与粉碎方法

粉碎机械通过工作部件对物料施加外力使其粉碎，物料粉碎时所受到的机械作用力通常有挤压力、冲击力和剪切力（摩擦力）3 种，此外还有附带的弯曲和扭转力的作用。

根据外力施加种类与方式的不同，食品粉碎的基本方法主要有压碎、劈碎、折碎、磨碎和击碎等，如图 4－1 所示。

（1）压碎　将物料置于两个工作面之间，通过施加压力，当物料的应力达到其抗压强度极限时发生粉碎，主要用于粉碎大块硬质物料。

（2）劈碎　用一个平面和一个带尖棱的工作表面对物料进行挤压，物料沿压力作用线的方向劈裂，物料中产生拉应力，当拉应力达到或超过物料拉伸强度极限时被粉碎，主要用于破碎脆性物料。

（3）折碎　物料被相互错开的两个或多个带凸角的工作面之间挤压，被粉碎的物料相当于承受集中载荷的两支点或多支点梁，物料发生弯曲，当物料内的弯曲应力达到物料的弯曲强度极限时而被折断粉碎，主要用于破碎硬脆性物料。

（4）磨碎　物料在两个工作面或多个研磨体之间作相对运动，与运动的表面之间受一定的压力和剪切力作用，当剪应力达到物料的剪切强度极限时，物料就被粉碎，主要用于小块物料的研磨。

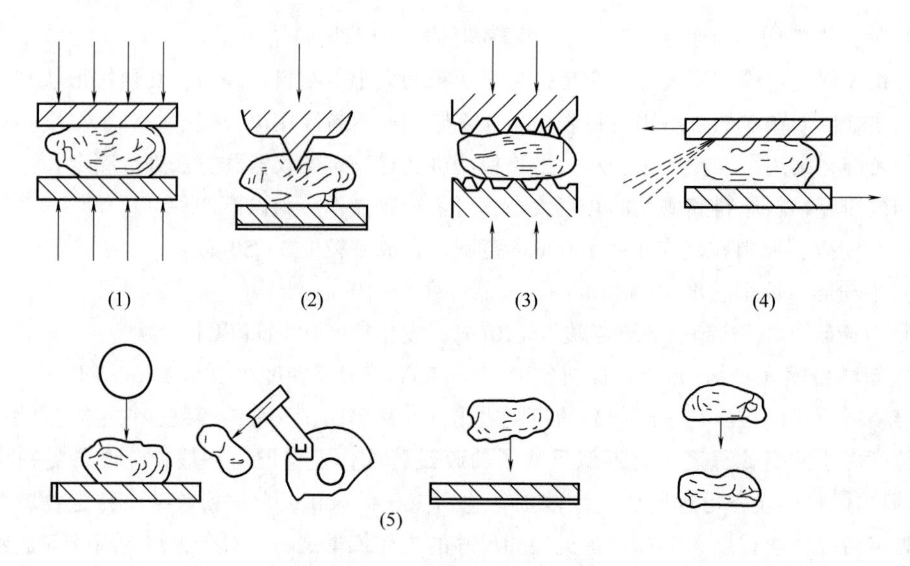

图4-1　粉碎的基本方法

(1) 压碎　(2) 劈碎　(3) 折碎　(4) 磨碎　(5) 击碎

(5) 击碎　物料在瞬间受到外来的冲击力而粉碎，由动能转变为物料变形能产生很大的应力集中而导致物料粉碎，主要用于脆性物料破碎。

实际上，食品粉碎是一个非常复杂的过程，大多数粉碎机械都不是单纯利用上述某一种方法进行粉碎，而是同时具有两种或两种以上的粉碎方法实现粉碎。

2. 物料的力学性能

物料的力学性能直接决定了物料粉碎时所选择的粉碎方式，相关的力学性能主要包括以下4种。

(1) 硬度　物料局部抵抗硬物压入其表面的能力称为硬度，它是根据物料弹性模量大小来划分的性质，有硬与软之分。物料硬度越大，其抵抗弹性变形的能力就越大。物料的硬度是确定粉碎作业程序、选择设备类型和尺寸的主要依据。

(2) 强度　物料在静载荷作用下抵抗永久变形或断裂的能力称为强度，它是根据物料弹性极限应力的大小来划分的性质，有强与弱之分，物料弹性极限应力越强其抵抗塑性变形的能力就越大。

(3) 脆性　是指物料在外力作用下（如拉伸、冲击等）仅产生很小的弹性变形而不产生塑性变形即断裂破坏的一种性能。它是根据物料塑性变形区域长短来划分的性质，有脆性和可塑性之分。

(4) 韧性　物料抵抗冲击载荷而不被破坏的能力称为韧性。它是一种抵抗物料裂缝扩展能力的特性，韧性越大，则裂缝末端的应力集中就越容易得到缓解。

对某一具体物料来说，强度越强、硬度越小、脆性越小而韧性越大，其所需的变形能就越多。但上述4种力学特性之间存在着内在的相互联系，使得物料在不同环境下表现出复杂的综合性能，将对粉碎时所需的变形力造成影响。

食品物料的粉碎方法要综合其物化性质与粉碎比来确定，其中物料的硬度和破裂性对粉碎方法的选择影响最大。对于特别坚硬的物料应选用挤压和冲击粉碎，对于韧性物料用研磨和剪切较合适，而对于脆性物料则以劈裂、冲击为宜。

3. 粉碎的能耗假说

当机械作用力超过颗粒之间的结合力时物料被粉碎，外力做的功称为粉碎能耗或简称粉碎能。粉碎作业能耗很大，从粉碎方法可看出，粉碎能主要消耗在颗粒变形、表面积增大、组织结构变化、摩擦、振动及机械传动等方面。

由于粉碎过程比较复杂，受影响的因素较多且不同条件下会发生变化，这些将直接影响粉碎时的能量消耗。因此，对某一给定物料粉碎所消耗的能量，很难用一个完整的、严密的数学理论公式作出精确定量计算。但近百年的研究积累提出了多种能耗假说，目前公认的有表面积假说、体积假说和裂缝假说三种。它们在一定程度上反映了粉碎过程的各种变化，具有一定的概括性和指导意义。

（1）表面积假说　表面积假说由 P. R. Rittinger 于 1867 年提出。此假设是基于粉碎后产品的比表面积大幅度增加，输入的粉碎能越多，产品的粒度越细，比表面积越大，故 Rittinger 认为粉碎物料所消耗的能量与粉碎后物料的新生成的表面积成正比。

（2）体积假说　体积假说由 F. Kick 等提出，该假说认为物料粉碎所消耗的能量与颗粒的体积成正比，粉碎后物料颗粒粒度也呈正比减小。

在实际应用时，上述两种假说的计算结果可能相差很大，而且常与实际不完全相符。但实践又证明，Rittinger 假说对微粉碎和超微粉碎的能耗计算还是比较适用的，而对粉碎物粒度大于 10mm 的粗碎和中碎来说，Kick 假说比较适用。这是因为粉碎产品的粒度较大表面积的增大不显著，导致表面能、表面及颗粒内部结构变化等消耗的能相对较少，局部粉碎作用也属次要的，而消耗于物料变形和粉碎机传动机构的摩擦等能耗，都与颗粒体积成正比，故可用体积假说来计算粉碎能耗。

（3）裂缝假说　裂缝假设由 F. C. Bond 于 1952 年提出。该假说基于粉碎发生之前，外力对物料颗粒所作的变形功聚集在颗粒内部的裂纹附近，产生应力集中使裂纹扩展形成裂缝，而当裂缝发展到一定程度时颗粒即被粉碎。因此，裂缝假说认为粉碎物料消耗的能量与裂缝长度成正比，而裂缝又与物料粒径的平方根成反比。

以上 3 种假说都有局限性和误差，表面积假说适用于微粉碎与超微粉碎，体积假说适合于粗中碎。但介于两者之间的粉碎物，按两种假说计算的误差都较大，裂缝假说则较适合于这一粒度范围内粉碎能耗的计算。

（三）食品粉碎机械的要求

食品加工中，对粉碎机械的总体要求：

（1）粉碎产品颗粒大小均匀，且粉碎度可调，适应性好；

（2）进、出料方便且可立即出料；

（3）尽可能实现操作自动化且维修方便；

（4）设有安全装置，发生故障时能自动停机，避免事故；

（5）节能，即每单位产量能耗低。

二、干法粉碎机械与设备

（一）冲击式粉碎机

冲击式粉碎机是利用高速旋转的工作部件（锤片或齿爪）对物料产生强烈的冲击力进行

粉碎。这类粉碎机结构简单、生产效率高，易操作，通用性强。主要有锤片式和齿爪式粉碎机两种。

1. 锤片式粉碎机

锤片式粉碎机主要由进料装置、转子、销连在转子上的锤片、齿板、筛片、排料装置等组成。转盘固定在主轴上，上面连接锤片组成转子。转子由主轴驱动，在粉碎室（由机壳、齿板和筛板组成）内旋转，转子下方是筛片，侧面是风机，风叶固定在主轴上。

工作时，原料从进料装置进入粉碎室，受到高速回转锤片的打击作用，以较高的速度撞向齿板发生撞击被弹回再次受到锤片的打击，在锤片、齿板以及物料相互间的碰撞、摩擦、搓擦等作用下，物料被粉碎成小碎粒。小于筛孔的颗粒通过筛孔被排出粉碎室，留在筛片上的大颗粒继续粉碎，直至全部排出机外。

锤片式粉碎机按主轴的布置形式分为卧式和立式。卧式锤片式粉碎机按进料方式不同可分为切向进料、轴向进料和径向进料三种形式，如图4-2所示。前两种粉碎机配置的动力较小，多为中、小型粉碎机；径向进料式粉碎机配用的动力较大，多为大、中型粉碎机。

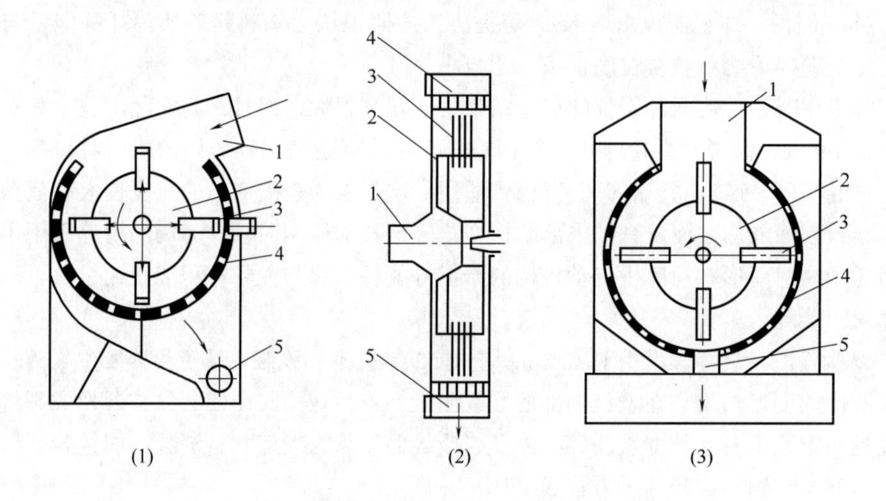

图4-2 锤片式粉碎机类型

（1）切向进料式粉碎机 （2）轴向进料式粉碎机 （3）径向进料式粉碎机

1—进料口 2—转子 3—锤片 4—筛片 5—出料口

锤片是粉碎机的主要工作部件，其种类繁多，常用的基本形状有9种，如图4-3所示。图4-3（1）为板条状矩形锤片，形状简单，易制造，通用性好；图4-3（2）、（3）锤片为在工作边角上涂焊、堆焊碳化钨等合金，延长其使用寿命；图4-3（4）锤片为在工作边上焊一块

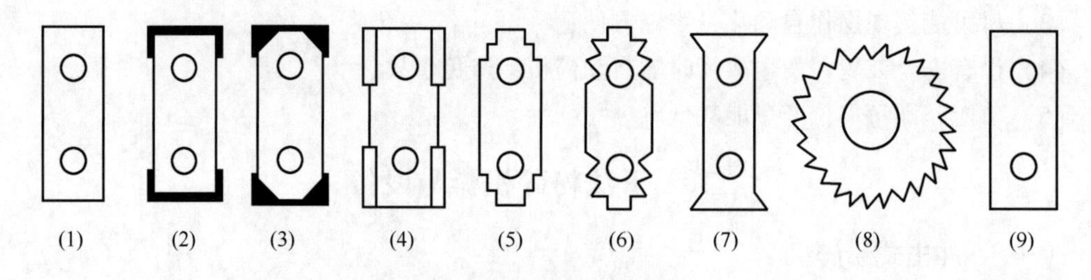

图4-3 锤片的种类和形状

特殊的耐磨合金，可延长寿命2～3倍，但制造成本较高；图4-3（5）为阶梯形锤片，工作棱角多，粉碎能力较强，但耐磨性较差；图4-3（6）、（7）为尖角锤片，适用于粉碎纤维性物料，耐磨性较差；图4-3（8）为环形锤片，只有一个销孔，粉碎时工作棱角自动变换，故磨损均匀，使用寿命较长，但结构复杂；图4-3（9）也是矩形锤片，但采用复合钢制造而成，使用寿命长，粉碎效率高。锤片是易损件，因此一般锤片都有两个销孔，其中一个销连在销轴上，换销孔可轮换使用四个角工作。锤片长度一般不超过200mm。

锤片在转子的排列分布会影响转子的平衡、粉碎效果和锤片的磨损。其排列要求是：沿粉碎室宽度方向各锤片运动轨迹均匀分布，物料不推向一侧，常用的排列方式有螺旋线排列、对称排列、交错排列等。锤片材料有低碳钢（如10号钢和20号钢）、65Mn钢、特种铸铁以及以上材料表面硬化处理。

筛片是锤式粉碎机的排料装置，常用冲孔筛，由1～1.5mm厚的优质钢板冲孔制成。筛孔的形状和尺寸是决定物料粉碎粒度的主要因素，对机器的排料能力也有很大的影响。筛孔的形状一般是圆柱形孔、圆锥形孔或长孔。圆柱形筛孔因结构简单应用最广。按筛片的配置形式可分为底筛、环筛和侧筛。筛片对转子的包角用α表示，切向进料式粉碎机$\alpha \leqslant 180°$，多为半筛；轴向进料式粉碎机包角较大，$\alpha > 300°$，多为360°；径向进料式粉碎机包角也较大，$300° < \alpha < 360°$。

齿板的作用是阻碍物料环流层的运动，降低物料的运动速度，增强对物料的碰撞、摩擦和搓擦。一般用铸铁制成。齿板的齿形有直齿形、人字形和高齿槽形。

锤片式粉碎机结构简单、应用范围广，可用于谷物、咖啡、可可、盐、砂糖、果蔬、红薯、饼粕等食品的粉碎加工。

2. 齿爪式粉碎机

齿爪式粉碎机由进料斗、定齿盘、动齿盘转子、包角为360°的环形筛网及出粉管等组成，如图4-4所示。定齿盘上有两圈定齿，齿的断面呈扁矩形；动齿盘上安装有三圈齿，其横截面是圆形或扁矩形。动、定齿盘上的齿交错排列以提高粉碎效果。

工作时，动齿盘高速旋转，粉碎室中心形成负压区，物料从定齿盘中心吸入向外扩散，动齿盘上的齿在定齿盘齿的圆形轨迹线间运动，物料受到动、定齿和筛网的冲击、碰撞、摩擦及挤压作用而被粉碎，同时受到动齿盘高速旋转形成的风压及扁齿与筛网的挤压作用，最终符合成品粒度的粉粒体通过筛网排出机外。动齿的线速度为80～85m/s，动、定齿间的间隙为3.5mm左右。

齿爪式粉碎机结构简单、生产率较高、能耗较低，但通用性小，噪声较大，常用于谷物、饲料等粉碎加工。

（二）辊式粉碎机

辊式粉碎机是利用转动的辊子对物料产生摩擦、挤压或剪切等作用力，达到粉碎物料的目的。辊式粉碎机的种类和型号很多，根据物料与转辊的相对位置，常用的有辊式磨粉机和盘磨机等。

1. 辊式磨粉机

辊式磨粉机是食品加工中广泛使用的一种粉碎机械，最早见于面粉工业，目前在啤酒生产中的麦芽粉碎操作、油料的轧胚、方便食品的轧片操作、巧克力及糖粉的加工中均有使用。

不同辊式磨粉机的粉碎原理也不同，主要是：

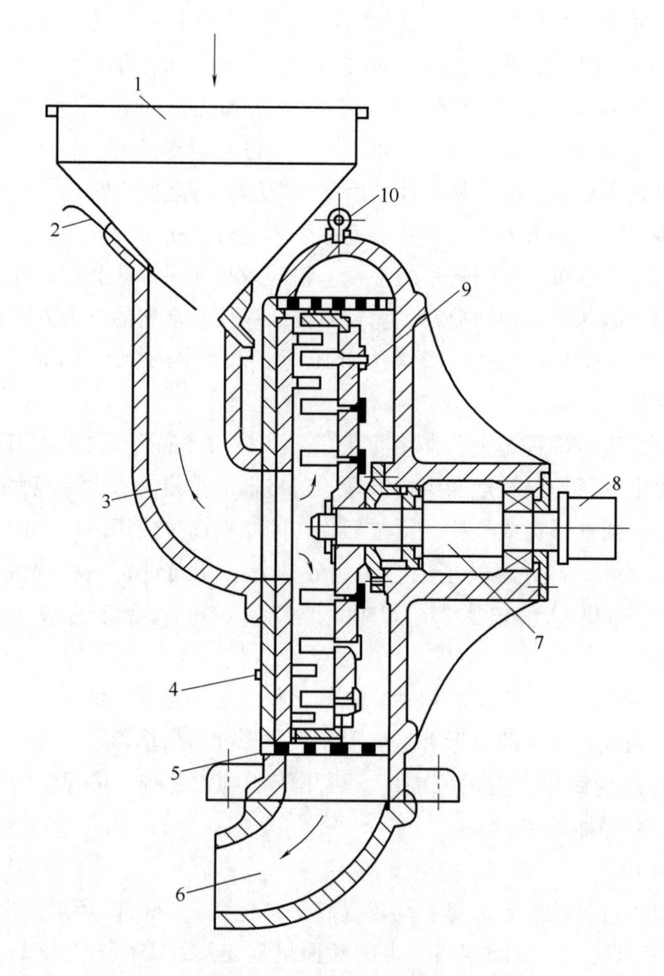

图4-4 齿爪式粉碎机

1—进料斗 2—流量调节板 3—入料口 4—定齿盘 5—环筛 6—出粉管 7—主轴 8—带轮 9—动齿盘 10—起吊环

① 等速相向旋转的光辊是以挤压的方法粉碎物料或使物料挤压成片状，如轧麦片机；

② 差速相向旋转的光辊是以挤压和研磨的方法粉碎物料，如磨粉机；

③ 差速相向旋转的齿辊是以剪切、挤压和研磨的方法粉碎物料，如齿辊磨粉机。

辊式磨粉机根据使用对象不同，可分为农用小型磨粉机和大、中型磨粉机。

(1) 农用小型磨粉机　农用小型磨粉机主要由进料机构、磨辊、清理机构、轧距调节机构、传动机构以及机架等组成。此类磨粉机只装有一对水平排列的快、慢磨辊，两磨辊之间的径向距离称为轧距，快、慢辊之间轧距大小由手工控制，自带圆筛或方筛的筛理机构。

图4-5所示为国产MF-1820型农用小型对辊式磨粉机的工作示意图，其磨辊直径为180mm，长度为200mm。工作时，处理过的净麦由进料斗1喂入，经流量调整机构2送到慢辊4进入研磨区，粉碎物经下料斗5进入四周布满筛绢的圆筛6。主轴上安装着两块外侧有猪鬃毛的刷麸板，粉碎物进入圆筛后，被刷麸板抛向筛面，在刷麸板的拍打和擦刷作用下，面粉通过绢筛筛孔从下面排出，而粒度大的麸皮则沿着筛面轴向排出，再送入进料斗继续研磨，一般

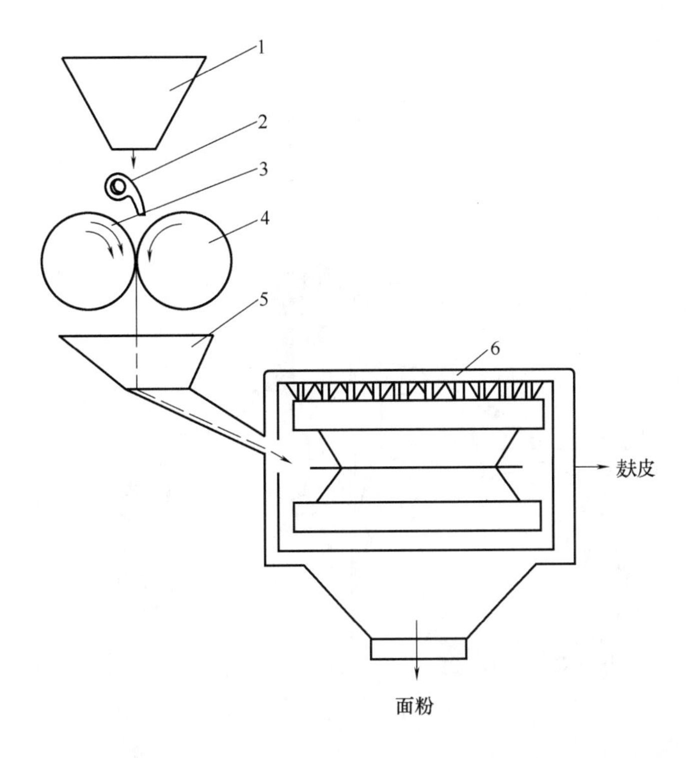

图4-5 农用小型磨粉机

1—进料斗 2—流量调节机构 3—快辊 4—慢辊 5—下料斗 6—圆筛

要反复研磨4～5遍，麸皮上的胚乳才能磨到干净，达到制粉要求。

农用小型磨粉机的特点是结构简单，操作方便，但生产率低。

（2）大、中型辊式磨粉机 大、中型辊式磨粉机是有两对以上复式磨辊，有水平排列（如美国的磨粉机），也有倾斜排列的（如欧洲和我国的大、中型磨粉机），快、慢磨辊的松合与轧距由液压或气压机构控制。

其基本结构是：机架、成对磨辊、喂料机构、松合闸机构、辊面清理装置、传动机构及吸风机构等。图4-6为国产液压全自动控制MY型辊式磨粉机示意图，每对磨辊上方都有一对喂料辊3，工作时物料从进料圆筒进入，枝状阀1受物料作用向下移动，通过连杆控制液压机构使磨辊合拢，喂料扇形活门2控制物料流量，经过喂料辊3和分流辊5将物料抛向磨辊间研磨区，依靠快、慢磨辊的相对运动和磨齿的挤压、剪切作用而粉碎。

喂料机构设在磨辊的上方，由贮料筒、料斗、喂料活门、喂料定量辊、喂料分流辊等组成。喂料定量辊直径较大而转速较慢，其作用是拨送物料并向两端分散物料，通过与扇形活门间的间隙实现定量控制。喂料分流辊直径较小而转速较高，主要起将物料呈薄层状抛向磨辊研磨区的作用。

磨辊是辊式磨粉机的主要工作部件，有光辊和齿辊两种，光辊经磨光后采用喷砂处理，齿辊是在圆柱面上用拉丝刀切削成磨齿，用于破碎谷物，剥刮麸片上的胚乳等，齿辊研磨效果比光辊更强。上面的快磨辊位置固定，下面的慢磨辊其轴承装在可上下移动的轴承臂上，轴承臂

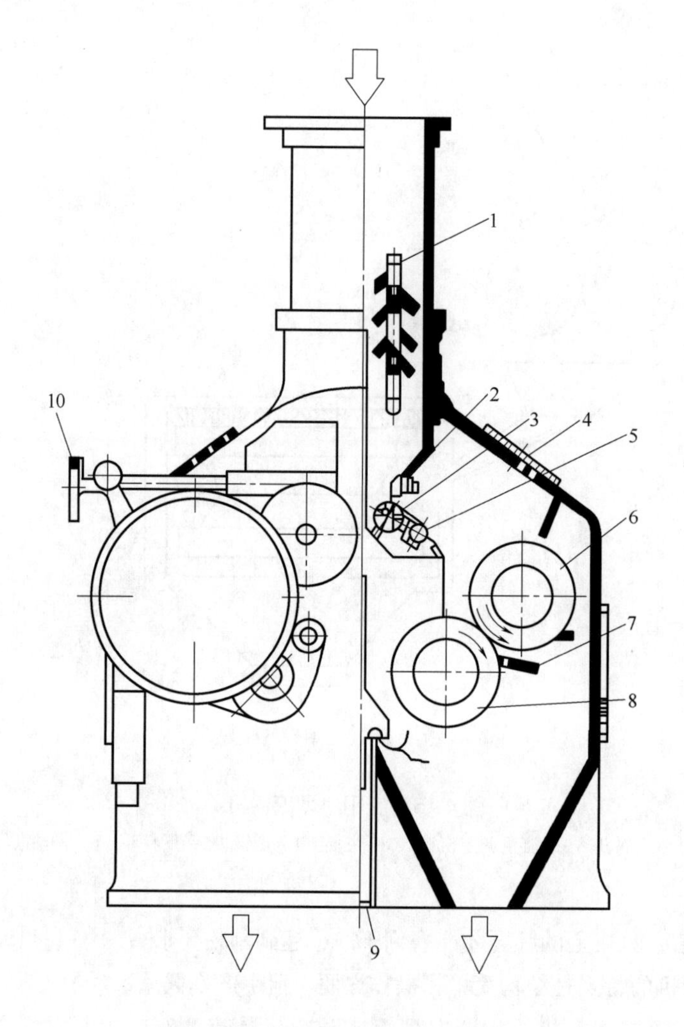

图 4-6　MY 型辊式磨粉机

1—枝状阀　2—扇形活门　3—喂料定量辊　4—视窗　5—喂料分流辊　6—快磨辊
7—刮刀　8—慢磨辊　9—吸风口　10—轧距调节手轮

通过弹簧与轧距调节机构相连则可调节慢辊的位置。调节轧距可控制被粉碎物料的粒度。

MY 型磨粉机的两对磨辊是分别传动的，工作时可以停止其中的一对磨辊，而不影响另一对磨辊的运转。传动方法是先用皮带传动快辊，再通过链轮传动慢辊，以保持快辊与慢辊的速比，一般快、慢辊速比采用 2.5 ∶ 1。

磨辊工作时，表面会粘有粉料，要用清理机构清除，保证其运转平稳。齿辊用刷子清理磨辊表面，光辊则用刮刀清理。

磨粉机的吸风机构使机内始终处于负压。此外，吸风系统还有吸去磨辊工作时产生的热量和水蒸气，冷却磨辊，降低料温，使磨粉机内粉尘不向外飞扬的作用。

总的来说，辊式粉磨机的特点有：适合热敏性物料的粉碎；可控制物料粉碎的粒度；能进行选择性粉碎；粉碎过程稳定，便于实现自动化控制。

图 4-7 为五辊麦芽粉碎机示意图。麦芽是生产啤酒的主要原料，在糖化前需将麦芽粉碎，

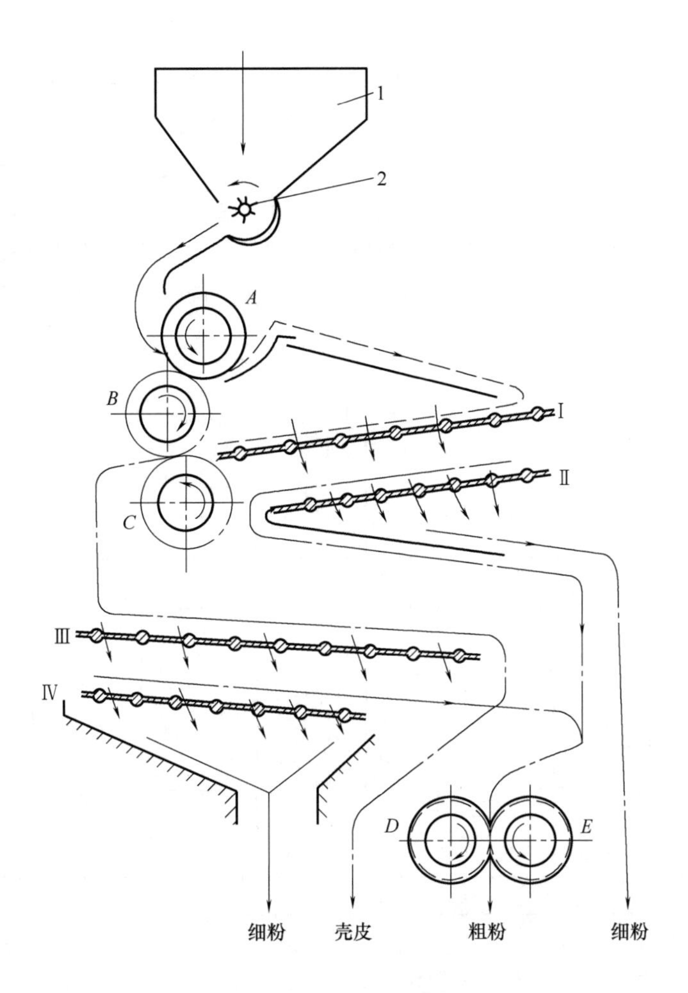

图4-7　五辊麦芽粉碎机

1—进料斗　2—分配辊

A，B，C，D，E—磨辊　Ⅰ，Ⅱ，Ⅲ，Ⅳ—网筛

以便尽量从中提取有效成分。大麦发芽后仍带着外壳，这种外壳的壳皮在麦芽汁过滤工序中能起到天然的助滤作用，因此粉碎时既要将麦芽粉碎，又不使壳皮过度破碎。

五辊麦芽粉碎机主要由装有分配辊的进料斗、五根磨辊（其中三根光辊，两根齿形辊）、四层网筛和四个排料口等组成，第二个粉碎辊既和第一个粉碎辊一起构成预磨辊组，又和第三个粉碎辊组成麦皮辊组。工作时干的带壳麦芽经分配辊2进入A、B磨辊（光辊）之间受到挤压破碎粗磨，落入振动网筛Ⅰ和Ⅱ上，筛下物从细粉出料口排出进入料仓，网筛Ⅰ的筛上物进入B、C磨辊再次粉碎，粉碎后的物料经网筛Ⅲ筛分，其筛上物流到壳皮出料口排出，筛下物由网筛Ⅳ进一步筛分。网筛Ⅱ、Ⅳ的筛上物再进入磨辊D、E（齿辊）之间粉碎，最后从粗粉口排出，网筛Ⅳ的筛下物从细粉口排出。利用五辊粉碎机，在粉碎机调节适当时，可以得到合适的麦芽粉碎物。

2. 碾辊盘磨机

碾辊盘磨机又称轮碾机，俗称盘磨，其历史悠久，结构简单，操作方便，主要用于食盐、调料及油性物料粉碎，是一种微粉碎机械。

碾辊盘磨机主要由磨盘、碾辊、传动机构，筛分装置等组成。碾辊用钢或花岗岩等坚硬的石料制成。根据磨盘的形式可分为磨盘固定式和磨盘转动式两种。

磨盘固定式盘磨机，如图4-8所示，由两个碾辊和一个磨盘组成。工作时，物料放在磨盘里，在驱动装置的作用下，两个碾轮将绕着立轴及其本身的横轴转动，物料即在磨盘和碾轮之间受挤压和研磨作用而被磨碎。粉碎的物料由筛分装置进行筛分，达到所要求粒度的物料被排出，而筛余物的则留在磨盘上，与新投入的物料一起再次进行粉碎直至粒度符合要求被排出。

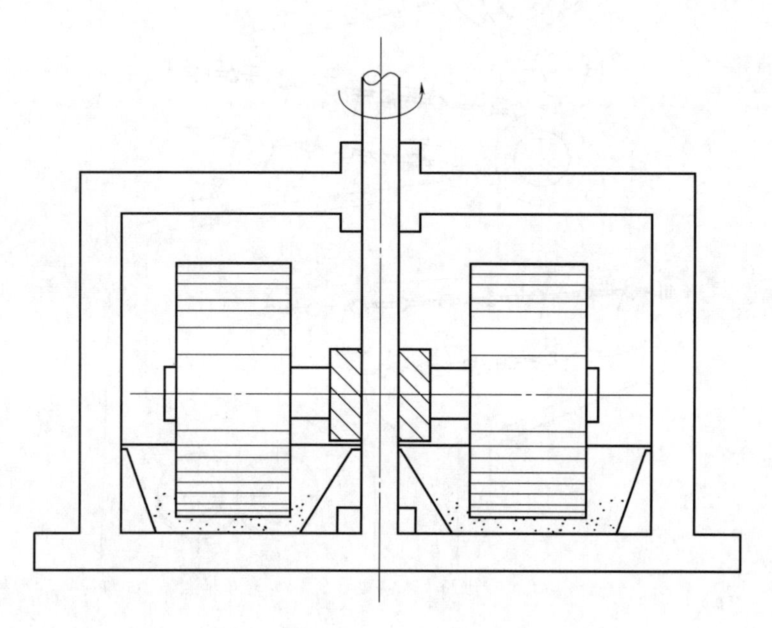

图4-8 碾辊盘磨机

磨盘转动时盘磨机的碾辊对立轴并不转动，而是磨盘转动，具有以下优点：碾辊较容易固定，操作稳定；卸料更容易；在碾辊上没有离心力作用。

（三）磨介式粉碎机

磨介式粉碎机是指借助于具有一定形状和尺寸，处于运动状态的研磨介质（磨介）对物料产生的冲击、摩擦、剪切、研磨等作用力使物料颗粒粉碎的研磨粉碎机。研磨介质主要有钢球、钢棒、氧化锆球、瓷球等，具有强度大且耐磨的特性。该类粉碎机的粉碎效果受磨介的尺寸、形状、配比及运动形式、物料的充填系数、原料粒度等影响。特点是生产率低，但成品粒径小，多用于微粉碎和超微粉碎。典型的磨介式粉碎机有球磨机、棒磨机、振动磨等，可分为微粉碎机械和超微粉碎机械等。

1. 球磨机

以锥形球磨机为例，结构如图4-9所示，主要由磨介、转筒、驱动装置等组成。转筒中部呈圆筒形，两头呈圆锥形，转筒由电机驱动的大齿轮带动低速旋转运动。转筒内装有许多直径为2.5~15cm的钢球或磁性钢球。原料入口处钢球直径最大，沿着物料出口方向，球的直径逐渐减小，被粉碎物料的颗粒也是从原料入口顺着出料口的方向逐渐由大变小。物料从入口投

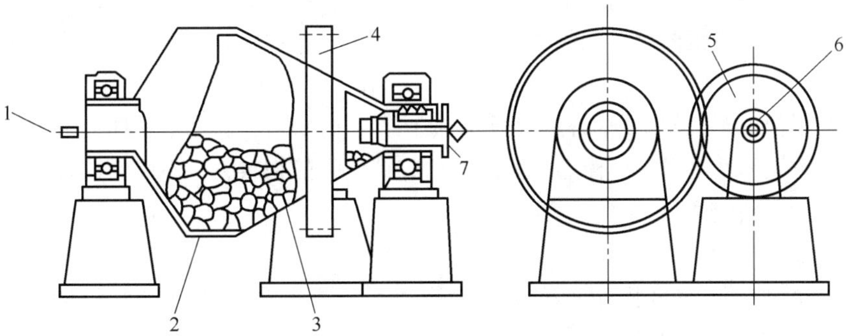

图4-9　锥形球磨机

1—原料入口　2—大球　3—小球　4—大齿轮　5—小齿轮　6—驱动轴　7—排出口

入后，随着转筒的旋转而作旋转运动，由于离心力作用与钢球一起沿转筒内壁面上升，当上升到一定高度时便同时下落。这样，物料由于受到钢球的冲撞，以及与转筒内壁面所产生的研磨作用而被粉碎。粉碎后成品逐渐移向排出口被排出。

转筒的转速将影响磨介的运动形式，转速过低，物料与磨介的不能被带动上升，粉碎效果差；转速增大，钢球受到的离心力增大，上升角增大，当钢球重力的分力大于离心力时钢球下落；若转速再增大，离心力更大，当离心力超过钢球重力时钢球将随转筒旋转不下落，对物料没有碾碎作用。通过计算，球磨机工作速度一般为其临界速度的75%。

磨介在转筒内的充填系数也将对粉碎效果有影响，充填系数过大也会降低其对物料的冲击粉碎作用，一般为28%～40%。

这类机械主要适用于谷物类及香料等物料的粉碎加工。

2. 棒磨机

图4-10所示为棒磨机结构示意图。主要工作部件是一个大直径的转筒，由水平轴支承于两平台上，转筒长径比通常为1.5～2。在转筒内装有约占转筒体积50%的钢棒，钢棒直径为50～100mm。物料从水平轴的两端投入。工作时，转筒转动，钢棒随转筒上升至一定高度后，

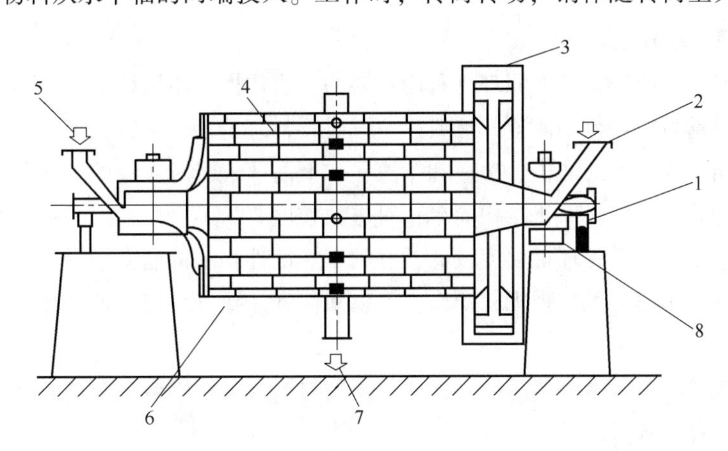

图4-10　棒磨机

1—棒投入口　2,5—原料投入口　3—齿轮　4—圆形转筒　6—工作口　7—排出口　8—主轴

呈泻落下滑，物料受到钢棒的冲击、研磨被粉碎。钢棒与物料的接触是线接触而非点接触，故物料中的大块料先被钢棒粉碎成细小颗粒，再逐渐均匀地被粉碎。粉碎后的物料被移向转筒中央部位排出。

棒磨机不像球磨机的钢球那样，粉碎黏结性物料时易被物料黏成一团而失去粉碎作用，故适合粉碎潮湿黏结性物料。但棒磨机不适宜粉碎韧性强的物料，也不能粉碎过硬的原料，否则会使钢棒发生弯曲变形。

3. 振动磨

振动磨是装有振动源装置的球（棒）磨机。一个振动装置可同时带动数个筒体转动，常用的是单筒式和双筒式振动磨。工作时，振动装置使筒体转动，筒内的磨介做高频振动，对物料产生冲击、摩擦和剪切作用，实现物料的超微粉碎，同时能对物料起到混合分散的作用。

振动磨按振动装置特点可分为惯性振动磨和偏旋振动磨，如图4-11所示。振动磨磨介尺寸小，产品粒度小，粉碎比和粉碎效率高，可封闭作业，适应性强；但噪声大，对机械结构强度要求高。

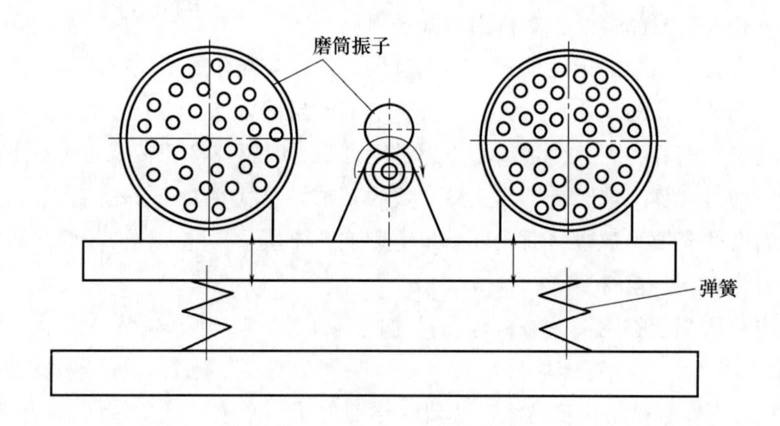

图4-11　振动磨示意图

（四）气流式粉碎机

气流粉碎机又称流能磨，工作原理是利用物料的自磨作用，用压缩空气、蒸汽或其他气体通过一定压力的喷嘴喷射产生的高速气流或热蒸汽对物料进行冲击，物料颗粒在其作用下悬浮输送，物料相互间发生强烈的冲击、碰撞和摩擦，加上高速气流对颗粒的剪切作用，使物料得以充分的研磨而粉碎。该类粉碎机结构简单；对进料粒度要求不严格，产品粒度小；压缩空气喷出后膨胀吸收热量使得粉碎环境温度较低，有利于热敏性物料的超微粉碎；易实现粉碎与干燥、混合等多元联合作业；可实现无菌操作、卫生条件好。缺点是需借助高速气流，粉碎效率低，能耗高。

气流式粉碎机的种类较多，典型的有立式环型喷射式气流粉碎机、对冲式气流粉碎机、超音速气流粉碎机、叶轮式气流粉碎机等。

常见气流粉碎机有如下几种。

1. 立式环形喷射气流粉碎机

如图4-12所示，该机主要由文丘里式给料装置、立式环形粉碎室、分级器等组成。工作时，物料经文丘里式给料器喂入，再由从一组喷嘴喷出的压缩空气（或高压蒸汽）将喂入的物料喷入不等径变曲率的环形管粉碎室内，加速并形成紊流状，致使物粒相互冲撞、摩擦等而粉碎。粉碎后的粉粒体随气流经环形轨道上升进入分级区，由于环形轨道的离心力作用使颗粒分离，细粉粒在环形轨道内侧，回转至分级器入口处时被吸入分级器而排出机外，粗粉粒则靠向轨道外侧沿下行轨道运动被送回粉碎室与新输入物料一起进行继续粉碎。粉碎粒度在0.2～3μm。

2. 对冲式气流粉碎机

图4-13所示为对冲式气流粉碎机的示意图，主要工作部件包括冲击室、分级室、喷管、喷嘴等。工作时，两喷嘴同时相向向冲击室喷射高压气流，其中加料喷嘴1喷出的高压气流将加料斗中的物料逐渐吸入，送经喷管1，物料在喷管2中被加速进入粉碎室，受到粉碎喷嘴2喷射来的高速气流阻止，物料冲击在粉碎板上而粉碎。粉粒随气流经上导管4至分级室后做回转运动，在离心力的作用下分级。细粉粒所受离心力较小，处于分级室中央而被排出机外；粗粉粒受离心力较大，沿分级室外壁运行至下导管入口处被粉碎喷嘴2喷入的高速气流送至喷管2中加速再进入粉碎室，与对面新输入的物料相互碰撞、摩擦、再次粉碎，如此循环。粉碎成品的粒度在0.5～10μm。

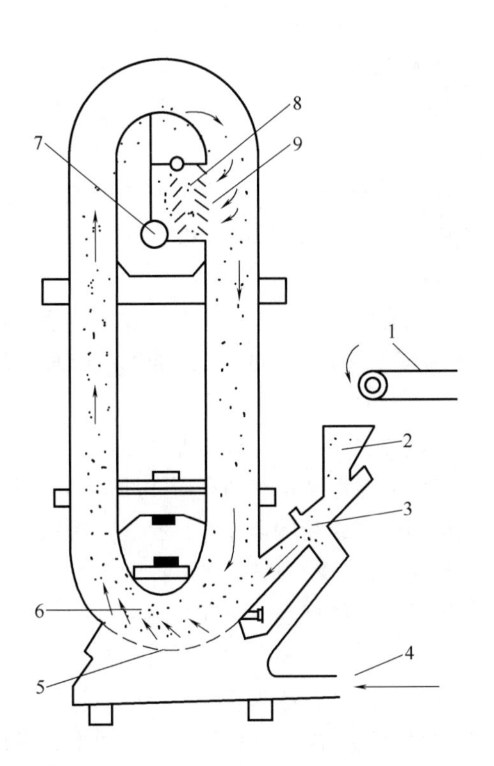

图4-12　立式环形喷射气流粉碎机

1—输送机　2—料斗　3—文丘里加料器
4—压缩空气或过热蒸汽入口　5—喷嘴
6—粉碎室　7—产品出口　8—分级器
9—分级器入口

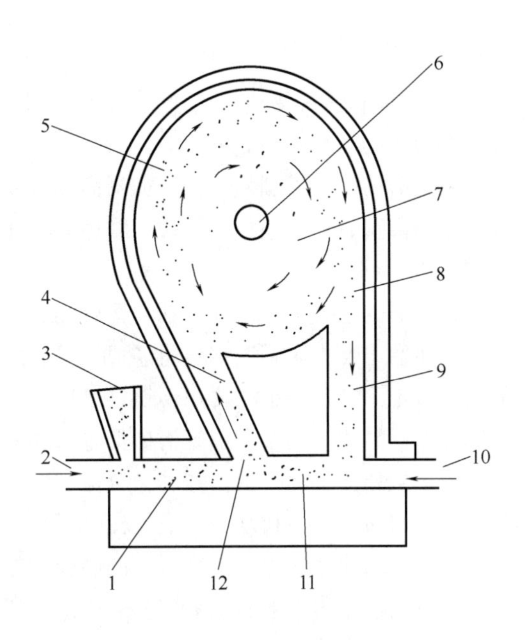

图4-13　对冲式气流粉碎机

1—喷管1　2—喷嘴1　3—料斗　4—上导管
5—分级室　6—排出口　7—微粉体
8—粗颗粒　9—下导管　10—喷嘴2
11—喷嘴2　12—冲击室

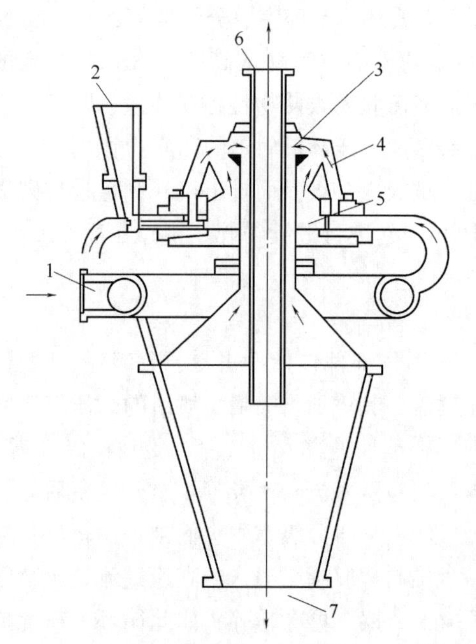

图4-14　超音速喷射式粉碎机

1—压缩空气入口　2—原料投入口　3—分级板　4—粗粒返回管　5—粉碎室　6—排气口　7—出料口

3. 超音速喷射式粉碎机

超音速喷射式粉碎机机结构如图4-14所示，物料经料斗喂入后，先与压缩空气混合成气固混合流，然后以超音速由喷嘴喷入粉碎室，使物料在粉碎室内发生剧烈的碰撞、摩擦等作用而被粉碎。粉碎机内设有分级板，微粒被排出机外，粗粒则返回粉碎室内继续粉碎，直至达到所需粒度为止。该机粉碎后粒度可达到1μm的超微细粒度。

三、湿法粉碎机械与设备

食品粉碎加工中除了干法粉碎外，还有湿法处理。其中有些干法粉碎机械也适合于用在湿法处理，例如前面所讲述的球磨机和振动磨等。另外，湿法超微粉碎还有一些专用设备，诸如搅拌磨、行星磨、胶体磨和均质机等。

（一）搅拌磨

搅拌磨是在球磨机的基础上发展起来的。球磨机干燥液体浆料时，一定范围内磨介尺寸越小则成品粒度也越细，但磨介尺寸减小到一定程度时，它与液体浆料的黏着力增大，会使磨介与浆料的翻动停止。为解决这个问题，可增添搅拌机构使磨介与物料产生翻动。搅拌磨的筒体（容器）不转动，即可用于干法粉碎也可用于湿法粉碎，但大多用在湿法超微粉碎中。

搅拌磨的工作原理是，在分散器高速旋转产生的离心力作用下，研磨介质和液体浆料颗粒冲向容器内壁，产生强烈的剪切、摩擦、冲击和挤压等作用力（主要是剪切力）使浆料颗粒得到粉碎。

搅拌磨的主要工作部件包括研磨容器、分散器、搅拌轴、磨介、分离器和输料泵等。食品加工中研磨容器多用不锈钢材料制成，设有冷却夹套将分散器高速旋转和研磨冲击作用所产生的热量带走。分散器也主要用不锈钢制成，也有用树脂橡胶或硬质合金等材料。常用的分散器有圆盘形、异型、环形和螺旋沟槽形等，如图4-15所示。分散器安装在搅拌轴上，搅拌轴直接与电动机相连带动分散器转动，分散器的旋转速度是影响搅拌磨效率和成品粒度的一个重要因素，它与粉碎成品粒度大小成反比关系。

分离器的作用是把研磨容器内的磨介与被研磨浆料分离开，被研磨的浆料成品被输料泵推动通过分离器排出，磨介则留在容器内继续研磨新的浆料。分离器的种类很多，通常分为筛网型和无网型两类，最常用的有圆筒型筛网、伸入式圆筒型筛网、旋转圆筒筛网和振动缝隙分离器等。

搅拌磨分敞开型和密闭型两种，每种又有立式与卧式、单轴与双轴、间歇式与连续式之分，有的还配备有双冷型式。敞开式单轴立式最简单，研磨效率较低且不适宜处理高黏度物料，因此密闭型使用较多。如图4-16所示为密闭型立式单轴搅拌磨的结构示意图。

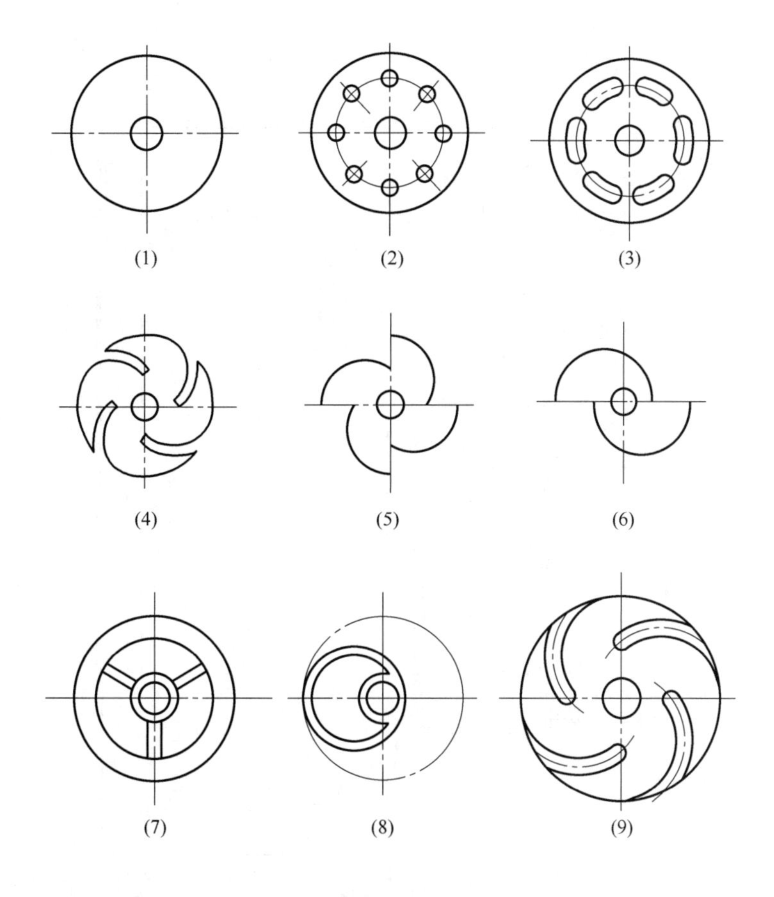

图4-15　搅拌磨中常见的分散器类型

（1）平面圆盘型　（2）开圆孔圆盘型　（3）开豌豆孔圆盘型　（4）渐开线槽形异型　（5）风车形异型　（6）偏凸形异型　（7）同心圆环型　（8）偏心圆环型　（9）螺旋沟槽型

搅拌磨所用的研磨介质有玻璃珠、钢珠、氧化铝珠和氧化锆珠等，磨介粒径与成品粒径成正比，磨介粒径通常根据原料中固体颗粒大小相对成品粒径大小的要求来决定，粒度分布越均匀越好。研磨介质的粒径必须大于浆料原始平均颗粒粒径的10倍，研磨介质粒径通常采用0.6～1.5mm（要求成品粒径小于1～5μm）及2～3mm（要求成品粒径在5～25μm）。对成品粒径要求不高时使用较大直径的磨介以缩短研磨时间并提高成品产量。磨介在研磨容器内的充填率对搅拌磨的研磨效率也有直接影响。充填率视磨介粒径大小而定，粒径大，充填率也大；粒径小，则充填率也小。具体的充填系数，对于敞开型立式搅拌磨为研磨容器有效容积的50%～60%，对于密闭型立式和卧式搅拌磨为研磨容器有效容积的70%～90%（常取80%～85%）。

（二）行星磨

图4-17所示为行星磨示意图。行星磨通常由2～4个研磨罐组成，这些研磨罐除自转外还绕主轴作公转，故又称行星磨。研磨罐呈倾斜式安装，以使之离心运动且摆动，在每次产生最大离心力的最外点旋转时，罐内磨介会上下翻动。研磨罐围绕主轴旋转时，研磨罐的离心力与做上下运动的力作用在研磨介质上，使之产生强有力的剪切、摩擦和冲击等作用力，将物料颗粒研磨成微粒。

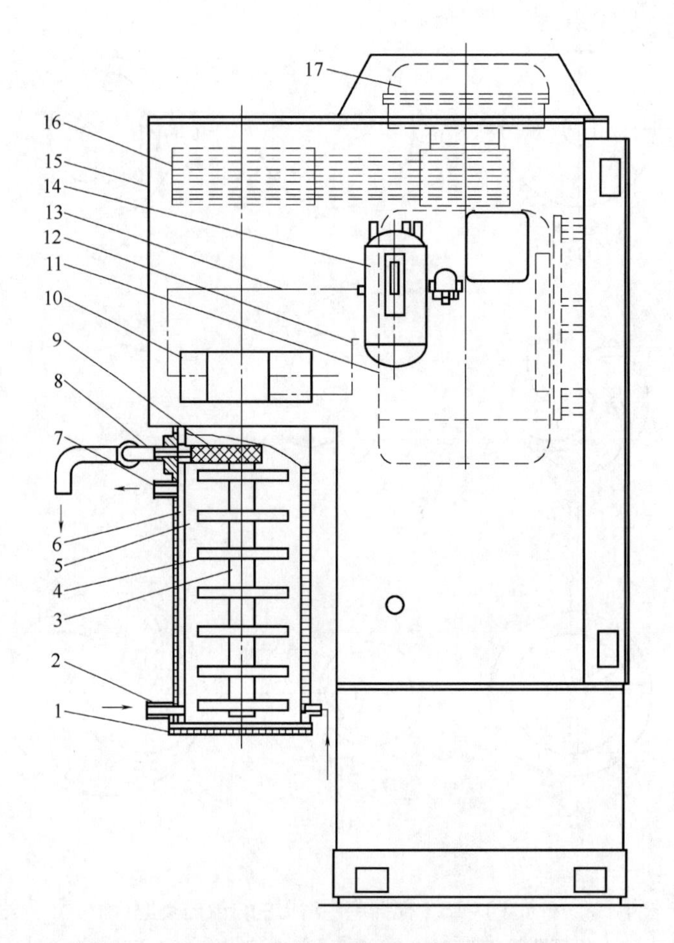

图4-16　密闭型立式单轴搅拌磨的结构示意图

1—盖　2—物料入口管　3—搅拌轴　4—分散圆盘　5—研磨容器　6—夹套　7—冷却水进出口管　8—物料出口管　9—伸入式圆筒筛　10—机械密封　11—电动机　12—密封液进口管　13—密封液出口管　14—压力罐　15—机座　16—V带轮　17—液力耦合器

行星磨研磨罐的磨介充填率为30%左右，它的粉碎效率较球磨机高。行星磨结构简单、运转平稳、操作方便，粉碎粒度小（可达1μm以下）且大小均匀。不仅常用于湿法粉碎，也适用于干法粉碎上。

（三）双锥磨

双锥磨是一种新型高能量密度的超微粉碎设备，主要结构如图4-18所示。带冷却夹套的定子（外锥体）和带冷却腔的转子（内锥体）构成研磨缝隙，在缝隙内装满研磨介质，一般为玻璃珠、陶瓷珠或钢珠等。磨介直径通常为0.5~3.0mm，转子与定子之研磨间距约为6~8mm，介质直径大，则间距也大。通过锥形研磨区可以达到渐进的研磨效果，供研磨用的能量从进料口至出料口逐渐递增，因为随着被研磨物料细度的增加，必须使其获得更高的能量才能进一步磨细。

分离器采用动态缝隙分离器，它由转子环与定子环构成，浆料从下部入口管在泵的推动下连续地加入，研磨的浆料成品经过分离器由上部出口管流出。

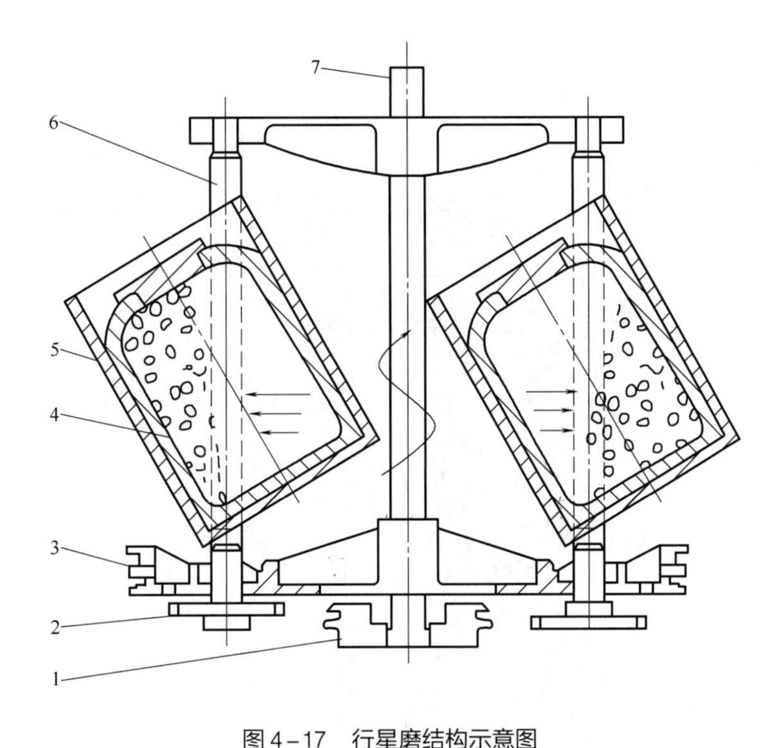

图 4-17　行星磨结构示意图

1—主动链轮　2—从动链轮　3—皮带轮　4—研磨罐　5—容器　6—从动轮　7—主轴

双锥磨具有以下特点：能获得很细且均匀的成品微粒和很高的生产能力，在同样的生产负荷和细度情况下双锥磨容积和磨介充填率均是传统搅拌磨的 1/5～1/3，更换研磨品种时残留物少且易清理；结构紧凑且在密闭状态下作业，故适宜研磨含有机溶剂的物料；适宜研磨热敏性物料和在低沸点下溶解的物料。

（四）低温粉碎

低温粉碎又称冷冻粉碎。研究表明锤（爪）式粉碎机等机械方式粉碎物料时，粉碎能仅占输入功率的 1% 或更小，其余 99% 或以上的机械能都转化成热能，使粉碎机体、物料和排放气体升温，将导致低熔点物料熔化、黏结；热敏性物料分解、变色、变质或散失芳香味；某些塑性物料则因施加的粉碎能多转化为物料的弹性变形能，进而转化成热能，使物料极难粉碎。低温粉碎则能克服上述问题。

低温粉碎是指用液氮（LN_2）或用液化天然气（LNG）等为冷媒对物料实施冷冻后的深冷粉碎方式。一般物料都具有低温脆化的特性，因此在低温下物料容易粉碎。同时，用液氮等冷媒不会因结“冰”而破坏动植物的细胞，具有粉碎效率高、产品质量好等优点。但低温粉碎的成本较高，且食品物料含水量对粉碎功耗影响较大。

低温粉碎工艺按冷却方式有浸渍法、喷淋法、气化冷媒与物料接触法等，具体根据物料层厚薄而定，厚层物料用浸渍法，薄层物料用气化冷媒接触法等。按操作过程的处理方式又可分为以下 3 种：

（1）将物料温度用冷媒处理至其脆化温度以下，随即送入常温粉碎机中粉碎。因物料温

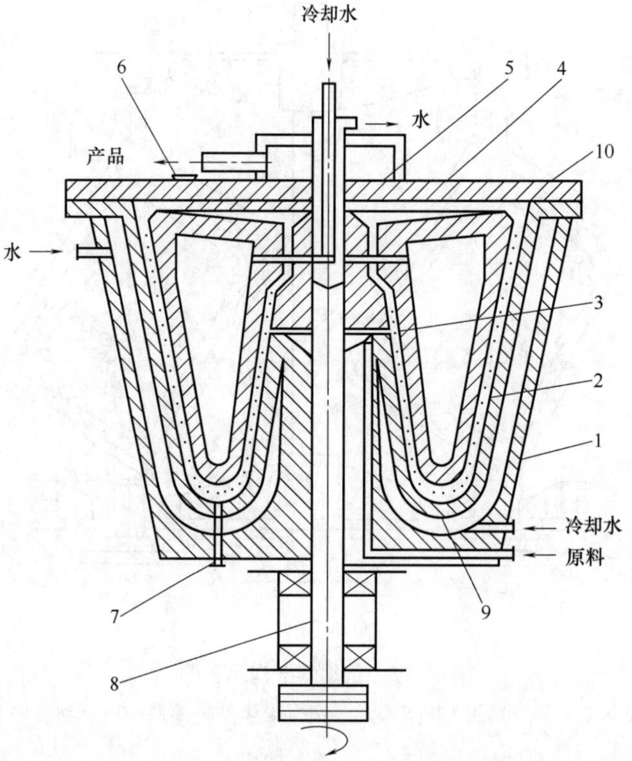

图 4-18　双锥磨的结构示意图

1—磨筒　2—转子　3—粗磨盘　4—分离室　5—出料环缝　6—研磨介质加入口

7—研磨介质排放口　8—立轴　9—磨介　10—筒盖

度很低，粉碎过程中的升温也不致达到降低食品品质的程度。主要用于含纤维质高的食品物料的低温粉碎。

（2）将常温物料投入到内部保持低温的粉碎机中粉碎。此时，虽然物料温度还远高于脆化温度，但因物料处在低温环境中，因而在粉碎过程中产生的热量被环境迅速吸收，不致因热量积累而导致热敏性反应。主要用于含纤维质较低的热敏性物料的粉碎。

（3）将物料经冷媒深冷后，再送入内部保持适当低温的粉碎机中粉碎。此方式为以上两种方式的适当综合，主要用于热敏性物料的粉碎。

低温粉碎系统由低温粉碎工艺而定。图 4-19 所示的是按上述工艺（3）组成的低温粉碎系统。该系统设有冷气回收管路，以降低液氮耗量，充分利用冷媒的作用。

由于低温粉碎机在启动、停机时温度变化幅度大，机器本身会产生热胀冷缩，凝结水腐蚀以及绝热保冷等问题，加上粉碎机材料的低温脆化因素，因此，粉碎机各部件应选用在操作条件下不会发生低温脆化以及化学稳定性较高的材料。结构上可选用轴向进料式粉碎机，已冷却待粉碎材料和气化冷媒均从喂料口吸入。同时，通过冷媒供给阀来调节进入粉碎室内冷媒的供给量，使粉碎室内达到所需低温。

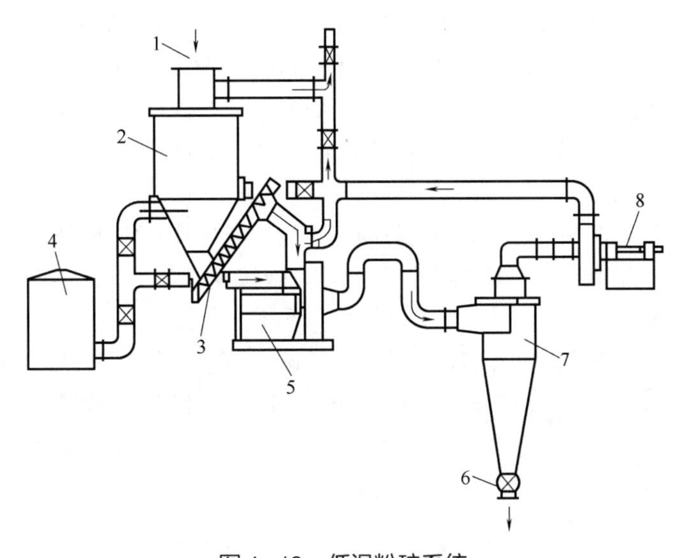

图 4-19　低温粉碎系统

1—物料入口　2—冷却贮斗　3—输送机　4—液氮贮槽　5—低温粉碎机
6—产品出口　7—旋风分离器　8—风机

第二节　食品切分机械与设备

食品切分机械与设备是利用刀刃切割所产生的局部冲击力和剪切力对物料进行切割或碎解的机械。由于所处理的食品原料来源和种类不同，要求得到的产品也不同，因此，这类设备机械种类繁多，总体上分为切分机械和果蔬破碎机械两大类。

一、切分机械

食品切分机械是利用切刀锋利的刃口对物料作相对运动而将食品原料进行切片、切块或切成碎段的机械，常用于蔬菜、瓜果、肉类、面点等食品生产加工中。

切分机械的特点：①成品粒度（细碎度或碎段）均匀一致，被切割表面光滑；②功率消耗较小；③只需更换不同形状规格的刀片便可切分出不同形状和粒度的成品；④多属中、低速运转，噪声较低。

食品加工中，通常对切分机械要求如下：

（1）切碎工作部件（刀片）具有足够的强度和刚度；

（2）切割时省力，配套功率小；

（3）切割成品质量好，特别是切碎营养丰富、含水分多、流变性突出的瓜果、蔬菜以及肉类时，要求碎屑少，汁液流失少；

（4）适于将物料加工切割成不同几何形状和大小的成品，如片、条、丁和丝等。

（一）茎秆类物料切碎机

切碎机的主要工作部件是切刀。良好的切刀（或称切碎器）应具有切割质量高，耗用动力小，工作平稳可靠，便于刃磨，使用维修方便等特点。切刀一般是用经过热处理的工具钢或锰钢制成。刀片有动刀和定刀之分，对于有支承的切碎必须有动、定刀构成切割副，如切菜机和切肉机等。对于无支承的切碎则没有定刀片，如削皮机。动刀片和定刀片等组成切碎器。切碎器在设计或选用时应满足下列三方面的要求：①钳住物料，保证切割；②切割功耗要小；③切割阻力矩均匀。

茎秆类物料的种类很多，切割这类物料的切碎机主要有两种类型：盘刀式切碎机和滚刀式切碎机。切割主要是利用动、定刀之间的对切作用，宛如剪刀一样，根据剪切原理工作的。

1. 盘刀式切碎机

盘刀式切碎机的特点是动刀片刃口线的运动轨迹为一个垂直于回转轴的圆形平面。通常由原料输送带（链）、喂料辊、切碎器、卸料口、传动部分、外罩和机架等组成，主要工作部件是左右对称安装在圆盘上的两把切刀 1 和喂料口 2，如图 4-20 所示。物料由输送带传送，在上、下喂料辊的夹持下送入喂料口 2 时，即被动刀切断。

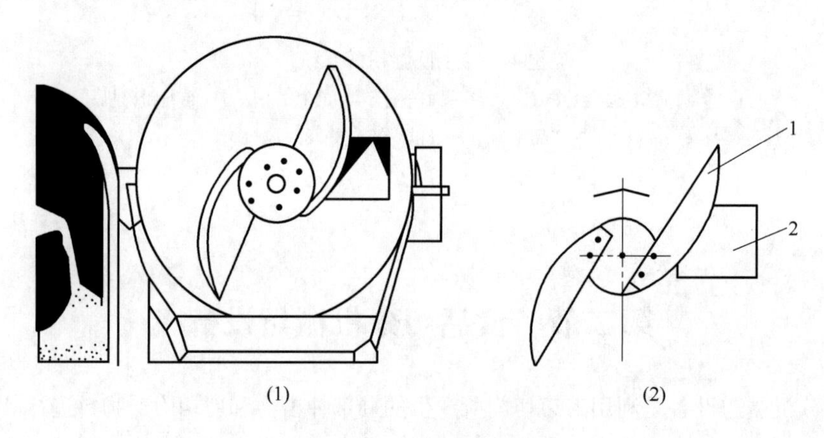

图 4-20　盘刀式切碎机

（1）外形结构　（2）切碎器

1—动刀　2—喂料口

切刀刃口的几何形状有直线形和曲线形，其中曲线形又可分为凸刃口刀和凹刃口刀，见图 4-21，运动方式有回转式和往复式两种。动刀、定刀一般用高强度、耐磨损的碳素钢和不锈钢材料制成，组成的切割副结构参数见图 4-22。动刀的厚度为 2 ~ 3mm，刃口厚度 $\delta = 80 \sim 100\mu m$，若磨损到一定程度，必须磨刃。定刀的厚度为 3 ~ 6mm，以承受动刀切割时对物料巨大的冲击力。动刀的工作面与定刀侧面的垂直线呈 1.5° ~ 3°倾斜安装，防止物料以一定速度送入切割时不致顶住动刀的工作表面，造成堵塞，增加功耗。动、定刀刃之间留有安装间隙 0.5mm。动刀刀刃的切割线速度一般为 18 ~ 32m/s。

盘刀式切碎机通用性广，可用来切割瓜果、蔬菜、冻肉等。切割质量好，生产效率高，刀片卸装方便，自动化程度高，是目前食品、农产品加工中应用最为广泛的一种切碎机。

2. 滚刀式切碎机

滚刀式切碎机的特点是动刀刃口线的运动轨迹呈圆柱形。其基本组成和工作过程与盘刀式切碎机类似，但切碎器是滚筒式。其切碎机构的工作示意图如图 4-23。动刀刃工作表面与刃口垂直线之间有 3° ~ 5°倾斜角。动刀、定刀片刃口的间隙为 0.5 ~ 1.0mm。滚刀式切碎机上的

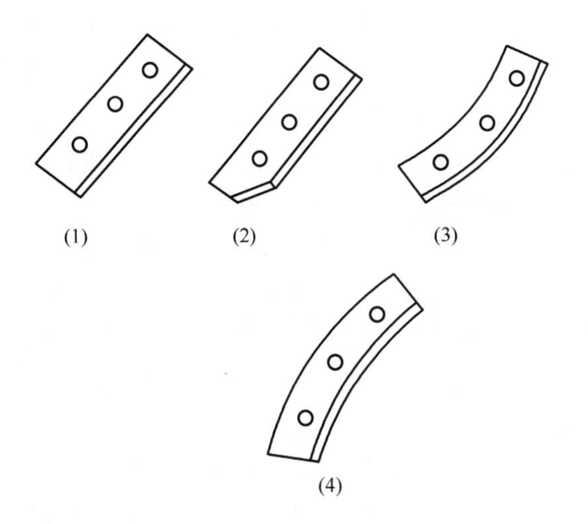

图 4-21　刀片刃口的几何形状

（1）直刃口刀　（2）折刃口刀

（3）凸刃口刀　（4）凹刃口刀

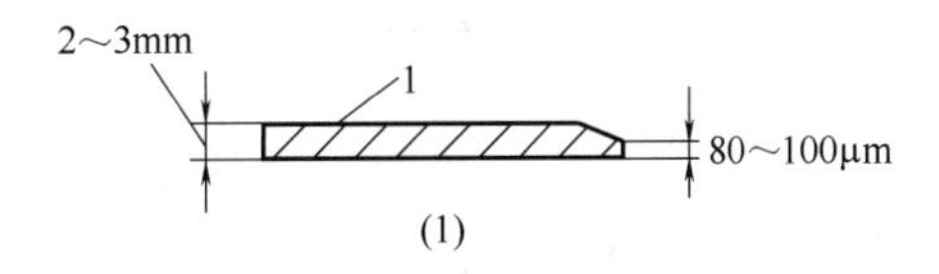

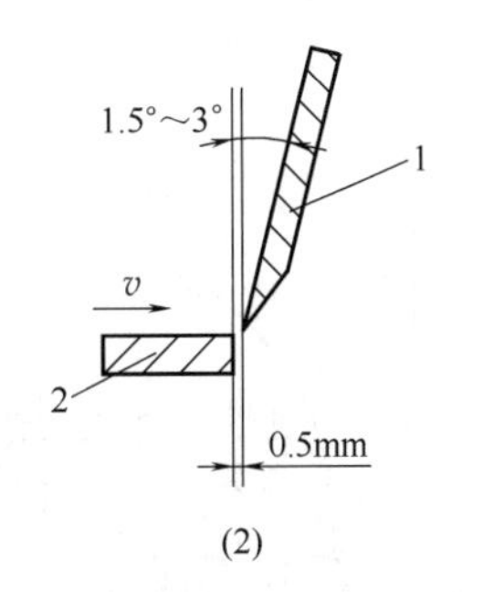

图 4-22　刀片结构和安装

（1）动刀片结构　（2）动刀、定刀的安装

1—动刀　2—定刀

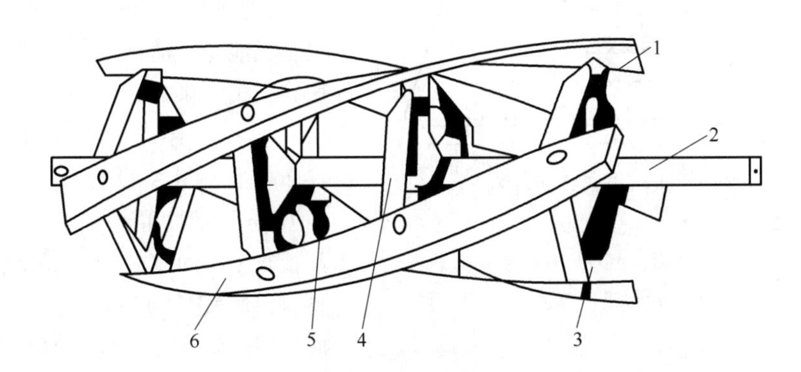

图 4-23　滚刀式切碎机的切碎机构

1—螺母　2—轴　3—螺栓　4—辐盘　5—座孔　6—动刀片

刀片可以是长方形，也可以呈螺旋线扭曲形状。动刀刃口的工作线速度一般为 20m/s 左右。

（二）块状类物料切碎机

块状物料如洋白菜、薯类、洋葱和冻肉块等，其切割原理和工作过程与茎秆类物料有所不同。块状类物料的切割是利用刀片的楔切作用，宛如加工金属的车刀一样，是根据切削原理工作的，切割时动刀刃对物料通常不需要产生滑移，只是按照砍切进行切割，因为块状物料与刀片之间的摩擦角一般都比较大，例如马铃薯与动刀刃之间的摩擦角为 35°~40°，远比茎秆类物料与动刀刃之间的摩擦角（18°~24°）要大得多。

1. 水平盘刀式切碎机

水平盘刀式切碎机由喂料斗 1、水平圆盘 2、动刀 3 和 5、定刀 6、刮板 4、底盘 8 及传动皮带轮 10 等组成，如图 4-24 所示。水平圆盘通过皮带轮与电机相连，在水平圆盘 2 的上面安

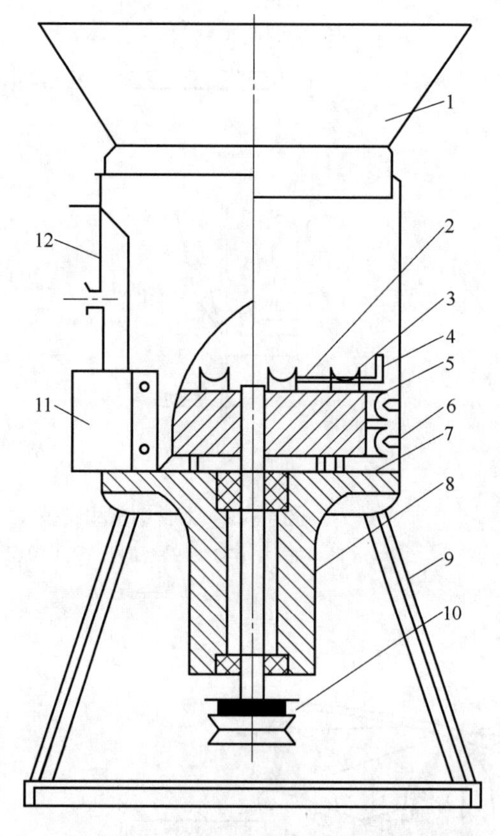

图 4-24　水平盘刀式切碎机

1—喂料斗　2—水平圆盘　3—大尖刀　4—刮板　5—小尖刀（动刀）　6—小尖刀（定刀）　7—刮片　8—底盘　9—支架　10—皮带轮　11—排料口　12—插门

装有大尖刀（动刀）3 和刮板 4，在其侧面四周装有小尖刀（动刀）5。与动刀 5 相对应的机壳表面装有小尖刀（定刀）6。工作时，物料经喂料斗 1 落到机筒内做高速旋转运动的水平圆盘上，首先受到动刀 3 的预切割，然后被刮板 4 刮入位于小尖刀（动刀）5 和小尖刀（定刀）6 之间的缝隙中，进一步切碎，最后切碎物被刮片 7 刮到排料口 11 排出。

2. 立式盘刀式切碎机

（1）双排圆盘式切碎机　双排圆盘式切碎机的主要工作部件是在两根平行轴上并排交错安装的数把圆盘形动刀片 2（如图 4-25 所示），物料从喂料口 1 进入后被作相对回转运动的两组动刀片切碎，其特点是切割质量好，汁液损失少，耗能低，但结构较复杂，主要用来切碎肉类和果品。

（2）斩拌机　斩拌机的结构见图 4-26，由碗式盛料器 1、梳齿形定刀 2、镰刀形刀片 3、传动轴 4、封闭式顶盖 5、刮板 6（它固定在顶盖 5 上，用来搅拌物料，使其导向切刀 3）和主轴 7 等组成。刀片转速为 1000～2400r/min。该机能将小块肉切成细度均匀、脂肪球破裂的糜糊状，供制作灌肠和午餐肉用。物料入机前，要预先切成碎块，较先进的斩拌机将上、下碗形盛料器内抽真空，不让空气进入或从碗内外逸气

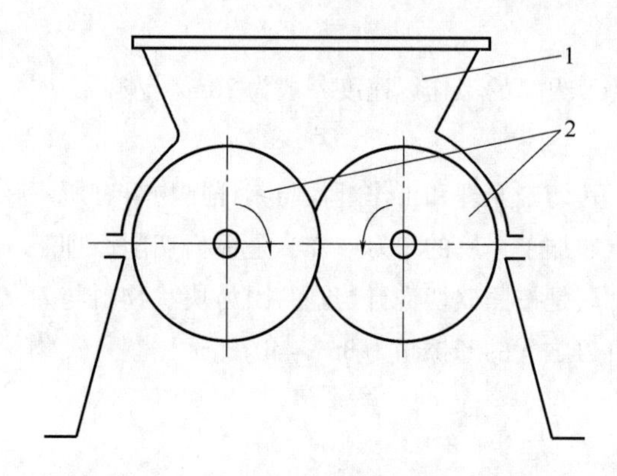

图 4-25　双排圆盘式切碎机

1—喂料斗　2—圆形动刀片

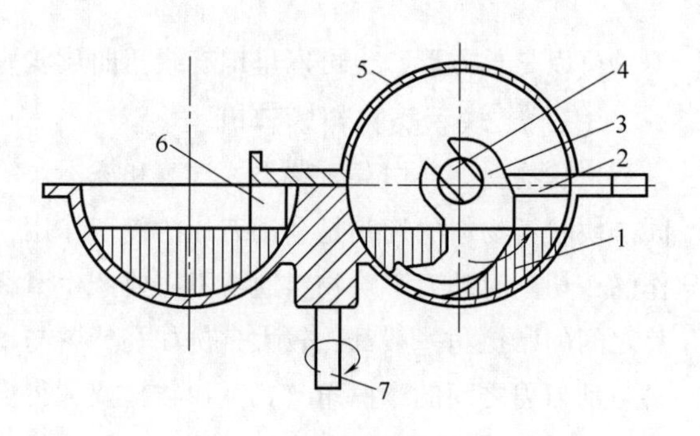

图 4-26　斩拌机

1—碗式盛料器　2—梳齿形定刀　3—镰刀形刀片　4—传动轴　5—封闭式顶盖　6—刮板　7—主轴

味，以保持肉制品的风味和防止肉糜中混入气泡。

3. 滚刀式切碎机

图4-27所示为滚刀式切碎机的结构示意图，其动刀片安装在圆锥形或圆柱形滚筒上。当滚筒旋转时，料斗内的物料就被切碎，成品通过动刀和滚筒之间的空隙进入圆锥形筒内，并沿着圆锥斜面从滚筒的大端排出。由于圆锥部分表面和喂料斗接触，所以生产效率较低，但工作较可靠，主要用来切碎青绿物料和块根茎。

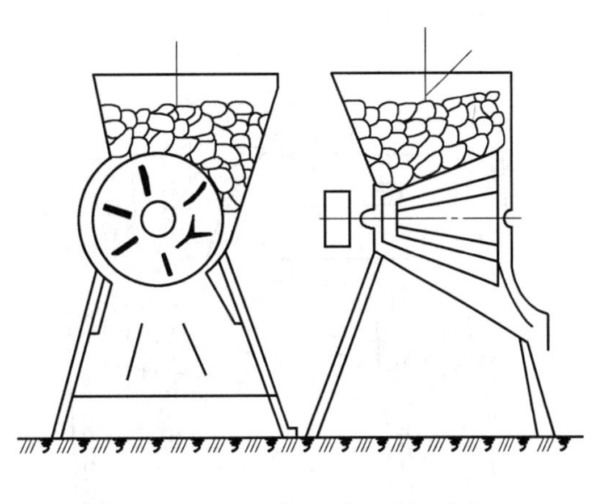

图4-27　圆锥形滚刀式切碎机

4. 离心式切碎机

离心式切碎机的种类比较多，下面仅叙述比较常用的通用型切碎机和切丁机。

（1）通用型离心式切碎机　该机主要由圆筒形机壳、回转叶轮和安装在机壳四周内壁的定刀等组成。工作过程见图4-28，原料经圆锥形喂料斗1进入机内，叶轮以262r/min的转速带动物料回转，物料产生高达其自身重量7倍的离心力，此离心力使物料紧压在切碎机的内壁表面上并受到叶轮上叶片的驱赶，物料沿着机壳内壁表面移动，内壁表面的定刀就将其切成厚度均匀的薄片，切下的片料沿着机壳的内壁下落到卸料槽内。调节定刀刃与机壳内壁之间的间隙，即可获得所需要的切片厚度。被切碎物料的直径小于100mm。定刀厚度一般为0.5～3mm，更换不同形状的定刀片，即可切出平片、波纹片、V形丝和椭圆形丝。

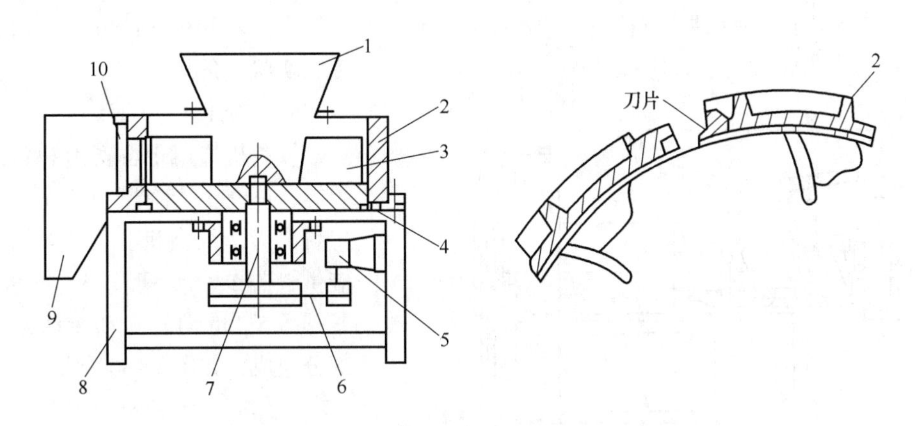

图4-28　通用型离心式切碎机的工作过程

1—喂料斗　2—圆筒机壳　3—叶片　3—叶轮盘　5—电动机
6—传动带　7—转轴　8—机架　9—出料槽　10—刀架

该机适用于将各种瓜果（如苹果、椰子、草莓等）、果菜（如黄瓜等）、块根类蔬菜（如马铃薯、胡萝卜、洋葱、大蒜头、荸荠和甜菜等）以及叶菜（如卷心菜和莴苣等）切成片状。

（2）切丁机　切丁机的外形见图4-29（1），主要部件包括回转叶轮、定刀、横切刀和圆盘刀等。工作过程见图4-29（2），原料经喂料斗进入回转叶片1后，因受离心力作用紧靠机

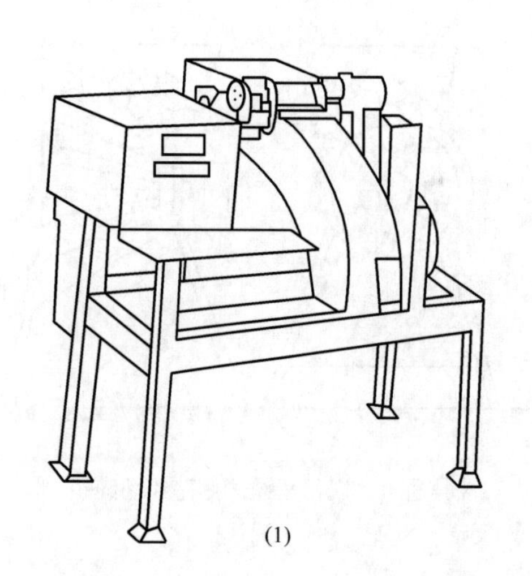

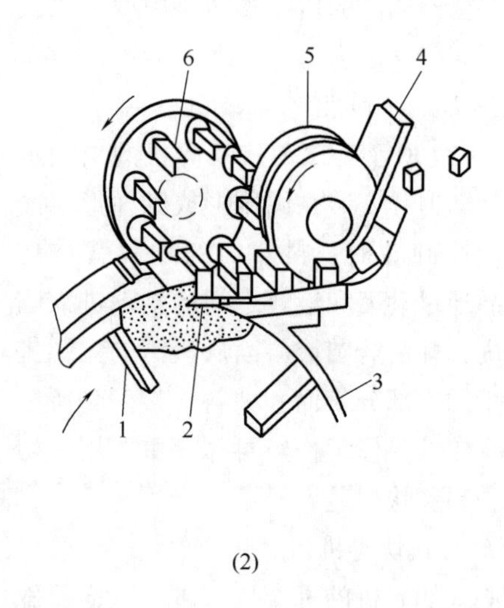

图4-29 切丁机

(1) 外形图 (2) 工作过程

1—叶轮 2—定刀片 3—机壳 4—挡梳 5—圆盘刀 6—横切刀

壳的内壁表面，回转叶片1带动原料通过定刀刃2切成片料。片料经过机壳顶部外壳出口通过定刀刃口向外移动。片料厚度由定刀刃和机壳侧壁之间的距离决定且可调。片料一旦外露，横向切刀6立即将片料切成条料，并将条料推向纵向圆盘刀5，切成丁状的四方块或者长方块，有6.4mm、9.5mm、11mm和13mm四种规格。切丁机采用不锈钢材料制造，配用动力为1.5kW电机，带有安全联锁开关，防护罩一经打开，机器立即自动停止工作。

该机主要用于各种瓜果、蔬菜（如哈密瓜、桃、李、菠萝、萝卜和马铃薯等）切成立方形、块状或条状。

5. 绞肉机

绞肉机适用于将畜肉和鱼肉挤压绞碎，以便生产肉糜、鱼糜、鱼酱和午餐肉等。绞肉机主要由料斗1、螺旋供料器2、十字形刀3、筛板4、固紧螺帽5、电动机6和传动系统7等部分组成，如图4-30所示。

工作时，先开机再放料。原料在自身重力和螺旋供料器的推送作用下，被连续地送往十字刀处进行切碎。因为螺旋供料器的螺距出料部分比进料部分更小，且螺旋的内径出料部分比进料部分更大，便对原料产生了一定的挤压力，迫使已切碎的肉糜从筛板的孔眼中排出。

用于午餐肉生产时，肥肉需要粗

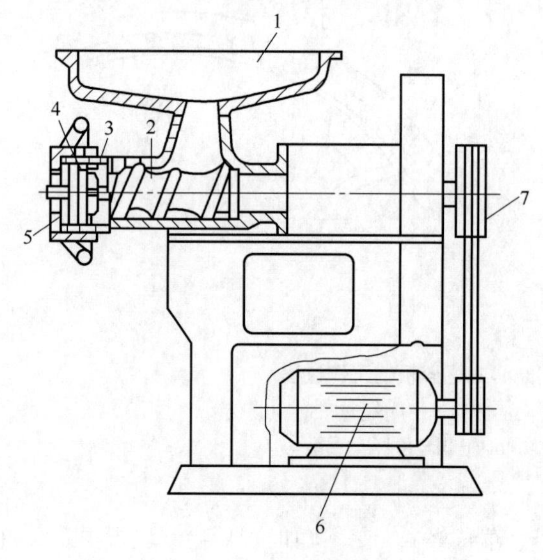

图4-30 绞肉机

1—料斗 2—螺旋供料器 3—十字切刀 4—筛板 5—固紧螺帽 6—电动机 7—传动系统

绞，瘦肉需要细绞。一般分别在两台绞内机中进行，也可用同一台绞肉机，通过更换不同孔眼的筛板进行粗绞和细绞。筛板上布满一定直径的轴向圆孔或其他形状的孔，在切割过程中固定不动，起定刀作用。通常粗绞时，使用 $\phi 8 \sim 10$mm 孔眼的筛板；细绞时，使用 $\phi 3 \sim 5$mm 孔眼的筛板。筛板的厚度为 10～12mm 的不锈钢板。粗绞时，孔径大，排料较易，螺旋供料器的转速可比细绞时快些，但最大不超过 400r/min。否则十字刀附近会发生堵塞，负荷突然增加，对电动机不利。

切刀一般为十字形，有四个刃口，见图4-31，采用工具钢制造。装配或调换十字形刀后，一定要拧紧螺母，保证筛板不动，否则因筛板移动和十字形刀转动之间产生相对运动，会导致对肉类产生磨浆作用。十字形刀必须与筛板紧密贴合，以免影响切割效果。

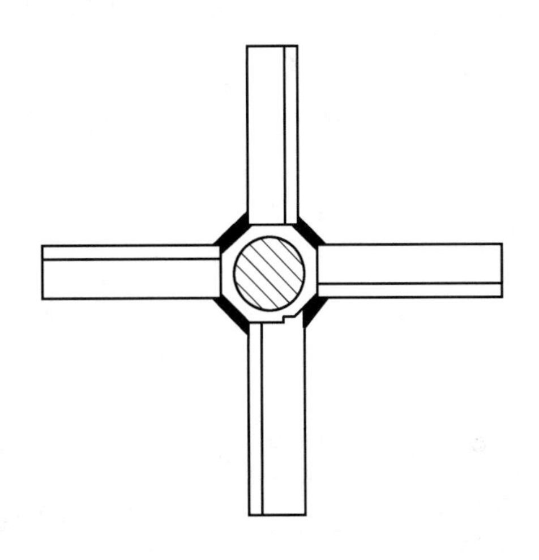

图4-31　十字形刀

（三）蘑菇定向切片机

蘑菇定向切片机如图 4-32 所示，主要由定向供料装置、切割装置和卸料装置等组成。该机要切出厚薄均匀而切向又一致的菇片，同时还将边片分开，用以生产片状蘑菇罐头，主要通过定向供料装置使蘑菇能排列整齐地进入切片机中实现。工作时，首先开启水管阀门向弧形槽供水，蘑菇从提升机送入料斗后，受上压板 9 的控制，使蘑菇定量进入定向滑料板 8 中。滑料板有一定倾角，在回转轮

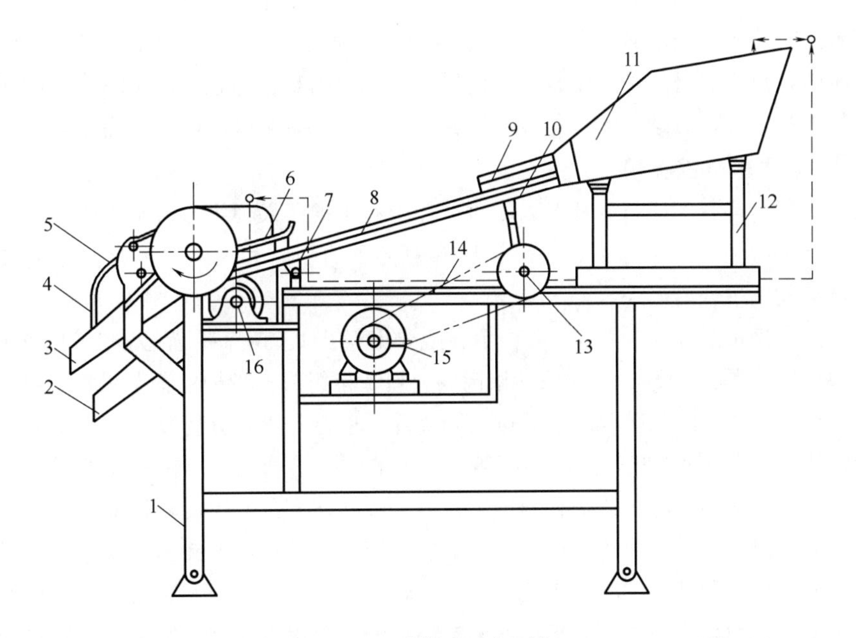

图 4-32　蘑菇定向切片机

1—支架　2—边片出料斗　3—正片出料斗　4—护罩　5—挡梳轴座　6—下压板　7—铰杆
8—定向滑料板　9—上压板　10—铰销　11—进料斗　12—进料斗架
13—偏摆轴　14—供水管　15—电动机　16—垫辊轴承

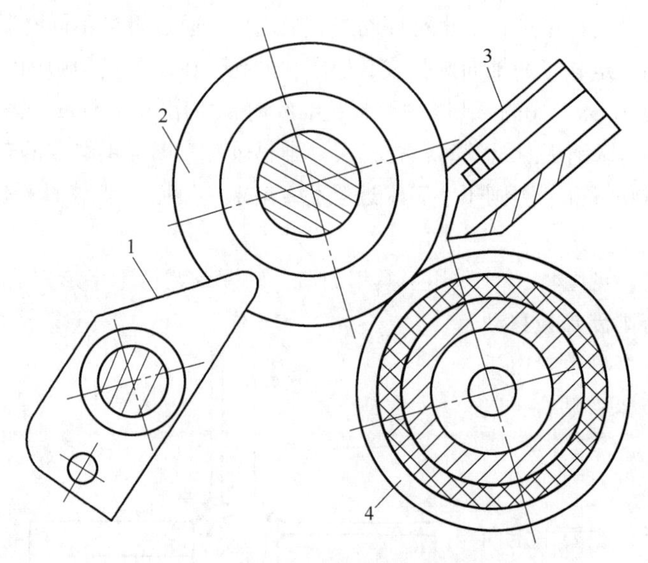

图4-33 挡梳、垫辊及刀片的装配关系
1—挡梳 2—圆刀 3—下压板 4—垫辊

13和偏心安装的连杆10的传动下轻微振动。因蘑菇的重心紧靠菇头，在弧形槽倾角、轻微振动和水流的作用下，使蘑菇在下滑时菇头朝下定向地进入切片区。几十片圆形切刀组装在一个旋转轴上，圆刀的间距可调以满足不同厚度需求，两片圆刀之间有固定不动的挡梳，挡梳和刀轴间间隙为2～5mm，刀片则嵌入垫辊之间，刀片与垫辊的间距仅0.5mm。挡梳、垫辊及刀片三者之间的装配关系如图4-33所示。当圆刀和垫辊转动时对蘑菇进行切片，挡梳的梳齿插入相邻两圆盘切刀之间，把正片和边片分开，正片从出料斗3排出，边片从出料斗2排出（图4-32）。

二、果蔬破碎机械与设备

果蔬破碎机械常用于生产果蔬酱汁类食品的前处理，因水果、蔬菜制造果汁、菜汁、果酱等食品时，首先需要对果蔬原料进行除梗、打浆、榨汁等操作。

果蔬破碎粒度应适当，破碎不充分时粒度过大，则果蔬细胞中的汁液不易排出；破碎过度，压榨时则易形成致密的外层结构，使内层果汁流出困难，导致出汁率下降，或榨汁时间延长后浑浊物增多，导致后续澄清作业负荷增大，一般要求果浆的破碎粒度为3～9mm。

（一）葡萄破碎除梗机

葡萄是酿制葡萄酒的原料，葡萄采摘时往往带有果梗，果梗中含有苹果酸、柠檬酸和带苦涩味的树脂等可溶性物质，如不除去，将影响葡萄酒的品质和风味。因此，必须采用机械方法，将果梗从葡萄中分离出来。

葡萄破碎除梗机的结构如图4-34所示，主要由料斗1、两个带齿磨辊2、圆筒筛3、叶片4、果梗出料口5、螺旋输送器6和果汁果肉出料口7等组成。带梗的葡萄果实从料斗1落到相向回转的两个齿辊2之间预破碎，然后进入圆筒筛3进行分离。分离装置的主轴上安装着呈螺旋排列的叶片4，其四周被圆筒筛片包围着。葡萄在叶片4作用下进一步破碎并与果梗分离。果汁、果肉和果皮从圆筒筛3的筛孔中排出，落入圆筒筛下方的螺旋输送器6内，从左侧果汁果肉出料口7排出。同时，棒状果梗作为筛上物，从果梗出料口5卸出。操作时，应根据葡萄粒的大小、成熟程度和带梗情况等来调整两个齿辊的间隙、叶片的安装角度、主轴的转速以及筛孔的大小等，以免果实被过度破碎，致使果梗中的成分混入果汁，影响产品的质量。

（二）果蔬打浆机械与设备

果蔬打浆机主要用于果酱诸如苹果酱、番茄酱的生产中，可将水分含量较大的果蔬原料擦碎成为浆状物料。打浆机除了能够破碎物料外，还能通过破碎打浆作用将果蔬中的核、种子、

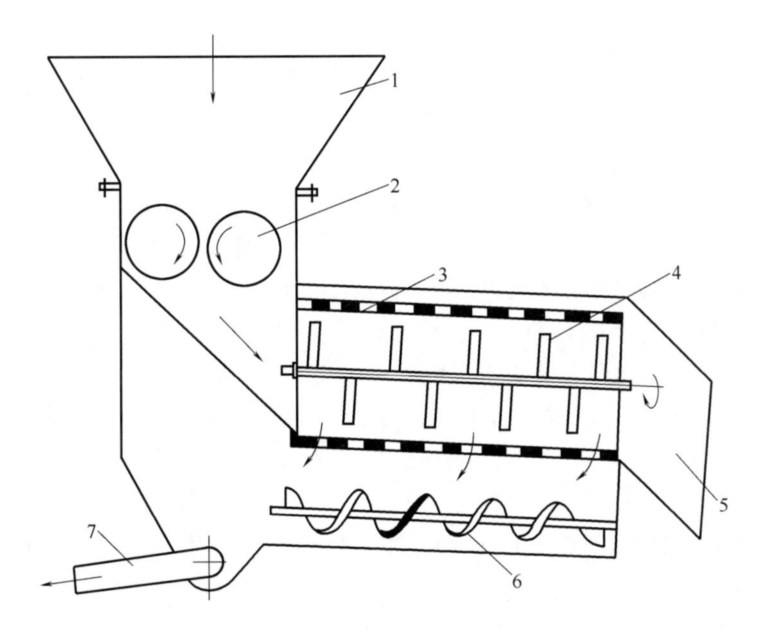

图 4-34 葡萄破碎除梗机示意图

1—料斗 2—带齿磨辊 3—圆筒筛 4—叶片 5—果梗出料口 6—螺旋输送器 7—果汁果肉出口

皮和其他不可食用部分除去。

按工艺上串联配置打浆机的数量多少，打浆机可分为单道和多道打浆机，常见的单道打浆机又可分为卧式和立式两种类型。

1. 单道卧式打浆机

该机采用刮板滤浆式结构（如图 4-35 所示），主要由进料斗、螺旋推进器、破碎桨叶、刮板、筛筒、浆液收集料斗、出渣口、传动机构和机架等组成。圆筒筛是一个两端开口的渣汁分离装置，用 0.35 ~ 1mm 厚的不锈钢制成，水平安装在机壳内并固定在机架上。螺旋推进器、

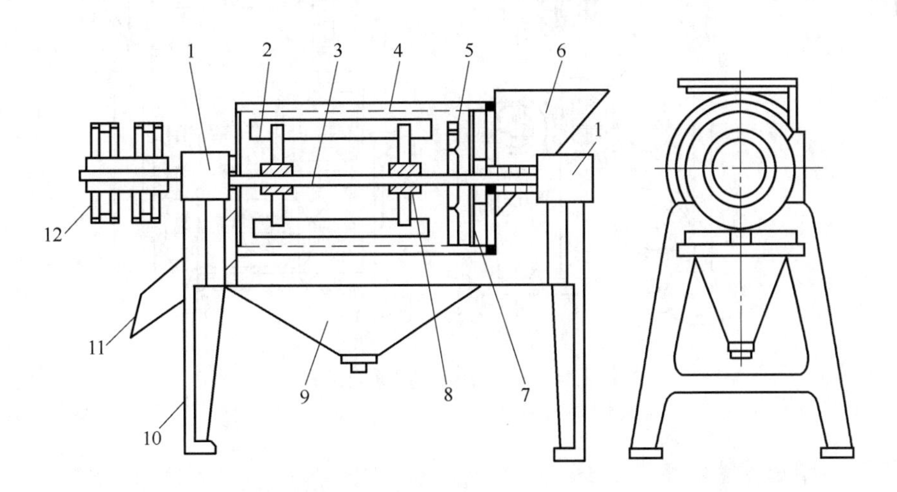

图 4-35 单道卧式打浆机示意图

1—轴承 2—刮板 3—转轴 4—筛筒 5—破碎桨叶 6—进料斗 7—螺旋推进器 8—夹持器 9—收集料斗 10—机架 11—出渣口 12—传动系统

破碎桨叶和刮板依次安装在由传动系统驱动的轴上。刮板是几块长方形的不锈钢板，以回转中的离心力与破碎桨叶联合擦破物料，它由夹持器固定在轴上，每一刮板与轴线有一称为导程角的夹角（约为5°）。刮板与圆筒筛内壁之间距离可通过螺栓调节。

工作过程为：物料从进料斗6进入筛筒4，螺旋推进器7使物料移向破碎桨叶5破碎，电动机通过传动系统12带动刮板2转动，物料受刮板回转和导程角的导向作用，在刮板和筛筒之间，沿着筒壁向出口端移动，移动轨迹为一条螺旋线。物料在移动过程中由于受离心力作用被擦碎，汁液和浆状肉质从筛孔中流出，在收集料斗9的下端流入贮液桶。物料的皮和籽等下脚料则从圆筒筛左端的出渣口11卸下，实现分离。

单道卧式打浆机打浆效果与物料本身性质、刮板转速、筛孔直径、开孔率、导程角大小、刮板与筛筒内壁间隙有关。转速快、移动快，打浆时间就短。而导程角大，则移动速度快，打浆时间也短，废渣含汁率高。一般地，对含汁率较高的物料，导程角与间距应小些；反之，导程角与间距应大些。常用的打浆机筛孔直径可在0.4～1.5mm选择，开孔率约为50%，导程角为1.5°～3°，刮板与筒内壁间隙为1～4mm。番茄打浆时，刮板转速通常采用600r/min，导程角1.5°，间隙3mm。

2. 多道式打浆机

在食品生产流水线中，常把2～3台打浆机串联安装在同一机架上，由一台电动机驱动组成多道打浆机，称为打浆机的联动，如图4-36所示。它与单道打浆机不同，没有破碎原料用的桨叶，破碎专门由破碎机进行。工作时，破碎后的番茄用螺杆泵（浓浆泵）送到第Ⅰ道打浆机打浆，汁液汇集于底部，经管道进入第Ⅱ道打浆机中，打浆后汁液再由其本身的重力经管道流入第Ⅲ道打浆机中继续打浆。因此，打浆机联动时，由第Ⅰ至第Ⅲ道打浆机是自上而下排列的，各台打浆机的筛筒孔眼大小不同，前道筛孔比后道筛孔孔眼大，即一道比一道打得细。

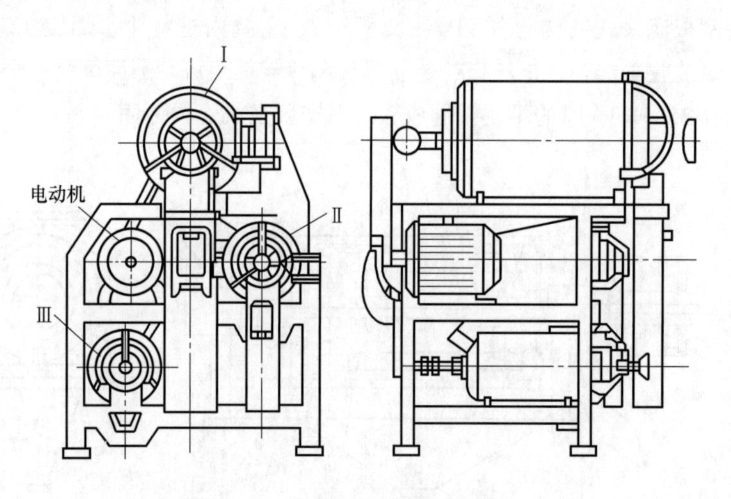

图4-36　多道式打浆机示意图

（三）果蔬榨汁机械与设备

榨汁机是利用压力把固态物料中所含的液体压榨出来的固液分离机械，广泛应用在番茄、菠萝、苹果、柑、橙的压榨上。按工作方式分为间歇式和连续式榨汁机两大类。常用的榨汁机有活塞式榨汁机、螺旋式压榨机、辊带式压榨机和锥盘式压榨机等。

1. 螺旋式榨汁机

螺旋连续式榨汁机主要由螺杆、顶锥、料斗、圆筒筛、离合器、传动装置、汁液收集器及机架组成，如图4-37所示。特点是结构简单、出汁率高、使用广泛。

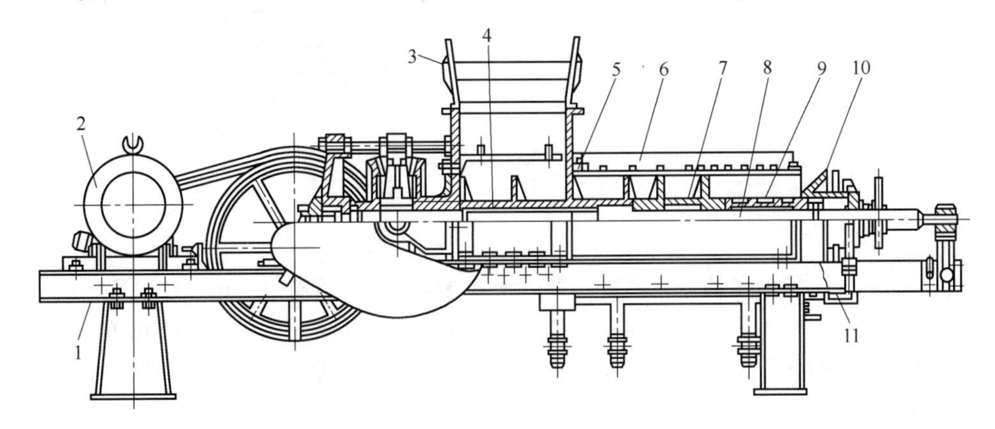

图4-37　螺旋连续榨汁机

1—机架　2—电动机　3—进料斗　4—外空心轴　5—第一棍棒　6—冲孔滚筒
7—第二棍棒　8—内空心轴　9—冲孔套筒　10—锥形阀　11—排出管

该机是以螺旋的推进力，使果蔬在其中产生挤压等运动而榨取汁液。工作时，物料由料斗进入螺杆，在螺杆的挤压下榨出汁液，汁液自圆筒筛的筛孔中流入收集器，而渣则通过螺杆锥形部分与筛筒之间形成的环状空隙排出。环状空隙的大小可以通过调整装置调节。其空隙改变，螺杆压力也变。空隙大，则出汁率小；空隙小，则出汁率大，但汁液变浊。

圆筒筛一般用不锈钢板卷成锥形圆筒，外加加强环。为制造方便，较长的圆筛分成二、三段。为便于清理及检修，最好剖分成上下两半用螺栓接合。圆筛的孔径一般为0.3～0.8mm。

压榨螺杆与圆筒筛一起组成主要工作部件。为了使物料进入榨汁机后尽快地受到压榨，螺杆槽的容积要根据浆料的性质有规律地逐渐缩小，具体做法有：一是改变螺杆的螺距；二是改变螺旋槽的深度；三是既改变螺距，又改变螺旋槽的深度。螺旋连续榨汁机的螺杆一般设计成两段。第一段称喂料螺旋，其直径不变而螺距逐渐变小，主要用作输送物料和对物料进行初步挤压。第二段为压榨螺旋，其直径带有锥度，螺距逐渐缩小，因而不断增加对物料的挤压程度。喂料螺旋与压榨螺旋之间是断开的，使物料经过第一段螺旋初步挤压后发生松散，然后进入第二段螺旋进行更大压力的挤压。第一段和第二段螺旋的转速相同而转向相反，因而物料经松散后进入第二螺旋时翻了个身，第一段挤压后物料翻转进入第二段所受的压力更大，提高了榨汁效率。

调压装置用于调节出渣口中的顶锥与筛筒之间形成的间隙，改变压榨时对物料的挤压力从而改变工作压力，方法是通过调节手轮使螺杆沿轴线方向运动实现。

2. 活塞式榨汁机

活塞式榨汁机主要由连接板、筒体、活塞、集汁-排渣装置、液压系统和传动机构等组成。

这种榨汁机的基本原理如图4-38所示。工作时，连接板与活塞用挠性导汁芯连接起来，水果经打浆成浆料由连接板中心孔进入筒体内，活塞压向连接板，果汁经导汁芯和后盖上的伸缩导管进入集汁装置。为了充填均匀和压榨力分布平衡，在压榨过程中筒体处于回转状态。完

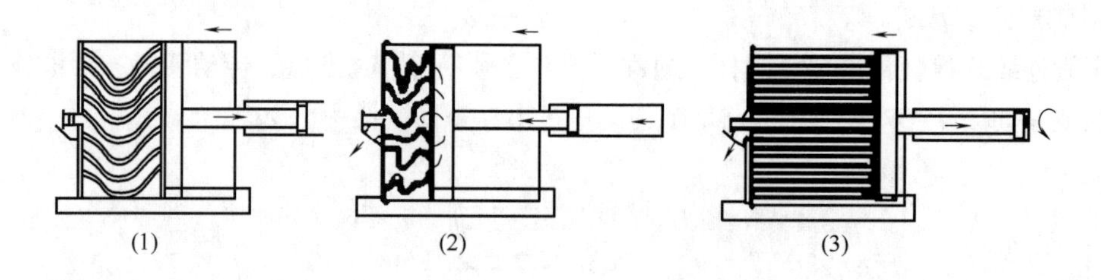

图 4-38 活塞式榨汁机基本原理示意图
(1) 填料 (2) 压榨 (3) 松散果渣

成榨汁，活塞后退，弯曲了的导汁芯被拉直，果渣被松散。然后筒向后移，果渣落入排渣装置排出。全部操作可以按拟定工艺程序自动化工作。同时，活塞式榨汁机把过滤和压榨组合在一起，可以较好地使浆料中的液－固实现分离。其出汁率及机械自动化程度优于其他榨汁机。

第三节 脱壳与脱皮机械与设备

在食品加工中，有许多谷物（如稻谷、小麦等）、杂粮（如玉米、高粱、粟、燕麦和大麦等）、油料（马铃薯、油菜籽和花生果等）以及果蔬（马铃薯、番茄、橘子、菠萝、板栗、核桃等）必须要先脱壳或脱皮，以剔除不可食部分或满足不同加工工艺的要求，才能食用或进一步加工。由于这些未经加工的食品原料品种繁多，籽粒形状、大小、构造、化学成分、物理特性和结构力学性质各不相同，即使是同一品种，又因生长条件的不同，其加工特性也有很大差异。

一、脱壳机械

对脱壳加工的要求是：脱壳率高，粒仁的破碎率低，即仁中含壳量低和壳中含仁量低。对脱壳机来说，还要求机器的生产率高、造价低等。考虑到脱壳对象的颗粒大小不同，为提高脱壳率并降低破碎率，脱壳前先按大小分级，采用分级脱壳或回收重脱工艺。

常用的脱壳方法包括：碾搓法、撞击法、剪切法、挤压法、摩擦法和气爆法。

(1) 碾搓法　借助粗糙面的碾搓作用使皮壳疲劳破坏而破碎。除下的皮壳较为整齐，碎块较大。适用于皮壳较脆的物料，如圆盘式剥壳机剥去棉籽外壳，用搓板去皮机去掉大豆皮，用胶辊砻谷机脱除稻壳等。

(2) 撞击法　借助打板或壁面的高速撞击作用使皮壳变形直至破裂，适用于壳脆而仁韧的物料，如离心式剥壳机剥除葵花子壳等。

(3) 剪切法　借助锐利面的剪切作用使壳破碎，如核桃剥壳机，刀板式棉籽剥壳机等。

(4) 挤压法　借助轧辊的挤压作用使壳破碎，如轧辊式剥壳机剥除蓖麻籽壳等。

(5) 摩擦法　利用摩擦形成的剪切力使皮壳沿其断裂面产生撕裂破坏，除下的皮壳整齐，便于选除，适用于韧性皮壳。

(6) 气爆法　利用果壳内形成的压力差使果壳爆裂而脱除，这种方法不便于连续式生产，可操作性差，且易造成果仁破碎，可用于预破壳工序。

实际加工时要根据皮壳特性、颗粒形状大小及壳仁之间附着情况的不同，选用不同的脱壳方法，而脱壳机往往也是一种脱壳方法为主而几种脱壳方法为辅的综合作用结果。

（一）胶辊砻谷机

稻谷的颖壳中因含有大量的粗纤维而必须剥除。脱去稻谷颖壳的过程称为砻谷，砻谷机主要用于除去稻谷的颖壳，也用于大豆脱皮或花生脱红衣。砻谷时要求尽量保持米粒的完整，减少破碎和爆腰。根据砻谷机脱壳原理和工作构件的特点，目前主要有三种类型：胶辊砻谷机、砂盘砻谷机和离心砻谷机，其中胶辊砻谷机产量大、脱壳率高且产生碎米少，是目前最好的一种，应用广泛。

1. 压砣式胶辊砻谷机的结构

压砣式胶辊砻谷机如图 4－39 所示，主要由喂料机构、胶辊、辊压调节机构、传动系统、稻壳分离装置和机架等构成。工作时，稻谷由喂料机构导入两胶辊之间的工作区内脱壳，然后分离机构将谷壳分离。

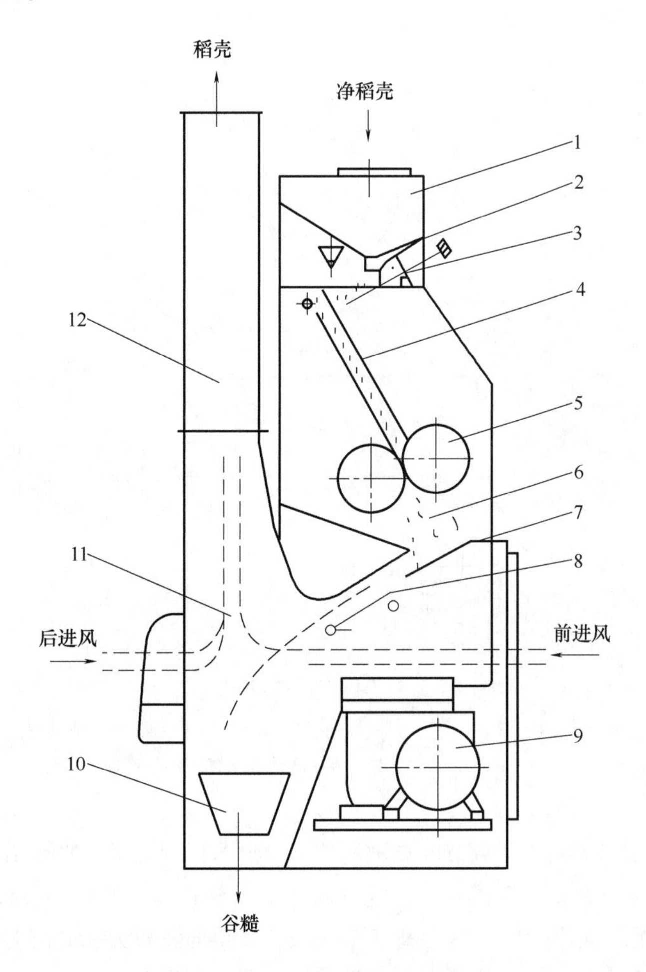

图 4－39　压砣式胶辊砻谷机

1—料斗　2—闸门　3—短淌板　4—长淌板　5—胶辊　6—匀料斗　7—匀料板
8—鱼鳞淌板　9—电机　10—出料斗　11—稻壳分离室　12—风道

喂料机构是用来控制流量并使稻谷以长轴方向均匀、快速、准确地进入两胶辊间的工作区内，以便脱壳。喂料机构采用两块淌板，按折叠方式装置在流量控制闸门与胶辊之间，两淌板间距为 30 ~ 40mm。淌板的主要作用是整流、加速和导向。短淌板倾角小，长淌板倾角大(60° ~ 70°)，且倾角可调，使淌板的末端始终对准两胶辊的接触线，从而保证了淌板的准确导向作用。

胶辊筒由 2 个胶辊组成。其辊筒中心连线与水平线夹角约为 20°呈倾斜排列。胶辊筒是在外径为 168mm 的铸造辊筒上覆盖橡胶弹性材料而制成的。胶辊筒的作用是脱去稻谷的颖壳。

压砣式紧辊调节机构如图 4-40 所示，工作时，脱开挂钩 3，放下杠杆 4，因压砣 5 的重力作用，杠杆 4 绕着 O_1 向下摆动，连杆 10 便带动活动胶辊轴承臂 9 绕 O 点转动，使活动胶辊 6 以一定压力向固定辊 7 靠拢，与此同时，打开流量调节闸门，稻谷便经淌板进入两胶辊之间进行脱壳。改变压砣质量即可改变辊间压力。停机时，只要关闭流量调节闸门的同时，抬起杠杆 4 并挂在挂钩 3 上，两胶辊就分开。

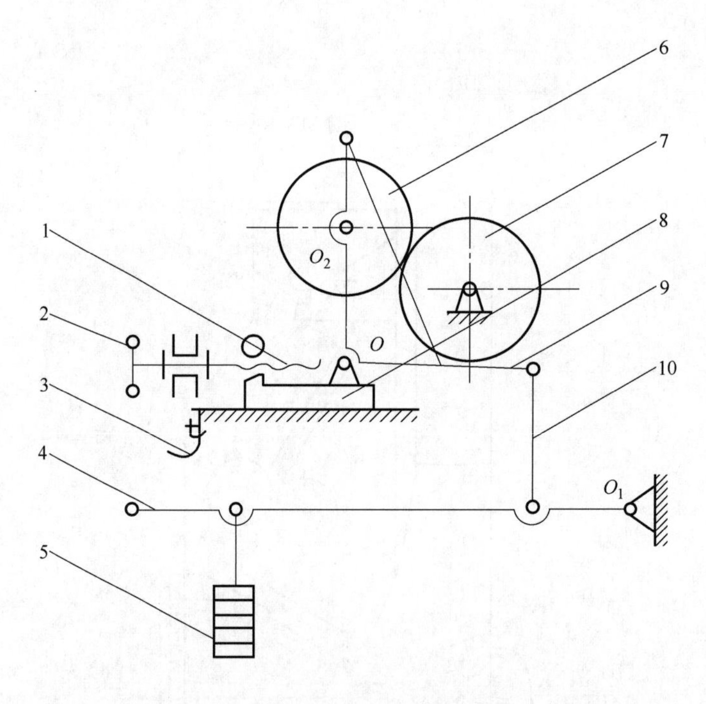

图 4-40 手控压砣自动紧辊机构

1—调节螺杆 2—手轮 3—挂钩 4—杠杆 5—压砣 6—活动辊 7—固定辊 8—滑块 9—活动轴承臂 10—连杆

稻壳分离装置由匀料板、可调节的鱼鳞孔淌板、调节风门和垂直吸风道等组成。砻下物料通过匀料板溅落到可调节鱼鳞孔淌板上，空气由下而上穿过鱼鳞孔淌板，促进物料自动分级。分级后的物料进入喇叭形分离区，因分离长度较长，吸口面积较大，分离时间较长，同时，还采用了双面进风。稻壳从垂直风道被吸走，糙米及稻谷的混合物由出料口排出。

2. 胶辊砻谷机的脱壳原理

(1) 脱壳原理　脱壳是靠一对相向旋转而速度不同的橡胶辊实现的。两辊筒之间的间隙称为轧距，它比谷粒的厚度小。当谷粒呈纵向单层（无重叠）进入轧距时，受到胶辊的挤压，由于两个胶辊的线速度不同，稻谷两侧还受到相反方向的摩擦力 F。胶辊的挤压和摩擦对谷粒形成搓撕作用，将谷粒两侧的谷壳朝相反方向撕裂，从而达到脱壳的目的。

为了保证砻谷过程中所需的压力，设有轧距调节机构。一般快辊的轴线不可移动，改变慢辊相对快辊的位置，即可调整轧距。常见的辊压调节机构有压砣式紧辊调节机构、手轮轧距调节机构和气压紧辊调节机构。一般粳稻加工的辊间压力为 39～49N/cm，难脱壳籼稻谷加工的辊间压力为 49～59N/cm。

（2）入轧条件　谷粒与胶辊表面开始接触的两个触点称为入轧点，对应的角称为入轧角。谷粒离开胶辊时的两个接触点称为终轧点，对应的角称为终轧角，若把稻谷看成对称的几何体，则两辊的入轧角和终轧角相等。

谷粒脱壳是靠自重落入两辊轧距间的，要完成脱壳作业就必须使两辊轧距小于谷粒厚度。因此为了保证谷粒能进入轧距，必须使入轧角小于谷粒与橡胶辊筒的摩擦角。由分析可知辊筒半径越大，入轧角越小，谷粒越容易进入轧距。

（3）脱壳过程　如图 4-41 所示，当谷粒刚与快、慢辊同时接触时，两胶辊都带动谷粒向下运动，此时谷粒所受到的摩擦力都是指向下方。入辊后的最初阶段，谷粒本身的速度既小于快辊线速度的垂直分量，也小于慢辊线速度的垂直分量，谷粒所受到的摩擦力都指向下方，因此这段区间内谷粒只受到挤压与摩擦，而无搓撕效应，谷粒与快、慢辊部有滑动。当谷粒速度与慢辊线速度的垂直分量相同时，由于快辊的圆周速度 v_1 大干慢辊圆周速度 v_2，快辊对谷粒的摩擦力 F_1 欲将谷粒继续加速，而慢辊对谷粒的摩擦力 F_2 显然是阻止其加速。此时两摩擦力方向相反，产生搓撕效应，谷粒相对慢辊静止，相对快辊滑动。随着谷粒继续前进，工作区间间隙越来越小，谷粒受到的正压力（P）与摩擦力不断增加，当所引起的搓撕效应大于谷粒颖壳的钩合强度（稻壳与糙米的结合力）时，颖壳将被撕裂。另外，由于颖壳与颖果（糙米）之间的摩擦因数小于颖壳与胶辊之间的摩擦因数，使谷粒两侧的颖壳分别与快慢辊一同运动，产生相对位移，从而使颖壳与颖果（糙米）分离，达到脱壳目的。

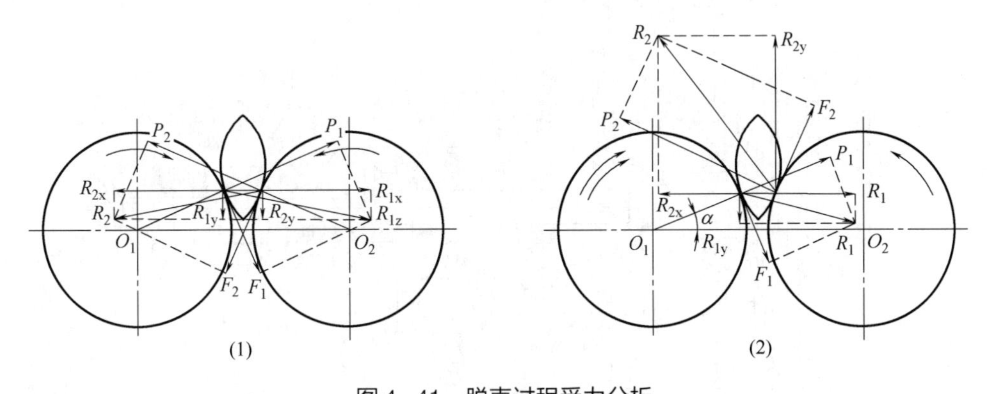

图 4-41　脱壳过程受力分析

（1）两辊线速相同　（2）两辊线速不同

3. 影响稻谷脱壳质量的因素

影响稻谷脱壳质量的因素很多，首先是稻谷的品种、类型、物理结构、水分、籽粒大小、均匀度等。稻谷大而均匀、表面粗糙、壳薄而结构松弛、米粒坚实的水稻脱壳容易，碎米少。稻谷水分太高或太低都易碎米。其次是两胶辊的线速度因素。胶辊的线速度与砻谷机的产量密切相关，当其他条件不变的情况下时，线速度增大，流量加大，即提高产量。但线速度过大，胶辊筒的不平衡会引起剧烈机械振动，从而糙碎增加，胶辊磨损不均匀。线速度过低，产量低，胶耗也会增加。因此一般快辊线速度为 15 ~ 18m/s，慢辊线速度为 13 ~ 14m/s。快、慢辊的线速度差是稻谷胶砻机搓撕脱壳的先决条件。在一定范围内，增大线速度差，会提高脱壳率，但过高会产生糙碎率增多，胶辊磨耗增大。线速度差也不能过小，一般为 2.0 ~ 3.2m/s。另外，提高两胶辊的线速度和可提高砻谷机产量，但线速度过高会带来机械剧烈振动，线速度和一般以 30m/s 左右为宜。

（二） 圆盘剥壳机

圆盘剥壳机用于棉籽剥壳，也可以用于花生果、桐籽、茶籽的剥壳。此外，它还可用来破碎各种油料和粉碎饼块。圆盘剥壳机的特点是结构简单，使用方便，一次剥壳效率高（棉籽剥壳效率可达 92% ~98%）。

圆盘剥壳机主要部件是磨片和调节器。磨片有两种：一种磨面具有细密的斜条槽纹，用于棉籽剥壳：另一种磨面具有方格槽纹，用于大豆、花生仁等的破碎。调节器的作用是根据工作要求调节磨片间距。

如图 4-42 所示，工作时，物料进入喂料斗后在喂料翼 7 的转动下均匀进入机内，由调节板 6 控制喂料量。棉籽通过通道进入磨盘之间，受到高速转动的转盘 1 与固定盘 5 的搓碾作用而被剥壳或破碎。

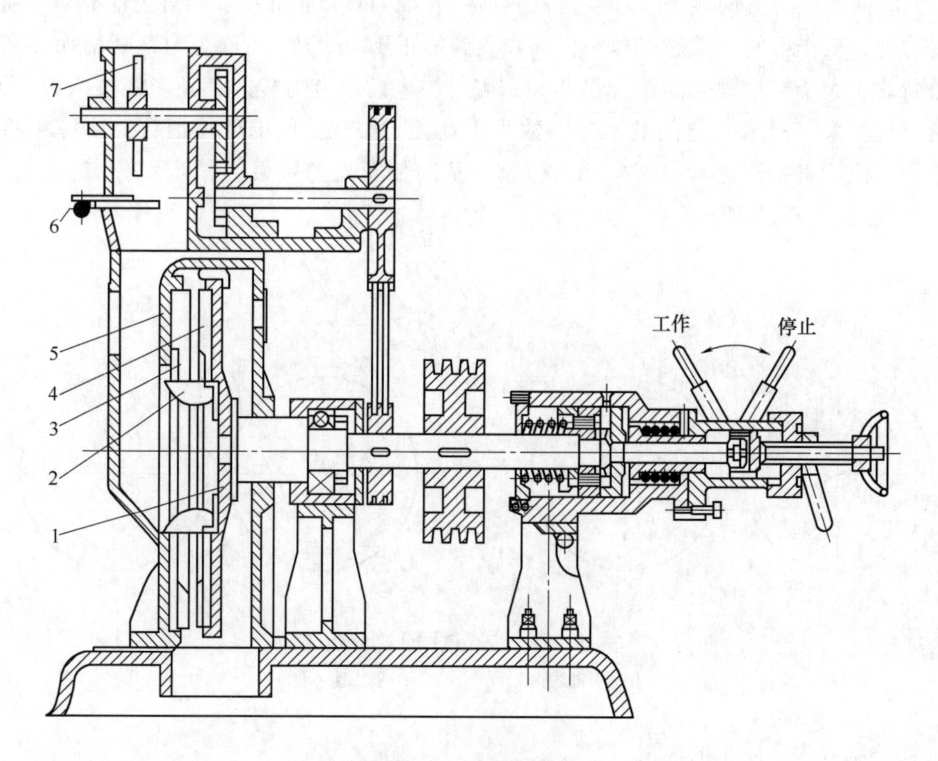

图 4-42　圆盘剥壳机

1—转盘　2—里叶打刀　3,4—磨片　5—固定盘　6—调节板　7—喂料翼

（三）离心式剥壳机

立式离心剥壳机用于葵花籽的剥壳，剥壳效率90%左右。如图4-43所示为一种葵花籽剥壳机。主要部件是转盘和挡板，转盘10共有3层，每层转盘装有12块打板9，挡板8固定在转盘10周围的机壳内。下料门7可通过调节手轮6调节，使之上下移动以控制进料量。

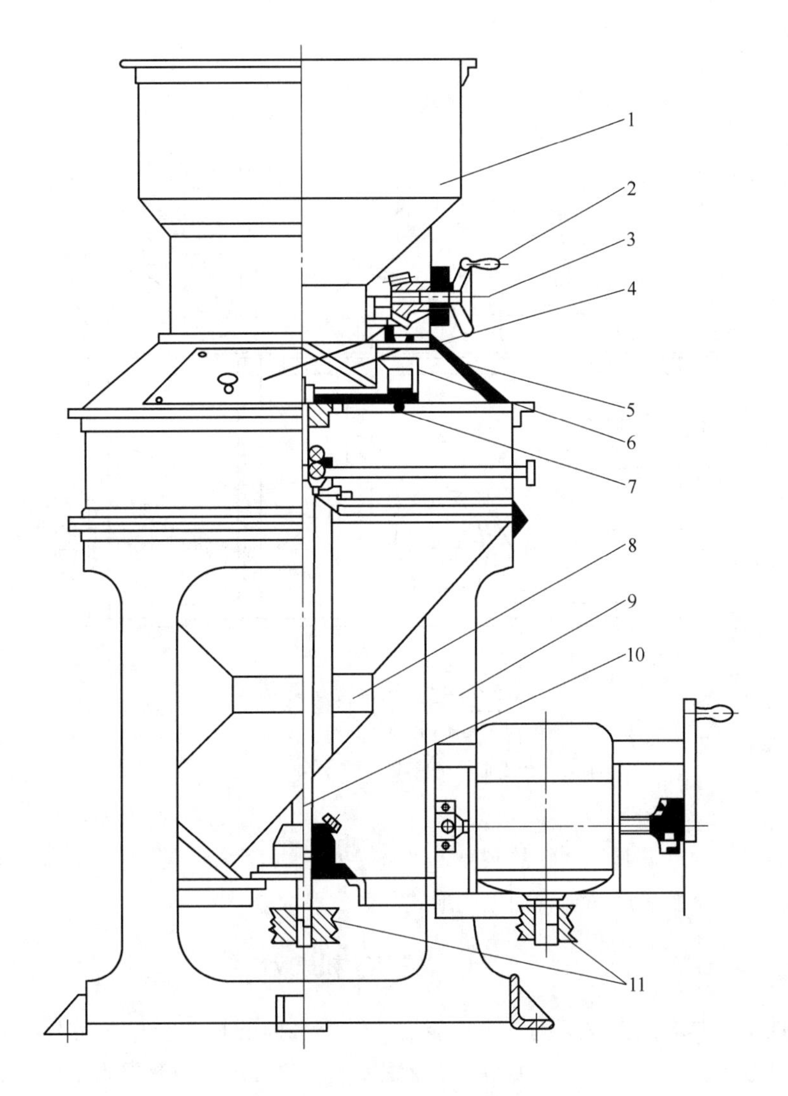

图4-43　立式离心式剥壳机

1—进料斗　2—调节手轮　3—下料门　4—挡板　5—打板　6—调节手轮
7—转盘　8—卸料斗　9—机架　10—轴　11—带轮

工作过程：葵花籽由料斗通过料门进入转盘，由于旋转着的打板的冲击作用使葵花籽产生压缩变形而引起外壳破裂。破裂及尚未破裂的葵花籽以高速撞击挡板使之进一步破裂，以达到充分剥壳目的。同时，由于葵花籽在打板作用下以水平方向均匀地抛向挡板而下落，避免了籽粒的重复撞击现象。

（四）轧辊式剥壳机

如图4-44所示是一种蓖麻籽剥壳加工的轧辊式剥壳机。它是由剥壳、筛选、风选系统等组成的剥壳并将壳仁分离的设备。剥壳部分是一对相对转动的光面轧辊，使进入两轧辊间隙中的油料受挤压作用而破碎，破碎后的蓖麻籽落入下部振动筛进行筛选分离壳仁；下筛筛出物为较细的壳和仁，通过风机系统进行再次分离，籽仁落下，细壳进入沉降室沉降，然后由阻风门排出。

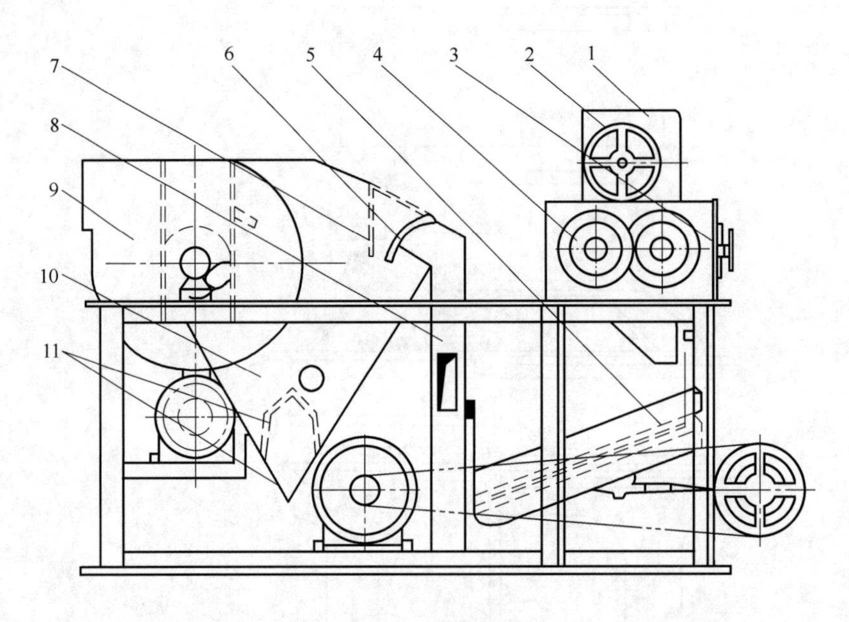

图4-44 轧辊式剥壳机

1—流量条件器 2—料斗 3—轧距调节器 4—轧辊 5—振动器 6—风量调节门 7—挡板 8—风管 9—风机 10—沉降室 11—阻风门

该机也能用于棉籽等其他油料的剥壳。对坚硬外壳的某些油料，可换用齿纹辊，根据被轧辊物料的形状、大小及物性确定辊面齿纹形式、数量及大小。

二、脱皮机械

对脱皮加工的要求是去皮率高；去皮量适度；对果肉的损伤小；不能造成果肉变质、污染。去皮机一般可分为两大类，一类用于块状根茎类原料去皮；另一类用于果蔬的去皮。由于脱皮对象不同，各类去皮机差异很大。

（一）去皮原理

1. 机械去皮

机械去皮应用很广，从简易的手工去皮到特种去皮，其去皮原理主要有以下3种。

（1）机械切削去皮　采用锋利的刀片削除表面皮层。去皮速度快，但不完全，果肉损失较多，一般还需要手工辅助修正，难以实现完全机械加工。适用于果大、皮薄、肉质较硬的果蔬，如苹果、梨、柿子等。常采用的为旋皮机，即将水果插在旋轴上，利用刃口弯曲的刀在旋轴旋转时像车床一样将果皮车去。

（2）机械磨削去皮　利用覆有磨料的工作面磨除表面皮层。速度高，易于实现机械化生产，所得碎皮细小，易于清理，去皮后的果蔬表面较粗糙，适于质地坚硬、皮薄、外形整齐的果蔬，如胡萝卜、番茄等。

（3）机械摩擦去皮　利用摩擦因数高、接触面积大的工作部件而产生摩擦作用使表皮发生撕裂破坏而去除。所得产品质量好，碎皮尺寸大，去皮死角少，但作用强度差，适用于果大、皮薄、皮下组织松散的果蔬。一般需要对果蔬进行必要的预处理来弱化皮下组织。常见的是采用橡胶板作为机械摩擦去皮构件。

2. 化学去皮

化学去皮又称碱液去皮，该方法是先将果蔬在一定温度的碱液中腐蚀处理适当的时间，取出后，立即用清水冲洗或搓擦，洗去碱液并可将外皮脱去。适用于桃、李、杏、梨、苹果等去皮和橘瓣脱囊衣。

（二）去皮机

1. 离心式擦皮机

马铃薯等块根类蔬菜，常用擦皮机去除表皮。如图 4-45 所示的离心式擦皮机，它由脱皮圆盘、旋转圆盘、进料斗、卸料口、排污口、传动系统和机座等组成。在铸铁机座 1 上的电动机 10 通过大齿轮 2 及小齿轮 9 带动转动轴 3 转动，转动轴 3 带动旋转圆盘 4 旋转，旋转圆盘表面为波纹状，脱皮圆筒 5 的内表面是粗糙的。物料从进料斗 6 进入机内。当物料落到旋转圆盘波纹状表面上时，因离心力作用被抛向四周，并与脱皮圆筒内壁的粗糙表面摩擦，从而达到去皮的目的。水通过喷嘴 7 送入圆筒内部，擦下的皮用水从排污口冲走。已去好皮的物料，利用本身的离心力作用，从卸料口定时排出。在进料和出料时，电动机都在运转，因此卸料前必须停止注水，以免舱口打开后水从舱口溅出。

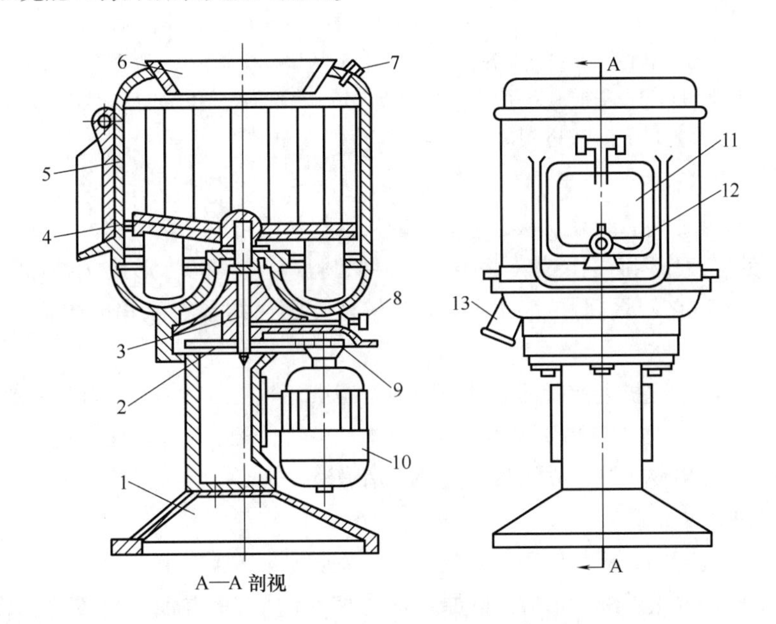

图 4-45　离心式擦皮机

1—铸铁机座　2—大齿轮　3—转动轴　4—旋转圆盘　5—脱皮圆筒　6—进料斗　7—喷嘴　8—润滑油孔　9—小齿轮　10—电动机　11—卸料口　12—把手　13—排污口

2. 干法去皮机

水果经碱液处理后其表面松软，用干法去皮机去皮，以减少用水量。产生以果皮为主的半固体废料，便于干燥后作为燃料，避免污染。

图4-46所示为干法去皮机。去皮装置1用铰链17和支柱8安装在底座18上，倾角可调。去皮装置包括一对侧板5，它支承与滑轮7键合的轴6，轴上安装许多去皮圆盘15，电动机通过带12使轴按图示方向旋转。压轮13保证带与摩擦轮紧贴。相邻两轴上的橡胶圆盘15要错开，以提高搓擦效果。橡胶圆盘的胶皮要容易弯曲，不宜过厚，一般为0.8mm。橡胶要求柔软富有弹性，表面光滑，避免损伤果肉。装在两侧板5上面的是一组桥式构件2，每一构件上自由悬挂一挠性挡板3，用橡皮或织物制成。挡板对物料有阻滞作用，强迫物料在圆盘间通过，以提高擦皮效果。

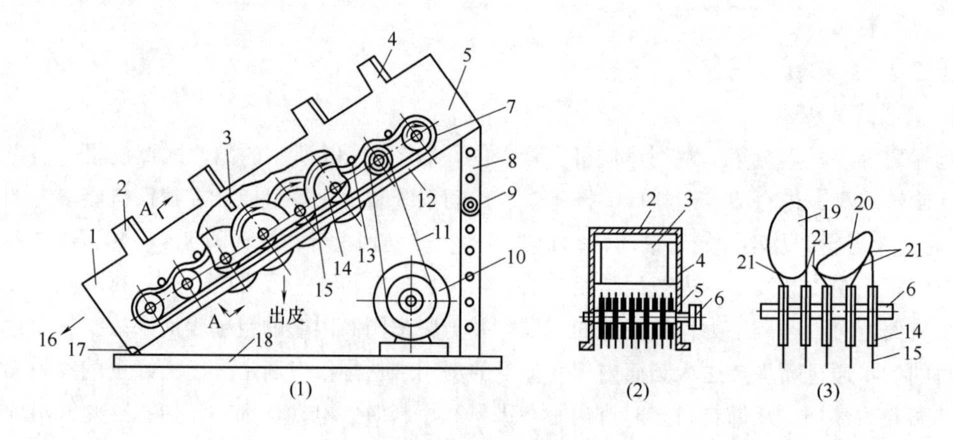

图4-46 干法去皮机

（1）正视图 （2）A—A剖视图 （3）去皮动作

1—去皮装置 2—桥式构件 3—挠性挡板 4—进料口 5—侧板 6—轴 7—滑轮 8—支柱 9—销轴 10—电机 11,12—皮带 13—压轮 14—支板 15—橡胶圆盘 16—出料口 17—铰链 18—底座 19,20—物料 21—接触面

工作过程：碱液处理后的果蔬从进料口4进入，物料因自重而向下移动，在移动过程中由于旋转圆盘15的搓擦作用而把果蔬皮去掉。物料把圆盘胶皮压弯，形成接触面，因圆盘转速比物料下移速度快，它们之间产生相对运动和搓擦作用，结果在不损伤果肉的情况下把皮去掉。

原料在进入干法去皮机之前碱液处理条件为：碱液温度65~100℃，氢氧化钠浓度因原料不同而异，如马铃薯为15%~30%，桃、杏为3%~5%。番茄不用碱液处理，只需要用蒸汽喷淋。而苹果、梨等果皮较厚，先用蒸汽处理再用碱液处理。

3. 碱液去皮机

将果蔬在一定温度的碱液中处理适当的时间，果皮即被腐蚀，取出后立即用清水冲洗或搓擦，外皮即脱落，再洗去碱液。该方法的原理是碱液将果实表面腐蚀，使其变薄或溶解，碱液很容易穿透果皮，将果皮与果肉之间的中胶层溶解，使果皮与果肉分离。可用于桃、李、杏、梨、苹果等去皮和橘瓣脱囊衣。

常用的碱液有NaOH、KOH、Na_2CO_3或$NaHCO_3$等。碱液处理方法有淋碱法和浸碱法。

要注意的是经碱液处理的果品，必须立即投入冷水中浸洗，反复搓擦、淘洗、换水，以除去果皮及黏附的碱液。

如图 4-47 所示的桃子碱液去皮机，它由回转式链带输送装置及在其上面的淋碱段、腐蚀段和冲洗段组成。传动装置安装在机架 6 上，带动链带回转。这种淋碱机的特点是排除碱液蒸汽和隔离碱液的效果较好，去皮效率高，机构紧凑，调速方便，但需用人工放置切半后的桃子。

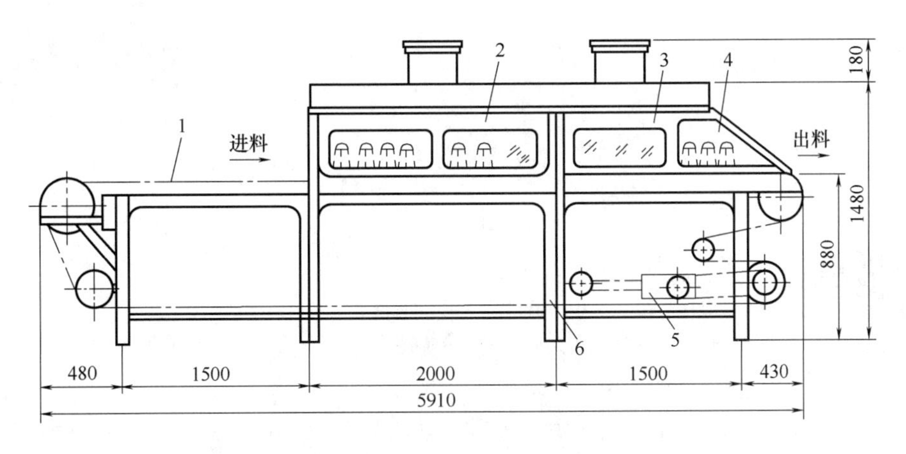

图 4-47　桃子碱液去皮机

1—输送链带　2—淋碱段　3—腐蚀段　4—冲洗段　5—传动系统　6—机架

思考题

1. 粉碎操作在食品加工中占有非常重要的地位，主要表现在哪几个方面？
2. 简述锤片式粉碎机的工作原理和应用场合。
3. 气流粉碎的基本原理是什么？请举出 4 种以上气流式粉碎机的名称。
4. 简述振动式粉碎的原理、特点和应用场合。
5. 螺旋连续榨汁机的螺杆一般设计成两段，两端有哪些不同，分别起哪些作用？
6. 简述蘑菇定向切片机工作过程。
7. 简述胶辊砻谷机的脱壳原理。
8. 请根据干果类食品的特点，设计相关的去壳机械。

第五章

CHAPTER 5

食品分离机械与设备

[学习目标]

掌握食品分离机械与设备的分离特点和分离原理；具有对食品分离机械与设备的工程设计和综合运用能力。具体掌握碟式离心机分离设备、卧式螺旋离心机、三足式离心机的结构、原理与使用规范；掌握旋液离心分离机械与设备的原理和结构；掌握过滤机械与设备的原理和特点，板框压滤机的结构、工作原理与应用；掌握反渗透、超滤和离子交换的原理，膜分离设备的特点、结构与应用；了解超临界萃取设备的原理、特点、结构与应用，分子蒸馏的原理和装置的结构。

第一节 概 述

一般来说，在食品的生产中分离过程的投资要占到生产过程总投资的50% ~90%，用于产品分离的费用往往要占到生产总成本的70%甚至更高。因此可以看出，分离过程是食品加工中一个非常重要的操作。

食品加工中典型的混合物有两大类。

1. 连续相为液体

（1）分散相为固体　即固-液系统称悬浮液，如果汁、啤酒酵母混合液、淀粉乳等。

（2）分散相为液体　即液-液系统或液体混合物，称乳浊液或悬浮液，如全脂牛奶、油水混合物等。

（3）分散相为气体　即气-液系统，称泡沫液。

2. 连续相为气体，即气溶胶

（1）分散相为固体　即固-气系统，如烟、尘等。

（2）分散相为液体　即液-气系统，如雾等。

根据物系的不同，分离方法分为以下几种。

1. 扩散式分离方法

(1) 蒸发、蒸馏、干燥等（根据挥发度或汽化点的不同）。

(2) 结晶（根据凝固点的不同）。

(3) 吸收、萃取、沥取等（根据溶解度的不同）。

(4) 沉淀（根据化学反应生成沉淀物的选择性）。

(5) 吸附（根据吸附势的差别）。

(6) 离子交换（用离子交换树脂）。

(7) 等电位聚焦（根据等电位 pH 的差别）。

(8) 气体扩散、热扩散、渗析、超滤、反渗透等（根据扩散速率差）。

2. 机械分离方法

(1) 过滤、压榨（根据截留性或流动性）。

(2) 沉降（根据密度或粒度差）。

(3) 磁分离（根据磁性差）。

(4) 静电除尘、静电聚结（根据电特性）。

(5) 超声波分离（根据对波的反应特性）。

沉降分离可分为重力沉降和离心沉降分离。后者包括离心分离和旋流分离，分离设备分别为离心机和旋流分离器。

在以上分离方法中，过滤、离心分离和旋流分离被称为食品分离中的三大主要机械分离方法。

第二节　过滤机械

过滤是利用混合物内相的截留性差异进行分离的一种操作。因此，它可用于连续相（或介质）为流体（液体或气体）、分散相为固体混合物的分离。过滤的应用范围很广，主要是因为它适应的粒度与浓度范围较宽。一般过滤技术的缺点是过滤介质易堵，连续性差。特别是食品、生物类物料，形成的滤床具有很大的可压缩性，以致过滤操作不能正常地进行。这个问题常常必须通过使用助滤剂来得到改善。另外，虽然过滤适应的浓度范围较宽，理论上讲，也可以处理低浓度的物料，但大量低浓度的混合液通过过滤器来处理往往是不经济的。这种情况下，应尽量考虑采用其他分离方法进行预浓缩。

一、过滤分离的工作过程

过滤操作过程一般包括过滤、洗涤、干燥、卸料四个阶段。

1. 过滤

悬浮液在推动力作用下，克服过滤介质的阻力进行固液分离；固体颗粒被截留，逐渐形成滤饼，且不断增厚，因此过滤阻力也随之不断增加，致使过滤速度逐渐降低。当过滤速度降低到一定程度后，必须停止过滤。

2. 洗涤

停止过滤后，滤饼的毛细孔中包含有许多滤液，须用清水或其他液体洗涤，以得到纯净的固粒产品或得到尽量多的滤液。

3. 干燥

用压缩空气吹或真空吸，把滤饼毛细管中存留的洗涤液排走，得到含湿量较低的滤饼。

4. 卸料

把滤饼从过滤介质上卸下，并将过滤介质洗净，以备重新进行过滤。

二、过滤机的分类

过滤机按过滤推动力可分为重力过滤机、加压过滤机和真空过滤机；按过滤介质的性质可分为粒状介质过滤机、滤布介质过滤机、多孔陶瓷介质过滤机和半透膜介质过滤机等；按操作方法可分为间歇式过滤机和连续式过滤机等。

间歇式过滤机的过滤、洗涤、干燥、卸料四个操作工序在不同时间内，在过滤机同一部分上依次进行。它的结构简单，但生产能力较低，劳动强度较大。间歇式过滤机有重力过滤器、板框压滤机、厢式压滤机、叶滤机等。

连续式过滤机的四个操作工序在同一时间内，在过滤机的不同部位上进行。它的生产能力较高，劳动强度较小，但结构复杂。连续过滤机多采用真空操作，常见的有转筒真空过滤机、圆盘真空过滤机等。圆盘真空过滤机实际上是真空过滤机与压滤机的结合，一方面实现了连续操作，另一方面由于驱动力的成倍增加，使过滤效果比真空过滤明显改善，滤饼水分显著降低，产率成倍提高。但是这种过滤机结构复杂，设备投资大。

三、板框压滤设备

板框压滤机是间歇式过滤机中应用最广泛的一种。其原理是利用滤板来支承过滤介质，滤浆在加压下强制进入滤板之间的空间内，并形成滤饼。

（一）结构

板框压滤机由多块滤板和滤框交替排列而成，板和框都用支耳架在一对横梁上，用压紧装置压紧或拉开，其结构如图5-1所示。滤板和滤框数目由过滤的生产能力和悬浮液的情况而定，一般有10~60个，形状多为正方形（如图5-2所示），其边长在1m以下，框的厚度为

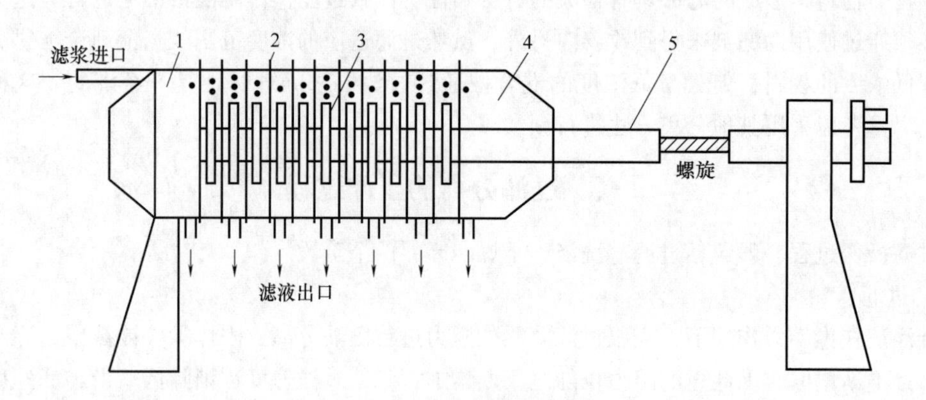

图5-1 板框压滤机简图

1—固定端板 2—滤布 3—板框支座 4—可动端板 5—支承横梁

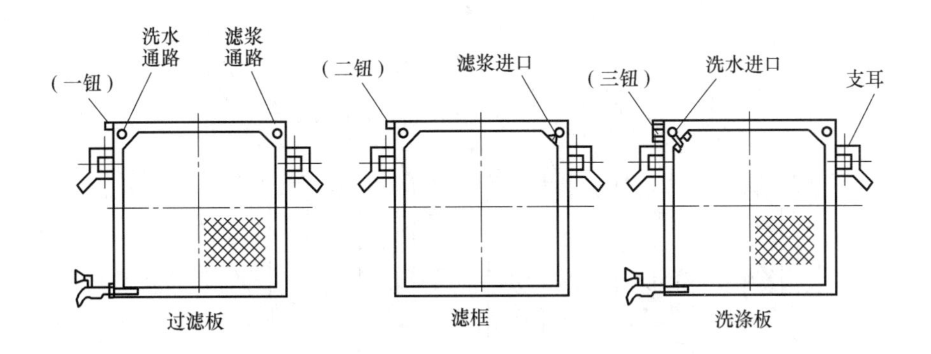

图5-2　滤板与滤框

20～75mm。压滤机组装时，将滤框与滤板用过滤布隔开且交替排列，借手动、电动或油压机构将其压紧。因板和框的角端均开有小孔，这就构成供滤浆或洗涤水流通的孔道。框的两侧覆以滤布，空框与滤布围成了容纳滤浆及滤饼的空间。滤板的作用是支撑滤布并提供滤液流出的通道。为此，滤板板面制成各种凸凹纹路。滤板又分成洗涤板和非洗涤板。为了辨别，常在板和框的外侧铸有标志。每台板框压滤机有一定的总框数，最多达60个。当所需框数不多时，可取一盲板插入，以切断滤浆流通的孔道，盲板后面的板和框即失去作用。板框压滤机内液体流动路径如图5-3所示。

（二）工作原理

滤浆由滤框上方通孔进入滤框空间，固粒被滤布截留，在框内形成滤饼，滤液则穿过滤饼和滤布流向两侧的滤板，然后沿滤板的沟槽向下流动，由滤板下方的通孔排出。排出口处装有旋塞，可观察滤液流出的澄清情况。如果其中一块滤板上的滤布破裂，则流出的滤液必然混浊，可关闭旋塞，待操作结束时更换。上述结构滤液排出的方式称明流式。另一种称暗流式的压滤机滤液是由板框通孔组成的密闭滤液通道集中流出。这种结构较简单，且可减少滤液与空气的接触。

当滤框内充满滤饼时，其过滤速率大大降低或压力超过允许范围，此时应停止进料，进行滤饼洗涤。洗涤板如图5-2所示。在洗涤板的左上角的小孔有一与之相通的暗孔，专供洗液输入之用。此孔是洗涤板与过滤板的区分之处。它们在组装时必须按顺序交替排列，即滤板—滤框—洗涤板—滤框—滤板……过滤操作时，洗涤板仍起过滤板的作用，但在洗涤时，其下端出口被关闭，洗涤液穿过滤布和滤框的全部向过滤板流动，并从过滤板下部排出。洗涤完后，除去滤饼，进行清理，重新组装，进入下一循环操作。洗涤速率仅为过滤终了时过滤速率的1/4，板框压滤机的操作压力一般为0.1～1MPa。板框过滤机的过滤和洗涤操作如图5-3所示。

（三）特点与应用

板框压滤机的优点是结构简单、制造方便、造价低、过滤面积大、无运动部件、辅助设备少、动力消耗低、过滤推动力大（最大可达1MPa以上，一般在0.3～0.5MPa），管理方便、使用可靠、便于检查操作情况，适应各种复杂物料的过滤，特别适于黏度大、颗粒度较细、可压缩、腐蚀性的各种物料。缺点是装卸板框的劳动强度大、生产效率低、滤饼洗涤慢、不均匀、滤布磨损严重。

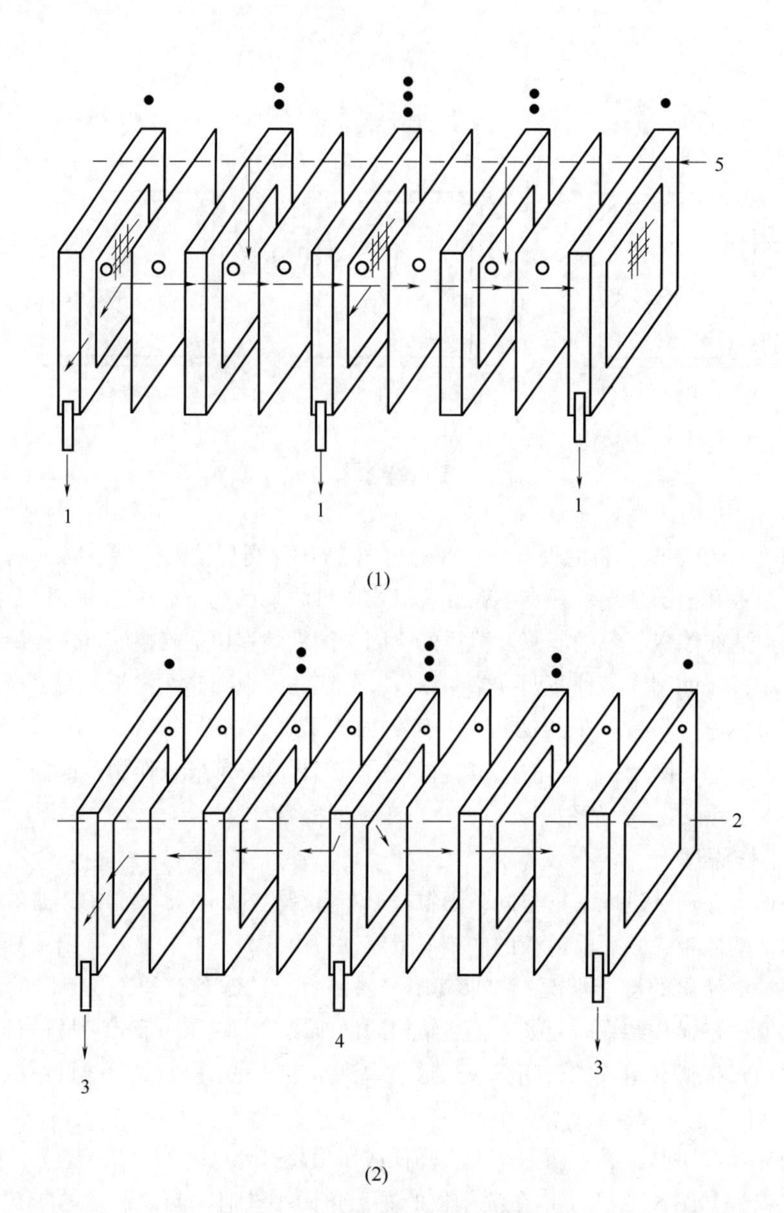

图5-3　板框压滤机的过滤和洗涤操作

（1）过滤操作　（2）洗涤操作

1—滤液出口　2—滤液进口　3—洗液出口　4—洗涤时关闭　5—洗涤水进口

板框压滤机在食品工业上有广泛应用，特别适用于低浓度悬浮液、胶体悬浮液、分离液相黏度大或接近饱和状态的悬浮液的过滤。

四、加压滤叶型过滤设备

加压叶滤机是由一组并联滤叶装在密闭耐压机壳内组成。悬浮液在加压下送进机壳内，滤渣截留在滤叶表面上，滤液透过滤叶，后经管道排出。加压叶滤机可以作为预敷层过滤机来使用。

（一）加压叶滤机的概述

1. 滤叶

滤叶是加压叶滤机的重要过滤元件。一般滤叶由里层的支撑网、边框和覆在外层的细金属丝网或编织滤布组成，其结构如图 5-4 所示；也有的滤叶由配置了支撑条的中空薄壳，外面覆盖滤网组成。滤叶用接管镶嵌固定在滤液排出管上，在接头处多用 O 形圈密封。

滤叶的形状有多种，如方形、长方形、梯形、圆形、弓形、椭圆形等。滤叶可以是固定的，也可以是旋转的。

滤叶在压滤机里的工作位置可以是垂直的，或者水平的。垂直滤叶的两面都是过滤面，而水平滤叶仅上表面是过滤面。在滤槽尺寸的相同的情况下，垂直滤叶型压滤机的过滤面积为水平型的 2 倍。

滤叶是两面紧覆着细金属丝网的滤框，它的骨架是用管子弯制的方形框，框的中间平面上夹持着一层粗的大孔格金属丝网，在它的两侧紧覆以细密的金属丝网（400～500 目），以支持硅藻土层，而上述中间的粗金属丝网则是支持两侧细金属丝网的。每个滤叶以接管支承在汇集总管上，它的两边则受到容器的壁上定位槽架的支持。

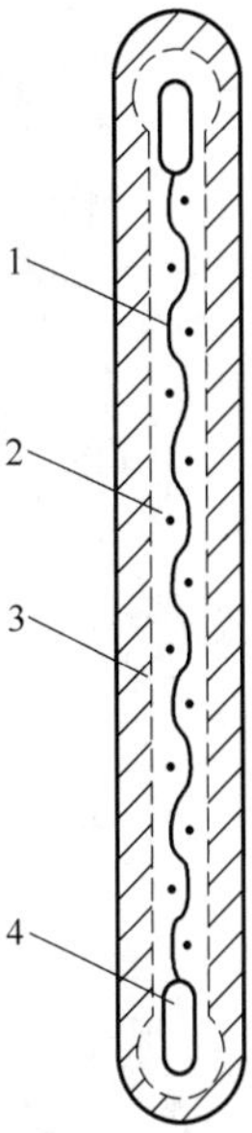

1
2
3
4

图 5-4　滤叶的结构
1—金属网　2—滤布
3—滤饼　4—空框

2. 加压叶滤机分类

常见的加压叶滤机有以下几种类型：

（1）垂直滤槽　垂直滤叶型。

（2）垂直滤槽　水平滤叶型。

（3）水平滤槽　垂直滤叶型。

（4）水平滤槽　水平滤叶型。

加压叶滤机的卸料方法分为“湿法”和“干法”，基本上是利用喷淋冲洗、振动或离心力作用来卸料。湿法卸料是用固定的或旋转的、摆动的喷头喷淋洗液将滤渣冲掉；或者喷头不动，由滤叶旋转卸渣。干法卸料可以用人工或机械方法进行，例如冲击、振动，空气反吹，离心力等。此外，有的利用滤叶缓慢旋转，用刷子帮助卸料；水平槽水平滤叶过滤机的过滤之后，将滤叶或者滤槽转 90°，然后卸料，即过滤是水平位置，卸料是滤叶在垂直位置由重力卸料。要提高叶滤机的生产能力的重要问题是如何自动地、完全地卸除滤饼，并使过滤介质再生。

加压叶滤机一般用在中、小规模的生产上，当它作为预敷层过滤机使用时，悬浮液含固体量少，需要保留的是液体而不是固体。例如，用在啤酒、果汁、矿泉水、各种油类的净化等。

（二）垂直滤叶型压滤机

1. 振打卸料垂直槽垂直滤叶型叶滤机

该叶滤机具有密封加压、多滤叶、微孔精密过滤的特点。其结构为（如图 5-5 所示），在一个密闭的机壳内，垂直装有多片不锈钢滤叶，用来支承和贴附，起主要过滤作用，底部平法兰上装有不锈钢平面滤网，其作用是使壳体内液体完全过滤、无残液。过滤时，先循环过滤进行预涂，使滤叶表面形成一层预涂层，待滤液清亮后（通过视镜观察），即可进行正常过滤。

当输液泵向机壳内输入一定数量，并含有活性炭粉末或活性白土粉末的溶液时，将会产生

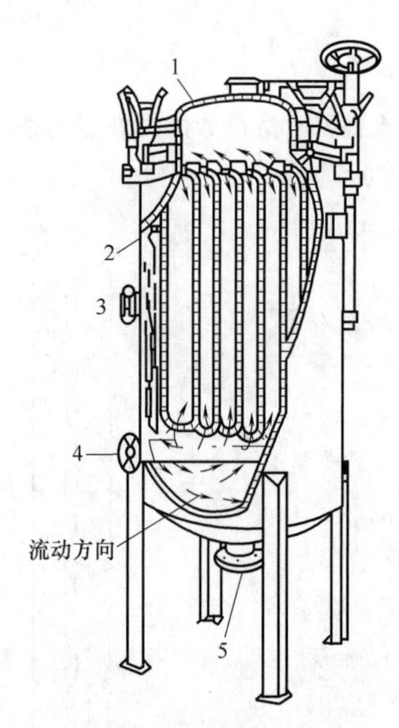

图5-5 垂直槽固定滤叶型加压叶滤机

1—快开顶盖 2—滤叶片 3—滤浆入口 4—滤液排出口 5—滤饼排出口

一定的压力，液体在压力的作用下流入滤网，活性炭粉末或活性白土粉末截留在滤网表面，产生一定的过滤阻力，形成内外压差，随着溶液中的活性炭粉末或活性白土粉末随溶液的流入，逐渐地吸附于滤叶表面，经循环一定时间，并形成具有相当过滤能力的滤饼层，溶液经滤饼层去除杂质流入滤叶内腔，再经出液管，流出清液。

振打卸料垂直槽垂直滤叶型叶滤机流程图如图5-6所示。加压振打过滤机主要由机壳、滤叶、起盖、快开结构、气锤、输液泵等组成。

（1）机壳 机壳由筒体、上封头、底部快开平法兰等组成。筒体与上封头为密封连接，由上下法兰及密封圈通过手轮螺母与螺栓压紧密封圈来实现密封的。底部快开平法兰由上下法兰及密封圈通过翻转气缸启闭及旋转气缸锁紧来实现密封。整个机壳装有许多零配件，顶部装有进、排气阀、压力表及安全阀，筒体焊有进、出液管，底部快开平法兰有出液管、金属软管，以便安装管道和阀门以及其他零件等。

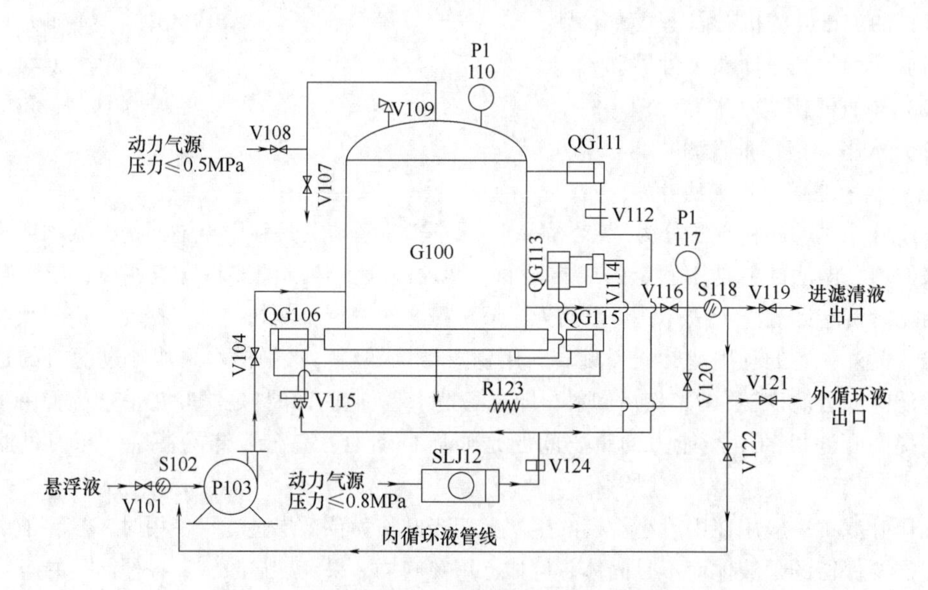

图5-6 振打卸料垂直槽垂直滤叶型叶滤机流程图

G—过滤机 P—泵 V—阀门 S—视镜 QG—气缸 R—软管 P1—压力显示

（2）滤叶 滤叶是过滤机的关键部件，由框架、滤网、衬网、压板垫片、支承头、固定块等零件焊接和组装的，安装于机壳内，其组装质量及密封性能要求较高。

滤叶锁紧是每个滤叶下部出液咀及O形密封圈插入滤液集中出液管内，并依靠每个滤叶上部U形块及振打中心轴上的螺母进行锁紧来固定滤叶。

（3）起盖　本机构采用千斤顶进行上部封头及法兰起盖升降作用，并能作旋转。操作简单灵活。

（4）快开结构　本机采用气动快开实现底部法兰的启闭功能。有翻转气缸、旋转气缸、气动执行元件及锁紧圈。

（5）气锤　过滤完毕后，滤渣卸除通过气锤高频率振打，使滤渣脱落滤叶卸料，自下部排渣。

（6）输液泵　输液泵是用来提供原液和预涂液，流量 $8m^3/h$ 左右、扬程 40～65m，根据有无防爆要求，采用防爆或非防爆电机。

该机型主要适用于制药、生物工程、油脂、化工等工业液体脱色工艺过程及其他液体过滤工艺过程。脱色工艺过程一般采用活性炭粉末或活性白土粉末进行脱色，脱色完毕后，将活性炭粉末或活性白土粉末滤除。该机也可用于其他采用助滤剂或不采用助滤剂的液体过滤过程。

2. 冲洗卸料垂直槽垂直滤叶型叶滤机

该机型通过在密闭的容器内，垂直或水平放置多片滤叶作为过滤元件，进行加压或真空过滤。根据过滤的不同要求，有时还要在滤叶上预敷硅藻土、珍珠岩等助滤剂，助滤剂也可采用掺浆过滤的方法加入，以提高过滤效率。采取冲洗方式卸料，一般是正清洗机构，也可根据要求实现反冲洗及反吹的功能，且操作简单方便。洗涤效果好，在密闭的条件下，对滤饼进行洗涤，以回收有用的物料，回收率高。其工艺流程如图 5-7 所示。该机型广泛应用于啤酒、白

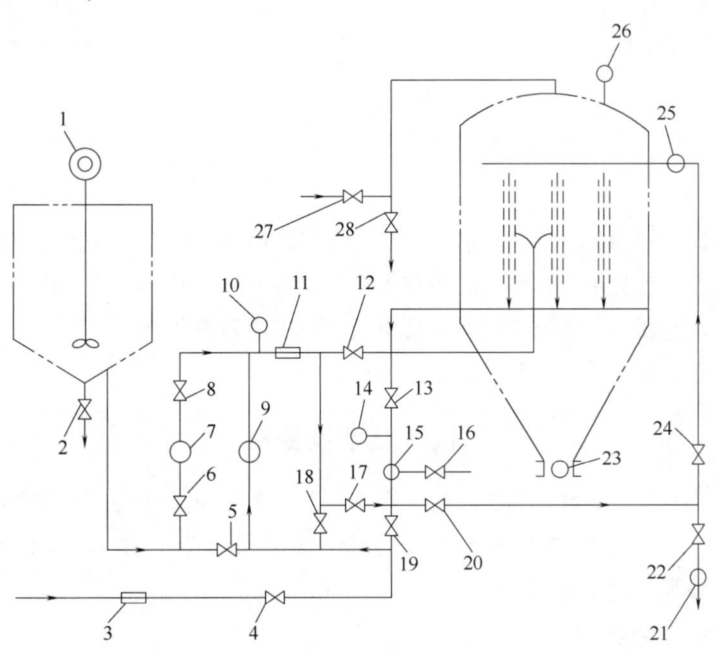

图 5-7　冲洗卸料垂直槽垂直滤叶型叶滤机流程图

1—搅拌电机　2—排放阀　3—进料视镜　4—进料阀　5—混合液进口阀　6—计量泵进口阀　7—计量泵　8—计量泵出口阀　9—输液泵　10—安全阀　11—视镜　12—输液泵出口阀　13—清洗止回阀　14—出口压力表　15—平视镜　16—取样阀 1　17—清洗阀 1　18—回流阀 2　19—循环阀　20—出液阀 1　21—流量计　22—出液阀 2　23—排渣阀　24—清洗阀　25—清洗电机　26—进口压力表　27—进气阀　28—排气阀

酒、葡萄酒、黄酒、果汁饮料、蜂蜜、明胶、溶剂、脱炭以及其他类似液体的过滤。

（三）卧式滤叶型压滤机

施德兰叶滤机是一种卧式滤叶型压滤机，其机结构简图如图5-8所示。多片圆形滤叶组合体置于由上下两个半圆构成的圆形机壳内，上半固定，下半用铰链连接借以开启。工作时，上下两半用螺栓紧密连接；原液由入口1泵入，经各滤叶的滤液由管道2排出，滤渣在滤布表面形成滤饼。当滤饼阻碍过滤时，残留于筒内的原液即由排出口3排出。欲剥除滤饼时，先由1泵入洗净液，而后打开下半机壳，滤叶及滤饼皆露出，可用压缩空气、蒸汽或清水卸除滤饼并用水洗净。

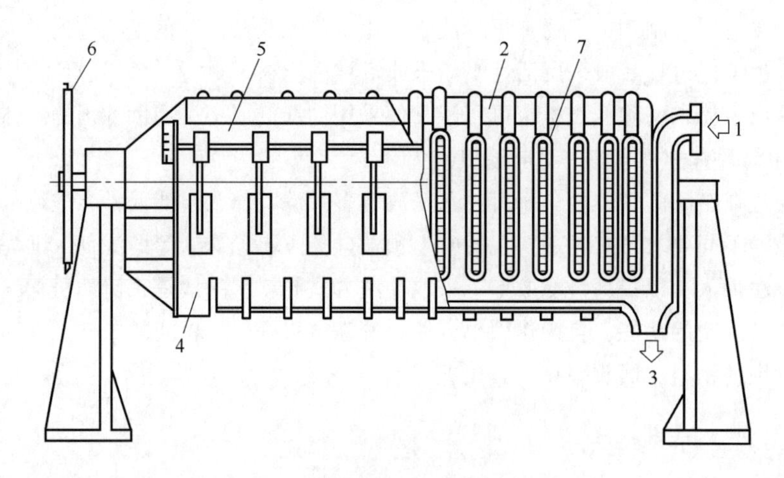

图5-8 施德兰叶滤机

1—液入口 2—液输送管 3—液出口 4—半机壳 5—上半机壳 6—手轮 7—滤叶

该机容易解体，用少量洗净液即能洗净，滤布损耗也小。综上，叶滤机的共同优点是：灵活性大，节省劳力，而且单位体积过滤面积大，生产能力高，容易洗涤且效果好。其缺点是结构复杂、成本高、滤饼不如压滤机干燥、会出现滤饼不均匀现象。

叶滤机适宜过滤周期长，滤浆特性稳定的过滤操作。

五、真空过滤机

真空过滤机以抽真空为推动力，其过滤介质的上游压力为大气压，下游为负压。推动力仅限制在1atm以下，所以一般均为连续式操作，是一种连续性生产和机械化程度较高的过滤设备。以下介绍两种真空过滤机。

（一）转鼓真空过滤机

图5-9所示为该机的操作原理图。其主要构件为一低速旋转的转鼓，表面用多孔板或特殊的排水构件构成，滤布覆盖其上。转鼓内腔被隔成若干个扇形格室，每个格室有吸管与空心轴内的孔道相通，而孔道沿轴向通往轴端的旋转控制阀。转鼓内腔借控制阀分别与真空管路、洗液贮槽及压缩空气管路相通。当工作时，转鼓表面即形成过滤区、第一脱水区、洗涤区、第二脱水区、卸料区和滤布再生区六个工作区，使过滤操作循序进行。

转鼓真空过滤机适宜于过滤悬浮液中颗粒度中等，黏度不太大的物料。操作过程中，可用

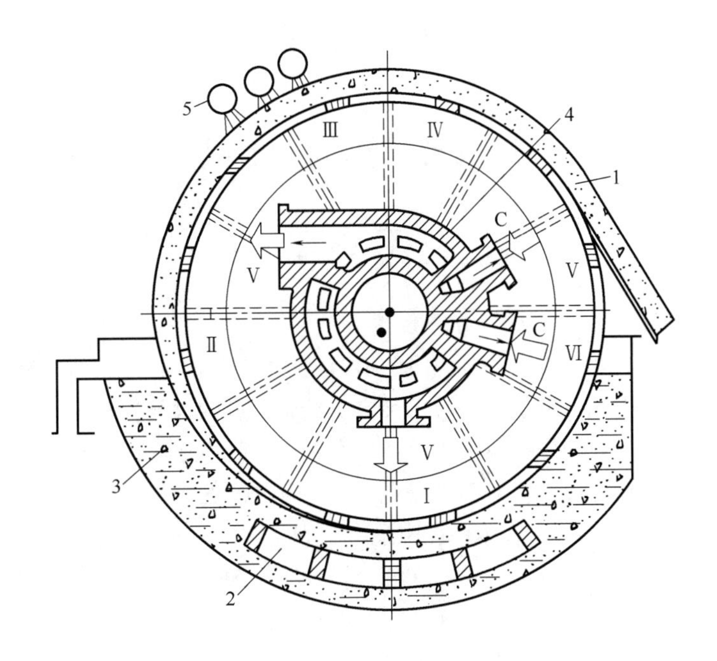

图5-9　转鼓真空过滤机操作原理图

1—转鼓　2—搅拌　3—滤浆槽　4—控制阀　5—喷头

Ⅰ—过滤区　Ⅱ—第一脱水区　Ⅲ—洗涤区　Ⅳ—第二脱水区　Ⅴ—卸料区　Ⅵ—滤布再生区

V—与真空相通　C—与压缩空气相通

调节转鼓转速来控制滤饼厚度和洗涤效果，而且滤布损耗少，但过滤推动力小、设备费用高是其主要缺点。

（二）转盘真空过滤机

图5-10所示为该机的简图，它由一组安装在水平转轴上并随轴旋转的滤盘（转盘）构成。其结构和操作原理与转鼓真空过滤机相同。滤盘的各个扇形格室有管道与空心轴的孔道相通，当各滤盘联结在一起时，各滤盘的同相位扇区格室形成连通孔道，并与轴端的旋转控制阀相连。转盘内腔借控制阀分别与真空管道、洗液贮槽及压缩空气管路相通，使转盘在转动时表面形成吸附、洗涤、脱水和卸料的循序工作过程。每一转盘相当一个转鼓，各有其滤饼卸料装置，卸料较困难。

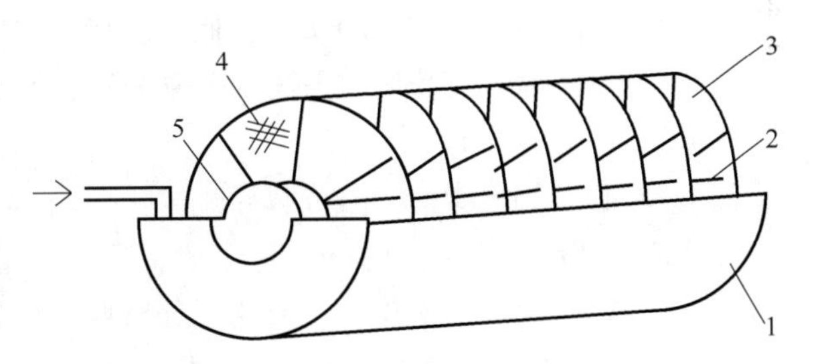

图5-10　转盘真空过滤机

1—料槽　2—刮刀　3—转盘　4—金属丝网　5—腔

转盘真空过滤机的优点是过滤面积非常大；与其他过滤机比较，单位过滤面积占地面积小；滤布更换容易且耗量少；能耗低。其缺点是滤饼洗涤不良，洗涤水易与悬浮液在滤槽中相混。

第三节 离心机械

一、离心分离原理与分类

（一）原理与应用

离心机是利用惯性离心力进行固-液、液-液或液-液-固相离心分离的机械。离心机的主要部件是安装在竖直或水平轴上的快速旋转的转鼓。鼓壁上有的有孔，有的无孔。料浆送入转鼓内随鼓旋转，在惯性离心力的作用下实现分离。在有孔的鼓内壁面覆以滤布，则流体甩出而颗粒被截留在鼓内，称为离心过滤。对于鼓壁上无孔，且分离的是悬浮液，则密度较大的颗粒沉于鼓壁，而密度较小的流体集中于中央并不断引出，称为离心沉降。对于鼓壁上无孔且分离的是浮浊液，则两种液体按轻重分层，重者在外，轻者在内，各自从适当位置引出，称为离心分离。分离因数是用来表示离心机分离性能的主要指标，其定义是物料所受的离心力与重力的比值，也等于离心加速度与重力加速度之比值（式 5-1）

$$K_C = R\omega^2/g \tag{5-1}$$

式中 K_C——分离因数

R——转鼓半径

ω——转鼓回转角速度

g——重力加速度

离心机的分离因数由几百到几万，也就是说离心分离推动力（离心力为重力）的百倍到万倍。分离因数的大小，要根据不同的分离物料性质和不同的分离要求来选取。

离心机在食品工业中应用较多，如制糖工业的砂糖糖蜜分离，牛奶分离，制盐工业的晶盐脱卤，淀粉工业的淀粉与蛋白质分离，油脂工业的食油精制，以及啤酒、果汁、饮料的澄清，味精、橘油、酵母分离、淀粉脱水、脱水蔬菜制造的预脱水过程，回收植物蛋白，糖类结晶，食品的精制等都使用离心机。

（二）离心机的分类

1. 按离心分离因数大小分类

（1）常速离心机 $K_C < 3000$，主要用于分离颗粒不大的悬浮液和物料的脱水。

（2）高速离心机 $50000 > K_C > 3000$，主要用于分离乳状和细粒悬浮液。

（3）超高速离心机 $K_C > 50000$，主要用于分离极不易分离的超微细粒的悬浮系统和高分子的胶体悬浮液。

2. 按操作原理分类

（1）过滤式离心机 此机的鼓壁上有孔，它是借离心力作用实现过滤分离，其转速一般在 1000～1500r/min 范围，分离因数不大，适用于易过滤的晶体悬浮液和较大颗粒悬浮液的分离和物料脱水。

（2）沉降式过滤机 其鼓壁上无孔，但也是借离心力作用来实现沉降分离的。在食品加工中，主要是用于回收动植物蛋白、分离可可、咖啡、茶等的滤浆及鱼油去杂和鱼油的制取中。它的典型设备有螺旋卸料沉降式，常用于分离不易过滤的悬浮液。

（3）分离式离心机 其鼓上也无孔，但转速极大，约 4000r/min 以上，分离因数 3000 以上，主要用于乳浊液的分离和悬浮液的增浓或澄清。

3. 按操作方式分类

按操作方式分为：间歇式离心机、连续式离心机。

4. 按卸料方式分类

按卸料方式分为：人工卸料离心机、重力卸料离心机、刮刀卸料离心机、活塞卸料离心机、螺旋卸料离心机、离心卸料离心机、振动卸料离心机、进动卸料离心机。

5. 按转鼓主轴位置分类

按转鼓主轴位置分为：卧式离心机、立式离心机。

6. 按转鼓内流体和沉渣的运动方向分类

按转鼓内流体和沉渣的运动方向分为逆流式、并流式。

7. 按分离工艺操作条件分类

按分离工艺操作条件分为常用型、密闭防爆型。

二、 卧式离心机

（一） 卧式螺旋卸料过滤离心机

卧式螺旋卸料过滤离心机能在全速下实现进料、分离、洗涤、卸料等工序，是连续卸料的过滤式离心机。其结构图如图 5-11 所示。

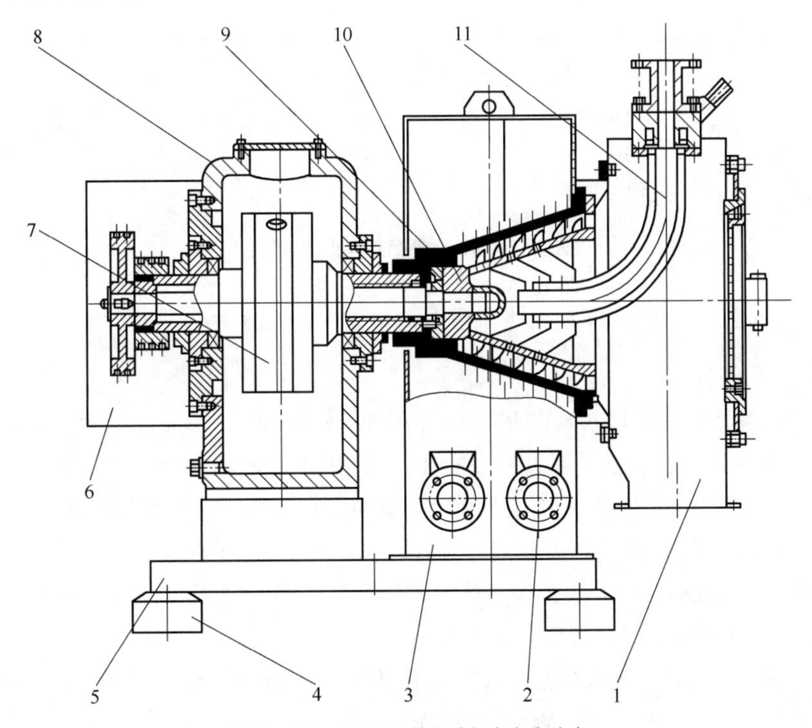

图 5-11 卧式螺旋卸料过滤离心机

1—出料斗 2—排液口 3—壳体 4—防振垫 5—机座（底座） 6—防护罩 7—差速器 8—箱体 9—圆锥转鼓 10—螺旋推料器 11—洗涤进料管

圆锥转鼓 9 和螺旋推料器 10 分别与驱动的差速器轴端连接，两者以高速同一方向旋转，保持一个微小的转速差。悬浮液由进料管 11 输入螺旋推料器内腔，并通过内腔料口喷铺在转鼓内衬筛网板上，在离心力作用下，悬浮液中液相通过筛网孔隙、转鼓孔被收集在机壳内，从滤液口排除机外，滤饼在筛网滞留。在差速器的作用下，滤饼由小直径处滑向大端，随转鼓直径增大，离心力递增，滤饼加快脱水，直到推出转鼓。

该机型带有过滤型锥形转鼓，利用差速器调节螺旋推料器的转速，以控制卸料速度，并有过载保护装置，可实现无人安全操作。

该机型运转平稳，噪声低，操作和维护方便，与物料接触零件均采用耐腐蚀不锈钢制造，适用于腐蚀介质的物料处理。

（二）卧式螺旋卸料沉降离心机

卧式螺旋卸料沉降离心机是用离心沉降的方式分离悬浮液，以螺旋卸除物料的离心机。其结构图如图 5-12 所示。

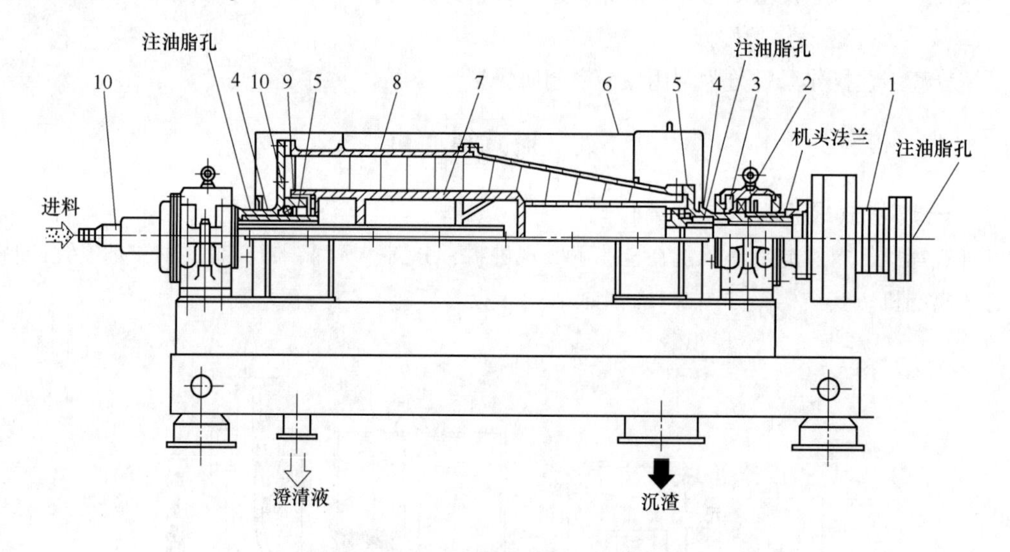

图 5-12　卧式螺旋卸料沉降离心机

1—差速器　2—主轴承　3—油封 1　4—左右铜轴瓦　5—油封 2　6—外壳
7—螺旋　8—转鼓　9—油封 3　10—加料管

该机在高速旋转的无孔转鼓 8 内有同心安装的输料螺旋 7，二者以一定的差速同向旋转，该转速差由差速器 1 产生。悬浮液经中心的加料管 10 加入螺旋内筒，初步加速后进入转鼓，在离心力作用下，较重的固相沉积在转鼓壁上形成沉渣层，由螺旋推至转鼓锥段进一步脱水后经小端出渣口排出；而较轻的液相则形成内层液环由大端溢流口排出。

它在全速运转下连续进料、分离和卸料，适用于含固相（颗粒粒度 0.005 ~ 2mm）浓度 2% ~ 40% 悬浮液的固液分离、粒度分级、液体澄清等。具有连续操作、处理能力大、单位耗电量小、结构紧凑、维修方便等优点。尤其适合过滤布再生有困难，以及浓度、粒度变化范围较大的悬浮液的分离。该机符合 GMP 规范设计。

（三）卧式离心卸料离心机

卧式离心卸料离心机为连续操作、自动卸料的过滤式离心机，加料、分离、卸料等工序均在全速运转下连续进行，故分离效率高，生产能力大，其结构图如图 5－13 所示。

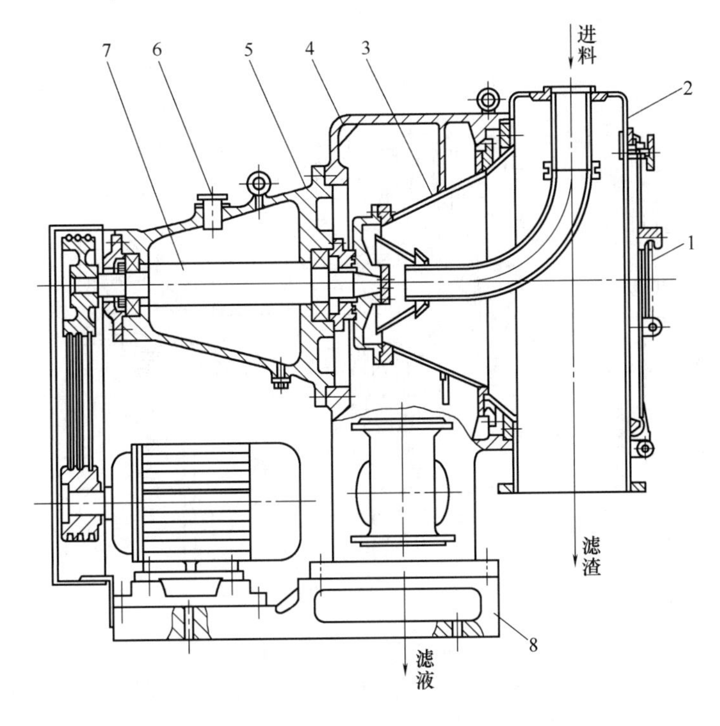

图 5－13　卧式离心卸料离心机

1—视镜　2—前机壳　3—转鼓　4—中间机座　5—轴承座　6—注油孔　7—主轴　8—底座

电动机带动锥形转鼓高速旋转，悬浮液由进料管引入，在转鼓底经加速后均布于转鼓小端滤网上，液体经滤网和鼓壁滤孔排出，固体颗粒在滤网上形成滤渣，滤渣受离心力在锥面分力作用下向转鼓大端滑动，最后排出转鼓。

该机适合分离含固相（结晶状、无定形或短纤维状）浓度 40%～80%，粒度范围 0.25～10mm 的悬浮液。该机符合 GMP 规范设计。

（四）刮刀卸料离心机

刮刀卸料离心机是一种连续运转，循环实现进料、分离、洗涤、脱水、卸料、洗网等工序的过滤式离心机。在全速运转下，各工序均能实现全自动或半自动控制。其结构图如图 5－14 所示。

启动控制，空转鼓全速运转，进料阀自动开启，悬浮液沿进料管进入全速转鼓内。在离心力作用下，大部分液体经滤网、衬网及转鼓上的小孔被甩出，经机壳排液阀排出机外，固体则留在转鼓内。进料阀经一定时间自动关闭，进料停止，固相在转鼓内被甩干。需要洗涤的物料可进行洗涤。刮刀自动旋转，将固相经接料斗排出机外。然后自动洗网，开始下一个循环。该机型的工作原理如图 5－15 所示。

三、立式离心机

（一）自动排出式

图 5－16 所示为该机结构简图。锥形篮子周围设有篮网，原液由上方流入，篮子带动原液

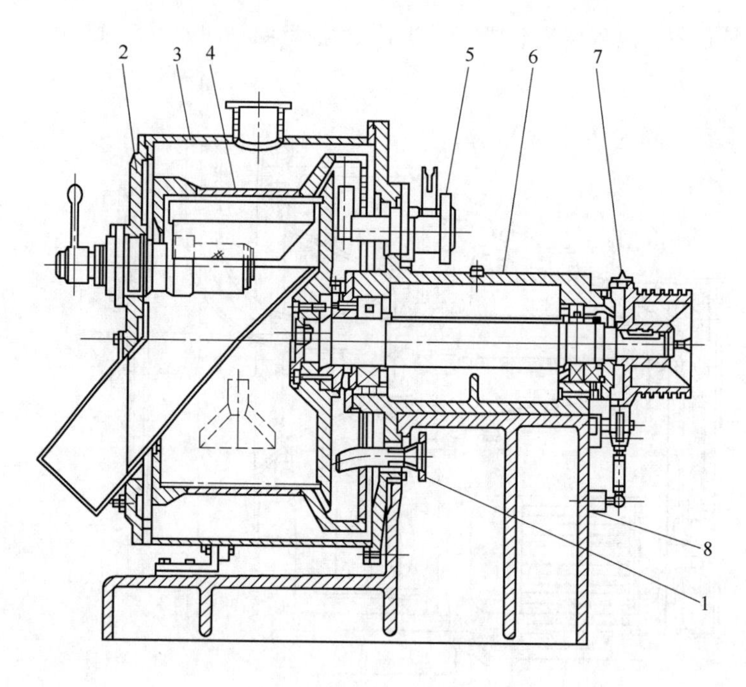

图 5-14 刮刀卸料离心机

1—反冲装置 2—门盖组件 3—机体组件 4—转鼓组件 5—虹吸管机构 6—轴承箱 7—制动器组件 8—机座

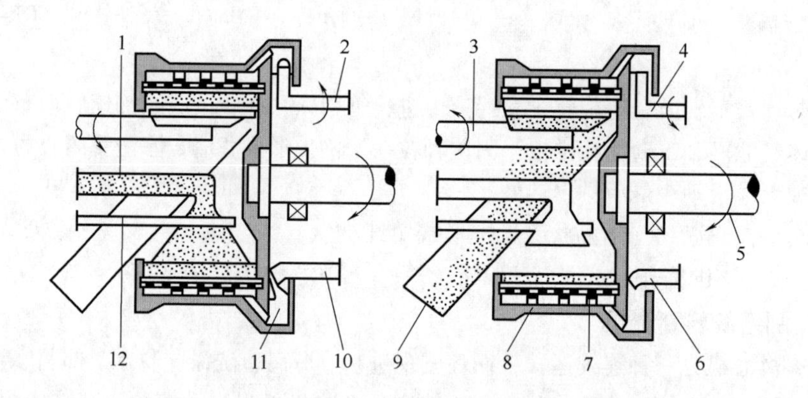

图 5-15 刮刀卸料离心机工作原理图

1—悬浮液入口 2—分离液出口 3—刮刀 4—虹吸管 5—主轴 6—反冲管 7—内转鼓 8—外转鼓 9—滤渣出口 10—反冲水入口 11—虹吸室 12—洗涤液入口

高速回转，滤液在离心力作用下穿过篮网由下部排出。而固形物则附着在篮网表面，同时沿锥面不断向上推移，由上部落下自动排出机外。

该机可用于水果、蔬菜榨汁，回收植物蛋白及冷冻浓缩的冰晶分离等，也可用于糖类结晶食品的精制及脱水蔬菜制造的预脱水过程。

（二）振动式

图 5-17 所示为该机结构简图，它由固定槽、回转篮、驱动轴、曲柄轴及机架等构成。

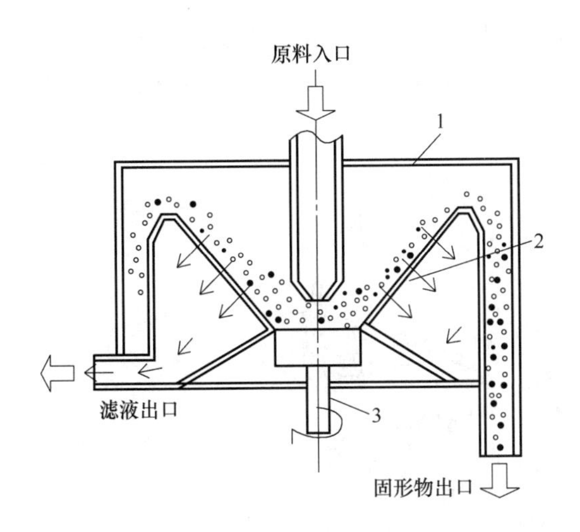

图5-16　立式连续离心卸料离心机
（自动排出式）
1—固定槽　2—回转篮　3—驱动轴

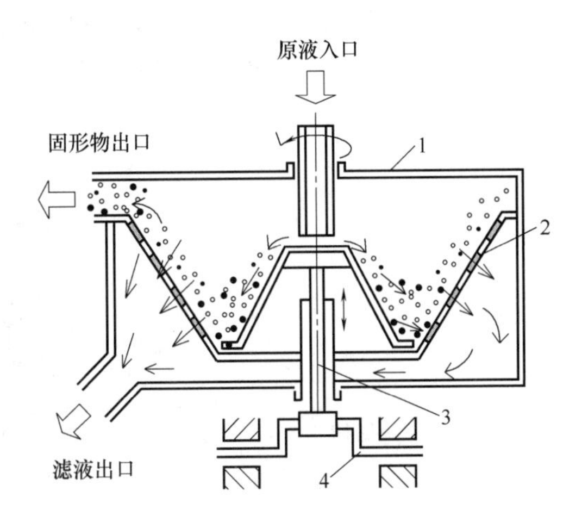

图5-17　立式连续离心卸料离心机
（振动式）
1—固定槽　2—回转篮　3—驱动轴　4—曲柄轴

工作时，原液由上方进入，回转篮以高速旋转，并利用曲柄轴的作用同时沿垂直方向振动。在离心力作用下，滤液穿过篮网飞散过滤，并由下部排出。而固形物则紧贴篮网向上移动并由上部排出机外。

（三）三足式吊袋上卸料离心机

三足式吊袋卸料过滤离心机的结构如图5-18所示。工作时，待分离的物料经进料管进入高速旋转的离心机转鼓内，在离心机力场的作用下，物料通过滤布（滤网）实现过滤。液相经出液管排出，固相则截留在转鼓内，待转鼓内滤饼达到机器规定的装料量时，停止装料，对

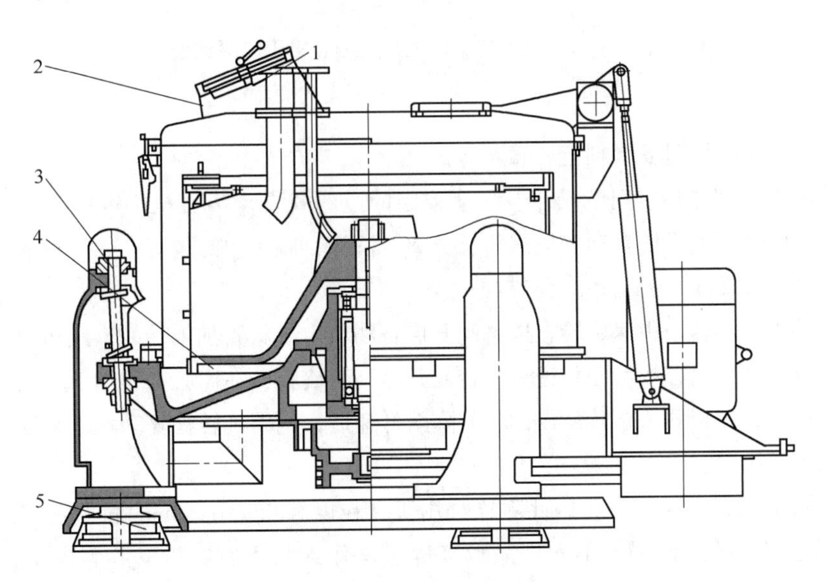

图5-18　三足式吊袋上卸料离心机
1—进料管　2—滤饼洗涤液进入管　3—滤袋　4—离心机转鼓　5—出液管

滤饼进行洗涤，同时将洗涤液滤出。达到分离要求后停机，由专用的吊具将滤袋同滤饼一起吊出至指定卸料处，打开卸料口，将滤饼卸出，然后将滤袋复位，进入待机状态。该机型的工作原理如图 5-19 所示。

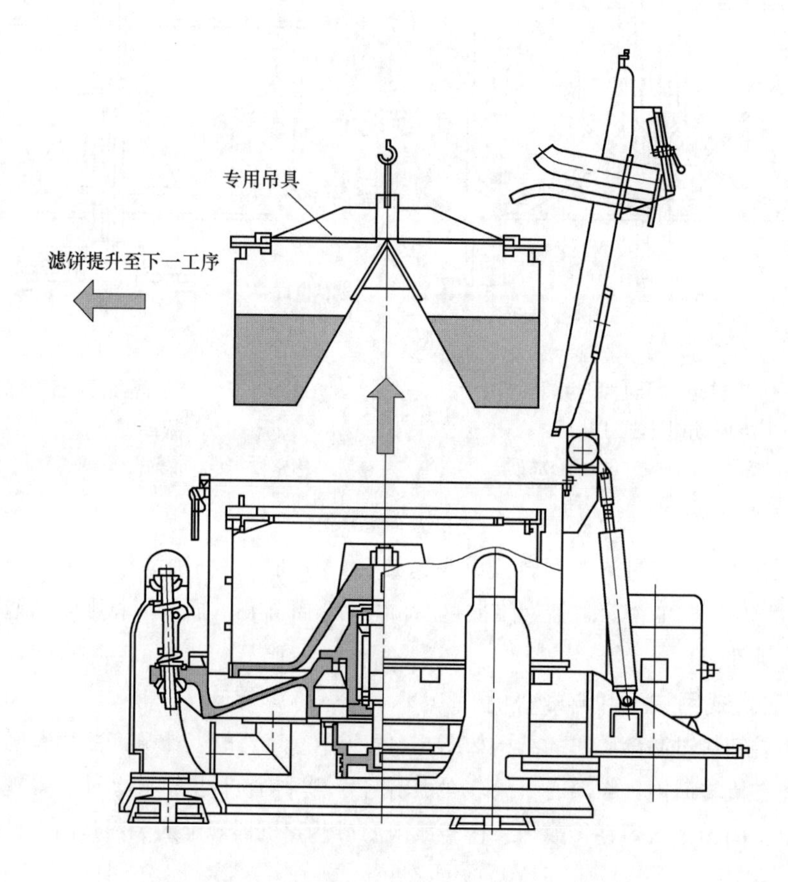

图 5-19　三足式吊袋上卸料离心机工作原理图

（四） 三足式刮刀下卸料自动离心机

三足式刮刀下部卸料、间歇操作、程序控制的过滤式自动离心机，可按使用要求设定程序，由液压、电气控制系统自动完成进料、分离、洗涤、脱水、卸料等工序，可实现远、近距离操作，其结构如图 5-20 所示。

调速电动机带动转鼓中速旋转，进料阀开启将物料由进料管加入转鼓，经布料盘均匀洒布到鼓壁，进料达到预定容积后停止进料，转鼓升至高速旋转，在离心力作用下，液相穿过滤布和鼓壁滤孔排出，固相截留在转鼓内，转鼓降至低速后，刮刀旋转往复动作，将固相从鼓壁刮下由离心机下部排出。

该机采用窄刮刀低速卸料，因此除广泛用于含粒度 0.05～0.15mm 固相颗粒的悬浮液分离外，特别适宜热敏感性强、不允许晶粒破碎、操作人员不宜接近的物料的分离。该机具有自动化程度高、处理量大、分离效果好、运转稳定、操作方便等优点。该机符合 GMP 规范设计。

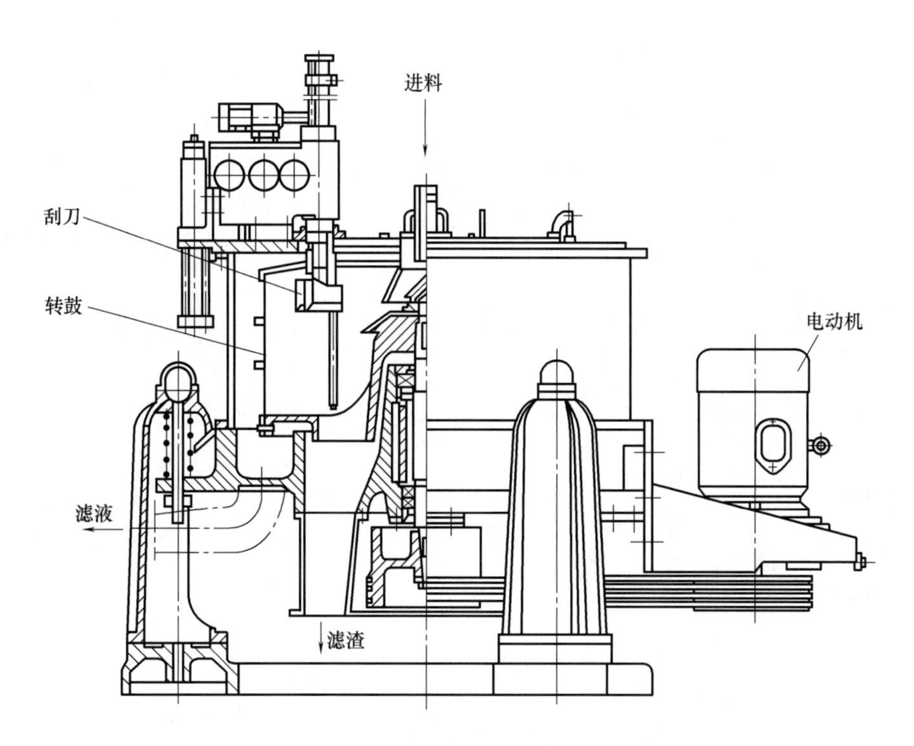

图5-20　三足式刮刀下卸料自动离心机

（五） 高速管式离心机

高速管式离心机主要由转鼓、机架、机头、压带轮、滑动轴承组和驱动体六部分组成，其结构如图5-21所示。

转鼓由三部分组成：上盖8、带空心轴的底盖3和管状的转鼓19。转鼓内沿轴向装有对称的四片翅片4，使进入转鼓的液体很快地达到转鼓的转动角速度。被澄清的液体从转鼓上端出液口排出，进入积液盘7、9，再流入槽、罐等容器内。固体则留在转鼓上，待停机后再清除。

转鼓及主轴11以挠性连接悬挂在主轴皮带轮13上，主轴皮带轮与其他部件组成为机头部分。主轴上端支承在主轴皮带轮的缓冲橡皮块上，而转鼓用连接螺母10悬于主轴下端。转鼓底盖上的空心轴插入机架上的一滑动轴承组2中，滑动轴承组靠手柄1锁定在机身上；该滑动轴承装有减振器，可在水平面内浮动。

只要将转鼓与主轴间的连接螺母拧松，即可把转鼓从离心机中卸出。

离心机的机身20、箱门5等，是转鼓的保护罩。在机身内壁，装有冷却盘管6。机身的下部有进料口22。物料进入进料口后经喷嘴和底盖的空心轴进入转鼓。

电动机18装在机架上部，带动压带轮14及平皮带转动而使转鼓旋转。

电动机通过传送带、张紧轮将动力传递给被动轮，从而使转鼓绕自身轴线超速旋转，形成强大的离心力场。物料由底部进液口射入，离心力迫使料液沿转鼓内壁向上流动，且因料液不同组分的密度差而分层。对于液液物系，密度大的液相形成外环，密度小的液相形成内环，流动到转鼓上部各自的排液口排出［图5-22（1）］，微量固体沉积在转鼓壁上，待停机后人工卸出。对于液固物系，密度较大的固体微粒逐渐沉积在转鼓内壁形成沉渣层，待停机后人工卸出，澄清后的液相流动到转鼓上部的排液口排出［图5-22（2）］。

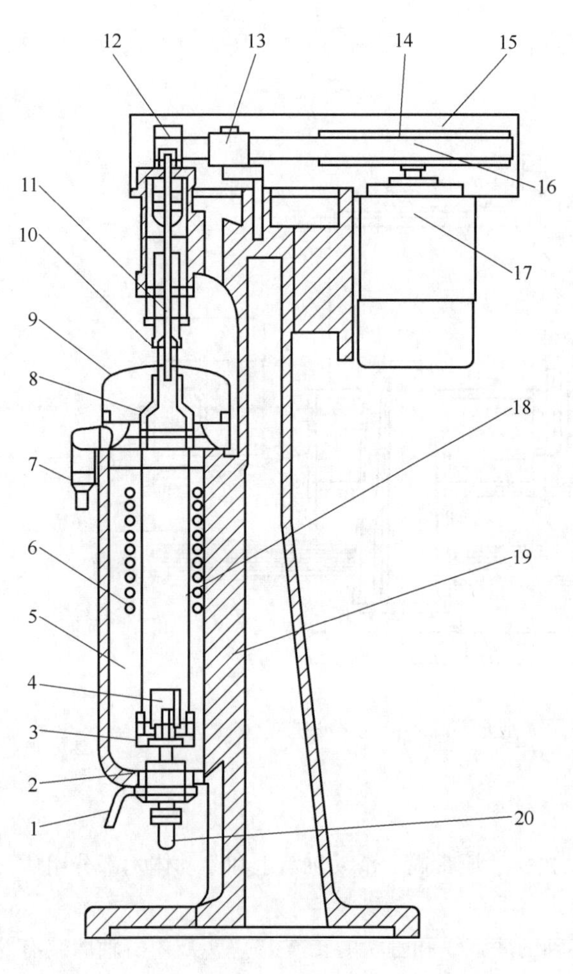

图5-21　高速管式离心机（液固型）

1—手柄　2—轴承组　3—底盖　4—翅片　5—箱门　6—冷却盘管　7,9—积液盘　8—上盖　10—螺母　11—主轴　12—主轴皮带轮　13—压带轮　14—电机带轮　15—传动箱　16—传动带　17—电机　18—转鼓　19—机身　20—进料口

高速管式分离机主要用于生物医学、中药制剂、保健食品、饮料、化工等行业的液固或液液固三相分离。最小分离颗粒为1μm，特别对一些液固相比重差异小，固体粒径细、含量低，介质腐蚀性强等物料的提取、浓缩、澄清较为适用。

（六）碟片式离心分离机

碟片式离心沉降分离机是应用最为广泛的离心沉降设备。它具有一密闭的转鼓，鼓中放置有数十个至上百个锥顶角为60°～100°的锥形碟片，碟片与碟片间的距离用附于碟片背面的、具有一定厚度的狭条来调节和控制，一般碟片间的距离为0.5～2.5mm，当转鼓连同碟片以高速旋转时（一般为4000～8000r/min），碟片间悬浮液中的固体颗粒因有较大的质量，先沉降于碟片的内腹面，并连续向鼓壁方向沉降，澄清的液体则被迫反方向移动，最终在转鼓颈部进液管周围的排液口排出。

碟片式离心机既能分离低浓度的悬浮液（液-固分离），又能分离乳浊液（液-液分离或液-液-固分离）。两相分离和三相分离的碟片形式有所不同，对于液-固或液-液两相分离所用的碟片为无孔式，它们的工作原理见图5-23左侧。液-液-固三相分离所用的碟片在一定位置带有孔，以此作为液体进入各碟片间的通道，孔的位置是处于轻液和重液两相界面的相应位置上，见图5-23右侧。

根据排出分离固体的方法不同，碟片式离心机可以分为两大类。

1. 喷嘴型碟片式离心机

喷嘴型碟片式离心机具有结构简单、生产连续、产量大等特点。排出固体为浓缩液，为了减少损失，提高固体纯度，需要进行洗涤；喷嘴易磨损，需要经常调换；喷嘴易堵塞，能适应的最小颗粒约为0.5μm，进料液中固体含量为6%～25%最合适。

2. 自动分批排渣型碟片式离心机

这种离心机的进料和分离液的排出是连续的，而被分离的固相浓缩液则是间歇地从机内排出。离心机的转鼓由上下两部分组成，上转鼓不做上下运动，下转鼓通过液压的作用能上下

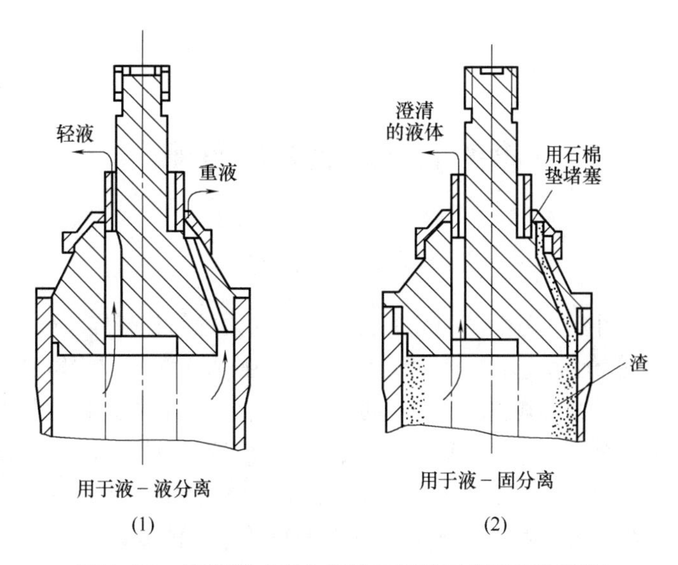

图5-22　高速管式离心机液液和液固分离工作状态

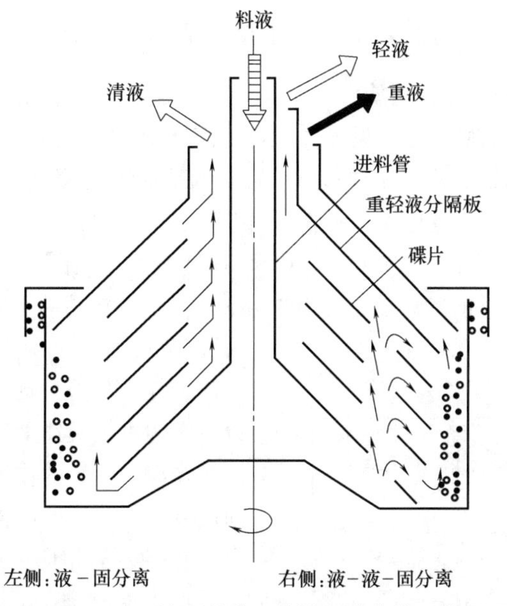

图5-23　液固分离和液液固分离的工作原理

运动。

操作时，转鼓内液体的压力进入上部水室，通过活塞和密封环使下转鼓向上顶紧。卸渣时，从外部注入高压液体至下部水室，将阀门打开，将上部水室中的液体排出；下转鼓向下移动，被打开至一定缝隙而卸渣。卸渣完毕后，又恢复到原来的工作状态。

这种离心机的分离因数为5500～7500，能分离的最小颗粒为0.5μm，料液中固体含量为1%～10%，大型离心机的生产能力可达$60m^3/h$。排渣结构有开式和密闭式两种，根据需要也可不用自控而用手控操作。

这种离心机适用于从发酵液中回收菌体、抗生素及疫苗的分离，也可应用于化工、医药、食品等工业。

第四节　旋流分离机械

一、基本概念与应用

旋流分离技术是一种高效节能型的分离技术，它的关键部分是旋流分离器，简称旋流器。它是利用切向注入的混合物高速旋转产生的离心力来加速颗粒沉降，非均相物料系在分离器内形成向下的外旋流和向上的内旋流，达到不同密度的相或不同粒度颗粒的分离。因此，旋流器可用于具有密度差的固-液、气-液、固-气、液-气、液-液以及固-固等非均相混合物的分离，包括生物、食品（如淀粉生产，制糖工业，乳制品工业，食用油工业，啤酒工业，葡萄酒生产等）、三废（废气、废液和废固）处理等领域中的澄清、增浓或脱水、分级、洗涤等分离过程，甚至还可集强化传热传质和分离于一身，用作旋流干燥器等。

二、旋液器的基本结构及工作原理

用于液/液分离的旋流分离器称为旋液分离器。旋液器是一种利用离心沉降原理将非均相混合物中具有不同密度的相的机械分离设备。旋流分离器的基本构造为一个分离腔、一到两个入口和两个出口（图5-24）。分离腔主要有圆柱形、圆锥形和柱-锥形三种基本形式。柱-锥形又有单锥形和双锥形两种。入口有单入口和多入口几种，但在实践中，一般只有单入口和双入口两种。就入口与分离腔的连接形式来分，入口又有切向入口和渐开线入口两种。出口一般为两个，而且多为轴向出口，分布在旋流分离器的两端。靠近进料端的为溢流口，远离进料端的为底流口。

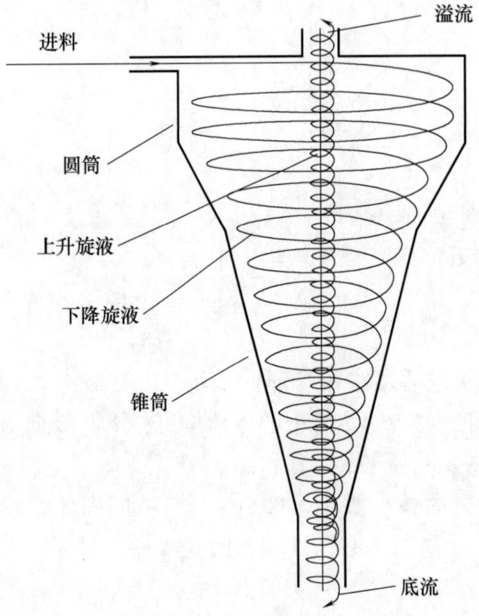

在互不相溶且具有密度差的液体混合物以一定的方式及速度从入口进入旋流分离器后，在离心力场的作用下，密度大的相被甩向四周，并顺着壁面向下运动，作为底流排出；密度小的相向中间迁移，并向上运动，最后作为溢流排出。这样就达到了液-液分离的目的。

三、全旋流分离系统

全旋流分离工艺是按一定工艺原理将旋流器连接起来，形成一套完整、封闭的分离系统，用一套多级旋流器代替多级筛分和离心分离设备的组合。在淀粉制备时，直接由多级旋流器分离薯渣、汁液和洗涤淀粉，其优点十分显著。

图5-24　旋流器内流型示意图

全旋流分离工艺分为前半区（旋流器

A～F）和后半区（旋流器1～9）两部分（图5-25），前半区主要是将薯渣和汁液混合物从马铃薯糊浆中分离出去，充分分离可提高淀粉提取率；后半区主要是分离蛋白质和洗涤淀粉，充分分离可提高淀粉质量。马铃薯糊浆首先进入旋流器A，经分离后的薯渣和汁液混合物从旋流器F溢流输出，淀粉乳经多级蛋白分离和淀粉洗涤后从旋流器9底流输出。

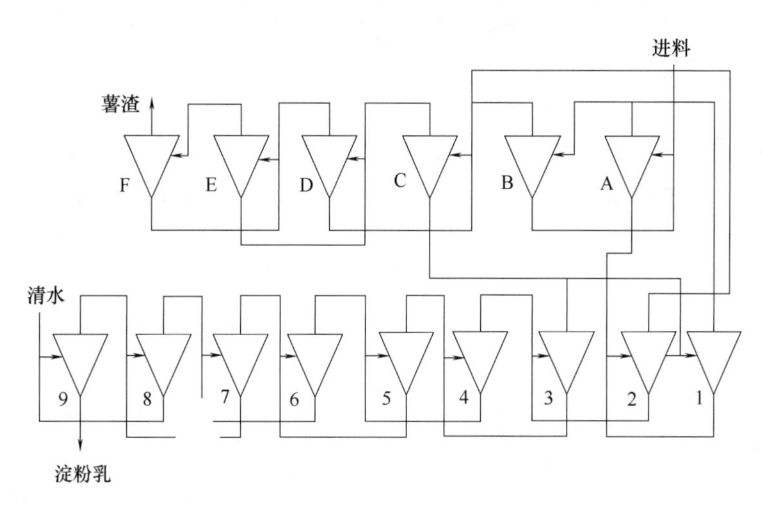

图5-25　全旋流分离工艺流程

四、旋流分离器的优缺点

旋流分离技术具有以下优点：①结构简单；②成本低，占用空间小、重量轻、维护费用少、能耗低（不到碟片式离心机的10%）、不需要任何帮助分离的介质；③安装灵活方便，旋流器可以任何角度安装；④工作连续、可靠，操作维护方便，一旦设计、调试好，就可自动、稳定地工作。

旋流分离技术也有不足之处：①由于旋流器内流体的流动产生一定的剪切作用，如果参数设计不当，容易将液滴（油滴或水滴）打碎乳化而恶化分离过程。针对这一问题，国际上已开发出低剪切旋流器，成功地用于液液分离；②通用性较差，处理不同性质的物料往往需要不同结构尺寸或操作条件的旋流器；③由于流体流动中湍流的存在，旋流器的分离能力不如离心机（超高速离心机）的大，即可分离的最小颗粒粒度（边界粒度）没有离心机的小。但旋流器的边界粒度也可达到2μm左右。最新研究发现，旋流器甚至可从啤酒中分离酵母。

第五节　溶剂萃取设备

有机溶剂萃取过程是利用两个不相混溶的液相中各个组分（包括目标组分）溶解度的不同，从而达到分离的目的。

一、 溶剂萃取设备的分类

溶剂萃取设备可按照以下方式分类：

（1）根据料液和溶剂接触和流动方向，溶剂萃取设备可以分成单级萃取设备和多级萃取设备，后者又可分为错流接触和逆流接触萃取设备。多级逆流萃取过程具有分离效率高、产品回收率高、溶剂用量少等优点，是工业生产最常用的萃取流程。多级萃取设备也有多种类型，如混合沉降器、筛板萃取塔、填料萃取塔等。

（2）根据操作方式不同，溶剂萃取设备可分成间歇萃取设备和连续萃取设备。

（3）根据分离物系构成的不同，溶剂萃取设备可分成液-液萃取设备和液-固萃取设备。

二、 液-液萃取设备

液-液萃取设备按照接触的方式不同，可以分为逐级式和微分式两大类。常用的液-液萃取装置如图 5-26 所示。

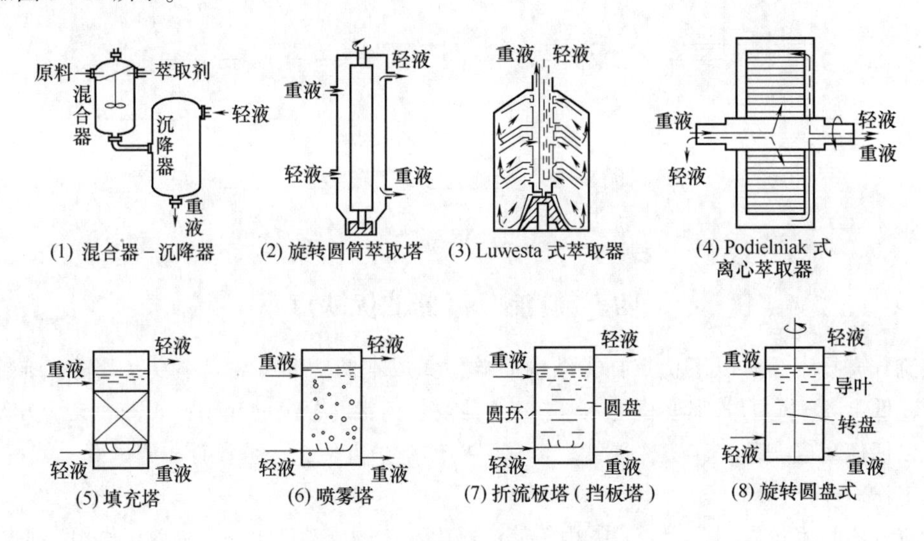

图 5-26 常用的液-液萃取装置

微分萃取是指在一个柱式或塔式容器中，互相溶混的两液相分别从顶部和底部进入并相向流过萃取设备，目的产物（溶质）则从一相传递到另一相，以实现产物分离的目的。其特点是两液相连续相向流过设备，没有沉降分离时间，因而传质未达平衡状态。微分萃取操作只适用于两液相有较大的密度差的场合。

微分萃取设备主要是一个萃取塔，图 5-27 所示为常见的三种典型设备结构示意图。此外，文丘里混合器、螺旋输送混合器也常用于萃取操作。

对于填料萃取塔，宜选用不易被分散相润湿的填料，以使分散相更好地分散成液滴，有利于和连续相接触传质的两相接触表面积。通常，陶瓷材料易为水溶液润湿，塑料填料易被大部分有机液体润湿，而金属材料无论对水或是对有机溶剂均能润湿。

若以轻液为分散相由塔底进入，常用喷洒器使轻液分散。搅拌器的作用是使轻液、重液两相在每层丝网之间得到更好的均匀再分散。

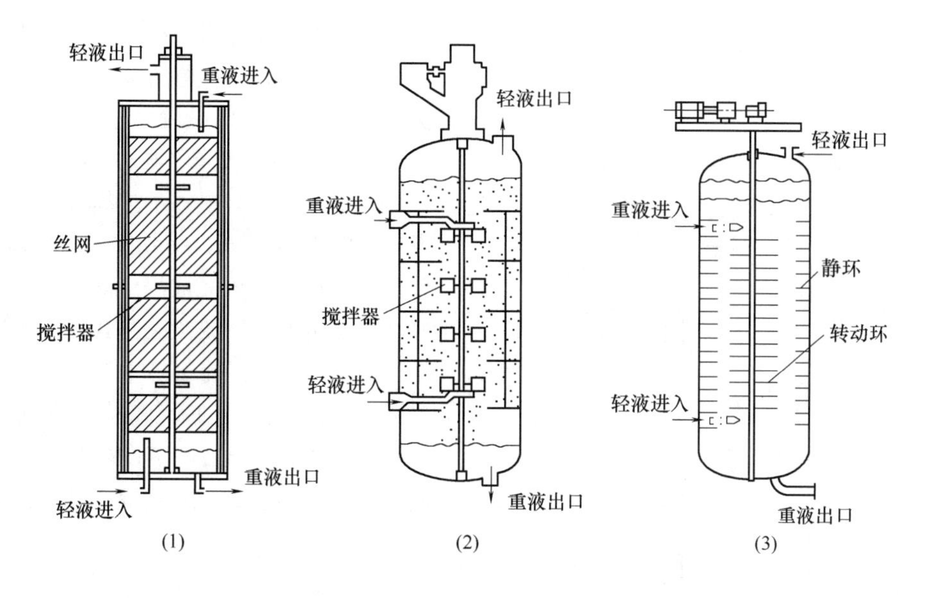

图5-27　三种常用的微分萃取塔

（1）多层填料萃取塔　（2）多纹搅拌萃取塔　（3）转盘萃取塔

转盘萃取塔比填料塔更简单，但由于转盘的搅拌增大了两相传质面积，故强化了萃取过程。转盘萃取塔的分离效率与转盘转速、直径及隔板的几何尺寸等结构参数有关。通常，塔径与转盘直径比值 $D/d=1.5\sim3$，环形隔板间距 h 为塔径的 1/8 ~ 1/2，隔板宽度为塔径的 1/10 ~ 1/5，而转盘转速为 80 ~ 150r/min。

三、 固-液萃取设备

固-液萃取操作主要包括不溶性固体中所含的溶质在溶剂中溶解的过程和分离残渣与浸取液的过程。固-液浸取设备按其操作方式可分为间歇式、多级逆流式和连续式。按固体原料的

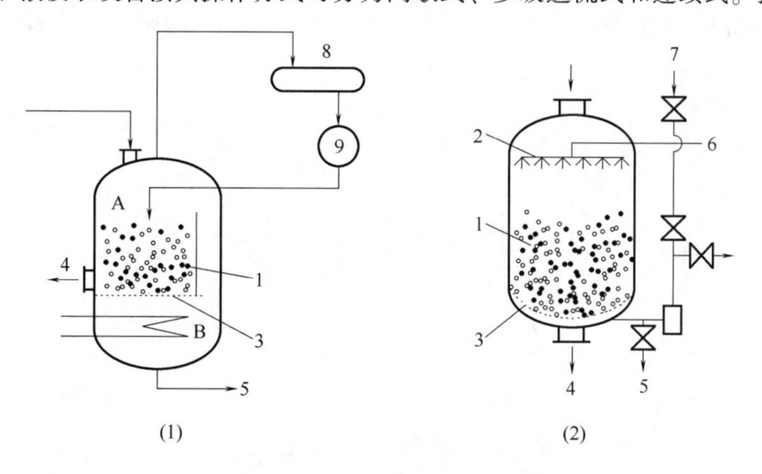

图5-28　单级间歇式浸出设备

1—原料　2—溶剂分配器　3—滤板（底）　4—滤渣出口　5—浸出物

6—新鲜溶剂入口　7—洗液入口　8—冷凝器　9—溶剂槽

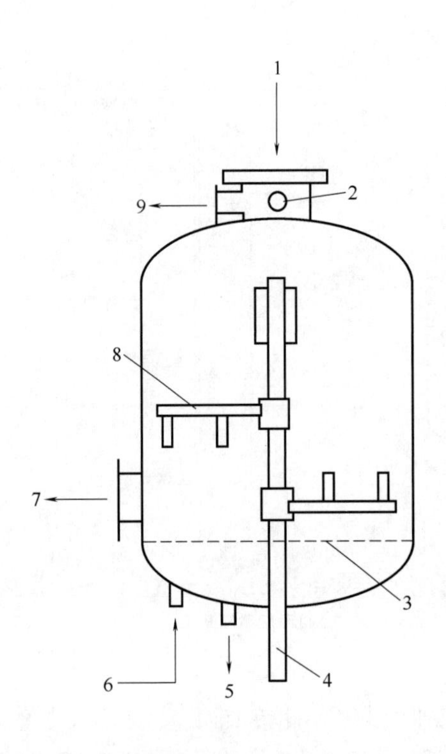

图5-29 浸出罐

1—原料 2—溶剂进口 3—滤板 4—转轴
5—浸出液出口 6—蒸汽进口 7—残渣
8—搅拌器 9—蒸汽出口

处理方法，可分为固定床、移动床和分散接触式。按溶剂和固体原料接触的方式，可分为多级接触型和微分接触型。

1. 单级间歇式浸出器

图5-28（1）是一种溶剂再循环式浸出器，由浸出部分（A）和溶剂蒸发部分（B）组成。原料在A处完成浸出操作后，浸出液经滤板流至B处。浸出液在B处受热后，其中溶剂蒸发，并经冷凝后重新使用。反复几次后，最后以蒸汽进行喷淋直接排代溶剂，则可得残渣，浸出液经蒸发溶剂后得到浸出物。图5-28（2）所示是一种简单的浸出器。

2. 多级逆流式浸出器

多级逆流式浸出器通常系由六个如图5-29所示的浸出罐组合而成。其浸出流程图如图5-30所示。在操作中各罐的状态为：1、2、3罐：浸出操作中；4罐：加料操作中；5罐：排出残渣；6罐：通蒸汽以除去溶剂。

1、2、3罐组成一组浸出系列，先将溶剂泵进1罐进行浸出，某浸出液则逐步进2及3罐，由3罐出来的浸出液浓度较高，送往蒸发塔以回收浸出物。当1罐的浸出操作完之后，则与此浸出系列隔开，此时4罐则加入浸出系列而形成另一个新的浸出系列（2、3、4罐），其状态如下：1罐：通蒸汽以除去溶剂；2、3、4罐：浸出操作中；5罐：加料操作中；6罐：排出残渣。

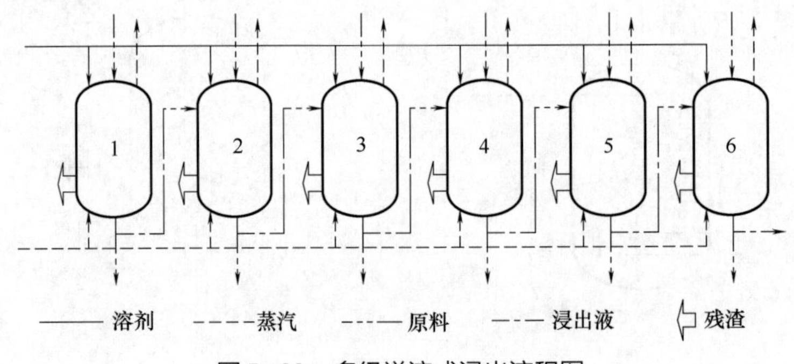

图5-30 多级逆流式浸出流程图

如此类推操作，则可得到浸出物与残渣。为了提高效率，须选择适当的溶剂比、浸出时间和浸出罐的组合数。

3. 连续式浸出器

连续式浸出器有三种形式：①浸泡式：原料完全浸没于溶剂之中而进行的连续浸出；②渗滤式：喷淋于原料层上的溶剂在通过原料层向下流动的同时进行浸出；③浸泡和渗滤相结合的方式。

（1）浸泡式连续浸出器　图 5－31 所示为两种典型的浸泡式连续浸出器。图中（1）为 L 形管式（螺旋式）浸出器。原料进入后与溶剂的走向相反。螺旋片均带滤孔。浸出液排出前经过一特殊过滤器的过滤。图中（2）为垂直单塔重力式浸出器，是单一的立式塔，内部由水平板分成若干个塔段。物料受桨叶的推动经过塔板上的开口自上而下流动。新鲜溶剂由塔底泵入，逐板向上流动，从塔顶排出。

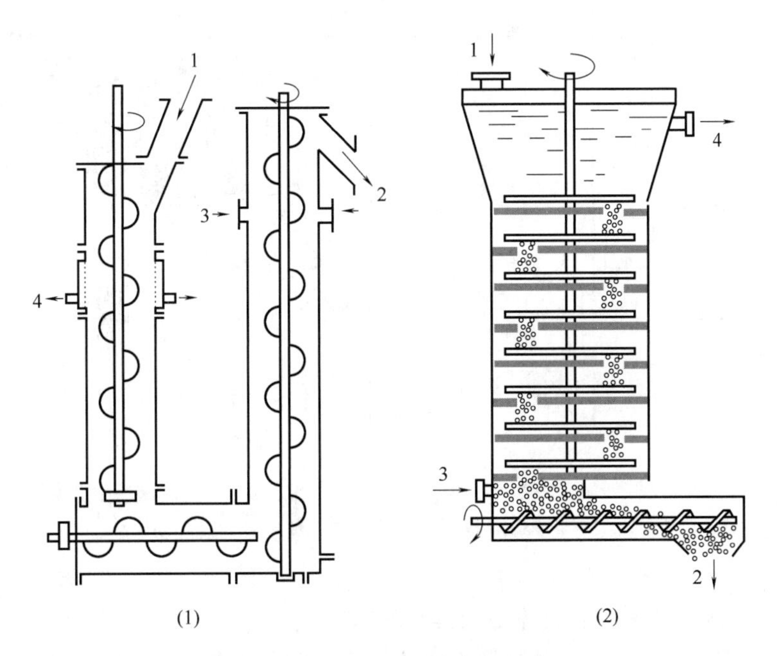

图 5－31　浸泡式连续浸出器

（1）L 型管式（螺旋式）　（2）单塔重力式

1—原料　2—残渣　3—溶剂　4—浸出液

（2）渗滤式连续浸出器

① 垂直移动篮式浸出器：类似于斗式提升机。料斗钻有孔，让溶液穿流而过，物料首先由回收的稀溶液浸出，料斗从右侧转到左侧后，再由新鲜溶剂自上而下进行浸出。残渣由输送机送出。同时右侧渗滤而下的浓溶液从底部卸出（图 5－32）。

② 旋转隔室式连续浸出器：其结构如图 5－33 所示，是由在完全密封的圆筒形容器内的一组隔室构成。各隔室随轴缓慢旋转，其底部有可开启的筛网。当卸料后的空室转至加料管下方时，原料即散布于隔室的筛网上，随着转至下一位置即开始进行浸出。当旋转将近一周后，隔室筛网随转动而自动开启，残渣即下落至器底排出。随转动网底又自动复位，进行再次加料、浸出循环。新鲜溶剂在残渣快要排出前由扇形隔室上方加入，散布于固体上渗滤而下，流入器底的一个分格内，再由泵送入前一扇形隔室上方。如此依次进行，达到逆流浸出的效果。最

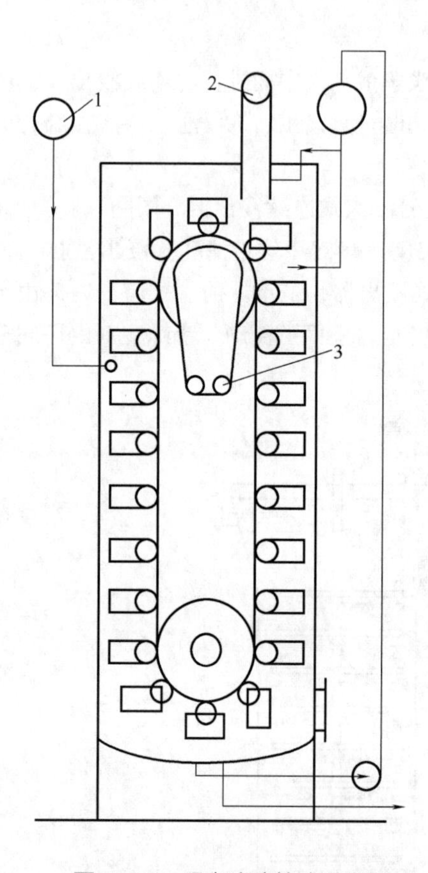

图 5-32　垂直移动篮式浸出器

1—溶剂入口　2—原料进口　3—卸料螺旋

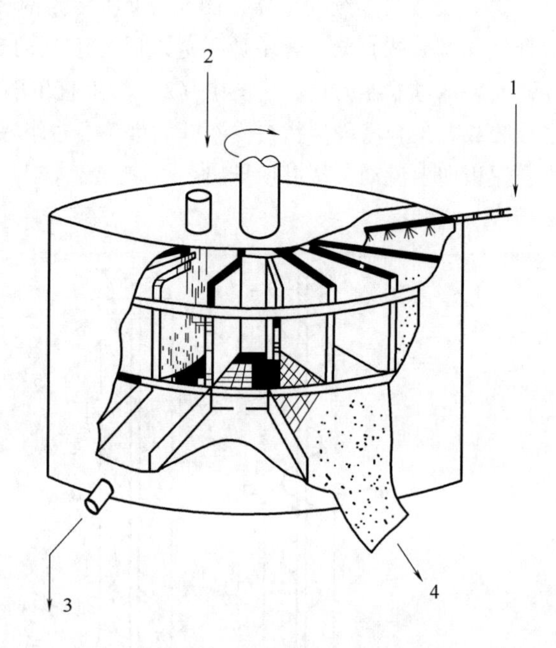

图 5-33　旋转隔室式连续浸出器

1—纯溶剂　2—原料　3—卸渣　4—浸出液

后，浓溶液从刚装好原料的扇形隔室底的器底下分格内排出。

③ 水平移动篮式浸出器：由无顶及无底的移动隔板带和网状履带所构成，符合大生产能力的需要。物料和溶剂的走向如图 5-34 所示。

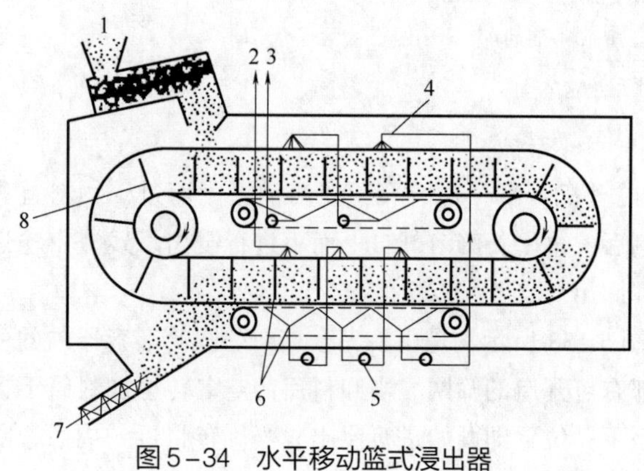

图 5-34　水平移动篮式浸出器

1—原料入口　2—新溶剂入口　3—浸出液出口　4—溶剂喷嘴　5—溶剂泵　6—网状履带　7—残渣出口　8—隔板

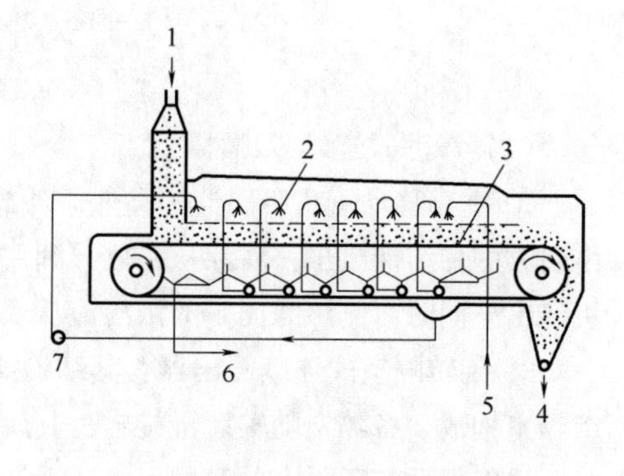

图 5-35　皮带输送式连续浸出器

1—原料　2—溶剂喷嘴　3—皮带输送器　4—残渣　5—新溶剂　6—浸出液　7—浸出液循环泵

④ 皮带输送式连续浸出器：其流程如图 5-35 所示。将原料层厚度、输送速度、溶剂量等适当调整，可适用于各种原料的浸出。其生产规模小、设备价廉。

第六节　膜分离设备

膜分离是利用膜的选择性，以膜的两侧存在一定量的能量差（压力差或电位差）作为推动力，由于溶液中各组分透过膜的迁移速率不同而实现的分离。图 5-36 为单一膜组件系统的过滤示意图。膜分离操作属于速率控制的传质过程，具有设备简单、可在室温或低温下操作、无相变、处理效率高、节能等优点，适用于热敏性的生物工程产物的分离、浓缩与纯化。它在水处理、工业分离、废水处理、食品和发酵工业等方面的应用都取得了重大突破。

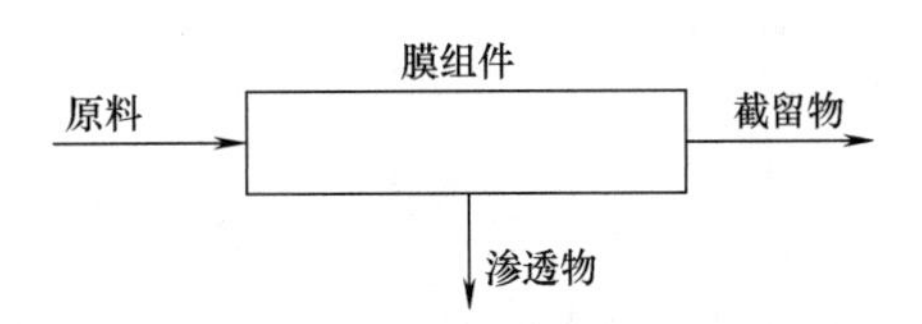

图 5-36　单一膜组件系统的过滤示意图

膜分离有微滤（MF）、超滤（UF）、纳滤（NF）、反渗透（RO）、电渗析和透析等。

膜分离设备主要由膜组件、液料的传输系统、压力和流量的控制系统等构成。图 5-37 为陶瓷膜分离系统示意图。

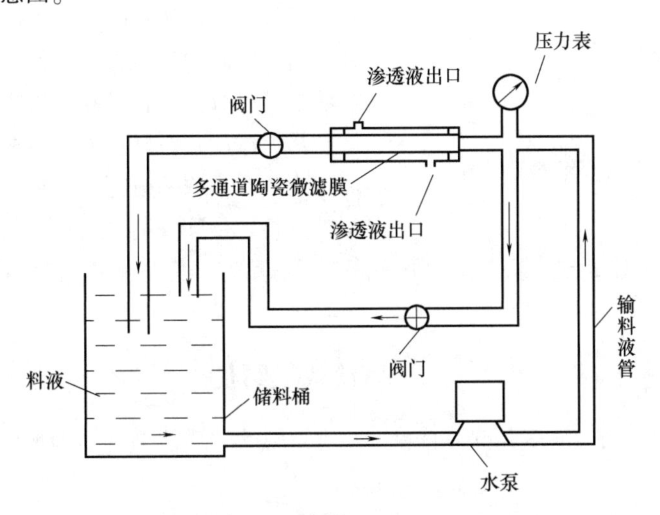

图 5-37　陶瓷膜过滤装置示意图

膜组件设计可以有多种形式，根据膜的构型设计而分为平板构型和管式构型。板框式和卷式膜组件均使用平板膜，而管状、毛细管和中空纤维膜组件均使用管式膜。

一、　平板式膜组件

平板式组件要组装不同数量的膜，如图 5-38 所示。由于隔板的存在，原液流通截面积较大，使用时不易堵塞，因而对原液的预处理要求相对较低，压力损失较小，原液的流速可高达

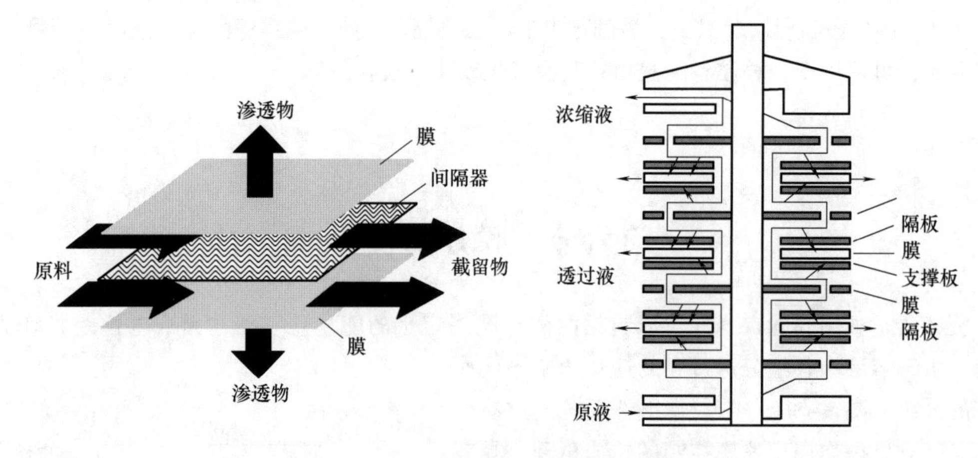

图5-38 平板膜分离装置结构原理图

1~5m/s。为了提高流体的湍动速度，减少浓差极化现象，隔板被设计成各种形状的凹凸波纹。

二、 管式膜组件

管式组件主要是把膜和支撑体均制成管状，二者装在一起，或者直接把膜刮制在支撑管上，再将一定数量的管以一定方式联成一体而组成，其外形极类似列管式换热器，如图5-39所示。管式膜组件按膜附着在支撑管的内侧或外侧而分为内压管式和外压管式组件。按管式组件中膜管的数量又可分为单管式和列管式两种。管式组件的优点是：流动状态好；流速易控制，适当控制流速可防止或减小浓差极化；安装、拆卸、换膜和维修均较方便。由于支撑管的管径相对较大（一般在0.6~2.5cm），所以能处理含悬浮团体的溶液，不易堵塞。但与平板组件相比，单位体积内有效膜面积较少，此外管口的密封也较困难。

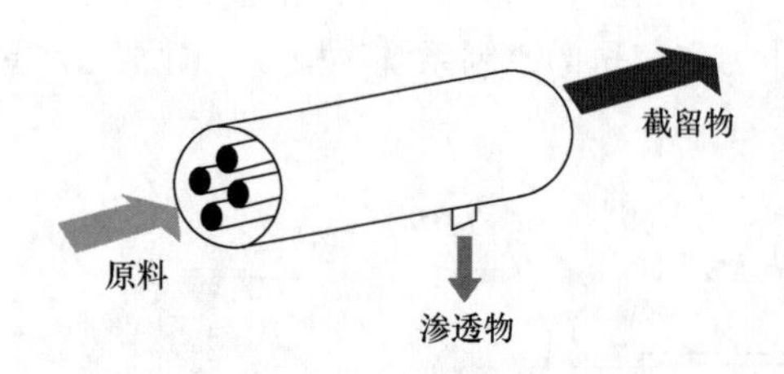

图5-39 管式膜组件示意图

三、 卷式膜组件

卷式组件主要是由中间多孔支撑材料，两边是膜的“双层结构”装配组成的（图5-40）。

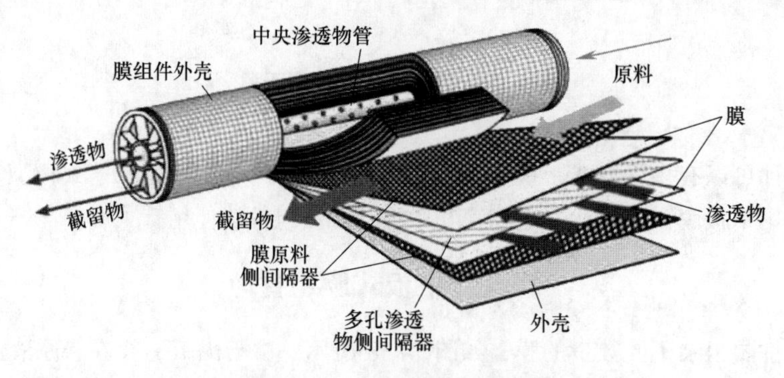

图5-40 卷式膜组件示意图

其中三边被密封而黏结成膜袋状，另一个开放边与一根多孔中心产品收集管密封连接，在膜袋外部的原水侧再垫一层网眼型间隔材料，即把膜—多孔支撑体—膜—原水侧间隔材料依次叠合，绕中心产品水收集管紧密地卷起来形成一个膜卷，再装进圆柱形压力容器内，就成为一个卷式组件。

四、 中空纤维膜组件和毛细管

中空纤维膜是一种自身支撑膜，实际上为一厚壁圆筒。纤维外径为 50～200μm，内径为 25～42μm，其特点是具有在较高压力下不变形的强度（图 5-41）。

中空纤维组件的组装，一种是把几十万根以上中空纤维像图 5-41 中那样弯成 U 形而装入耐压容器内，纤维的开口端密封在管板中。纤维束的中心轴处安置一个原水分配管，使原水径向流过纤维束。淡水透过纤维管壁后，沿纤维的中空内腔流经管板引出，浓水在容器的另一端排出。其他组装方式还有平行集束装填等。

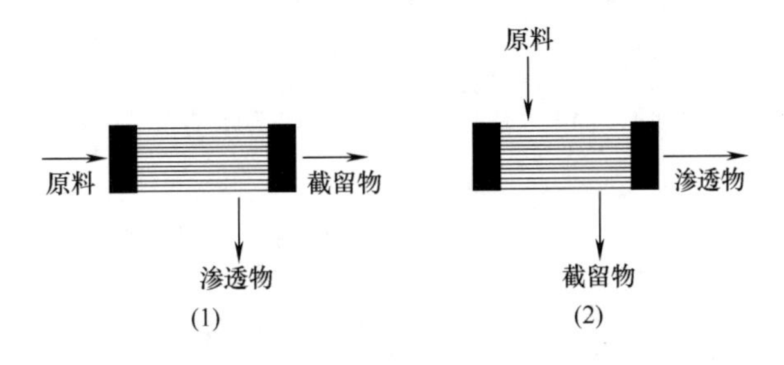

图 5-41　中空纤维膜组件示意图

（1）从内向外流动式　（2）从外向内流动式

毛细管膜组件与中空纤维膜组件的形式相同，其差异仅在于膜的规格不同。

第七节　超临界流体萃取设备

超临界流体萃取技术就是以超临界状态（压力和温度均在临界值以上）的流体为溶媒，对萃取物中的目标组分进行提取分离的过程。该技术有如下特点：萃取温度较低，制品不存在热分解问题；对温度和压力进行调节，可以实现选择性萃取；对非挥发性物质分离非常简单；制品中无溶剂残留问题；溶剂可以再生、循环使用，运行经济性较好；无环境污染问题。超临界流体萃取技术常以 CO_2 作为溶媒，其优点有：CO_2 的超临界状态容易实现；食品和药品无毒性污染问题；有防止细菌活动的作用；是惰性气体，不易燃烧，化学性质稳定；价格低廉，经济性好。

一、 超临界流体萃取的基本流程

超临界流体萃取的流程往往根据萃取对象的不同而进行设计，最基本的流程如图 5-42 所示，超临界流体的循环借助压缩机或泵完成。具体操作步骤如下。

（1）首先将经过前处理的原料放入萃取釜。

（2）CO_2 经过压缩机的升压，在设定的超临界状态被送入萃取釜。

（3）在萃取釜内可溶性成分被溶解进入流动相，通过改变压力和温度，在分离釜中 CO_2 将可溶性成分分离。

（4）分离了可溶性成分的 CO_2 再经过压缩机或泵和热交换器，实现循环使用。若使用压

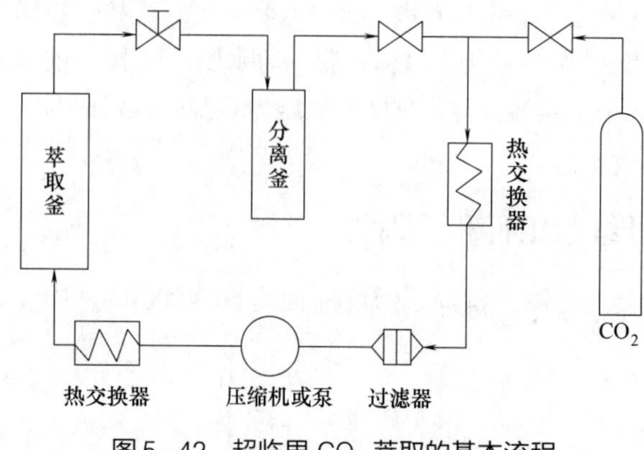

图5-42 超临界 CO_2 萃取的基本流程

缩机，则从分离器出来的 CO_2 不须使其发生相变，直接以气体的形式进行循环；若使用泵，则须对 CO_2 冷凝液化，使其以液体的形式进行循环。

二、超临界 CO_2 萃取系统分类

（一）按分离的方法分类

超临界流体萃取的主要设备为萃取器和分离器，根据萃取物与超临界流体的分离法，可将其分为以下几种（图5-43）。

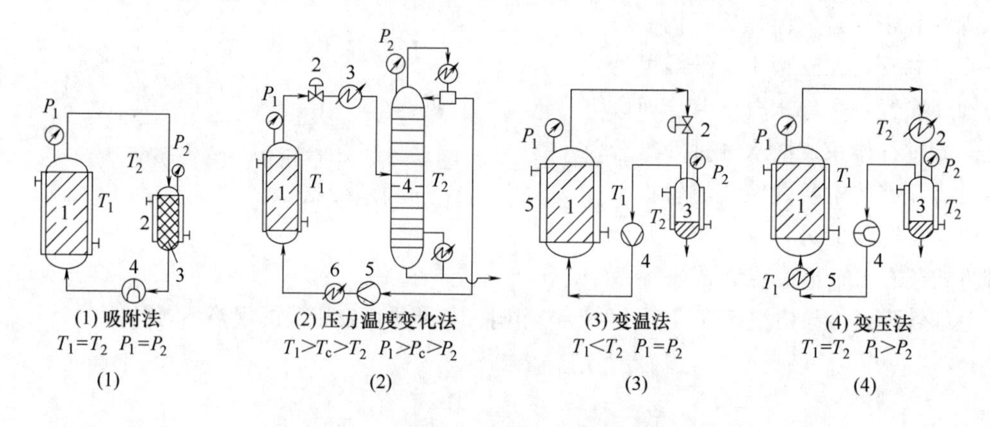

图5-43 超临界流体萃取的典型的工艺流程

（1）1—萃取器 2—分离器 3—吸附剂 4—泵（吸附法）

（2）1—萃取器 2—减压阀 3—冷却器 4—分离器 5—压缩机 6—加热器

（3）1—萃取器 2—加热器 3—分离器 4—泵 5—冷却器

（4）1—萃取器 2—减压阀 3—分离器 4—压缩机（变压法） 5—冷却器

1. 变压法

变压法是指采用压力变化方式进行分离的方法。萃取器与分离器在等温条件下，将萃取相减压分离出溶质。超临界气体采用压缩机加压，再重新返回萃取器。

2. 变温法

变温法是指采用变化温度的方式进行分离的方法。在等压的条件下，将萃取相加热升温分离气体与溶质。气体经压缩冷却后重新返回至萃取器。

3. 压力、温度变化法

压力、温度变化法是指通过温度和压力同时变化的方式进行分离的方法。分离器的温度和压力都与萃取器不同。

4. 吸附法

吸附法是指采用吸附剂进行分离的方法。在分离器中放入吸附剂，在等压、等温的条件下，将萃取相中的溶质吸附，气体经压缩返回至萃取器。

5. 水洗法

水洗法是指采用水洗涤吸收进行分离的方法。在分离器内，在等压、等温的条件下，通过水逆向洗涤携带溶质的 CO_2，以便吸收溶质。

（二） 按萃取器的形状分类

超临界流体萃取系统按照萃取器的形状分为以下两种。

（1）容器型　指萃取器的高径比较小的设备，容器型设备适宜于固体物料的萃取。

（2）柱型　指萃取器的高径比较大的设备，柱型设备对于液体和固体物料的处理均可。为了降低大型设备的加工难度和成本，应尽可能地选用柱型设备。

（三） 按操作的方式分类

按操作的方式不同可分为批式和连续并流或逆流萃取流程。对于固体原料，一般用多个萃取釜串联的半连续流程，不过就每只萃取釜而言均为批式操作；对于液体物料，多用连续逆流萃取流程更为方便和经济。

三、 固体物料的超临界流体萃取系统

在超临界流体萃取研究中面临的大部分萃取对象是固体物料，而且多数用容器型萃取器进行间歇式提取。

（一） 普通的间歇式萃取系统

普通的间歇式萃取系统是固体物料最常用的萃取系统，如图 5-44 所示各流程。这种系统结构最简单，一般由一只萃取釜、一只或两只分离釜构成，如图 5-44（1）、（2）所示。萃取釜的压力越高，越有利于萃取率的提高，但也受设备的承压能力和经济性的限制，目前工业应用萃取设备的萃取压力一般在 32MPa 以内。分离釜是分离产品和实现 CO_2 循环的部分，分离

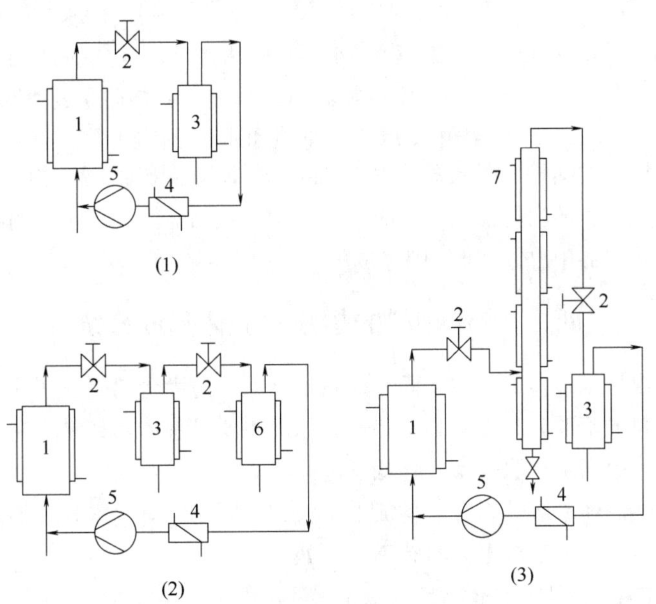

图 5-44　几种典型的间歇式萃取系统

（1）单级分离　（2）两级分离　（3）精馏 + 分离

1—萃取釜　2—减压阀　3—分离釜　4—换热器　5—压缩机　6—分离斧　7—精馏柱

压力越低，萃取物分离的越彻底，分离的效率越高，分离压力受 CO_2 液化压力的限制，一般在 5～6MPa。在进行萃取系统设计时，往往可以按照要求设置多个分离釜，且分离压力依次递减，不同的分离压力可以收集到不同溶解度的组分，最后一级的分离压力为 CO_2 的循环压力。

（二）带有精馏柱的超临界流体萃取系统

尽管通过多级分离可以得到不同组分的萃取物，但每一个分离釜的产品仍然是一种混合物。为了解决这一问题，可在萃取釜后安装一只精馏塔［图5－44（3）］，萃取产物将会按照其性质和沸点分成不同的产品。具体工艺流程是将填有多孔不锈钢填料的高压精馏塔，沿精馏塔高度有不同控温段。解析的同时，利用塔中的温度梯度，改变 CO_2 流体的溶解度，使较重组分凝析而形成内回流，产品各馏分沿塔高进行气-液平衡交换，分馏成不同性质和沸程的化合物。通过这种联用技术，可大大提高分离效率。该联用技术应用于辛香料的萃取-分离。

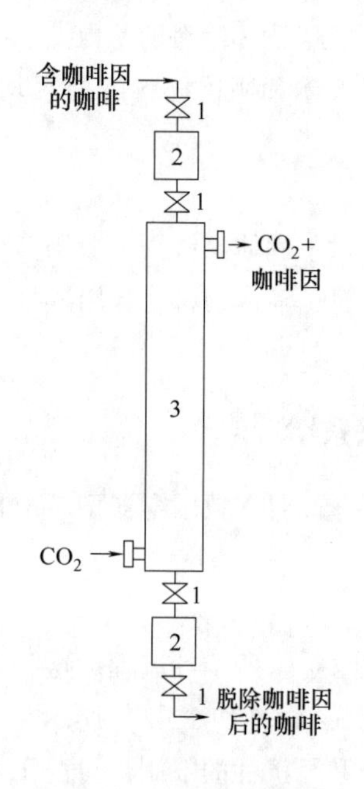

图5－45　半连续超临界 CO_2 萃取器

1—阀门　2—吹扬器　3—萃取器

（三）半连续的超临界流体萃取系统

图5－45 所示为一只用于从咖啡豆中脱除咖啡因的半连续超临界 CO_2 萃取器（长径比为 5 ：1），在萃取器的上、下方都安装有过渡容器——吹扬器，其用来保证周期性对萃取器装入或卸出鲜咖啡豆的操作；分离器中的吸附水为流动态，使生产成为连续状态。

在萃取器中装入鲜咖啡豆，这些鲜咖啡豆预先用水处理，使其含水量为 30%～40%；从萃取器底部连续不断地送入基本不含咖啡因的 SC－CO_2，压力为 25MPa，温度为 130℃；随着 SC－CO_2 向上移动穿过萃取器，CO_2 从咖啡豆中提取出咖啡因和非咖啡因物质，连续不断从萃取器顶部排出，并送入装有填料的细长型吸收器；每 19min，从萃取器排除大约占咖啡豆层体积 10% 的已脱咖啡因的咖啡豆至底部吹扬器内，同时预装在顶部吹扬器内的已预湿的咖啡豆从萃取器顶部装入。咖啡豆在萃取器中总停留时间为 3h。

四、液体物料的超临界流体萃取系统

超临界流体萃取技术最多的被用于固体原料的萃取，但大量的研究实践证明，超临界流体萃取技术在液体物料的萃取分离上更具优势。其原因主要是液体物料易实现连续操作，从而大大减小了操作难度，提高了萃取效率，降低了生产成本。

液体物料超临界流体萃取的系统从构成上讲大致相同。但对于连续进料而言，在溶剂和溶质的流向、操作参数、内部结构等方面有不同之处。

（一）按溶剂和溶质的流向分类

按照溶剂和溶质的流向不同，液体物料的超临界流体萃取流程可分为逆流萃取和顺流萃取。一般情况下，溶剂都是从柱式萃取釜的底部进料。那么，逆流萃取是指液体物料从萃取釜的顶部进入，顺流萃取是指从底部进入。图5－46 为液相物料连续逆流萃取系统。

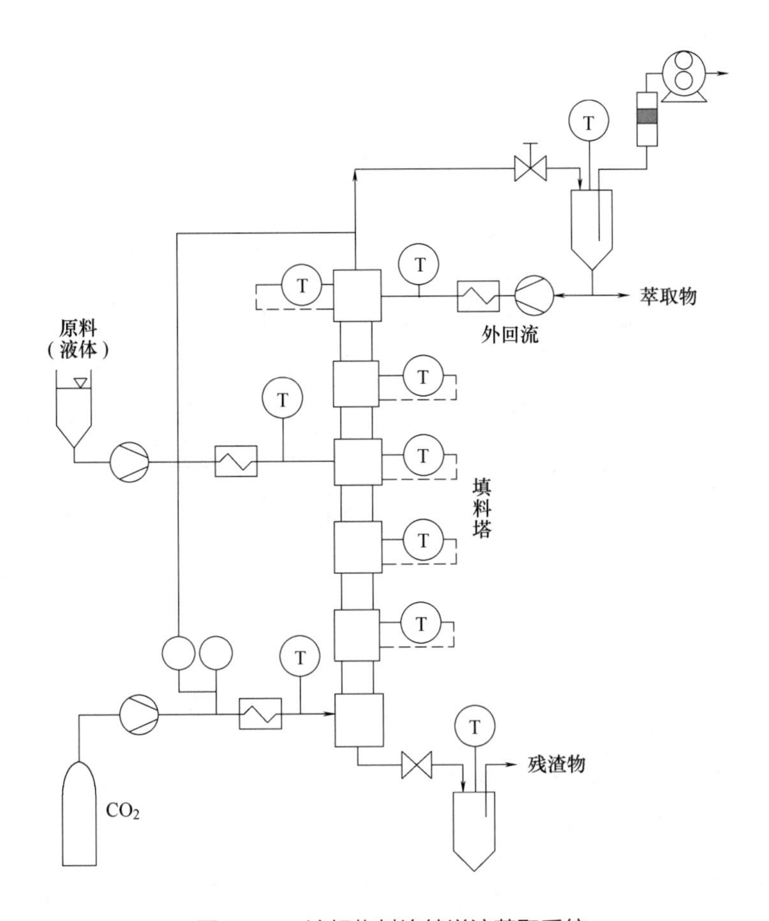

图5-46　液相物料连续逆流萃取系统

（二）按操作参数的不同分类

由于温度对溶质在超临界流体中的溶解度有较大的影响，在这种情况下，可在柱式萃取釜的轴向设置温度梯度。所以按照操作参数的不同可分为等温柱和非等温柱操作。不过，许多情况在萃取釜的后面装设精馏柱，精馏柱也设有轴向温度梯度，这是为了实现精密分离。精馏柱相对后面的分离器而言就是一只柱式萃取釜。

（三）按柱式萃取釜内部结构的不同分类

为了使液料与溶质充分接触，一般需在柱式萃取釜中装入填料，称为填料柱；有时不装填料，而使用塔板（盘），则构成塔板（盘）柱。

在目前已有的液体物料的超临界流体萃取流程中，大部分使用的是填料柱。在填料柱中填料的种类是影响分离效果的重要因素。图5-46所示的萃取系统借助一只设有温度分布的填料柱可以实现逆流连续工作的液体萃取系统。

液体原料经泵连续进入填料精馏塔中间进料口，CO_2 流体经加压、调节温度后连续从填料精馏塔底部进入。填料精馏塔由多段组成，内部装有高效填料，为了提高回流的效果，各塔段温度控制以塔顶高、底部低的温度分布为依据。高压 CO_2 流体与被分离原料在塔内逆流接触，被溶解组分随 CO_2 流体上升，由于塔温升高形成内回流，提高回流液的效率。已萃取溶质的

CO_2 流体在塔顶流出，经降压解析出萃取物，萃取残液从塔底排出。该装置有效利用了超临界 CO_2 萃取和精馏分离过程，达到进一步分离、纯化的目的。

图 5-47 为一只装有多孔塔盘的液相原料萃取系统。

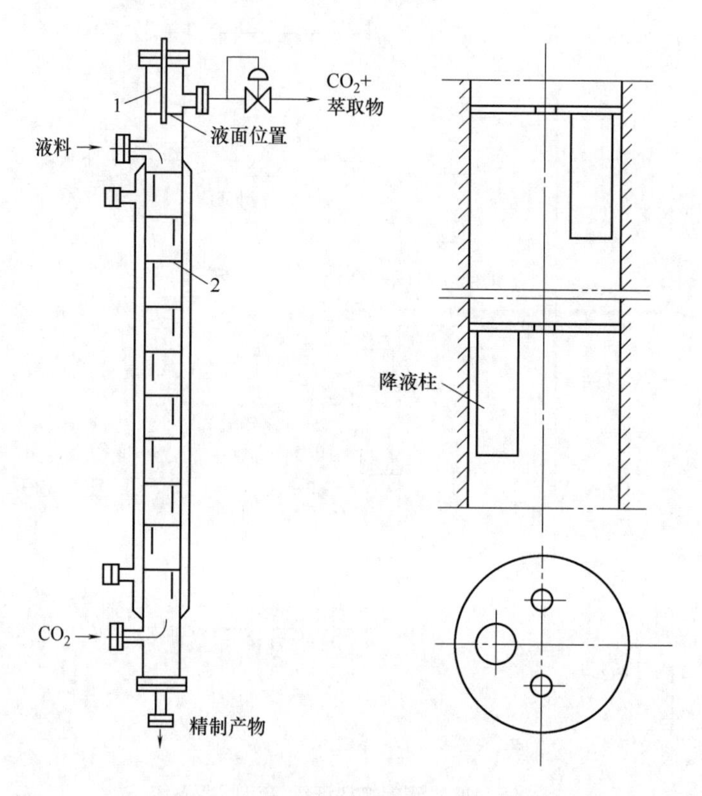

图 5-47　装有多孔塔盘的液相原料萃取系统及塔盘结构

1—电容传感器　2—塔盘

五、　工业化超临界 CO_2 萃取设备及其关键部件

随着超临界萃取技术实验室研究工作的深入进行，设备的研制与引进工作也蓬勃展开。据不完全统计，从 1993 年在北京星龙公司建成第一套超临界萃取装置到现在，已建成萃取器规模 100L 以上的装置 30 多套，投资近 10 亿元。其中多数是国产设备，规模最大的是 $1m^3$，据了解正在设计 $2m^3$ 的大型装置。从国外引进了 8 ~ 9 套，其中 6 套来自德国 UHDE 公司，1 套来自意大利，KRUPP 集团 UHDE 公司是世界上高压容器制造的权威性厂家，其研制的超临界流体萃取设备质量精良，几乎垄断了中国市场，实践证明 UHDE 公司的设备质量是可靠的。一套来自俄罗斯（这一套实际是 20 套，且是亚临界萃取设备）。目前国内最大的设备是由德国引进、建在安徽芜湖的 3500L × 3 的装置。25L 以下的中小型装置有 150 套左右，除青海外，几乎每个省、市和自治区都有，数量之多，范围之广，在全世界也不多见。

不过，在我国，超临界流体萃取技术推广的瓶颈因素是可靠精良的大容量超临界流体萃取设备。主要原因是我国还没有大型超临界萃取设备的专业制造厂，因而国产设备的流程、配置和测控水平仍是参差不齐，很不统一。高压泵、快开快关超临界萃取器、自动系统控制等的设计制造水平还无法与国外装置相提并论。但从性能价值比角度看，国产设备还应是首选。

（一） 美国 Supercritical Processing Inc

Supercritical Processing Inc 是美国一家规模较大的超临界设备制造企业。图 5-48 所示为该公司 1988 年制造的规模为 $1m^3$ 超临界流体萃取装置。具体工艺流程如下：被萃取原料事先装于原料筐中并放入萃取釜中，CO_2 流体经 CO_2 泵进入萃取釜，萃取有关成分后经过滤器、热交换器，降压进入分离釜，分离出被萃取成分。流程中设有二级分离釜，循环 CO_2 流体经低压过滤、冷却器和冷凝器冷凝成液态 CO_2，并进入溶剂贮罐，以便再循环使用。过程中增加一个分子筛干燥器以脱除循环 CO_2 中的水分和一个真空泵以减少系统中的不凝气。

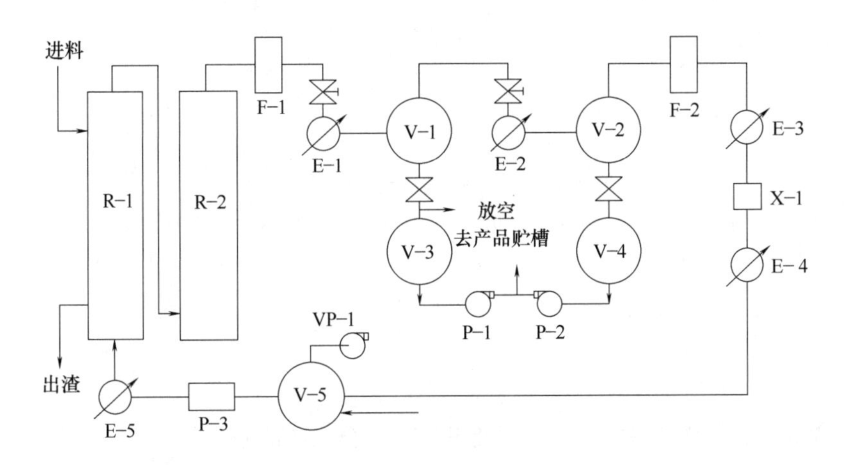

图 5-48 美国 Supercritical Processing Inc 工业化超临界 CO_2 萃取设备流程

R-1、R-2—萃取釜 E-1—一级分离预热器 V-1—一级分离釜 V-3—一级产品罐（低压） P-1—一号产品泵 E-2—二级分离预热器 V-2—二级分离釜 V-4—二级产品罐 P-2—二号产品泵 F-1—高压过滤器 F-2—低压过滤器 E-3—循环溶剂冷却器 X-1—循环溶剂干燥器 E-4—循环溶剂冷凝器 V-5—溶剂贮罐 VP-1—真空泵 P-3—溶剂循环泵 E-5—溶剂预热器

（二） 意大利 Fedegari 公司

意大利 Fedegari 公司始建于 1952 年，曾以擅长制造医药高压灭菌设备而闻名于世。该公司自 1992 年起跻身于超临界萃取工艺及设备的研制开发与制造，几年来与法国 Separex 公司紧密合作，很快走在了该领域的世界前沿。

山西洪洞飞马公司和中国科学院山西煤炭化学研究所合作引进的意大利 Fedegari 公司成套萃取装置，工艺流程如图 5-49 所示。该流程包括 CO_2 萃取循环系统、夹带剂添加系统、液体精馏系统、多级减压分离系统、CO_2 再压缩回收系统等几个子系统。该装置基本参数为：萃取釜容积：$2\times300L$；萃取压力 $<40MPa$；萃取温度 20～70℃；CO_2 泵最大流量 2600kg/h；液体精馏柱 $\phi200\times5000mm$。

该工业化装置的特点如下。

1. 萃取釜快开盖采用楔块式结构

萃取器的快开盖结构设计得非常紧凑，在操作平台上的占地面积比普通法兰式釜盖还要小。釜盖的锁紧与松开采用气动，由置于釜盖上的气缸通过传动机构带动 4 个锁块沿径向运动，使锁块嵌入釜体法兰的槽中来完成。为了保证安全，气动控制回路通过计算机与测压系统

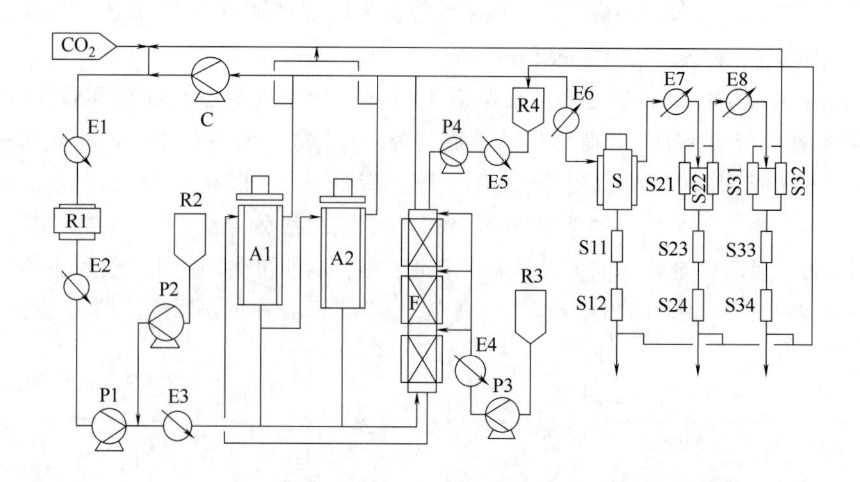

图5-49　工业化设备工艺流程简图

A1,A2—萃取器　C—尾气回收压缩机　E1,E2—冷却器　E3~E8—加热器　F—精馏柱
P1—CO_2泵　P2—夹带剂泵　P3—液体物料泵　P4—回流泵　R1—CO_2储罐　R2—夹带剂储罐
R3—液体物料储罐　R4—回流罐　S—分离器　Sxx—旋风分离器

连锁。

2. 分离系统采用三级串联分离釜，可将萃取产物分成三部分

三级减压分离系统除了第一分离器S用了一个150L的大分离器外，第二分离釜中的S21、S22及第三分离釜中的S31、S32为15L的旋风分离器，其余6个减压分离器的容积均为3L。每一组分离釜均采用“三级减压连续排料”系统，由一系列小型“旋风”式分离器组合而成，系统可通过逐级减压连续地排出液体物料并释放出液体中溶解的CO_2气体，有效地防止雾沫夹带。但由于6个减压分离器的容积太小，操作线速度太高，加上内部结构设计不大合理，致使减压阀的出口因分离不彻底而产生带液现象。

3. 系统控制的自动化程度高

本装置采用了工业计算机集中控制系统，正常的生产过程中所有的阀门无须手动，全部由计算机控制指令完成。计算机的操作系统采用Windows NT4.0，后期数据处理软件采用Excel 97，控制组态软件采用Fix。控制软件包括了生产过程所需的检测、调节、控制、报警、记录等全部功能，整个装置共设置了十多个PID自动调节回路。其中萃取器、各级分离器设置了压力控制调节回路；各冷却器、加热器均设置了温度控制回路，采用气动调节阀调节冷、热水的流量来实现温度控制；泵的流量采用质量流量计来计量，用其测量信号来控制变频器以实现对流量的自动调节。

4. 自控仪表设计中比较有特色的是分离系统的仪表控制回路

由于分离器中的气液比非常大，压力波动很频繁，无法采用液位压差来控制液体产品的排出。这里每级之间的阀门采用的是气动截止阀而不是气动调节阀，由计算机程序按照时间比例来控制各阀门的开启与闭合。各级的操作压力采用机械定压阀控制，既简便又稳定。

流程中有些环节对温度控制的要求不高，比如各设备夹套、保温管道等。为了简化控制环节，这些点位没有采用PID调节回路，而是用电动阀作为执行机构，通过控制冷、热水的通断来控制设备自身的温度。

5. 系统构成比较完善

为了提高制品的纯化效果，在带有液体物料的精馏系统，通过泵 P4 增加了外回流系统。为了减少 CO_2 损耗，系统配有 CO_2 压缩机，在萃取釜放空时，可有效回收萃取釜内残余的 CO_2 气体。

第八节 分子蒸馏设备

分子蒸馏技术是在很高的真空条件下，对物料在极短的时间里加热、气化、分离，以达到提纯的目的，分离的对象都是沸点高而又不耐高温、受热时易分解的物质。系统压力一般在 0.133～1.33Pa 范围内，物料受热时间仅 0.05s 左右。

在分子蒸馏设备的研制中，我国研究人员基本解决了工业化生产中容易出现的突出问题，如物料返混问题、动静密封问题，实现了工业装置高真空下的长期稳定运行。

一、 分子蒸馏的基本概念与原理

分子蒸馏是在高真空中进行的一种非平衡蒸馏。其蒸发面与冷凝面的距离在蒸馏物料的分子的平均自由程之内。所谓自由程，即是一个分子与其他气体分子每连续二次碰撞走过的路程。相当多的不同自由程的平均值，称作平均自由程（Mean free path）。此时，物质分子间的引力很小，自由飞驰的距离较大，这样由蒸发面飞出的分子，可直接落到冷凝面上凝集，从而达到分离的目的。

因此，分子蒸馏最大的特点是蒸发的分子不与其他分子碰撞即可到达冷凝面，高真空可以使得蒸发在低温中进行，这对热稳定性差与高分子质量的物质蒸馏也就有了可能。

为了更为直观地说明，参见图 5-50 所示。

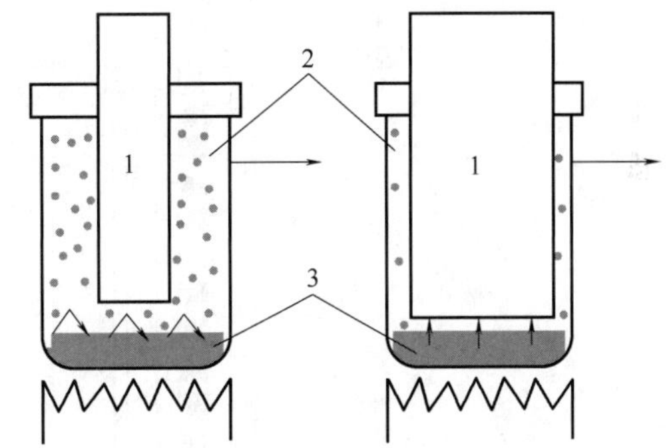

图5-50 分子蒸馏器的原理
1—冷却器 2—残存空气 3—蒸馏物料

在图左边的状态中，因为真空度低，残存有空气，从蒸发面得到热能飞出的物质，在途中与其他分子碰撞又返回到蒸发面。但是，若进而提高真空度，则可变为右边的状况。

在图右边的状态中，真空度充分提高，从蒸发面飞出的分子，可不与其他物质分子碰撞，即能到达冷却面，这样的蒸馏即称为分子蒸馏。

二、 分子蒸馏设备的构成

过去几十年来，分子蒸馏设备研制的形式多种多样，发展至今，大部分已被淘汰，目前应用较广的为离心薄膜式和转子刮膜式（也称降膜式）。这两种形式的分离装置，也一直在不断改进和完善，特别是针对不同的产品，其装置结构与配套设备要有不同的特点。

（一）降膜式分子蒸馏器

图 5-51 所示为降膜式分子蒸馏器的一种形式。该装置是采取重力使蒸发面上的物料变为液膜降下的方式。为将物科加热，蒸发物就可在相对方向的冷凝面上的凝缩。该型式装置的要点是如何使物料在蒸发面形成均一的液膜，采用旋转刷等机构或将蒸发面转动，都可促进液膜的均匀化，然后将在蒸馏中分解的物质及其他杂质去除。但是，即使如此，也很难得到均匀的液膜，同时加热时间也较长。另外，从塔顶到塔底的压力损失相当大，所以有蒸馏温度变高的缺点。对热不稳定的物质其适用范围也有一定的局限性。

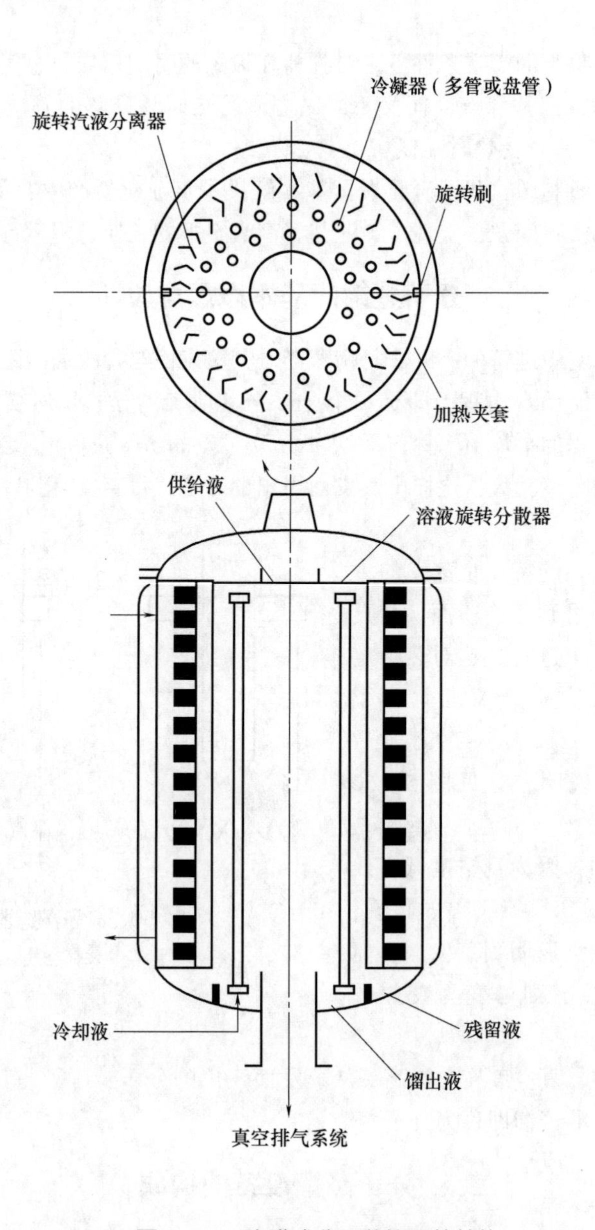

图 5-51　降膜式分子蒸馏器的结构

一般实验室用的分子蒸馏装置多为降膜式。

（二）离心式分子蒸馏器

图 5-52 所示为离心式分子蒸馏器之一例。该装置是将物料送到高速旋转的转盘中央，并在旋转面扩展形成薄膜，同时加热蒸发，使之在对面的冷凝面中凝缩。作为分子蒸馏器，这是目前较为理想的一种装置。但是，与其他方法相比，因为有高速转盘，需要高真空密封技术。

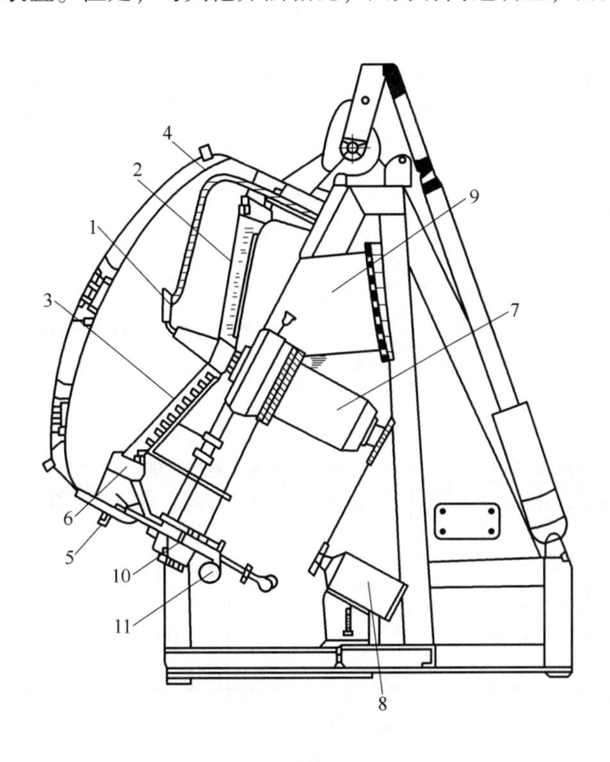

图 5-52　离心式分子蒸馏器

1—进料管　2—蒸发器　3—加热器　4—冷凝器　5—蒸馏液收集槽　6—残液收集槽
7—密封轴承　8—驱动马达　9—真空泵　10—蒸馏液出口　11—残液出口

现以美国 CVC 公司出品的 LAB-3 型离心式分子蒸馏器（图 5-53）为例，说明其工艺流程。

物料以减量法加入原料贮罐 1，通过针形阀来控制进料速度。物料进入蒸发室转盘（蒸发面）3 的中心。转盘的转速为 1400r/min，并预热到所要求的温度。物料在转盘上因离心力的作用形成厚度 0.01～0.02mm 的薄膜，其中沸点较低的组分，因受热和高真空度的作用迅速蒸发，并在与转盘 3 平行的冷凝面上冷凝，进入馏出物收集罐 5，沸点较高的组分则进入残留物收集罐 6，而这一切都是在极短的时间内完成的。整个蒸馏过程中物料受热时间仅为 0.055s 左右，因而不存在物料因受热而改变性质的问题，使常规条件下难以分离的组分得以分离。离心式与降膜式分子蒸馏器相比较的主要优缺点如下。

1. 主要优点

（1）体系的加热时间非常短（见表 5-1）；

（2）可得到极薄的均匀液膜（见表 5-1）；

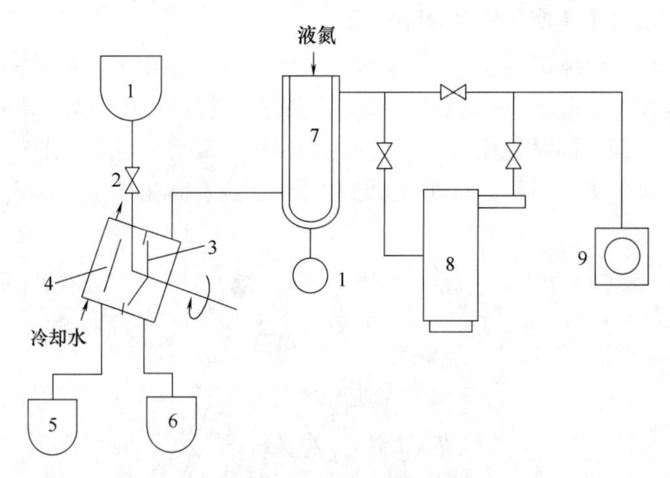

图5-53　分子蒸馏流程图

1—原料贮罐　2—针形阀　3—转盘（蒸发面）　4—冷凝面　5—馏出物收集罐　6—残留物收集罐　7—冷阱　8—扩散泵　9—真空泵

表5-1　液膜厚度和滞留时间

分子蒸馏器类型	液膜厚度/mm	滞留时间
实验用圆筒式分子蒸馏装置	10 ~ 50	1 ~ 5h
实验用降膜式分子蒸馏装置	1 ~ 3	2 ~ 10min
工业用降膜式分子蒸馏装置	0. 1 ~ 0. 3	10 ~ 50s
实验用离心式分子蒸馏装置	0. 03 ~ 0. 06	0. 1 ~ 1s
工业用离心式分子蒸馏装置	0. 01 ~ 0. 02	0. 04 ~ 0. 06s

（3）几乎没有压力损失；

（4）蒸发效率、热效率及分离度高（见表5-2）；

表5-2　离心式与降膜式分子蒸馏的传热系数

分子蒸馏器类型	传热系数 K
离心式分子蒸馏器	1000 ~ 10000
降膜式分子蒸馏器	100 ~ 500

（5）很少有发泡的危险；

（6）可处理高黏度的液体。

2. 主要缺点

（1）蒸发盘的高速旋转需要高真空密封技术，其设备费用较高；

（2）离心式分子蒸馏器在其结构上按比例放大有一定的限度。与降膜式分子蒸馏器相比，蒸发面积小，虽然每单位蒸发面的处理量大，但每单一装置的处理量较少。

为了便于参考，现将几种不同规模的离心式分子蒸馏器的主要技术参数列于表5-3。

另外，在进行分子蒸馏中，除了蒸馏器主体之外，还必须有按照处理物料的性质、规模等配备相对应的各种附属装置。其中主要有脱气器、各种真空泵、冷阱、冷冻机、耐真空性液料泵等。

表 5-3　　分子蒸馏器各种型式的主要技术参数

型　号	MS-1000	MS-700	MS-380
操作形式	连续(间歇)	连续(间歇)	连续(间歇)
蒸发盘直径/mm	1000	700	380
蒸发盘转速(max)/(r/min)	1200	1200	1800
进料量(max)/(L/h)	250	120	30
操作压力/Pa	10^{-3} ~ 10^{-2}	10^{-3} ~ 10^{-2}	10^{-2} ~ 10
操作温度(max)/℃	300	300	300
加热器功率/kW	30	13	3.5
排气口	350	250	150
凝缩面结构型式	水冷式、夹套结构		
材料	304 不锈钢		

经过我国科技工作者的努力，我国自行研制的分子蒸馏装置表现出以下特点：

① 采用了能适应不同黏度物料的布料结构，使液体分布均匀，有效地避免了返混，显著地提高了产品质量。

② 独创性地设计了离心力强化成膜装置，有效地减少了浓膜厚度，降低了液膜的传质阻力，从而大幅度地提高了分离效率及生产能力，并节省了能源。

③ 成功地解决了液体的飞溅问题，省去了传统的液体挡板，减少了分子运动的行程，提高了装置的分离效率。

④ 设计了独特、新颖的动、静密封结构，解决了高温、高真空下密封变形的补偿问题，

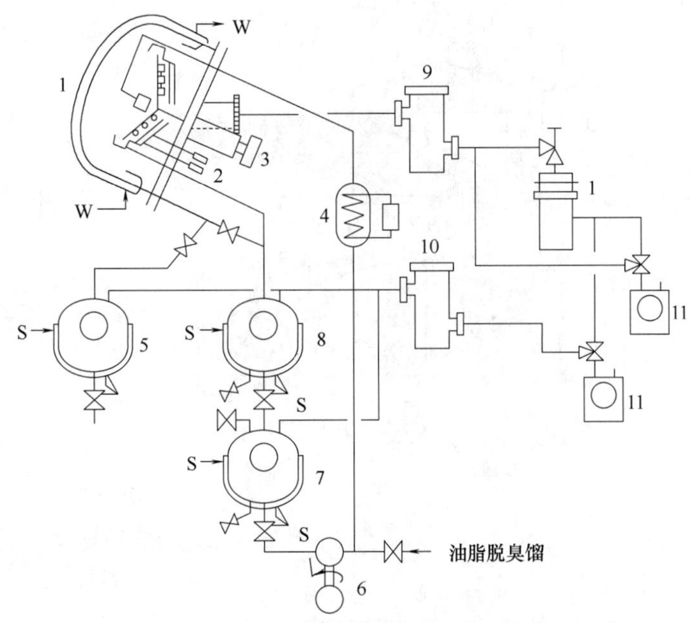

图 5-54　离心式分子蒸馏器制取维生素 E 工艺流程图

1—离心式分子蒸馏主体　2—加热器　3—轴封装置　4—预热器　5—馏出罐　6—进料泵　7—原料罐　8—残渣罐　9,10—冷凝器　11—油扩散泵　W—冷却水　S—蒸汽

保证了设备高真空下能长期稳定运行的性能。

⑤ 开发了能适应多种不同物料温度要求的加热方式，提高了设备的调节性能及适应能力。

⑥ 彻底地解决了装置运转下的级间物料输送及输入输出的真空泄漏问题，保证了装置的连续性运转。

⑦ 优化了真空获得方式，提高了设备的操作弹性，避免了因压力波动对设备正常操作性能的干扰。

⑧ 设备运行可靠，产品质量稳定。

⑨ 适应多种工业领域，可进行多品种产品的生产，尤其对于高沸点、热敏性及易氧化物料的分离有传统蒸馏方法无可比拟的优点。

目前，已开发出了从实验室到工业化生产规模的系列装置，处理量在 1～1000L/h，基本能够满足分子蒸馏技术的现有工业化应用的需要。

图 5-54 所示为从油脂精炼脱臭馏出物中分离维生素 E 的离心式分子蒸馏系统。

思考题

1. 请叙述下图碟式离心机的结构和工作原理。

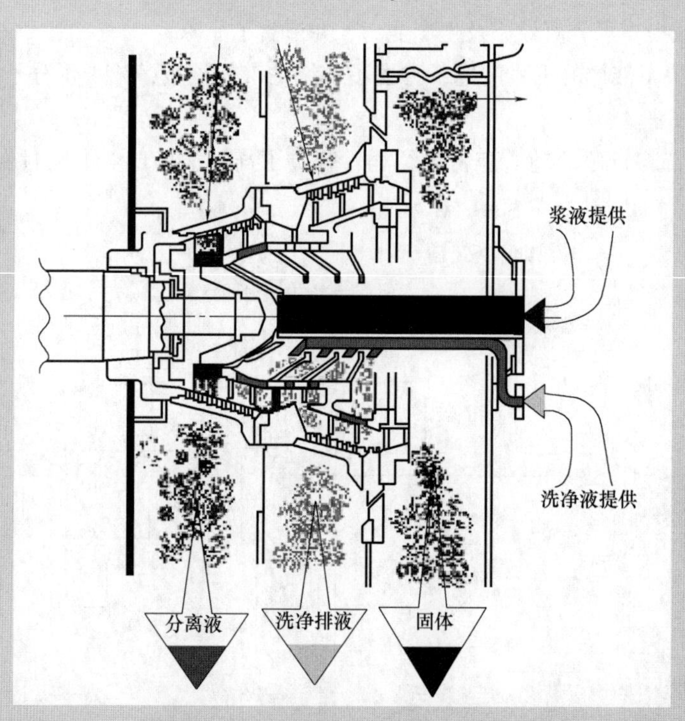

2. 按离心机的离心分离因数大小来可分为哪几类，各自适用场合是什么？

3. 旋液离心分离器又称旋液分离管、水力旋流器。广泛应用于食品、医药、化工行业等领域，简述其工作原理是什么？

4. 简述超滤设备和反渗透设备的工作原理。

第六章 食品混合机械与设备

CHAPTER 6

[学习目标]

了解混合的基本概念及常见的混合作业机械的分类。掌握液体混合机械的结构、类型、与工作过程。打蛋机的结构、工作原理与使用；固体混合机械与设备中卧式螺带式混合机、卧式桨叶式混合机、立式搅龙混合机、行星搅龙混合机的工作原理与主要结构。旋转容器式混合机的工作原理与应用场合；固液混合机械与设备中捏合机和混合锅的工作过程；气液混合机械与设备中喷射式、喷雾式、薄膜式碳酸化器的工作原理与使用。

第一节 概　　论

在食品工业中，常采用搅拌、混合和均质等操作，其中所谓搅拌是指借助于流动中的两种或两种以上物料在彼此之间相互散布的一种操作，其作用可以实现物料的均匀混合、促进溶解和气体吸收、强化热交换等物理及化学变化，搅拌对象主要是流体，按物相分类有气体、液体、半固体及散粒状固体；按流体力学性质分类有牛顿型和非牛顿型流体。在食品工业中，许多物料呈流体状态，稀薄的如牛奶、果汁、盐水等，黏稠的如糖浆、蜂蜜、果酱、蛋黄酱等，有的具有牛顿流体性质，有的具有非牛顿流体性质。

混合是食品加工工艺过程中重要的单元操作之一。混合是指两种或两种以上不同组分的物质通过搅拌或其他手段由不均匀状态达到相对均匀状态的过程。经过混合操作后得到的物料称为混合物。在食品加工工艺中，混合操作的任务主要是通过混合获得化学、物理均匀度达到要求的混合产品，比如饮料、乳制品的配制，糖果、糕饼原料的配制，调味料、各种面粉、配合饲料的配制以及营养强化处理、添加剂的配制等等均需要经过混合才能获得质地均匀的物料。混合后的物料可以同时通过混合实现某种工艺目的，例如混合在工艺过程中可以促进溶解、结晶、吸收、浸出、吸附、乳化、生物化学反应；防止悬浮物沉淀以及增加加热和冷却的均匀性等。

在食品加工中，被混合的物料性质和状态常常是多样的，一般有以下几种类型的混合物。

① 固相-固相：在混合过程中，混合纯粹是粉粒体之间发生的物理现象。

② 固相-液相：在混合过程中，当液相多固相少时，可以形成溶液或悬浮液；当液相少固相多时，混合的结果仍然是粉粒状或团粒状；当液相和固相比例在某一特定的范围内，可能形成黏稠状物料或无定形团块（如面团），这时混合的特定名称可称为“捏合”或“调和”，它是一种特殊的相变状态。

③ 液相-液相：在混合过程中，物料之间可以有互溶或乳化等现象。

④ 固-液-气相：这是食品生产中特有的混合现象，部分食品生产中要将空气或惰性气体混入物料以增加物料的体积、减少容重并改善物料的质构流变特性和口感，如蛋液搅拌、制造充气糖果和冰淇淋等。

在食品加工中，根据被混合的物料性质和状态，将混合作业机械分成混合机、搅拌机、捏和机。混合物料是以固体干物料为主的混合作业机械称为混合机；是以较低黏度的液体物料为主的混合作业机械称作搅拌机；是以高黏度稠浆料和黏弹性物料为主的混合作业的机械称作捏合机。对混合机械的一般要求是混合物的混合均匀度高，混合速度快；物料在容器内的残留量少；设备结构简单，坚固耐用，操作方便，便于检视、取样和清理；机械设备要防锈，耐腐蚀，容器表面光滑，工作部件能拆卸清洗；电机设备和电控装置应能防爆、防湿、防尘，符合环境保护和安全运行的要求。

均质是指借助于流动中产生的剪切力将物料细化、将液滴碎化的操作，其作用是将食品原料的浆、汁、液进行细化、混合、均质处理，以提高食品的质量和档次。例如，牛乳中含3% ~5%以球滴出现的脂肪，其液滴直径范围在1 ~18μm，如不经均质处理，静置后，由于乳状液的不稳定性会发生奶油与脂肪乳的分层现象，经过均质处理后，牛乳中的脂肪球破裂成直径小于2μm的液滴，不仅提高了乳状液的稳定性，而且改善了食品的感官质量；又如在果汁生产中通过均质处理能使料液中残存的果渣小微粒破碎，制成液相均匀的混合物，防止产品出现沉淀现象；再如在冰淇淋生产中，则能使料液中的牛乳降低表面张力、增加黏度，获得均匀的胶黏混合物，以提高产品的质量。

第二节　搅　拌　机

一、搅拌混合机理

搅拌过程是一个复杂的过程，它涉及流体力学、传热、传质及化学反应等多种原理。在食品加工中，整个搅拌过程就是一个克服流体黏度阻力而形成一定流场的过程，搅拌设备就是通过使搅拌介质获得适宜的流场而向其他输入机械能量的装置。在搅拌过程中，搅拌不仅引起液体的整体运动，而且要使液体产生湍流，才能使液体得到剧烈的搅拌。搅拌混合机理可归纳为3种。

（一）对流混合

对流混合又称体积混合或移动混合。对于互不相溶组分，依靠搅拌装置的运动部件或重力，使物料各部分作相对运动。其混合作用的强度主要取决于运动状况，但是混合的均匀程度并不太高，对于粉料和液料都是如此。

（二）扩散混合

扩散混合主要指互溶组分中存在的混合现象，实际上，完全不互溶是不存在的，在混合过程中有一个由对流混合到扩散混合的过渡，主要取决于分散尺度的大小。在粉料的运动中也存在扩散混合，例如由于粉粒带电荷而相吸或相斥引起的粒子之间的相对运动，在旋转容器式混合机中表现得特别明显。

（三）剪切混合

剪切混合主要因剪切力的作用，物料组分被拉成越来越薄的料层，使某一种组分原来占有区域的尺寸越来越小，对于高黏度组分特别明显，例如在捏合机、螺旋挤压机等设备中，物料受到强烈的剪切力。

实际上，在各种搅拌混合设备中，以上三种混合机理同时并存，但是在不同的机种和物料组分中，不同阶段作用有所不同。在习惯上，通常将以液相为主者称作搅拌设备，以粉粒料为主者称作混合设备，以黏稠团块物料为主者称作捏合设备或调和设备。

二、搅拌设备

在食品加工中，液体混合主要用于互溶或互不相溶的液体与液体之间的混合，固体悬浮液的制取以及促进液体中固体的溶解、强化热交换的操作中。比如乳液的混合、原料糖浆的制备、糖果生产中的溶糖操作以及蛋品生产中的打蛋操作。其目的在于促进物料的传热，使物料温度均匀化；促进物料中各成分混合均匀；促进溶解、结晶、浸出、凝聚、吸附等过程的进行；促进酶反应等生化反应和化学反应过程的进行。因此，研究搅拌过程的主要内容是讨论搅拌装置所产生的流场性质及搅拌能量。不同的搅拌目的，要求不同的流场；不同型式的搅拌装置能提供不同的流场以及不同的能量，这些相互关联问题是设计和使用搅拌设备必须弄清楚的。从本质上讲，搅拌过程是在流场中进行单一的动量传递，或者是包括动量、热量、质量的传递及化学反应的综合过程。

实际上，在各种搅拌混合设备中，以上三种混合机理同时并存，但是在不同的机型、物料性质和不同混合阶段所表现的主导混合形式有所不同。在习惯上，通常将以液相为主者称作搅拌设备，以粉粒料为主者称作混合设备，以黏稠团块物料为主者称作捏合设备或调和设备。从流体的属性区分，有牛顿流体的搅拌，也有非牛顿流体的搅拌等；从物料的物相分析，有液体与液体、液体与固体、固体与固体及伴有充气过程的搅拌；从物料的黏度而论，有低黏度流体的搅拌和高黏度流体的搅拌。因而，使得搅拌机械的型式各有不同。

从流体的属性区分，有牛顿流体的搅拌，也有非牛顿流体的搅拌。对于牛顿流体，在搅拌过程中流体间受力情况如图 6-1 所示，假设两薄层流体之间的距离为 d_y，下层流体相对静止，上层沿 x 方向施加一剪切力 F，两层流体间就产生相对运动，在稳定流动状态下，F 力必与流体内部由于黏性而产生的内摩擦力相平衡。如设两层流体的接触面积为 A，根据牛顿摩擦定律，两层流体间的剪应力与垂直于流动方向的速度梯度成正比，则：

$$F/A = \tau \propto du/dy$$

$$\tau = \eta \times du/dy$$

式中　τ——剪切应力

η——动力黏度，它是反映流体黏性的一个物理量，$\eta = \tau \times du/dy$

在处理食品物料的搅拌时，经常应用的流体物理性参数包括密度 ρ（或重度 γ）、黏度 η 以及表面张力 δ 等。对于非牛顿流体的搅拌过程，远比牛顿流体复杂，其剪切力与速度梯度不成线性关系，剪切力与速度梯度之比称为流体的表观黏度，表观黏度是指在某一速度梯度范围内的黏度值。可用如下公式表示：

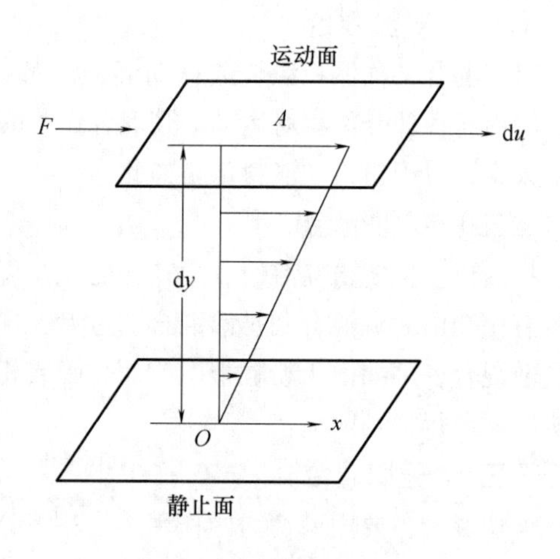

图6-1　流体运动

$$\eta_{app} = n/r = k \times (du/dy)^2$$

式中　k——黏度大小

n——非牛顿型的程度指数

在食品工业中，许多物料呈流体状态，稀薄的如牛奶、果汁、盐水等，黏稠的有糖浆、蜂蜜、果酱、蛋黄酱等，有的具有牛顿流体性质，有的具有非牛顿流体性质。对于非牛顿流体的搅拌过程，远比牛顿流体复杂，其剪切力与速度梯度不呈线性关系，剪切力与速度梯度之比称为流体的表观黏度，表观黏度是指在某一速度梯度范围内的黏度值。对于非牛顿型流体，如果酱、蛋黄酱、番茄酱等，其表观黏度随剪切速率的增加而降低，即剪切使流体变稀。产生这种现象的原因与流体分子的物理结构有关，其中包括细胞的破损、大分子链的变形、断裂以及分子的排列等。分子沿流动方向排列越完善，则表观黏度越低，流体也越接近牛顿流体性质。可以认为，整个搅拌过程就是一个克服流体黏度阻力而形成一定流场的过程。在搅拌过程中，搅拌器不仅引起液体的整体运动，而且要使液体产生湍流，才能使液体得到剧烈的搅拌。

低、中黏度液体混合的强度取决于流型，即对流的强制程度。低、中黏度液体混合过程中对流的形式有主体对流和涡流对流，主要是以对流混合为主，主体对流是指在搅拌过程中，搅拌器把动能传给周围的液体，产生一股高速的液流，这股液流推动周围的液体，逐步使全部的液体在容器内流动起来，这种大范围的循环流动引起的全容器范围的混合称作“主体对流扩散”。涡流对流是指当搅拌产生的高速液流在静止或运动速度较低的液体中通过时，处于高速流体与低速流体的分界面上的流体受到强烈的剪切作用。因此，在此处产生大量的漩涡，这种漩涡迅速向周围扩散，一方面把更多的液体夹带着加入“宏观流动”中；另一方面又形成局部范围内物料快速而紊乱的对流运动，这种运动被称为“涡流对流”。在实际混合过程中，主体对流扩散只能把不同的物料搅成较大“团块”的混合，而通过“团块”界面之间的涡流，使混合均匀程度迅速提高。

三、搅　拌　器

在食品工业中应用的低黏度液体混合机械与设备称为液体搅拌机。液体搅拌机的型式很多，但其基本结构大致相同。典型的搅拌机结构如图6-2所示，由搅拌装置、搅拌罐、轴封与传动装置等所组成。搅拌装置的主要作用是通过自身的运动使液体按某种特定的方式活动，从而达到某种工艺要求。液体的流型是衡量搅拌装置性能最直观的重要指标。搅拌罐的作用是容纳搅拌装置与物料在其内进行操作，搅拌罐必须满足无污染、易清洗等专业技术要求。罐体大多数设计成圆柱形，其顶部为开放式或密闭式，底部大多数成碟形或半球形，平底的很少见到，因为平底结构容易造成搅拌时液流死角，影响搅拌效果。罐内盛装的液体深度通常等于容器直径。在罐内装有搅拌轴，轴一般由容器上方支承，并由电动机及传动装置带动旋转。轴的下端装有各种形状桨叶的搅拌器。轴封是指搅拌轴及搅拌容器转轴处的密封装置，用于避免食品污染。传动装置是赋予搅拌装置及其他附件运动的传动件组合体。在满足机器所必须的运动功率及几何参数的前提下，希望传动链短、传动件少、电机功率小，以降低成本。通常，典型搅拌设备还设有进出口管路、夹套、人孔、温度计插套以及挡板等附件。

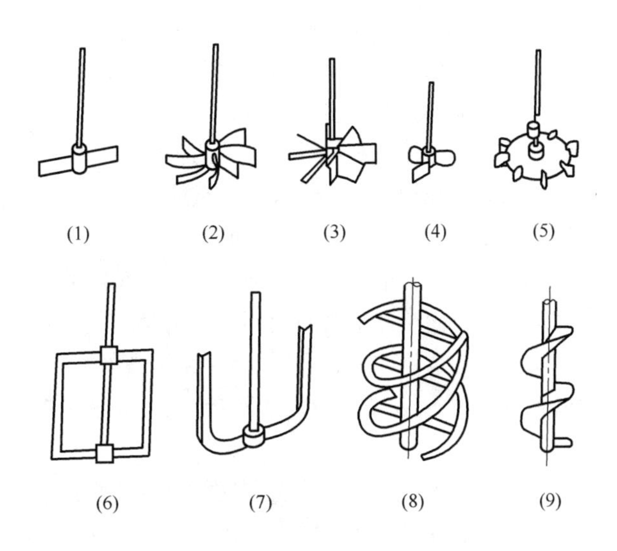

图6-2　典型的搅拌器

(1) 桨式 (2) 弯叶开启涡轮式 (3) 折叶开启涡轮式 (4) 旋桨式（推进式） (5) 平直叶圆盘涡轮式 (6) 框式 (7) 锚式 (8) 螺带式 (9) 螺杆

（一） 搅拌器的类型与安装形式

1. 搅拌器

搅拌器是搅拌设备的主要工作部件。通常搅拌器可以分成两大类型：①小面积叶片高转速运转的搅拌器，属于这种类型的搅拌器有涡轮式、旋桨式等，多用于低黏度的物料；②大面积叶片低转速运转的搅拌器，属于这种类型的搅拌器有框式、垂直螺旋式等，多用于高黏度的物料。由于搅拌操作的多样性，使得搅拌器存在着多种结构型式。各种型式的搅拌器配合相应的附件装置，使物料在搅拌过程中的流场出现多种状态，以满足不同加工工艺的要求。各种典型搅拌器型式如图6-2所示。搅拌器的主要部件为搅拌桨叶。搅拌桨叶根据搅拌产生的流型分成轴向流动的轴流式桨叶和产生径向流动的径流式桨叶。根据桨叶的结构形式不同，可分为桨式、涡轮式、旋桨式搅拌器等。

(1) 桨式搅拌器　桨式搅拌器的形式如图6-3所示。这是一种最简单的搅拌器，桨式中以平桨式最简单，在搅拌轴上安装一对到几对桨叶，通常以双桨和四桨最普遍。有时平桨做成倾斜式，大多数场合则为垂直式。桨式搅拌器的转速较慢，一般为20～150r/min，产生的液流主要为径向及切向速度。液流离开桨叶以后，向外趋近器壁，然后向上或向下折流。搅拌黏度稍大的液体，在平桨上加装垂直桨叶，就成为框式搅拌器。若桨叶外缘做成与容器内壁形状相一致而间

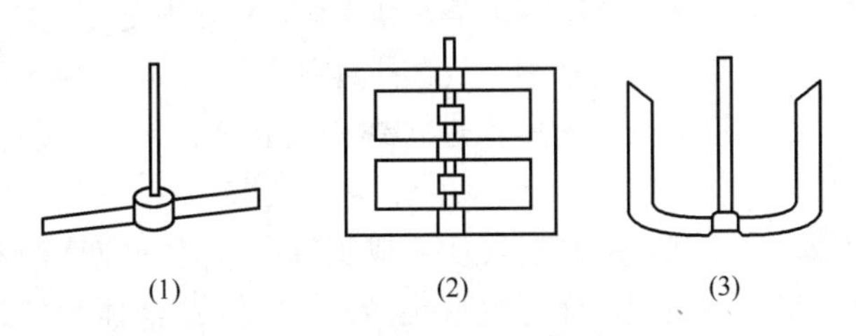

图6-3　桨式搅拌器的形式

(1) 平桨式搅拌器 (2) 框式搅拌器 (3) 锚式搅拌器

隙甚小时，就成为锚式搅拌器。为了加强轴向混合，减少因切向速度所产生的表面漩涡，通常在容器中加装挡板。处理低黏度液体时搅拌轴和桨叶转速高；处理中等黏度时，桨叶转速较低。桨式搅拌器的转速较慢，液流的径向速度较大，轴向速度甚低。

桨叶形式有整体式和可拆式桨叶两种形式。整体式桨叶一般用不锈钢或扁钢制作，桨叶直接焊于轴上或焊在轮毂上，形成一个整体，然后用键、止动螺钉将轮毂连接在搅拌轴上。这种结构制造简单，但强度小，桨叶不能拆换，常用于小直径容器中。可拆式桨叶一端制出半个轴环套，两片桨叶对开地用螺栓将轴环夹紧在搅拌轴上。为了传递扭矩可靠，可将桨叶轴制成方形或多边形进行固定。桨式的通用尺寸为桨宽与桨径之比为：$b/d=0.10\sim0.25$，加强筋的长度可以是桨叶的全长或1/2桨长，为了提高桨叶的强度，也可采用加筋的桨叶。锚式、框式桨叶的通用尺寸为：桨的高度与桨径之比 $h/d=0.5\sim1.0$，桨的宽度与桨径之比 $b/d=0.07\sim0.1$。

桨式搅拌器的主要特点是混合效率较差；局部剪切效应有限，不易发生乳化作用；桨叶易制造及更换，适宜于对桨叶材质有特殊要求的液料。桨式搅拌器适用于处理低黏度或中等黏度的物料。

（2）涡轮式搅拌器　涡轮式搅拌器的结构如图6-4所示。涡轮式与桨式相比，桨叶数量多而短，通常为4~6枚，叶片形式多样，有平直的、弯曲的、垂直的和倾斜等几种形式，可以制成开式、半封闭式或外周套扩散环式等。常用的涡轮式搅拌器的桨叶直接焊于轮毂上，但折叶涡轮的桨叶则先在轮毂上开槽，桨叶嵌入后施焊。

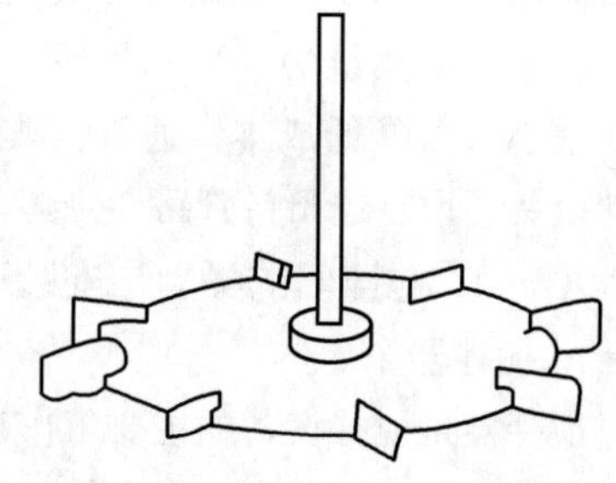

图6-4　涡轮式搅拌器的结构

涡轮式搅拌机属高速回转径向流动式搅拌机。液体经涡轮叶片沿驱动轴吸入，主要产生径向液流，液体以高速向涡轮四周抛出，使液体撞击容器壁而产生折射时，各种方向的流动充满整个容器内部，在叶片周围能产生高度湍流的剪切效应。涡轮叶片转速为400~2000r/min，圆周速度在8m/s以内。涡轮的通用尺寸是桨宽与桨径之比 $b/d=0.15\sim0.3$。涡轮式搅拌器的叶轮直径一般为容器直径的0.2~0.5倍。

涡轮式搅拌机的主要特点是适于搅拌多种物料，尤其对中等黏度液体特别有效；混合生产能力较高，能量消耗少，搅拌效率高；有较高的局部剪切效应；容易清洗但造价高。涡轮式搅拌机混合效率高，常用于制备低黏度的乳浊液、悬浮液和固体溶液及溶液的热交换等。

（3）旋桨式搅拌器　旋桨式搅拌器结构如图6-5所示，桨叶形状与常用的推进式螺旋桨相似，旋桨安装在转轴末端，可以是一个或两个，每个旋桨由2~3片桨叶组成。由于桨叶的高速转动造成了轴向和切向速度的液体流动，致使液体作螺旋形旋转运动，并使液体受到强烈的切割和剪切作用，同时也会使气泡卷入液体中。为了克服这一缺点旋桨轴多为偏离中心线安置，或斜置成

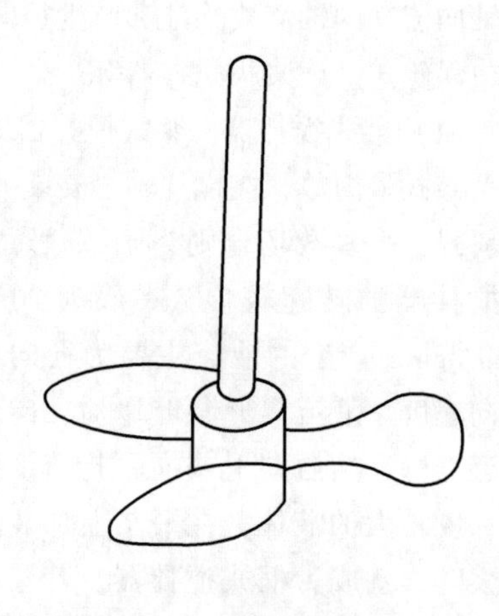

图6-5　旋桨式搅拌器

一定角度。桨叶与轮毂铸成一体，有的把模锻后的桨叶焊在轮毂上。搅拌器的轮毂用键和止动螺钉连接于搅拌轴上，再用螺母拧在轴端托住桨叶和轮毂，推进式搅拌器叶轮直径小，通常与容器的比值为0.2~0.5（以0.33居多），转速高，一般转速为100~500r/min，小型为1000r/min；大型为400~800r/min，叶轮线速度在3~5m/s，旋桨叶片直径为容器直径的1/4~1/3。旋桨式搅拌机适用于低黏度液体的高速搅拌，混合效率较高，但是对于不互溶液体的搅拌，其混合效率受到一定的限制。它适合于对低黏度液料的操作，多用于液体黏度在2Pa·s以下的固液混合，对纯液相物料，其黏度限制在3Pa·s以下。

旋桨式搅拌器的主要特点是生产能力较高，但是在混合互不溶液体，如生产细液滴乳化液，而且液滴直径范围不大的情况下，生产能力受限制；结构简单，维护方便；常常会卷入空气形成气泡和离心涡旋；适用于低黏度和中等黏度液体的搅拌，对制备悬浮液和乳浊液等较为理想。

2. 搅拌罐

搅拌罐包括罐体和装焊在其上的各种附件。

（1）罐体　常用的罐体是立式圆筒形容器，它有顶盖、筒体和罐底，通过支座安装在基础或平台上。罐体在常压或规定的温度及压力下，为物料完成其搅拌过程提供一定的空间。

罐体容积由装料量决定，根据罐体容积选择适宜的高径比，确定筒体的直径和高度。选择罐体的高径比应考虑物料特性对罐体高径比的要求；如对搅拌功率的影响；对传热的影响等因素。从夹套传热角度考虑，一般希望高径比取大些。在固定的搅拌轴转速下，搅拌功率与搅拌器桨叶直径约以5次方成正比，所以罐体直径大，搅拌功率增加。需要有足够的液位高度，就希望高径比取大些。根据上述因素及实践经验，当罐内物料为液-固相或液-液相物时，搅拌罐的高径比为1~1.3，当罐内物料为气-液相物料物时，搅拌罐的高径比为1~2。

（2）挡板　低黏度液体搅拌时，叶片造成的液流有三个分速度，即轴向速度、径向速度和切向速度。其中轴向速度和径向速度对液体的搅拌混合起着主要作用。在搅拌过程中，所有叶片都存在切向速度，无论是桨式、涡轮式或是推进式叶轮，只要是安装在容器中心位置上，而叶轮的旋转速度又足够高，那么，叶片所产生的切线速度会促使液体围绕搅拌轴以圆形轨迹回转，形成不同的液流层，同时产生液面下陷的漩涡［图6-6（1）］。叶片转速越高，漩涡越深，这对搅拌多相系物料的结果不是混合而是分层离散。当漩涡深度随转速增加到一定值后，还会在液体表面吸气，引起其密度变化和搅拌机振动等现象。为了减少打旋现象，最常用的方法就是在容器壁内加设挡板。挡板有两个作用，一是改变切向流动，二是增大被搅拌液体的湍动程度，从而改善湍动效果［图6-6（2）］。

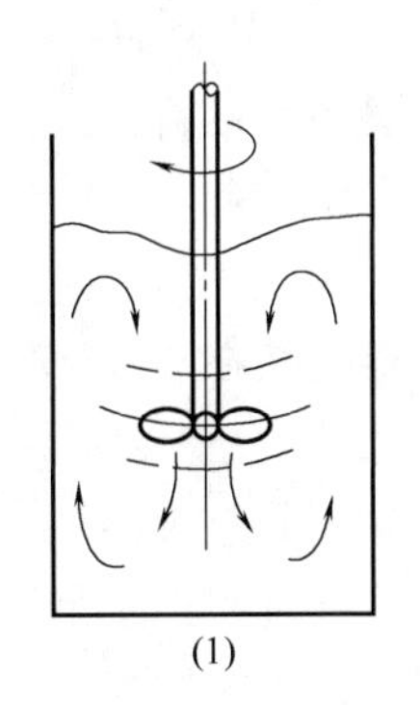

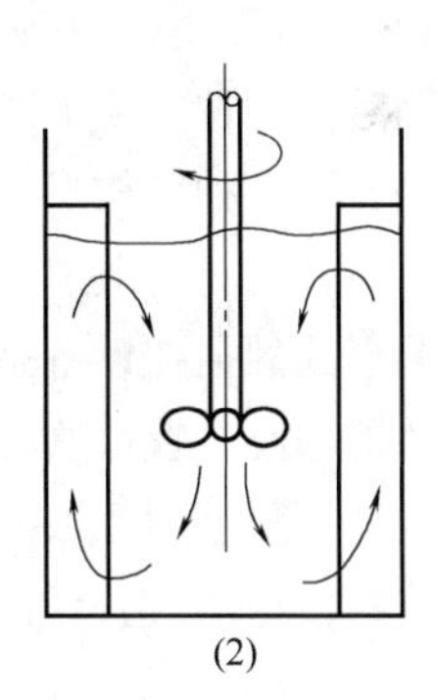

图6-6　挡板与流型

（1）无挡板　（2）有挡板

对低黏度液体的搅拌，挡板垂直纵向安装在容器内壁上；对中黏度液体的搅拌，挡板离开壁面安装，以阻止在挡板背后形成停滞区，防止固体在挡板后聚积，挡板与容器壁的间距约为挡板宽度的0.1~0.5倍；对黏度大于12Pa·s的物料，流体的黏度足以抑制打漩，无须安装挡板。当一个容器安装挡板到一定数量后，无论怎样增加挡板也不能进一步改善其搅拌效果时，那么，该容器就被称为充分挡板化了的搅拌容器。充分挡板化的条件与挡板的数量、宽度及叶轮直径有关。一般情况下，宽度和容器内径之比为1∶10时，装四块挡板一般已够用。挡板的长度，通常要求其下端伸到容器底部，上端露出液面。但无论是平底形或球底形，挡板必须伸到叶轮所在平面以下。

3. 搅拌器的安装形式

搅拌器不同的安装形式会产生不同的流场，使搅拌的效果有明显的差别。通常搅拌器安装的型式分为以下几种。

（1）立式中心搅拌安装形式　立式中心搅拌安装形式的搅拌设备是将搅拌轴与搅拌器配置在搅拌罐的中心线上，呈对称布局（图6-7），驱动方式为皮带传动或齿轮传动或者通过减速传动，也有用电机直接驱动的。其搅拌设备功率在10^2～10^{-1}kW，常用的功率范围为0.2～22kW。一般划分为，功率小于3.7kW为小型，5.5～22kW为中型，大于22kW为大型。食品工业中多用小型搅拌器。转速低于100r/min的为低速型，100～400r/min为中速型，大于400r/min为高速型。根据不同的用途，桨叶的结构有各种各样的组合方式，如以三叶旋桨式、涡轮式为主体，可组合成多种结构形式，以适应多种用途。此类搅拌设备在国外多数已标准化，其转速范围在300～360r/min，电机功率为0.4～15kW，用带传动或齿轮传动的一级减速驱动。这种安装形式的搅拌设备可以将桨叶组合成多种结构形式以适应多种用途。

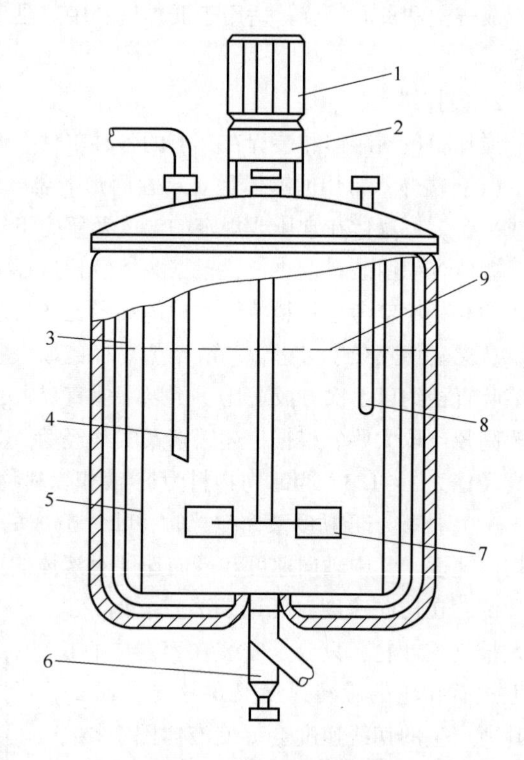

图6-7　搅拌机结构图

1—电动机　2—减速器　3—容器夹套　4—料管　5—挡板　6—出料管　7—搅拌桨叶　8—温度计　9—液体液面

（2）偏心式搅拌安装形式　偏心式搅拌安装形式的搅拌设备是将搅拌器安装在立式容器的偏心位置，这种安装形式能防止液体在搅拌器附近产生涡流回转区域，其效果与安装挡板相似。其结构示意及搅拌过程产生的流动情况如图6-8（1）所示，这种搅拌轴的中心线偏离容器轴线，会使液流在各点处压力分布不同，加强了液层间的相对运动，从而增强了液层间的湍动，使搅拌效果得到明显的改善。但偏心搅拌容易引起设备在工作过程中的振动，一般此类安装型式只用于小型设备上。

（3）倾斜式搅拌安装形式　倾斜式搅拌安装形式的搅拌设备是将搅拌器直接安装在罐体上部边缘处，搅拌轴斜插入容器内进行搅拌［图6-8（2）所示］。对搅拌容器比较简单的圆筒形结构或方形敞开立式搅拌设备，可用夹板或卡盘与筒体边缘夹持固定。这种安装形式的搅拌设备比较机动灵活，使用维修方便，结构简单、轻便，一般用于小型设备上，可以防止产生涡流。

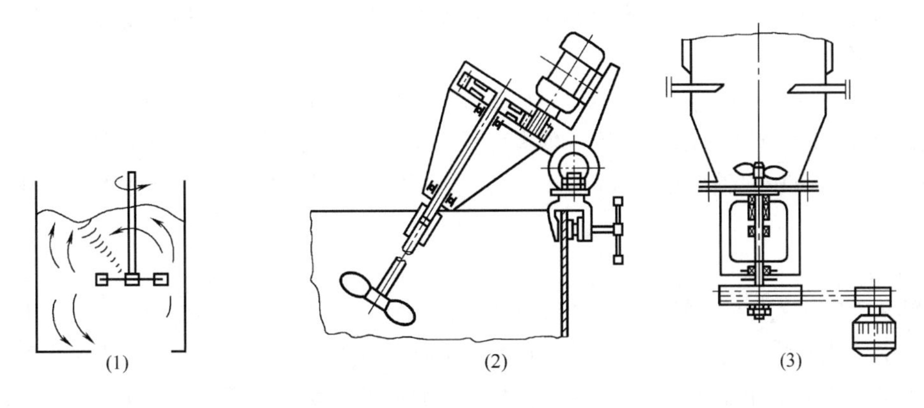

图6-8　搅拌安装形式

（1）偏心式搅拌安装形式　（2）倾斜式搅拌安装形式　（3）底部搅拌安装形式

（4）底部搅拌安装形式　底部搅拌安装形式的搅拌设备是将搅拌器安装在容器的底部［如图6-8（3）所示］。它具有轴短而细的特点，无需用中间轴承，可用机械密封结构，有使用维修方便、寿命长等优点。此外，搅拌器安装在下封头处，有利于上部封头处附件的排列与安装，特别是上封头带夹套、冷却构件及接管等附件的情况下，更有利于整体合理布局。由于底部出料口能得到充分的搅动，使输料管路畅通无阻，有利于排出物料。此类搅拌设备的缺点是，桨叶叶轮下部至轴封处常有固体物料粘积，容易变成小团物料混入产品中影响产品质量。

（5）旁入式搅拌安装形式　旁入式搅拌设备是将搅拌器安装在容器罐体的侧壁上。在消耗同等功率的情况下，能得到最好的搅拌效果。设备主要缺点是，轴封比较困难。旁入式搅拌装置在不同旋桨位置所产生的不同流动状态如图6-9所示。

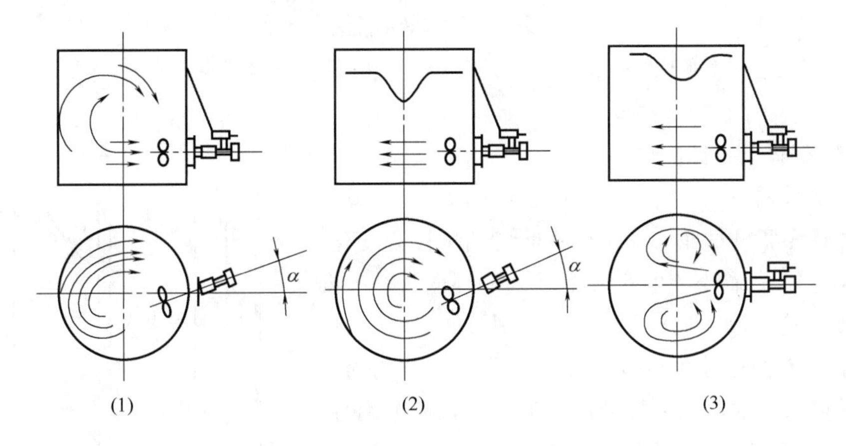

图6-9　旁入式搅拌装置旋桨位置与流动状态

（二）搅拌器桨叶与流型

尽管某种合适的流动状态与搅拌容器的结构及其附件有一定关系，但是，搅拌器桨叶的结构形状与运转情况可以说是决定容器内液体流动状态最重要的因素。搅拌器桨叶的形状很多，按搅拌器桨叶的运动方向与桨叶表面的角度，将搅拌器分为三类：即平直叶搅拌器、折叶搅拌器和螺旋面搅拌器。桨式、涡轮式、框式、锚式等的桨叶属于平直叶或折叶；而旋桨式的桨叶属于螺旋面叶。现就几种典型的搅拌器桨叶形状及其产生的流动状态做如下分析、比较。

1. 轴向流型

液体从轴向进入叶片，从轴向流出，称为轴向流型［如图6-10（1）所示］。如旋桨式叶片，当桨叶旋转时，产生的流动状态不但有水平环流、径向流，而且也有轴向流动［如图6-10（3）所示］，其中以轴向流量最大，此类桨叶称为轴流型桨叶。轴向流型常用于制备乳浊液和混浊液。

2. 径向流型

流体从轴向进入叶轮，从径向流出，称为径向流型［如图6-10（2）所示］。如平直叶的桨叶式、涡轮式叶片，这种高速旋转的小面积桨叶搅拌器所产生的液流方向主要为垂直于罐壁的径向流动，此类桨叶称为径向流型桨叶。由于平直叶的运动与液流相对速度方向垂直，当低速运转时，液体主要流动为环向流，当转速增大时，液体的径向流动就逐渐增大，桨叶转速越高，由平直叶排出的径向流动越强烈［如图6-10（4）所示］。径向流型常用于制备低黏度乳浊液、悬乳液和固体与液体的混合液体。

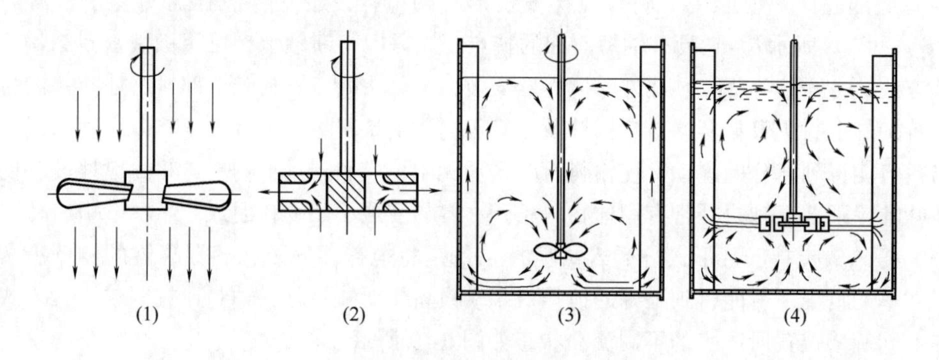

图6-10　液体流型

（1）轴向流型　（2）径向流型　（3）螺旋桨叶流　（4）平直叶径向流

3. 垂直螺杆式桨叶与流型

旋桨式搅拌器所产生的流型如图6-11所示。螺旋面可以看成是许多折叶的组合，这些折叶的角度逐渐变化，所以，此类型螺旋桨叶产生的流型有水平环向流、径向流和轴向流，其中以轴向流量最大。根据以上几种桨叶结构所产生的流型比较可以看出，以主要排液方向为依据，可将桨叶排液的流向特性分成径流型和轴流型两种。平直叶式、涡轮式属于径流型，螺旋面桨叶的螺杆式、旋桨式属于轴流型，折叶桨则属于两者之间，一般认为折叶式更接近于轴流型。

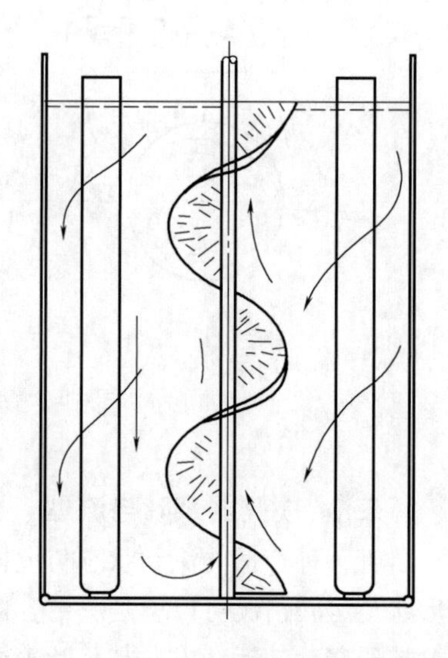

图6-11　垂直螺杆式搅拌器

（三）搅拌器流型与特性曲线

为了表达各种搅拌器产生的流型特点，可应用各种特性曲线表示流动状态。图6-12为8片平直开启涡轮式搅拌器的流型图，即反映不同情况的流动特性曲线。图中的流动状态分静止、层流、湍流三种，图中横坐标为雷诺数 Re，它的表达式如下：

$$Re = \frac{nd_j^2 \rho}{\mu}$$

式中 Re——黏滞力对流动的影响

n——搅拌器转速，r/min

d_j——搅拌器直径/m

ρ——液体密度/$kgfs^2/m^4$

μ——液体黏度 $kgf \cdot s/m^2$

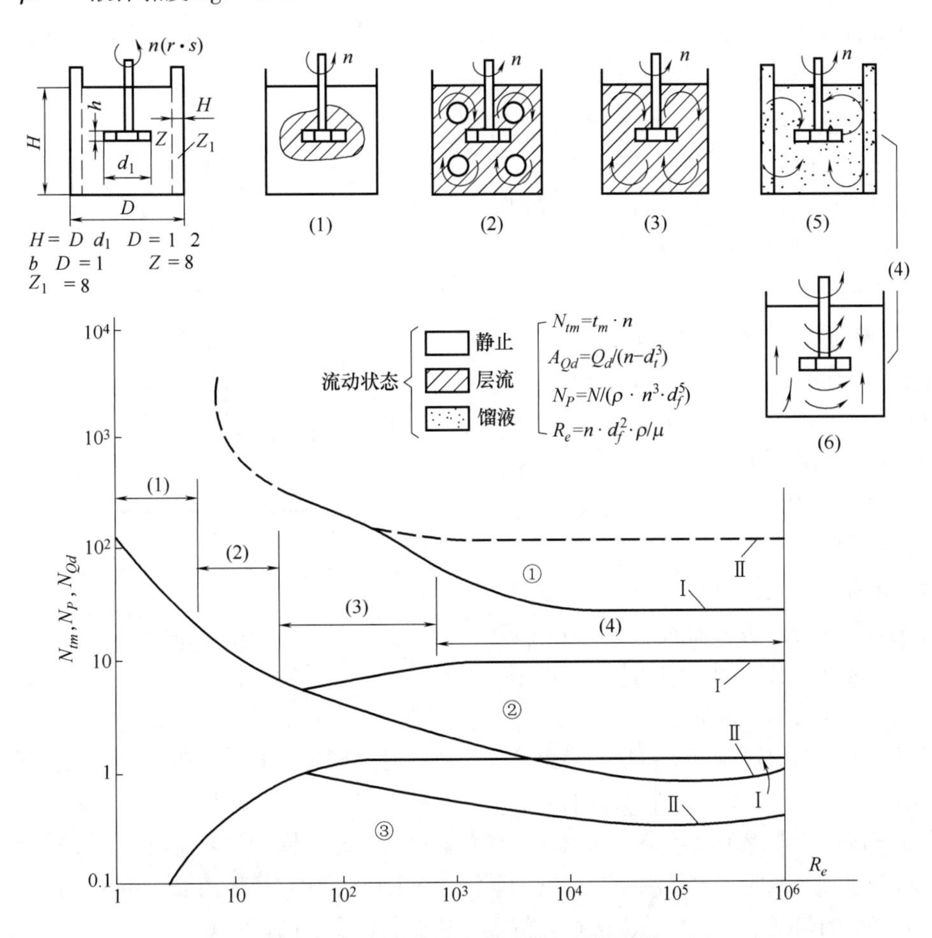

图 6-12 搅拌槽内流型与各特性曲线

(1) 层流（局部流动） (2) 层流（上下环流） (3) 过渡流 (4) 湍流

(5) 有挡板上下循环 (6) 无挡板有“圆柱状回流区”

①—混合特性 $N_{tm}-Re$ ②—动力特性 N_p-R_e ③—排出特性 $N_{Q_d}-R_E$ Ⅰ—有挡板 Ⅱ—无挡板

纵坐标有 3 个变量，即功率准数 N_p、排出流量准数 N_{Qd} 和混合时间准数 N_{tm}。其中

$$N_p = \frac{N}{\rho n^3 d_j^5} \quad N_{Qd} = \frac{Q_d}{nd_j^3} \quad N_{tm} = t_m \times n$$

式中 N——搅拌器功率，$kgf \cdot m/s$

Q_d——排出流量，m^3/s

t_m——混合时间/s

图6-12中（1）层流局部流动状态，（2）层流上下循环流发生时状态，图6-12中（3）过渡流动状态，图6-12中（4）湍流状态，其中（5）湍流情况下有挡板存在上下循环流动的状态，（6）湍流情况下无挡板有“圆柱状回转区”的状态。各种状态均绘制了相应的搅拌器产生的流型简图，图左上角绘制了搅拌器的结构参数。三组曲线：N_p-Re 为动力特性曲线；$N_{Qd}-Re$ 为排出特性曲线；$N_{tm}-Re$ 为混合特性曲线。它清楚地表达了这些参数的变化关系，也显示了特定结构搅拌器的重要特性。

（四）搅拌设备的挡板和导流筒

在搅拌过程中，当低黏度液体在无挡板情况下运转，而 Re 数达到较大值时，会使搅拌器中液体的自由面中央区域出现下陷现象，四周隆起的液流形成漏斗状的漩涡，见图6-13。这种叶面下陷现象使搅拌效果明显下降，甚至导致搅拌器桨叶因液面下陷而露出液面。因此，设计时必须加以考虑，以保证液面下陷不致使搅拌器桨叶露出液面而影响搅拌效果，同时，四周隆起的液流不致溢出容器而外流。从图6-13中看出 $\Delta H_1=H-H_0$，即自静止液面算起的中心叶面下陷深度；取 $\Delta H_2=H_2-H$，即自静止液面算起的四周液面隆起高度，在设计时要控制这两个数值，以保证搅拌器正常工作。

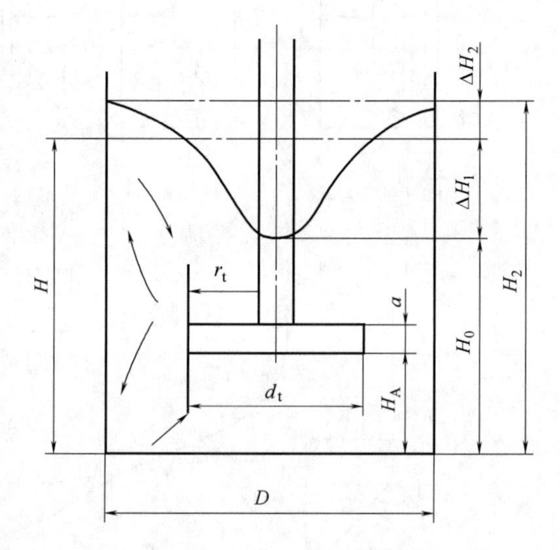

图6-13　液面下陷

为防止漩涡发生，通常是采用加挡板的方法以获得良好的流型。加入挡板后使流场中液流的流速分布有了较大的调整，在液流某点三个方向（径向、周向、轴向）的速度分布起了变化，其中轴向速度明显的增大了。因此，对于径流型的桨叶在挡板的配合下也可获得较强的轴向流动，使它成为容器内的主流，从而获得有利于搅拌操作的良好流型。另外，也可以安装导流筒来改善流动状态，如螺杆式搅拌器内装与罐体同轴的导流筒后，使轴向流动增强，而水平回转流减弱，主要流动为上下循环流。轴流型桨叶与径流型桨叶相比，前者可以在消耗动力较小的情况下，获得较大的循环流量，从而获得良好的搅拌效果。

（五）搅拌设备的几何特性

各种搅拌设备都是由搅拌器、容器、挡板及其他附件组成的装置。这些主要构件的相对位置及尺寸关系构成了搅拌设备的几何特性。它是决定容器内液体流动状态的主要因素，它的数值直接关系到搅拌的效果。搅拌设备的主要几何尺寸包括桨叶直径 d_j，容器直径 D，桨叶宽度 b，厚度 S，桨叶下缘至容器底距离 H_A，挡板宽度 b_1，叶面高度 H。这些参数通过组合并由实验测试，可获得比较理想的比值关系。对于6叶平直叶涡轮搅拌器，其数值选为：$d_j=D/3$；$H_A=D/3$；$b=D/5$；$S=D/4$；$H=D$；$b_1=D/10$（采用四件对称平板式挡板）。在设计不同型式的搅拌器时，可选用以下数值作为参考值：对桨式 $d_j/D=0.5\sim0.83$；涡流式 $d_j/D=0.33\sim0.40$；旋桨式 $d_j/D=0.1\sim0.33$。典型涡轮式搅拌器的结构示意图如图6-14所示。

（六）搅拌器的构造

搅拌器设计要求是必须有合理的结构（包括制造工艺合理，桨叶与搅拌轴的连接牢固可靠，检修安装方便等）和足够的强度。搅拌器材质的选用除了满足强度、刚度要求外，还应考虑不同介质对材料的腐蚀作用。目前，使用的材料大多数是碳钢、不锈钢、铸铁等。另外，也有选用铜、铝等材料的，有时还用木材、搪玻璃、衬胶等。随着塑料工业的发展，高强度、优性能的工程塑料也将是选用的优质材料。

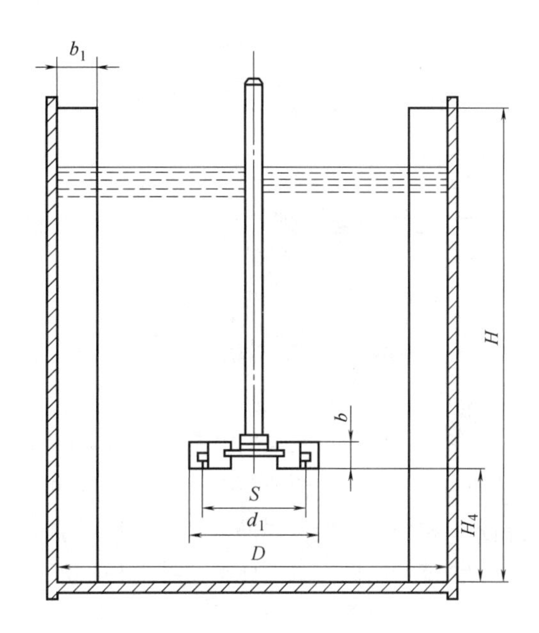

图 6-14　典型涡轮式搅拌器结构示意图

下面以钢制桨叶为例，叙述搅拌器的构造。

1. 平桨式搅拌器

桨叶一般采用不锈钢或扁钢制成。对于小型桨叶常加工成整体焊接形式，为不可拆卸结构，如图 6-15（1）所示。这种结构制造方便，但强度不大，不能拆换桨叶，常用于小直径容器中。图 6-15（2）为螺栓连接方式，依靠桨叶与轴的摩擦力带动桨叶旋转。这种结构拆卸方便，但功率大时容易产生打滑现象而不能正常运转，多用于小功率设备中。图 6-15（3）的结构是图（2）型结构的改进型，把圆轴改称方轴，这样可克服打滑现象，但轴的加工困难。图 6-15（4）为键连接方式，它兼有以上几种结构的优点，被广泛采用。

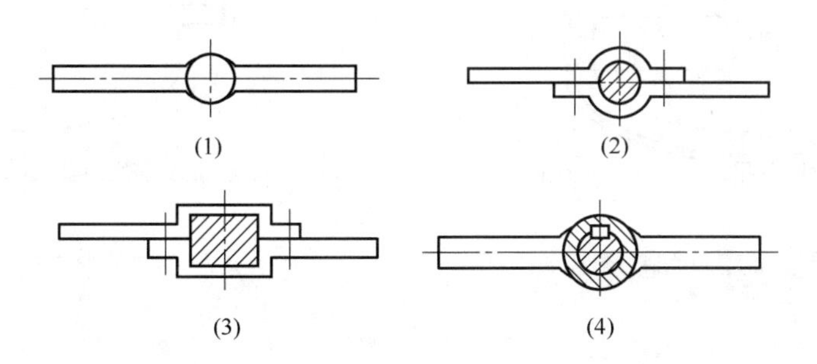

图 6-15　平桨叶与轴的固定方法

（1）不可拆卸结构　（2）螺栓连接方式　（3）螺栓连接改进型　（4）键连接方式

为了改善搅拌效果，同时减少搅拌阻力，常常把平直桨叶安装成一定的角度，倾斜角度 α 一般应小于 90°，45°左右的较常用。另一种与倾斜安装类似的结构是折叶桨，这种结构使桨叶部分扭转而中间连接部分仍保持平直形式，它既起到了倾斜桨叶改善搅拌效果作用，又简化了连接方法，也被广泛采用。折叶桨结构及连接方法如图 6-16 所示。

为了加强桨叶根部的强度而又不使整个桨叶尺寸变厚而浪费材料，常采用加强筋的方法，装有加强筋的平桨结构如图 6-17 所示。

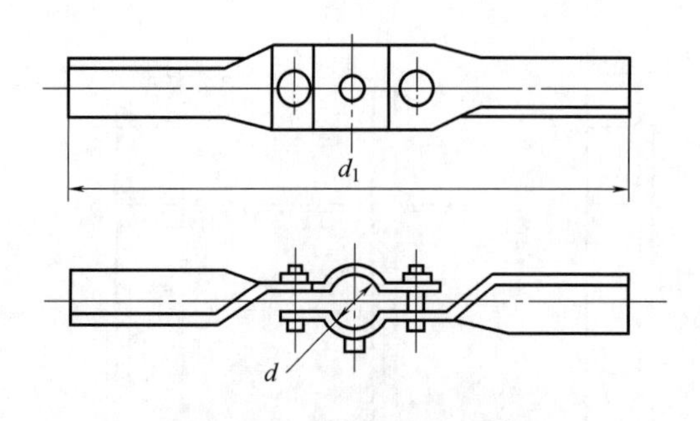

图6-16　折叶桨结构与连接

2. 框式与锚式搅拌器

框式与锚式搅拌器结构相似，它的特点是起搅拌作用的框架能增大搅拌范围，并带走容器壁面上的残留物料液层。这种类型的搅拌器，其外形轮廓与容器壁形状相似，底部形状为适应罐底轮廓，多为椭圆或锥形等。为了增大对高黏度物料的适应范围及提高桨叶的刚度，常常在框式与锚式的主体架上增加一些加强筋。框式与锚式搅拌轴的连接方式类似于桨式。锚式搅拌器的结构及连接方法如图6-18所示。桨叶与轴连接的一端制作成半圆形的轴环，两片桨叶的圆环用螺栓夹紧在轴上，同时用穿过轴心的螺栓固定桨叶和搅拌轴。图6-19为锚式结构加上扁钢加强筋的形式，以增加桨叶的强度与刚度。由于此类搅拌器外形尺寸较大，为便于装拆，多数采用螺栓连接。只有小型的采用铸造或焊接。桨叶以扁钢、角钢制造的居多，取材和加工都比较方便。

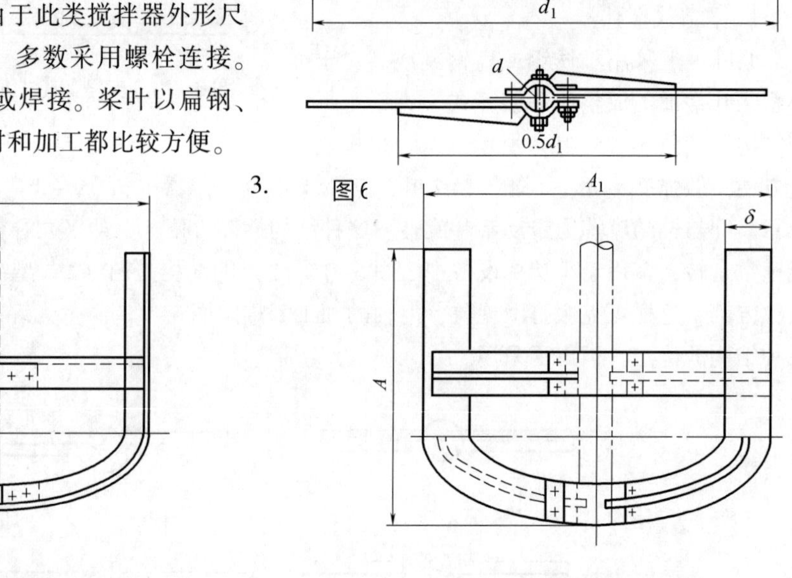

图6-18　锚式搅拌器

图6-19　加筋锚式搅拌器

3. 涡轮式搅拌器

涡轮式搅拌器的叶片较多，转速高，结构比桨式复杂，种类较多。一般连接方式是通过轮毂用键及止动螺钉连接于搅拌轴上，同时在搅拌轴的底端用螺钉或轴端螺母压紧，防止轮毂轴向移动。这类结构可分为开启涡轮式与圆盘涡轮式两种。开启涡轮式桨叶直接焊于轮毂上的型式如图6-20所示。折叶开启涡轮式结构通常在轮毂上开倾槽，将桨叶嵌入后焊牢，如图6-21所示。开启涡轮式可制作成整体铸造型式，也可以制作成叶片可拆的型式。有些结构桨叶设计成沿径向宽度变化的形状，桨叶由根部至叶尖逐渐变窄，以减小惯性力并节省材料。开启涡轮的通用尺寸是将桨宽与桨径的比值（b/d_j）为0.15~0.3，桨叶厚度由强度计算确定。

开启涡轮搅拌器的圆盘起支承桨叶的作用，大多数设计成整体式并与轮毂焊接。桨叶与圆盘连接方式，对小型桨叶（$d_j<400$mm）常采用焊接，桨径大于500mm时多采用可拆连接方

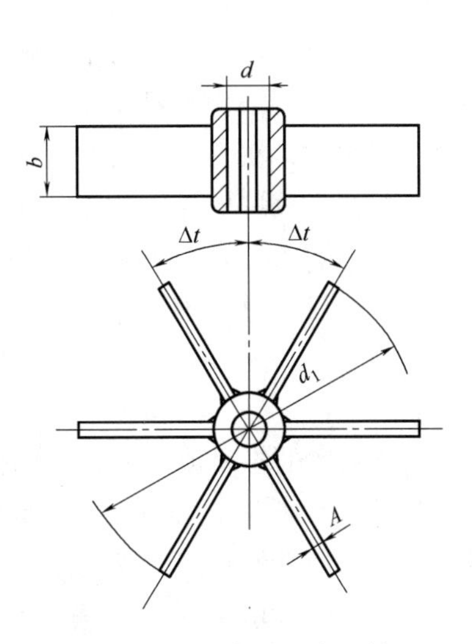

图6-20　平直叶开启涡轮

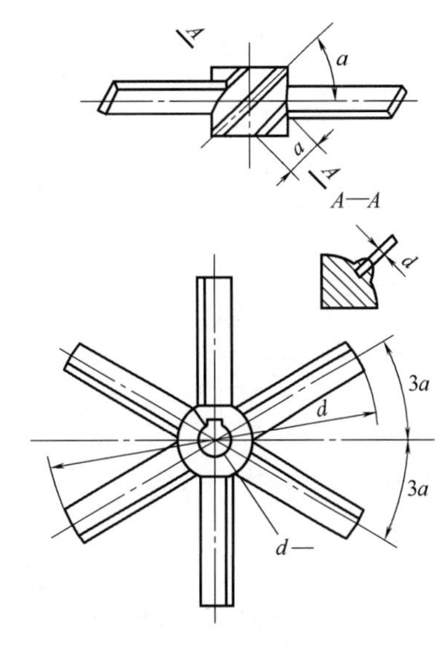

图6-21　折叶开启涡轮

式，便于装拆及保证装配精度。图6-22为焊接型式的圆盘涡轮，图6-23为可拆式圆盘涡轮结构。

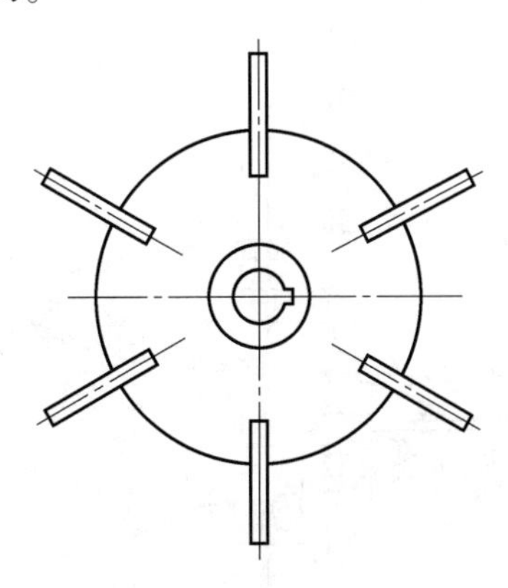

图6-22　焊接圆盘涡轮

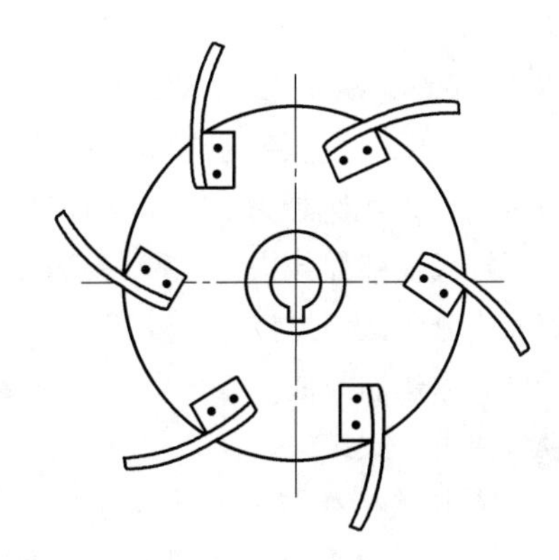

图6-23　可拆式圆盘涡轮

在设计时，圆盘直径一般取桨径的2/3或3/4，圆盘板厚要保证刚性，桨叶厚度用强度计算确定。桨叶可设计成弯曲形，这种形状可以改善搅拌性能并减少动力消耗，叶片弯曲角度一般为45°或60°，圆盘涡轮的尺寸一般取 $d_j : e : b = 20 : 5 : 4$（d_j 为桨径，e 为桨叶长，b 为桨叶宽度）。

另外，还有一种圆筒式涡轮搅拌器，在运转工作时，叶片沿轴线由中心孔进入轮内，转动的叶片加速液体，然后高速向周向抛出，一般转速为400～2000r/min。这种类型的搅拌器优点是搅拌效果好，常用于稀薄的乳浊液、悬浮液等。它的缺点是能耗较大，制造加工较困难。

4. 旋桨式搅拌器

桨叶形状与通常使用的推进式螺旋桨相似，所以又称为推进式搅拌器。实质上，桨叶是螺旋面的一部分，沿着桨叶长度方向不同截面处的升角是逐渐变化的。此型桨叶制造加工有一定

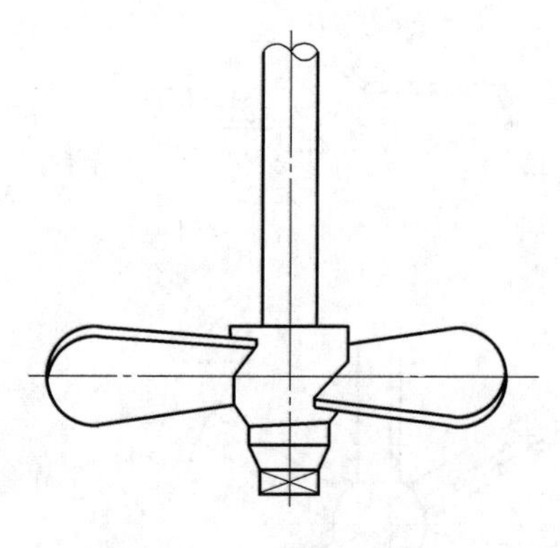

图6-24 旋桨式搅拌器

的难度。一般设计成桨叶与轮毂整体铸造结构，也有用模锻成型后的桨叶与轮毂焊接而成。轮毂与轴的连接一般用键和止动螺钉的形式。轴端部用螺母压紧，也有用端部盖帽形式保护轴端螺纹的，在腐蚀介质或存在固体沉积物的场合下，这种盖帽有较好的保护作用。此型搅拌器我国已颁布有标准，其桨径在150～700mm范围内，给出了有关技术数据，可供设计时选用。旋桨式搅拌器的结构如图6-24。

5. 螺带式与螺杆式搅拌器

螺带式搅拌器由一定宽度的带材或圆柱棒材制作成螺带形状。它可以有单条或双条螺带结构。一般螺带的外廓尺寸接近容器内壁，使搅拌操作遍及整个罐体。由于螺带尺寸较大，与轴有较大的距离，因此要用支撑杆件使螺带固定在搅拌轴上。每个螺距设置杆件2～3根。支撑杆一端与螺带焊接，另一端夹紧在搅拌轴上，也可以支撑杆与轴的键连接的形式。部分支撑杆可采用止动螺钉与轴相对固定。这种结构既保证传递扭矩可靠，又保证了装拆方便。如螺带较长，可设计成分段螺带的形式，再用螺栓连接成一体。可拆式螺带搅拌器的结构示意图如图6-25所示。螺带式的通用尺寸以桨叶宽度 b 与槽径 D 比 $b/D=0.1$，螺距 S 与桨径比 $S/d_j=0.5～1.0$ 为宜。用圆钢棒材代替带钢时，都是用在较小的螺径上。例如，$d_j=275$mm，可采用直径为10mm的圆钢，当 $d_j=425$mm时，采用直径为15mm的圆钢。

螺杆式搅拌器结构与螺带式相似，但螺杆式的螺旋面部分直接与搅拌器的轴相接触，与通常使用的螺带式输送器类似。螺带多与轴直接焊接，也可以设计成可拆式结构。

6. 行星式搅拌器

这种型式的搅拌器如图6-26所示，图6-26（1）为传动系统及结构示意图。工作时，桨叶一方面绕容器旋转，另一方面，桨叶本身绕轴自转，于是形成了图6-26（2）所示的运动轨迹。转动方向为，轴Ⅰ顺时针旋转时，则通过横杆带动轴Ⅱ也作顺时针旋转，行星齿轮2则反向旋转，这也是桨叶轴自转的方向。由于自转与公转的联合作用，产生了一种复杂的搅拌，能激起强烈的涡流，产生良好的搅拌效果。在果酱制造及砂糖溶解时，常安装在夹层锅上面，主轴转速为20～80r/min。

7. 特种搅拌器

除了以上几种搅拌器外，还有一些特殊结构型式的搅拌器，如鼠笼式搅拌器，它的本体为一圆筒

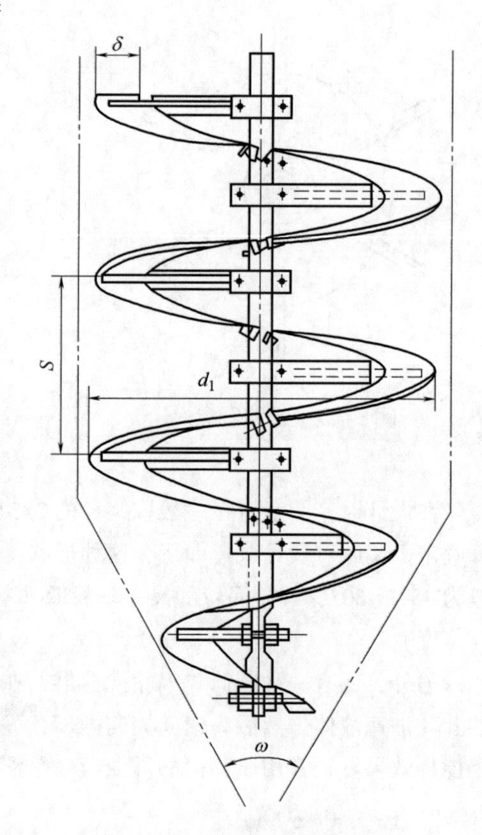

图6-25 可拆式螺带搅拌器

形结构，在窄长的容器内安装此种搅拌器能获得最大的搅拌效率，其转速为 200～700r/min。

（七）搅拌器的轴封和传动装置

搅拌器传动装置的基本组成有电机、齿轮传动（有的还设一级皮带轮）、搅拌轴及支架。立式搅拌器分为同轴传动和倾斜安装传动两种。轴封是搅拌轴与机架间的密封装置，一般填料密封和机械密封有两种形式。

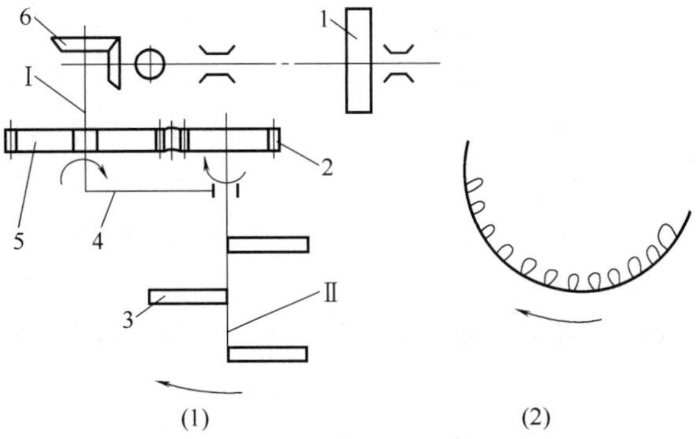

图6－26　行星式搅拌器

1—带轮　2—行星轮　3—桨叶　4—横杆

5—固定齿轮　6—圆锥

（八）搅拌器的选择

各种搅拌器的通用性较强，同一种搅拌器可用于几种不同的搅拌过程。但是进行搅拌器选择时，要根据物料性质和混合目的，选择恰当的搅拌器形式，以最经济的设备费用和最小的动力消耗达到搅拌的目的。图6－27就是这种方式选择型号的曲线图。由图 6－27 可以看出，随黏度增高的各种搅拌器选用的顺序为旋桨式、涡轮式、桨式、锚式和螺带式。对旋桨式指出了大容量液体时用低转速，小容量液体时用高转速。这种选用方法各类型的使用范围有重叠型，例如桨式搅拌器由于其结构简单，用挡板后可以改善流型，所以，在低黏度时也是应用得较普遍的。而涡轮式由于其对流循环能力、湍流扩散和剪切力都较强，几乎是应用最广泛的一种桨型。

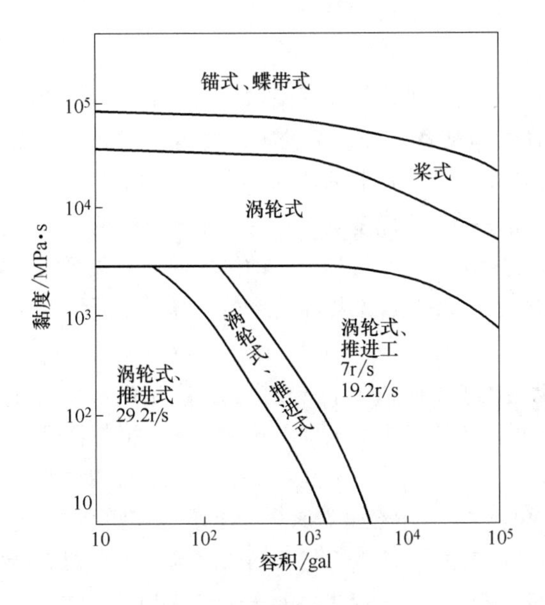

图6－27　根据黏度选型

1gal = 0.00455m³

目前搅拌器选择与设计通常采用经验类比的方法，在相近的工作条件下进行类比选型。一般选择搅拌器时主要应从介质的黏度高低、容器大小、转速范围、动力消耗．以及结构特点等几方面因素综合考虑。尽可能选择结构简单、安全可靠、搅拌效率高的搅拌器。

1. 根据介质黏度的高低选型

根据搅拌介质黏度大小来选型是搅拌器选择基本方法。物料的黏度对搅拌状态有很大的影响，按照物料黏度由低到高的排列，各种搅拌器选用的顺序依次为旋桨式、涡轮式、桨式、锚式和螺带式等。旋桨式在搅拌大容量液体时用低转速，搅拌小容量液体时用高转速。桨式搅拌器由于其结构简单，用挡板后可以改善流型，所以，在低黏度时也是应用得较普遍的。而涡轮式由于其对流循环能力、湍流扩散和剪切力都较强，应用最广泛。

2. 根据搅拌过程和目的选型

这种方法是通过搅拌过程和目的，对照搅拌器造成流动状态作出判断来进行选择。低黏度均相液—液混合，搅拌难度小，最适合选用循环能力强，动力消耗少的旋桨式搅拌器。平浆式结构简单，成本低，适宜小容量液相混合。涡轮式动力消耗大，会增加费用。

对分散操作过程，最适合选用具有高剪切力和较大循环能力的涡轮式搅拌器。其中平直叶涡轮剪力作用大于折叶或和后弯叶的剪力作用，因此应优先选用。为了加强剪切效果，容器内可设置挡板。

对于固粒悬浮液操作，涡轮式使用范围最大，其中以弯叶开启涡轮式最好。它无中间圆盘，上下液体流动畅通，排出性能好，桨叶不易磨损。而桨式速度低；只用于固体粒度小、固液相对密度差小、固相浓度较高、沉降速度低的悬浮液。旋桨式使用范围窄，只适用于固液相对密度差小或固液比在5%以下的悬浮液。对于有轴向流的搅拌器，可不加挡板。因固体颗粒会沉积在挡板死角内，所以只在固液比很低的情况下才使用挡板。

在搅拌过程中有气体吸收的搅拌操作，则用圆盘式涡轮最合适。它剪切力强，圆盘下可存住一些气体，使气体的分散更平衡。开启式涡轮不适用。平桨式及旋桨式只在少量易吸收的气体要求分散度不高的场合中有使用的。对结晶过程的搅拌操作，小直径的快速搅拌如涡轮式，适用于微粒结晶；而大直径的慢速搅拌如桨式，用于大晶体的结晶。

（九）搅拌器的功率

计算搅拌器功率的目的是确定某种型式搅拌器能向被搅拌物料提供多大的能量，并提供搅拌器结构强度计算的原始数据，以保证所设计的搅拌器桨叶、桨轴等主要运动构件的强度要求。由于搅拌过程中流体的动力计算复杂，给精确计算搅拌器的功率带来很大的困难。目前通用的计算方法是以相似理论和因次分析法为理论基础，在此基础上找到功率计算中的有关准数关系式，并对各种类型的搅拌器进行一系列的试验测定，获得各个流动区域的准数关系式，以大量的实验数据为基础绘制出一系列曲线或计算图。可见，搅拌器功率的计算是采用了理论与实践相结合的研究方法。

关于搅拌设备的动力消耗问题，很多文献给出了不同情况下的计算公式。但由于介质种类的多样性及其物理、化学性能的差异，容器结构及内部设施的区别，再加上各种搅拌器特性的不同，要正确地得出搅拌功率并适当选择电动机是一件相当困难的事情。在没有模拟试验的情况下，设计新的搅拌设备时，常常采用现有设备的数据，用经验类比法确定相应功率并选择电动机。从目前工业上实际应用情况及对搅拌设备的功率测试结果来看，由于功率消耗数值难以精确计算，所以在选择电动机时存在着宁大勿小现象。因此对搅拌机功率的计算方法以及用实验方法测试功率的研究工作有待进一步开展，以便探索并完善搅拌设备设计和使用中的技术问题。

1. 搅拌器两种功率的含义

搅拌器运转功率及搅拌作业所需功率是不同的，它们包含着两个不同且相互联系的概念。

（1）搅拌器的运转功率　在结构形状确定的搅拌设备中搅拌特定的物料，搅拌器以某一转速运转，桨叶对流体做功使流体流动。在此情况下，为使搅拌器连续运转所需要的功率称为搅拌器的运转功率。显然，这个功率的大小是由搅拌设备的几何参数、物性参数及运转参数等确定的。通常这个功率值不包括机械传动轴因摩擦而消耗的动力。

（2）搅拌作业所需的功率　从另一方面看，被搅拌的物料在流动状态下要完成特定的物理或化学反应过程，即要完成某一特定的工艺加工过程，如混合、分散、传热及溶解等。不同种类及不同数量的物料在不同的搅拌过程中所需要的动力是各不相同的，这是由工艺过程的要求所决定的。因此，这个功率值的大小是由物性、物量及所要求的最终加工要求所决定的。我们把搅拌器使容器中的物料以最佳方式完成搅拌过程所需要的功率称为搅拌作业所需功率。

在搅拌作业过程中，最好是先知道搅拌作业所需功率，这样可以按搅拌器运转功率的概念提供一套能给作业过程输入足够功率的搅拌装置。最理想的状况是搅拌器运转功率正好等于搅拌作业所需功率。在此情况下，搅拌器所消耗的功率最小，而又能以最佳方式完成搅拌作业过程。如果搅拌器运转功率远大于搅拌作业所需功率，必然导致功率的浪费，如果搅拌器运转功率小于搅拌作业所需功率，则又会造成无法启动工作的结果。目前，对于搅拌器运转功率的研究已有很多的成果，并获得了可供使用的大量实验数据，而对搅拌作业所需功率的研究和试验则较少，这方面的工作有待进一步加强，以满足搅拌器设计计算的需要。

2. 影响搅拌器运转功率的主要因素

搅拌器运转功率的大小与容器内的物料流动状态有关，因此影响流动状态的因素必然影响搅拌器运转功率。影响搅拌器运转功率的因素有如下几方面。

（1）搅拌设备的几何参数　包括桨叶直径、桨叶宽度、桨叶倾角、桨叶数目、桨叶离槽底的高度、容器槽内径、挡板宽度、挡板数目以及导流筒尺寸等。

（2）搅拌器运转参数　主要是桨叶的旋转速度。

（3）容器内液体物料的深度　它反映容器所装物料的数量。

（4）搅拌物料的物性参数　包括密度、黏度等。

只要上面诸参数相同，不管搅拌目的如何，也不管进行何种搅拌工艺过程，其搅拌器运转功率都是相同的。

表 6-1　　搅拌器型式及重要参数

桨型	结构简图	常用尺寸	常用运转条件	常用介质黏度范围	流动状态	备注
锚式		$d_j/D=0.9\sim0.98$；$b/D=0.1$；$h/D=0.48\sim1.0$	$n=1\sim100$ r/min；$v=1\sim5$m/s，v为叶端线速度 m/s，以下同	<100Pa·s	不同方向上的水平环向流。如为折叶或角钢型叶可增加桨叶附近的涡流，层流状态操作	为了增大搅拌范围，可根据需要在桨上增加立叶和横梁
框式						
螺带式		$d_j/D=0.9\sim0.98$；$s/d_j=0.5$、1、1.5；$b/D=0.1$；$h/d_j=1.0\sim3.0$；螺带条数1、2	$n=0.5\sim50$ r/min；$v<2$m/s	<100Pa·s	轴流型，一般是液体沿槽壁螺旋上升再沿桨轴而下，层流状态操作	

续表

桨型		结构简图	常用尺寸	常用运转条件	常用介质黏度范围	流动状态	备注
开启涡轮式	平直叶	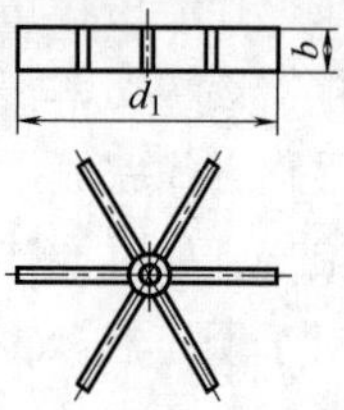	$d_j/D=0.2\sim0.5$，以0.33居多；$b/d_j=0.15\sim0.3$，以0.2居多；$Z=3\sim16$，以3、4、6、8居多；折叶角度$\theta=24°$、45°、60°；后弯角$\alpha=30°$、50°、60°、80°	$n=10\sim300$r/min；$v=4\sim10$m/s；折叶式的$v=2\sim6$m/s	平直叶的<50Pa·s；折叶、后弯叶的<10Pa·s	平直叶、后弯叶为径向流。在有挡板时可自桨叶为界形成上下两个循环流，折叶的还有轴向分流，近于轴流型	最高转速达600r/min。折叶角度为24°的，用于3叶开启涡轮，搅拌效果类似于3叶推进式。高黏度时α宜取大值，以降低功率消耗
	折叶	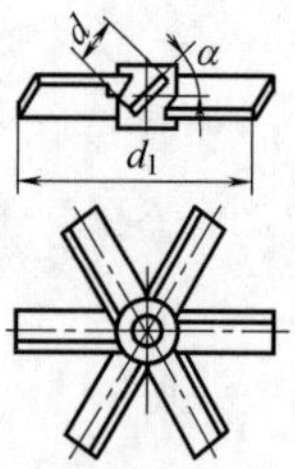					
	后弯叶	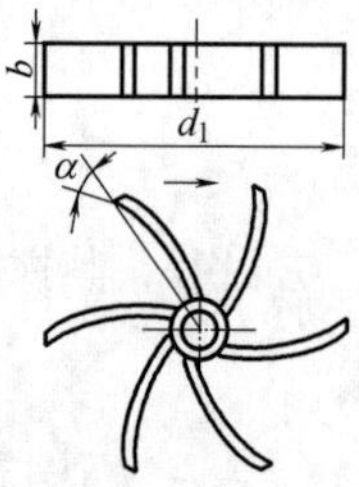					
桨式	平直叶	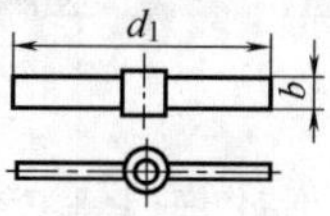	$d_j/D=0.35\sim0.80$；$b/d_j=0.10\sim0.25$；$Z=2$；折叶$\theta=$45°、60°	$n=1\sim100$r/min；$v=1\sim5.0$m/s	<2Pa·s	低速时水平环向流为主，高速时为径流型，有挡板时为上下循环流	当$d_j/D=0.9$以上时，并设置多层桨叶，可用于高黏度的低速搅拌。在层流区操作，其适用介质黏度可达100Pa·s，而叶端线速度$v=1.0\sim3.0$m/s
	折叶	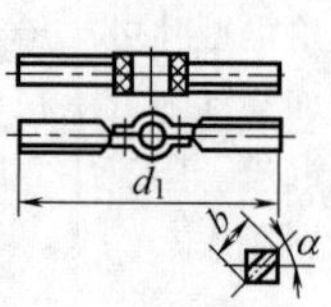				有轴向分流，径向分流和环向分流，多在层流、过度流状态时操作	
推进式		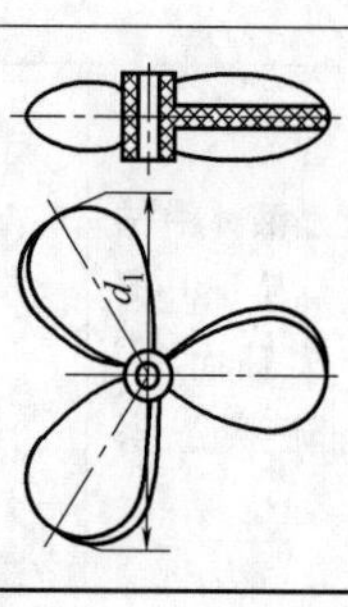	$d_j/D=0.2\sim0.5$，以0.33居多；$s/d_j=1$、2；$Z=2$，3，4，以3叶居多	$n=100\sim500$r/min；$v=3\sim15$m/s	<2Pa·s	轴流型，循环速率高，剪切力小。采用挡板或导流筒则轴向循环更强	最高转速可达1750r/min，最高$v=25$m/s，转速在500r/min以下，适用介质黏度50Pa·s

续表

桨型		结构简图	常用尺寸	常用运转条件	常用介质黏度范围	流动状态	备注
圆盘涡轮式	平直叶	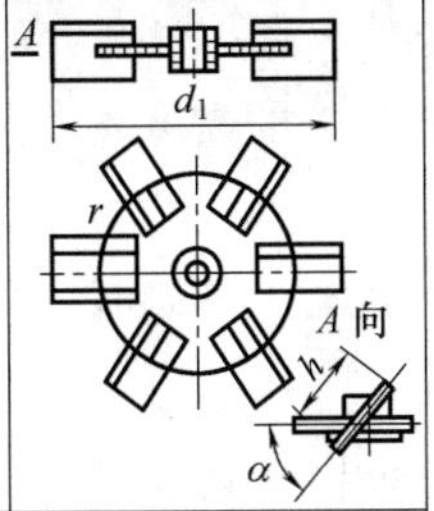	$d_j : l : b =$ 20 : 5 : 4；$Z=4$，6，8；$d_j/D=0.2\sim0.5$，以 0.33 居多；折叶角 $\theta=45°$、60°；后弯角 $\alpha=45°$	$n=10\sim300\text{r/min}$；$v=4\sim10\text{m/s}$；折叶式 $v=2\sim6\text{m/s}$	平直叶 <50Pa · s；折叶、后弯叶 <10Pa · s	平直叶、后弯叶为径向流。在有挡板时可自桨叶为界形成上下两个循环流，折叶的还有轴向分流，圆盘的上下混合不如开启涡轮	最高转速达 600r/min，叶型还有一种箭叶型
	折叶	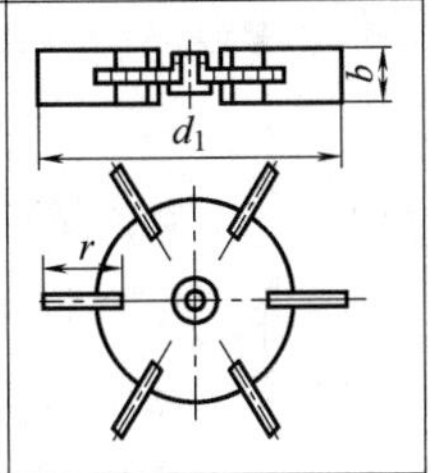					
	后弯叶	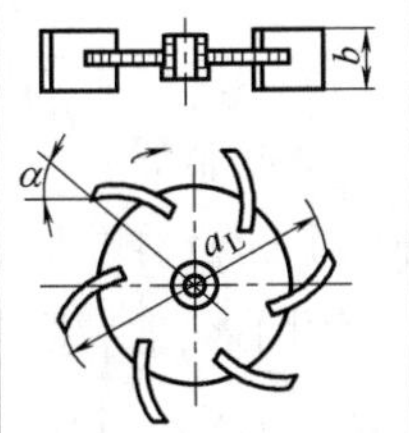					

除了功率问题以外，有关搅拌过程的流体力学研究也具有重要的意义。在搅拌过程中，搅拌器的功率不仅引起流体的整体运动，而且在液体中产生湍动，湍动程度与搅拌器使液体做旋转运动而产生的漩涡现象密切有关。漩涡因相互撞击和破裂，使液体受到剧烈的搅拌。因此对于搅拌过程中的流场特性及其对搅拌效果影响的深入了解，有必要将流体力学理论的深入研究与搅拌技术的有关问题紧密结合起来。在近代化学及食品工业中，流动的物料不仅局限于低黏度的牛顿型流体，许多高黏度的流体也常常遇到。例如浆状流体等非牛顿流体的应用日益广泛，有关这方面的理论研究和试验测试技术越来越引起有关科技设计人员的重视。

第三节　混　合　机

一、概　　述

（一）混合机理

在食品加工中，固体混合操作常用于原料的配制及产品的制造，如谷物、面粉的混合、粉状食品中添加辅料和添加剂、固体饮料的制造、汤粉的制造、调味粉的制造等。

在混合操作中，粉料颗粒随机分布。受混合机作用，物料流动，引起性质不同的颗粒产生离析。因此在任何混合操作中，粉料的混合与离析同时进行，一旦达到某一平衡状态，混合程度也就确定了，如果继续操作，混合效果的改变也不明显。影响混合效果的主要因素是粉料的物料特性和搅拌方式。粉料的物料特性包括粉料颗粒的大小、形状、密度、附着力、表面粗糙程度、流动性、含水量和结块倾向等。试验证明，大小均匀的颗粒混合时，密度大的趋向器底；密度近似的颗粒混合时，最小的和形状近似圆球形的趋向器底；颗粒的黏度越大，温度越高，越容易结块和结团，不易均匀分散。

固体物料主要靠机械外力产生流动引起混合。固体颗粒的流动性是有限的，流动性又主要与颗粒的大小、形状、相对密度和附着力有关。

在各种混合设备的工作过程中，对流、扩散和剪切混合三种形式同时存在，只是在不同的机型、物料性质和不同的混合阶段所表现的主导混合形式有所不同。在固体混合时，由于固体粒子具有自动分级的特性，混合的同时常常伴随着产生离析现象。

混合的方法主要有两种：一种是容器本身旋转，使容器内的混合物料产生翻滚而达到混合的目的；另一种是利用一只容器和一个或一个以上的旋转混合元件，混合元件把物料从容器底移送到上部，而物料被移送后的空间又能够由上部物料自身的重力降落以补充，以此产生混合。按混合容器的运动方式不同，可分为固定容器式和旋转容器式。按混合操作型式，分为间歇操作式和连续操作式。固定容器式混合机有间歇与连续两种操作型式，依生产工艺而定；而旋转容器式混合机通常为间歇式，即装卸物料时需停机。间歇式混合机易控制混合质量，可适应粉料配比经常改变的情况，因此应用较多。混合机是将两种或两种以上的粉料颗粒通过流动作用，使之成为组分浓度均匀混合物的机械。混合机主要是针对散粒状固体，特别是干燥颗粒之间的混合而设计的一种搅拌机械。在混合机内，大部分混合操作都并存对流、扩散和剪切三种混合方式，但由于机型结构和被处理物料的物性不同，其中某一种混合方式起主导作用。

（二）混合均匀度的表示方法

混合物的混合均匀程度是衡量混合机性能好坏的主要技术指标之一。通常用混合物中定量统计组分含量的变异系数 CV（%）来衡量。变异系数是指混合物中定量统计组分的含量偏离配方要求含量的程度。经过充分混合后，混合物为无秩序的，不规则排列的随机完全混合状态。这时，在混合物内任意处的随机取样中，同一种组分的摩尔分数应该接近一致。从混合机中取 n 个样品，每个样品中定量统计组分的摩尔分数分别为 X_1、$X_2 \cdots X_N$，当测定次数为有限次数 n 时，定量统计组分摩尔分数的算术平均值为：

$$\bar{x} = \frac{x_1 + x_2 + \cdots\cdots + x_n}{n}$$

标准偏差为：

$$s = \sqrt{\frac{\sum_{i=1}^{n} (x_i - \bar{x})^2}{n - 1}}$$

则变异系数为：

$$CV(\%) = \frac{s}{\bar{x}} \times 100$$

混合物的变异系数越大，则混合均匀程度越差。

（三） 混合过程

在混合操作中，粉料颗粒随机分布不规则具有随机性，受混合机作用，物料流动，粉料颗粒的自动分级特性引起性质不同的颗粒产生离析。因此在任何混合操作中，粉料的混合与离析同时进行，一旦达到某一平衡状态，混合程度也就确定了，如果继续操作，混合效果的改变也不明显。混合过程中混合物的混合均匀度与混合时间的变化关系曲线称为混合特性曲线（如图6-28所示）。由混合特性曲线可以看出固体混合过程分为三个阶段，初始阶段是混合刚开始的一段时间，混合物的变异系数在短时间内迅速下降，这一阶段以对流混合为主，离析作用不明显。接着进入混合均匀阶段，混合物的变异系数下降缓慢，在这一阶段对流混合和扩散混合共同作用，同时物料有离析作用发生。当混合物的变异系数达到一定数值时，混合进入平衡阶段，这一阶段混合物的混合作用与离析作用达到动态平衡，变异系数在一定的范围内上下波动，无限地延长混合时间，无助于混合均匀度的提高。

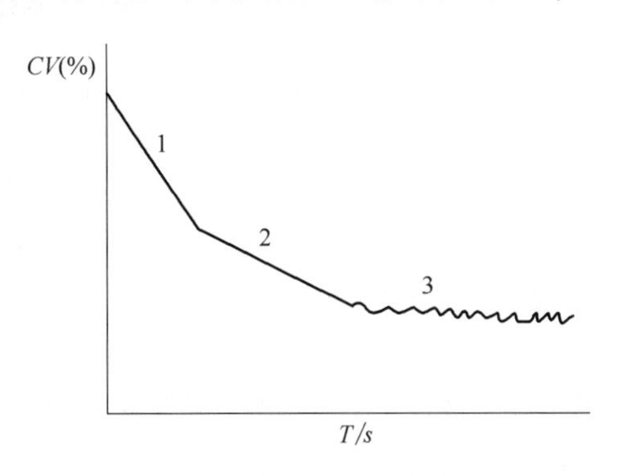

图6-28　混合特性曲线图

1—混合初始阶段　2—混合均匀阶段　3—平衡阶段

影响混合效果的一个主要因素是粉料的特性，包括粉料颗粒的大小、形状、密度、附着力、表面粗糙程度、流动性、含水量和结块倾向等。实验表明，大小均匀的颗粒混合时，密度大的趋向器底；密度近似的颗粒混合时，最小的和形状近圆球形的趋向器底；颗粒的黏度越大，温度越高，越容易结块或结团，越不易均匀分散。影响粉料混合效果的另一个主要因素是混合机的混合作用方式，以对流混合作用为主的混合机，混合速度快，但最终达到的混合均匀度相对较差，以扩散混合作用为主的混合机，混合速度相对较高。

二、 固定容器式混合机

固体混合机按混合操作形式可分为间歇操作式和连续操作式。混合容器的运动方式不同，可分为固定容器式和回转容器式。固定容器式混合机有间歇与连续两种操作型式；而旋转容器式混合机通常为间歇操作式。间歇式混合机适应性能强，混合质量较高，但需要停机装卸物料。食品加工中使用较多是间隙式混合机。

固定容器混合机的容器是固定的，物料依靠装于容器内部的旋转搅拌器的机械作用产生流动，在流动过程中发生混合。这类混合机是以对流混合作用为主，适合用于物料物理性质差别及配比差别比较大的粉料混合操作。固定容器式混合机按搅拌机主轴的位置可分为水平轴和垂直轴式两种；按搅拌器的结构型式可分为卧式螺带式混合机、卧式桨叶式混合机、立式搅龙混合机、行星搅龙混合机。

1. 卧式螺带式混合机

卧式螺带式混合机的结构如图6-29所示，由搅拌器、混合室、传动机构、机架与电机等组成。搅拌器为带状螺旋叶片经支杆主轴固定连接安装在混合室内，在主轴上装有旋向相反的几条带状螺旋叶片，正向带状螺旋叶片使物料往一侧移动，而反向带状螺旋叶片则使物料向相反一侧移动，被混合物料不断地重复分散和集聚，从而达到较好的混合效果。带状螺旋叶片在

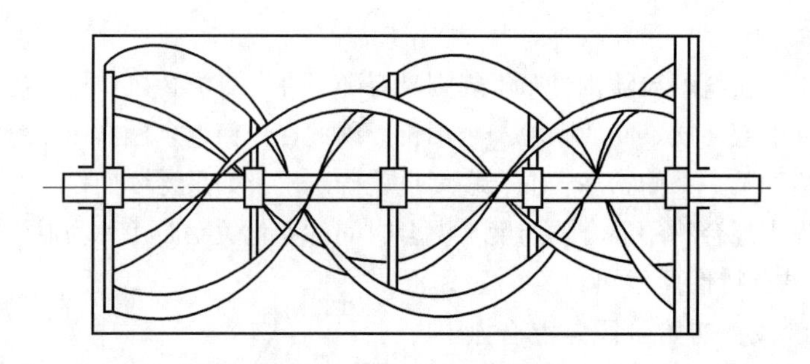

图6-29 卧式螺带式混合机

支杆上有单层布置，也可以双层安装。

混合室按横截面形状有U型、O型和W型。一般大型混合机采用U型混合室，小型混合机采用O型混合室，双轴混合机采用W型混合室。

卧式螺带式混合机的螺带长径比常为2~10，搅拌器工作转速约在20~60r/min。混合机的混合容量为容器体积的30%~40%，最大不超过60%。混合机最大容量可达$30m^3$，混合周期为5~20min。

卧式螺带式混合机属于以对流混合作用为主的混合设备。混合速度较快，但最终达到的混合均匀度相对较差。卧式螺带式混合机安装高度低，物料残留少，适用于混合易离析的物料，对稀浆体和流动性较差的粉体也有较好的混合效果。卧式螺带式混合机易造成物料被破碎的现象，所以不适用于易破碎物料的混合。

2. 双轴桨叶式混合机

双轴桨叶式混合机的结构如图6-30所示，由混合室、转子及传动系统等组成。

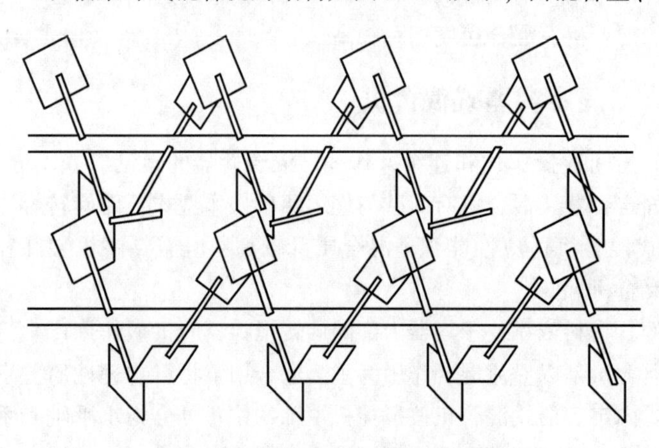

图6-30 双轴桨叶式混合机示意图

双轴式桨叶混合机的混合室为W形；转子由主轴、支杆、桨叶构成，两转子采用向外反向转动，桨叶运动的圆周轨迹相互啮合；传动系统由电机通过减速器减速后，采用链传动使两个转子形成反向转动。

双轴桨叶式混合机的转子上焊有多个不同角度的桨叶，两个转子的旋转方向相反，转子转动时，桨叶带动物料沿机槽内壁作逆时针旋转的同时，带动物料沿轴向作左右翻动。在两转子的桨叶交叉重叠处，形成了一个失重区，在失重区内，无论物料的形状、大小、密度怎样，在桨叶的作用下物料多会上浮，处于瞬间失重状态，从而使物料在混合室内形成全方位地连续循环翻动，颗粒间相互交错剪切，快速达到良好的混合均匀度。

双轴式桨叶混合机具有混合周期短、混合速度快、混合均匀度高的特点。混合不受物料性质的影响，排料迅速，机内物料残留少，混合产量弹性大，混合量在额定产量的40%～140%范围内均可获得理想的混合效果，该机结构简单紧凑，占地面积及空间均小于其他类型混合机。

3. 立式搅龙混合机

立式搅龙（螺旋）式混合机结构如图6-31所示。由混合室和螺旋搅龙组成。

混合室上部为圆柱体，下部为圆锥体。在混合室中间垂直安装有螺旋搅龙。螺旋搅龙高速旋转连续地将易流动的物料从混合室底部提升到混合室上部，再向四周泼洒下落，形成循环混合。

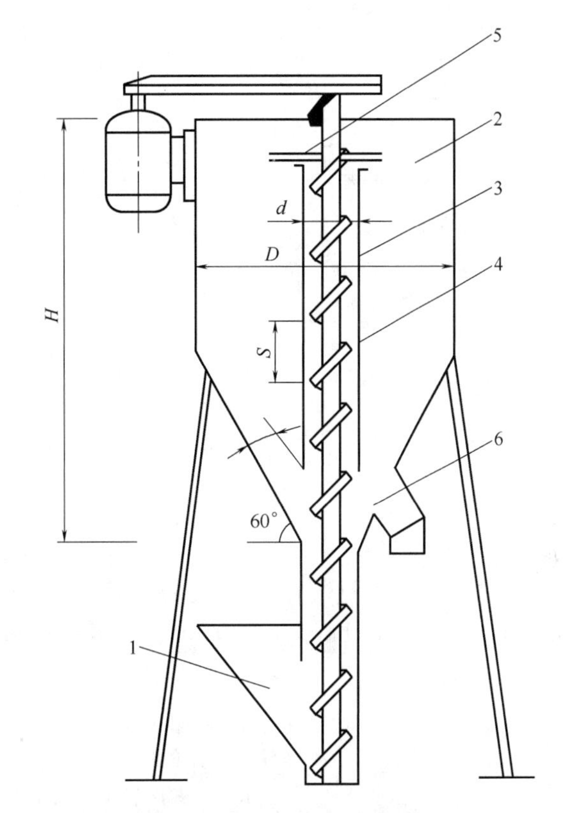

图6-31　立式螺旋式混合机

1—料斗　2—料筒　3—内套筒　4—螺旋搅龙　5—用料板　6—出料口

立式螺旋式混合机属于对流混合、扩散混合兼有的混合设备。它的混合原理是在立式容器内将易流动的粉料利用垂直的螺旋搅拌器从容器的底部提升到容器的上部，再向四周落下，底部粉料继续被补充形成循环混合。与卧式螺带式混合机相比，具有投资费用低，功率消耗小，占地面积小等优点。但立式螺旋式混合机混合时间长，产量低，物料混合不很均匀，物料残留多，不适合处理潮湿或泥浆状粉料，混合不均匀的主要原因是螺旋搅拌器只能将附近的粉料提升，且粉料从螺旋上部抛出也不均匀，重粒抛得远，轻粒抛得近。为使混合效果更好，并消除容器壁附近料层得不到混合的现象，进而发展了行星运动螺旋式混合机。

4. 行星搅龙式混合机

行星搅龙式混合机结构如图6-32（1）所示，由混合室和行星搅龙及传动系统等组成。行星搅龙式混合机的混合室呈圆锥形，有利于物料下滑。混合室内螺旋搅龙的轴线平行于混合室壁面，上端通过转臂与旋转驱动轴连接。当驱动轴转动时，搅龙除自转外，还被转臂带着公转。其自转速度在60～90r/min范围内，公转速度为2～3r/min。

行星搅龙式混合机转臂传动装置的结构如图6-32（2）所示。电动机通过V带带动、带轮将动力输入水平传动轴，使轴转动，再由此分成两路传动，一路经一对圆柱齿轮2、3，一对蜗轮蜗杆4、5减速，带动与蜗轮连成一体的转臂6旋转，装在转臂上的螺旋搅拌器15随着沿容器内壁公转；另一路是经过三对圆锥齿轮8，9，11，12，13，14变换两次方向及减速，使螺旋搅拌器绕本身的轴自转。这样就实现了螺旋搅拌的行星运动。

整个机构的传动路线如下：

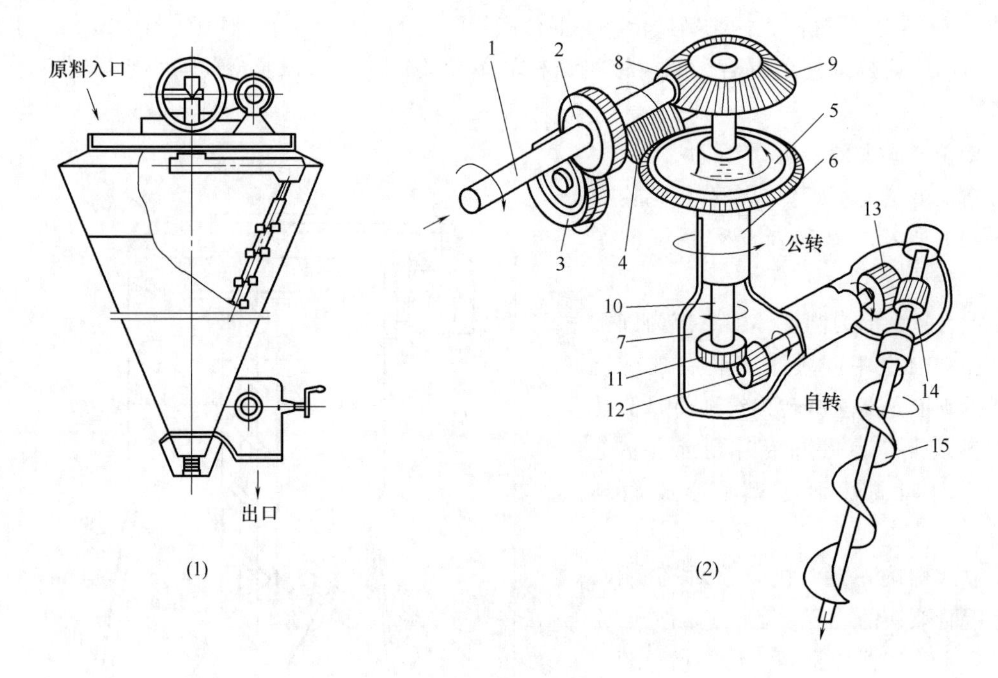

图6-32　行星搅龙式混合机

(1) 行星搅龙式混合机示意图　(2) 行星搅龙式混合机传动图

1—传动轴　2,3—圆柱齿轮　4—蜗杆　5—蜗轮　6—转臂　7—转臂轴空腔

8,9,11～14—锥齿轮　10—传动轴　15—螺旋搅拌器

$$\text{轴 1}\rightarrow\left\{\begin{array}{l}\dfrac{\text{齿轮 2}}{\text{齿轮 3}}\rightarrow\dfrac{\text{蜗轮 4}}{\text{蜗轮 5}}\rightarrow \\ \dfrac{\text{锥齿轮 8}}{\text{锥齿轮 9}}\rightarrow\dfrac{\text{锥齿轮 11}}{\text{锥齿轮 12}}\rightarrow\dfrac{\text{锥齿轮 13}}{\text{锥齿轮 14}}\end{array}\right\}\text{螺旋搅拌器}\left\{\begin{array}{l}\text{公转}\\ \text{自转}\end{array}\right\}$$

行星运动螺旋式混合机工作时，搅龙的行星运动使物料既能产生垂直方向的流动，又能产生水平方向的位移，而且搅龙还能消除靠近容器内壁附近的泄流层。因此这种混合机的混合速度快、混合效果好。它适用于高流动性粉料及黏滞性粉料的混合，但不适用于易破碎物料的混合操作。行星搅龙式混合机的特点是配用动力小，占地面积少，一次装料量多，调批次数少，每批料混合时间长，机内物料残留量较多。行星搅龙式混合机在食品工业中广泛应用于混合操作中。

三、 旋转容器式混合机

旋转容器式混合机的混合容器是固定的，容器内没有搅拌工作部件，物料随着容器旋转依靠自身的重力形成垂直方向运动，物料在器壁或容器内的固定抄板上引起折流，造成上下翻滚及侧向运动，不断进行扩散，而达到混合的目的。这类混合机是以扩散混合作用为主的混合设备。一般旋转容器式混合机的容器回转速度较低，正常工作时，物料在容器内应发生涡流运动。旋转容器式混合机由旋转容器及驱动转轴、机架、传动机构等组成，其中最重要的构件是旋转容器的形状，它决定了混合操作的效果。容器内表面要求光滑平整，以减少粉料对器壁的黏附、摩擦等影响。有时在旋转容器内安装几个固定抄板，促进粉料的翻腾混合，减少混合时间。旋转容器式混合机的驱动轴水平布置。旋转容器式混合机的装料量一般为容器体积的

30% ~50%。如果投入量大，混合空间减少，物料的离析倾向大于混合倾向，混合效果较差。混合时间与被混合粉料的性质及混合机型有关，多数操作时间为10min左右。旋转容器式混合机常用于流动性良好的、物性差异小的粉状食品的混合。旋转容器式混合机按容器的结构形式可分为圆筒混合机、双锥型混合机、正方型混合机、V型混合机、正方体型混合机。

1. 圆筒型混合机

圆筒型混合机按其回转轴线位置可分为水平型和倾斜型两种，其结构如图6-33所示。水平型圆筒混合机的圆筒轴线与回转轴线重合。操作时，物料的流型简单。由于粉粒没有沿水平轴线的横向速度，容器内两端位置存在混合死角，并且卸料不方便，因此混合效果不理想，混合时间长，一般采用的较少。

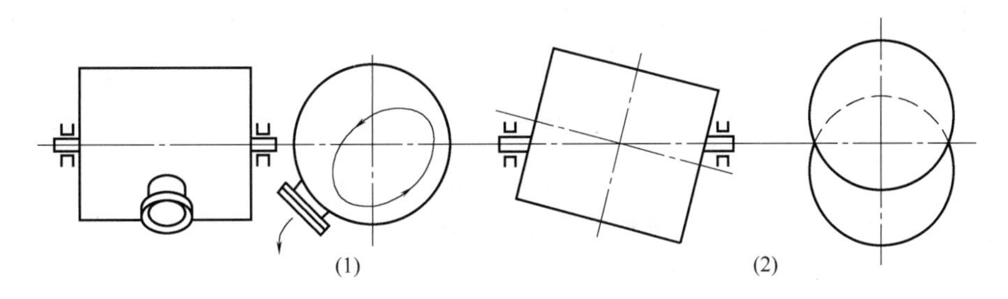

图6-33　圆筒型混合机

(1) 水平型圆筒型混合机　(2) 倾斜型圆筒型混合机

倾斜型圆筒混合机的圆筒轴线与回转轴线之间有一定的角度。混合时，粉料有三个方向的运动速度，物料的流型复杂化，避免了混合死角，混合能力增加。其工作转速在40 ~100r/min，常用于混合调味粉料的操作。

2. 双锥型混合机

双锥型混合机的结构形式如图6-34（1）所示，容器是由两个锥筒和一段短柱筒焊接而成，其锥角有60°和90°两种结构。混合过程中，物料在容器内翻滚强烈，流动断面不断变化，产生良好的横流效应。对流动性好的粉料混合速度较快，功率消耗低。混合机的转速一般为5 ~20r/min，混合时间为5 ~20min/次，装料量为容器体积50% ~60%。

3. V型混合机

V型混合机如图6-34（2）所示，回转容器是由两段圆筒以互成一定角度的V型连接，两圆筒轴线夹角为600或900，两筒连接处剖面与回转轴垂直，容器与回转轴非对称布置。由于V型容器的不对称性，使得粉料在旋转容器内时聚时散，在短时间内使粉料得到充分混合。与双锥型混合机相比，V型混合机混合速度快，混合效果好。V型混合机的工作转速一般在6 ~25r/min。混合时间为4min/次，装料量为容器体积的10% ~30%。V型混合机旋转轴为水平轴，其操作原理与双锥型混合机类似。但由于V型容器的不对称性，使得粉料在旋转容器内时而紧聚时而散开，因此混合效果要优于双锥型混合机，而混合时间也比双锥型混合机更短。为适应混合流动性不好的粉料，一些V型混合机对结构进行了改进，在旋转容器内装有搅拌桨，而且搅拌桨还可以反向旋转，通过搅拌桨使粉料强制扩散，同时利用搅拌桨的剪切作用还可以破坏吸水量多、易结团的小颗粒粉料的凝聚结构，从而在短时间内使粉料得到充分混合。V型混合机适用于多种干粉类食品物料的混合。

4. 正方体型混合机

正方体型混合机如图6-34（3）所示，回转容器为正方体，旋转轴与正方体对角线相连。混合机工作时，物料在容器内受到三维以上的重叠混合作用，没有混合死角，因而混合速度快。与V型混合机、双锥式混合机相比，正方体型混合机混合性能更好，但生产能力较小。这种混合机很适宜混合咖啡等粉料。

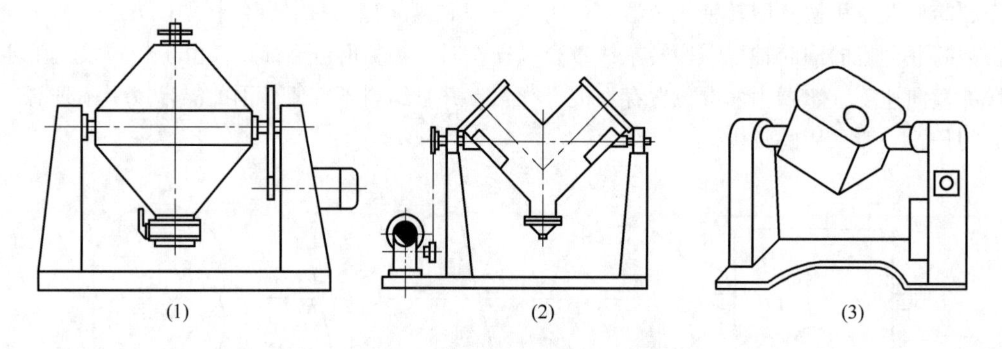

图6-34 旋转容器式混合机

（1）双锥型混合机 （2）V型混合机 （3）正方体型混合机

四、 混合机型式的选择

合理选择混合机必须考虑混合操作的目的，处理物料的性质和处理量，混合要求的最终混合均匀度和各种附属设备等因素。

通常在选型时从混合操作目的以及混合要求达到的最终混合均匀度的角度考虑。最终混合均匀度要求高的场合，选择以扩散混合作用为主的设备，如选择容器回转式混合机和行星搅龙式混合机。从混合物料的性质的角度考虑，混合物料流动性差、附着性强、凝聚性高、易结块时，选择强制物料流动的固定容器式混合机，如卧式螺带混合机和行星搅龙式混合机。从混合操作的角度考虑，产品品种规格经常变动、批量操作之间需要清洗的场合，选择容器回转式混合机。容器回转式混合机具有简单光滑的外形和良好抛光的表面，没有旋转部件，清洗操作简单方便。大批量、连续化生产时，选择容器固定式混合机，优先选择卧式螺带混合机，该机混合速度快、产量大、进出料方便。在混合过程中需要对物料进行加热或冷却时，选择容器固定式混合机。如卧式螺带混合机和行星搅龙式混合机在混合机筒上安装夹套，即可在操作过程中容易地对物料加热或冷却。要求单机生产能力大、混合速度快时，选择卧式螺带混合机。

混合机选择还必须考虑设备的操作可靠性以及设备使用的经济性。

进行混合机选择时，首先根据混合工艺，确定混合机的操作方式，采用连续式操作还是采用间歇式操作；然后根据混合物料特性，确定混合机的类型，采用容器回转式混合机还是采用容器固定式混合机；最后根据生产处理量，确定混合机的产量及型号。

总之，混合机选型时主要考虑以下几方面。

① 工艺过程的要求及操作目的：包括混合产品的性质、要求的混合度、生产能力、操作方式（是间歇式还是连续式）。

② 根据粉料的物性分析对混合操作的影响　粉料物性包括粉粒大小、形状、分布、密度、

流动性、粉体附着性、凝聚性、润湿程度等，同时也要考虑各组分物性的差异程度。

③ 由上述两点，初步确定适合给定过程的混合机型式。

④ 混合机的操作条件　包括混合机的转速、装填率、原料组分比、各组分加入方法、加入顺序、加入速率和混合时间等；根据粉料的物性及混合机型式来确定操作条件与混合速度(或混合度)的关系以及混合规模。

⑤ 需要的功率。

⑥ 操作可靠性：包括装料、混合、卸料、清洗等操作工序。

⑦ 经济性：主要有设备费用、维护费用和操作费用的大小。

第四节　调　和　机

一、调和机理

调和机又称捏合机。它主要加工高黏度糊状、膏状物料及黏滞性固体物料。例如在粉状物料中掺入少量液体，制备成均匀的塑性物料或糊状物料；在高黏稠物料中加入少量液体或粉体制成均匀混合物。除混合物外，还可根据调制物料的性质及工艺要求，完成某种特定操作，如打蛋、调和糖浆等。调和机的性能直接影响到制品的产量和质量。

固液混合是指粉体中加少量液体或在高黏度物质和胶体物质中添加微量细粉末混合后成为均匀的可塑性物质或胶状物质的操作。加工对象主要是高黏度的非牛顿性糊状物或黏滞性固体物料，一般黏度在几百至几十万 Pa·s之间，流动性极小。

固液混合过程常常伴有化学反应或热量传递，以及物料的胶体化、分散系团块的碎解。固液混合机理服从于非牛顿型物料的混合机理。当固体和液体开始混合时是粉体的混合，接着剪切混合占主导地位，在压延、折叠、粉碎、压缩的作用下混合形成黏度极高的浆体或塑性固体。它是对流扩散和剪力同时发生的过程。这种混合物的黏度很高，流动极为困难，要想达到混合均匀，并产生均匀的塑性物质，需要利用特制的混合器——捏和机进行混合，因此固液混合又称捏和、调和。

调和操作有以下特点：

① 调和操作比其他混合操作困难，混合时间长。

② 调和需要在单位容积下加入较多能量。因此调和机工作容量小，消耗功率大。

③ 桨叶与调和机容器壁间隙大小及桨叶形状对调和效果影响很大。桨叶必须与物料尽量多接触，因此桨叶与器壁间隙很小，才能产生很强的剪切力，促使物料分散。桨叶形状要适合待处理物料的性质才能控制物料运动路径和运动范围，将物料不断的带到有效调和区。一般来说，物料黏度越大，调和机作用面积要求越大，桨叶轴转速就应该越低。

④ 调和操作若伴有传热过程，则高黏度物料易黏着在壁面上，降低传热能力，恶化操作性能。为保证传热速率，控制操作温度，调和机单位容积的传热面积应很大，叶片能稳定快速地刮除传热面上的黏着物料，并及时送回到有效调和区。

固液混合在食品加工中应用非常广泛，通常应用于面制品的面团调制、巧克力制品、鱼肉香肠、人造奶油和混合干酪等的制造过程中。例如制造面包时，须先将面粉、酵母、奶粉、少量脂肪和水在一定温度下混合，调成胶状物质，而后利用机械动作，使其成为可拉伸而柔韧的面团。在此面团中，各种成分必须均匀分散，特别是酵母液，如果混合不够，面团就不均匀；混合过度，将影响面团的含气性。此外，还应采取保持保温的措施以防在混合中面团因搅拌而升温。同样在制造糕饼时，也是先将面粉、脂肪、牛奶、鸡蛋和水等原料混合，混合时，要求利用混合器将空气带入混合物中，直至使混合物成为具有柔软的塑性，且充分乳化并含有气体的物质。

二、 调和机分类

调和机专用性强，往往根据其特殊要求来选择。调和操作则是按食品加工的生产需要来决定的。由于处理物料的性质相差很大，随着物料性质的变化，操作也变得复杂。按调和机调和容器轴线位置分，有立式调和机和卧式调和机；按调和机搅拌轴数量分，有单轴式调和机和多轴式调和机；按调和机工作情况分，有间歇式调和机和连续式调和机；按调和机在食品加工中的主要用途分，有打蛋机和调粉机；按调和机搅拌桨转速分，有高速调和机和低速调和机。

固液混合是指一般粉体混合机和液体搅拌机无法加工的高黏度浆体或塑性固体的捏合。高黏度浆体和塑性固体的黏度、流动性极差。通常固液混合器的基本原理是其性能依赖混合元件与物料之间的接触，即元件的移动必须遍及混合容器的各部分，或者由工作部件对物料先是局部混合，进而达到整体混合谓之捏合、糅合或调和。固液混合器具有混合搅拌的功能，以及对物料造成挤压力、剪切力、折叠力等综合作用，因此，捏合机的叶片要格外坚固，能承受巨大的作用力，容器的壳体也要具有足够的强度和刚度。固液混合器的构件大小、转速等随混合物的稠度而异，稠度越高，桨叶的直径越大，转速越慢。

在食品工业上广泛应用的固液混合机有捏合机和混合锅。其中捏合机又称调和机，它的性能直接影响到制品的产量和质量。捏合机专用性强，往往根据特殊要求来选择。调和操作则是按食品加工的生产需要来决定的。由于处理物料的性质相差很大，随着物料性质的变化，操作也变得复杂。

（一） 双臂捏合机

双臂捏合机是由两根搅拌臂作回转运动的捏合机。主要由转子、混合室及驱动装置组成（图6-35）。

图6-35 双臂捏合机

1. 混合室

混合室是一个 W 形或鞍形底部的钢槽，上部有盖和加料口，下部一般设有排料口。钢槽呈夹套式，可通入加热或冷却介质，对于大型捏合机转子一般设计成空腔形式，以便向转子内通入加热或冷却介质。在真空或加压的条件下进行操作的捏合机的混合室还设有真空装置，可在混合过程中排出水分与挥发物。

2. 转子

捏合机的转子装在混合室内，与驱动装置相连接。转子在混合室内的安装形式有相切式和相叠式两种（图6-36）。相切式安装时，两转子外缘运动迹线是相切的；相叠式安装时，两转子外缘运动迹线是相重叠的。相切式安装时，转子可以同向旋转，也可异向旋转，转子间速比为1.5∶1或2∶1或3∶1。相叠式安装的转子，只能同向旋转，由于运动迹线相互重叠，避免搅拌臂相碰，两臂的转速比只能用1∶2和1∶1。相叠式安装的转子外缘与混合室壁间隙很小，一般在1mm左右，在这样小的间隙中，物料将受到强烈剪切、挤压作用，不仅可以增加混合（或捏合）效果，同时可以有效地除掉混合室壁上的滞料，有自洁作用。适用于粉状、糊状或黏稠液态物料的混合。相切式安装的捏合机的转子旋转时，物料在两转子相切处受到强烈剪切。同向旋转的转子或速比较大的转子间的剪切力可能达到很大的数值。此外，转子外缘与混合室壁的间隙内，物料也受到强烈剪切。相切式安装的捏合机同时在转子之间的相切区域和转子外缘与混合室壁间的区域产生混合作用。除了混合作用外，转子旋转时对物料的搅动、翻转作用有效地促进了物料各组分间的混合。由于转子相切式安装具有上述特点，故此类捏合机特别适用于初始状态为片状、条状或块状物料的混合。实际上使用较多的也是转子相切式安装的捏合机。

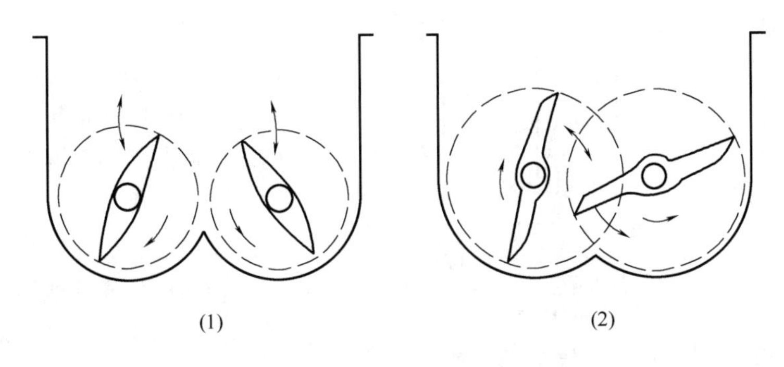

图6-36　转子安装形式

（1）相切式　（2）相叠式

Z形捏合机的混合性能不仅取决于转子的安装形式，也受转子的结构形式影响。目前在捏合机中使用的最基本的转子形状如“Z”形，为了适用于不同混合用途的需要，出现了许多非传统形式的转子，极大地改进了捏合机的混合能力。转子类型很多，常用的转子类型如图6-37所示。这些转子或在转子之间、转子与混合室壁之间产生很强的剪切分散作用或具有较高的混合作用，或能使团块物料破碎，适合于易结成块状的物料的混合。

双臂式捏合机的排料分直接排料和侧倾混合室排料两种方式。直接排料是在混合室底部设有排料口或排料门，打开排料门即可进行排料。侧倾混合室排料是将混合室设计成为可翻转式。排料时，上盖开启，混合室在丝杠带动下翻转一定角度将料排出。

（二）混合锅

混合锅通常有两种类型：一种是固定式［如图6-38（1）所示］，另一种是转动式［如图6-38（2）所示］。前者是锅体不动，混合元件除本身转动外兼作行星式运动。它是由一段短的圆筒和一个半球形器底制成，锅子可以在与机架连接的支座上升降，并装有手柄以人工方法

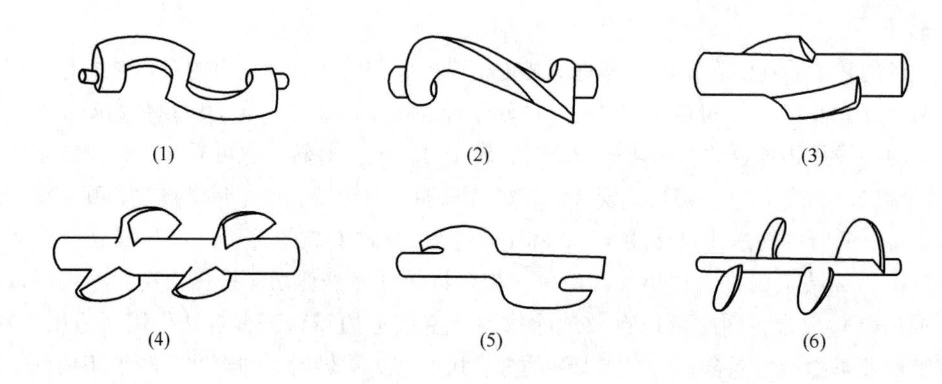

图6-37　捏合机转子形式

（1）Z形转子　（2）单螺旋转子　（3）双螺旋转子　（4）爪形转子　（5）刀片形转子　（6）X形转子

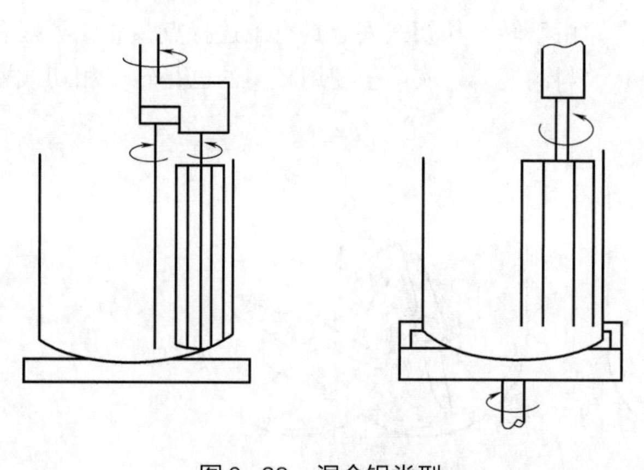

图6-38　混合锅类型

（1）固定式混合锅　（2）转动式混合锅

卸除物料。它的混合元件在动作时，与器壁的间隙很小，搅拌作用可遍及于整个物料。后者的锅体是安装在转动盘上转动，其混合元件偏心安装于靠近锅壁处作固定的转动。它是由转盘带动锅子作圆周运动将物料带到混合元件的作用范围之内而起的局部混合作用。混合元件的形式有多种，其中框式最为普遍，叉式应用也广，还有将桨叶作成扭曲状以增加轴向运动或其他的形式。它在食品工业上应用很广，特别是用于处理高黏度的食品的混合。如制造面包时调制面团，生产糕点和糖果时的原料混合等都经常采用这种设备。

三、打　蛋　机

打蛋机在食品加工中常用来搅打多种蛋白液。主要加工对象是黏稠性浆体，如生产软糖、半软糖的糖浆；生产蛋糕、杏元饼的面浆以及花式糕点上的装饰乳酪等。高黏度液体一般将指黏度高于2.5Pa·s液体。高黏度物料（包括高浓度物料）在搅拌过程中黏度往往会变化。根据搅拌过程物料黏度的变化，可分为三类：一是搅拌物料由低黏度向高黏度过渡，如溶解、乳化及生化反应等操作；二是搅拌物料由高黏度向低黏度过渡；三是搅拌物料保持在高黏度下操作。高黏度液体的混合与低、中黏度液体的混合有所不同。高黏度液体在搅拌的作用下，既无明显的分子扩散现象，又难以造成良好的湍流以分割组分元素，在这种情况下，混合的主要作用力是剪切力，剪切力是由搅拌的机械运动所产生的。剪切力把待混合的物料撕成越来越薄的薄层，使得某一组分的区域尺寸减小。图6-39所示是平面间的两种黏性流体。开始时主成分以离散的黑色小方块存在，随机分布于混合体中，然后在剪切力的作用下，这些方块被拉长，如果剪切力足够大，对每一薄层的厚度撕到用肉眼难以分辨的程度，到这个程度我们称为“混合”。因此，高黏度流体中，流体的剪切力只能由运动的固体表面造成，而剪切速度取决于固体表面的相对运动及表面之间的距离。所以，在高黏度搅拌机的设计上，一般取搅拌器直径与容器内径的比值几乎等于1∶1，就是这个道理。高黏度的食品混合主要是以剪切混合为主。高黏度搅拌机的种类很多。按其工作方式，可分为间歇式搅拌机和连续式搅拌机；按容器是否旋转，可分为固定容器型搅拌机和旋转容器型搅拌机。打蛋机是其典型代表。

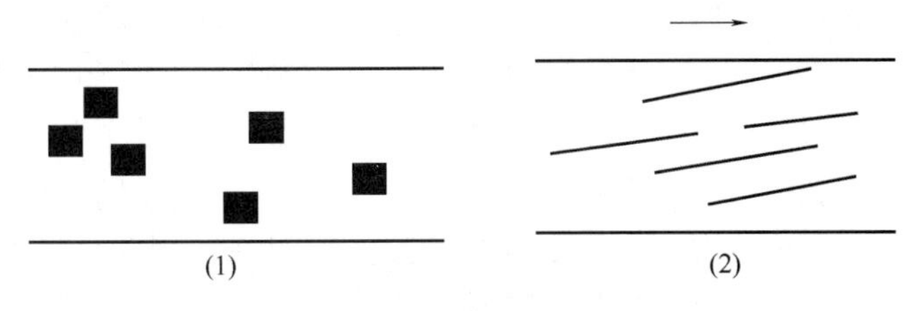

图6-39 液体剪切混合作用

（1）混合初始状态 （2）剪切混合状态

（一） 打蛋机工作原理

打蛋机搅拌器转速在70～270r/min，故常称为高速调和机。打蛋机操作时，通过自身搅拌器的高速旋转，强制搅打，使得被搅拌物料充分接触与剧烈摩擦，以实现对物料的混合、乳化、充气及排除部分水分的作用，从而满足某些食品加工工艺的特殊要求。如生产砂型奶糖时，通过搅拌可使蔗糖分子形成微小的结晶体，俗称“打砂”操作；在生产充气糖果时，将浸泡的干蛋白、蛋白发泡粉、明胶溶液及浓糖浆等混合搅拌后，可得到洁白、多孔性的充气糖浆。

打蛋机有立式与卧式两种，常用设备是立式打蛋机。立式打蛋机结构如图6-40所示。打

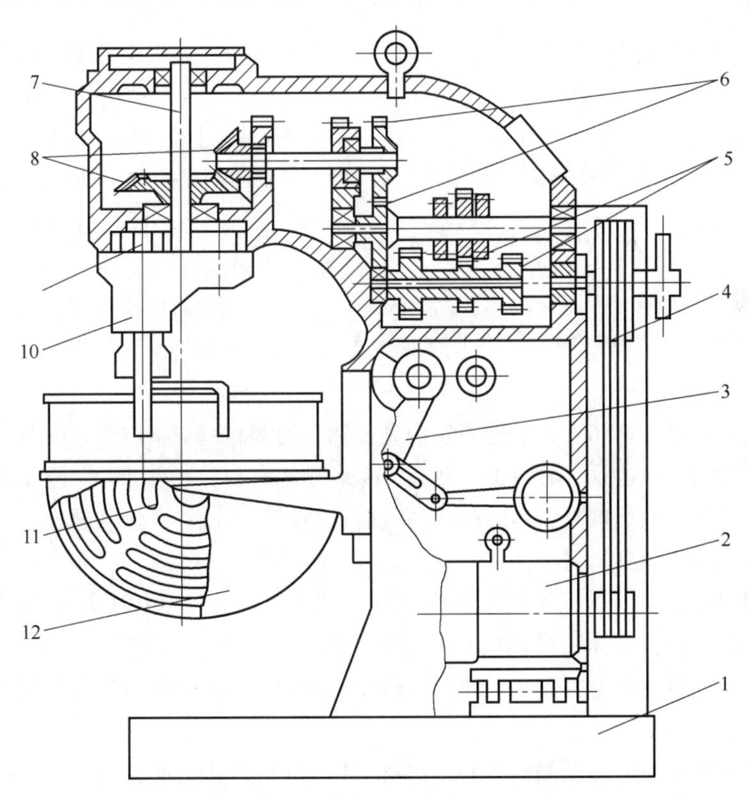

图6-40 立式打蛋机的结构

1—机架 2—电机 3—搅拌容器升降机构 4—皮带轮 5—减速器 6—斜齿轮 7—主轴 8—锥齿轮 9—行星齿轮 10—搅拌头 11—搅拌桨叶 12—搅拌容器

蛋机操作时，搅拌器高速旋转，强制搅打，被调和物料充分接触并剧烈摩擦，从而实现混合、乳化、充气及排出部分水分的作用。如在制备砂型奶糖的生产中，搅拌使蔗糖分子形成微小结晶体。又如充气糖果生产中，将浸泡的干蛋白、蛋白发泡粉、浓糖浆、明胶液等混合后得到洁白、多孔结构充气糖浆。

由于浆体物料黏度低于调粉机搅拌的物料，因此打蛋机转速高于调粉机转速，常在70～270r/min范围内，被称作高速调和机。

（二）打蛋机结构及主要零部件

立式打蛋机一般由搅拌器、容器、传动装置及容器升降机构等组成。其工作过程为：电机把动力通过传动机构传到搅拌器，搅拌器与容器间获得一定规律的相对运动，使物料得以搅拌，搅拌效果的好坏由搅拌器运动规律限制。

1. 搅拌器

立式打蛋机的搅拌器由搅拌桨和搅拌头两部分组成。搅拌桨在运动中搅拌物料，搅拌头则使搅拌桨相对于容器形成公转与自转的运动规律。

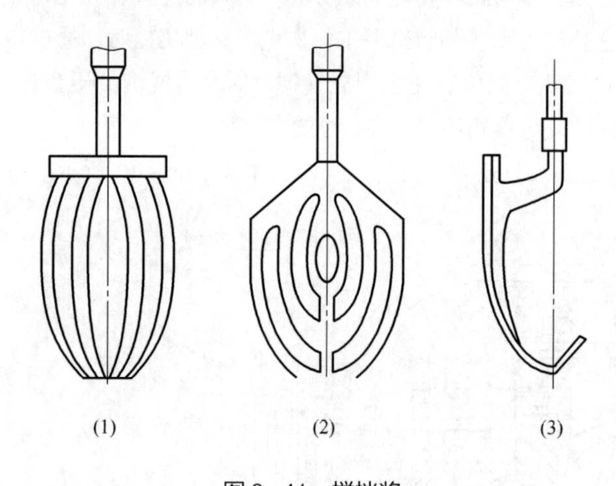

图6-41　搅拌桨

（1）鼓形搅拌桨　（2）网形搅拌桨　（3）钩形搅拌桨

（1）搅拌桨　打蛋机搅拌桨的结构形状根据被调和物料的性质以及工艺要求决定。较为典型的有3种结构：钩形搅拌桨、网形搅拌桨和鼓形搅拌桨（如图6-41所示）。

① 鼓形搅拌桨：如图6-41（1）所示，它由不锈钢丝制成鼓形结构，这类桨搅拌时可造成物料液的湍动，但由于搅拌钢丝较细，故强度较低，只适用于工作阻力小的低黏度物料的搅拌。如稀蛋白液。

② 网形搅拌桨：如图6-41（2）所示，该桨整体锻造成网拍形，桨叶外缘与容器形状一致，它具有一定的强度，作用面积较大，可增加剪切作用。适用于中黏度物料的调和，如蛋白浆、糖浆、饴糖等。

③ 钩形搅拌桨　如图6-41（3）所示，该桨整体锻造，一侧形状与容器侧壁弧形相同，顶端为钩状。这种桨的强度高，运转时，各点能在容器内形成复杂运动轨迹，主要用于调和高黏度的物料，如生产蛋糕所需的面浆。

（2）搅拌头　搅拌头的作用是使搅拌桨在容器内形成一定规律的运动轨迹。它有两种型式，一种是容器不动，搅拌头带动搅拌桨作行星式运动；另一种类型是容器安装在转盘上转动，搅拌头偏心安装于靠近容器壁处作固定转动，如图6-42所示为食品工业上较为常用的型式，现简述如下。

行星运动式搅拌头的传动系统如图6-42（1）所示，其运动轨迹如图6-42（2）所示。在传动系统中，内齿轮1固定在机架上，当转臂3转动时，行星齿轮2受1、3的共同作用，既随转轴外端轴线旋转，形成公转，同时又与内齿啮合，并绕自身轴线旋转，形成自转，其合成运动形成行星运动，从而满足调和高黏度物料的运动要求。搅拌桨自转与公转的关系式为：

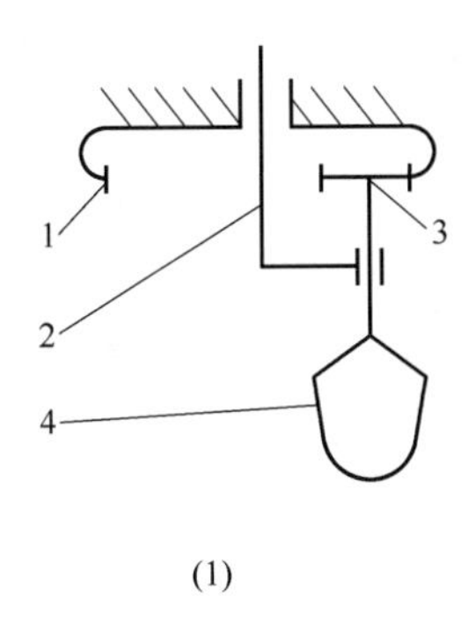

(1)

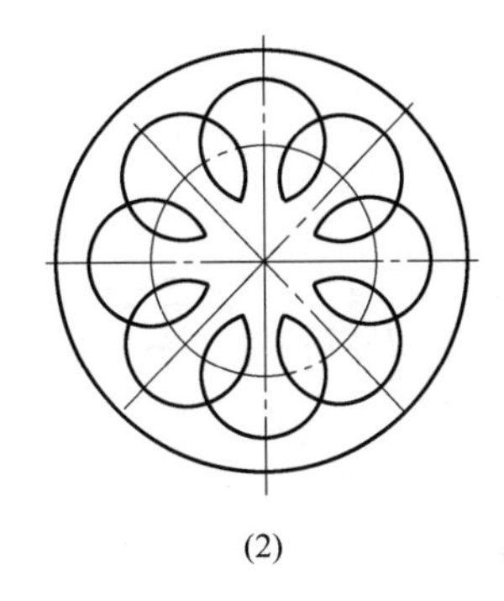

(2)

图6-42　打蛋机的搅拌器

(1) 搅拌器的运动关系　(2) 搅拌器的运动轨迹

1—内齿轮　2—行星齿轮　3—转臂　4—搅拌桨

$$n_z = (1 - Z_g / Z_c) n_g$$

式中　n_z——搅拌桨自转数，r/min

n_g——搅拌桨公转数，r/min

Z_g——搅拌头内齿轮齿数

Z_c——搅拌头行星齿轮齿数

2. 轴封

打蛋机的轴封主要是防止搅拌头内传动机构中的润滑油脂漏入容器内。通常的轴封措施为：

(1) 采用高可靠性的密封装置，如机械密封等；

(2) 在设计上采用圈形间歇式结构；

(3) 采用耐高温的食品机械密封润滑剂；

(4) 采用封闭轴承或含油轴承以减少润滑剂的加入量。

3. 调和容器

立式打蛋机的调和容器结构特征与搅拌器容器相似，为圆柱形桶身下接球形底，两体焊接成形或以整体模压成形。容器根据食品工艺的要求分为闭式和开式两种，以开式使用最为普遍。为满足调制工艺的需要，调和容器通常设有升降和定位机构。常用的升降和定位自锁机构如图6-43 (1)。该机构的工作过程为：在操作时转动手轮1，使同轴凸轮2带动连杆3及滑块4，使支架5沿机座6的燕尾导轨作垂直升降移动，升降的距离由凸轮的偏心距而定，一般约为65mm，当手轮顺时针转到凸轮的突出部分与定位自锁销8相碰时，即处于极限位置，此时连杆轴线刚好低于凸轮曲柄轴，使容器支板固定并自锁在上述极限位置处，如图6-43 (2) 所示。其中平衡块7通过滑块销轴产生向上的推力，目的是减缓升降时容器支架的重力作用。

4. 机座

立式打蛋机的机座承受搅拌操作的全部负荷。搅拌器高速行星运动，使机座受到交变偏心矩和弯扭联合作用，因此采用薄壁大断面轮廓铸造箱体结构来保证机器的刚度和稳定性。

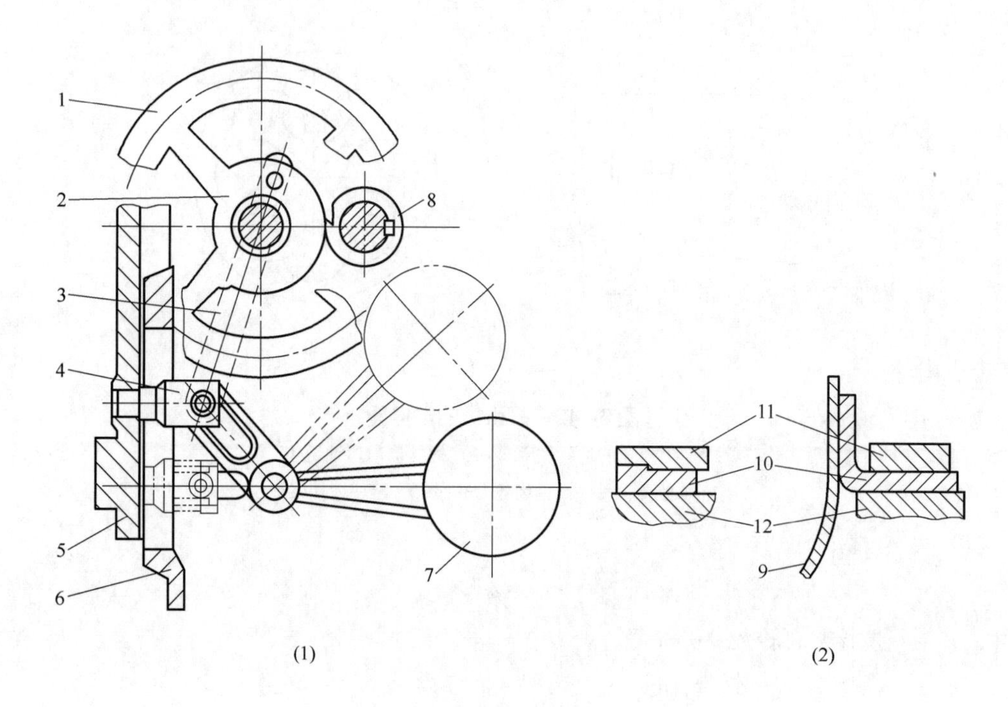

图6-43 升降和定位机构支板固定和自锁

1—手轮 2—凸轮 3—连杆 4—滑块 5—支架 6—机座 7—平衡块 8—定位销 9—调和容器 10—支板 11—斜面压板 12—机架

第五节 均 质 机

一、概 述

食品均质机是食品的精加工机械，它常与物料的混合、搅拌及乳化机械配套使用。目前，国内外食品均质机械的品种很多，并不断地发展。就其原理来说，都是通过机械作用或流体力学效应造成高压、挤压冲击、失压等，使物料在高压下挤研，强冲击下发生剪切，失压下膨胀，在这三重作用下达到细化和混合均质的目的。食品均质机按构造分为高压均质机、离心均质机、超声波均质机和胶体磨均质机等。

二、高压均质机

（一）高压均质机的工作原理

高压均质机是以物料在高压作用下通过非常狭窄的间隙（一般小于0.1mm），造成高流速（150～200m/s），使料液受到强大的剪切力，同时，由于料液中的微粒同机件发生高速撞击以及液料流在通过均质阀时产生的漩涡作用，使微粒碎裂，从而达到均质的目的。其作用原理如图6-44。

目前，有关均质机工作过程的机理，可归纳为以下三种学说。

1. 剪切学说

剪切学说认为，流体在高压作用下高速流动，通过均质机的均质阀缝隙处，由于产生极大的速度梯度，在剪切力作用下使液滴破碎，达到均质的目的。

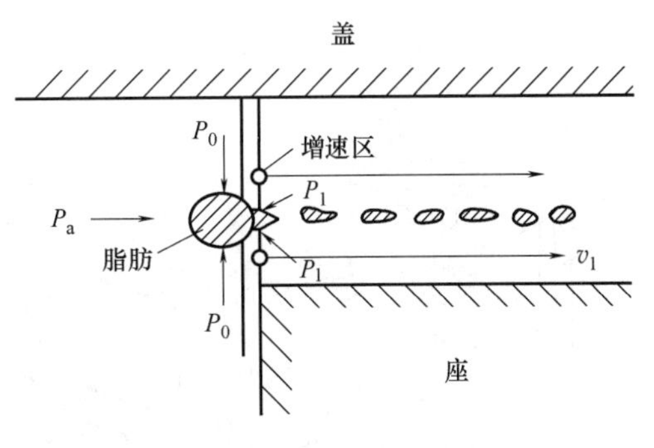

图6-44　高压均质阀内粉碎脂肪示意图

当液滴在高压下通过很小缝隙的入口时，液滴的速度为 v_0，压力为 p_0，通过缝隙时所受压力为 p_1，速度达到 v_1，在缝隙中心处的液滴流速最大，缝隙壁面的液滴最小，很大的速度梯度引起的剪切力使液滴发生变形并破裂，达到均质效果。通常使用的高压均质机主要由高压泵与均质阀组成。物料被柱塞往复泵吸入泵腔中，在高压作用下的液滴通过高压泵排出管路上的均质阀，料液从阀芯与阀座形成的很小的缝隙中高速流过，一般缝隙宽度在0.1mm左右，流速高达150～200m/s。

2. 撞击学说

撞击学说认为，在高压作用下，流体中的液滴与均质阀发生高速撞击现象，从而使液滴破裂达到均质的目的。

3. 空穴学说

空穴学说认为，在高压作用下使料液高速流过缝隙，因而产生了高频振动，引起了迅速交替的压缩与膨胀作用，在瞬间引起空穴现象，使液滴破裂，达到均质目的。

对以上三种理论的解释到底哪一种作用是主要的，哪些是次要的，如何根据正确的理论设计出更有效的均质机结构，有待进一步的理论探讨和试验研究。

（二）高压均质机的结构和工作过程

在食品工业中，广泛采用的高压均质机是以三柱塞往复泵作为主体，并在泵的排出管路中安装双级均质阀头。高压均质机的结构主要由三柱塞往复泵、均质阀、传动机构及壳体等组成。均质机结构组合图如图6-45所示，均质机机体组合图如图6-46所示。

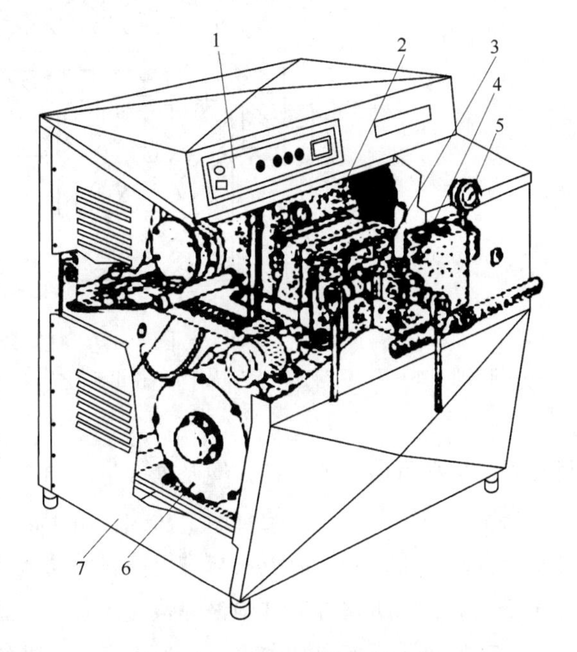

图6-45　均质机结构组合图

1—操纵盘　2—传动机构　3—均质头　4—泵体　5—压力表　6—电动机　7—机座及外壳

1. 三柱塞往复泵

泵体结构如图6-47所示。泵体为长方体，内有三个泵腔，活塞在泵腔内往复运动使物料吸入，加压后流向均质阀。泵体与活塞通常用不锈钢制造，为防止液体泄漏及渗入空气，采用填料密

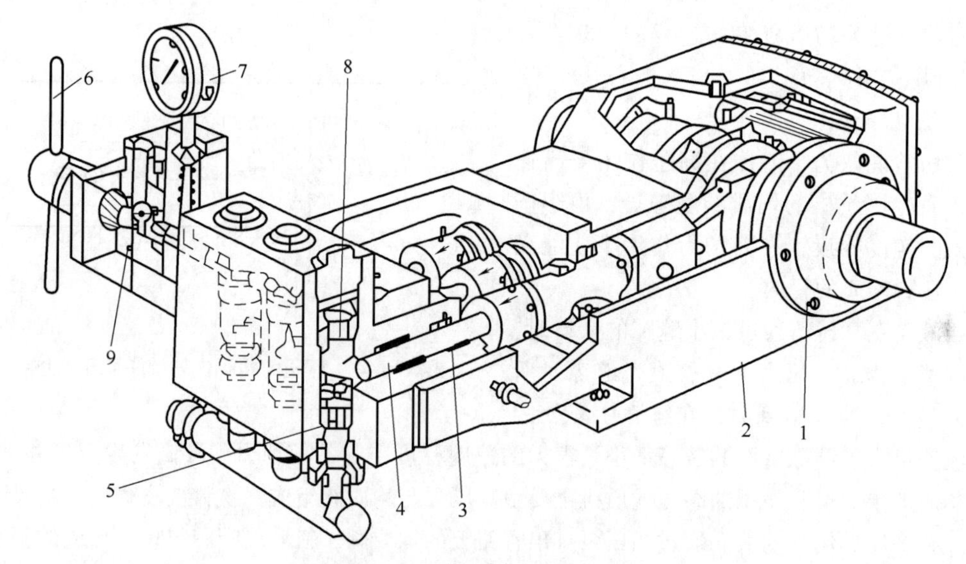

图 6-46　均质机机体组合图

1—连杆　2—机架　3—柱塞环封　4—柱塞　5—均质阀　6—压力调节杆　7—高压压力表　8—上阀门　9—下阀门

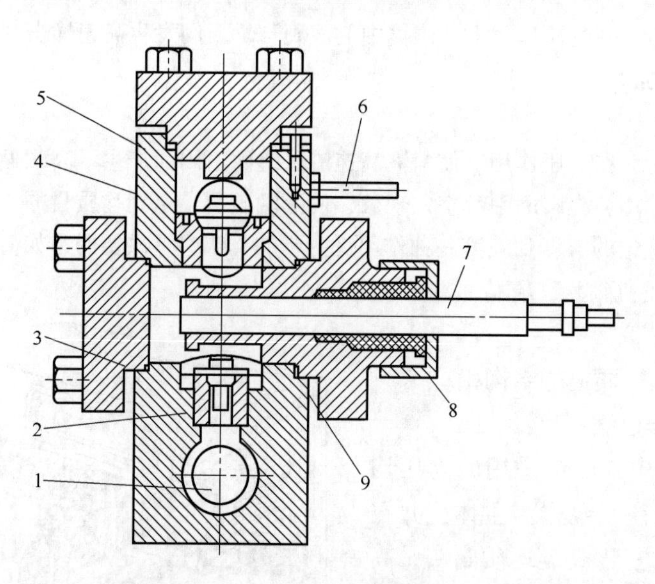

图 6-47　柱塞泵泵体图

1—进料腔　2—吸入活门　3—活门座　4—排出活门　5—泵体　6—冷却水管　7—柱塞　8—填料　9—垫片

封装置，材料可用皮革、石棉绳及聚四氟乙烯等。

高压泵的每个泵腔内配有两个活阀，由于活塞往复运动改变腔内压力，使活阀交替地自动开启或关闭，以完成吸入与排出液料的功能。三柱塞泵共有六个活阀，其中吸入和排出阀各三个。均质阀可通过调整弹簧对阀芯的压力，以达到调节流体压力的目的。

往复泵在活塞来回一次中，只吸入和排除液体各一次的泵称为单动泵。由于单动泵的吸入活阀和排出活阀均装在活塞的一侧，吸液时就不能排液，因此排液不连续。由于活塞由连杆和曲轴带动，活塞在左右两点之间的往复运动不是等速度。所以，排液量也就随着活塞的移动而有相应的起伏，其流量曲线如图 6-48 所示。为了改善单动泵的不均匀性，多采用双动泵或三联泵。双动往复泵的工作原理如图 6-49 所示，在活塞两侧的泵体内部装有吸入阀和排出阀，无论活塞往哪一边运动，总有一个吸入阀和一个排出阀打开，即在活塞往复一次中，吸液和排液各进行两次，使吸入管路和排出管路总有液体流过，使送液连续，但流量曲线仍有起伏，如图 6-50 所示。为保持排出液的连续且均匀，通常采用三联泵，三联泵的实质是三台单动泵并联构成，通常又称三柱塞泵，其流量曲线如图 6-51 所示。

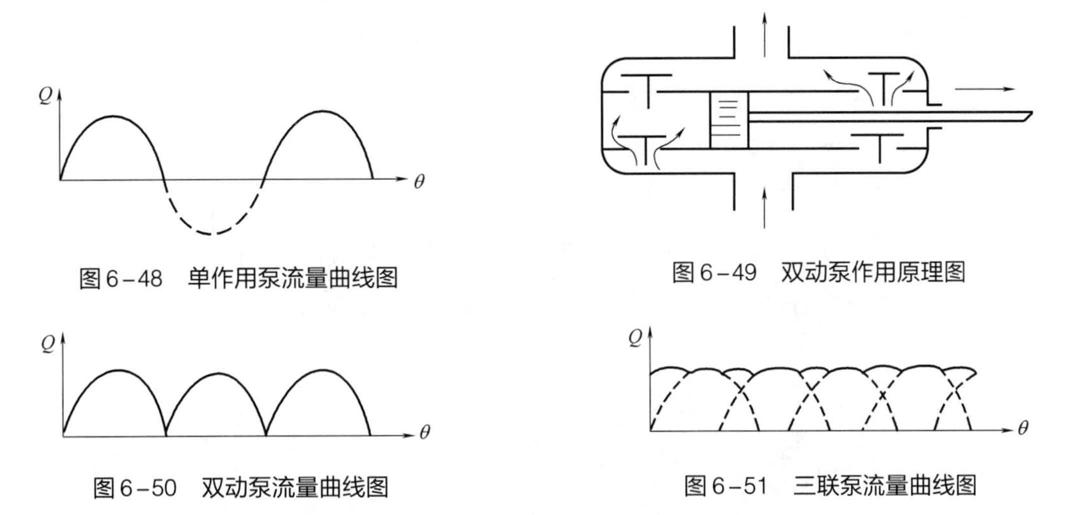

图 6-48　单作用泵流量曲线图

图 6-49　双动泵作用原理图

图 6-50　双动泵流量曲线图

图 6-51　三联泵流量曲线图

2. 均质阀

均质阀的工作原理如图 6-52 所示，一般在均质操作中设有两级均质阀，第一级为高

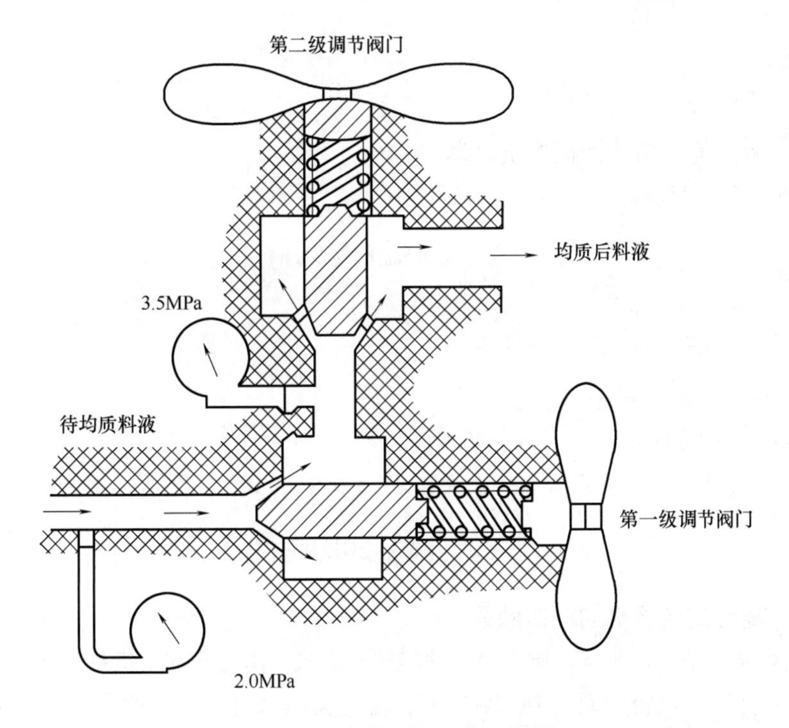

图 6-52　双级均质阀工作原理图

压流体，其压力高达20～25MPa，主要作用是使液滴均匀分散，经过第一级后的流体压力下降至3.5MPa，第二级的主要作用是使液滴分散。由于高压物料的高速流动，阀座与阀芯（又称阀盘或均质头）的磨损相当严重，一般多用含有钨、铬、钴等元素的耐磨合金钢，并经过精细的研磨加工制造。双级均质阀的结构示意图如图6-53所示。

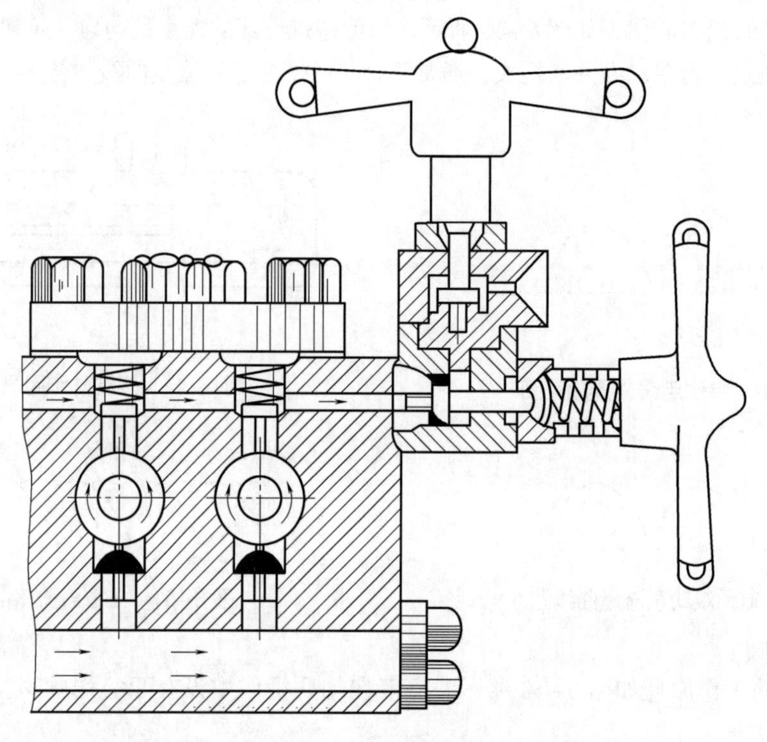

图6-53　双级均质阀结构示意图

（三）高压均质机生产能力的计算

高压均质机生产能力 G 可用下式计算：

$$G = 60\pi r^2 szn\varepsilon \quad (\mathrm{m^3/h})$$

式中 r——柱塞半径，m

s——柱塞冲程，m

z——柱塞个数

n——柱塞往复次数，次/min

ε——工作体积的填料系数，一般为0.8～0.9

三、离心式均质机

（一）离心式均质机的工作原理

离心式均质机是一种兼有均质与净化功能的均质机。离心式均质机是以高速回转鼓使料液在惯性力的作用下分成密度大、中、小三相，密度大的物料成分（包括杂质）趋向鼓壁，密度中等的物料顺上方管道排出，密度小的脂肪类被导入上室，上室内有一块带尖齿的圆盘，使物料以很高的速度围绕该盘旋转并与其产生剧烈的相对运动，使得局部产生漩涡，引起液滴破裂而达到均质的目的。

（二）离心式均质机的结构

离心式均质机主要由转鼓、带齿圆盘与传动机构组成。

1. 转鼓

其结构如图6-54（1）所示，由转轴与碟片等组成。为增加分离能力，一般装有数十块碟片，碟片的型式与离心机的碟片相似。

2. 带齿圆盘

其结构如图6-54（2）所示。盘上有突出的尖齿，一般为12齿，齿的前端边缘呈流线型，后端边缘则削平。工作时，圆盘随转鼓一起回转，转鼓的上方中心处是料液口，料液由此进入转鼓，并充满容腔，在进口的外侧是均质液出口，经带齿圆盘均质后的物料又回到碟片上，一边循环一边均质，均质后的物料则由出口排出。

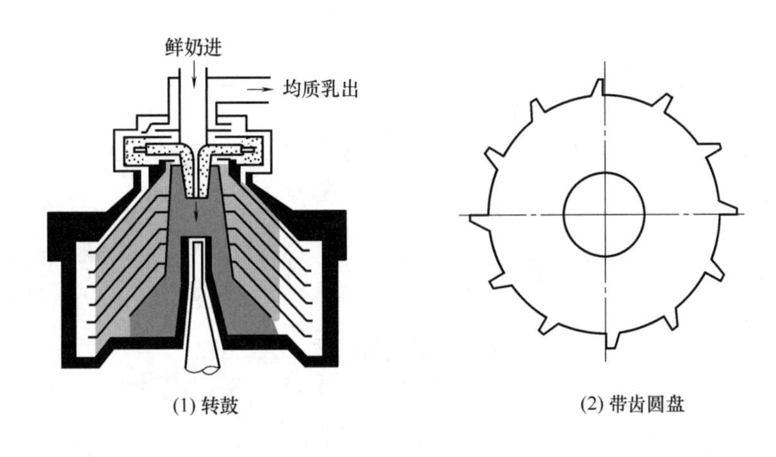

图6-54　离心式均质机

（三）特点

（1）在同一设备内，一次操作即可完成均质与净化，节省投资。

（2）均质度一致。

（3）对机器的材质要求高。即要求材料的强度要高，重量要轻，以提高转速和均质效果。

四、超声波均质机

超声波均质机是利用声波和超声波，当遇到物体时迅速交替的压缩和膨胀的原理而设计的，物料在超声波的作用下，当处在膨胀的半个周期内，受到拉力，则物料呈气泡膨胀；当处在压缩的半个周期内，气泡则浓缩，当压力变化幅度很大时，若压力振幅低于低压，被压缩的气泡会急剧崩溃，则在料液中会出现“空穴”现象，这种现象的出现，又随着振幅的变化和外压的不平衡而消失，在空穴消失的瞬时，液体的周围产生非常大的压力和高温，起着非常复杂而强有力的机械搅拌作用，以达到均质的目的。同时，对“空穴”产生有密度差的界面上，超声波也会反射，在这种反射声压的界面上也产生剧烈的搅拌作用。

根据这个原理，超声波均质机将频率为20～25kHz的超声波发生器放入料液中（也可以使用使料液具有高速流动特性的装置），通过超声波在料液中的搅拌作用使料液均质。

超声波均质机按超声波发生器的型式分为机械式、磁控式和压电晶体式等。

（一）机械式超声波均质机

机械式超声波均质机主要由喷嘴和簧片等组成，如图6-55所示。簧片处于喷嘴的前方，它是一块边缘呈楔形的金属片，被两个或两个以上的节点夹住。当料液在0.4~1.4MPa的泵压下经喷嘴高速射到簧片上时，簧片便发生振动，其振动频率为18~30kHz。这种超声波立即传给料液，使料液呈激烈的搅拌状态，料液中的大粒子便碎裂并均质化，均质后的料液即从出口排出。

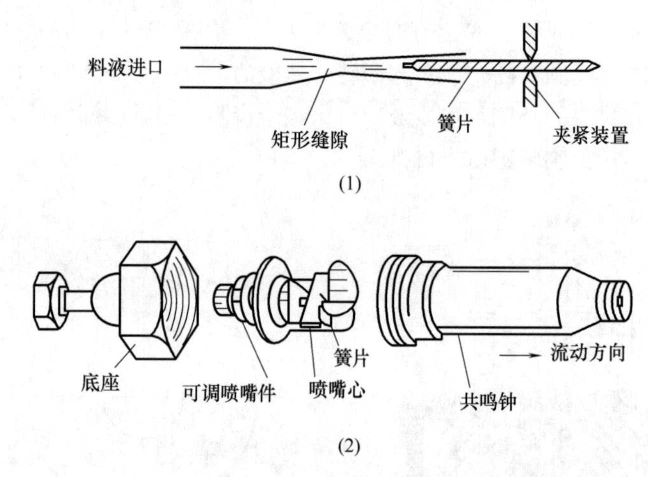

图6-55 机械式超声波原理及发生器图

（1）超声波发生器工作原理示意图 （2）超声波发生器结构图

机械式超声波均质机适用于牛奶、花生油、乳化油和冰淇淋等食品的加工。但超声波均质机对安装和使用有一定的要求，主要表现在：

（1）安装基础需牢固、平坦，其纵向和横向的水平度允许差为0.5/1000（mm）。

（2）因均质机冷却要求高，为此冷却措施要得当。

（3）对密封要求高，同时需要经常加以检查。

（4）运动部件要保持润滑，并有检查油泵的制度。

（5）均质机要注意灭菌，机器停止工作时应立即拆洗消毒。

（二）磁控振荡式均质机

磁控振荡式均质机一般通过用镍粒铁等磁歪振荡式的超声波发生器在频率达几十kHz时，使料液在强烈的搅拌作用下达到均质的目的。

（三）压电晶体振荡式均质机

压电晶体振荡式均质机用钛酸钡或水晶振荡制作超声波振荡器，其振荡频率达几十kHz以上，对料液进行强烈的振荡而达到均质。

五、胶体磨均质机

胶体磨是一种磨制胶体或近似胶体物料的超微粒粉碎、均质机械。其工作原理是：胶体磨由一固定的表面（定盘）和一旋转的表面（动盘）所组成。两表面间有可调节的微小间隙，物料就在此间隙中通过。物料通过间隙时，由于转动件高速旋转，附于旋转面上的物料速度最大，而附于固定面上的物料速度为零，其间产生急剧的速度梯度，从而物料受到强烈的剪力摩擦和湍动搅动，使物料乳化、均质。

胶体磨有卧式和立式两种型式。卧式的结构特点是转动件的轴水平安置，固定件与转动件之间的间隙为 50 ~ 150μm，可移动转动件的水平方向距离以达到调整间隙的要求，转动件的转速极高，在 3000 ~ 15000r/min，卧式适用于均质低黏度的物料。对于黏度较高的物料，均质加工可采用立式胶体磨，其转速为 3000 ~ 10000r/min，立式结构的特点是卸料与清洗都比较方便。卧式胶体磨结构如图 6-55 所示，立式胶体磨结构如图 6-56 所示。

六、 均质机的选型与使用

（一） 均质机的选型

1. 根据物料的特性与工艺要求选型

选择既能满足性能要求，能耗低，操作方便，又安全且容易维修等性能的型号。

2. 根据生产线的生产量选型

要选择能满足生产能力的规格型号，在连续性大批量生产过程中，应与其他机型的生产能力相配合，以达到均衡生产。

3. 要考虑到一机多用

所选机型要尽量满足不同物料的加工要求，以适应产品更换时的加工需要，提高经济效益。

4. 要尽量选用新型高效的设备

当前，技术进步与机型的改进日新月异，要采用最新技术与先进设备。

（二） 均质机安装注意事项

1. 由于机体重量较大，并有运动部件产生一定的振动，因此安装基面必须坚固平坦，以避免因振动引起设备倾斜，保证机器正常运转。

2. 泵体要经常清洗消毒处理，要使机座基面高出地平面，便于冷却水与物料的供给和环境清理工作。

3. 安装整机后，带轮及其他运动件应加保护罩，以保证操作安全。

4. 为排出泵内气体、剩液、洗涤消毒水等，高压泵必须装旁通管，在进料管道中要安装管间过滤器，以防杂质进入，加速均质头的磨损。

5. 要定期按设备保养要求检修，每次检修完毕要清洗后再使用。

（三） 均质机操作注意事项

1. 均质机不许空转，启动前要仔细检查紧固件与连接件是否牢固可靠。

2. 启动前应先通冷却水，以保证柱塞工作过程中的可靠冷却。

3. 运转启动后，要逐渐调整至要求的工作压力，启动过程中排出的料液应回流到料腔，待压力到要求的稳定值后才能排出产品。

4. 设备使用完后要进行清洗（可用 90℃以上的热水或用无毒化学药剂），并进行消毒杀菌处理。

5. 柱塞的填料要调整至适当的紧密度，以保证可靠密封。

6. 需要润滑的部件应按时加注适宜的润滑油。

7. 不能用于高黏度物料的均质操作。

思考题

1. 搅拌罐中挡板有两个作用是什么？

2. 高压均质机和胶体磨的工作原理有哪些异同点？

3. 混合特性曲线可以看出固体混合过程分为三个阶段，请分别叙述这三个阶段的特点。

4. 怎样选择固体混合机？并解释混合物的混合均匀程度衡量指标——变异系数 *CV*（%）。

第七章

CHAPTER 7

食品浓缩机械与设备

[学习目标]

掌握食品工厂常见的浓缩与干燥机械设备的工作原理和关键机构、参数选择及计算设计方法；了解真空浓缩装置结构、原理和操作流程；掌握中央循环管式（标准式）浓缩锅、片式浓缩设备；了解盘管式、夹套加热室等浓缩设备；了解升膜式、降膜式、刮板式、离心式浓缩设备。

第一节 概　　述

食品企业获得的液体食品原料，如鲜牛奶、压榨的果蔬汁、果蔬浆液、谷氨酸发酵液、淀粉糖浆、活性物质提取液等，都含有大量的水分（75% ~99%）。为了增大营养成分及风味成分含量，有利于结晶、赋形，便于运输、贮存、后续加工和食用方便等，需要提高浓度减少水分，所使用的加工手段就是浓缩，即浓缩就是从溶液中除去部分溶剂的操作过程，这一工序在食品企业得到广泛应用。

常见的浓缩方法有加热蒸发浓缩、冷冻浓缩和膜浓缩等，不同浓缩方法的能量效率和浓缩程度如表7-1。常用的浓缩设备有：常压加热浓缩设备、真空浓缩设备、冷冻浓缩和反渗透浓缩设备等。

食品料液的性质对浓缩过程影响很大，选用浓缩设备与工艺时必须考虑的因素有：

（1）结垢性　有些溶液在加热浓缩时会在加热面上生成垢层，从而增加热阻，降低传热系数，严重时使设备生产能力下降，甚至因此停产。对易生成垢层的料液，最好选用料液在加热表面流速较大的浓缩设备。

（2）热敏性　热敏物料受热后会引起物料中某些成分发生化学变化或物理变化而影响产品质量。因大部分饮料液属于热敏物料，故产品应采用保持时间短、蒸发温度低的浓缩设备。

表7-1　　不同浓缩方法的能量效率和浓缩程度

浓缩方法	蒸汽当量（去除1kg水分要消耗的蒸汽量）/kg	可能的最大浓缩浓度/%
超滤	0.001（能量折算）	28
反渗透	0.028（能量折算）	30
冷冻浓缩	0.090～0.386（能量折算）	40
蒸发	0.370	80
不带风味回收的三效浓缩	0.510	80
带风味回收的三效浓缩	0.510	80

（3）结晶性　有些溶液在浓度增加时，易有晶粒析出且沉积于传热面上，从而影响传热效果，严重时会堵塞加热管。要使溶液正常蒸发，需要选择带搅拌器的或强制循环蒸发器，用外力使结晶保持悬浮状态。

（4）黏滞性　有些料液随浓度增加，黏度也随着增加，使流速降低，传热系数减小，生产能力下降。故对黏度较高的料液，需要选用强制对流或成膜型的浓缩设备。

（5）发泡性　浓缩过程中产生的气泡易被二次蒸汽夹带排出，增加产品的损耗，同时不利于二次蒸汽的逸出并会污染其他加热设备，严重时造成无法操作。因此，发泡性溶液蒸发浓缩时，应降低蒸发器内二次蒸汽的流速，以减少发泡的现象，或设置消除发泡和能进行泡沫分离回收的蒸发器，一般采用料液流速较大的蒸发器。

（6）腐蚀性　蒸发腐蚀性较强的料液时，应选用防腐蚀材料制成的设备或是结构上采用更换方便的形式，使受到腐蚀的构件易于更换。

针对以上选用原则，饮料加工业中的浓缩方法有真空浓缩、冷冻浓缩，以及在膜技术基础上的超滤浓缩和反渗透浓缩。其中，真空浓缩是最常用的方法。

第二节　真空浓缩设备

一、真空浓缩的原理

溶液受热时，溶剂分子获得动能，当某些溶剂分子所获得的动能足以克服分子间引力时，就会逸出液面，成为蒸汽分子。如果热能不断地供给，生成的蒸汽不断地排除，溶剂的气化将持续地进行。为了提高这种气化速度，大多采用将溶液加热至沸腾状态。考虑到避免加热对物料品质和色香味的影响，广泛采用8～18kPa低压状态下真空浓缩，以蒸汽间接加热方式对料液加热，使其在低温下沸腾蒸发。并且，由于所用蒸汽与沸腾液料的温差大，在相同传热条件下，比常压蒸发时的蒸发速率高。

二、真空浓缩设备的分类

真空浓缩设备的形式很多，一般可按下列方法分类：

(1) 根据加热蒸汽与二次蒸汽被利用的次数，可将真空浓缩设备分为单效浓缩设备、二效浓缩设备、多效浓缩设备以及带有热泵的浓缩设备。食品工厂的多效设备，一般采用双效、三效，有时还带有热泵装置。效数越多，热能的利用率越高，但设备的投资费用也越高。

(2) 根据料液在设备中的流程不同，可将该类设备分为循环式与单程式。其中，循环式又分为自然循环和强制循环。循环式比单程式的热能利用率高。

(3) 按料液蒸发时的分布状态分，可分为薄膜式和非膜式。薄膜式是指料液在蒸发时呈薄膜状蒸发。主要有升膜式、降膜式、片式、刮板式、离心式等形式，具有蒸发面积大、热能利用率高、水分蒸发速度快的特点，但结构较复杂；非膜式则是指料液蒸发时，在蒸发器内聚集在一起，只是翻滚或在管间流动，形成大蒸发面，主要有盘管式浓缩器、中央循环管式浓缩器等。薄膜式和非薄膜式浓缩设备的加热器结构形式有明显的不同。

三、 真空浓缩设备操作流程

（一） 单效真空浓缩设备操作流程

单效就是二次蒸汽直接冷凝，不再利用其冷凝热的蒸发浓缩操作过程。这是由一台浓缩锅和冷凝器及抽真空装置组合而成。料液进入浓缩锅后，加热蒸汽对料液进行加热浓缩，二次蒸汽进入冷凝器冷凝，不凝结气体由真空装置抽出，使整个浓缩装置处于真空状态。料液根据工艺要求的浓度，可间歇或连续排出。目前，在果酱类生产或产量小的浓缩设备中，采用这种流程较多。

（二） 多效真空浓缩设备操作流程

多效就是二次蒸汽引到下一浓缩器作为加热蒸汽，再利用其冷凝热蒸发浓缩的操作过程。常见的流程有以下几种。

1. 顺流法

图7-1所示为顺流多效设备流程简图，是最为常用的一种多效真空浓缩设备操作流程。蒸汽和料液的流动方向一致，均依效序自第1效到末效。由于蒸发室压力依效序递减，故料液在效间流动不需要泵，这是顺流法的一大优点。由于料液沸点依效序递降，因而当前效料液进入后效时，便在降温的同时放出其显热，供一小部分水分汽化，增加蒸发器的蒸发量。在顺流法下操作，料液浓度依效序递增。高浓度料液处于低温时对于浓缩热敏性食品是有利的，但料液的黏度显著升高使末效蒸发增加困难。

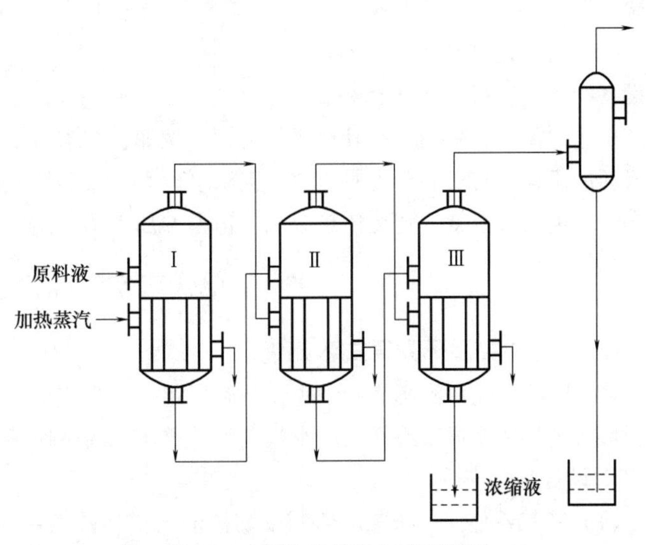

图7-1　顺流多效设备流程简图

2. 逆流法

此法料液和蒸汽的流动方向相反，图7-2所示为逆流多效设备流程简图。即原料液由最后一效进入，依次用泵送入前效，最后的浓缩制品从第一效排出。逆

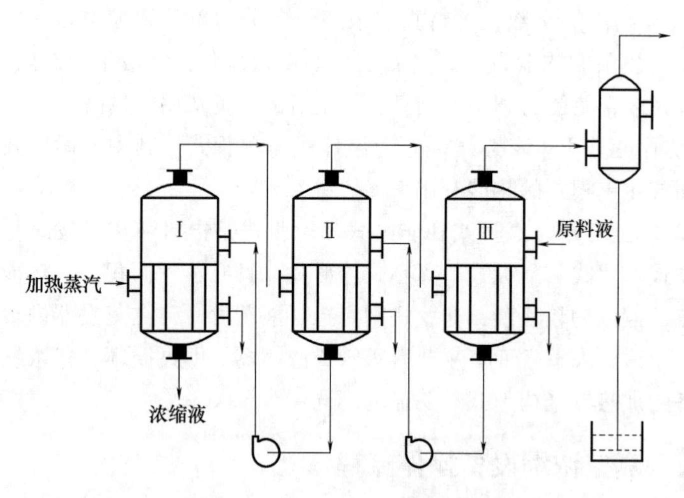

图7-2 逆流多效设备流程简图

流法的优点是随着料液向前效流动，浓度越来越高，而蒸发温度也越来越高。因此黏度的增加没有顺流法的显著。这对改善循环条件，提高传热系数均有利。值得注意的是高温加热面上浓溶液的局部过热有引起结焦和营养物质破坏的危险。逆流法的缺点是效间料液的流动要用泵来输送，同时与顺流法相比较，水分蒸发量稍减。另外，料液在高温操作的浓缩器内的停留时间要较顺流为长。

3. 平流法

此法每效都平行加入料液和排出成品，如图7-3所示。此法只用于蒸发浓缩操作进行的同时有晶体析出的场合，如食盐溶液的浓缩。这种方法对结晶操作较易控制，并省掉了黏稠晶体悬浮液的效间泵送。

4. 混流法

对于效数多的蒸发浓缩操作也有用顺流和逆流并用，有些效间用顺流，有些效间用逆流。此法起协调顺流和逆流优缺点的作用，对黏度极高的料液很有用处，特别是在料液黏度随浓度而显著增加的场合下，可以采用此法。

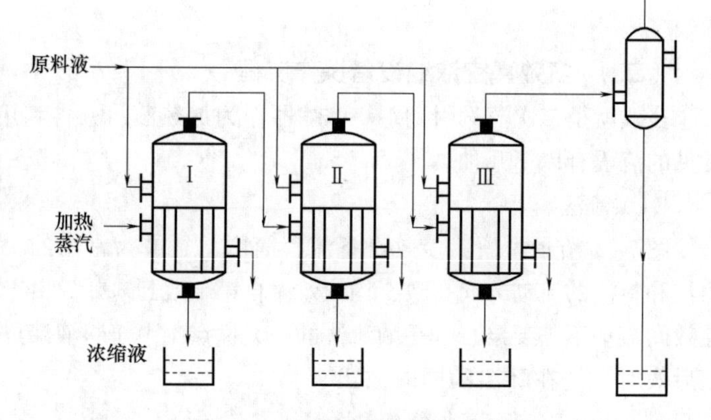

图7-3 平流多效设备流程简图

除了以上几种常用的真空浓缩设备操作流程外，还可以根据生产工艺的需要，采用一些其他操作流程。例如，在末效采用一个单效浓缩锅与前几效浓缩锅组成新的流程，它有利于克服末效溶液浓度较大、流动性差的缺点，在末效采用生蒸汽或热泵加热，以提高其温度，强化传热效果。但是增加生蒸汽的消耗量。

四、单效真空浓缩设备

（一）中央循环列管式浓缩锅

食品料液经过由沸腾管及中央循环管所组成的竖式加热管面进行加热，由于传热产生重度差，形成了自然循环，液面上的水汽向上部负压空间迅速蒸发，从而达到浓缩的目的。

1. 设备主要构造

（1）加热器体　中央循环管式浓缩器的结构如图7-4所示。其加热器体由沸腾加热管和中央循环管及上下管板组成。在加热器体中央有一根直径较大的管子，称为中央循环管，其截

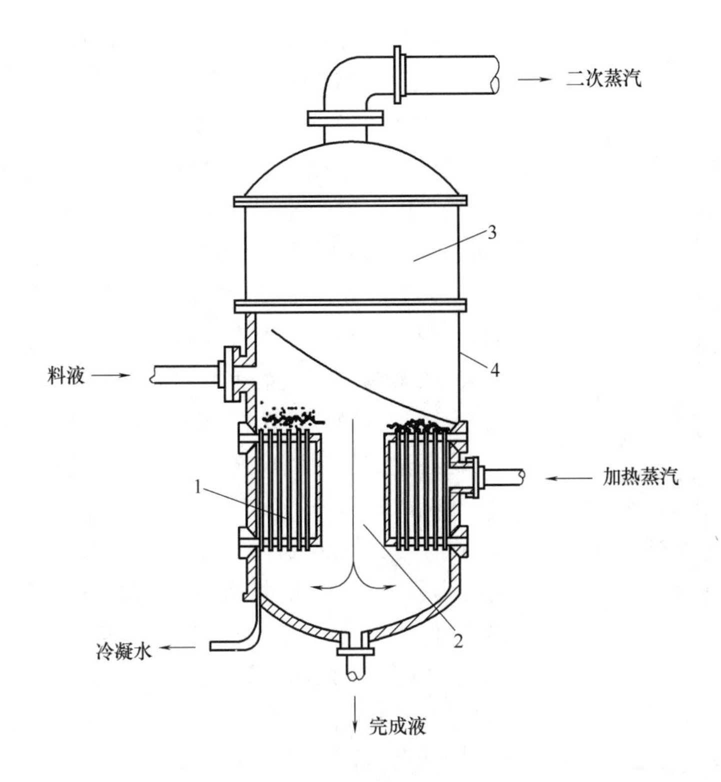

图7-4　中央循环管式浓缩器

1—加热室　2—中央循环管　3—蒸发室　4—外壳

面积一般为总加热管束截面积的40%～100%。沸腾加热管多采用 ϕ25～75mm 的管子，长度一般在0.6～2.0m，管长与管径之比为20～40，材料为不锈钢或其他耐腐蚀的材料。

中央循环管与加热管一般采用胀管法或焊接法固定在上下管板上，从而构成一组竖式加热管束。料液在管内流动，而加热蒸汽在管束之间流动。为了提高传热效果，在管间可增设若干个挡板，或抽去几排加热管，形成蒸汽通道，同时，配合不凝结气体排出管的合理分布，有利于加热蒸汽均匀分布，从而提高传热及冷凝效果。加热体外侧都有不凝结气体排出管、加热蒸汽管、冷凝水排出管等。

（2）蒸发室　蒸发室是指料液液面上部的圆筒空间。料液经加热后汽化，必须具有一定高度和空间，使汽液进行分离，二次蒸汽上升，溶液经中央循环管下降，如此保证料液不断循环和浓缩。蒸发室的高度，主要根据防止料液被二次蒸汽夹带的上升速度所决定，同时考虑清洗、维修加热管的方便，一般为加热管长的1.1～1.5倍。

在蒸发室外壁有视孔、人孔、洗水、照明、仪表、取样等装置。在顶部有捕集器，使二次蒸汽夹带的液汁进行分离，保证二次蒸汽的洁净，减少料液的损失，且提高传热效果。二次蒸汽排出管位于锅体顶部。

2. 设备特点

中央循环管蒸发器具有结构紧凑、制造方便、操作可靠等优点，有所谓“标准蒸发器”之称。但实际上，由于结构上的限制，其循环速度较低（一般在0.5m/s以下）；而且由于溶液在加热管内不断循环，使其浓度始终接近完成液的浓度，因而溶液的沸点高、有效温度差减小。此外，设备的清洗和检修也不够方便。

（二） 盘管式浓缩锅

1. 盘管式浓缩设备的结构与操作

盘管式蒸发器是一种非膜式的结构较简单的浓缩设备，其结构如图7-5所示，主要由盘管式加热器、蒸发室、泡沫捕集器、进出料阀及各种控制仪表组成。

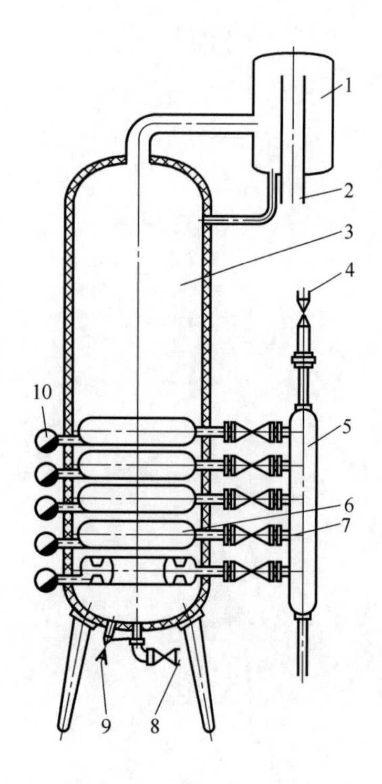

图7-5 盘管式浓缩设备

1—泡沫捕集器 2—二次蒸汽出口 3—气液分离室 4—蒸汽总管 5—加热蒸汽包 6—盘管 7—分气阀 8—浓缩液出口 9—取样口 10—疏水器

锅体为立式圆筒密闭结构，上部空间为蒸发室，下部空间为加热室。加热室设有3~5层加热盘管，总高度占蒸发室高度的40%，每层盘管1~3圈，每盘均有单独的蒸汽进口，通过对阀门的调节来控制蒸汽的流量。各层蒸汽的冷凝水，均通过该层单独的疏水器排出，盘管的温度均匀，同时，热能的效率高。

操作时，先加入物料，待料液浸没盘管后，自下而上打开蒸汽阀门。在浓缩时，应当控制好进料量，并与蒸发速度相等，保持一定的液位。当蒸汽蒸发加热盘管露出液面时，则应该关闭该层的加热盘管阀门，以调节加热面，并控制好加热温度，避免产生结垢、焦管现象。

2. 盘管式浓缩设备的特点

（1）结构简单，操作稳定，易于控制。

（2）由于热管较短，管壁温度均匀，冷凝水能及时排除，传热面利用率较高，蒸发速率快。由于盘管结构尺寸较大，加热蒸汽压力不宜过高，一般为0.4~0.6MPa。一般蒸发量为1200L/h的浓缩设备，在生产乳粉时，其实际蒸发量可达1500L/h。

（3）浓缩乳在锅内混合均匀，其质量均匀一致，而且在制造高浓度的产品时，也无碍操作，不至于产生奶垢，故特别适用于黏稠性物料的浓缩。

（4）可根据牛乳的数量或锅内浓缩乳液位的高低，任意开启多排盘管中的某几排的加热蒸汽，并调整蒸汽压力的高低，以满足生产或操作的需要。

（5）该设备是间歇出料，浓缩乳或液料受热时间较长，在一定程度上对产品品质有影响。

（6）盘管为扁圆形截面，液料流动阻力小，通道大，适于黏度较高的液料。

（三） 带搅拌的夹套式真空浓缩锅

1. 带搅拌的夹套式真空浓缩锅的结构

其结构如图7-6所示。由上锅体与下锅体组成，下锅体的底部为夹套，内通蒸汽，锅内装有横轴式搅拌器，转速为10~20r/min，以强化物料的循环，不断更新加热面外的料液。上锅体设有料孔、视镜、照明、仪表及汽液分离器等装置。产生的二次蒸汽由水力喷射器或其他真空装置抽出。

2. 带搅拌的夹套式真空浓缩锅的工作过程

操作开始时，先通入加热蒸汽于锅内赶出空气，然后开动抽真空系统，造成锅内真空，当稀料液吸入锅内，达到容量要求后，即开启蒸汽阀门和搅拌器。经取样检验，达到所需浓度时，解除真空即可出料。

3. 带搅拌的夹套式真空浓缩锅的特点

这种浓缩锅的主要优点是结构简单，操作控制容易。缺点是传热面积小，受热时间较长，生产能力低，不能连续生产。

它适宜于浓料液和黏度大的料液增浓，如果酱、牛奶等。

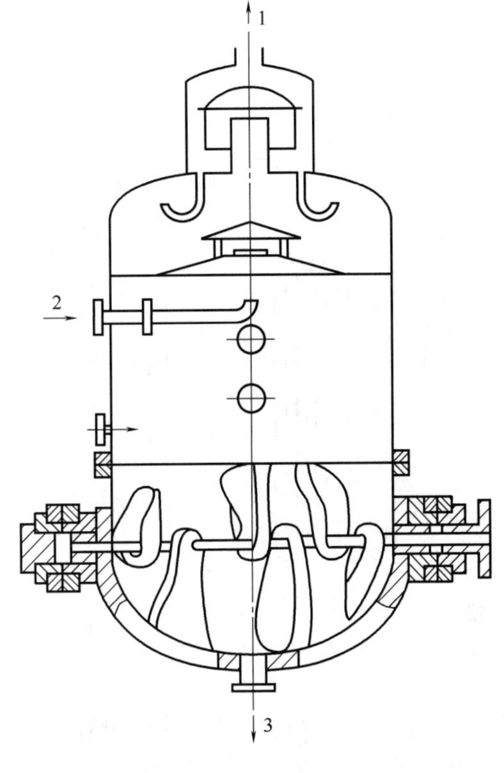

图7-6　带搅拌的夹套式真空浓缩锅
1—二次蒸汽　2—料液　3—浓缩液

五、 膜式真空浓缩设备

这类设备是使料液在管壁或器壁上分散成液膜的形式流动，从而使得蒸发面积大大增加，提高蒸发浓缩效率。膜式真空浓缩设备按照液膜形成的方式可以分为自然循环式和强制循环式浓缩设备。而按液膜运动的方向又可分为升膜式、降膜式及升降膜式浓缩设备。

（一） 升膜式浓缩设备

1. 升膜式浓缩设备的结构

其结构如图7-7所示。主要由加热器、分离器、雾沫捕集器、水力喷射器、循环管等部分组成。

加热器为一垂直竖立的长形容器，内有许多垂直长管。加热管的直径一般采用 ϕ30～50mm，长管式的管长为6～8m，短管式的管长为3～4m，管长与管径之比为100～150，这样才能使加热面供应足够成膜的气流。事实上，由于蒸发流量和流速是沿加热管上升而增加，故爬膜工作状况也是逐渐形成的。因此，管径越大，则管子需要越长。但是长管加热器的结构较复杂，壳体应考虑热胀冷缩的应力对结构的影响，需采用浮头管板，或在加热器壳体加膨胀圈，故加热管的长径比应有所控制。

2. 升膜式浓缩设备的工作原理

该设备工作时，料液自加热器的底部进入加热管，其在加热管内的液位仅占全部管长的1/5～1/4，加热蒸汽在管外对料液进行加热沸腾，并迅速汽化，产生大量二次蒸汽，在管内高速（100～160m/s）上升，将料液挤向管壁。二次蒸汽的数量沿加热管长度方向由下而上逐渐增多，从而使料液不断地形成薄膜。在二次蒸汽的诱导及分离器高真空的吸力下，被浓缩的料液及二次蒸汽以较高的速度沿切线方向进入分离器。

在分离器的离心力作用下，料液沿其周壁高速旋转，并均匀地分布于周壁及锥底上，使料液表面积增加，加速了水分的进一步汽化；二次蒸汽及其夹带的料液液滴，经雾沫分离器进一步分离后，二次蒸汽导入水力喷射器冷凝，分离得到的浓缩液则由于重力及位差作用，沿循环管下降，回入加热器底部，与新进入的料液自行混匀后，一并进入加热管内，再次受热蒸发，如此反复。

经数分钟后，料液被浓缩后的浓度即可达到要求，此时，一部分达到浓缩浓度的浓缩液在

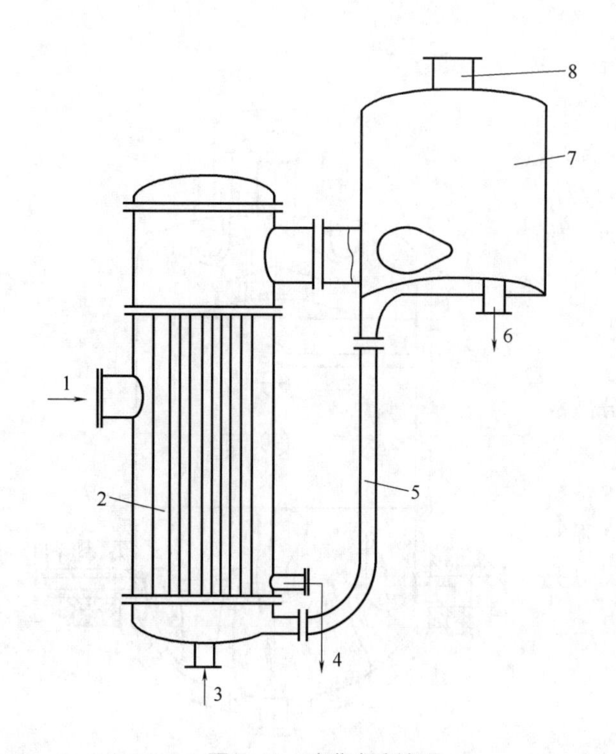

图7-7 升膜式浓缩器

1—蒸汽进口 2—加热管 3—料液进口 4—冷凝水出口 5—下导管 6—浓缩液出口 7—分离器 8—二次蒸汽出口

循环管处由出料泵连续不断地抽出，另一部分未达到浓缩浓度的浓缩液则仍回到加热器底部继续与新进入的料液混合，再度加热蒸发。

出料后，其进料量必须与出料量及蒸发量相平衡，正常操作时，由分离器沿循环管下降的浓缩液的浓度应始终达到预定的工艺要求，否则排出的浓缩液浓度将不符合工艺要求，这主要借调整出料量的大小来加以控制。

3. 升膜式浓缩设备的操作

当料液自加热器的底部进入后，由于真空及料液自蒸发（超过沸点进料时）的作用，片刻后，料液自分离器的切线入口处喷出，一经料液喷出后，即开启加热蒸汽，于是料液循环加剧，并相应减少进料量，待操作正常后，重新调整进料量及加热蒸汽的压力，一般经5~10min的浓缩，达到浓缩浓度要求后就可以出料。

操作时，要很好地控制进料量，一般经过一次浓缩的蒸发水分量，不能大于进料量的80%。如果进料量过多，加热蒸汽不足，则管的下部积液过多，会形成液柱上升而不能形成液膜，失去液膜蒸发的特点，使传热效果大大降低。如果进料量过少，则会发生管壁结焦现象。料液最好预热到接近沸点状态时进入加热器，这样会增加液膜在管内的比例，从而提高沸腾和传热系数。

4. 升膜式浓缩设备的特点

（1）结构简单，占地面积小，设备投资少。

（2）生产能力大，传热系数高，传热系数可高达1745W/m^2·K。

（3）热能利用率较盘管式浓缩设备高，而蒸汽消耗量低。

（4）可连续出料，相应地缩短了料液的受热时间，有利于提高产品的质量。

（5）设备内基本上无料液，由物料静压强引起的浓缩液的沸点升高几乎为零，从而提高了热媒与料液间的温度差，增加了传热量，加快了蒸发速率。

（6）生产需要连续进行，应尽量避免中途停车，否则易使加热管内表面结垢，甚至结焦。

（7）由于料液在管内速度较高，故特别适用于易起泡沫的物料，而不适宜于黏稠性或高浓度的物料浓缩。

（8）该设备检修方便，但管子较长，清洗较不方便。

（二）降膜式浓缩设备

1. 降膜式浓缩设备的结构

该设备与升膜式浓缩设备一样，都属于自然循环的液膜式浓缩设备，其结构如图7-8所示。降膜式与升膜式浓缩设备的结构相似，其主要区别是料液从加热器顶部加入，经分配器导流管分配进入加热管，沿管壁成膜状向下流，故称降膜式。为了使料液能均匀分布于各管道，并沿管内壁流下，在管的顶部或管内安装有降膜分配器，其结构形式有多种，如图7-9所示。

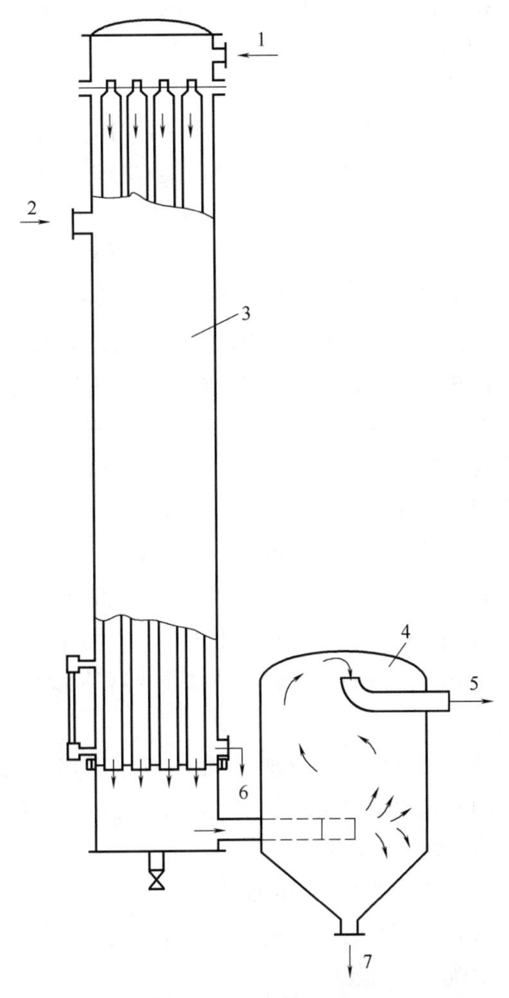

图7-8　降膜式浓缩器

1—料液入口　2—蒸汽入口　3—蒸发室　4—分离室　5—二次蒸汽　6—冷却水　7—浓缩液

(1) 锯齿式　这是将加热管的上方管口周边切成锯齿形，如图7-9 (1) 所示，以增加液体的溢流周边。当液面稍高于管口时，则可以沿周边均匀地溢流而下。由于加热管管口高度一致，溢流周边较大，致使各管子间和其各向溢流量较均匀。当液位稍有变化时，不致引起很大地溢流差别，但当液位变化较大，料液的分布还是不够均匀。

(2) 导流棒式　如图7-9 (2) 所示，在每一根加热管的上端管口插入一根圆锥形的导流棒，此圆锥体底部内凹，以免锥体表面流下的液体再向中央聚集，棒底与管壁有一定的均匀间隙，液体在均匀环形间隙中流入加热管内壁，形成薄膜。这样，液体在流下时的通道不变，分布较均匀，但流量受液面高度变化影响，且当料液中有较大颗粒时会造成堵塞。

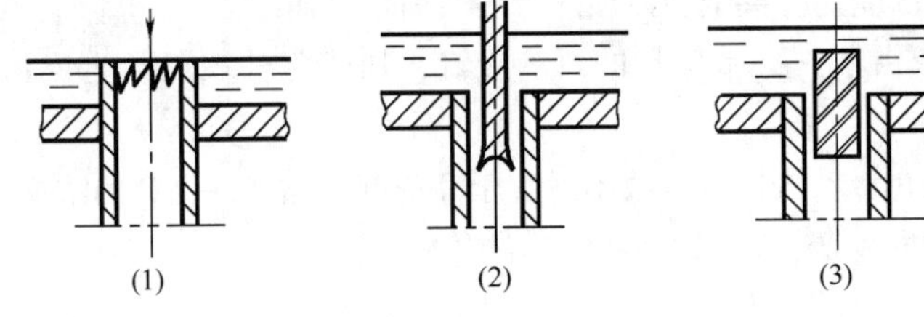

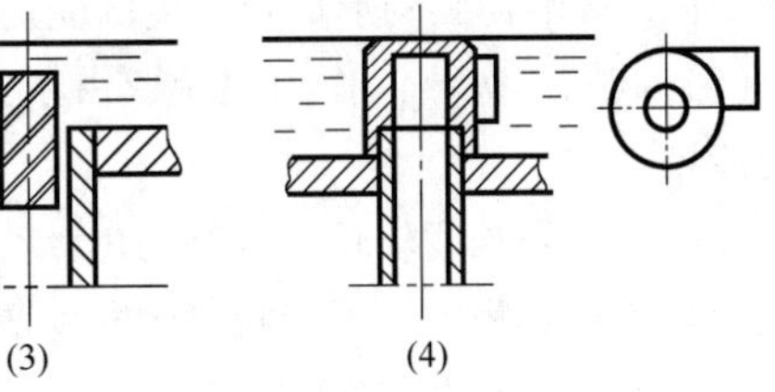

图7-9　降膜式浓缩器分配器

(3) 旋液导流式　使液体沿管壁周围旋转向下，可减少管内各向物料的不均匀性，同时又可增加流速，减薄加热表面的边界层，降低热阻，提高传热系数。使液体旋转进入加热管的方法有两种：

① 螺纹导流管，如图7-9 (3) 所示，它在各加热管口插入刻有螺旋形沟槽的导流管，当

液体沿沟槽流下时，则使液体形成一个旋转的运动方向，沟槽的大小应根据料液的性质而定，若沟槽太小，阻力增加，易造成堵塞。

② 切线进料旋流器，如图7-9（4）所示，旋流器插放在各加热管口上方，液体以切线方向进入形成旋流，但要注意各切线进口的均匀分布，否则会互相影响造成进料不均。

降膜分配器对提高其传热效果有很大作用，但也增加了清洗管子的困难。

2. 降膜式浓缩设备的工作原理

该设备工作时，料液自加热器的顶部进入，在降膜分配器的作用下，均匀地进入加热管中，液膜受生成的二次蒸汽的快速流动的诱导，以及本身的重力作用下，沿管内壁成液膜状向下流动，由于向下加速，克服加速压头比升膜式小，沸点升高也小，加热蒸汽与料液温差大，所以传热效果较好。已浓缩的料液沉降于器身底部，其中一部分由出料泵抽出，另一部分由泵送至器身顶部重新加热蒸发，随二次蒸汽一起进入分离器的那部分物料经分离后，仍由泵送回至器身顶部，重新蒸发。一部分二次蒸汽经热泵压缩、升温后作为热源，其余部分则导入置于设备器身周围的冷凝器。

3. 降膜式浓缩设备的操作

其操作方法基本上与升膜式浓缩设备相似，具体操作过程如下。

（1）开启真空泵及冷凝水排出泵，并输入冷却水。

（2）开启进料泵，使料液自加热器顶部加入，当分离器切线口有料喷出时，即可开启加热蒸汽。

（3）当蒸发一开始或操作正常后，开启热压泵，待浓度达到要求后，即可开始加料。

（4）调整出料量，务使达到平衡，并调整生蒸汽的流量、冷却水的流量及温度等，使各参数均达到工艺要求。

4. 降膜式浓缩设备的特点

（1）该设备为单程式浓缩设备，虽有物料循环，但物料的受热时间仅2min左右，故适宜于热敏性物料的浓缩。

（2）料液在加热管表面形成膜状，传热系数高，并可避免泡沫的形成。

（3）采用热泵，热能经济，冷却水消耗量减少，但生蒸汽的稳定压力需要较高。

（4）每根加热管上端进口处，虽安有分配器，以期获得厚度一致的薄膜，但由于料液液位的变化，影响薄膜的形成及厚度的变化，甚至会使加热管内表面暴露而结焦。

（5）利用二次蒸汽作为热源，由于其夹带微量的料液液滴，加热管外表面易生成污垢，影响传热。

（6）加热管长度较长，若有结焦，清洗困难，故不适宜于高浓度及黏稠性物料的浓缩。

（7）生产过程中，不能随意中断生产，否则易结垢或结晶。

（三）刮板式薄膜浓缩设备

1. 刮板式薄膜浓缩设备的构造

由转轴、料液分配盘、刮板、轴承、轴封、蒸发室和夹套加热室等组成，如图7-10和图7-11所示。刮板式薄膜浓缩设备有固定刮板式和活动刮板式两种，按其安装的形式又有立式和卧式两种。

固定刮板式主要用于不刮壁蒸发；而活动刮板式则应用于刮壁蒸发，因刮板与内壁接触，因此这种刮板又称扫叶片或拭壁刮板。

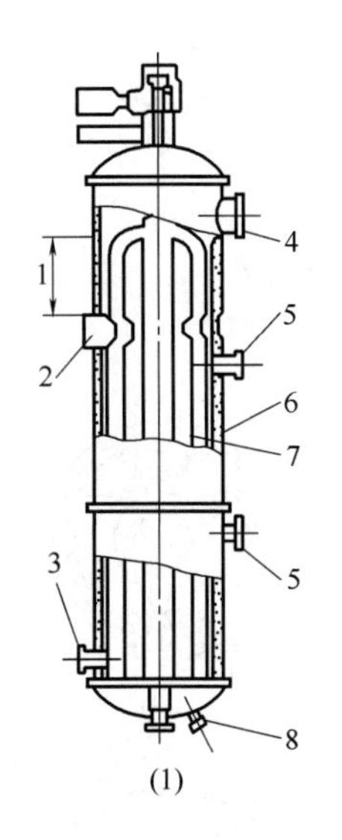

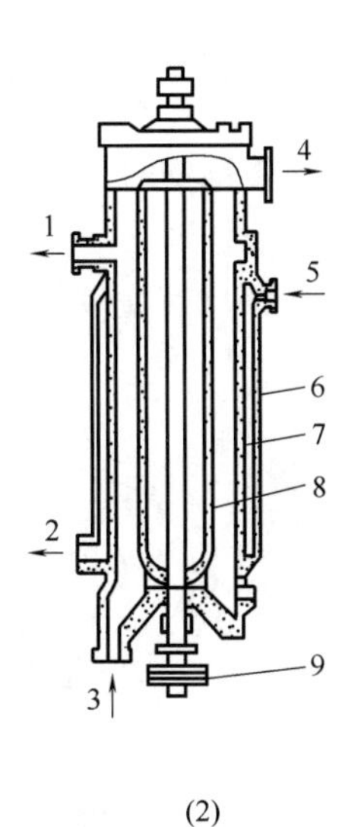

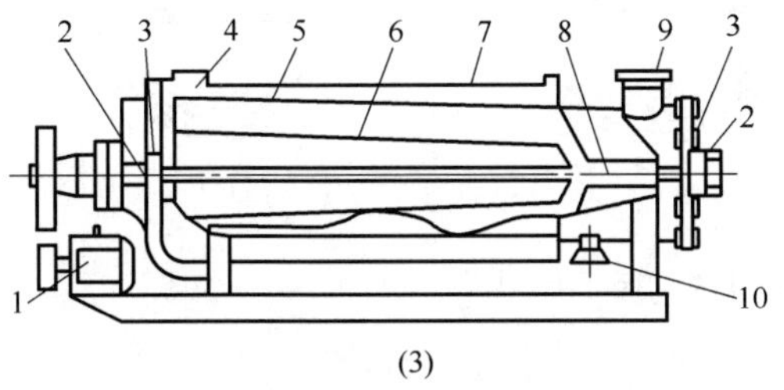

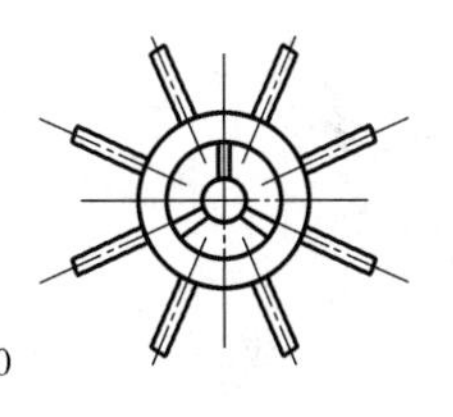

(3)

图 7-10　固定刮板式浓缩器

（1）立式降膜式

1—捕沫段　2—原料入口　3—冷凝水出口　4—二次蒸汽出口　5—不凝结气体出口　6—加热面　7—刮板　8—浓缩液出口

（2）立式升膜式

1—浓缩液　2—冷凝水　3—原料入口　4—二次蒸汽　5—加热蒸汽　6—夹套　7—传热面　8—叶片　9—带轮

（3）卧式

1—电动机　2—轴承　3—填料箱　4—料液进口　5—加热面　6—刮板　7—夹套　8—转轴　9—蒸汽出口　10—浓缩液出口

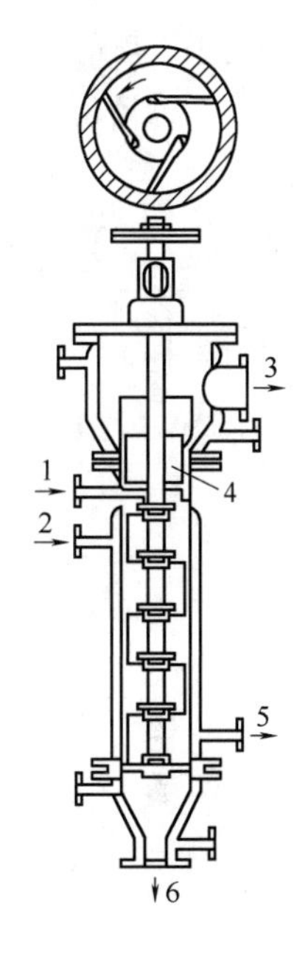

图 7-11　活动刮板式薄膜浓缩器

1—料液　2—蒸汽入口　3—二次蒸汽　4—液滴分离器　5—冷凝水出口　6—浓缩液出口

固定式刮板主要有三种，如图 7-12 所示。这种刮板一般不分段，刮板末端与筒内壁有一定的间距（一般为 0.75～2.5mm）。为保证其间距，对刮板和筒体的圆度及安装垂直度有较高的要求。刮板数一般 4～8 块，其周边速度为 5～12m/s。

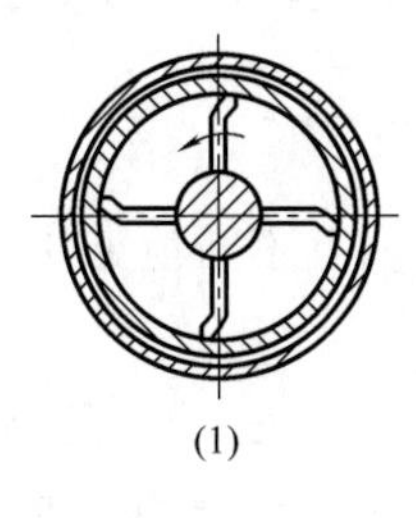

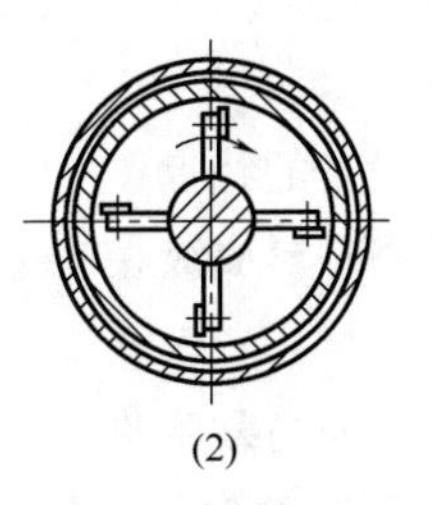

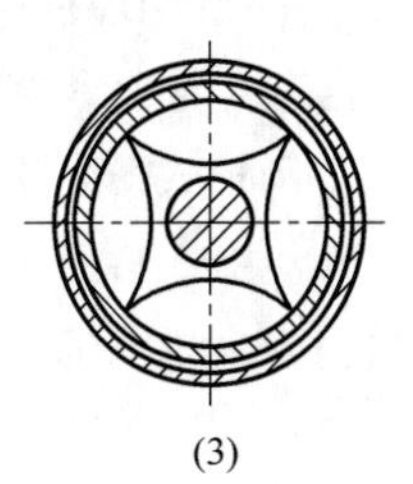

图 7-12　固定式刮板

活动式刮板是指可双向活动的刮板。它借助于旋转轴所产生的离心力，将刮板紧贴于筒内壁，因而其液膜厚小于固定式刮板的液膜厚，加之不断地搅拌使液膜表面不断更新，并使筒内壁保持不结晶、难积垢，因而其传热系数比不刮壁的要高。刮壁的刮板材料有聚四氟乙烯、层压板、石墨、木材等。活动式刮板一般分数段，因它是靠离心力紧贴于壁，所以对筒体的圆度及安装的垂直度等的要求不严格。其末端的圆周速度较低，一般为 1.5 ~ 5m/s。图 7 - 13 所示为常见的几种活动式刮板。

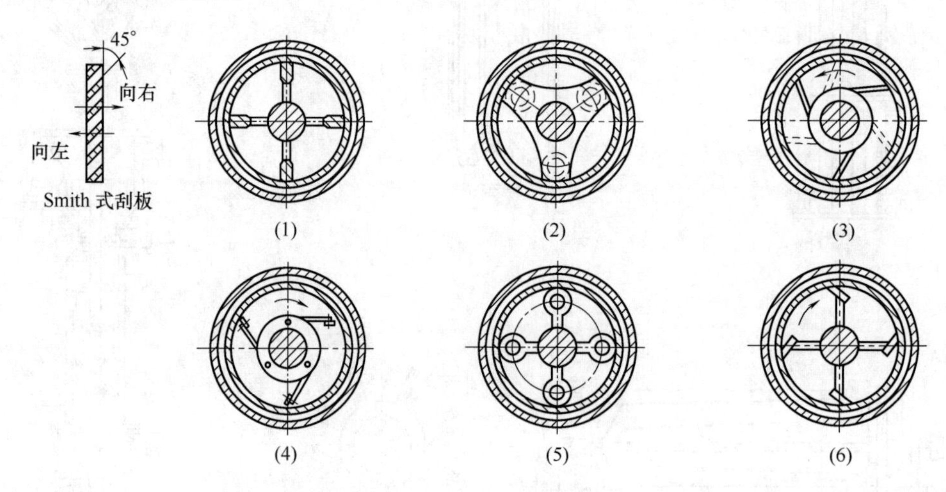

图 7 - 13　活动式刮板

刮板式浓缩器的筒体对于立式一般为圆柱形，其长径比为 3 ~ 6。同样料液在相同操作条件下，固定式刮板浓缩器的长径比要比活动式的大一些。对于卧式浓缩器，一般筒体为圆锥形，锥体的顶角为 10° ~ 60°。

筒体的加热室为夹套，务求蒸汽在夹套内流动均匀，防止局部过热和短路。转轴由电机及变速调节器控制。轴应有足够的机械强度和刚度，且多采用空心轴。转轴两端装有良好的机械密封，一般采用不透性石墨与不锈钢的端面轴封。

2. 刮板式薄膜浓缩设备的工作原理

料液由进料口沿切线方向进入浓缩器内，或经器内固定在转轴上的料液分配盘，将料液均布内壁四周。由于重力和刮板离心力的作用，料液在内壁形成螺旋下降或上升的薄膜（立式），或螺旋向前推进的薄膜（卧式）。二次蒸汽经顶部（立式）或浓缩液出口端的汽液分离器后至冷凝器中冷凝排出。

3. 刮板式薄膜浓缩设备的特点

（1）由于料液在浓缩时形成液膜状态，而且不断地更新，所以总传热系数较高，一般可达 1163 ~ 3489W/m^3 · K。

（2）该设备适合于浓缩高黏度的果汁、蜂蜜，或含有悬浮颗粒的料液。

（3）料液在加热区停留的时间，随浓缩器的高度和刮板的导向角、转速等因素的变化，一般在 2 ~ 45s。

（4）刮板式浓缩器的消耗动力较大，一般每平方米的传热面积在 1.5 ~ 3kW，且随料液黏度的增大而增加。

（5）由于加热室直径较小，清洗不方便。

（四）离心式薄膜浓缩设备

离心薄膜浓缩设备有如下特性：①物料热变性小，即能进行低温处理且处理的时间短；②设备内无死角易清洗，卫生条件好；③设备可以进行杀菌处理；④热效率高，节省能源；⑤可浓缩高浓度、高黏度的物料；⑥能浓缩发泡性料液；⑦产品价格相对便宜。

1. 立式离心薄膜浓缩设备

立式离心薄膜浓缩设备是一种利用料液自身在高速旋转时的离心力成膜及流动的高效蒸发设备，其整机结构如图7-14所示。真空室内设置一高速旋转的转鼓6，转鼓内叠装有锥形空心碟片5，碟片间保持有一定加热蒸发空间。碟片的夹层内通加热蒸汽，外圆径向开有与外界连接的通孔，供加热蒸汽和冷凝水通过。碟片的下外表面为工作面，故整机具有较大的工作面，外圈开有环形凹槽和轴向通孔，定向叠装后形成浓缩液环形聚集区和连续的轴向通道。转鼓上部为浓缩液聚集槽，插有浓缩液引出管。碟片为中空结构，供料液、清洗水进入和二次蒸

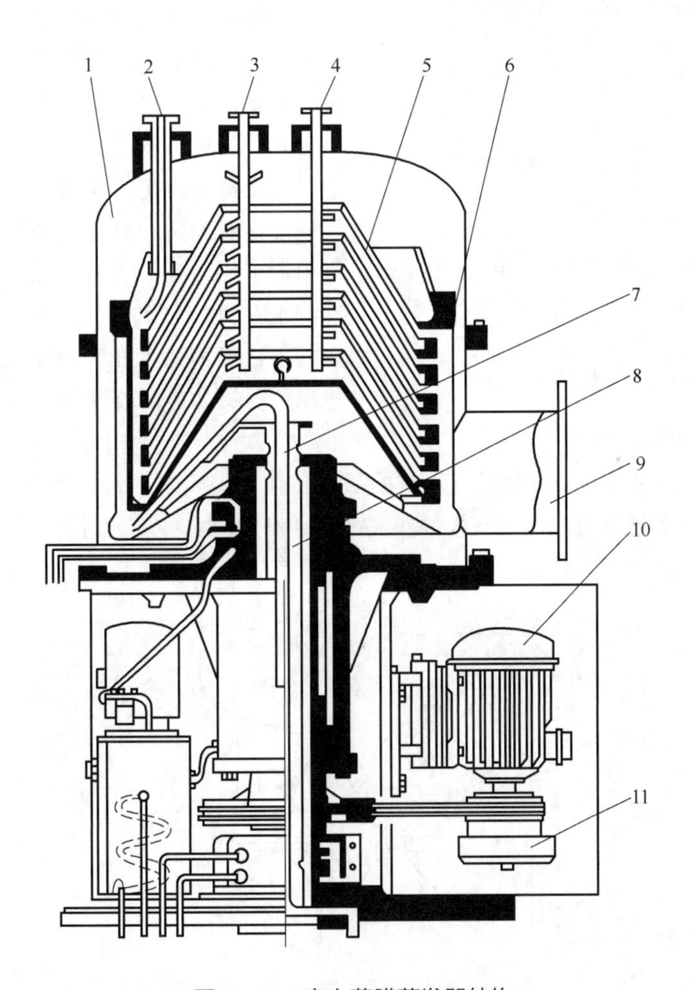

图7-14　离心薄膜蒸发器结构

1—蒸发室　2—浓缩液引出管　3—清洗水管　4—原料液分配管　5—空心碟片　6—转鼓
7—冷凝水排出管　8—加热蒸汽通道　9—二次蒸汽排出管　10—电动机　11—液力联轴器

汽的排出。转鼓轴为空心结构，内部设置有加热蒸汽通道 8 和冷凝水排出管 7。转鼓由电动机 10 通过液力联轴器和 V 带传动装置高速旋转。真空室壁上固定安装有原料液分配管 4、浓缩液引出管 2、清洗水管 3 和二次蒸汽排出管 9。

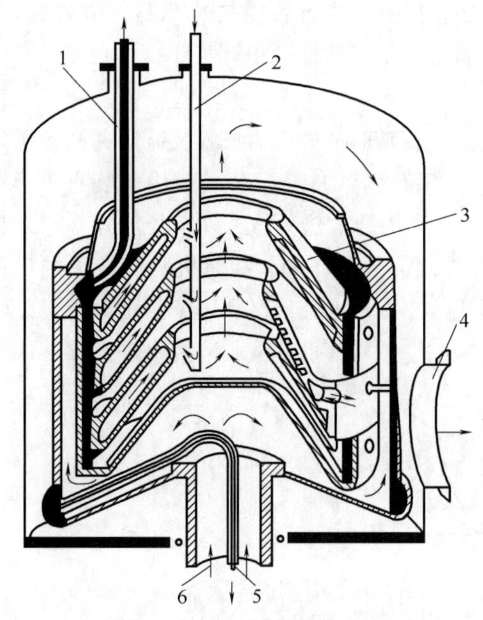

图 7-15　离心式薄膜浓缩设备

1—浓缩液引出管　2—原料液分配管　3—空心碟片　4—二次蒸汽出口　5—冷凝水引出管　6—加热蒸汽进口

离心薄膜蒸发器工作过程如图 7-15 所示，温度接近沸点的原料液通过分配管 2 喷至各空心碟片下表面内圆处。由于空心碟片 3 高速旋转所产生的离心力，料液分布于空心碟片下外表面，形成均匀的薄膜。加热蒸汽由转鼓空心轴进入转鼓下部空间，并经碟片外缘的径向孔进入碟片夹套，通过碟片外壁对其外表面液膜进行加热蒸发。在蒸发过程中，料液受热时间延续 1～2s，所形成液膜厚度可达 0.1mm。料液在到达碟片下表面后迅速向周边移动，进行加热蒸发，浓缩液汇集于转鼓上部的周边浓缩液聚集槽内，通过真空由上部的浓缩液引出管 1 吸出。二次蒸汽经离心盘中央孔汇集上升，通过二次蒸汽排出口 4 进入冷凝器。料液的蒸发温度由蒸发室的真空度来控制，浓缩液的浓度由调节供料泵的流量来控制。蒸汽放热后的冷凝水在离心力作用下，经碟片径向孔甩到夹套的下边缘周边汇集，由空心轴内的引出管 5 排出，保持加热面较高的传热系数。

2. 卧式离心薄膜浓缩设备

图 7-16 为卧式离心薄膜浓缩设备，浓缩罐设备体 1 内安装了带夹套的圆锥形转子 4，转子的内表面是用于料液蒸发水分的蒸发面。夹套中通有加热水蒸气。料液由料液进口管 6 送至

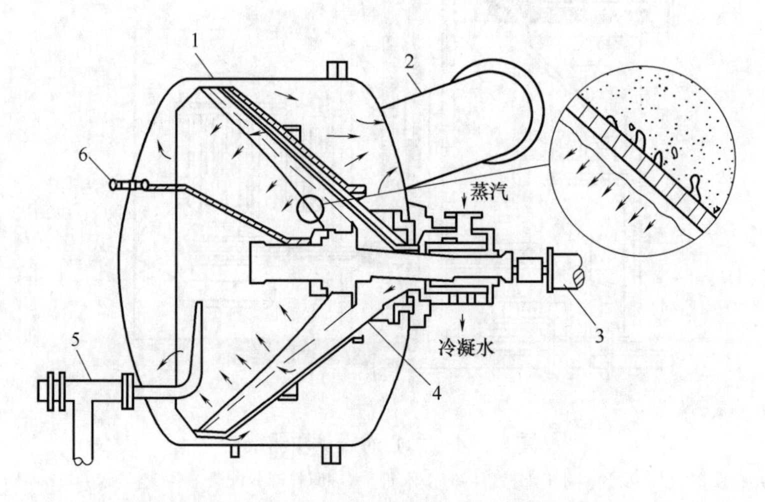

图 7-16　卧式离心薄膜浓缩设备工作原理图

1—罐体　2—排汽口　3—主轴　4—转子　5—排液口　6—供液口

中心回转主轴3的上方，在离心力的作用下，料液变成极薄的液膜被抛向内锥面，内锥面上极薄的液膜在离心力的作用下沿着锥面流动。通过锥面的时间在1s左右，在这一过程中完成加热、蒸发和浓缩操作，然后由集液器从浓液出口5把浓缩液排到罐体外。若一次浓缩时浓度不够，可把浓缩液再进行第二次浓缩就能达到要求。

夹层内加热蒸汽由膜片式调节阀和水封式真空泵组合供给，一般可在4~120℃的范围内任意调节。从料液中蒸发出的水蒸气按箭头方向经过锥形转子的外表面，从排汽口2排出，再经冷凝器凝结后用特殊的离心虹吸泵连续排出。

离心式薄膜蒸发器的结构紧凑、传热效率高、蒸发面积大、料液受热时间很短、具有很强的蒸发能力，特别适合果汁和其他热敏性液体食品进行浓缩。由于料液呈极薄的膜状流动，流动阻力大，而流动的推动力仅为离心力，故不适用于黏度大、易结晶、易结垢的物料。

3. 真空浓缩应用举例

（1）果汁的浓缩　离心浓缩设备用于浓缩果汁的效果很理想。如用加热温度80℃，蒸发温度30℃的工艺条件生产浓缩5倍的柑橘汁，不会有加热臭产生，质量良好。还可用于浓缩苹果汁、葡萄汁、番茄汁及甜瓜汁等产品。

（2）香料抽提液的浓缩　香料含有低沸点物质较多，要尽量使用低温处理。由于蒸发温度多在20~30℃。所以冷凝器用的冷却水必须是低温水。如浓缩香烟香料，使用蒸发温度30℃、加热温度70℃，可得到优良的品质，而蒸发温度在40℃就有苦味。浓缩巧克力香料时，浓度2%含有水和酒精的香料抽提液，使用加热温度100℃、蒸发温度50℃一次浓缩到47%，效果良好。

（3）天然调味料抽提液的浓缩　肉类和鱼类的抽提液可用离心浓缩设备浓缩。如用加热温度80℃、蒸发温度60℃的工艺条件，可把4%或15%的鲣鱼抽提液一次浓缩到24%或75%，而用加热温度120℃。蒸发温度60℃的条件，可一次把鸡汁从6%浓缩到51%，产品质量均良好。

（4）浓缩蛋白质分解液和肽　蛋白质分解液和肽发泡性很强，长时间加热易褐变。如果料液与传热面间温度大时，还会助长其发泡性，使用离心浓缩设备就可抑制浓缩时的起泡现象，(料液在离心力作用下难以形成气泡)。如浓缩小麦蛋白分解液，使用加热温度100℃、蒸发温度50℃，从浓度3%一次浓缩到55%，无褐变起泡现象。乳蛋白质分解液用蒸发温度50℃、加热温度110℃，从浓度5%一次浓缩到30%，产品质量良好。

此类设备很适合用于浓缩酶类、抗生素类等生理活性物质。还可用于浓缩血浆、发酵乳等产品。总之，离心浓缩设备将会在浓缩这一工序操作中占有重要的地位。

六、 真空浓缩装置的附属设备

真空浓缩装置的附属设备主要包括汽液分离器、蒸汽冷凝器及抽真空系统。这些附属设备中，有的起双重作用，如水力喷射器，既可以使二次蒸汽冷凝，又起抽真空的作用。

（一） 汽液分离器

汽液分离器的作用是将蒸发过程中产生的雾沫中的溶液聚集并与二次蒸汽分离，减少料液的损失，同时防止污染管道及其他浓缩器的加热面。汽液分离器有时也叫捕集器、捕沫器、捕液器和除沫器。它一般安装在浓缩装置的顶部或侧部。

根据捕沫、除雾的机理和结构特点，可将汽液分离器分为碰撞型、离心型和过滤型等。

1. 碰撞型

如图7-17（1）、（2）所示，它是在二次蒸汽流经的通道上，设置若干个挡板，使夹带液滴的二次蒸汽多次突然改变运动方向，与挡板碰撞，沿着挡板面流下，从而使汽液分离。一般分离器的直径比二次蒸汽入口直径大2.5～3倍。正常操作时效果较好，但阻力损失较大。

2. 离心型

如图7-17（3）所示，带有液滴的二次蒸汽沿分离器的壳壁成切线方向导入，使气流产生回转运动，液滴在离心力作用下被甩到分离器的内壁，并沿壁流下回到蒸发室内，二次蒸汽由顶部出口管排出。这种分离器也只有在蒸汽速度很大，在真空状态下达60～70m/s时（一般为20～30m/s），操作性能才较好，因此阻力损失也较大。

3. 过滤型

如图7-17（4）、（5）所示，二次蒸汽通过多层金属网或磁圈等构成的捕液器，液滴黏附在其表面而二次蒸汽通过。它的特点是气流速度较小，阻力损失小。但由于填料及金属网不易清洗，故在食品工业中应用较少。

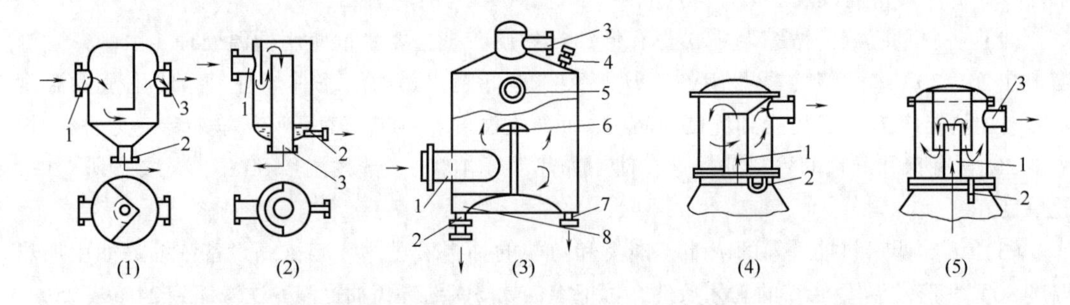

图7-17　各种汽液分离器的构造示意图

1—二次蒸汽进口　2—料液之回流口　3—二次蒸汽出口　4—真空解除阀

5—视孔　6—折流板　7—排液口　8—挡板

汽液分离器要求有良好的分离效果，又要求阻力损失尽可能小，保证液体连续地流向蒸发室内。同时应具备易于拆洗、没有死角、结构简单、尺寸小、材料消耗少等性能。

（二）蒸汽冷凝器

蒸汽冷凝器的作用是将真空浓缩所产生的二次蒸汽进行冷凝，并将其中的不凝性气体（空气、二氧化碳等）分离，以减轻抽真空系统的容积负荷，同时保证达到所需的真空度。

1. 大气式冷凝器

如图7-18（1）所示，二次蒸汽由冷凝器的下侧进入，向上通过隔板间隙，与从冷凝器上部进入的冷水逆流接触冷凝。不凝性气体由上端排出，进入汽液分离器，将液滴分离后，再被抽真空装置吸取排入大气中。因被抽进真空装置的不凝结气体是没有液滴的，故也称之为干式高位逆流冷凝器。

冷凝器体是一个用钢板制成的圆筒，直径为ϕ400～2000mm，高度1200～5000mm，内部装有淋水板，板数一般为3～8，有板上有孔眼和无孔眼的两种，孔眼直径为2～5mm，每块淋水板的面积为冷凝器断面积的60%～75%，如图7-19所示。

2. 表面式冷凝器

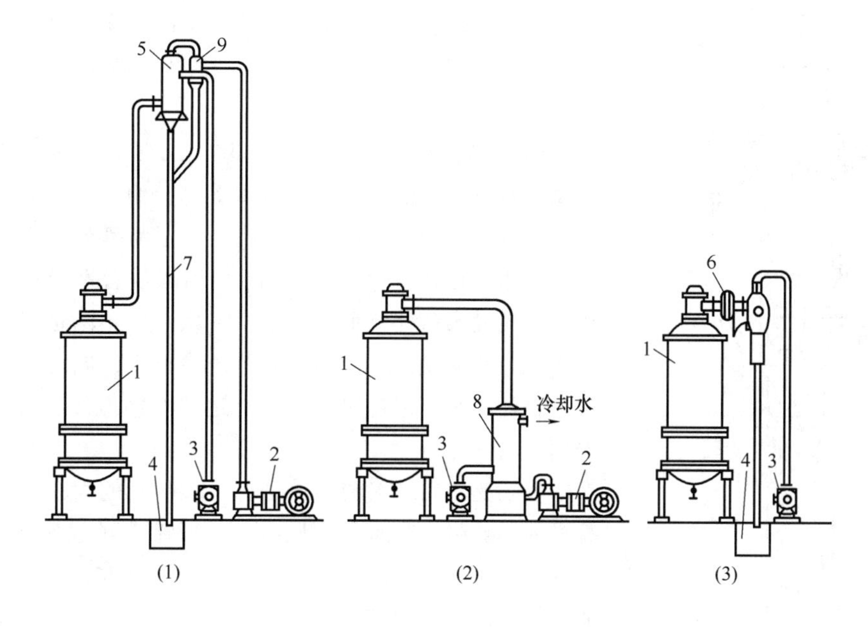

图7－18　几种冷凝器装置

（1）大气式　（2）表面式　（3）喷射式

1—真空浓缩锅　2—干式真空泵　3—给水泵　4—热水池　5—大气式冷凝器　6—汽水分离器　7—气压式真空腿　8—表面式冷凝器　9—水力喷射器

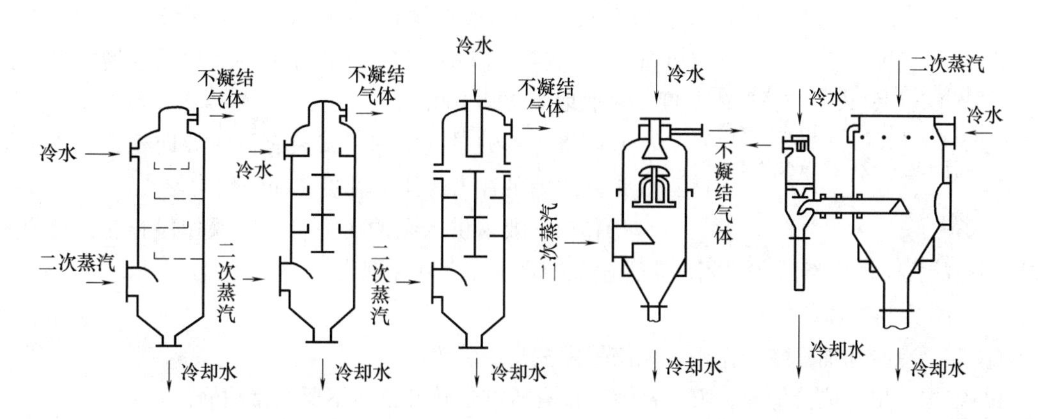

图7－19　逆流式冷凝器汽水流向示意图

薄膜式冷凝器如图7－18（2）所示，其工作原理与管壳式热交换器相同，由于它是通过一层管壁间接传热，加上壁垢形成之后，两边温差较大，一般情况下，二次蒸汽的温度与冷却水的最终温度相差达10～20℃。除非冷凝液有回收价值，否则冷却水的使用是不经济的，故它用作冷凝的较少。

3. 低水位冷凝器

如图7－18（3）所示，为了降低大气式冷凝器的高度，其冷凝水排出，要依靠抽水泵来完成，抽吸压头相当于大气压真空腿降低的高度。有时，在其顶端连接真空泵或蒸汽喷射泵。这种冷凝器由于降低了安装高度，故可装设在室内，具有气压式冷凝器的优点。它要求配置的抽

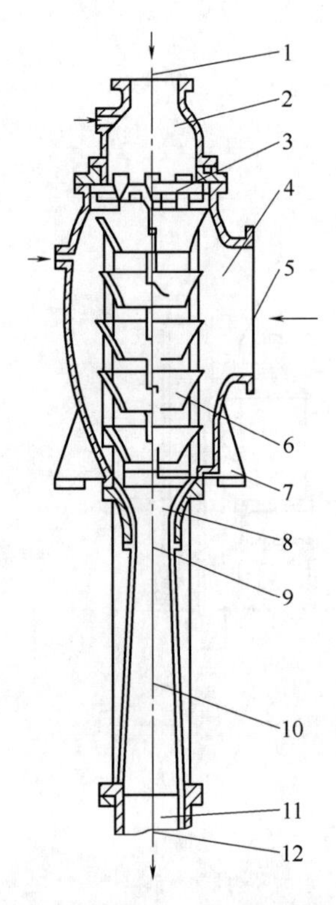

图7-20　水力喷射器结构图
1—冷水进口　2—水室　3—喷嘴
4—吸气室　5—二次蒸汽进口
6—圆锥形导向挡板　7—支脚
8—混合室　9—喉管　10—扩散室
11—排水管　12—冷却水出口

水泵，具有较高的允许真空吸头，管路严密，以免发生冷凝水倒灌。由于需多配一套抽水泵，故投资费用增加。

4. 水力喷射器

（1）结构及工作原理　如图7-20所示，水力喷射器由喷嘴、吸气室、混合室、扩散室等部分组成。工作时，借助离心水泵的动力，将水压入喷嘴，由于喷嘴处的截面积突然变小，水流以高速（15~30m/s）射入混合室及扩散室，这样，在喷嘴出口处便形成负压，二次蒸汽不断被吸入，并与冷水进行热交换，二次蒸汽凝结为冷凝水，同时夹带不凝性气体，随冷水一起排出。这样既达到冷凝，又起到抽真空的作用。

喷嘴是水力喷射器的关键部件，喷嘴的大小与冷凝器的冷凝能力、吸入冷水的水质有关。喷嘴排列是否恰当，对抽气效果有很大影响。一般喷嘴出口直径为ϕ16~20mm，当水质较好，冷凝能力较小时取小值，反之取大值。喷嘴以一定角度倾斜，并按同心圆排列，一般为1~3圈。

水力喷射器的喉管大小与操作要求的真空度有关，当真空度为0.08~0.09MPa时，喉管的截面积与喷嘴出口总截面积之比为3~4。喉管的长度则与喷射安装的高度有关，当安装高度较大，排水管尾部用水封时，喉管长度可为50~70mm，安装高度较小，尾管不能水封时，可适当增加喉管长度，一般取为70~100mm。

在喷嘴下部的吸气室内，安装有流体导向板，其作用是防止高速水流的冲击，使水流缓冲和分配均匀。

操作时，要求供水泵的压力稳定。操作停止时，必须先破坏锅内的真空度，然后才关闭水泵，避免冷水倒灌至浓缩锅内。

（2）水力喷射器的特点

① 兼有冷凝和抽真空的作用，无需另配抽真空装置。

② 结构简单，造价低廉，喷射器本身没有机械运转部分，不要经常检修。

③ 适用于抽腐蚀性气体。

④ 虽然水泵运转时的实际消耗功率较大，但整个冷凝装置的功率消耗仍然较表面式和大气式小。

⑤ 不能获得很高的真空度，且真空度的大小随水温的高低而变化。

（三）真空装置

真空装置可保证整个浓缩装置处于真空状态，并且降低浓缩锅内压力，从而使料液在低温下沸腾，有利于提高食品的质量，主要作用是抽取不凝结气体。

浓缩装置中的不凝结气体主要来自溶解在冷却水中的空气、料液受热后分解出来的气体、设备泄漏进来的气体等。根据经验，不凝结气体量为二次蒸汽量及冷却水量的0.0025%（重量比）和泄漏空气量按1%的二次蒸汽量之和。

常用的真空装置主要有机械泵和喷射式泵两类。

1. 湿式真空泵

湿式真空泵如图7-21（1）所示，常与并流式冷凝器配套使用，通过活塞的往复运动把冷凝器内的冷却水及不凝结气体一起同时排出，以保证系统的真空。由于机体笨重，真空度较低，功率消耗大，维修费用高，目前已很少使用。

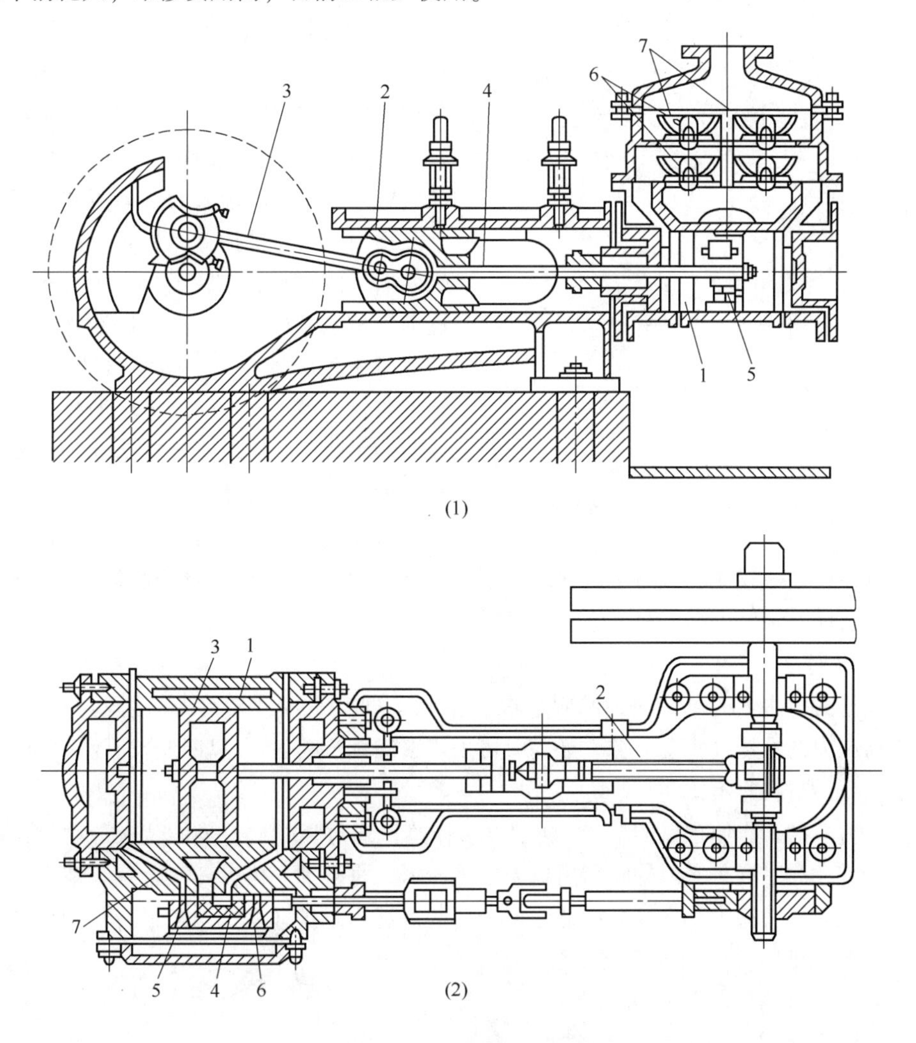

图7-21　往复式真空泵

（1）湿式

1—活塞　2—气缸　3—滑块　4—曲柄　5—联杆　6—吸入阀门　7—排出阀门

（2）干式

1—曲柄　2—气缸　3—活塞　4—通道　5—阀门　6—滑动阀门　7—阀门

2. 干式真空泵

干式真空泵如图7-21（2）所示，必须与干式逆流冷凝器配套使用。其仅把冷凝器中的不凝结气体抽出，故称干式。抽真空效果较湿式真空泵好，使用较广泛，但占地面积大，维护费用高。

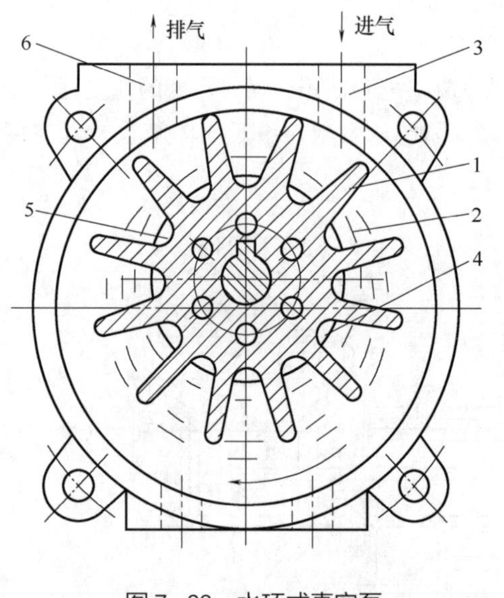

图7-22 水环式真空泵

1—叶轮 2—水环 3—进气管
4—吸气门 5—排气口 6—排气管

3. 水环式真空泵

如图7-22所示，主要结构是由泵体和泵壳组成的工作室。泵体是一个呈放射状均匀分布的叶轮和轮壳组成的。叶轮偏心地安装在工作室内。

泵启动前，工作室内灌水至半满，当电动机带动叶轮旋转时，由于离心力的作用，将水甩至工作室内壁形成一个旋转水环。水环上部内表面与轮壳相切，沿箭头方向旋转的叶轮在前半转中，水环的内表面逐渐离开轮壳，片间空隙逐渐扩大，被抽气体从镰刀形吸气口中被吸入而形成真空。在后半转中，水环的内表面逐渐与轮壳靠近，片间空隙逐渐缩小，被抽气体被压缩并从另一边的镰刀形排气口中排出。叶轮每转一周，叶片间的容积即改变一次，叶片间的水就像活塞一样反复运动，也就连续不断地抽吸和排出气体。

水环式真空泵结构简单、紧凑，易于制造，操作可靠，转速较高，可与电动机直联，内部不需要润滑，排气量较均匀。但因转速高，水的冲击使泵体及泵叶磨损造成真空度降低并需要经常更换，功率消耗也较大。

4. 蒸汽喷射泵

(1) 工作原理及构造　它是由喷嘴、混合室和扩散室组成，与水力喷射器相似，不同的是采用较高压力的水蒸气作动力源。必要时可采用多级蒸汽喷射泵串联组合，因而可以达到高的真空度。喷嘴材料为不锈钢。

蒸汽喷射泵的工作原理如图7-23所示。工作蒸汽通过喷嘴后，势能转换为动能，以超音速喷入混合室。此时混合室内的喷嘴出口处压强较低，将被抽气体吸入混合室，被抽气体与高速汽流混合，并从汽流中获得部分动能。混合后的汽流进入扩散室，动能再转化为势能。即流速沿轴线流向逐渐降低，而温度与压强沿轴线流向逐渐升高，直至升高到排至大气或下一级泵所需的压强。由于被抽真空室压强比混合室压强稍高，从而使真空室内处在一定真空度下的被抽介质连续不断地送至大气或下一级泵。

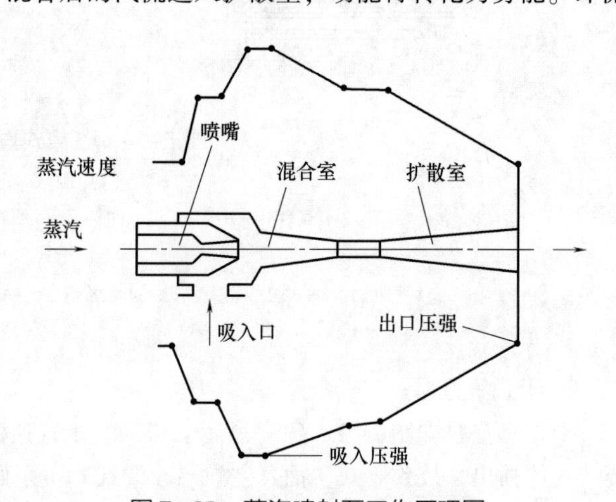

图7-23 蒸汽喷射泵工作原理图

为了得到更高的真空度，可采用多级串联组合的蒸汽喷射泵。为了提高效率，减少蒸汽耗量，在各级泵之间配制冷凝器（一般为混合式冷凝器），以减少后一级泵的负荷。一般单级蒸汽喷射泵能达到的最高真空度为0.086 ~

0.095MPa。双级达到0.096 ~0.098MPa，三级可达到0.099MPa。

（2）特点及操作注意事项　蒸汽喷射泵具有抽气量大、真空度高、安装运行和维修简便、价格便宜、占地面积小等优点。

其缺点是：要求蒸汽压力较高及蒸汽汽量要稳定；需要较长的时间运转才能达到所需的真空度（约需30min）；排出的气体还有微小压力，造成能量浪费。

蒸汽喷射泵的安装高度视冷凝器内的真空度的高低而定。为保证真空度和避免发生冷水倒灌等事故，通常规定从地面到冷凝器出水口法兰高度大于10m，如果降低高度，必须选用适当型式的泵抽去冷却水。多级喷射泵在操作时必须注意：

① 先打开中间冷凝器的冷却水阀门。

② 启动最后级蒸汽喷射泵（即吸入真空度最低的泵），然后往前逐级启动。停车时先关闭第一级蒸汽喷射泵（即吸入真空度最高的泵），然后往后逐级关闭。

③ 停车时先破坏浓缩罐内的真空，然后缓慢关闭各级蒸汽喷射泵，以免冷水倒灌罐内。

④ 操作时，注意冷凝器内冷却水的排出速度，适当加减水量。

第三节　食品冷冻浓缩设备

一、概　　述

冷冻浓缩是利用冰与水溶液之间的固液相平稳原理的一种浓缩方法。采用冷冻浓缩方法，溶液在浓度上是有限度的。当溶液中溶质浓度高于低共熔浓度时，过饱和溶液冷却的结果表现为溶质转化成晶体析出，此即结晶操作的原理。这种操作，不但不会提高溶液中溶质的浓度，相反却会降低溶质的浓度。但是当溶液中所含溶质浓度低于低共溶浓度时，则冷却结果表现为溶剂（水分）成晶体（冰晶）析出。随着溶剂成晶体析出的同时，余下溶液中的溶质浓度显然就提高了，此即冷冻浓缩的基本原理。

冷冻浓缩的操作包括两个步骤：首先是部分水分从水溶液中结晶析出；其次是将冰晶与浓缩液加以分离。结晶和分离两步操作可在同一设备或在不同的设备中进行。结晶设备包括管式、板式、搅拌夹套式、刮板式等热交换器，以及真空结晶器、内冷转鼓式结晶器、带式冷却结晶器等设备；分离设备有压滤机、过滤式离心机、洗涤塔，以及由这些设备组成的分离装置等。在实际应用中，根据不同的物料性质及生产要求采用不同的装置系统。

冷冻浓缩方法特别适用于热敏食品的浓缩。由于溶液中水分的排除不是用加热蒸发的方法，而是靠从溶液到冰晶的相间传递，所以可以避免芳香物质因加热所造成的挥发损失。为了更好地使操作时形成的冰晶不混有溶质，分离时又不致使冰晶夹带溶质，防止造成过多的溶质操作，结晶操作要尽量避免局部过冷，分离操作要很好加以控制。在这种情况下，冷冻浓缩就可以充分显示出它独特的优越性。将这种方法应用于含挥发性芳香物质的食品浓缩，除成本外，就制品质量而言，要比用蒸发浓缩好。

冷冻浓缩的主要缺点有以下几方面。

① 因为加工过程中，细菌和酶的活性得不到抑制，所以制品还必须再经热处理或加以冷冻保藏。

② 采用这种方法，不仅受到溶液浓度的限制，而且还取决于冰晶与浓缩液可能分离的程度。一般而言，溶液黏度越高，分离就越困难。

③ 过程中会造成不可避免的溶质损失。

④ 成本高，所以这项新技术还不能充分地发挥其独特优势。

二、 冷冻浓缩装置系统

冷冻浓缩装置系统主要由结晶设备和分离设备两部分构成。

（一） 冷冻浓缩的结晶装置

冷冻浓缩用的结器有直接冷却式和间接冷却式两种。直接冷却式可利用水分部分蒸发的方法，也可利用辅助冷媒（如丁烷）蒸发的方法。间接冷却式是利用间壁将冷媒与被加工料液隔开的方法。食品工业上所用的间接冷却式设备又可分内冷式和外冷式两种。

1. 直接冷却式真空冻结器

在这种冻结器中，溶液在绝对压力266.6Pa下沸腾，液温为－3℃。在此情况下，想得到1t冰晶，必须蒸去140kg水分。直接冷却法的优点是不必设置冷却面，但缺点是蒸发掉的部分芳香物质将随同蒸汽或惰性气体一起逸出而损失。直接冷却式真空结晶器所产生的低温水蒸气必须不断排除。为减小能耗，可将水蒸气压力从266.6Pa压缩至933.1Pa，以提高其温度，并利用冰晶作为冷却剂来冷凝这些水蒸气。大型真空结晶器有采用蒸汽喷射升压泵来压缩蒸汽，能耗可降低到每排除1t水分耗电约为8kW·h。

直接冷却法冻结装置已被广泛应用于海水的脱盐，但迄今尚未用于液体食品的加工，主要是芳香物质的损失问题。直接冷却法的制品质量要比间接冷却法的差。但是，这种冻结器若与适当的吸收器组合起来，可以显著减少芳香物质的损失。图7-24所示，为带有芳香物回收的真空冻结装置。

料液进入真空冻结器后，在266.6Pa的绝对压力下蒸发冷却，部分水分即转化为冰晶。从冻结器出来的冰晶悬浮液经分离器分离后，浓缩液从吸收器上部进入，并从吸收器下部作为制品排出。另外，从冻结器出来的带芳香物的水蒸气先经冷凝器除去水分后，从下部进入吸收器，并从上部将惰性气体抽出。在吸收器内，浓缩液与含芳香物的惰性气体成逆流流动。若冷凝器温度并不过低，为进一步减少芳香物损失，可将离开第Ⅰ吸收器的部分惰性气体返回冷凝器作再循环处理。

2. 内冷式结晶器

内冷式结晶器可分两种：一种是产生固化或近于固化悬浮液的结晶器，另一种是产生可泵送的浆液的结晶器。

第一种结晶器的结晶原理属于层状冻结。由于预期厚度的晶层的固化，晶层可在原地进行洗涤或作为整个板晶或片晶移出后在别处加以分离。此法的优点是，因为部分固化，所以即使稀溶液也可浓缩到40%以上，此外具有洗涤简单、方便的优点。但国外目前尚未采用此法进行大规模生产。

第二种结晶器是采用结晶操作和分离操作分开的方法。它是由一个大型内冷却不锈钢转鼓和一个料槽组成，转鼓在料槽内转动，固化晶层由刮刀除去。因冰晶很细，故与浓缩液分离很困难。此法工业上常用于橙汁生产，另一种变型是将料液以喷雾形式喷溅到旋转缓慢的内冷却转鼓式转盘上，并且作为片冰而排出。

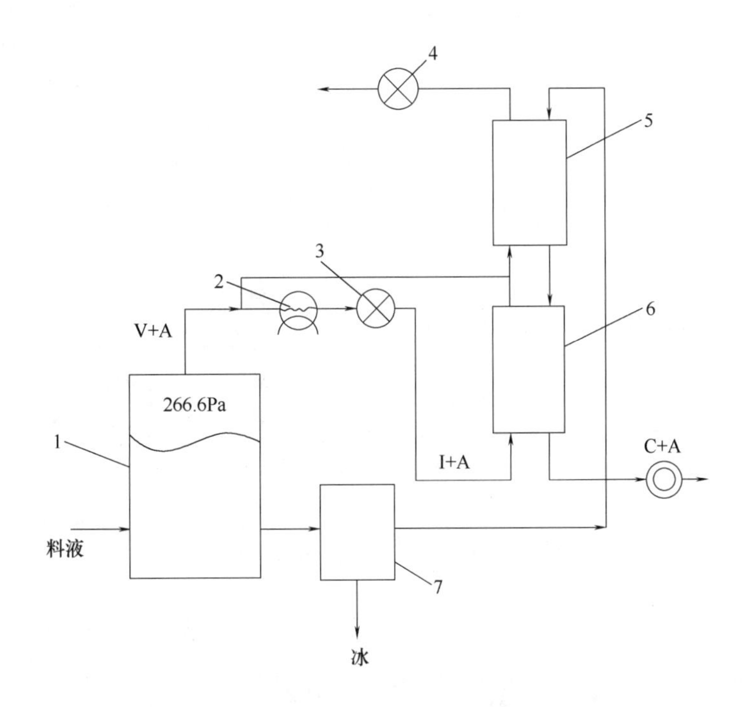

图 7-24　带有芳香物回收的真空结晶装置流程

1—真空结晶器　2—冷凝器　3—干式真空泵　4—湿式真空泵　5—吸收器Ⅰ　6—吸收器Ⅱ　7—冰晶分离器
V—水蒸气　A—芳香物　C—浓缩液

冷冻浓缩所采用的大多数内冷式结晶器都是属于第二种结晶器，即产生可以泵送的悬浮液。在比较典型的设备中，晶体悬浮液停留时间只有几分钟。由于停留时间短，故晶体粒度小，一般小于 50μm。作为内冷式结晶器，刮板式换热器是第二种结晶器的典型运用之一。

3. 外冷式结晶器

外冷式结晶器有下述三种主要型式。

第一种型式要求料液先经过外部冷却器作过冷处理，过冷度可高达 6℃，然后此过冷而不含晶体的料液在结晶器内将其“冷量”放出。为了减小冷却器内晶核形成和晶体成长发生变化，避免因此引起液体流动的堵塞，冷却器传器壁的接触液体部分必须高度抛光。使用这种型式的设备，可以制止结晶器内的局部过冷现象。从结器出来的液体可利用泵使之在换热器和结晶器之间进行循环，而泵的吸入管线上可装过滤机将晶体截留在结晶器内。

第二种外冷式结晶器的特点是全部悬浮液在结晶器和换热器之间进行再循环。晶体在换热器的停留时间比在结晶器中短，故晶体主要是在结晶器内长大。

第三种外冷式结器如图 7-25 所示。这种结器具有如下特点：

（1）在外部热交换器中生产亚临界晶体；

（2）部分不含晶体的料液在结晶器与换热器之间进行再循环。换热器形式为刮板式。因热流大，故晶核形成非常剧烈。而且由于浆料在换热器中停留时间短，通常只有几秒钟时间，因此产生的晶体极小。当其进入结晶器后，即与结晶器内含大晶体的悬浮液均匀混合，在器内的停留时间至少有半小时，故小晶体溶解，其溶解热就消耗于供大晶体成长。

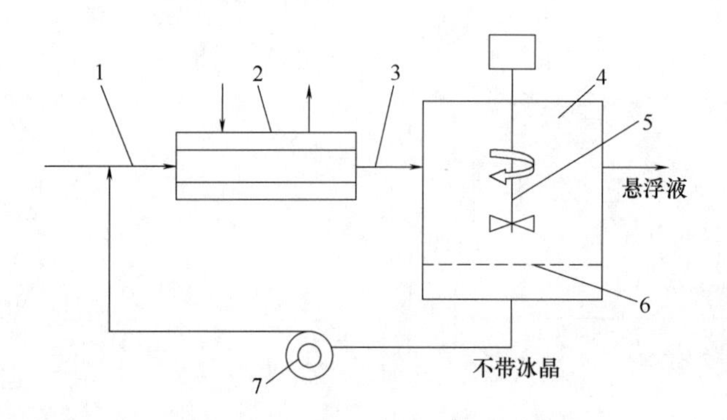

图7-25　外部冷却式结晶装置简图

1—料液　2—刮板式换热器　3—带亚临界晶体的料液　4—结晶器　5—搅拌器　6—滤板　7—循环泵

（二）冷冻浓缩的分离设备

冷冻浓缩操作的分离设备有压榨机、过滤式离心机和洗涤塔等。

1. 压榨机

通常采用压榨机有水力活塞压榨机和螺旋压榨机。采用压榨法时，溶质损失决定于被压缩冰饼中夹带的溶液量。冰饼经压缩后，夹带的液体被紧紧地吸住，以致不能采用洗涤方法将它洗净。但压力高，压缩时间长时，可降低溶液的吸留量。例如压力达10^7Pa左右，且压缩时间很长时，吸留量可降至0.05kg/kg。由于残留液量高，考虑到溶质损失率，压榨机只适用于浓缩比B_P/B_F接近于1时。

2. 离心机

采用转鼓式离心机时，所得冰床的空隙率为0.4～0.7。球形晶体冰床的空隙率最低，而树枝状晶体冰床的空隙较高。与压榨机不同，在离心力场中，部分空隙是干空的，冰饼中残液以两种形式被吸留。一种是晶体的和晶体之间，因黏性力和毛细力而吸住液体；另一种只是因黏性力使液体黏附于晶体表面。

采用离心机的方法，可以用洗涤水或将冰溶化后来洗涤冰饼，因此分离效果比用压榨法好。但洗涤水将稀释浓缩液。溶质损失率决定于晶体的大小和液体的黏度。即使采用冰饼洗涤，仍可高达10%。采用离心机有一个严重缺点，就是挥发性芳香物的损失。这是因为液体因旋转而被甩出来时，要与大量空气密切接触的缘故。

3. 洗涤塔

分离操作也可以在洗涤塔内进行。在洗涤塔内，分离比较完全，而且没有稀释现象。因为操作时完全密闭且无顶部空隙，故可完全避免芳香物质的损失。洗涤塔的分离原理主要是利用纯冰融解的水分来排除冰晶间残留的浓液，方法可用连续法或间歇法。间歇法只用于管内或板间生成的晶体进行原地洗涤。在连续式洗涤塔中，晶体相和液相作逆向移动，进行密切接触。如图7-26所示。从结晶器出来的晶体悬浮液从塔的下端进入，浓缩液从同一端经过滤器排出。因冰晶密度比浓缩液小，故冰晶就逐渐上浮到顶端。塔顶设有融冰器（加热器），使部分冰晶融解。融化后的水分即返行下流，与上浮冰晶逆流接触，洗去冰晶间浓缩液。

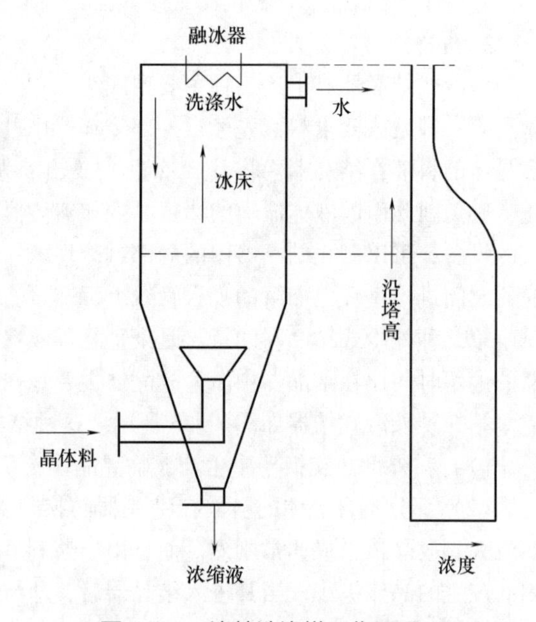

图7-26　连续洗涤塔工作原理

这样晶体就沿着液相溶质浓度逐渐降低的方向移动，因而晶体随浮随洗，残留溶质越来越少。

洗涤塔有几种型式，主要区别在于晶体被迫沿塔移动的推动力的不同。按推动力的不同，洗涤塔可分为浮床式、螺旋推送式和活塞推送式三种形式。

(1) 浮床洗涤塔　在浮床洗涤塔中，冰晶和液体作逆向相对运动的推动力是晶体和液体之间的密度差。浮床洗涤塔已广泛试用于海水脱盐工业盐水和冰的分离。

(2) 螺旋洗涤塔　螺旋洗涤塔是以螺旋推送为两相相对运动的推动力。如图7-27所示，晶体悬浮液进入两个同心圆筒的环隙内部，环隙内有螺旋在旋转。螺旋具有棱镜状断面，除了迫使冰晶沿塔体移动外，还有搅动晶体的作用。螺旋洗涤塔已广泛用于有机物系统的分离。

(3) 活塞床洗涤塔　这种洗涤塔是以活塞的往复运动迫使冰床移动为推动力，如图7-28所示。晶体悬浮液从塔的下端进入，由于挤压作用使晶体压紧成为结实而多孔的冰床。浓缩液离塔时经过滤器。利用活塞的往复运动，冰床被迫称向塔的顶端，同时与洗涤液逆流接触。这种洗涤塔国外已用于液体食品的冷冻浓缩。在活塞床洗涤塔中，浓缩液未被稀释的床层区域和

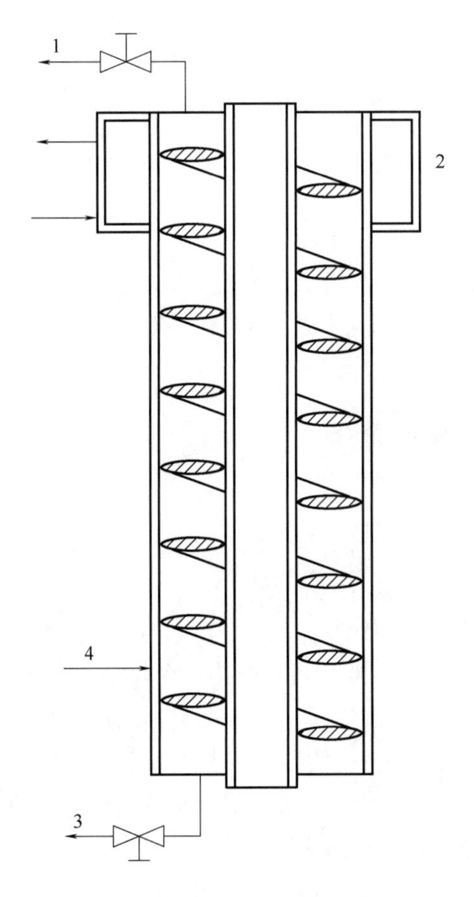

图7-27　螺旋洗涤塔示意图

1—融化水　2—融冰器　3—浓缩液　4—料浆

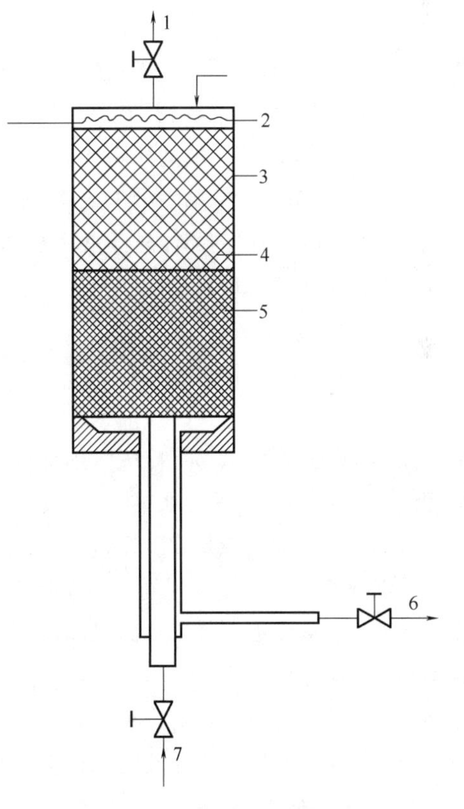

图7-28　活塞床洗涤塔示意图

1—水　2—融冰器　3—冰晶在融化的水中

4—洗涤前沿　5—冰晶在浓缩液中

6—浓缩液　7—来自结晶器的悬浮液

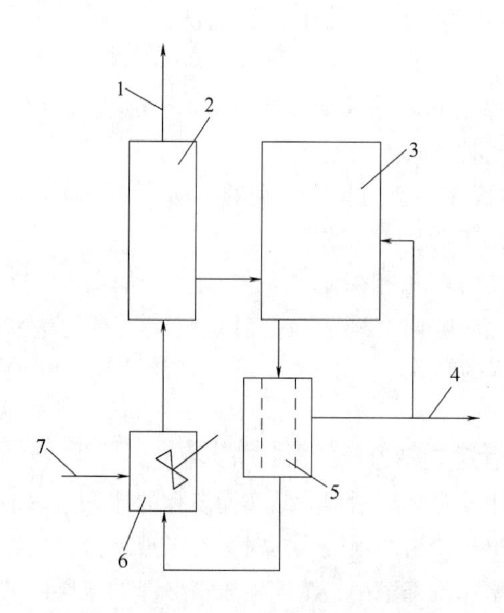

图7-29　压榨机和洗涤塔的典型组合
1—冰　2—洗涤塔　3—结晶器　4—浓缩
5—压缩机　6—混合器　7—料液

晶体已被洗净的床层区域之间，其距离只有几厘米。浓缩时，如排冰稳定，离塔的冰晶融化液中溶质浓度低于0.01%。浓缩液排冰是否完全和稳定是根据下式来判断的。

$$\frac{d_P^2}{\mu_L} \geqslant 10^{-3} \quad (cm^2/P)$$

式中　d_P——晶体的平均直径，cm

μ_L——被洗涤水排冰的液体黏度，（$P = 0.1Pa \cdot s$）

（4）压榨机和洗涤塔的组合　将压榨机和洗涤塔组合起来作为冷冻浓缩的分离设备是一种最经济的方法。图7-29所示，为这种组合的一个典型例子。结晶器的晶体悬浮液首先在压榨机中进行部分分离。分离出含有大量浓缩液的冰饼，在混合器内和料液混合进行稀释后，送入洗涤塔进行完全分离。在洗涤塔中，从混合冰晶悬浮液中分出纯冰和液体，液体进入结晶器中和来自压榨机的循环浓缩液进行混合。

压榨机和洗涤塔相结合具有如下优点：

① 可以用比较简单的洗涤塔代替复杂的洗涤塔，从而降低了成本；

② 进洗涤塔的液体黏度由于浓度降低而显著降低，故洗涤塔的生产能力大大提高；

③ 若离开结晶器的晶体悬浮液中晶体平均直径过小，或液体黏度过高，不能满足判别式的要求时，采用组合设备仍能获得完全的分离。

三、冷冻浓缩系统流程简介

1. 悬浮结晶法

图7-30所示的Grenco冷冻浓缩系统是冷冻浓缩的代表，以其为例，简要介绍冷冻浓缩的流程。

待浓缩物料加入原料罐，通过循环泵首先输入到刮板式热交换器，在冷媒作用下冷却，生成部分细微的冰结晶，然后再送入到再结晶罐（成熟罐），再结晶罐保持一个较小的过冷却度，溶液的主体温度将介于该冰晶体系的大、小晶体平衡温度之间，由于大、小冰晶的平衡温度不同，此时主体温度高于小冰晶的平衡温度而低于大冰晶的平衡温度，小冰晶开始融化，大冰晶成长，然后通过洗涤塔排除冰晶，并用部分冰溶解液冲洗及回收冰晶表面附着的浓缩液，清洗液回流至进料端，浓缩液则循环至所要求的组成后从再结晶罐底排出。

2. 渐进冷冻法

渐进冷冻法又称层状结晶法或标准冻结法，是一种沿冷却界面形成并成长为整体冰晶的冻结方法，随着冰层在冷却面上生成并成长，界面附近的溶质被排除到液相侧，液相中的溶质浓度将逐渐升高，利用这一现象的浓缩方法称为渐进冷冻浓缩法。

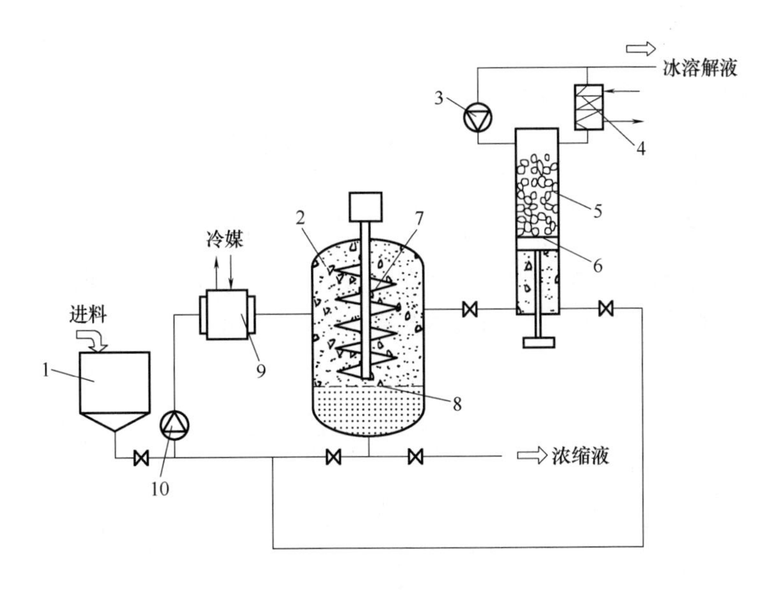

图 7-30　Grenco 冷冻浓缩系统示意图

1—原料罐　2—再结晶罐　3,10—循环泵　4—冰晶溶解用热交换器

5—洗涤塔　6—活塞　7—搅拌器　8—过滤器　9—刮板式热交换器

渐进冷却浓缩法最大的特点是形成一个整体的冰结晶，固液界面小，使得浓缩液与冰结晶的分离相对容易，同时，装置简单、控制方便。液相的搅拌速度、冰前沿移动速度、冻结初期的过冷却度是影响浓缩效果的主要因素，通过增大料液与传热面的接触面积，促进固液界面的物质流动，提高浓缩效果是渐进冷冻浓缩工艺研究的重要课题。图 7-31 是带搅拌的渐进冷冻浓缩装置示意图，它是以搅拌槽侧面作为冷却传热界面来进行冷冻浓缩处理。

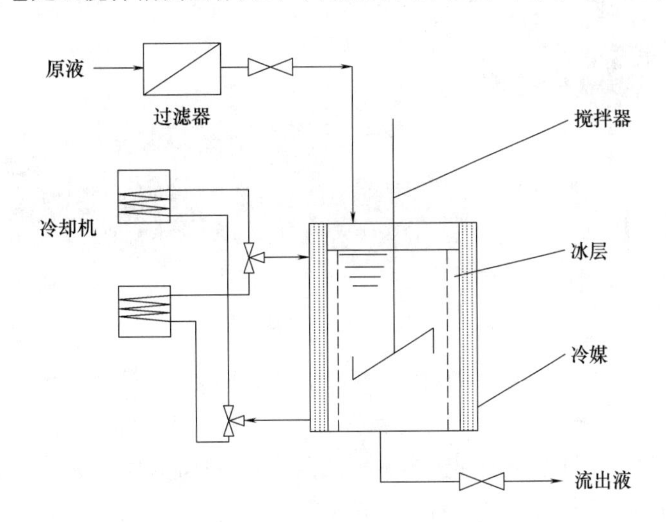

图 7-31　带搅拌的渐进浓缩装置示意图

上述两种冷冻浓缩方法通过对悬浮结晶冷冻浓缩的不断完善，有望在更多的领域中得到应用。渐进冷冻浓缩法由于具有投资少，方便推广的特点，在近期将会有一个大的发展。

第四节 膜浓缩设备

膜浓缩可采用反渗透过滤与超滤两种工艺。反渗透主要用于分离溶液中的水与低分子物质，这些溶液具有高渗透压。超滤用于从高分子量物料（如蛋白质、多糖）中分离出低分子量物料。都可达到浓缩目的产物的作用，平板膜浓缩原理图如图7-32。

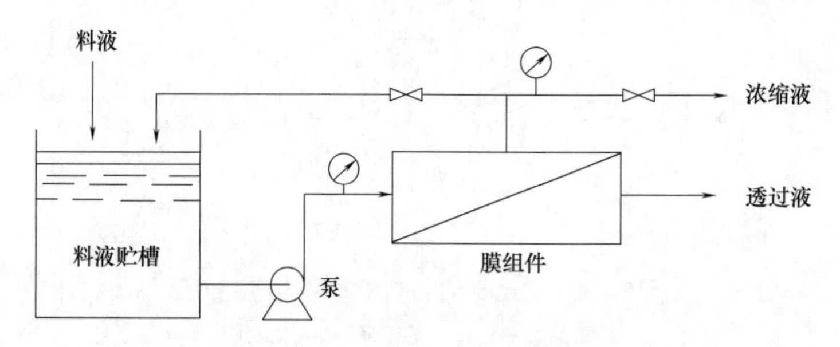

图7-32 一段可循环超滤浓缩示意图

传统过滤与膜过滤（或膜浓缩）的区别如图7-33所示，传统的过滤（又称“死胡同式”过滤）通常被用来分离超过10μm的悬浮颗粒，滤渣经常堵塞滤网；而膜过滤可分离小于10^{-4}μm的分子。即膜过滤用于浓缩时，可以在常温下去除溶剂分子（水）和小分子物质，取得大分子的浓缩液。

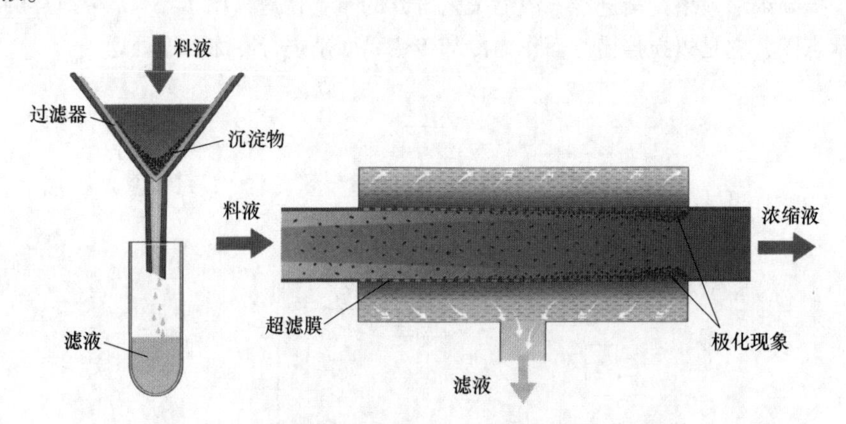

图7-33 传统过滤与膜过滤（或膜浓缩）的区别

分批式膜过滤设备系统示意图如图7-34所示。进料满罐后停止进料，开动许环浓缩泵不断浓缩产品，达到要求后排料，再浓缩下一罐。

在膜浓缩的应用方面，果汁和牛乳的浓缩主要是去除水分。处理稀溶液时反渗透可能是最经济的浓缩方式。在食品工业中最大的商业化应用是乳清浓缩、乳的预浓缩，其他还包括果汁蒸发前的浓缩；柠檬酸、咖啡、淀粉糖浆、天然提取物的浓缩；以及乳清脱盐（但保留糖）、蛋白质或多糖的分离与浓缩、除菌、果汁澄清和纯净水制备等。

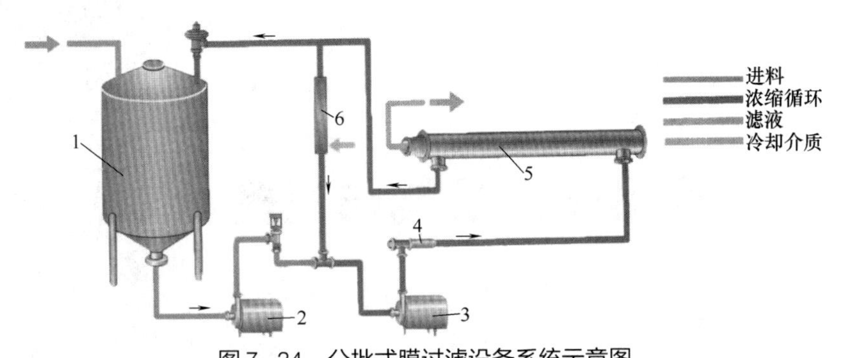

图 7-34　分批式膜过滤设备系统示意图

1—产品罐　2—液料泵　3—循环泵　4—过滤器　5—膜模块　6—冷却器

思考题

1. 真空浓缩设备是食品生产过程中主要设备之一，它有哪些优缺点？如何根据物料性质来选择合适的真空浓缩设备？

2. 冷冻浓缩的优缺点有哪些？

3. 简述升膜式浓缩设备的工作原理。

4. 目前果汁浓缩的主要方法有常压浓缩、真空浓缩、冷冻浓缩等几种，请叙述各自的特点。

第八章

CHAPTER 8

食品干燥机械与设备

[学习目标]

了解食品干燥方法以及对应的干燥设备。掌握真空干燥、喷雾干燥、冷冻干燥的基本原理、主要构件结构，压力喷雾干燥与离心干燥的特点。了解喷雾干燥设备流程和典型装置。了解其他干燥方法的主要原理和特点。

第一节 概　　述

干燥泛指从湿物料中除去水分或其他湿分的操作过程。对于食品而言，大多数食品或生产食品的动植物原料是含有大量水分的湿物料，加上食品本身营养丰富，在常温下极容易引起微生物的生长繁殖，并导致食品的腐败或缩短食品的保存期。食品工业中干燥操作是一项最基本的单元操作，食品物料被干燥后，含水量降低，可防止微生物生长繁殖；体积和重量大幅度减少，从而便于产品的储存和运输；同时干燥加工也是获得某些风味和特色食品的工艺手段，如乳粉、蛋粉、豆奶粉、脱水蔬菜、牛肉干等。

一、 干燥过程基本原理

干燥过程实质就是水分从物料内部转移至表面，再由表面扩散到周围空气中的过程。在一定温度下，任何含水的湿物料表面都有一定的蒸气压，干燥过程得以进行的必要条件就是湿物料表面的水蒸气分压要大于周围气体中的水蒸气分压。在干燥过程中热量从高温热源以各种方式传递给湿物料，使物料表面湿分汽化并逸散到外部空间，从而逐渐形成从物料内部到表面的湿度梯度，此湿度梯度即为物料内部水分向物料表面转移的推动力。物料内部湿分向表面扩散并汽化，使物料湿含量不断降低，逐步完成物料整体的干燥。

物料的干燥速率取决于表面汽化速率和内部湿分的扩散速率。通常干燥前期的干燥速率受表面汽化速率控制；之后，只要干燥的外部条件不变，物料的干燥速率和表面温度即保持稳定，这个阶段称为恒速干燥阶段；当物料湿含量降低到某一程度，内部湿分向表面的扩散速率降低，并小于表面汽化速率时，干燥速率即主要由内部扩散速率决定，并随湿含量的降低而不断降低，这个阶段称为降速干燥阶段。

二、 干燥的一般方法

食品物料中水分汽化所需热量，或来自周围热空气以对流传热提供，或由其他热源通过辐射、热传导形式提供。因此，按照热能供给湿物料的方式，干燥又可分为对流干燥、传导干燥、辐射干燥和介电加热干燥等。

物料中水分的汽化可以在不同的状态下进行，常见的是水分是在液态下汽化的，如在日常生活中将潮湿物料置于阳光下暴晒以除去水分，在食品加工中，干燥通常指用热空气、红外线等加热湿固体物料，使其中所含的水分或溶剂汽化而除去。如果预先将物料中水分冻结成冰，然后在极低的压力下，使之直接升华而转入气相，这种干燥称为冷冻干燥或冷冻升华干燥。

三、 干燥设备的分类

干燥设备又称干燥器或干燥机。用于进行干燥操作的设备，通过加热使物料中的湿分汽化逸出，以获得规定含湿量的固体物料。远古以来，人类就习惯于用天然热源和自然通风来干燥物料，完全受自然条件制约，生产能力低下。随着生产的发展，自然干燥远不能满足生产发展的需要，它们逐渐被人工可控制的热源和机械通风除湿手段所代替。

现代的干燥设备类型很多，按操作压力，干燥机分为常压干燥机和真空干燥机（也称减压干燥机）两类，在真空下操作可降低空间的湿分蒸汽分压而加速干燥过程，且可降低湿分沸点和物料干燥温度，蒸汽不易外泄，所以，真空干燥机适用于干燥热敏性、易氧化、易爆和有毒物料以及湿分蒸汽需要回收的场合。

根据加热方式，一般可将干燥设备分为对流式、传导式、辐射式等类型。

对流式干燥机又称直接干燥机，是利用热的干燥介质与湿物料直接接触，以对流方式传递热量，并将生成的蒸汽带走。

传导式干燥机又称间接式干燥机，它利用传导方式由热源通过金属间壁向湿物料传递热量，生成的湿分蒸汽可用减压抽吸、通入少量吹扫气或在单独设置的低温冷凝器表面冷凝等方法移去。这类干燥机不使用干燥介质，热效率较高，产品不受污染，但干燥能力受金属壁传热面积的限制，结构也较复杂，常在真空下操作。

辐射式干燥机是利用各种辐射器发射出一定波长范围的电磁波，被湿物料表面有选择地吸收后转变为热量进行干燥。

常见食品干燥设备的分类见表 8-1。

表 8－1 常见食品干燥设备的分类

类 型	干燥设备形式
对流加热干燥设备	厢式、洞道式、网带式、气流式、流化床式、喷雾式
传导加热干燥设备	滚筒干燥机、真空干燥机、冷冻干燥机
辐射加热干燥设备	微波干燥机、远红外干燥机

此外，根据操作方法可分为间歇式和连续式两类，根据运动（物料移动和干燥介质流动）方式可分为并流、逆流和错流三类。

四、 食品干燥设备的发展方向

为了获得品质优良的干制食品产品，必须在深入研究干燥机理和物料干燥特性的基础上开发和改进现有的干燥设备。同时也需要进一步研究和开发新型高效和适应原料特殊要求的干燥机，如组合式干燥机、微波干燥机和远红外干燥机等。

干燥机的发展还要重视节能和能量综合利用，如采用各种联合加热方式，移植热泵和热管技术，开发太阳能干燥机等；还要发展干燥机的自动控制技术以保证最优操作条件的实现；随着人类对环保的重视，改进干燥机的环境保护措施以减少粉尘和废气的外泄等也将是需要深入研究的方向。

目前，我国多数产品的干燥操作是在单一干燥设备内在一种干燥参数下完成的，而从物料的干燥动力学特性可以看出，在物料的不同干燥阶段，其最优的干燥参数是不同的。同时，一种干燥设备，往往不能适应物料在不同干燥阶段其含水率和其他物性对干燥设备的不同要求。如果采用单一干燥设备和单一干燥参数，不仅会造成能源与资源的浪费，还会影响干燥质量与产量。因此，必须首先从干燥工艺上进行根本改造，改变粗放型的干燥方式，逐步向循环经济的方向过渡，即实现无废弃物、零污染排放、高效优化用能和优质生产。

第二节 对流型干燥设备

对流型干燥设备是利用干热空气作为干燥介质对湿物料进行加热，热空气与物料直接接触，边加热边除去水分。对流型干燥设备的关键是要提高物料与热空气的接触面积，将自身的热量传递给食品，使食品升温并脱除水分，干热空气则从高温低湿变成为低温高湿。恒速干燥期间的物料温度几乎与热空气的湿球温度相同，所以使用高温热空气也可以干燥热敏性物料。这种干燥方法干燥速率高，设备投资少，但热效率较低。

常见的对流型干燥设备有厢式干燥机、隧道式干燥机、喷雾干燥机以及流化床式干燥机等。

一、 厢式干燥机

厢式干燥机是一种常见的间歇式干燥机。虽其热效率较低，但由其于结构简单，操作方便，目前仍有较广泛的应用。

为了减少热损失，厢式干燥机的四壁用绝热材料构成。物料用料盘盛装，小型的厢式干燥机直接将料盘置于金属网状隔板上，大型的厢式干燥机一般将料盘摆放在带有滚轮的架车上依次推入干燥厢内，经蒸汽或电加热的厢内热空气在厢内以一定速度循环，并不断引入部分新鲜干热空气、排除高湿废气，以达到排湿、加快干燥的目的。由于物料堆积在料盘中具有一定的厚度，其内层传热、传质较差，因而干燥速率低。为了提高干燥效率，在物料干燥过程中须定期上下翻动物料。

厢式干燥机可分为水平气流厢式干燥机和穿流气流厢式干燥机两类。

（一） 水平气流厢式干燥机

其结构为多层长方形浅盘叠置在框架上，湿物料在浅盘中的厚度通常为10～100mm，具体视物料的干燥条件而定（图8－1）。一般浅盘的面积约为0.3～1m²，新鲜空气由风机抽入，经加热后沿挡板均匀地进入各层之间，平行流过湿物料表面。空气的流速应使物料不被气流带走，常用的流速范围为1～10m/s，厢式干燥机的加热方式有电加热器和蛇管、夹套加热两种形式。

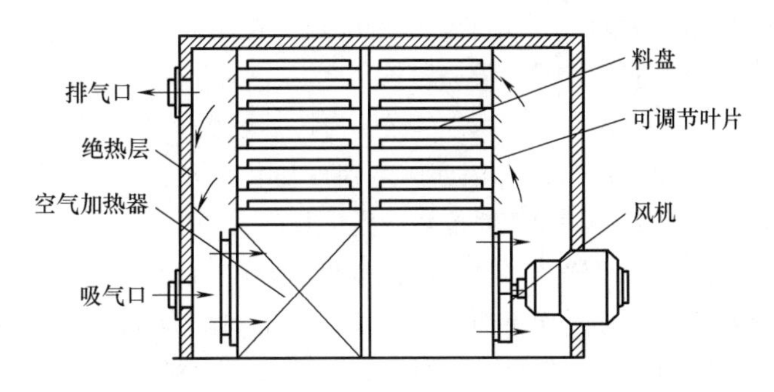

图8－1　水平气流厢式干燥机

（二） 穿流气流厢式干燥机

物料铺在多孔的浅盘（或网）上，气流垂直地穿过物料层，两层物料之间设置倾斜的挡板，以防从一层物料中吹出的湿空气再吹入另一层（图8－2）。空气通过小孔的速度为0.3～1.2m/s。穿流式干燥机适用于通气性好的颗粒状物料，其干燥速率通常为平流时的8～10倍。

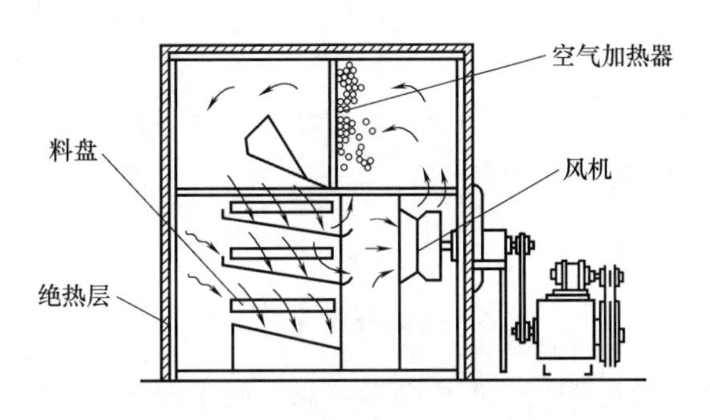

图8－2　穿流气流厢式干燥机

厢式干燥机优点是构造简单，设备投资少，制造和维修方便，适应性强，特别适合于小批量物料的干燥。其主要缺点是物料得不到分散，干燥时间长，产品质量不均匀；此外，装卸劳动强度大，热能利用率低。

二、 隧道式干燥机

隧道式干燥机又称洞道式干燥机，其外壳为一狭长通道，在狭长的隧道干燥室内铺设铁轨，物料被放置于小车或运输带上，或被悬挂起来，沿干燥室内通道向前移动，连续不断地进出通道，干燥室内通以热风，物料与隧道内的热风接触而得以干燥。这是一种连续操作的干燥机，物料的加料和卸料在干燥室两端进行，由于该机的热风与物料接触时间较长，且容易控制，其热量利用率较高，可达60% ~80%，在食品工业中多用于大批量产品，如蔬菜、水果、淀粉、鱼粉等食品的干燥。

隧道式干燥机的干燥介质一般是热空气或者烟道气，与物料接触方式有并流、逆流和混合流三种。混流兼有并流和逆流的优点，干燥产品可达到较低的湿含量。混流式隧道干燥机一般将隧道分成两段，第一段为并流，干燥速率大，对应于物料的恒速干燥阶段，第二段为逆流，可满足物料的最终干燥水分要求，对应于干燥的降速干燥阶段。因为第二阶段的干燥时间较长，一般混流式隧道干燥机的第二段比第一段长。

干燥机内的气流速度一般为2 ~3m/s，在保证物料不被吹落的前提下还可以适当提高。由于热风在沿洞道长度上的温度降较大，因此气流速度变化也较大。可采用废气部分循环的方式，结合干燥介质的速度提高，从而相对缩短洞道的长度。干燥机的器壁用带有绝缘层的金属材料制成，也可用砖砌成。物料输送器与器壁的间隙，在气流阻力允许的情况下应尽量缩小，以防止大量的热风从物料旁边穿过而不能充分利用。通常间隙为80mm。洞道式干燥机制造简单，操作方便，而且能耗也不大，但是干燥时间较长。由于物料相对于输送器是静止不动的，因此会出现物料干燥不均匀的现象（图8-3）。

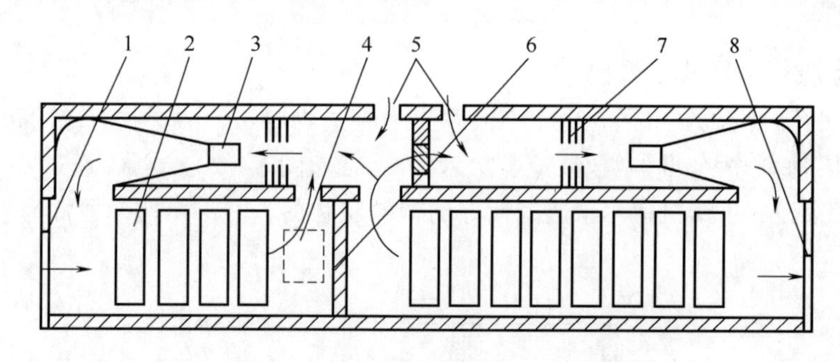

图8-3 洞道混合式干燥机结构示意图

1—湿物料入口 2—载料车 3—送风机 4—空气出口 5—空气入口 6—活动隔门 7—加热器 8—产品出口

三、 喷雾干燥机

喷雾干燥是将液状物料通过雾化器形成喷雾状态（细微分散状态），雾滴在沉降过程中，水分被热空气气流蒸发而进行脱水干燥的过程。干燥后得到的粉末状或颗粒状产品和空气分开后收集在一起，在这一个工序同时完成喷雾与干燥两种工艺过程。

喷雾干燥作为现代对流干燥方法之一，被广泛地应用于化工、食品、生物、制药等工业部门中，用于干燥真溶液、胶体溶液、悬浊液、乳浊液、浆状料和可流动的膏状料，特别是用来干燥乳与乳制品、蛋、果汁、饲料、酵母、维生素、酶制剂、血液和血浆代用品、番茄制品、咖啡及咖啡伴侣、粉末油脂等。

（一） 喷雾干燥基本原理及特点

1. 喷雾干燥基本原理

利用塔顶的雾化器将需干燥的液状物料雾化成直径为10 ~100μm 的雾滴，由于雾滴很小、数量很多，从而大大提高了表面积，液滴与干燥塔内热风气流接触后，在瞬间（0.01 ~0.04s）

进行强烈的热质交换，水分迅速被蒸发并被空气带走，产品干燥后以粉末状态沉降于干燥机被收集。热风与雾滴接触后温度显著降低，湿度增大，作为废气由排风机抽出，废气中夹带的少量微粒用回收装置回收（图8-4）。

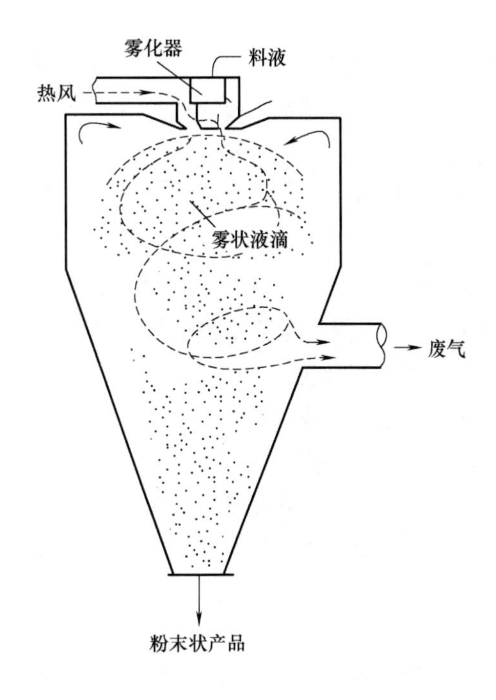

图8-4 喷雾干燥示意图

喷雾干燥是一个热质交换的过程，包括雾化后液料微粒表面水分的汽化，以及微粒内部水分不断向表面扩散的过程，喷雾干燥的全过程可分为四个基本阶段：①料液的雾化；②雾滴和干燥介质（热风）的接触、混合及流动；③雾滴的干燥，即完成热质交换过程；④干燥产品与热风的分离。

雾化后雾滴与热空气接触后先后经历预热升温、恒速干燥和降速干燥三个过程，在预热阶段，雾滴被加热迅速升到一定温度。在恒速干燥阶段，水分大量蒸发，此时的蒸发速度主要取决于周围热风和液滴的温度差，温差越大蒸发速度越快。当雾滴中大部分水分被蒸发后，蒸发速度开始减慢，干燥进入降速干燥阶段，在降速干燥阶段，雾滴水分蒸发速度下降，干燥后的固体微粒温度逐渐上升，为了防止高温对产品品质的不良影响，干燥后应立即排出干燥室。

2. 喷雾干燥的特点

（1）优点

① 干燥速度快：料液雾化后，表面积增大至万倍以上，例如将 1L 料液雾化成直径为 50μm 的雾滴，其表面可增大至 $120m^2$，在热风气流中可瞬间（0.01 ~ 0.04s）蒸发 95% ~ 98% 的水分，完成干燥时间一般仅需 5 ~ 40s。

② 产品质量好：喷雾干燥使用温度范围广（80 ~ 800℃），即使采用高温热风，由于热交换主要用于蒸发物料水分，故排风温度仍不会很高，干燥产品质量较好，不容易发生蛋白质变性，维生素损失，氧化等缺陷，例如牛乳粉加工中热敏性维生素 C 只损失 5% 左右。因此，特别适合于易分解、变性的热敏性食品加工。同时，由于干燥过程是在热空气中完成的，产品基本上能保持与雾滴相近似的空心颗粒或疏松团粒，具有良好的分散性，流动性和溶解性。

③ 工艺简单、控制方便：料液湿含量通常为 40% ~ 60%，有些特殊料液湿含量高达 90%，也可不经过浓缩，一次干燥直接获得粉末状或微细颗粒状产品，可省去一些蒸发、结晶、分离、粉碎及筛选等工艺过程，简化了生产工艺流程。通过改变原料的浓度、热风温度、喷雾条件等，可获得不同水分和粒度的产品，易于操作，控制方便，由于喷雾干燥在全封闭的干燥塔进行，干燥室具有一定负压，既保证了卫生条件又避免粉尘飞扬。

④ 生产率高：喷雾干燥能适应于工业上连续大规模生产，物料可连续进料连续排料，结合冷却器和风力输送，组成连续的生产作业线。操作人员少，劳动强度低。

（2）缺点

① 设备较复杂，占地面积大，一次投资较多。

② 能耗大，热效率不高，动力消耗大。当热风温度低于150℃时，热容量系数低［h_a = 23 ~ 116W/(m^2 · k)］，蒸发强度仅达到2.5 ~4.0kg/(m^2 · h)，热效率一般为30% ~40%。

③ 在生产粒径小的产品时，废气中约夹带有20%的微粒，需选用高效的分离装置，附属装置比较复杂，费用较贵。

④ 干燥室内壁易于黏附产品微粒，腔体体积大，设备的清洗工作量大。

（二）喷雾干燥装置的主要组件

1. 喷雾干燥装置的主要组件

喷雾干燥系统基本组成如下：

（1）空气加热系统　包括空气过滤器、鼓风机、空气加热器、热风分配器等。

（2）雾化系统　包括料液贮存器、过滤器、供料装置、雾化器等。

（3）干燥室　不同的雾化装置，其干燥室的设计形式不同。

（4）产品收集系统　包括出粉器、贮粉装置、产品冷却装置、产品粒度筛分（分级）装置等。

（5）废气排放及微粉回收系统　包括捕粉装置、排风装置等。

（6）系统控制装置及废热回收装置。

典型的喷雾干燥系统见图8-5所示。

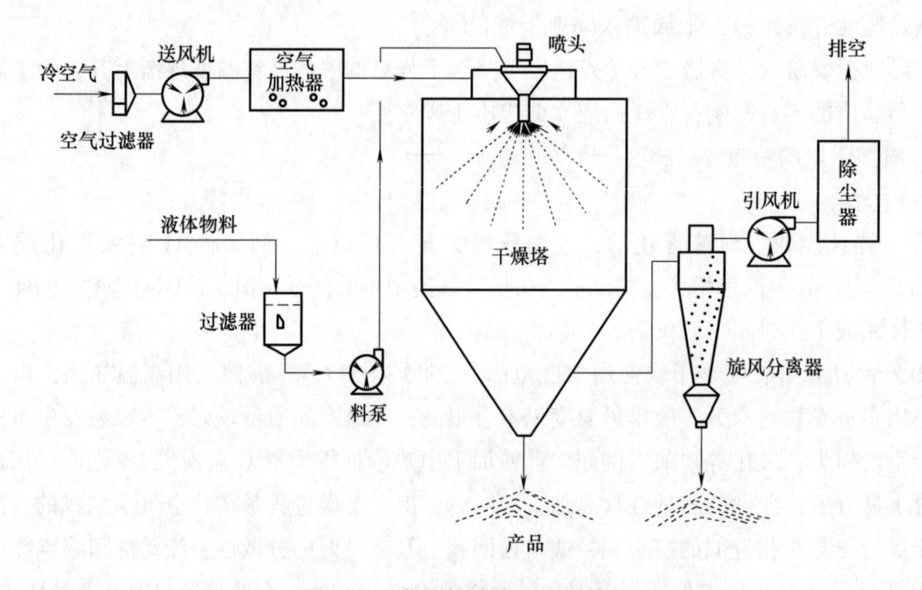

图8-5　典型的喷雾干燥系统

喷雾干燥室是喷雾干燥系统的主体设备，它的主要作用是容纳雾化后的料浆液滴与热风交汇，完成干燥过程。室内装有雾化器、热风分配器以及刮粉、出料装置等。干燥室开有进气口、排气口、出料口、人孔、视孔、灯孔等，为了清除和减少物料的粘壁现象，还需配置清扫装置。附属设备有空气加热器、分离器、空气过滤器和物料进出的输送装置。

雾化器是喷雾干燥室的核心，它的作用是将输入的料浆雾化成微细的液滴，以便干燥。喷雾干燥时，雾滴大小和均匀程度直接影响产品的质量和技术经济指标，雾滴表面越大，则干燥速度越快，为增大其表面积，必须将液状物料进行雾化（即微粒化），雾滴平均直径一般为20~60μm，雾滴过大则达不到干燥要求，雾滴过小则可能干燥过度而变性。因此，将料液雾化所采用的雾化器是喷雾干燥设备的关键组件。

2. 雾化器的类型与性能

用于食品工业的雾化器主要有三类，即压力式雾化器、离心式雾化器和气流式雾化器，另外还有声波和超声波雾化器等。

（1）压力式雾化器　压力式雾化器的雾化机理是利用高压泵，使料液获得很高的压力（2~20MPa），从直径为0.5~6mm的喷嘴中喷出，由于压力大、喷嘴小，料液瞬时雾化成直径很微小的雾滴。料液的分散度取决于喷嘴的结构，料液的流出速度和压力，料液的物理性质（表面张力、黏度、密度等）。

压力式雾化器俗称压力喷嘴，其结构形式较多，以旋涡式压力喷嘴和离心式压力喷嘴较为常用，结构上共同特点是使液体做旋转运动，获得离心惯性力，然后从喷嘴高速喷出。

① 旋涡式压力喷雾器：该喷雾器的结构如图8-6所示。其雾化过程为：料液在高压泵的作用下，以切线或接近切线的角度进入旋涡室中，料液在旋涡室一面急剧旋转，一面通过下部孔口形成液膜喷出，而在圆锥形雾液中心形成空气芯，即空心圆锥形的喷雾形式。

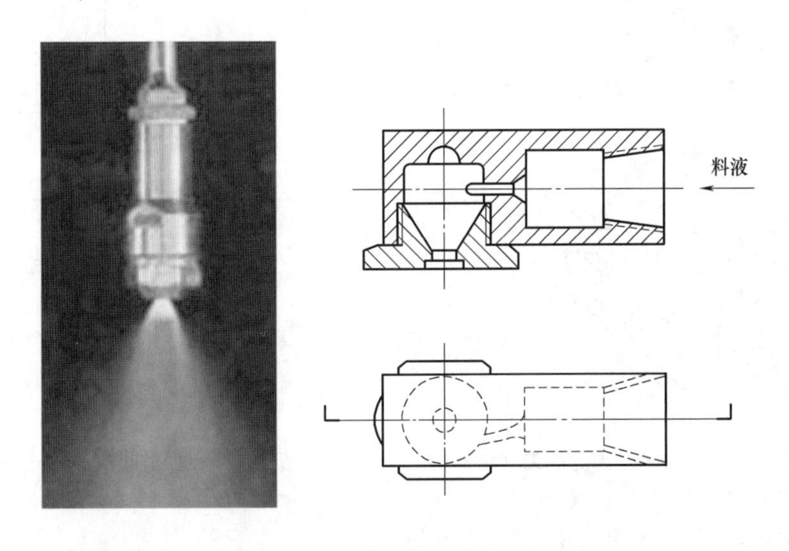

图8-6　旋涡式压力式喷雾器结构

② 离心式压力喷雾器：这种喷器主要由喷片和喷芯组成，喷片上开有小锐角孔，喷芯上具有螺旋状或斜槽形的小沟。采用这种喷雾化料液，压力较高时，喷嘴孔径越小，所得的雾滴越细；压力越低时，喷嘴孔径越大，雾滴就越大，而雾滴的大小取决于产品的要求。离心式压力喷雾器目前在我国主要有以下两种型号。

a. M型（Monarch）离心压力式喷雾器：其结构如图8-7所示，M型喷雾器主要由管接头、螺母、分配孔板、喷嘴板、切向通道和喷头等到结构组成。分配孔板内有四条导沟组成的切向通道，其宽度和深度随流量的不同而异，四条导沟轴线垂直于喷头轴线，但不相交于喷头的轴线，其目的是以此增加喷雾时溶液的湍流度。

M型喷雾器本体一般用不锈钢制造，分配孔板用硬质合金制造，喷嘴的材料可以采用不锈钢、碳化钨或钨钢制造。近年来，多使用人造红宝石，采用激光钻孔制造而成。

M型喷雾器流量大（喷雾孔径为0.8～2mm），适用于生产能力较大的设备，采用人造红宝石喷头，耐磨性好，喷孔内光滑，雾化状况好，可以提高产品的产量。

b. S型（Spraying）离心式压力式喷雾器：其结构如图8-8所示。S型喷雾器主要由螺母、管接头、喷头和喷芯等组成，与M型喷雾器不同的是，S型喷雾器不设分配孔板，而在喷芯上开有两条导沟，导沟的轴线与水平面成一定的角度，喷芯和喷嘴之间为旋转室。

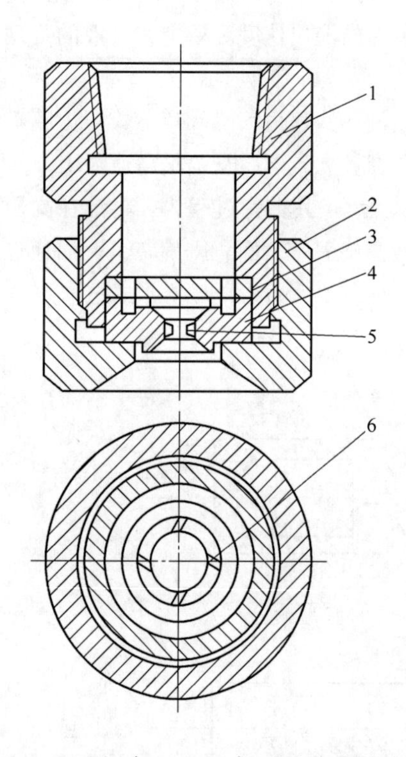

图8-7 M型（Monarch）离心压力式喷雾器

1—管接头 2—螺母 3—孔板 4—喷头座 5—喷头 6—切线入口

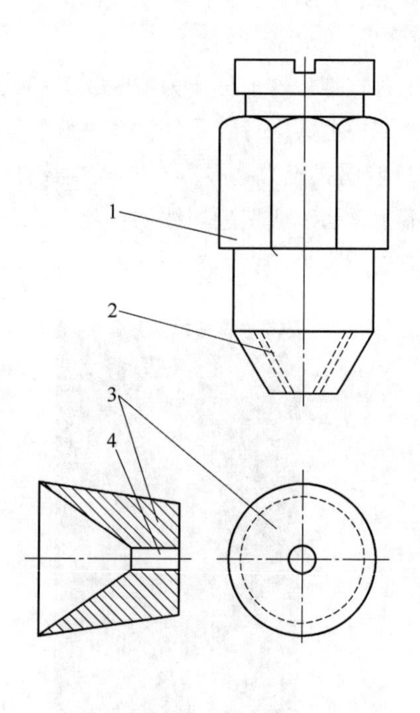

图8-8 S型离心式压力式喷雾器

1—喷芯 2—导沟槽 3—喷嘴 4—喷嘴孔

S型喷雾器一般用不锈钢制造，喷嘴孔径一般为0.5～1.2mm，由于小孔径的不锈钢喷嘴内孔易磨损，喷雾器正常工作的寿命较短。近年来，也出现使用硬质合金制造的S型喷雾器，但制造工艺较为困难。

（2）离心式雾化器 离心式雾化器的雾化机理是借助高速转盘产生离心力，将料液高速甩出成薄膜、细丝，并受到腔体空气的摩擦和撕裂作用而雾化，喷雾的均匀性，随着圆盘转速的增加而提高（图8-9、图8-10、图8-11）。

离心式雾化器的结构形式较多，常见的有光滑圆盘、多叶圆盘、多管圆盘、多层圆盘，另外还有喷枪形、锥形和圆帽形。

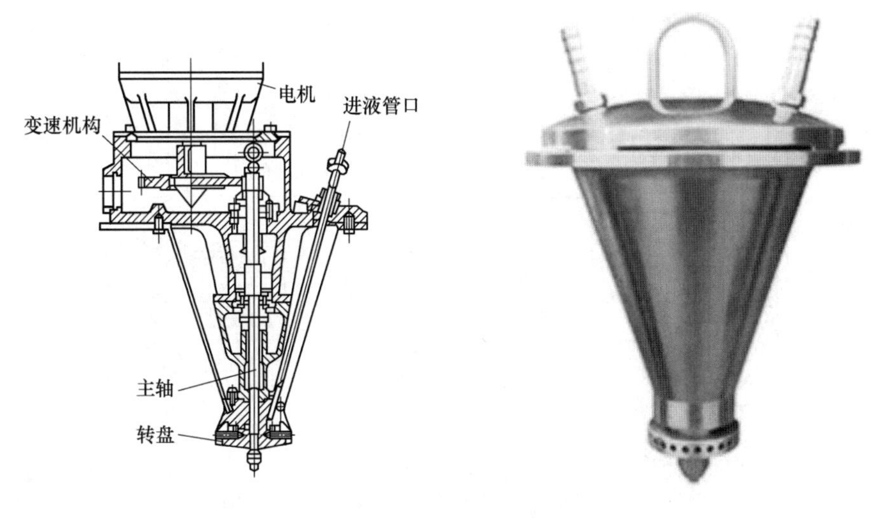

图8-9　离心式雾化器

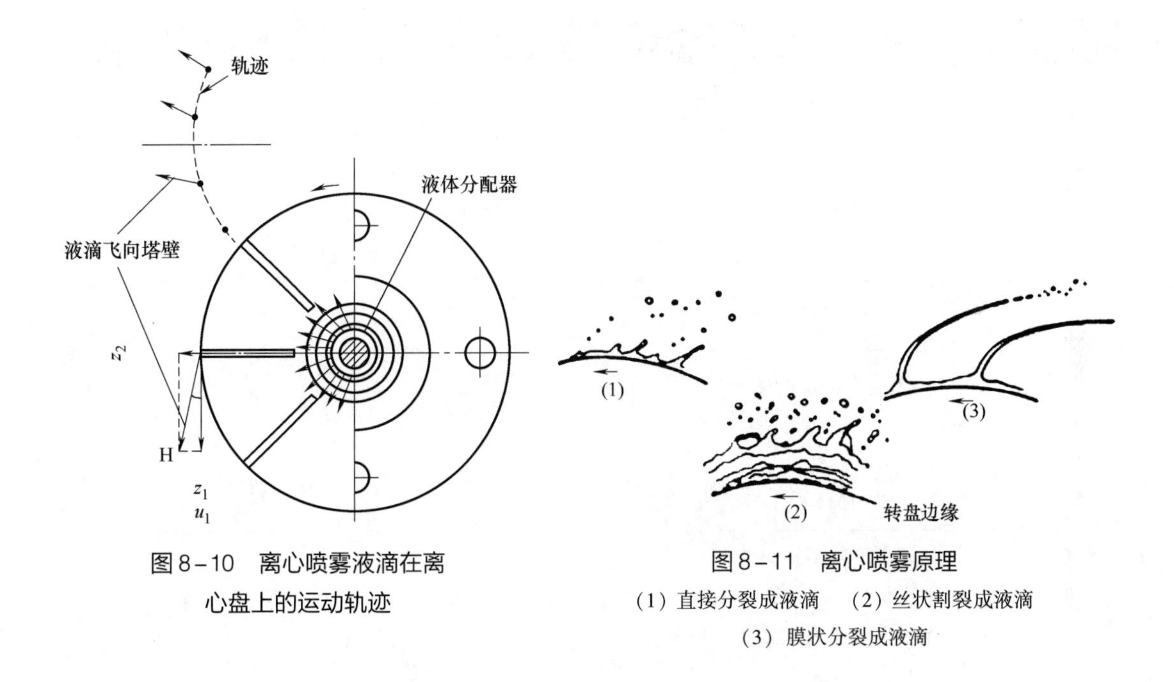

图8-10　离心喷雾液滴在离心盘上的运动轨迹

图8-11　离心喷雾原理

（1）直接分裂成液滴　（2）丝状割裂成液滴　（3）膜状分裂成液滴

（3）气流式雾化器　气流式雾化器的雾化机理是利用料液在喷嘴出口处与高速运动（一般为200～300m/s）的蒸汽或压缩空气相遇，由于料液速度小，而气流速度大，两者存在相当高的相对速度，液膜被拉成丝状，然后分裂成细小的雾滴，雾滴大小取决于相对速度和料液的黏度，相对速度越高，黏度越小，雾滴越细；料液的分散度取决于气体的喷射速度、料液和气体的物理性质、雾化器的几何尺寸以及气流量之比。

三种雾化器各有特点，其优缺点如表8-2所示，在工业设计和应用中可根据物料性质和工艺要求选取，三种雾化器生产情况比较见表8-3。

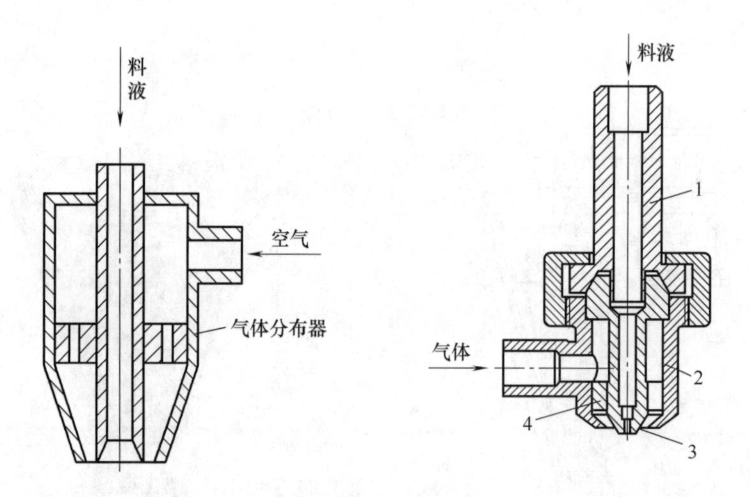

图8-12 气流式雾化器

1—液体接管 2—气体喷嘴 3—喷嘴主体 4—堵丝

表8-2 三种雾化器优缺点比较

型式	优点	缺点
压力式雾化器	1. 结构简单、紧凑、价格便宜 2. 能量消耗较小（4~10kW/t料液） 3. 大型干燥塔可用几个雾化器 4. 产品颗粒粗大 5. 适于逆流操作	1. 对料液的处理量操作弹性小 2. 喷嘴易磨损，磨损后引起雾化性能降低 3. 需要高压泵 4. 料液必须预先过滤 5. 不能喷高黏度物料
离心式雾化器	1. 操作简单，对不同物料适应性强，处理量弹性较大 2. 可以同时雾化两种以上的料液 3. 操作压力低，能量消耗最小 4. 不易堵塞，腐蚀性小 5. 产品粒度均匀	1. 不适用逆流操作 2. 雾化器及动力机械的造价高 3. 不适宜于卧式干燥机 4. 制备粗大颗粒时，设计上有上限 5. 维护工作复杂，需特别细心
气流式雾化器	1. 能处理黏度较高物料 2. 可得直径20μm以下的雾滴 3. 大型干燥机可用几个或十几个喷嘴 4. 适于小型或实验设备	1. 能量消耗大（50~60kW/t料液） 2. 产品粒度均匀性差

3. 喷雾干燥室

喷雾干燥室是热空气与被雾化的待干燥物料进行热交换的工作场所，喷雾干燥室一般有卧式和立式两大类型，我国目前常用的为立式干燥室（又称塔式干燥室）。图8-13所示为立式干燥室的示意图。立式干燥室为全金属结构，塔体一般用厚度为2.5~3mm的不锈钢焊制而成。塔体上设有灯孔、观察窗、吹料压缩空气管道等，塔体使用绝热材料保温。立式干燥室（塔）由均匀装置、冷却夹套、物料粘壁清除装置、排料装置等到组成。

表 8-3 三种雾化器生产情况的比较

	比较条件	压力式	离心式	气流式
料液的条件	一般溶液	可以	可以	可以
	悬浮液	可以	可以	可以
	膏糊状物料	不可以	不可以	可以
	黏度	难于控制，适于低黏度	可改变转速，但有限制	改变压缩空气压力
	处理量	调节范围最窄	调节范围广，处理量大	调节范围较大
加料方式	压力	高压 1 ~ 20MPa	低压约 0.3MPa	低压
	泵	多用柱塞泵	离心泵或其他泵	离心泵
	泵的维修	困难	容易	容易
雾化器	价格	低	高	低
	维修	易磨损	容易	最容易
	动力消耗	适中	最小	最大
产品	粒度	粗大颗粒	微细颗粒	颗粒较细
	体积密度，含水量	与雾化方法无关	与雾化方无关	黏度影响很大
	粒度的均匀性	均匀	均匀	不均匀
	最终含水量	较多	较低	最低
塔	塔径	小	大	小
	塔高	最高	低	低
	热风	并流、逆流	并流	并流、逆流

在干燥室内，雾滴与热空气混合程度，取决于热空气入口和雾化器的相对位置，根据雾滴与热空气的接触方式分为以下三种形式：

（1）并流型　并流型又称顺流型，是指热风与雾化料流的运动流向同一方向，如图 8-14 所示。这种形式由于雾滴刚进入干燥室就与温度较高、湿度含量低的热风进行热交换，干燥的推动力大，但对产品的质量影响不大，随着双方运动的进行，干燥的推动力逐渐减弱，干燥到最后的产品温度取决于干燥室的排风温度，顺流型喷雾干燥适用于对热敏性物料的干燥。并流型又分为向下并流、向上并流和水平并流三种形式。

（2）逆流型　逆流型是指热风与雾化料液的运动流向相反，如图 8-15 所示。通常是热风从下而上的流向，而雾滴则是从上而下的流向。这种形式，被雾化的料液进入干燥室后，先与含湿量较大、温度较低的热风

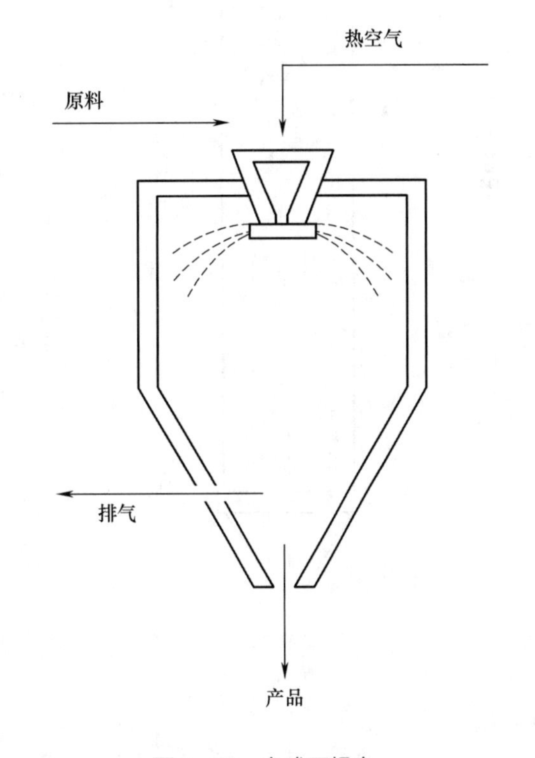

图 8-13　立式干燥室

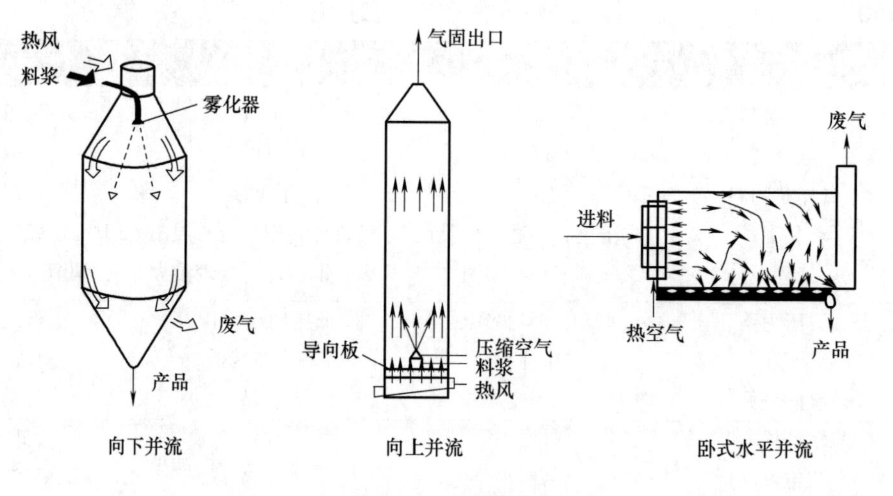

图8-14 并流型

进行接触，而在出口端，已被部分干燥的含湿量较低的物料则与含湿量低、温度高的热风接触，在整个干燥过程中，干燥的推动力相差不大，干燥曲线分布均匀。被干燥后的物料，较大颗粒状的沉于干燥室的底部，细小微料则随废气排走，由回收装置回收。由于料液在干燥过程中先接触温度较低湿度较高的热风，故有可能在干燥过程中，夹杂其他颗粒形成多孔状的粗颗粒干燥物，对提高速溶性有帮助。但同时又由于干燥后的成品在下落过程中仍与高温的热气流接触，易引起产品的过热而焦化。这种干燥方法不适宜对热敏性物料的干燥。

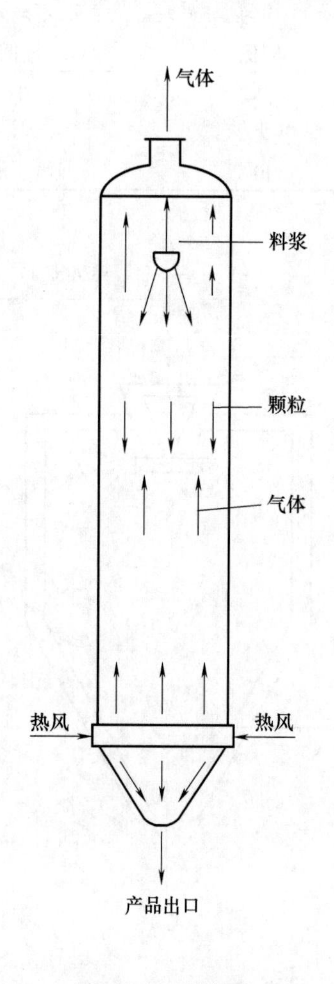

图8-15 逆流型

（3）混流型 混流型是指热风与雾化料液的运动流向呈不规则状况，如图8-16所示。

① 喷嘴安装在干燥塔底部，热风从顶部进入。雾滴先作逆流运动，到达最高点后下降，作并流运动。

② 喷嘴安装在塔的中部，物料向上喷雾，与塔顶进入的高温空气接触，使水分迅速蒸发。这种方式热效率高。雾滴先逆流运动，干燥到一定程度后，又与已经大幅降温的热空气向下并流，干燥的物料和已经降低到出口温度的空气接触，避免了物料的过热变质，适用于热敏性原料。

四、 流化床干燥机

流化床干燥机是近年来发展的一种新型高效

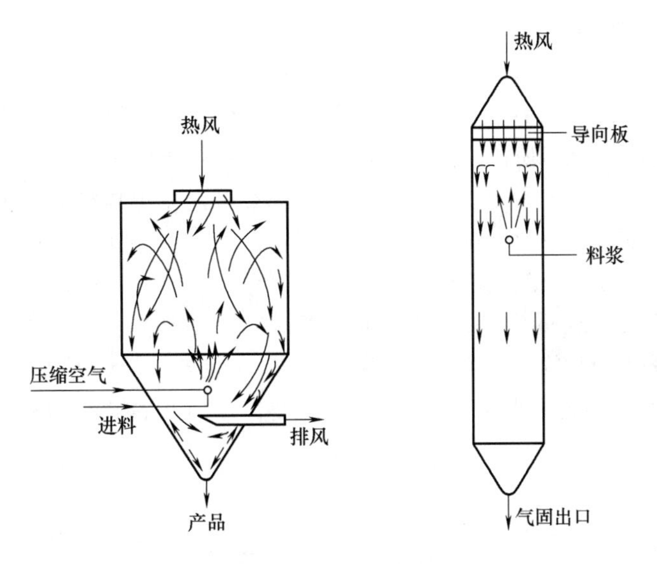

图 8-16　混流型

干燥机。目前在化工、轻工、医药、食品等工业中已广泛应用。干燥时由于气固两相逆流接触，剧烈搅动，固体颗粒悬浮于干燥介质中，具有很大的接触表面积，无论在传热、传质、容积干燥强度、热效率等方面都很优良（图 8-17）。

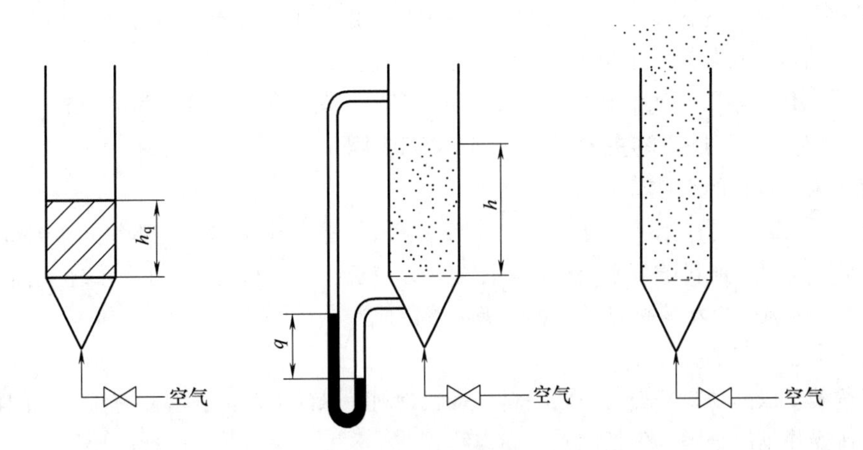

图 8-17　固体颗粒与流通气体后的变化图

（一）流化干燥的基本原理与特点

1. 流化干燥基本原理

将颗粒物料堆放在分布板上，当气体由设备下部通入床层，随着气流速度加大到某种程度，固体颗粒在床层内就会产生沸腾状态，这种床层称为流化床。采用这种方法进行干燥的则称为流化床干燥。

当采用热空气为流化介质时，热空气既为流化介质，又是干燥介质。而被干燥物料则在热空气流中一方面被吹起、翻滚、互相混合和摩擦碰撞，另一方面又在进行传热和传质，从而达到干燥的目的。由于固体颗粒物料的特性不同，床层的几何尺寸及气流温度速度等因素不同，床层存在三种状态。

（1）固定床　湿物料进入干燥器，落在设备底部的金属多孔板（又称为分布板）上，当流体（热空气）速度较低时，物料颗粒虽与气流接触，但固体颗粒不足以被吹起而发生相对位置的变动，此时称为固定床阶段，固定床为流化过程的第一阶段。

（2）流化床　当通入的气流速度进一步增大，增大到足以把物料颗粒吹起，固体颗粒就会产生相互间的位置移动，物料颗粒间相互碰撞、混合，床层高度上升，整个床层呈现出类似液体般的流态。这时床层状态就处于流态化，即为流化床。

（3）气流输送　随着流体速度的增加，固体颗粒运动则更为剧烈，当流速增加到某一数值，使流速对物料的阻力和物料的阻力的实际重量相平衡的流速，称为“悬浮速度”“最大流化速度”“带出速度”，当气流速度稍高于“带出速度”，被干燥的物料则被气流带走，这一阶段为气流输送阶段。

2. 流化干燥的特点

（1）优点

① 物料与干燥介质接触面大，搅拌激烈，热容量大，热传导效果好，设备的效率高。

② 干燥速度快。物料在设备内停留时间短，适宜于热敏性物料的干燥。

③ 物料在干燥室内的停留时间可由出料口控制，故容易控制成品的含水率。

④ 装量简单，设备造价低，本身无机械运动装置，保养容易，维修费用低。

（2）缺点

① 对被干燥物料的粒度有一定的限制，一般要求颗粒细度在 40 ~ 6mm 范围内。

② 对易结块物料容易产生与设备间的黏结而不适用。

③ 单层流化床难以保证干燥均匀，故需设置多层，使设备的高度大为增加。

（二）流化床干燥机的主要组件、分类和应用

1. 流化床干燥机的组件

流化床干燥机主要有热风系统（空气过滤器、鼓风机、加热器、气体预分布器等）、进料系统（皮带输送机、加料器等），流化床系统（分布板、干燥机等）、分离系统（抽风机、料仓、下料器、施风除尘器等）以及卸料管等装置组成。

2. 流化床干燥机的分类

（1）按被干燥的物料分类　粒状物料、膏状物料、悬浮液和溶液等具有流动性的物料。

（2）按操作情况分类　包括间歇式和连续式。

（3）按设备结构形式分类　包括单层流化床干燥机、多层流化床干燥机、卧式多室流化床干燥机、喷动干燥机、脉冲流化床干燥机、振动流化床干燥机、惰性粒子流化床干燥机和锥形流化床干燥机。

下面介绍几种流化床干燥机的型式。

（1）单层圆筒型流化床干燥机（图 8 - 18）　湿物料由皮带输送机运送到抛料加料机上，然后均匀地抛入流化床内，与热空气充分接触而被干燥，干燥后的物料由溢流口连续溢出。空气经鼓风机、加热器后进入筛板底部，并向上穿过筛板，使床层内湿物料流化起来形成流化层。尾气进入四个旋风分离器并联组成的旋风分离器组，将所夹带的细粉除下，然后由排气机排到大气。

这是一种结构最为简单的流化床干燥器，但因其结构简单，操作方便，生产能力大，故在

食品工业中应用广泛。

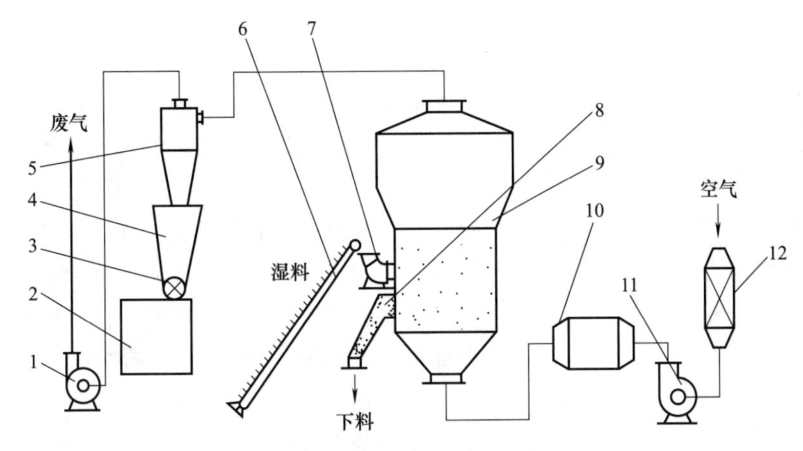

图 8-18　单层沸腾干燥流程图

1—抽风机　2—料仓　3—星形下料器　4—集灰斗　5—旋风除尘器（4 只）　6—皮带输送机　7—抛料机　8—卸料管　9—流化床　10—加热器　11—鼓风机　12—空气过滤器

单层流化床干燥机一般使用于床层颗粒静止高度较低（300～400mm）的情况下，根据被干燥介质的不同，生产能力可达每平方米分布板从物料中干燥水分 500～1000kg/h，其空气消耗量为 3～12kg/h，适宜较易干燥或要求不严格的湿粒状物料，主要特点是不能保证固体颗粒干燥均匀，因此，针对这个缺点，出现了多层流化床干燥器。

（2）多层流化床干燥机（图 8-19）　多层流化床干燥机结构上类似板式塔，有溢流管式和穿流板式之分，国内目前以溢流管式为多。溢流管式流化床干燥机的操作过程为，物料由料斗送入，有规律地自上溢流而下，热空气则由底部进入，自下而上运动将湿物料沸腾干燥，干燥后的物料由出料管卸出。为了防止堵塞气体穿孔而造成下料不稳定，破坏沸腾床，溢流管下面一般装有调节装置。①菱形堵头式：调节堵头上下位置，相当于改变下料孔的自由截面积，从而控制下料量，但需人工调节；②铰链活门式：根据溢流量的多少，可自动开大或关小活

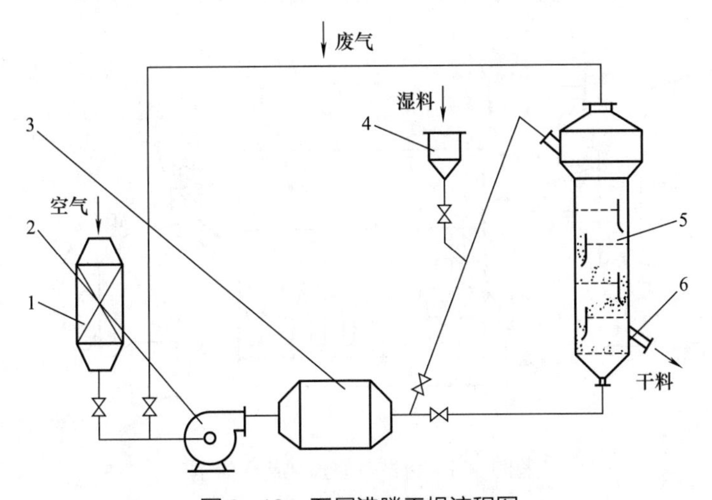

图 8-19　五层沸腾干燥流程图

1—空气过滤器　2—鼓风机　3—电加热器　4—料斗　5—干燥器　6—出料管

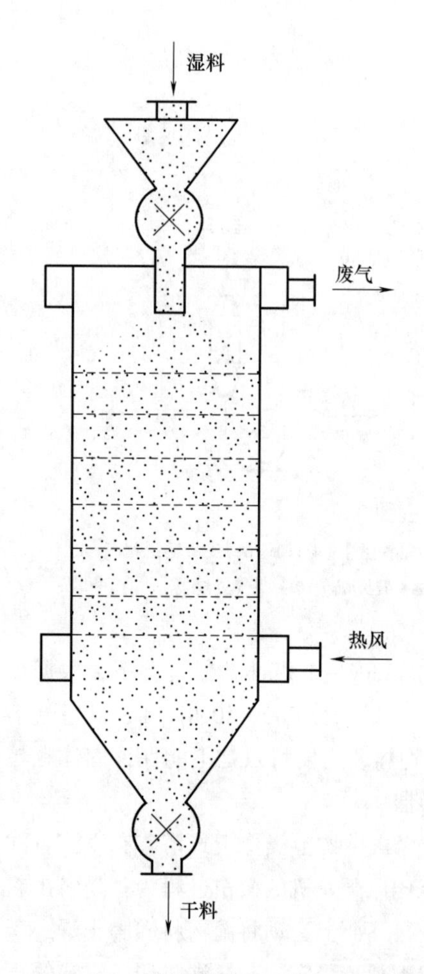

图8-20 穿流板式多层流化床干燥器

门；③自封式，溢流管采用侧向溢流口，使气体倒窜可能性减少，不会引起气流对下料的干扰，同时采用不对称锥形管，既可防止颗粒卡料，又因截面自下而上不断扩大，气流速度不断降低，减少喷料可能性。

穿流板式流化床干燥机的操作过程为，物料直接从筛孔板由上而下流动，气体则通过筛孔由下而上运动，在每块板上形成沸腾床，其特点结构简单，没有溢流管，但操作控制要求严格，这种干燥机干燥物料的粒径要求在0.5～5mm范围内，一般每平方米床层截面可干燥1000～10000kg/h的物料。

（3）卧式多室流化床干燥机 卧式多室流化床干燥机结构如图8-21所示。干燥室为一长方形箱体，底部是多孔筛板，筛板上方有竖向挡板将器中分隔成多室，一般为4～8室，每块挡板可上下移动，以调节其与筛板的间距。每一小室的下部，有一进气支管，支管上有调节气体流量的阀门。

湿物料颗粒由加料器加入干燥机的第一小室中，由小室下部的支管供给热风进行流化干燥，然后依次进入其他小室进行干燥，干燥后的产品卸出。在干燥过程中，热空气是分别通入各个室的，在不同小室中的热空气流量可以控制，以便得到良好的干燥效果。如在第一室，因物料湿度大，可以通大一些流量的热空气。而在最后一室，可通冷空气进行冷却，以便出料后进行产品包装。

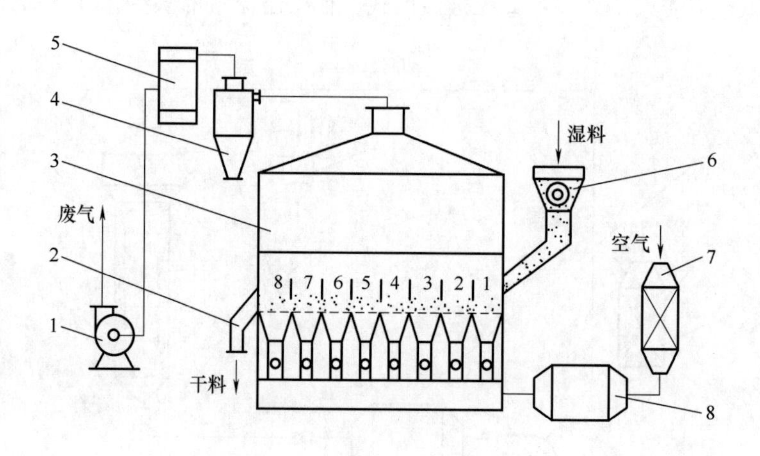

图8-21 卧式多室流化床干燥器

1—抽风机 2—卸料管 3—干燥器 4—旋风除尘器 5—袋式除尘器
6—摇摆颗粒机 7—空气过滤器 8—加热器

卧式多室流化床干燥机，生产能力大，热效率高，干燥后产品温度也较均匀，适合干燥各种难于干燥的颗粒状、粉状、片状等物料和热敏性物料。因此干燥的物料需要具有一定粒度，对于粉状物料要用造粒机造成4～14目的散粒物料。物料干燥前湿含量一般为10%～30%，干燥后湿含量一般在0.02%～0.3%。由于干燥过程中物料在床层内相互剧烈的碰撞摩擦，干燥后物料粒度变小。

（4）振动流化床干燥机　振动流化床干燥机如图8-22所示，干燥机由分配段、沸腾段和筛选段三部分组成。这是近年来发展起来的新设备，它适合于干燥颗粒太粗或太细，易黏结，不易流化的物料，此外还用于有特殊要求的物料，如砂糖干燥要求晶形完整、晶体光亮、颗粒大小均匀等。

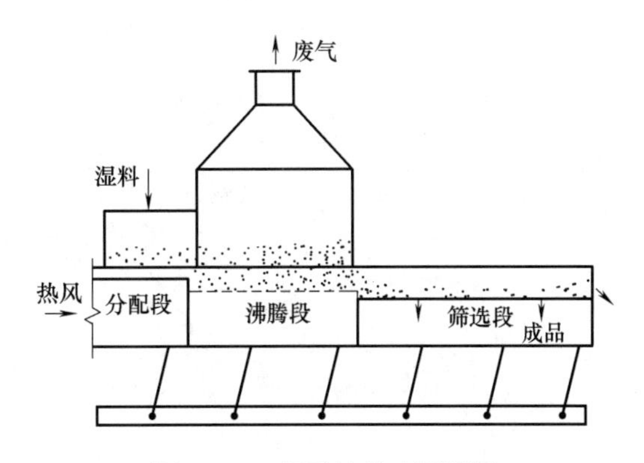

图8-22　振动流化床干燥器

该干燥机由分配段、流化段和筛选段三部分组成。在分配段和筛选段下部均有热空气，湿物料由加料器送入分配段，在平板的振动下，物料均匀地被送入流化床进行流化干燥，干燥后进入筛选段进行分级分选。

（5）喷动床干燥机　喷动床干燥机结构和流程如图8-23所示。对于粗颗粒（如谷物）和易黏结（如湿玉米胚芽）的物料，由于其流化性能差，在流化床内不易流化干燥，可采用喷动床干燥。

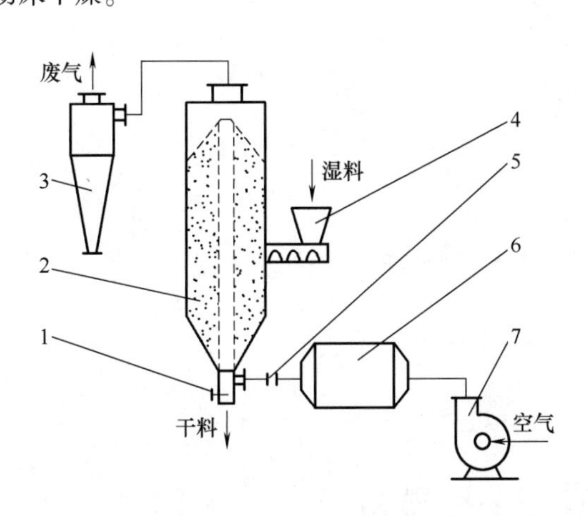

图8-23　喷动床干燥器

1—放料阀　2—喷动床　3—旋风分离器
4—加料器　5—蝶阀　6—加热炉　7—鼓风机

喷动床干燥机底部为圆锥形，上部为圆筒形。气体以高速从锥底进入，夹带一部分固体颗粒向上运动，形成中心通道。在床层顶部颗粒好似喷泉一样，从中心喷出向四周散落，然后沿周围向下移动，到锥底又被上升气流喷射上去。如此循环以达到干燥的要求。

（6）脉冲流动床干燥机　脉冲流动床干燥机结构如图8-24所示。该干燥机正下部均布几根热风进口管，每根管上装有快开阀门。这些阀门按一定的频率和次序开关，当气体突然进入时则产生脉冲，脉冲很快在颗粒间传递能量，在短时间内形成一般剧烈的沸腾状态，使气体和物料进行强烈的传质。沸腾状态在床内扩散和向上运动。当阀门关闭，流化状态在同一方向逐渐消失，物料又回到固定状态。如此往复循环进行脉冲流化干燥，直至物料干燥。

脉冲流化床适用于不易干燥或有特殊要求的物料。干燥物料粒度可大到4mm，也可小到约10μm的细粉。

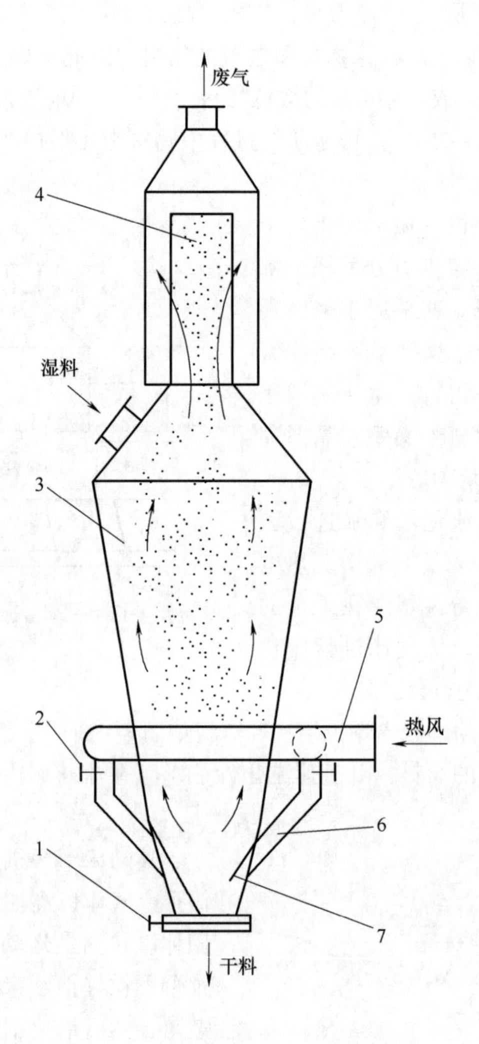

图 8-24　脉冲流化床干燥器

1—插板阀　2—快动阀门　3—干燥室　4—过滤器　5—环状总管　6—进风管　7—导向板

第三节　传导型干燥设备

传导干燥也称接触干燥，热能通过传热的壁面，以传导的方式加热物料，产生并排除蒸汽从而干燥物料。物料不直接与加热介质接触，适用于干燥少量的、不耐高温和易于氧化的泥状、膏状物料。

传导干燥与对流干燥相比有以下优点：因为不需要加热大量的空气，热能利用率高；传导干燥不以热空气为介质，因此可以在真空条件下操作，真空干燥特别适合于热敏性物料。

传导型干燥设备可根据其操作方法分为间歇式和连续式，也可根据其操作压力条件分为常压和真空。在食品工业中最常见的传导型干燥设备有滚筒式干燥机、真空干燥箱和带式真空连续干燥机等。

一、 滚筒干燥机

对于黏性较大的膏糊状物料，选择合适的干燥器较难。而滚筒式干燥器在产量不大的情况下可用于该类湿物料的干燥，经实际使用证明，滚筒式干燥机干燥效果良好，具有热效率高、动力消耗低、投资少、维修费用低、干燥温度和时间易调节等优点。

滚筒干燥机是一种接触式内加热传导型干燥机械。在干燥过程中，热量由滚筒的内壁传到其外壁，再传到附在滚筒外壁面上被干燥的食品物料，把物料上的水分蒸发，是一种连续式干燥的生产机械。滚筒干燥器若按滚筒的数量分，则为单滚筒、双滚筒、多滚筒干燥机；若按操作压力，又可分为常压式和真空式两种；若按布膜形式分，又可分为顶部进料、浸液式、喷溅式等。滚筒干燥机在食品生产上广泛用于膏状和高黏度物料的干燥，典型的产品有谷物类婴儿食品、预糊化淀粉、速溶早餐麦片、马铃薯全粉（雪花粉）、果酱及南瓜粉等多种脱水产品，也有对滚筒干燥机的结构稍加改进后用于春卷皮的加工。

（一） 滚筒干燥机的工作过程及特点

滚筒干燥机的工作过程为（图8-25）：需要干燥处理的料液由高位槽流入滚筒干燥器的受料槽内，由布膜装置使物料薄薄地（膜状）附在烘缸表面，烘缸内通有供热介质，食品工业多采用蒸汽，压力一般在0.2～0.6MPa，温度在120～150℃，物料在烘缸转动中由缸壁传热使其湿分汽化，滚筒在一个转动周期中完成布膜、汽化、脱水等过程，干燥后的物料由刮刀刮下，经螺旋输送至成品贮存槽，最后包装。在传热中蒸发出的水分，视其性质可通过密闭罩，引入到相应的处理装置内进行捕集粉尘或排放。

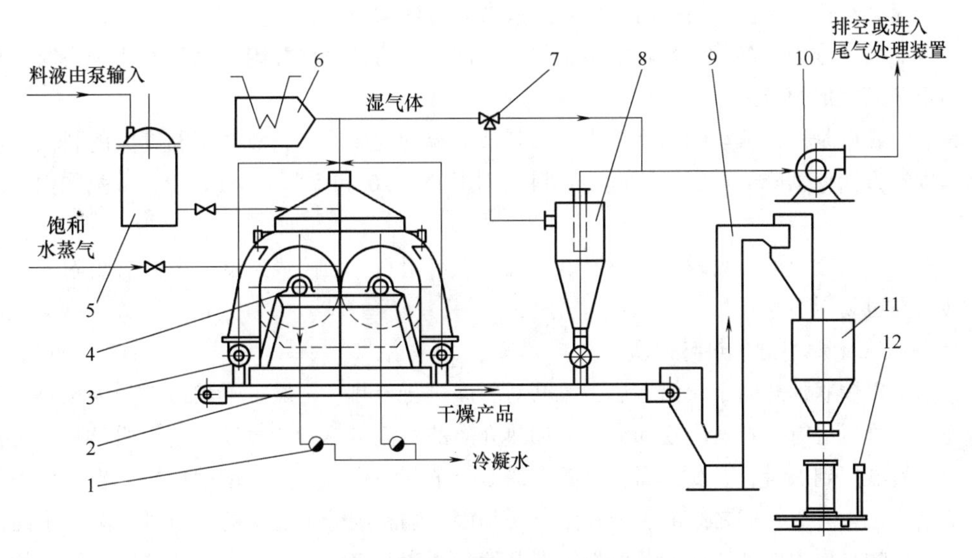

图8-25　滚筒干燥机的生产流程示意图

1—疏水器　2—皮带运输器　3—螺旋输送器　4—滚筒干燥器　5—料液高位槽　6—湿空气加热器　7—切换阀　8—捕集器　9—提升机　10—引风机　11—干燥成品贮罐　12—包装计量装置

滚筒干燥器的特点：

（1）热效率高　由于干燥机为热传导，传热方向在整个传热周期中基本保持一致，所以，滚筒内供给的热量，大部分用于物料的湿分汽化，热效率达80% ~90%。

(2) 干燥速率大　筒壁上湿料膜的传热和传质过程，由里至外，方向一致，温度梯度较大，使料膜表面保持较高的蒸发强度，一般可达30 ~80kgH_2O/(m^2 · h)。

(3) 产品的干燥质量稳定　由于供热方式便于控制，筒内温度和间壁的传热速率能保持相对稳定，使料膜处于传热状态下干燥，产品的质量可保证。

但是，滚筒干燥机也有其缺点，主要有：由于滚筒的表面湿度较高，因而对一些制品会因过度而有损风味或呈不正常的颜色。

另外，若使用真空干燥器，成本较高，仅适用于热敏性高的物料的处理。

（二）滚筒干燥机的干燥机理

1. 滚筒干燥基本原理

滚筒干燥技术的基本操作原理是将料浆均匀地分布于以蒸汽加热的滚筒表面，形成一层薄膜，料浆中水分随即迅速被蒸发掉，然后利用以液压控制的刮刀将薄膜刮下，再进行破碎，以取得颗粒状的干燥产品。

由于滚筒必须在高温和高内压的条件下操作，故用坚实的铸铁为材料、为避免产品直接与铸铁有任何接触，在外表层上加有一层镀铬表面。在能量消耗方面，产品的加热是直接通过加热滚筒与产品接触，热效率相当高，蒸汽的消耗仅为1.2 ~1.5kg蒸汽/kg蒸发水量。此外，滚筒干燥机不受黏稠性的限制，产品可在高浓度下进料，尤其适合用于黏稠物料的干燥。

2. 料膜的形成

滚筒干燥机对物料的干燥，是物料以膜状形式附于滚筒上为前提的。因而，物料能否附着滚筒成膜以及所成的膜能否有利于干燥，与物料性质（形态、表面张力、黏附力、黏度等）、滚筒的线速度、筒壁温度、筒壁材料以及布膜方式等因素有关。

料液的表面张力，黏附力是料液与金属筒之间的引力，只要黏附力大于表面张力时，料液才能附于滚筒上成膜。

料液的黏度是液体流动的内摩擦力，与料液的流动性成反比，故对于黏度大的料液，应以提高温度的方法使其降低黏度，一般地，料液黏度处于$20\times10^{-3}\sim1\times10^{-3}$Pa · s范围内，对成膜影响不大。

另外，滚筒壁温度对吸附力也有影响，温度低易附料。滚筒线速度的高低对吸附力也有影响，转速高也易附料。

3. 料膜在干燥中的传热与传质

当物料以膜状形式附于滚筒上后，滚筒对料膜进行传热、干燥。干燥过程分为预热、等速和降速三个阶段进行。料液成膜和滚筒内加热介质的对流传热时，蒸发作用不明显，此为预热阶段，当料液得到热量，温度升高，料液中的湿分子获得能量，分子运动加快，当湿分子所具的动能大到足以克服它们之间的引力和湿分子与固态物料湿分子之间的引力时，湿分子向环境扩散，并由物料层中向外迁移，蒸发作用即开始，膜表面汽化，出现传热和传质，料液的湿分子传热和传质方向一致，传热速度越大，传质速度也越大，并维持恒定的气化速度，这时，干燥过程表现为等速阶段。当膜内扩散速度小于表面化汽化速度时，进入降速阶段的干燥，这时，随着料膜内湿度含量的降低，气化速度大幅度降低，降速段的干燥时间为总停留时间的80% ~98% ，但这个阶段的临界点，往往难以确定。工程上常用初始和终点时的温度、湿度及滚筒转速等为参数，作为计算干燥器平均传热与传质速率的依据。

（三）滚筒干燥机的型式

滚筒干燥机主要由一只或多只滚筒组成，食品工业一般采用单滚筒或双滚筒的形式，根据工作环境又可分为开放式（常压）和真空式两类。

1. 单滚筒干燥机

单滚筒干燥机是指干燥机由一只滚筒完成干燥操作的机械，干燥机的重要组成部分是滚筒，滚筒为一中空的金属圆筒，滚筒筒体用铸铁或钢板焊制，用于食品生产的滚筒一般用不锈钢钢板焊制。驱动滚筒运转的传动机构为无级调速机构，滚筒的转速一般在 4 ~ 10r/min。物料被干燥后，由刮料装置将其从滚筒刮下。滚筒内供热介质的进出口，采用聚四氟乙烯密封圈密封，滚筒内的冷凝水，采取虹吸管并利用滚筒蒸汽的压力与疏水阀之间的压差，使之连续地排出筒外。

2. 双滚筒干燥机

双滚筒干燥机是指干燥机由两只滚筒同时完成干燥操作的机械，干燥机的两个滚筒由同一套减速传动装置，经相同模数和齿数的一对齿轮啮合，使两组相同直径的滚筒相对转动而操作的。

按布膜形式分，又可分为浸液式、喷溅式和顶部进料等。浸液式是将滚筒部分浸没在稠厚的悬浮液物料中，因滚筒的缓慢转动使物料成薄膜状附着于滚筒的外表面而进行干燥（图 8-26）。这种加料方式可能会造成热滚筒长时间浸没在料液中而导致料液过热，为避免这一缺点，可采用喷溅式加料方式。喷溅式是通过抛射滚子将物料以飞溅式向滚筒表面供料（图 8-27），料膜厚度靠涂布滚子控制，根据物料特性可设计不同形式的涂布滚子以使物料与滚筒表面更好地接触。顶部进料式是将液态物料连续地输入两滚筒之间的 V 形空间，慢慢地由通过两滚筒之间的缝隙，膜的厚度由两滚筒的间隙控制（图 8-28）。

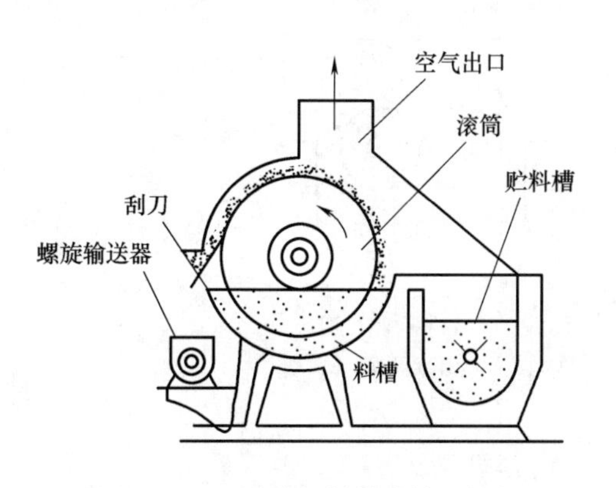

图 8-26　浸液式加料单滚筒干燥机

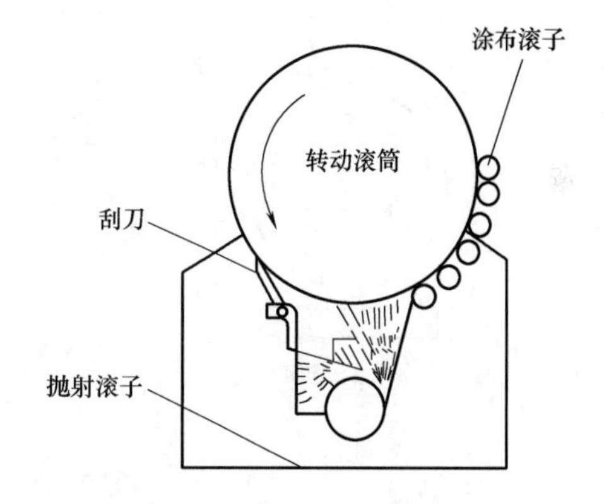

图 8-27　喷溅成膜单滚筒干燥机

3. 真空式滚筒干燥机

真空式滚筒干燥机是将滚筒全密封在真空室内，出料方式采取储斗料封的型式间歇出料。滚筒干燥机在真空状态下，可大大提高传热系数，例如在滚筒内温度为 121℃（即 0.2MPa 蒸气压）、0.088MPa 真空度条件下操作，传热系数是在常压操作下的 2 ~ 2.5 倍。但由于真空式滚筒干燥机的结构较复杂、干燥成本高，一般仅用于如果汁、酵母、婴儿食品等热敏性物料的干燥。

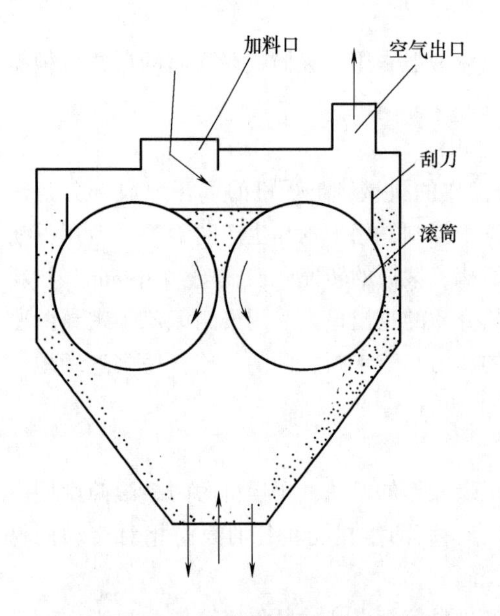

图 8-28　顶部进料双滚筒干燥机

二、 真空干燥箱

在常压下的各种加热干燥方法，因物料受热，其色、香、味和营养成分均受到一定损失。若在低压条件下，可在较低温度对物料进行干燥，能降低品质的损害。

真空干燥箱的干燥过程是将待干燥物料置放在密闭的干燥室内，用真空系统抽真空的同时对被干燥物料不断加热，使物料内部的水分通过水蒸气压扩散至表面，从而被真空泵抽走。

在真空干燥过程中，干燥室内的压力始终低于大气压力，气体分子数少、密度低、含氧量低，因而能干燥容易氧化变质的物料。因此真空干燥箱适合于干燥热敏性、易分解和易氧化的物料（图 8-29）。

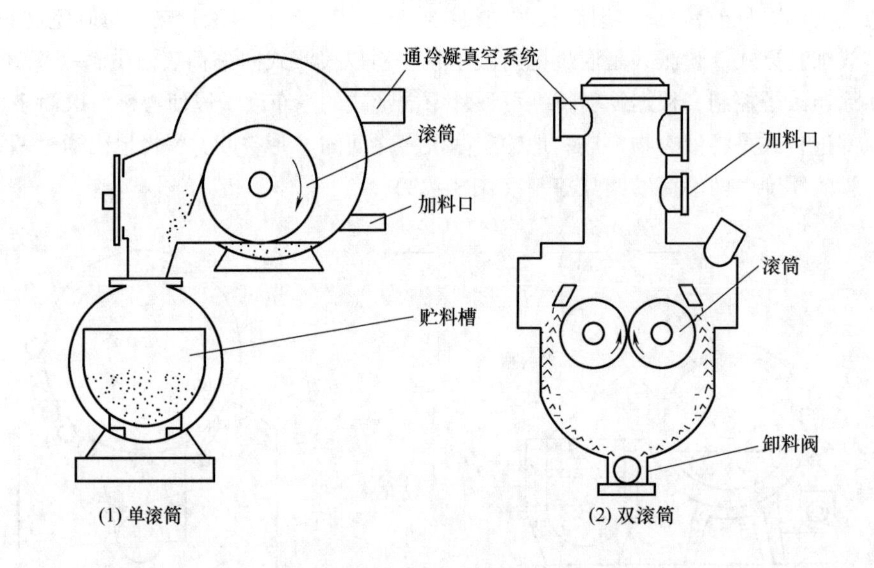

图 8-29　真空滚筒干燥机

（一） 真空干燥的基本原理

随着气压的降低，水的沸点也随之降低，因此，只有在低气压条件下才有可能用较低的温度来干燥物料。例如，在 19.6kPa 气压下，水的沸点即可降到 60℃。真空干燥机就是在真空状态下，提供热源，通过热传导、热辐射等传热方式供给物料中水分足够的热量，使蒸发和沸腾同时进行。同时，抽真空又快速抽出汽化的蒸汽，并在物料周围形成负压状态，物料的内外层之间及表面与周围介质之间形成较大的湿度梯度，加快了汽化速度，达到快速干燥的目的。

（二）真空干燥的特点

（1）物料在干燥过程中的温度低，避免过热。水分容易蒸发，干燥时间短，同时可使用物料形成多孔状组织，产品的溶解性，复水性，色泽和口感较好。真空干燥箱适合应用到热敏性物质。

（2）真空干燥利用效率较高，对于不容易干燥的样品，比如粉末或其他颗粒状样品，使用真空干燥法可以减少干燥时间。

（3）适用于各种构造复杂的机械部件或其他多孔样品的干燥，经过清洗后使用真空干燥法，干燥后完全不留任何残余物质。

（4）使用更安全。在真空或惰性条件下，不会有氧化物遇热爆炸发生。

（5）与依靠空气循环的普通干燥相比，粉末状样品好控制，不会被流动空气吹动或移动。

（三）真空干燥箱的主要组件

真空干燥系统都由真空室、加热系统、真空系统和水蒸气收集装置四种主要组件组合而成。如图8-30所示。

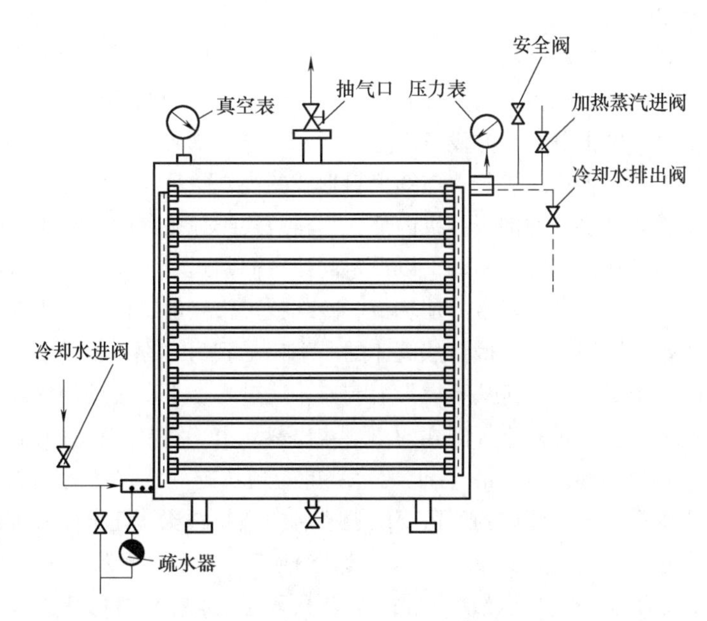

图8-30　真空干燥箱

1. 真空室

真空室的结构设计上要充分考虑外界大气压力和内压差，真空室是物料干燥场所，真空室的高度和体积是物料干燥量的限制因素。

2. 供热系统

真空室通常装有放物料用的搁板或其他支撑物，这些隔板用电热或循环液体加热，加热食品，但对上下层重叠的加热板来说，上层可以用加热板，同时还会向下层加热板上的物料辐射热量。此外，也可以用红外线、微波以辐射方式将热量传送给物料（真空微波干燥）。

3. 真空系统

真空系统是指真空的获得和维持的装置，包括泵和管道，安装在真空室的外面。有的用真空泵，有的则用蒸汽喷射泵。

4. 水蒸气收集装置

冷凝器是收集水蒸气用的设备，可装在真空室外并且还必须装在真空泵前以免水蒸气进入泵内造成污损，用蒸汽喷射泵抽真空时，它不但从真空室内抽出空气而且还同时将带出的水蒸气冷凝，因而一般不再需要装冷凝器。

三、 真空带式干燥机

在众多的干燥设备中，真空干燥使用比较广泛。其需要在密封的环境内进行，真空干燥的设备一般是在常压干燥的设备外，加上密封和真空设备即可。较多使用的是箱式真空干燥机，也有带式和搅拌式真空干燥机，用蒸汽或热水提供蒸发热量。用真空泵或水力喷射器产生真空度。本节主要介绍带式真空干燥机在食品工业中的应用。

（一） 真空带式干燥机工作原理

低温真空履带式干燥机可连续自动对温度和压力敏感的产品进行干燥，干燥工艺的设置取决于所期望产品的质量。

干燥物料通过喂料泵与摆动喂料器可以定量地均匀分布在履带上；干燥过程中的干燥温度可通过设置在履带下的多个温控单元分别控制和调整；干燥时间的调控可通过履带的驱动控制装置进行；干燥室的真空度由普通真空设备产生。

带式真空干燥机组是一种连续进料、连续出料形式的高真空度干燥设备，它是将待干燥的料液通过变频螺杆泵送入高度真空的干燥机内部，物料被连续地被涂布在缓缓移动的干燥机内的多条干燥带上，干燥带在调速电机驱动下以设定的速度向前运动，每条干燥带的下面都有三段独立的加热板和一段冷却板，干燥带与加热板、冷却板紧密接触，以接触传热的方式将干燥所需要的能量传递给带上物料。当干燥带从筒体的一端运动到另一端时，物料已经干燥并经过冷却，干燥带折回时，干燥后的料饼从干燥带上剥离，通过一个上下运动的铡断装置，打落到粉碎装置中，粉碎后的物料通过两个气闸式的出料斗出料。由于物料直接进入高真空度下经过一段时间逐步干燥（通常是30～60min），干燥后所得的颗粒有一定程度的结晶效应，同时从微观结构上看内部有微孔。直接粉碎到所需要的粒径后，颗粒的流动性很好，可以直接压片或者灌胶囊，同时由于颗粒具有微观的疏松结构，速溶性极好。而且颗粒的外观好，对于速溶（冲剂）产品，可以大大提升产品的档次。带式真空干燥机分别在机身的两端连续进料、连续出料，配料和出料部分都可以设置在洁净间中，整个干燥过程完全封闭，不与外界环境接触，符合GMP的要求。

（二） 真空带式干燥机设备结构

连续真空干燥时，进出干燥室的物料连续不断地由输送带传送通过。为了保证干燥室内的真空度，进出料装置必须有密封性。带式真空干燥机是连续式的，有单层输送带和多层输送带之分，图8-31所示为单层输送带的真空干燥机示意图，该机是由一连续的不锈钢带、加热滚筒、冷却筒、辐射元件、真空系统和加料闭风装置等组成。干燥机的供料口位于下方钢带上，靠一个供料滚筒不断将物料涂布在钢带的表面，由钢带在移动中带动料层进入下方的红外线加热区，使料层因内部产生的水蒸气而蓬松成多孔状态，使之与加热滚筒接触前已具有膨松骨架。经过滚筒加热后，再一次由位于上方的红外线进行干燥，达到水分含量要求后，绕过冷却滚筒骤冷，使料层变脆，再由刮刀刮下排出。

干燥机内的真空维持来自进、排料闭风装置密封，而真空的获得由真空系统实现。

这种带式真空干燥机适用于橙汁、番茄汁、牛奶、速溶茶和速溶咖啡等物料的干燥。若在被干燥物料中加入碳酸铵之类的膨松剂或在高压下充入氮气，干燥时物料会形成气泡而蓬松，可以获得高膨化制品。

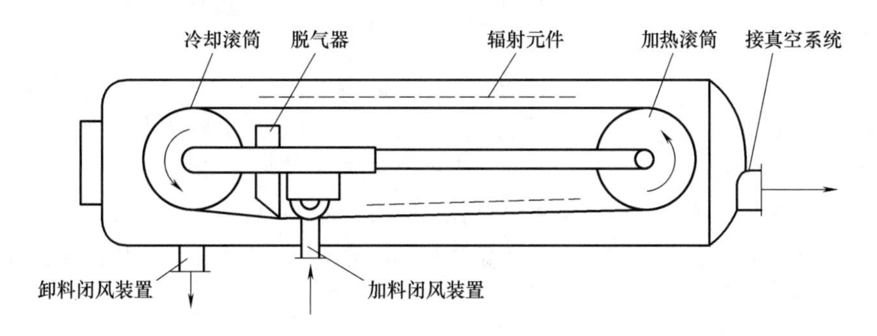

图 8-31　单层带式真空干燥机

多层带式真空干燥机如图 8-32 所示，由干燥室、加热与冷却系统、原料供给与输送系统等部分组成。带式真空干燥机分为蒸汽加热，热水加热和冷却三个区域，加热区域又分为四或五段，第一、二段用蒸汽加热为恒速干燥段，第三、四段为减速干燥，第五段为制品均质段，都用热水加热。按原料性质和干燥工艺要求，各段的加热温度可以调节。原料在输送带上边移动边蒸发水分，干燥后形成泡沫片状物品，然后通过冷却后，再进入粉碎机粉碎成颗粒状制品，由排出装置卸出。

（三）真空带式干燥机干燥特性

带式真空干燥机与箱式干燥和相比优点是：料层薄、干燥快、物料受热时间短；物料松

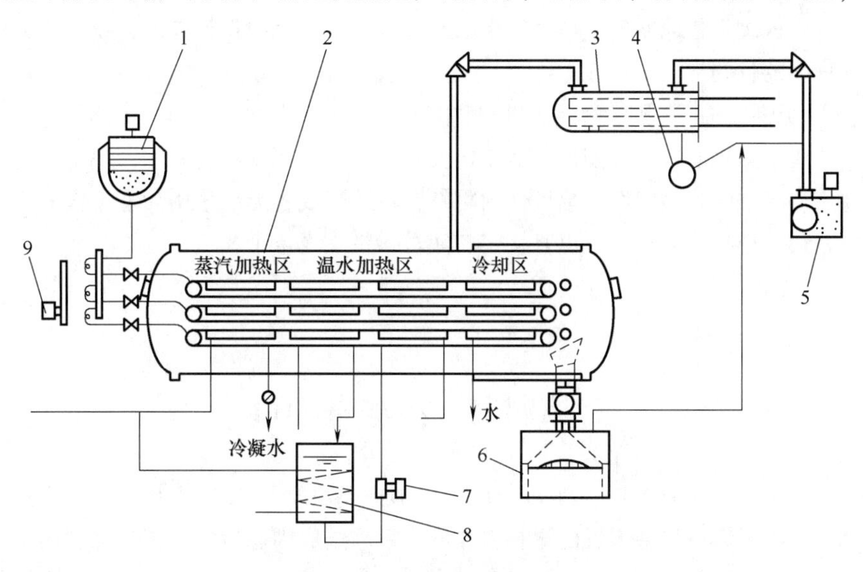

图 8-32　多层带式真空干燥机

1—溶液箱　2—干燥机本体　3—冷凝器　4—溶剂回收装置
5—真空泵　6—成品收集箱　7—泵　8—温水箱　9—溶液供给泵

脆，容易粉碎；隔离操作，避免污染；动态操作，不易结垢；流水作业，自动控制。而喷雾干燥的缺点则是粉过细而非颗粒状，粉剂致密而水溶性差，易使浸膏吸收水分，使产品不稳定。更为严重的是，喷雾干燥时瞬间热气流的温度可高达200℃，影响食品的色泽，同时破坏一些热敏感性的活性物质。此外，多糖含量高的物料会粘在喷雾干燥收集器的壁上，造成收粉困难而干燥失败。喷雾干燥的损耗大则是其另一大不足。带式真空干燥则能克服喷雾干燥粉太细太密和温度过高的缺点，且损耗率基本为零。

真空带式干燥机主要有以下特点：粉末状制品的溶解性能优良；可连续获得颗粒状制品；物料干燥时的品温在40℃左右；由于受热温度低，成品的色香味和营养价值无多大变化；由于采用真空干燥，可避免由空气所导致的油脂氧化和细菌污染。干燥过程中物料的温度低，无过热现象，水分易于蒸发，干燥产品可形成多孔结构，有较好的溶解性、复水性，有较好的色泽和口感；干燥产品的最终含水量低；干燥时间短，速度快；干燥时所采用的真空度和加热温度范围较大，通用性好；设备投资和动力消耗高于常压热风干燥。

（四）真空带式干燥机的组成

真空带式干燥机由真空系统、全封压缩机、冷凝器、辅助冷凝器、蒸发器、辅助蒸发器、节流装置等、离心风机、干燥室、布料机构、履带输送装置、切料机构、CLP清洗系统、PLC控制系统、加热和冷却系统以及卸料系统等组成。按照循环系统的组成部件和它的作用分别由四个过程来实现。压缩过程：从压缩机开始，制冷剂气体在低温低压状态下进入压缩机，在压缩机中被压缩，提高气体的压力和温度后，排入冷凝器中。冷凝过程：从压缩机中排出来的高压高温气体，进入冷凝器中，将热量传递给外界空气或冷却水后，凝结为液态制冷剂，流向节流装置。节流过程又称膨胀过程，冷凝器中凝结后的液体制冷剂，在高压下流向膨胀阀，由于膨胀阀能进行减压节流的作用，从而使通过膨胀阀后进来的液体制冷剂压力下降。蒸发过程：从膨胀阀出来的液体压力是低压，当这种低压液体流向蒸发器中，即行吸收外界的热量而蒸发为气体，从而使机内温度降低，蒸发后的低温低压气体又被压缩机吸回，进行再压缩、冷凝、膨胀、蒸发，依次不断地循环干燥过程中，空气吹过干燥室中物料表面，吸收物料中的水分而达到干燥物料的目的。

（五）真空带式干燥在食品工业中的应用

真空带式干燥机的适应范围广，对于绝大多数的天然产物的提取物，都可以适用。尤其是对于黏性高、易结团、热塑性、热敏性的物料，不适于或者无法采用喷雾干燥的物料，带式真空干燥机是最佳选择。而且，可以直接将料液送入带式真空干燥机。

第四节　冷冻干燥机

真空冷冻干燥（又称冻干，Freeze Dried，FD）是真空技术与冷冻技术相结合的新型干燥脱水技术。冷冻干燥是将待干燥的湿物料在低温下冻结成固态后，在高真空度的环境下，将已冻结了的物料中的水分，不经过冰的融化而直接从固态升华为气态，从而达到干燥的目的。冷冻干燥技术的低温和高真空状态特别适用于热敏性高和极易氧化的食品的干燥，可以保留新鲜食品的色、香、味及营养成分，同时维持固体骨架结构，形成多孔结构，防止表面硬化和营养损失现象。现在市场上很多方便食品基本上都是采用冷冻干燥技术生产。随着人们工作和生活节奏的加快，安全意识和营养意识的加强，外出旅行的频繁，方便食品开始成为首选。所以冷冻干燥技术应用广泛，潜力大。

一、 冷冻干燥的基本原理及特点

（一） 冷冻干燥基本的原理

水的固态至液态和固态到气态的转变如图 8-33 所示。水在不同的温度下都具有不同的饱和蒸汽压。若固态的水在低于温度所对应的饱和蒸气压的环境中，可从固态不经过液相而直接升华。根据这一原理，可以先将湿物料冻结至冰点以下，使原料中的水分变为固态冰，然后采用比此温度下的饱和蒸气压更低的真空度（一般采用饱和蒸气压的 1/2 ~ 1/4 的真空度）将冰直接转化为蒸汽而除去，物料即被干燥。

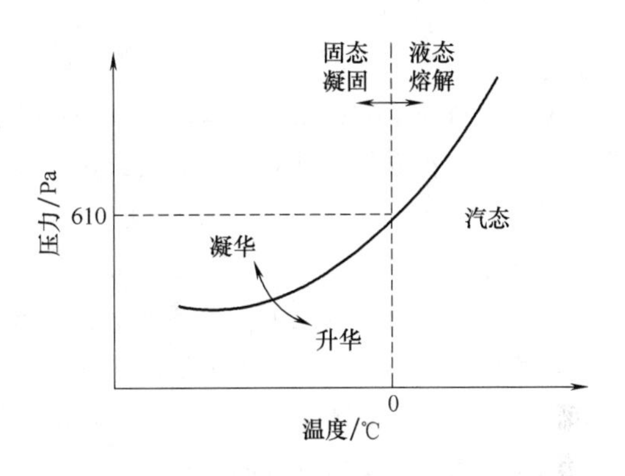

图 8-33 水的相平衡图

在冷冻干燥中，升华温度一般为 -35 ~ -5℃，抽出的水分可在冷凝器上冷冻聚集或用吸湿剂吸收或直接用真空泵排出。升华时需要的热量，可直接由所处理的物料供给，或者经过干燥室的间壁通过热介质由外界供给，如果无外界供给热量则物料的温度将随之降低，以至于冰的蒸气压过分降低而使升华速率很慢，因此，在控制干燥速度时，既要考虑供热量给物料以提高升华速率，又要避免固体物的融化。

冷冻干燥过程分为两个阶段：第一阶段，在低于熔点的温度下，将水分从冻结的物料内升华，有 98% ~99% 的水分在此时除去；第二阶段，将物料温度逐渐升到或略高于室温（此时物料中的水分已很低，不再会融化），经过此阶段水分可以减少到低于 0.5% 。

（二） 冷冻干燥的特点

冷冻干燥的食品与其他干燥方法比较有许多的优点，主要有：

（1）最大限度地保存食品的色、香、味；如蔬菜的天然色素保持不变，各种芳香物质的损失可减少到最低限度；冷冻干燥对保存含蛋白质食品要比冷冻的好。

（2）对热敏感性物质特别适合，可以使热敏性的物料干燥后保留热敏成分；能保存食品中的各种营养成分，尤其对维生素 C，能保存 90% 以上。

（3）在真空和低温下操作，微生物的生长和酶的作用受到抑制。

（4）脱水彻底，干制品重量轻，体积小，贮藏时占地面积少，运输方便；各种冷冻干燥的蔬菜经压块，重量减少至十几分之一。由于体积减小，相应地包装费用也少得多。

（5）复水快，食用方便。因为被干燥物料含有的水分是在冻结状态下直接蒸发的，故在干燥过程中，水汽不带动可溶性物质移向物料表面，不会在物料表面沉积盐类，即在物料表面不会形成硬质薄皮，也不存在因中心水分移向物料表面时对细胞或纤维产生可察的张力，不会使物料干燥后因收缩引起变形，故极易吸水恢复原状。

（6）因在真空下操作，氧气极少，因此一些易氧化的物质（如油脂类）得到保护。

（7）冷冻干燥法能排除 95% ~99% 以上的水分，产品能长期保存而不变质。

由于上述的特点，冷冻干燥在食品工业上常用于肉类、水产类、蔬菜类、蛋类、速溶咖啡、速溶茶、水果粉、香料、酱油等的干燥。同时，在军需食品、远洋食品、登山食品、宇航食品、旅游食品和婴儿食品上有很好的发展前景。

但由于冷冻干燥的产品呈多孔疏松结构，暴露空气中易吸湿、易氧化，因此最好采用真空或充氮包装，应采用具有一定保护作用的包装材料和包装形式。且由于操作是在高真空和低温下进行，需要有一整套高真空获得设备和制冷设备，故投资费和操作费都很大，因而产品成本较高。

二、 冷冻干燥设备的主要组件

冻干机按系统分，由制冷系统、真空系统、加热系统和控制系统四个主要部分组成。按结构分，由冻干箱或称干燥箱、冷凝器或称水汽凝结器、制冷机、真空泵和阀门、电气控制元件等组成。

（一） 预冻过程

产品的预冻方法有冻干箱内预冻法和箱外预冻法。箱内预冻法是直接把产品放置在冻干机冻干箱内的多层搁板上，由冻干机的冷冻机来进行冷冻。有些小型冻干机没有进行预冻产品的装置，只能利用低温冰箱来进行预冻。预冻时一定要使物料中的水分完全冻结，只有产品真正全部固化，才能干燥出良好的产品。如果因未冻透而在物料内部仍有较多的液体存在，则在真空条件下这些液体便会蒸发，从而引起物料变形。

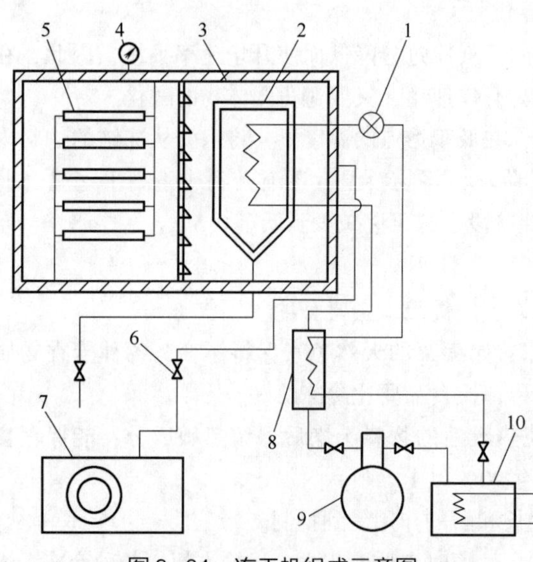

图 8-34 冻干机组成示意图

1—膨胀阀 2—低温冷凝器（冷阱） 3—干燥室 4—真空表 5—加热板 6—阀门 7—真空泵 8—热交换器 9—制冷压缩机 10—冷凝器

（二） 冷冻干燥室

冷冻干燥室是一个真空密闭容器，是冷冻干燥设备的重要组成部件之一，是干燥过程中传热和传质的场所，它的性能直接影响到冷冻干燥设备的性能（图 8-34）。干燥室的形状主要有圆形和矩形两种，圆形干燥室操作容易、强度高、制作费用低，但其内部空间的利用率低；矩形干燥室的空间利用率高，但制造费用高。

冷冻干燥室的室内有数层搁板，搁板的作用是放置被干燥物料，料盘的形状和材料对冷冻干燥中的传热和传质有重要的影响，一般地，要求料盘要有较好的传热性能；要有足够的刚度；装卸料容易；易于消毒等，能满足这些要求的料盘材料有不锈钢、铝合金、塑料等。

（三） 真空系统

真空系统包括真空干燥室、隔离阀、水蒸气捕集冷凝器、真联式旋片真空泵、连接管道以及放气阀等。系统内空气水蒸气的抽除是由真空泵完成的，当真空泵工作时，打开隔离阀，真空干燥室内的空气及水蒸气经过水蒸气捕集冷凝器捕获水分后进入真空泵，由真空泵排气口排出系统。为防止经水蒸气捕集冷凝器后抽除的气体中含有的极少量的水蒸气进入泵内，系统内配置了气镇阀，冷冻干燥时，打开气镇阀。在真空泵的排气口装有油雾捕集器，以防止排出气体中的烟雾污染室内环境。

（四）加热系统

为了使冻结后制品中的水蒸气不断地从冰晶中升华，就必须提供水蒸气升华所需的足够热量，因此要配置加热系统，因此，加热系统的作用就是加热冷冻干燥箱内的搁板，促使产品升华。在升华干燥阶段，冻干箱的板层是产品热量的来源。板层温度高，产品获得的热量就多；板层温度低，产品获得的热量就少；板层温度过高，产品获得过多的热量使产品发生融化；板层温度过低，产品得不到足够的热量会延长升华干燥时间。因此，板层的温度应合理地控制，要保证传热速率既能使冻结层表面达到尽可能高的蒸气压，又不致使冻结层融化。加热系统可分为直接和间接加热两种方法，直接法是用电直接在箱内加热；间接法利用电或其他热源加热传热介质，并将其通入搁板。

（五）冷凝器

冷凝器又称冷阱，是制冷系统的主要部件（图 8-35）。在 0℃、13.3Pa 真空条件下，质量为 1g 的冰升华可生成约 9.5m³ 的水蒸气，若这大量的水蒸气不加以处理而由真空泵抽出，则需要大容量的抽气机才能维持所需的真空度。冷阱的作用是将干燥室中的水蒸气冷凝吸附变成冰，以免进入真空泵，一方面可以减少真空泵的工作负担，另一方面能够保证干燥室具有较低的真空度。

真空冷冻干燥机的冷凝器实质上属于间壁式热交换器，一般安装在干燥室和真空泵之间，

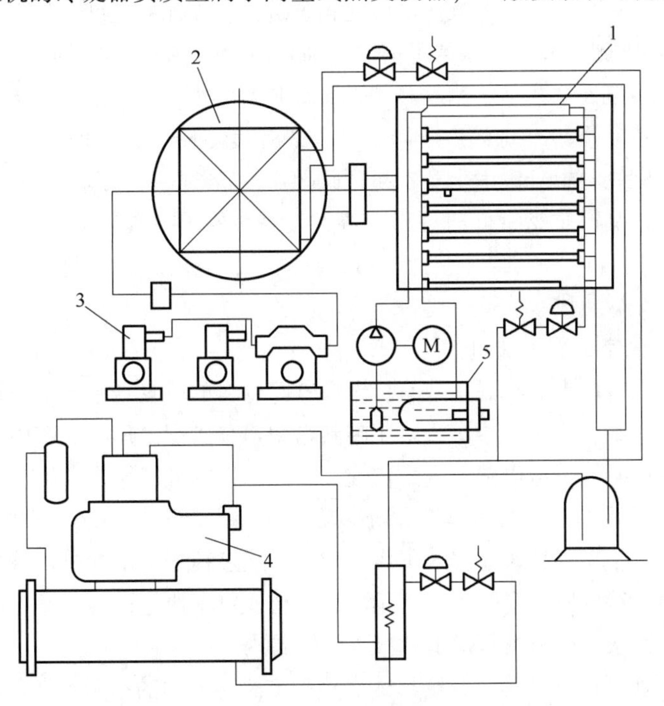

图 8-35　接触导热间歇式冷冻干燥机简图

1—干燥箱　2—冷凝器　3—真空系统　4—制冷系统　5—加热系统

因冷阱表面的温度低于物料升华界面的温度，即物料升华界面的蒸气压大于冷阱内的蒸汽分压。物料中升华出来的蒸汽，向冷凝方向移动，在通过冷凝器时大部分以结霜的方式凝结下来，剩下的一小部分蒸汽和不凝结性气体被其他真空泵抽走。在真空冷冻干燥过程中，冷凝器属低温运行状态，随着时间的延长，冷却排管表面的冰层厚度不断增加，而冰晶升华成水蒸气的热量通过冰层和管壁传递给制冷机的传热热阻也在不断增加，当传热热阻达到一定值时，干燥仓内的温度升高，水蒸气压力升高，升华界面温度升高，升华干燥受到影响。一般情况下，为了保证冷冻干燥的连续性，提高和强化升华速率，避免干燥受到影响，节省能耗，干燥设备采用连续除霜系统。

三、 食品冷冻干燥设备

食品冷冻干燥机的形式主要分间歇式和连续式两类。

（一） 间歇式冷冻干燥机

间歇式冷冻干燥设备是一种可单机操作的冷冻干燥设备，这种形式的设备适应多品种、小批量的生产；能满足季节性强的食品生产需要；便于控制食品物料干燥时不同阶段的加热温度和真空度的要求。因此，这种形式的设备在食品厂被广泛地使用。该设备典型的干燥机有接触导热式和辐射传热式两种。

1. 接触导热式真空冷冻干燥机

接触导热式真空冷冻干燥机最大的特征是干燥箱内设有多层搁板，搁板既是被干燥食品物料的支承板，又是为干燥食品物料提供升华热量和解吸热量的接触导热板，它传热的主要方式是导热。

其干燥过程如下：物料的预冻操作可以在箱外进行，预冻的温度选择在低于物料的共融点5～10℃。若温度达不到要求，则冻结不彻底，抽真空时会使溶解在水中的气体溢出，影响产品外观品质。预冻后接着抽真空，冰晶升华。此时开始供热，保持温度在接近而又低于共融点温度。若不给予热量，物料本身温度下降，则干燥速度下降，延长时间，产品水分达不到要求。若加热过量，则物料本身温度上升，超过共融点，局部融化，体积缩小和起泡。当冻结水分全部蒸发完后，产品已定型，此时可以提高温度蒸发没有冻结的水分时，温度逐渐升高到30～35℃后，停留2～3h，干燥结束。此时可破坏真空，取出成品。同时，在大气压下对冷凝器进行加热，将冰霜融化成水排除。

2. 辐射传热式真空冷冻干燥机

辐射传热式真空冷冻干燥机是指装有待干燥食品物料的料盘悬于上下两块加热板之间，料盘与加热板不直接接触，通过小推车或吊车将料盘快速移入圆筒形干燥箱中，箱内的多层加热板分排在干燥箱内两侧，热量以辐射方式传递。

图8-36（1）所示的形式为吊车沿导轨移动，从食品清洗、预处理开始，再经过装盘、预冻后，最后将物料和小车一起快速移入干燥箱中。上述过程若用小推车代替吊车，则再干燥箱内的下方装置导轨，箱外使用升降叉车把预冻后物料及料车快速送到干燥箱前，通过升降叉车与干燥箱内的地轨衔接，再将料车沿地轨推入干燥箱内。

图8-36（2）所示的形式为托盘滑移式，这种方式与上述的吊车导轨移动式不同，它的方式为外部吊车将盛有待干燥食品物料的料盘送到干燥箱的右端，在一专门推送机构的作用下，料盘被推入干燥箱中，同时从左端将已干燥的食品物料盘推出。

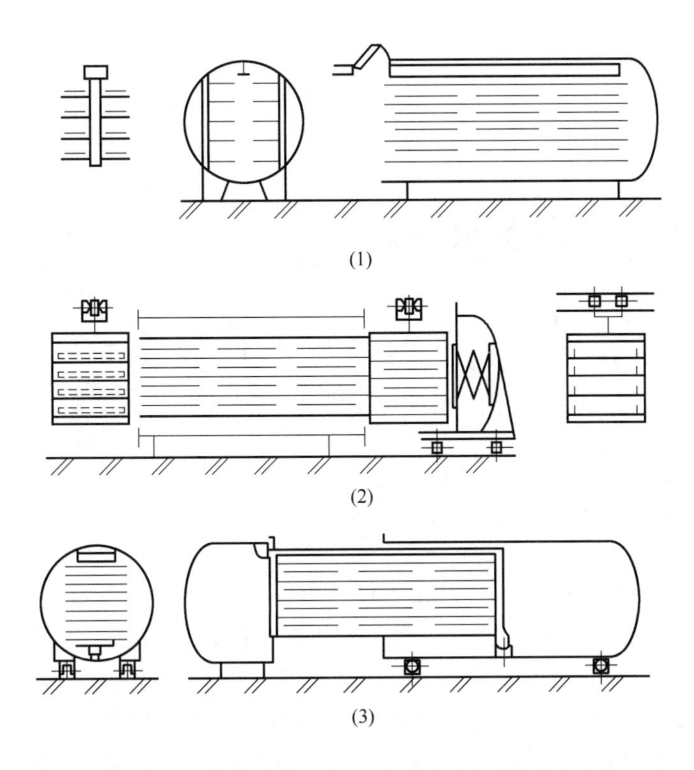

图 8-36　辐射传热方式、间歇式冷冻干燥机简图

图 8-36（3）所示的形式为专用车把待干燥物料推入干燥箱内，干燥箱的壳体可在导轨上沿轴向移动，这种方式有利于干燥机的清洗。

（二）连续式冷冻干燥机

连续式冷冻干燥设备从进料到出料为连续进行，相对间歇式的箱式干燥器，处理量大，设备利用率高；适宜于对单品种大批量的生产；适用于浆状或颗粒状食品物料的干燥；便于实现生产的自动化。但是这类型的设备不适宜多品种、小批量的生产；在连续生产中，能根据干燥过程实现干燥的不同阶段控制不同的温度区域，但不能控制不同的真空度。

目前较常见的连续，式真空冷冻干燥机，主要有水平隧道式和垂直螺旋式两种。

1. 水平隧道式连续冷冻干燥机（图 8-37）

水平隧道式连续真空冷冻干燥机是将冷冻室、装料室，冷冻干燥隧道、卸料室等连成一线水平布置，装料室与卸料室在与冷冻干燥隧道连接时，分别加设隔离室，两隔离室与冻干隧道间又安装了闸阀，以保证冻干隧道中的真空度和满足连续进料、出料的生产要求。

其冻干过程为：在机外的预冻间冻结后的食品物料用料盘送入前级真空锁气室，当前级真空锁气室的真空度达到隧道干燥室的真空度时，打开隔离闸阀，使料盘进入干燥室。这时，关闭隔离闸阀，破坏锁气室的真空度，另一批物料进入。进入干燥室后的物料被加热干燥，干燥后从干燥机的另一端进入后级真空锁气室，这时，后级真空锁气室已被抽空到隧道干燥室的真空度，当关闭隔离闸阀后，后级真空锁气室的真空被破坏，移出物料到下一工序。如此反复，在机器正常操作后，每一次真空锁气室隔离闸阀的开启，将有一批物料进出，形成连续操作。

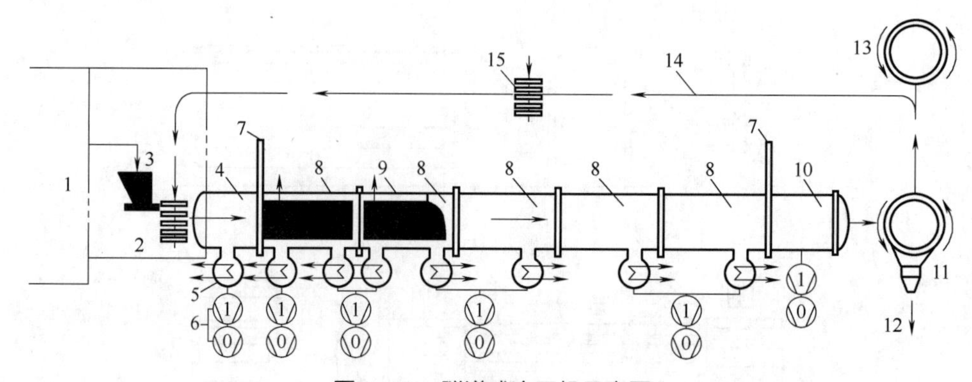

图8-37 隧道式冻干机示意图

1—冷冻室 2—装料室 3—装盘 4—装料隔离室 5—冷凝器 6—真空抽气系统 7—闸阀 8—冷冻干燥隧道 9—带有吊装和运输装置的加热板 10—卸料隔离室 11—卸料室 12—产品出口 13—清洗装置 14—传递运输器的吊车轨道 15—吊装运输器

2. 垂直螺旋式连续冷冻干燥机（图8-38）

垂直螺旋式连续真空冷冻干机中，加热圆盘错开垂直布置，这种装置主要用于颗粒状食品的冻干。螺旋式连续式冷冻干燥机的中心干燥室上部设有两个密封的、交替开启的进料口，下部同样设有两个交替开启的出料口，两侧各有一个相互独立的冷阱，通过大型的开关阀门与干燥室连通，交替进行融霜，干燥室中央竖立放置的主轴上装有带铲的搅拌器。

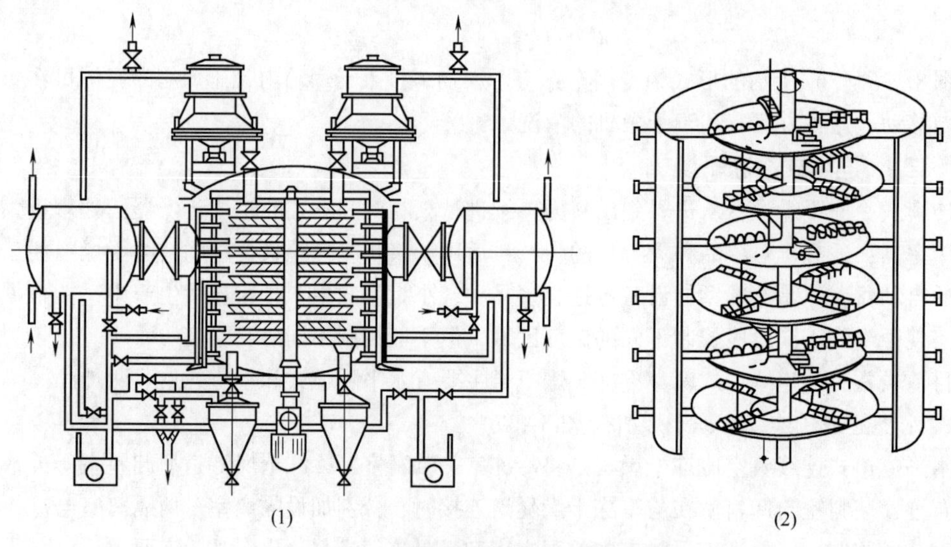

图8-38 垂直螺旋连续式冷冻干燥机

（1）结构简图 （2）原理图

已经冷冻好的颗粒状食物料从上部落入顶部圆盘，立轴旋转时，料铲搅动食品从圆盘外缘落入直径较大的下一块加热盘上，在这块加热盘上，物料在铲子的作用下向干燥室中央移动，从加热盘的内边缘落入其下的一块直径与第一块板直径相同的加热板上。物料如此逐盘移动，在移动中逐渐干燥，直到最后的底板后落下，从交替开启的出料口中卸出，完成干燥过程。食品从顶部落到底部排出的运动轨迹，实际是一条螺旋线。

第五节 其他干燥机械与设备

一、 微波干燥设备

微波是电磁波的一种，波长从1mm至1m不等，频率范围在300～300000MHz，微波的传统应用是作为一种传递信息的媒介，应用于雷达、通讯、测量等方面。近年来，微波作为能量场的技术有了很大的发展，也广泛应用于加热与干燥的操作中，为了防止民用微波技术对微波雷达和通讯、广播的干扰，国际上规定供工农业、科学、医学等民用的微波有4个波段，见表8-4。

表8-4 国际规定民用的微波频段

频率/MHz	波段	中心频率/MHz	中心波长/m
890～940	L	915	0.330
2400～2500	S	2450	0.122
5825～5885	C	5850	0.052
22000～22250	K	22125	0.008

目前，广泛使用的是915MHz和2450MHz两个频率，其他的两个频段由于目前还不普及相应的大功率发生器而未受普及。

（一） 微波干燥的基本原理

微波加热利用的是介质损耗原理，水是比较典型的极性分子介质，它的介电系数达到了88.54，介质损耗较大，所以水介质极易吸收大量的微波能并转化成热能。一般情况下，被干燥物料中的水分子由于布朗运动，分子的排列杂乱无章并迅速变化，极性相互抵消，宏观上不呈现极性。而被置于由微波发生器产生的电场中时，微波场以每秒几亿次的高速周期地改变外加电场的方向，使介质的极性水分子迅速摆动，产生显著的热效应，从而使物料内部和表面的温度同时迅速升高。

磁控管是微波的核心装置，也是微波的发生装置，所以又称微波发生器。磁控管产生的微波功率通过波导输送到微波加热器，需要加热的物料在微波场的作用下被加热。

对于塑料、玻璃和瓷器等常见包装材料，微波几乎是穿透而不被吸收。而对于金属类材料，微波则会被反射。

（二） 微波干燥的特点

与常规的干燥方法相比，微波干燥有以下几方面特点。

1. 农产品内外同时加热，干燥速度快

与传统的热风干燥相比，被干燥的农产品总是表面先加热，在表面加热之后再将热量传递到农产品的内部，这样会导致农产品的内外干燥不均匀，并且干燥时间很长。而微波干燥的微波会穿透到被干燥农产品的内部，并在农产品的内部产生大量的热，从而使农产品的内外表面同时加热，并且温度均匀。

2. 加热均匀、干制品质量高，营养丰富

由于水是极性介质，微波对其加热具有选择性，因此农产品中的水分分布和受热很均匀，同时干制的农产品的品质也不会因为过热而损坏。所以干燥所得的干制农产品质量高，并能保持丰富的营养成分。同时微波还可以杀灭干燥农产品中的病虫和细菌，有助于提高产品品质。

3. 节能高效，安全无害

在干燥过程中，80%以上的能量被农产品吸收，其他的损耗几乎很少，能源使用率高。同时微波干燥既不会产生对环境有影响的废渣、废气、废水，也不会污染农产品的品质。

4. 过程控制方便迅速

微波能量输出或关闭能随时控制，并且操作便利；同时，加热强度的大小可通过控制功率输出的大小而实现，非常有利于自动化控制。

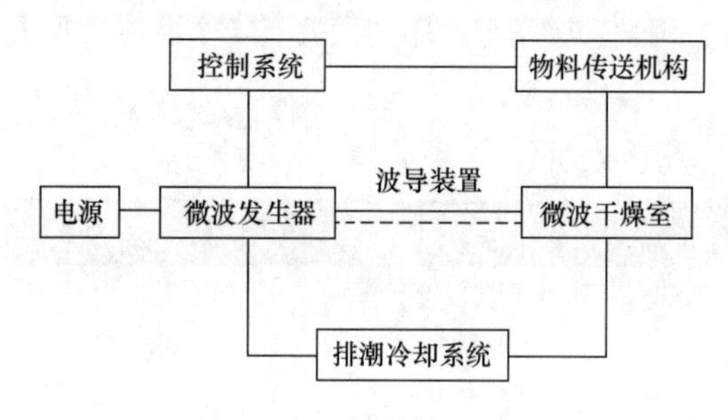

图8-39 微波干燥系统示意图

（三） 微波干燥设备的主要组件

微波干燥设备的主要组件包括微波发生器、连接波导，微波加热器和冷却系统等，组成原理如图8-39所示。

1. 微波发生器

微波发生器即磁控管，是微波的核心装置。磁控管由电源提供直流高压电流，并使电能转化为微波能量。根据工作状态的不同，可以将磁控管分为脉冲磁控管和连续波磁控管两类；脉冲磁控管主要用于雷达、通信等领域，连续波磁控管主要应用于微波加热、医疗等领域。

2. 波导

微波的传送、耦合、换向及器件之间相互连接等都是通过波导来实现的，即连接波导。微波加热采用的波导一般是由空心金属管制成，其截面为矩形。波导起激励与耦合装置的作用，能为在波导中建立所需的电磁场模式提供条件。

3. 谐振腔

谐振腔是进行微波加热的器腔，是通过被加热物料来完成微波能量向热能量转换的器件，常见的谐振腔形式有箱式、波导式、表面波导型和辐射型等。

4. 环形器、能量抑制器

环形器是一个不可逆的传输器件，属于波导的一部分。一般用于连接微波发生器和谐振腔。当谐振腔中的一部分微波能量不能被物料全部吸收时，部分反射的微波能量通过环形器被导入终端负载，终端负载大多数是水负载，保护磁控管。能量抑制器也叫漏能抑制器，该装置设在干燥设备的物料出入口处，用来防止谐振腔中的微波泄漏。冷却系统一般是通过水负载不断循环来实现的。

（四） 微波干燥器的类型

微波干燥器的类型，按照外形及工作方式的不同可以简单分为箱式微波干燥器、连续式谐振腔微波干燥器、波导型微波干燥器、慢波型微波干燥器。

1. 箱式微波干燥器

箱式微波干燥器常见的类型是微波炉，也是一些微波小试装置的最初的实验模型。箱式微波干燥器是利用驻波场进行工作的微波干燥器。常见的结构如图 8－40（1）所示，是由波导、反射板、谐振腔和搅拌器等部件组成。

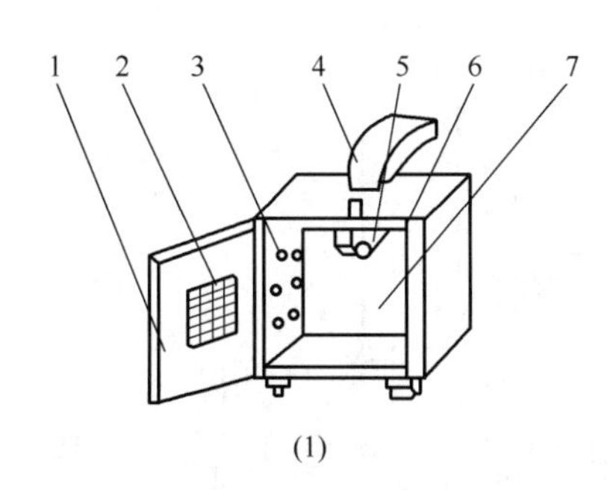

(1)

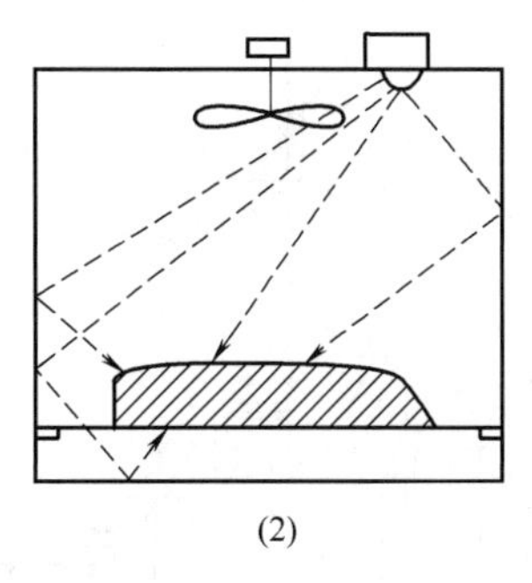

(2)

图 8－40　箱式微波干燥器

（1）结构示意图　（2）工作原理

1—门　2—观察窗　3—排湿孔　4—波导　5—搅拌器　6—反射板　7—腔体

微波经波导传入到微波谐振腔内，该谐振腔一般为长方体空间，当每边的长度都大于 1/2 波长时，从不同方向都有反射回来的波，因此，在谐振腔内的物料在理论上各个方向都受热。微波能量在箱壁上的损失极小，没有被吸收的微波能量被容器壁反射回来，形成多次的反射，这样能大大提高微波的能效，并且有效地降低了微波的泄漏。为了使物料受热更加均匀，常在谐振腔的波导入口处，装有搅拌器和反射板。反射板可以将微波能量反射到搅拌器的叶片上，叶片是金属板制成，旋转频率不同能改变谐振腔内的模式分布，使物料受热更均匀。有的箱式干燥器，底部设置有旋转托盘，被加热物料能在加热时匀速旋转，使加热更加均匀。

2. 连续式谐振腔微波干燥器

连续式谐振腔微波干燥器又被称为隧道式微波干燥器，这种干燥器由于是多个微波源供能（多腔串联，能得到大功率容量）被干燥物料一般由传送带输送。隧道式微波干燥器，通常是由成组的隧道式微波干燥器、成组的能量输送器、排风装置、两组能量抑制器、一套传送机构、微波管和电源组成。隧道主要是由尺寸相同的谐振腔串联而成的腔体，材质一般采用不锈钢；腔体的两侧一般会有尺寸较小的开口，可供物料的进出。由激励腔、弯头和波导组成的能量输送器，把微波能量输送到腔体内。干燥器的物料出入口处，装有梳型能量抑制器，能防止微波能的泄漏。传输机构一般由调速电机、传送带、变速箱、链轮和滚筒组成（图 8－41）。

3. 波导型微波干燥器

波导型微波干燥器通常是一端为微波能量的输入端，一端为吸收剩余能量的水负载。整个过程中，微波在波导内部无反射地从输入端向负载端馈送，波导内部形成行波场。介质在波导内强场强处通过，介质被均匀地加热干燥。波导型微波干燥器根据波导形状的不同一般分为以下几种形式：开槽波导型微波干燥器、O 型波导型微波干燥器、直型波导型微波干燥器、脊弓型波导型微波干燥器，目的都是增加微波干燥过程中物料的受热面积和提高干燥速率，各个型号都有各自优点。

4. 慢波型微波干燥器

慢波型微波干燥器中所传输的行波场，其电磁波传输方向上的速度低于光速，因此被称为慢波型微波干燥器。可分为单脊梯形慢波型微波干燥器、螺旋形慢波型微波干燥器、曲折型慢

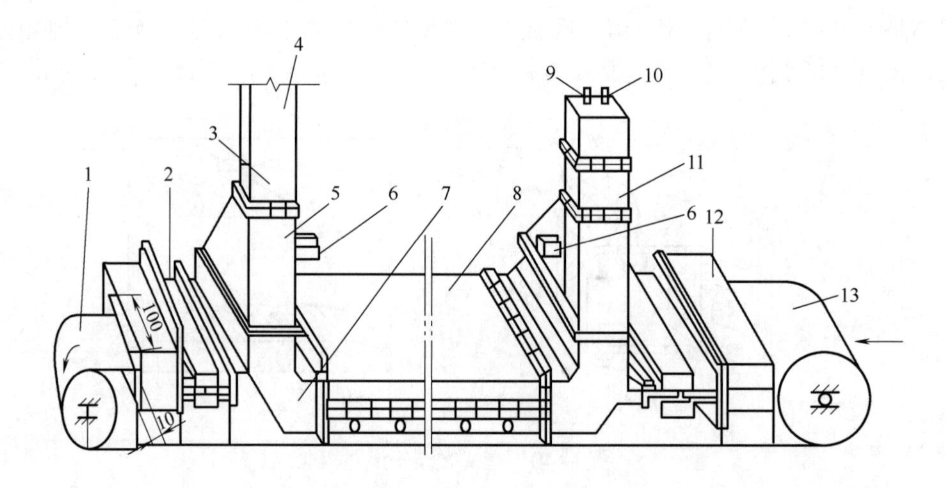

图 8-41 隧道式微波加热器

1—输送带 2—抑制器 3—波导 4—接波导输入口 5—锥形过滤器 6—接排风机 7—b 边放大直角弯头 8—主加热器 9—冷水进口 10—热水出口 11—水负载 12—吸收器 13—进料

波型微波干燥器。该种微波干燥器能在短时间内施加大的微波干燥功率，从而容易得到高的干燥效率，适合干燥表面积大、介质损耗系数较小、比热容小的薄片物料。

二、 红外线干燥设备

红外线是一种在可见光之外的、用肉眼看不见的电磁波，其波长范围一般是 0.85 ~ 1000μm，介于可见光和微波之间。从电磁波谱上看，它位于可见光的红端之外，因此称为红外线。根据波的长短又可将红外线分为三部分，即近红外线，波长为 0.85 ~ 1.5μm；中红外线，波长为 1.5 ~ 6μm；远红外线，波长为 6 ~ 1000μm。

（一） 红外线干燥的基本原理

红外线是以电磁波的形式向外传播的，当电磁波遇到物体时，一部分被物体表面反射回去，而另一部分则被物体吸收或穿过物体继续向前传播。被物体吸收的部分其频率与物体的固有振动频率或转动频率匹配时，就会产生共振，引起物质分子的激烈运动，物体内部的温度就升高，从而加速干燥。而远红外线易被物体所吸收，实验证明，远红外线有 50% 被物体所吸收，而近红外线仅有 10% 被物体吸收。因而远红外线干燥热利用率较高。

红外线干燥设备是利用辐射传热干燥的一种方法。红外线辐射器所产生的电磁波传播到被干燥的物料，当红外线的发射频率和被干燥物料中分子运动的固有频率（也就是红外线的发射波长和被干燥物料的吸收波长）相匹配时，引起物料中的分子强烈振动，在物料内部发生激烈摩擦产生热而达到干燥的目的。

（二） 红外线干燥的特点

（1）干燥速度快，生产效率高，节约电能消耗，中间不需要通过媒介物。

（2）设备小，便于连续生产和自动控制，与微波干燥相比，干燥装置更简单。

（3）无漏波危险，易操作和维修。

（4）干燥质量好，由于物料表面和内部的分子同时吸收远红外辐射，因此加热均匀，产品外观和组织结构等均有提高。

(5) 红外线频率高、波长短、透入深度小，因此适用于大面积，薄层物料的加热干燥。

(三) 远红外辐射元件

在加热器的表面涂上一层金属氧化物，当加热器到450～500℃时，该金属氧化物即产生远红外线。远红外辐射元件是产生远红外的器具，它将电能转变成为远红外辐射能，远红外辐射元件一般由三个部分组成。

(1) 热源

可为电热器、煤气或蒸汽加热器等。

(2) 基体

采用金属、碳化硅或使用陶瓷、耐火材料等。

(3) 涂覆层

使用金属氧化物，比较常用的有 TiO_2、ZrO_2、Cr_2O_3、MnO_2、Fe_2O_3、NiO、NbO、SiO_2、B_4C、BN、SiC 等。这些金属氧化物或它们的混合物涂覆在基体的表面，在加热时，能发出不同波长的远红外线。使用时，可以根据不同的需要选择一种或几种化合物混合制成远红外辐射材料，则可以得到需要的波长。

由这三部分材料组成的元件，其工作顺序为由热源发出的热，通过基体传递到远红外辐射涂层，在涂层的表面辐射出远红外线。

远红外辐射元件，根据被加热干燥物料的不同需要，设计成各种形状，常用的远红外辐射元件有：

(1) 金属氧化镁辐射加热器

① 结构：金属氧化镁管是以金属管为基体、表面涂以金属氧化镁的远红外电加热器。

金属氧化镁管远红外辐射的结构主要由电热丝、绝缘层、钢管远红外涂层等组成。电热丝置于金属内部，空隙由具有良好的导热性和绝缘性的氧化镁（MgO）粉末填充，管的两端装有绝缘瓷件与接线装置，其结构如图8-42所示。根据工作要求，可将金属管制成各种形状和规格，基体材料可用不锈钢或10号钢制造。

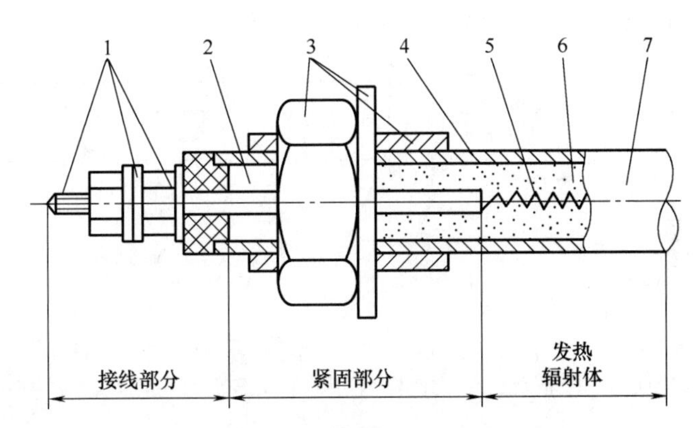

图8-42 氧化镁管远红外辐射器结构

1—接线装置 2—导电杆 3—紧固装置 4—金属管 5—电热丝 6—MgO 粉 7—辐射管表面涂层

② 性能特点：氧化镁远红外辐射管机械强度高，使用寿命长，密封性好。只需拆下炉侧壁外壳即可抽出更换。因此在食品行业得到广泛应用。

金属氧化镁管的表面负荷率与表面温度有关，在辐射涂料已选定的情况下，其最大辐射通量的峰值波长随表面的温度升高而向短波方向移动，当元件表面温度高于600℃时，则发出可见光，因此使远红外部分占辐射强度的比例有所下降。另外，由于金属为基体的远红外涂层易脱落，而且在炉内温度作用下金属管易产生下垂变形，因此影响烘烤质量。

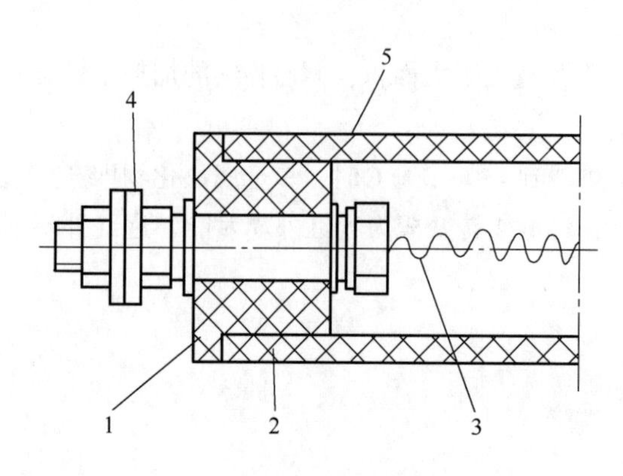

图8-43 碳化硅管远红外辐射元件结构

1—普通陶瓷管 2—碳化硅管 3—电阻丝 4—接线装置 5—辐射涂层

（2）碳化硅辐射加热器 碳化硅管式远红外辐射元件的基体是碳化硅，碳化硅为六角晶体，色泽有黑色和绿色两种，具有很高的硬度，熔点为2600℃，使用温度可达800℃。热源是电阻丝，碳化硅管外面涂覆了远红外涂料。因碳化硅不导电，因此不需要填绝缘介质。碳化硅管元件结构如图8-43所示。

碳化硅的远红外辐射特征和糕点的主要成分（如面粉、糖、食用油、水等）的远红外吸收光谱特性相匹配，制造糕点可以取得很好的效果。

（3）乳白石英红外辐射加热器 乳白石英红外辐射加热器是一种具有选择性的元件，它由丝供热，由乳白石英管作为热辐射介质。乳白石英是在乳白石英透明石英玻璃中充入0.03～0.08mm的微小气泡而成，一般小气泡的平均数量为2000～8000个/cm^2，气泡越多，乳白程度越好，但气泡过多会使管材表面光洁度不好，材质强度下降。

乳白石英红外辐射加热器的表面温度可达800℃，电与辐射热的转换率可达60%，热惯性小，升温快，特别适用于快速加热的工作场合。石英管式（SHD）辐射加热器的结构如图8-44所示，发射光谱如图8-45所示。

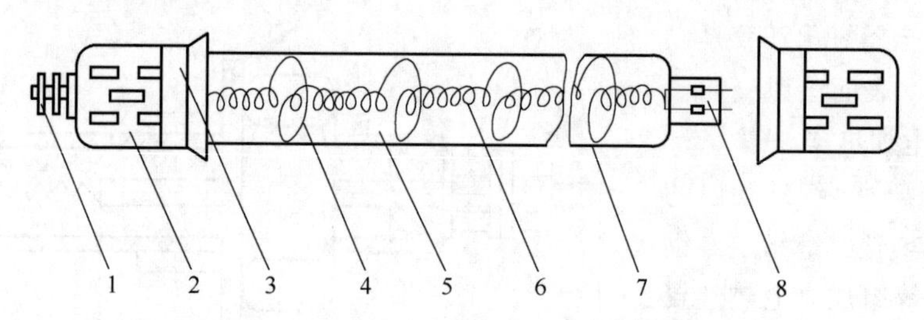

图8-44 石英管式（SHD）辐射加热器结构图

1—接线柱 2—金属卡套 3—金属卡环 4—自支撑节 5—惰性气管腔 6—钨丝热子 7—乳白石英管 8—密闭封口

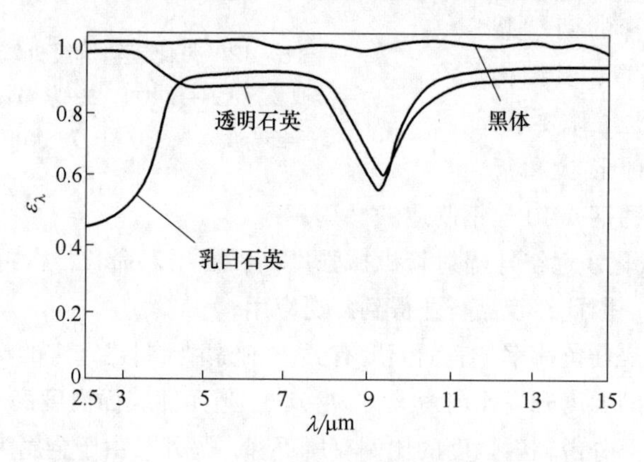

图8-45 乳白石英管辐射加热器发射光谱

除此以外，还有陶瓷红外辐射加热器；搪磁电热红外辐射加热器；煤气、烟气红外辐射加热器等。

远红外辐射元件，根据加热干燥物料的不同需要，设计有各种形状，常用的有管式远红外辐射器（图 8-46）和平板式远红外线加热器（图 8-47）。

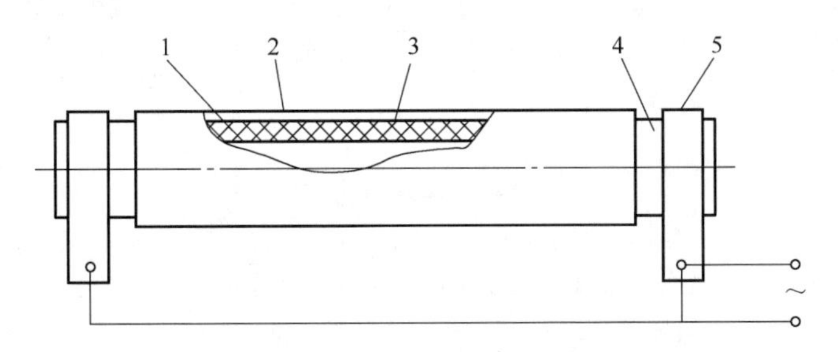

图 8-46　集成式管状电阻膜辐射器结构

1—高铝管　2—电阻膜发热层　3—远红外涂层　4—镀银端　5—接线箍

（四） 远红外加热干燥炉

远红外加热干燥炉有带式和链式两种。

1. 带式炉

以钢丝带或履带传送物体，物料可以直接放在带面上，可以是单层或多层带。该形式适用于烘烤饼干等食品。结构简图如图 8-48所示。

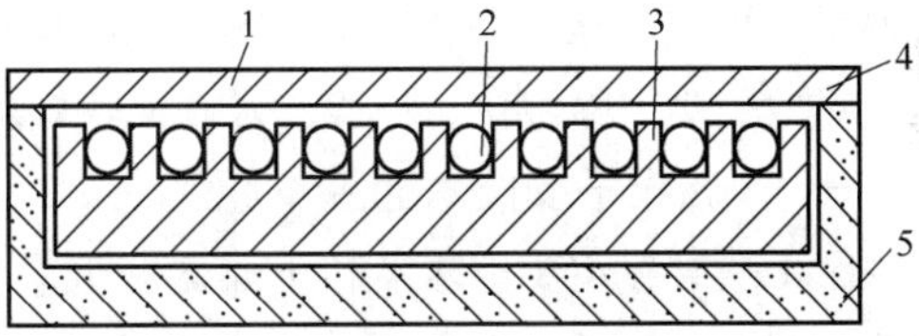

2. 链式炉

以两条或几条平行的、同轴传动的链条作传动带，物料用盘子装载后放在链上送入炉内。该形式适用于物体小而多、要求平稳、少振动的产品，如面包的烘烤等。结构简图如图 8-49 所示。

图 8-47　板状搪瓷远红外辐射器结构

1—搪瓷远红外辐射涂层　2—电热丝　3—耐火板　4—搪瓷框架　5—保温石棉板或硅酸铝毡

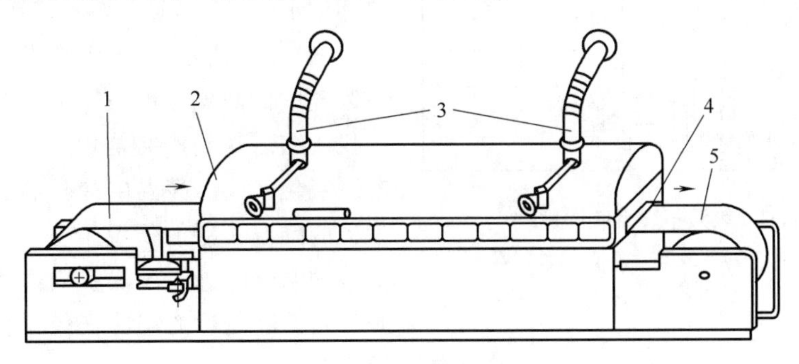

图 8-48　钢带隧道炉外形

1—钢带入炉端　2—炉顶　3—排气孔　4—炉门　5—钢带出炉端

三、 热泵干燥装置

传统的干燥技术由于排放的热湿空气含有大量的显热和潜热以及物料杂质，因此能量利用

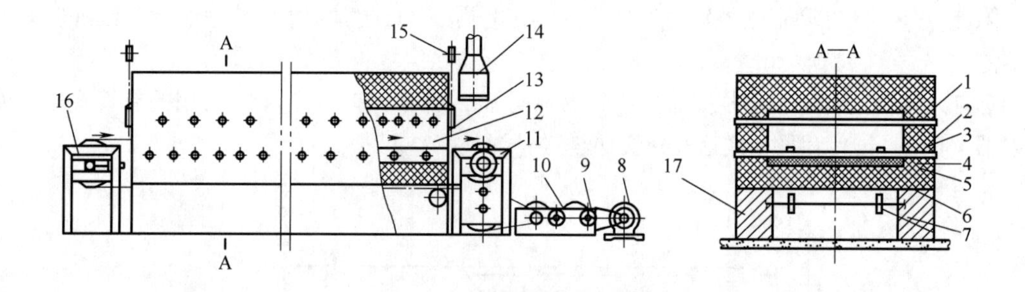

图 8-49　链条隧道炉结构

1—管状辐射元件　2—铁皮外壳　3—铁皮内壳　4—保温材料　5—链条轨道　6—轨道承铁　7—回链托轮与轴　8—电机　9—变速手轮　10—无级变速器　11—出炉机座　12—入炉机座　13—链条　14—可开启隔热板　15—滑轮　16—排气口　17—炉基座

效率较低，仅有35%左右，而且易于污染环境。因此，降低干燥能耗对于减缓能源紧张局面具有重要的现实意义。

热泵干燥技术是20世纪80年代末发展起来的一项高新技术，因其独特的干燥原理、高效节能、热效率高、除湿快、环境友好并能较好地保持物料的品质而受到重视。

（一）热泵干燥技术的基本原理

热泵干燥装置主要由热泵和干燥器两大系统组成。热泵干燥机组主要由热泵（制冷）系统（压缩机、冷凝器、蒸发器、节流装置等）和空气回路（离心风机和干燥室等）组成。如图8-50，高温干热空气进入干燥室，带走被干燥物体的水分，变为湿热空气出来；然后进入蒸发器进行冷却除湿，首先冷却至露点，再进一步冷却使水分从空气中凝结出来，然后进入冷凝器处吸收热量后，变为高温干热空气，再进入干燥室内提高温度及吸收被干燥物体的水分，完成循环。

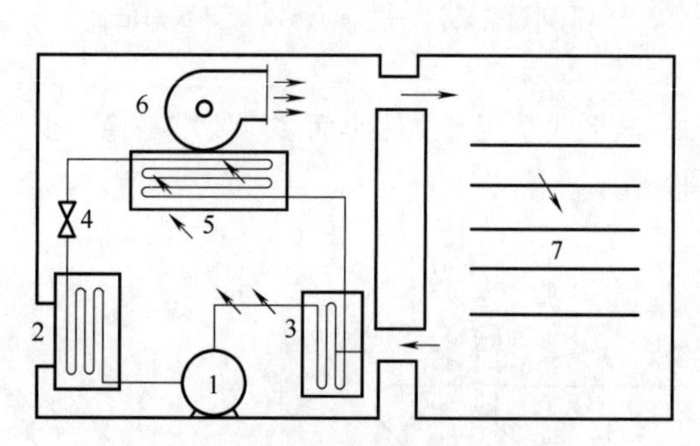

图 8-50　热泵干燥系统原理图

1—压缩机　2—蒸发器　3—除湿蒸发器　4—膨胀阀　5—冷凝器　6—风机　7—干燥室

制冷剂在蒸发器中吸收来自干燥过程排放废气中的热量，由液体蒸发为蒸汽，经压缩机压缩后送到冷凝器中，在高压下制冷剂冷凝液化，放出高温的冷凝热去加热来自蒸发器的降温去湿的低温干空气，把它加热到要求的温度后进入干燥室内作为干燥介质循环使用，液化后的制冷剂经膨胀阀再次回到蒸发器内。

（二）热泵干燥技术的特点

与常规的干燥方法相比，热泵干燥装置具有以下特点。

1. 高效节能

热泵干燥介质的热量主要来自干燥过程中排出的温湿空气所含的显热和潜热，需要输入的能量只是热泵压缩机的耗能，而热泵有消耗少量的能量获得大量热量的特点。

2. 较宽的可调节干燥条件、常压低温干燥

热泵干燥是一种温和的干燥方式，接近自然干燥，表面水分的蒸发速度与内部水分向表面迁移的速度相近，对食品不会产生化学分解和被氧化等现象，食品的风味，特别是颜色保存完整，特别有利于热敏性物料、健康食品和生物制品的干燥。

3. 干燥介质可实现封闭循环、环境友好

干燥介质可在干燥器、蒸发器、冷凝器组成的封闭系统中循环使用，有效防止外界空气对干燥室内物料的污染。而且，当被干燥的物料易于氧化时，可采用惰性气体作为干燥介质，实现无氧干燥。由于热泵在封闭的状态下工作，干燥过程中除了冷凝水，没有任何废气、废液排放，利于环境保护。

4. 在低温环境下工作的热泵，运行寿命长。

（三） 热泵干燥装置

热泵干燥装置由热泵和干燥器组成，并由风道耦合为一个整体。热泵干燥系统的形式较多，按照干燥介质（空气）的循环情况分类，可分为开路式、半开路式和闭路式三种类型。

开路式结构如图 8-51 所示，采用相对湿度较低的环境空气直接经冷凝器加热用于物料的干燥，因此这种类型适合北方干旱地区使用。闭路式结构如图 8-52 所示。半开路式结构如图 8-53 所示，它是将部分废气（即从干燥室排出的高湿空气）与环境空气相混合，然后送入除湿加热系统进行处理。这种干燥系统主要利用部分废气的余热，达到提高热泵效率的目的。

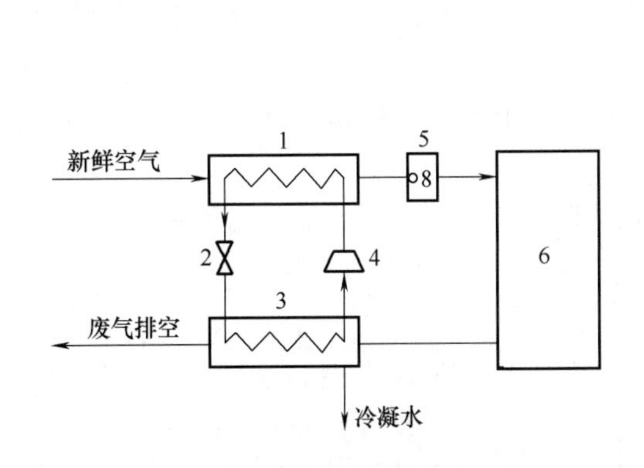

图 8-51　开路式热泵干燥机

1—冷凝器　2—节流阀　3—蒸发器

4—压缩机　5—风机　6—干燥室

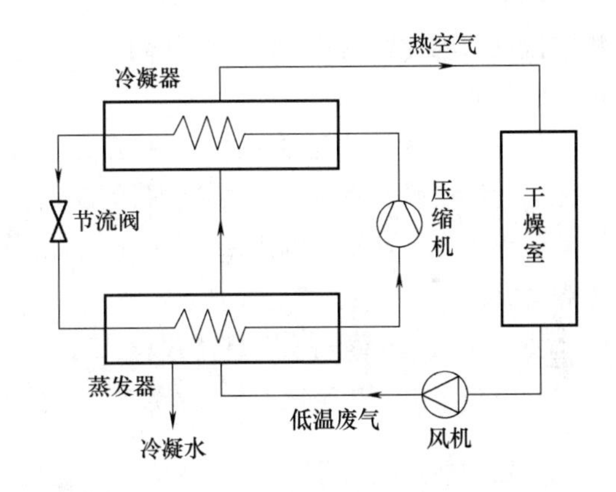

图 8-52　闭路式热泵干燥机

为了调节干燥室温度，在除湿加热系统中增加一个辅助冷凝器，通过调节辅助冷凝器向环境的散热量，达到控制干燥室温度的目的，图 8-54 是带有辅助冷凝器的热泵干燥系统示意图。这种循环干燥方式不受环境温度影响，故适合南方地区使用。

四、 过热蒸汽干燥系统

过热蒸汽干燥是最近发展起来的一种干燥新技术，该技术是利用过热蒸汽直接与被干物料接触而去除水分的一种干燥方式。与传统的热风干燥相比，过热蒸汽干燥以蒸汽作为干燥介质，干燥机排出的废气全部是蒸汽，利用冷凝的方法回收蒸汽的潜热再加以利用，因而热效率

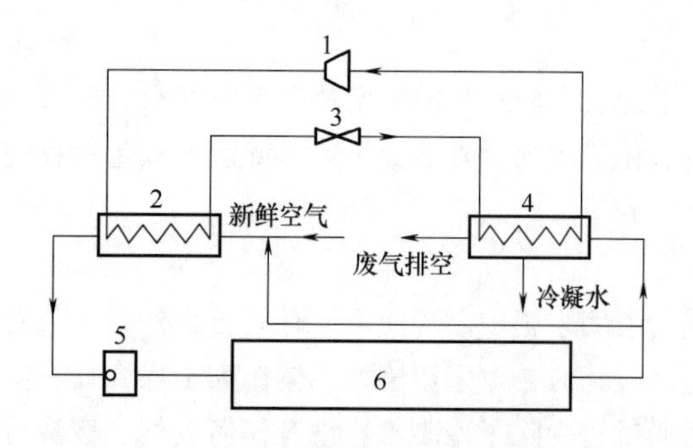

图8-53 半开路式热泵干燥机

1—压缩机 2—冷凝器 3—节流阀 4—蒸发器 5—风机 6—干燥室

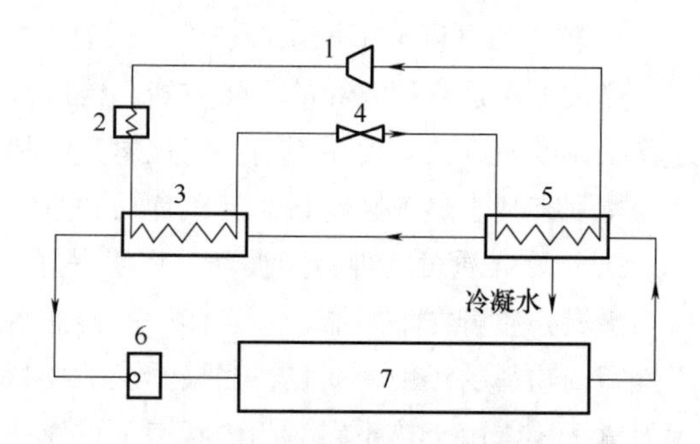

图8-54 带辅助冷凝器的闭路式热泵干燥机

1—压缩机 2—辅助冷凝器 3—冷凝器 4—节流阀 5—蒸发器 6—风机 7—干燥室

高。并且由于蒸汽的热容量要比空气大，干燥介质的消耗量明显减少，故单位热耗低，约为普通热风干燥热耗的1/3，是一种很有发展前景的干燥新技术。

过热蒸汽作为干燥介质进行干燥，具有很多的优点：

（1）过热蒸汽的热容与传热系数均高于空气，节能效果显著；

（2）过热蒸汽中不含氧气，可以避免食品物料在干燥过程中产生氧化，干制产品品质好；

（3）过热蒸汽具有灭菌消毒作用，过热蒸汽干燥过程中干燥温度在100℃以上，超过水的沸点温度，因此在达到干燥目的的同时，通过过热蒸汽干燥可以达到消灭细菌和其他有毒有害微生物的效果。

但过热蒸汽干燥也存在着设备投资大、常温物料进料时会出现结露现象、干制品难以获得较低的含湿量以及不适用于热敏物料等缺点。

过热蒸汽干燥技术近年来在美、英、德等发达国家已经用于鱼制品、蔬菜制品等食品的干燥。

（一）过热蒸汽干燥基本过程

过热蒸汽由过热蒸汽发生器产生，经过风机的动力进入干燥室对物料进行干燥，从物料中蒸发出来的水分分为两部分，一部分经过压缩加热回到循环系统中继续对物料进行干燥，另一部分形成废气经回收热能后冷凝释放（图8-55）。

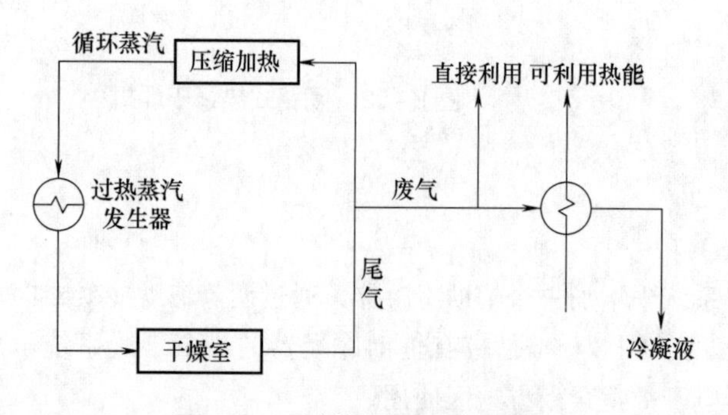

图8-55 过热蒸汽干燥示意图

（二）过热蒸汽干燥系统

1. 直接-间接过热蒸汽干燥系统（图8-56）

风机产生动力使过热蒸汽在换热器以及干燥机内进行循环，在干燥室内，过热蒸汽直接与物料接触，带走物料中的水分。从干燥室内排出的蒸汽分为两部分，一部分排出干燥机外，这部分的废气量相当于物料中被蒸发掉的水分的量，这些废气通过冷凝器凝结可以回收利用；另一部分蒸汽再次进入循环系统继续对物料进行干燥。该干燥系统采用天然气作为热源对蒸汽进行加热以产生过热蒸汽，同时采用了锅炉来为系统提供压力蒸汽。采用直接加热与间接加热相结合的方式，夹层内的蒸汽对被干燥物料进行预热，把冷凝水补充到锅炉中。采用了使蒸汽加压的方法来改善传热的性能，缩小了设备的尺寸。从该工艺流程可以看出，对于工厂大规模的干燥生产环节，这种干燥系统比较适用。

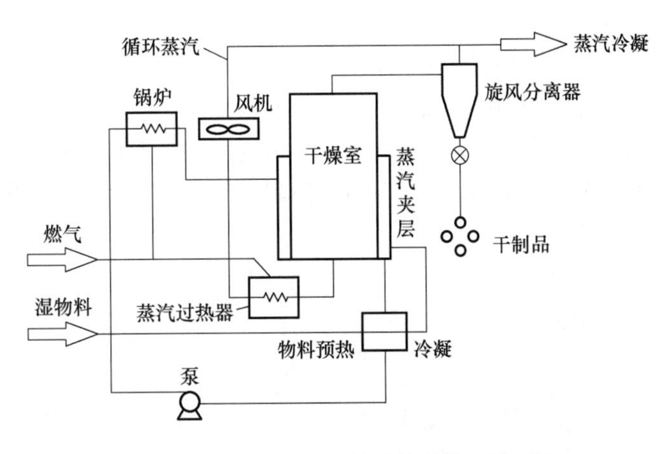

图 8－56　直接－间接过热蒸汽干燥系统

2. 输送式过热蒸汽干燥机

该设备具有以下两个主要特点（图 8－57）：第一是干燥的能源是由蒸汽等离子吹管来供给，这种蒸汽吹管可以为干燥过程提供温度较高的过热蒸汽。第二是它并不需要用锅炉来作为外部设备，干燥机本身也就是蒸汽的发生装置。此外，在产品的干燥后续段也采用旋风分离器来解决产品与蒸汽之间的分离问题，并使废气能够循环利用。干燥机在启动之时需要喷水进去，干燥过程达到稳定状态时有足够的过热蒸汽在机器内部循环进行干燥，一部分蒸汽引出可以回收利用，而大部分蒸汽利用风机来进行循环，少量的蒸汽经过压缩机进行压缩以后供给蒸汽等离子吹管来使用。此干燥系统不需要蒸汽锅炉，仅仅需要对现有的干燥机进行简单的改装即可达到要求，比较适合于实验室

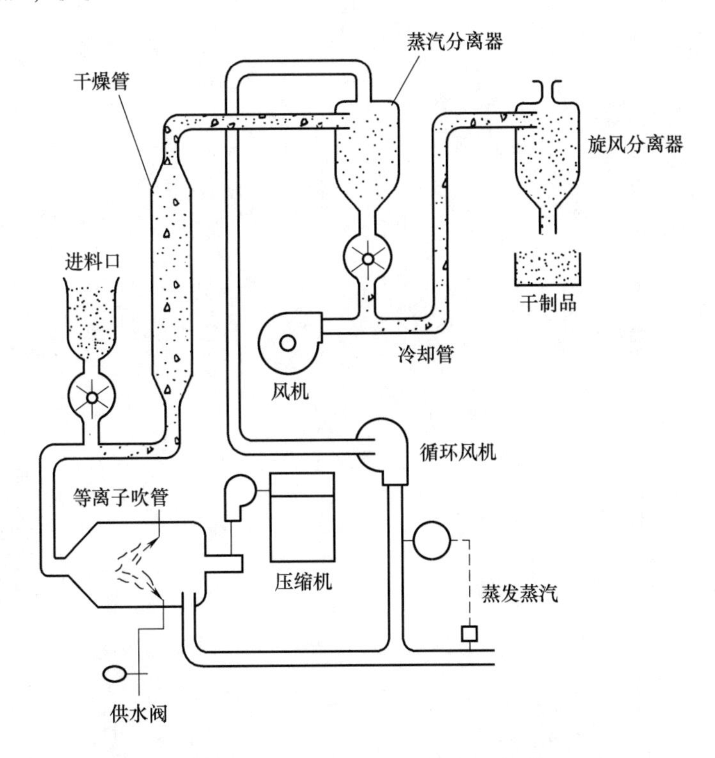

图 8－57　输送式过热蒸汽干燥机

研究方面。

从以上介绍的过热蒸汽干燥工艺来看，虽然在干燥中用的介质是过热蒸汽，但是蒸汽锅炉并不是这种干燥的必要条件，与一般的干燥技术相比不难掌握。这项技术的应用，一定会带来良好的经济和社会效益。近年来，过热蒸汽干燥技术逐渐得到发展并且备受关注。过热蒸汽干燥具有安全性、无污染、能量可以回收等优点，因此可以成为低碳要求的主要干燥技术。

思考题

1. 如何依据物料的初始水分含量、状态（固态、液体）、性质（黏度、颗粒度）、敏感成分等因素，选择食品干燥方法以及对应的干燥设备？

2. 真空干燥的特点有哪些？

3. 请叙述喷雾干燥的原理和干燥设备各部分的结构，适合喷雾干燥的物料主要有哪些？

4. 什么是冷冻干燥？

第九章

CHAPTER 9

杀菌机械与设备

[学习目标]

了解食品杀菌机械与设备的工作原理、结构组成；掌握 APV－6000 型直接蒸汽喷射杀菌装置、拉吉奥尔杀菌装置和自由降落薄膜式杀菌器的工作原理、流程和各自的特点；板式杀菌机械与设备、管式杀菌机械与设备的工作流程和特点；静水压连续杀菌设备的工作过程和原理，了解当前新型杀菌设备的工作原理和应用情况。

第一节　概　　述

杀菌是食品加工中一个十分重要的环节，因此有必要弄清有关杀菌的几个概念。

一、 食品杀菌

食品杀菌是利用理化因素杀灭食品中因污染而存在的致病菌、腐败菌及其他病原微生物，同时要求杀菌过程中尽可能地保留食品的营养成分和风味，以便加工后的相关产品在密封的包装容器内，有一定的保存期。

二、 商业杀菌

商业杀菌是从商品角度对食品所提出的杀菌要求，是指食品经过杀菌处理后，按照所规定的微生物检验方法，在所检食品中无活的微生物检出，或者仅能检出极少数的非病原微生物，但它们在食品保藏过程中，是不可能进行生长繁殖的，这种杀菌要求称商业杀菌或灭菌。显然，食品杀菌属于商业杀菌，经杀菌后的食品属于商业无菌。

三、 生物学杀菌

生物学杀菌是杀灭物品中一切致病性和非致病性微生物（包括病毒、细菌及芽孢等）。一般又称灭菌。在生物学杀菌中不考虑保留杀菌对象的营养及其他因素。

食品杀菌的方法有物理杀菌和化学杀菌两大类。化学杀菌法是使用过氧化氢、环氧乙烷、次氯酸钠等杀菌剂。由于化学杀菌存在的化学残留物对人体健康及环境会造成影响，当代食品的杀菌方法趋向于物理杀菌法，物理杀菌包括热杀菌和冷杀菌两类。

在杀菌方法中，有巴氏杀菌法、高温短时杀菌法和超高温瞬时杀菌法之分，所谓巴氏杀菌（Pasteurization）是低温长时间的杀菌法，杀菌温度低于100℃（62～65℃），保持时间为30min。高温短时杀菌法（HTST），杀菌温度一般在100℃以下，如牛奶的HTST杀菌温度为85℃，保持15s以上。超高温瞬时杀菌法（UHT），杀菌温度在120℃以上，仅保持几秒钟。HTST和UHT杀菌法，不但效率高，而且食品的组织、外观、营养和风味的保存都较其他杀菌方法好。

根据上述的杀菌方法而相应发展起来的杀菌设备种类较多。现以被处理物料的形态分，有以下几种。

1. 流体食品的杀菌设备

流体食品指未经包装的乳品、果汁等物料。处理这类物料的杀菌设备又有直接加热式和间接加热式之分。直接式是以蒸汽直接喷入物料或将物料注入到高热环境中进行杀菌；间接式是用板、管换热器对食品进行热交换进行杀菌的。杀菌后的产品需要采用无菌包装。

2. 罐装食品的杀菌设备

罐装食品是指罐头、软罐头及瓶装饮料等有包装容器的食品。这类物料的杀菌设备根据杀菌温度不同可分为常压杀菌设备和加压杀菌设备。常压杀菌设备的杀菌温度在100℃以下，用于pH<4.5的产品杀菌。用巴氏杀菌原理设计的罐头杀菌设备属于此类。加压杀菌设备一般在密闭的设备内进行，压力0.11MPa，温度常用120℃左右。常压和加压杀菌设备在操作上亦可分为间歇式和连续式，根据杀菌设备所用热源不同又可分为直接蒸汽加热杀菌设备、热水加热杀菌设备、火焰连续杀菌设备等。目前，国内外正在研究生产的超高压杀菌技术，则是将食品物料进行包装后，置于液体介质中，在100～1000MPa压力下进行杀菌。

3. 利用电流进行杀菌的设备

如欧姆杀菌装置。

4. 利用电磁波的物理杀菌设备

该类杀菌设备是使用微波、高压脉冲电场、电磁场等物理辐射进行加热杀菌的，如目前还有处于实验阶段的激光杀菌等。相信随着科学技术的飞速发展，现有的食品杀菌法会日臻完善，新的杀菌方法也会不断出现。

第二节　直接加热杀菌机械与设备

直接加热杀菌是采用高热纯净的蒸汽直接与待杀菌物料混合接触进行热交换，使物料瞬间被加热到135～160℃。其优点为加热速度快、热处理时间短，食品色泽、风味变化小、营养成分损失少。由于在热交换过程中部分蒸汽冷凝进入物料，同时又有部分物料中水分因蒸发而逸出，使易挥发的风味物质也随之逸出而造成损失。因此该方式不适用于果汁杀菌，生产中多用于牛乳等的杀菌。目前常用的设备有 APV－6000 型直接蒸汽喷射杀菌装置、拉吉奥尔杀菌装置和自由降落薄膜式杀菌器。

一、APV－6000 型直接蒸汽喷射杀菌装置

（一）结构与应用

该装置由英国 APV 公司生产，国内不少食品厂有此设备。主要用于牛乳的杀菌，装置的结构与杀菌流程见图 9－1。

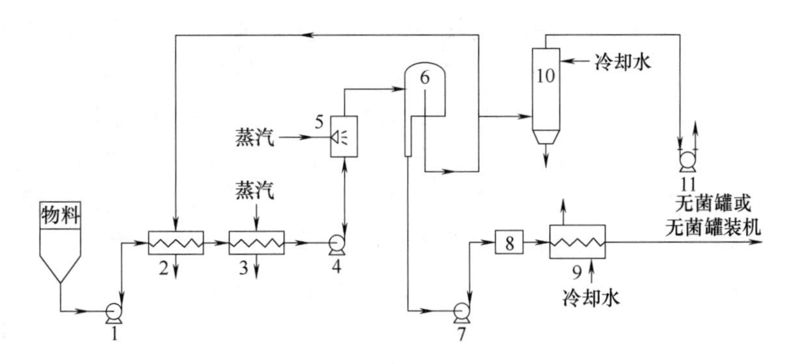

图 9－1 直接蒸汽喷射杀菌装置流程图

1，4—输送泵 2—第一预热器 3—第二预热器 5—直接蒸汽喷射杀菌器 6—膨胀罐 7—无菌乳泵 8—均质机 9—灭菌乳冷却器 10—喷射冷凝器 11—真空泵

原料乳由输送泵 1 送经第一预热器 2 进入第二预热器 3，牛乳升温至 75～80℃。然后在压力下由泵 4 抽送，经调节阀控制流量送到直接蒸汽喷射杀菌器 5。在杀菌器中，向牛乳喷入压力为 1MPa 的蒸汽，牛乳瞬时升温至 150℃，在保温管中保持温度约 2.4s，然后进入真空膨胀罐 6 中闪蒸，使牛乳温度急剧冷却到 77℃左右。热的蒸汽由水冷凝器 10 冷凝，真空泵 11 使真空罐始终保持一定的真空度。杀菌后的高温牛乳在真空罐内汽化时，喷入牛乳的蒸汽也部分连同闪蒸的蒸汽一起从真空罐中排出，同时可带走牛乳杀菌后的一些腥味。另外，从真空罐排出的热蒸汽中的一部分进入管式热交换器（第一预热器）2 中用来预热原料乳。经杀菌处理的牛乳收集在膨胀罐底部，并保持一定的液位。接着，牛乳用无菌泵 7 送至无菌均质机 8。经过均质的灭菌牛乳进入灭菌乳冷却器 9 中进一步冷却之后，直接送往无菌罐装机，或送入无菌贮罐。

直接蒸汽喷射杀菌装置使用的蒸汽必须是饱和蒸汽，不含杂质与异味。因此锅炉用水应采用软化水。加热蒸汽的干燥，一般除过滤器外，还需配置一台不锈钢旋风分离器。

（二）装置的调控

在杀菌过程中，系统的自动控制至关重要。因为喷射进入牛乳中的蒸汽量，必须和牛乳汽化时排出的蒸汽量相等。系统采用了比重调节器，借此控制流量以达到此目的。为了保证制品的高度无菌，在保温管中安装了温度传感器，以适应温度调节器精度高、反馈快的需要。

如果因供电或供汽不足等原因，料温低于要求，则原料乳进料阀就自动关闭，软水阀打开以防止牛乳在装置中烧焦。通向无菌贮罐的阀门也会自动关闭，以防止未杀菌牛乳进入灭菌乳罐。由于自动连锁设计，装置未经彻底消毒前，不能重新开始牛乳杀菌作业。

二、 拉吉奥尔（Laguilharre）杀菌装置

APV－6000型超高温杀菌装置是将蒸汽喷射到牛乳中进行杀菌，法国产拉吉奥尔装置则是将牛乳注入到过热蒸汽加热器中，由蒸汽瞬间加热到杀菌温度，完成杀菌过程。与蒸汽喷射过程相似，骤冷也是在真空罐中通过膨胀来实现的。

（一） 结构与应用

该装置主要由两台预热器、两个容器和一台冷却器所组成。其工作流程如图9－2所示。原料乳经高压泵1由平衡槽送到管式热交换器2，在热交换器中牛乳由来自闪蒸罐5的热水蒸气加热，然后经第二管式热交换器3进一步由加热器4排出的废蒸汽预热到约75℃，最后，牛乳注入加热器4，加热器4内充满温度约为140℃的过热蒸汽，并且利用调节器T_1保持这一温度不变。当细微牛乳滴从容器内部落下时，瞬间即被加热到杀菌温度。水蒸气、空气及其他挥发性气体，一起从容器顶部排出，并进入第二热交换器3，预热从第一热交换器2来的牛乳。加热器4底部的热牛乳，在压力作用下，强制喷入闪蒸罐5，并在其中急骤膨胀。由于突然减压，其温度很快地降到75℃左右。同时，大量蒸汽从罐顶部排出，在第一管式热交换器2处冷凝，从而在闪蒸罐内造成部分真空。用真空泵8将加热器和闪蒸罐的不凝性气体抽出，还会进一步降低两容器内的压力。存集在闪蒸罐5底部的灭菌牛乳用无菌泵6抽出，在进行罐装前先在另一管式无菌冷却器7中用冰水冷却到约4℃。

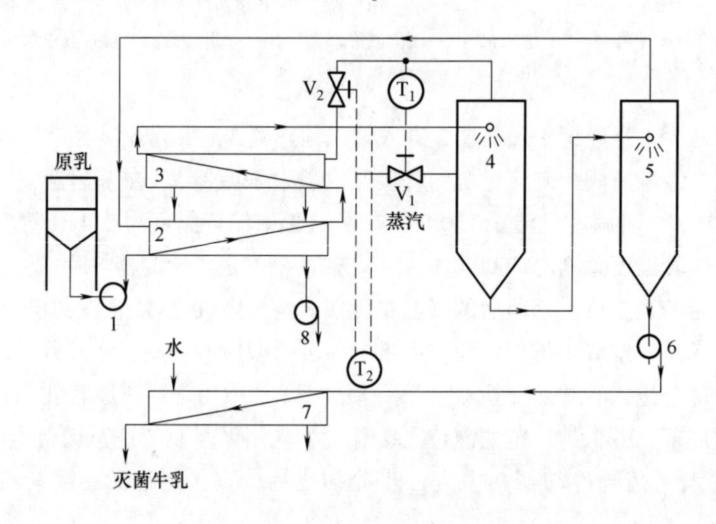

图9－2 拉吉奥尔超高温装置流程图

1—高压泵 2—预热器（水汽） 3—预热器（蒸汽） 4—加热器 5—闪蒸罐 6—无菌泵 7—冷却器 8—真空泵 T_1，T_2—调节器

（二） 装置的调控

同蒸汽喷射超高温杀菌流程一样，当牛乳注入拉吉奥尔装置的蒸汽中时，牛乳中水分增加，但大部分在膨胀时又蒸发掉了。通过利用由温度调节器T_2控制的自动阀门V_2来调节进入第二预热器3的废蒸汽流速，从而控制牛乳在加热前和膨胀后的温度，以达到保持牛乳中的水分或总固形物含量不变的目的。

三、自由降落薄膜式杀菌器

自由降落薄膜式杀菌器简称降膜式杀菌器。该装置采用一种较新的超高温杀菌工艺，也称戴西法。主要优点是所加工的牛乳优于前两种设备生产的产品，尤其在口感和乳色方面与经过巴氏杀菌的牛乳没有什么差别。

（一）结构与应用

降膜式杀菌器的主要结构如图 9-3 所示。杀菌器内部充满了一定温度的高压清洁蒸汽，牛乳及其他热敏感性强的液体食品物料从进料管 1 通过流量调节阀 2 供给 101.6mm（4"）筛网 5，在重力作用下形成连续性层流（5mm 厚）沿着筛网自由下降，同时与来自 4 的过热蒸汽（最高压力为 446.2kPa）相接触，液体物料薄膜降落的时间仅为 1/3s，温度可从 57～66℃升高至出口温度 135～166℃。在杀菌器内牛乳不经高温冲击，也不与超过牛乳处处理温度的金属面直接接触，无过热引起的焦煮、结垢问题，产品乳味鲜、色美。杀菌装置的流程见图 9-4。其流程为：先用 140℃高压热水通过全部设备，进行 30min 的消毒。消毒结束即可开始牛乳杀菌处理。原料乳从平衡槽 1 经供液泵 2 送至预热器 3 内预热到 71℃左右，随即进入戴西杀菌器 4 中。戴西杀菌器内充满 149℃左右的高压蒸汽，牛乳在杀菌器内沿着许多长约 10cm 的不锈钢网，以薄膜形式从蒸汽中自上而下自由降落至底部，整个降落过程为 1/3s。此时高温高压的牛乳吸收有少量水分，在经过定长度的保温管 5 保持 3s 后，进入闪蒸罐 6 压力急剧下降，从蒸汽中吸收的少量水分汽化排掉了。同时牛乳的温度从 149℃下降到 71℃左右，与进入杀菌器前的温度相同，牛乳中的水分也恢复到正常的数值。

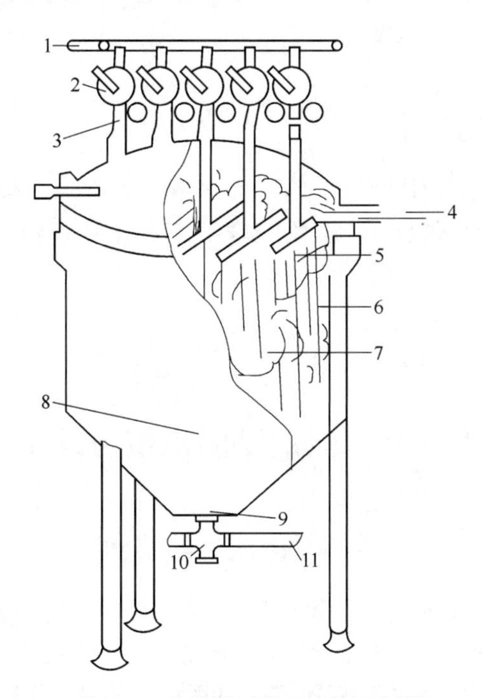

图 9-3　降膜式杀菌器工作原理图

1—原乳进口　2—微量调节阀　3—压力表　4—蒸汽进口　5—不锈钢网　6—自由降落薄膜　7—饱和清洁蒸汽　8—杀菌器外壳　9—液封　10—液面调节　11—产品出口

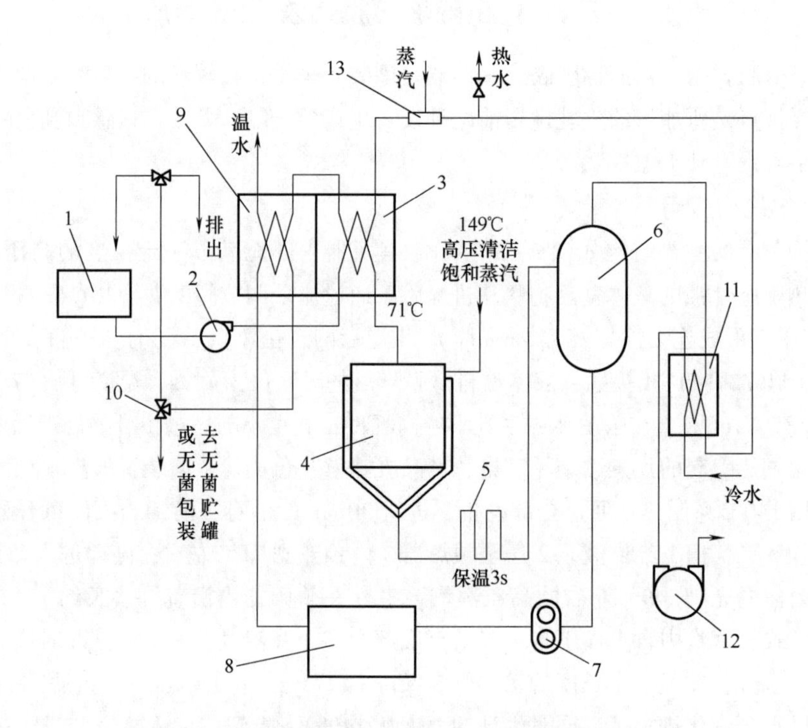

图9-4　自由降落薄膜超高温杀菌工艺流程

1—平衡槽　2—供液泵　3—预热器　4—杀菌罐　5—保温管　6—闪蒸罐　7—无菌泵　8—无菌均质机　9—冷却器　10—三通阀　11—冷凝器　12—真空泵　13—加热器

（二） 装置的调控

全部运行过程均由微机自动控制调节。此后，灭菌牛乳流经无菌均质机8和无菌冷却器9，最后进入无菌贮槽中等待无菌包装。从戴西杀菌器之后，各种设备管道的接头都装有蒸汽密封元件。

第三节　板式杀菌机械与设备

一、 板式杀菌设备的结构特点

板式杀菌设备的核心部件就是板式换热器，它由许多冲压成型的不锈钢薄板叠压组合而成，广泛应用于乳品、果汁饮料、清凉饮料以及啤酒、冰淇淋的生产中的高温短时（HTST）和超高温瞬时（UHT）杀菌。板式换热器的结构如图9-5所示。传热板1悬挂在导杆2上，前端为固定板3，旋紧支架4上的压紧螺杆6后，可使压紧板5与各传热板1叠合在一起。板与板之间有橡胶垫圈7，以保证密封并使两板间有一定空隙。压紧后所有板块上的角孔形成流体的通道，冷流体与热流体就在传热板两边流动，进行热交换。拆卸时仅需松开压紧螺杆6，使压紧板 5 与传热板 1 沿着导杆 2 移动，即可进行清洗或维修。

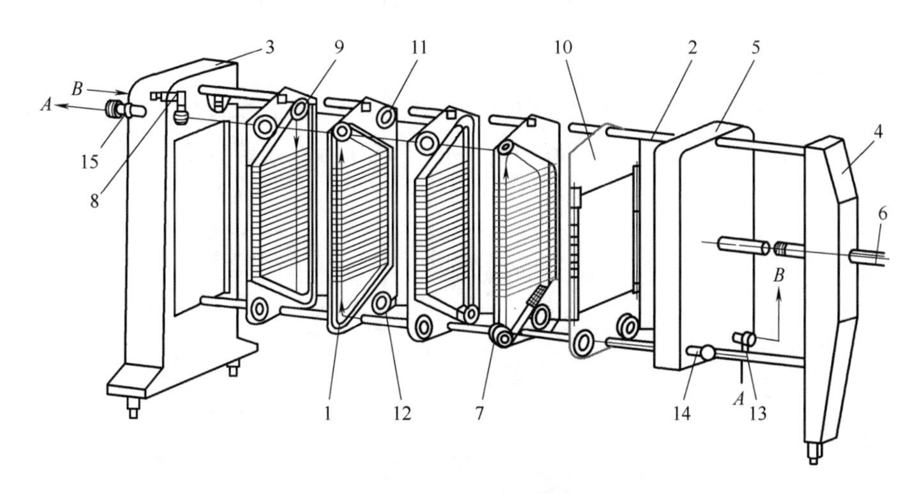

图 9-5　板式换热器组合结构示意图

1—传热板　2—导杆　3—前支架（固定板）　4—后支架　5—压紧板　6—压紧螺杆　7—板橡胶垫圈　8—连接管　9—角孔　10—分界板　11—圆环橡胶垫圈　12—下角孔　13~15—连接管

板式换热器的优点为：

1. 传热效率高

由于板与板之间的空隙小，换热流体可获得较高的流速，且传热板上压有一定形状的凸凹沟纹，流体通过时形成急剧的湍流现象，因而获得较高的传热系数 K。一般 K 可达 3500 ~ 4000W/(m^2·K)，而其他换热设备一般在 2300W/(m^2·K) 左右。

2. 结构紧凑，设备占地面积小

与其他换热设置相比，相同的占地面积，它可以有大几倍的传热面积或充填系数。

3. 适宜于热敏性物料的杀菌

由于热流体以高速在薄层通过，实现高温或超高温瞬时杀菌，因而对热敏性物料如牛奶、果汁等食品的杀菌尤为理想，不会产生过热现象。

4. 有较大的适应性

只要改变传热板的片数或改变板间的排列和组合，即可满足多种不同工艺的要求和实现自动控制，故在乳品、饮料工业中使用广泛。

5. 操作安全、卫生，容易清洗

在完全密闭的条件下操作，能防止污染，结构上的特点又保证了两种流体不会相混，即使发生泄漏也只会外泄，易于发现。板式换热器直观性强，装拆简单，便于清洗。

6. 节约热能

新式的结构多采用将加热和冷却组合在一套换热器中，这样，只要把受热后的物料作为热源则可对刚进入的流体进行预热，一方面受热后的物料可以冷却，另一方面刚进入的物料被加热，一举两得，节约热能。

主要缺点为：由于传热板之间的密封圈结构，使板式换热器承压较低，杀菌温度受限。密封圈易脱落、变形、老化，造成运行成本增高。

二、 板式杀菌设备的操作与应用

（一） 高温短时 （HTST） 板式杀菌装置

图9-6为HTST板式杀菌装置的流程图，图9-7为HTST板式杀菌装置立体示意图。HTST板式杀菌装置适用于各种食品、乳品和饮料的杀菌。HTST板式杀菌装置的结构由下面几部分组成。

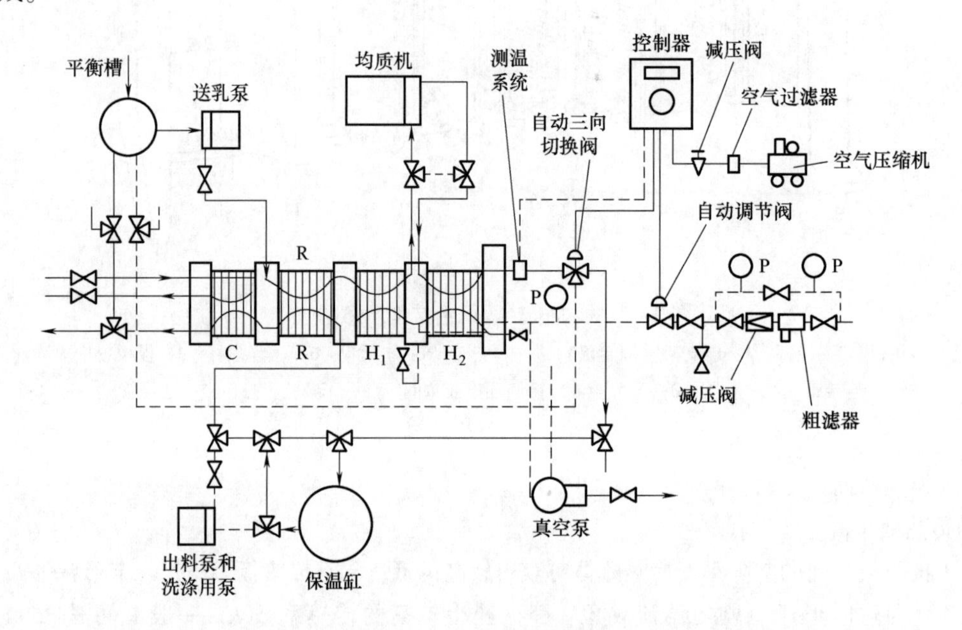

图9-6　高温短时板式杀菌装置系统图

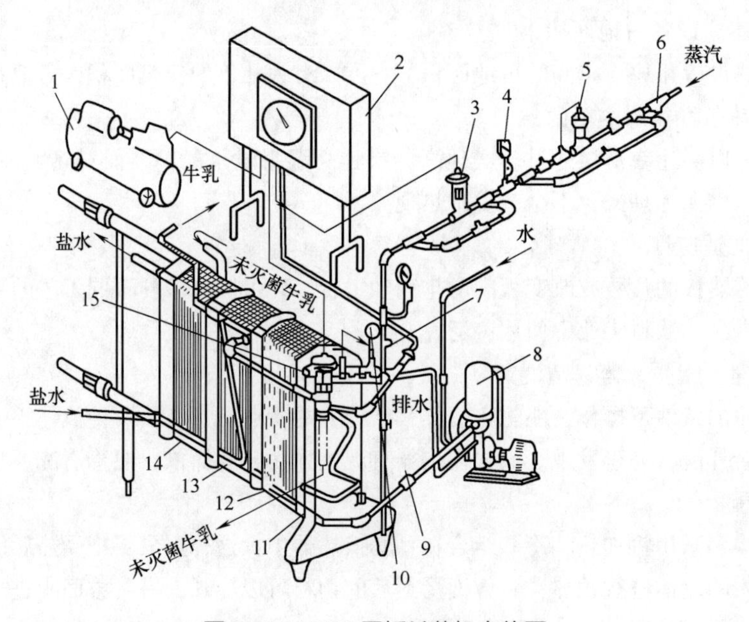

图9-7　HTST平板杀菌机立体图

1—空气压缩机　2—蒸汽类及操作台　3—调量阀　4—压力计　5—解压阀　6—粗滤器　7—送水喷雾　8—真空泵　9—真空调整　10—温度计　11—15s维持头　12—加热器　13—热交换器　14—冷却器　15—分流阀

1. 热交换部

用作液料与液体制品之间的热交换，如图 9-6 中 R 段。

2. 加热部

用热水或蒸汽加热杀菌。图中 H_1 为预热段，H_2 为杀菌段。

3. 冷却部

用水或冷水冷却成品，图中 C 段。

4. 保持槽

保持槽的型式有多种，槽内有特殊装置。液料可以滞留在槽内一定的时间。最近有使用槽内真空来提高脱腥、脱气效果的方式。

5. 分流阀

设在加热杀菌后物料的出口部。液料达到杀菌温度后，经分流阀从成品流路流出，未达到杀菌温度的液料，则被分流阀切向（由切换器控制）回流流路至平衡槽。

下面以牛乳为例介绍高温短时（HTST）板式杀菌装置的工艺流程。

（1）5℃的原料乳从贮奶罐流入平衡槽。

（2）由泵 1 将牛乳送到加热回收段 R，使 5℃的牛乳与刚受热杀菌后的牛乳进行热交换到 60℃左右。杀菌后的牛乳被冷却。得到预热后的牛乳，通过过滤器、预热器 H_1，加热到 65℃左右，通过均质机后，进入加热杀菌段 H_2，被蒸汽或热水加热到杀菌温度。

（3）杀菌后的牛乳通过温度保持槽。在 85℃的环境中保持 15 ~ 16s，然后流到分流阀（切换阀）。若牛乳已达到杀菌温度，分流阀则将其送到热回收段。若未达到杀菌温度，分流阀则将其送回平衡槽。

（4）杀菌后的牛乳经热回收后，温度为 20 ~ 25℃，再进入冷水冷却段 C，使其温度降到 10℃左右，成为产品流出。在此阶段中，也可以用 5℃的原料牛乳代替盐水或冰水与 20 ~ 25℃的产品牛乳进行传热冷却，则更有利于热回收。

（二）超高温瞬时（UHT）板式杀菌装置

图 9-8 所示的是英国的 APV 超高温瞬时板式杀菌装置。其组成与 HTST 装置相似，区别之处为杀菌温度不同，即 130 ~ 150℃加热 0.4 ~ 4s，能杀灭耐热性芽孢、细菌。

其流程如下。

（1）由就地清洗系统（CIP）自动清洗全机。

（2）原料牛乳自贮乳罐流入平衡槽 1。

（3）通过泵 2 将原料乳送至热回收段 3，与杀菌后的产品进行热交换，使其温度加热到 85℃左右，进入温度保持槽 4 内，稳定约 5min，稳定牛乳蛋白质，以防止牛乳蛋白质在高温加热段的传热片上沉积结垢。

（4）稳定后的牛乳由泵 5 送入均质机 6 进行均质。其后进入第一加热段 7、第二加热段 8 进行杀菌。杀菌加热蒸气压第一段为 20 ~ 30kPa，加热到 85℃，第二段蒸气压为 250 ~ 450kPa，牛乳瞬时可达 135 ~ 150℃，保持 2s 后，被送至分流阀 14。

（5）由仪表自动控制的分流阀，将已达到杀菌温度的产品送到第一冷却段 11，将未达到杀菌温度的牛乳送至水冷却器 15，将其降温后回流到平衡槽 1 中。

（6）产品乳在第一冷却段再流入热交换段 3，在冷水或冰水冷却段中冷却，使温度降至 4℃流出灌装。

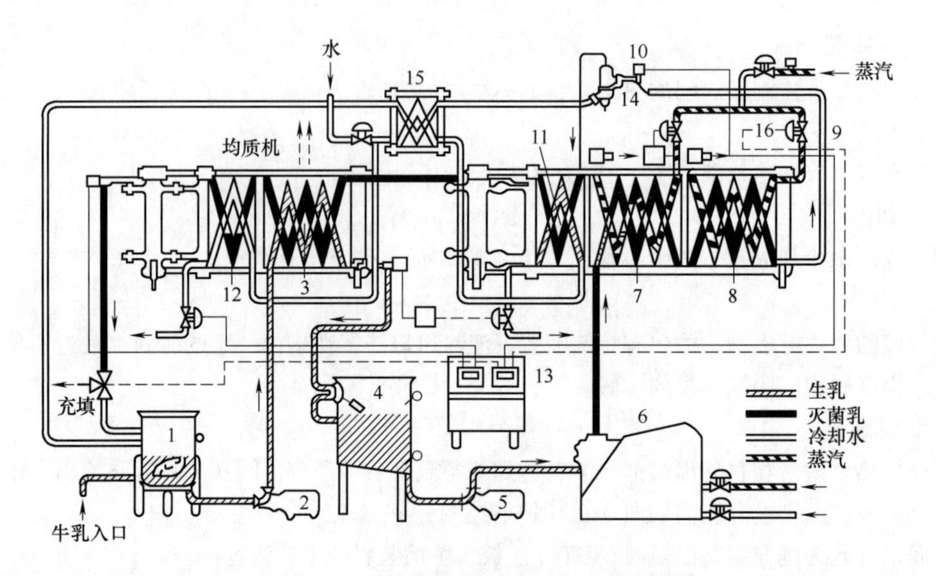

图9-8　APV超高温瞬时板式杀菌装系统

1—浮动平衡槽　2—牛乳泵　3—热交换器　4—减速容器　5—奶泵　6—均质机　7—中间加热部　8—加热灭菌部　9—贮液管　10—温度计　11—速冷部　12—最终冷却部　13—控制盘　14—流路变换阀　15—未灭菌乳冷却部　16—灭菌温度调节阀

第四节　管式杀菌机械与设备

管式杀菌机为间接加热杀菌设备，是由加热管、前后盖、器体、旋塞、高压泵、压力表、安全阀等部件组成，如图9-9所示。管式杀菌机基本的结构为壳体内装有不锈钢加热管，形成加热管束；壳体与加热管通过管板连接。管式杀菌机的工作过程为液料用高压泵送入加热管内，蒸汽通入壳体空间后将管内流动的液料加热，液料在管内往返数次后达到杀菌所需的温度和保持时间后成产品排出。若达不到要求，则经回流管回流重新进行杀菌操作。

一、管式杀菌机的结构特点

（1）加热器由无缝不锈钢环形管制成，没有密封圈和“死角”，因而可以承受较高的压力。

（2）在较高的压力下可产生强烈的湍流，保证制品的均匀性和具有较长的运行周期。

（3）在密封的情况下操作，可以减少杀菌产品受污染的可能性。

（4）其缺点为换热器内管内外温度不同，以致管束与壳体的热膨胀的程度有差别而产生应力，使管子易弯曲变形。

管式杀菌机适用于高黏度液体如番茄酱、果汁、咖啡饮料、人造奶油、冰淇淋等。

二、管式杀菌设备的操作与应用

目前，国内食品加工厂所用的管式杀菌设备多为国外进口或引进技术进行制造的。现以此

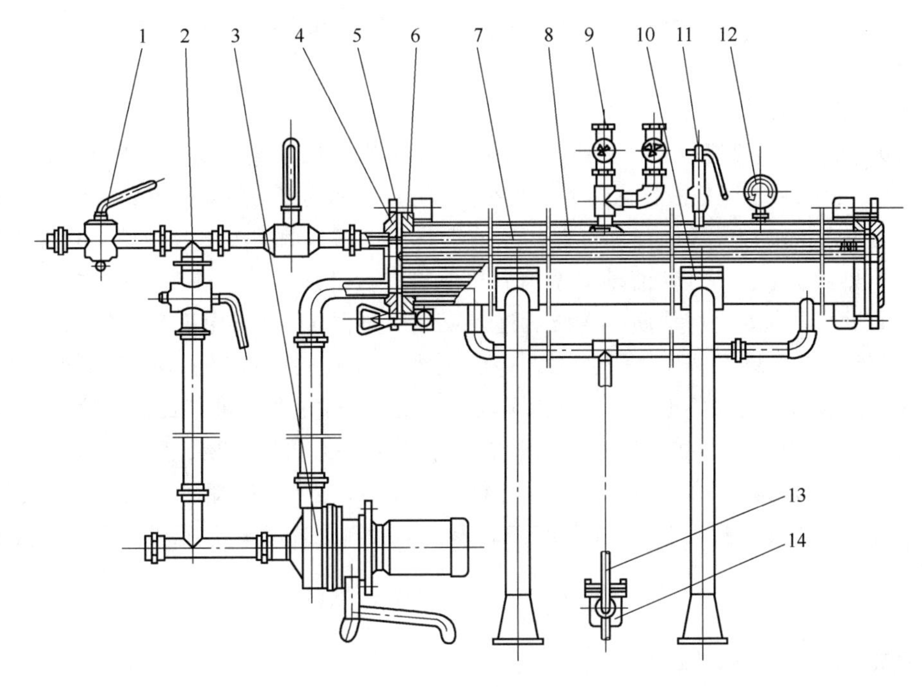

图9-9　管式热交换器

1—旋塞　2—回流管　3—离心式奶泵　4—两端封盖　5—密封圈　6—管板　7—加热管　8—壳体
9—蒸汽截止阀　10—支脚　11—弹簧安全阀　12—压力表　13—冷凝水排出管　14—疏水器

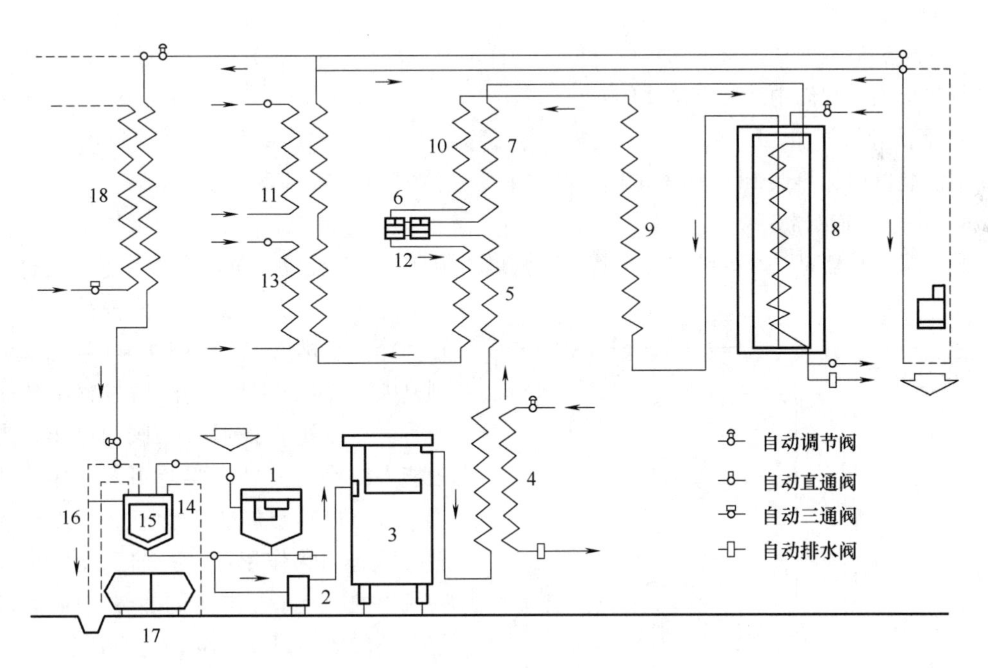

图9-10　无菌处理装置流程图

1—平衡槽　2—离心泵　3—高压泵　4—消毒器　5,7—换热器　6,12—均质阀
8—超高温加热器　9—管道　10,11—冷却段　13—冷却器　14—排水管
15—消化缸　16—排气管　17—贮缸　18—加热器

类设备中较为典型的荷兰斯托克-阿姆斯特丹公司生产的管式杀菌机为例，对管式杀菌机的结构和操作情况做以介绍。

（一） 工艺流程

如图9-10离心泵2把物料从平衡槽1抽出，送至高压泵3，高压泵3有两种作用，一是用作为输送泵，经各种管道把液料达到系统的各个部分；二是用作均质泵，用来驱动热交换器之间的两个均质阀6和12，经循环消毒器4该消毒器在产品杀菌期内不起作用，只视为管道，进入第一换热器5中，与管外流动的杀菌后热液料进行换热，被加热到大约65℃。压力约20MPa下通过均质阀6进行均质。均质后进入第二换热器7，液料温度升至约120℃，最后进入环形套管，液料在内管流动，蒸汽在环形空间内逆向流动，由蒸汽间接加热到135～150℃。若保持时间不够长，可延长管道9。经过上述过程，液料已杀菌完毕，则进入换热器的冷却段10、11，由流入的冷原料使其冷却到65℃再次均质，为了防止物料沸腾，必须保持最低为0.5MPa的压力。此后，物料先由水冷却器13冷却到大约15℃，若需要，再用冰水冷却器冷却到接近5℃。最后经三通阀进入无菌贮槽。杀菌完毕，整个装置由CIP清洗消毒。

（二） 主要部件

管式杀菌机的主要部件如下：

1. 循环消毒器4

循环消毒器是一盘用不锈钢管弯成的环形套管，用于加热装置的清洗、消毒用水。加热时，饱和蒸汽在外管逆向流过。在产品杀菌时，它只作管道用。

2. 预热换热器5、7

预热换热器是循环消毒器引出的套管，同样地弯成环形。管内的冷原料与管外的热产品在此进行热交换，它们中间装有均质阀6。

3. 清洗装置

清洗装置由加热器18、清洗缸15、贮缸17、排水管14和排气管16等组成。

4. 超高温加热器8

超高温加热器是一个安装有环形管的蒸汽罐。制品在内管流动，蒸汽在外管逆向通过。整个加热段分成几段，每一分段都装有一个自动冷凝水排出阀，如图9-11所示。当达到最大操作限度时，蒸汽通过整个加热环形管，冷凝水在最后一个阀门排出。当加工能力减小时，只需要使用部分加热环形管，这时自其余加热环管正好被冷凝水充满而不起加热作用；一旦加工能力再增动阀流出的冷凝水与减少的加热表面相加时，超高温段的加热面就会动进行调整。因此，由于流过加热段整个长度制品减少所引起的过热现象不致发生，这一设计使得加热面能适应各种不同黏度的制品，具有较大的适应性。

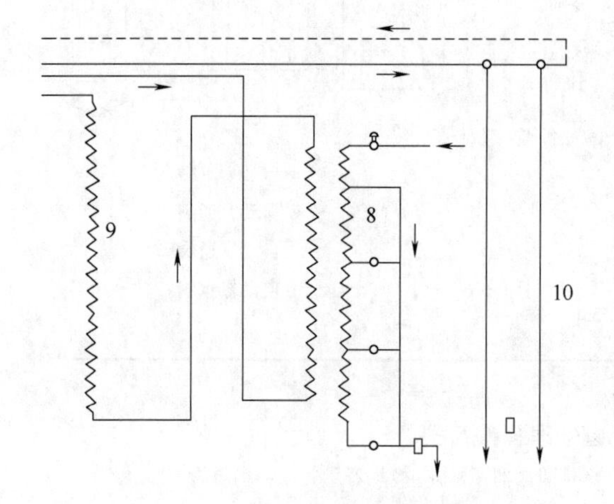

图9-11 超高温加热器流程图

8—加热环 9—预热管 10—出料管

5. 均质阀

整个系统有两套均质阀，一套在加热器之前，压力约为20MPa，一套在加热器之后，压力为0.5～5MPa。两套均质阀共有5只阀门，主要是用较低的平均压力来减少压力的波动和机件振动。

三、 国产套管式超高温瞬时灭菌机

国内有数厂家生产的套管式超高温瞬时灭菌机，用于牛乳、果汁、饮料等液体物料的超高温杀菌。该设备用 ϕ34mm×2mm 与 ϕ3mm×1.5mm 的不锈钢管组成同心套管作为热交换段，用 ϕ23mm×1.5mm 的不锈钢管安装在加热器内作加热段。

下面以牛乳杀菌为例简述其工艺流程。原料乳由离心奶泵送至热交换段，温度由20℃升至65～70℃，进入加热段被加热至135℃，保温2～4s，再在热交换段冷却至60～65℃排至无菌贮奶罐，进一步冷却、灌装。其最大的优点是价格较进口产品低廉。图9－12所示为国产RP6 L－40型超高温瞬时灭菌机流程图，表9－1是国产套管式超高温瞬时灭菌机的主要技术参数。

表9－1　　国产套管式超高温瞬时灭菌机的主要技术参数

型　号		RP6L－20	RP6L－40
处理能力/(L/h)	单泵	1500	4000
	双泵	2000	6000
蒸气压/kPa		800	800
高温保持时间/s		3	4
物料温度/℃	进	4～16	4～16
	出	60～65	60～65
灭菌温度/℃		115～135	115～135
奶泵配套电机	功率(台)/kW	2.2	3
	型号	Y90L－4	Y90L－4
外形尺寸/mm		1314×924×1650	2000×1400×1800
设备重量/kg		395	850

四、 刮板式回转杀菌器

当料液的黏度较大或流动速度较慢，或料液易在换热表面形成焦化膜，造成传热效率降低或产品质量下降，甚至无法完成传热。为避免这种现象的发生，需要采用机械方法强制更新换热表面的液膜，刮板式杀菌设备就是实现这种操作过程的典型设备。

刮板式换热器有立式和卧式两种结构。

图9－13所示为立式旋转刮板杀菌设备。主要由圆柱形传热筒1、转子2、刮板3、减速电机等组成，其中刮板浮动安装于转子上。工作时，加热或冷却介质在传热筒外侧夹套内流过，传热介质根据使用目的不同可选用：蒸汽、水、介质油等（用于冷却时，可选用盐水、氨、氟

里昂等介质)。待处理的料液在筒内侧流过，传热圆筒内有旋转轴，流体的通道为筒径的10% ~15% 。减速电机通过转子驱动刮板，使其在离心力和料液阻力的共同作用下，压紧在传热圆筒料液一侧表面随转子连续移动，不断刮除掉与传热面接触的料液液膜，露出清洁的传热面，刮除下的液膜沿刮板流向转子内部，后续料液在刮板后侧重新覆盖液膜。随着料液的前移，所有料液不断完成在传热面覆盖成膜—短时间被传热—被刮板刮除—流向转子内部—流向转子外侧—再回到传热面覆盖成膜的循环过程。

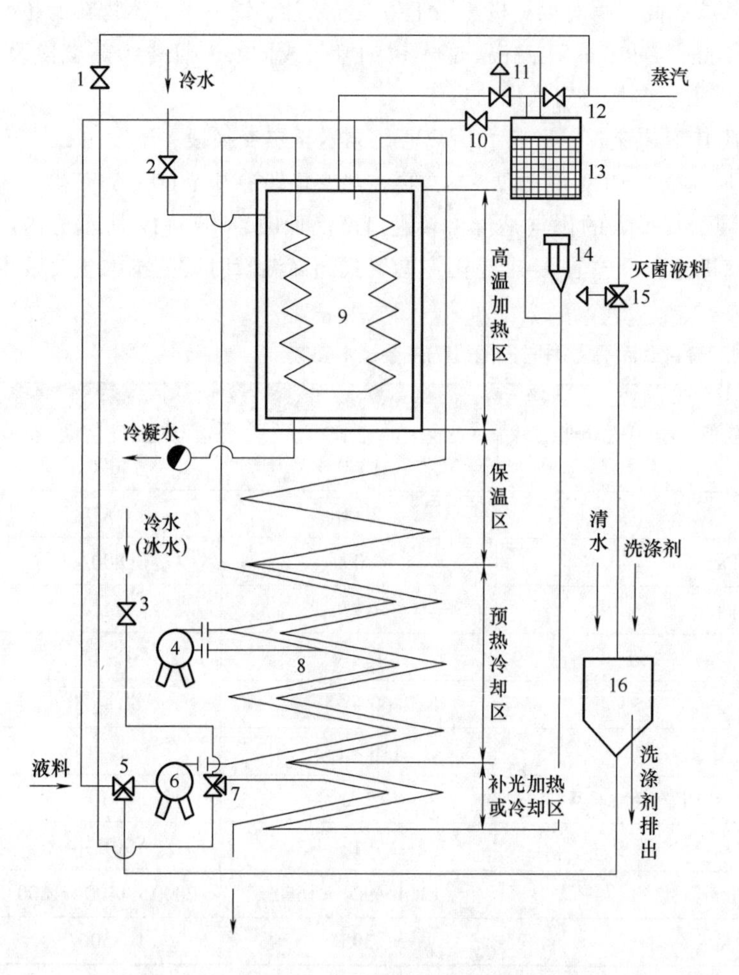

图 9-12　RP6 L-40 型超高温瞬时灭菌机流程图

1—离心泵　2—双套盘管　3—加热器　4—背压阀　5—出料三通　6—回流桶　7—进料三通　8—温度记录仪　9—电动蒸汽调节阀　10—中间泵　11—蒸汽阀　12—冷水阀　13—进水阀　14—三通　15—支蒸汽阀　16—总蒸汽阀

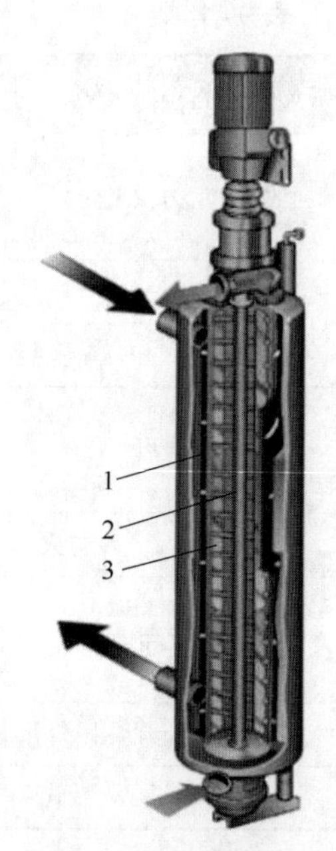

图 9-13　立式旋转刮板杀菌设备

1—传热筒　2—转子　3—刮板

该设备可用于禽蛋、蛋奶甜羹、婴儿食品、果泥、番茄泥、奶油、乳制品和奶酪等的超高温杀菌。适用条件在 138 ~143℃，时间选择精度可达 10s。由于刮板的旋转不断将接触到传热面的食品刮去，对物料起到了充分混合作用，使装置具有很好的导热性，对于高黏度的食品物料，其总的传热系数也可达 1162 ~3372W/(m^2 · ℃)。

第五节　高压杀菌机械与设备

一、　立式与卧式杀菌设备

（一） 立式杀菌设备

立式杀菌设备又称立式杀菌锅，可用于常压或加压杀菌。由于在品种多、批量小的生产中较实用，加之设备价格较低，因而在中小型罐头厂使用较普遍。从机械化、自动化、连续化生产来看，不是发展方向。与立式杀菌锅配套的设备有杀菌篮、电动葫芦、空气压缩机等。

图 9-14 所示为具有两个杀菌篮的立式杀菌锅。其球形上锅盖 5 铰接于锅体后部上缘，上盖周边均布 6～8 个槽孔，锅体的上周边铰接与上盖槽孔相对应的螺栓 8，以密封上盖与锅体，密封垫片 9 嵌入锅口边缘凹槽内，锅盖可借助平衡锤 3 使开启轻便。锅的底部装有十字形蒸汽分布管 14 以送入蒸汽，13 为蒸汽入口，喷汽小孔开在分布管的两侧和底部，以避免蒸汽直接吹向罐头。锅内放有装罐头用的杀菌篮 2，杀菌篮与罐头一起由电动葫芦吊进与吊出。冷却水由装于上盖内的盘管 7 的小孔喷淋，此处小孔也不能直接对着罐头以免冷却时冲击罐头。锅盖上装有排气阀、安全阀、压力表及温度计等，锅体底部装有排水管 15。上盖与锅体的密封广泛采用如图 9-15 所示的自锁斜楔锁紧装置。这种装置密封性能好，操作时省时省力。装置有十组自锁斜楔块 2 均布在锅盖边缘与转环 3 上，转环配有几组滚轮装置 5，使转环可沿锅体 7 转动自如。锅体上缘凹槽内装有耐热橡胶垫圈 4，锅盖关闭时，转动转环，斜楔块就互相咬紧而压紧橡胶圈，达到锁紧和密封的目的。将转环反向转动，斜楔块分开，即可开盖。

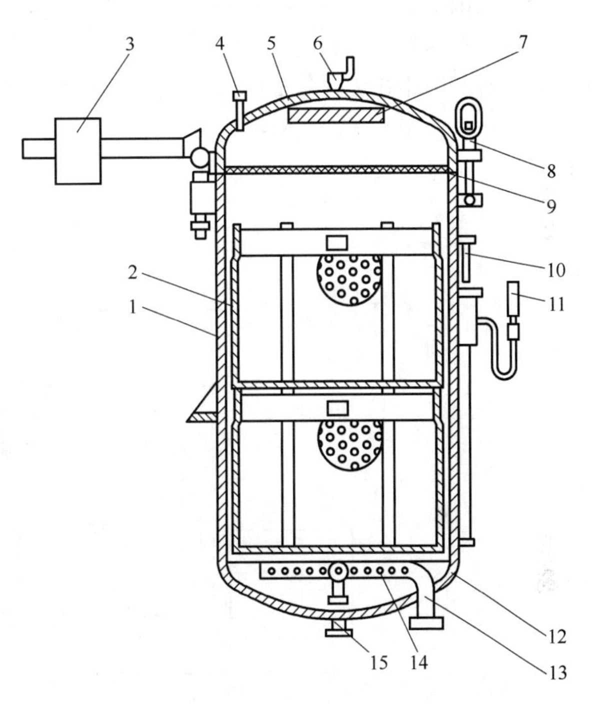

图 9-14　立式杀菌锅

1—锅体　2—杀菌篮　3—平衡锤　4—安全阀　5—锅盖　6—放气阀　7—盘管　8—螺栓　9—密封垫片　10—温度计　11—压力表　12—锅底　13—蒸汽入口　14—蒸汽分布管　15—排水管

（二） 卧式杀菌设备

卧式杀菌锅只用于高压杀菌，而且容量较立式杀菌锅大，因此多用于生产肉类和蔬菜罐头为主的大中型罐头厂。

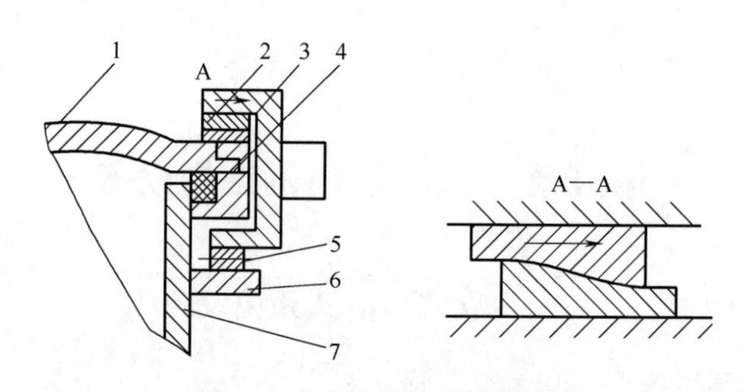

图9-15 自锁斜楔锁紧装置

1—锅盖 2—自锁斜楔块 3—转环 4—垫圈 5—滚轮 6—托板 7—锅体

卧式杀菌锅装置如图9-16所示。锅体17与锅门（盖）14的闭合方式与立式杀菌锅相似。锅内底部装有两根平行的轨道，供装载罐头的杀菌车进、出之用。蒸汽从底部进入到锅内两根平行的开有若干小孔蒸汽分布管，对锅内进行加热。蒸汽管在导轨下面。当导轨与地平面成水平时，才能使杀菌车顺利地推进推出，因此有一部分锅体是处于车间地平面以下。为便于杀菌锅的排水，开设一地槽。

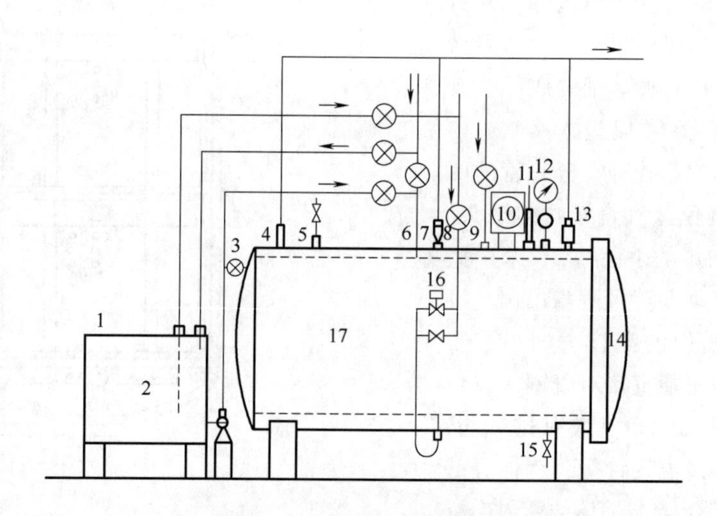

图9-16 卧式杀菌锅装置图

1—水源 2—水箱 3—溢流管 4,7,13—放空气管 5—安全阀 6—进水管 8—进汽管 9—进压缩空气管 10—温度记录仪 11—温度计 12—压力表 14—锅门 15—排水管 16—薄膜阀门 17—锅体

锅体上装有各种仪表与阀门。由于采用反压杀菌，压力表所指示的压力包括锅内蒸汽和压缩空气的压力，致使温度与压力不能对应，因此还要装设温度计。

上述以蒸汽为加热介质的杀菌锅，在操作过程中，因锅内存在着空气，使锅内温度分布不均，故影响产品的杀菌效果和质量。为避免因空气造成的温度“冷点”而影响杀菌效果，在杀菌操作过程采用排气的方法，通过安装在锅体顶部的排气阀排放蒸汽来挤出锅内空气和通过增加锅内蒸汽的流动来提高传热杀菌效果来解决。但此过程要浪费大量的热量，一般约占全部杀菌热量的1/4～1/3，并给操作环境造成噪声和湿热污染。

二、 回转杀菌设备

全水式回转杀菌机是高温短时卧式杀菌设备，它采用高压过热水进行杀菌，完全解决了蒸汽式杀菌锅出现的杀菌不均匀、假压等问题。在杀菌过程中罐头始终浸泡在水里，同时罐头处于回转状态，以提高加热介质对杀菌罐头的传热速率，从而缩短杀菌的时间，节省能源。目前是蒸汽式杀菌锅较好的替代产品。国产机型有全自动、半自动、静止式、旋转式、全不锈钢和碳钢制造之分。该机杀菌的全过程由程序控制系统自动控制。杀菌过程的主要参数如压力、温度和回转速度等均可自动调节与控制。但这种杀菌设备属于间歇式杀菌设备，不能连续进罐与出罐。

（一） 全水式回转杀菌机的结构

全水式回转杀菌机如图 9-17 所示，全机主要由贮水锅（又称上锅）、杀菌锅（又称下锅）、管路系统、杀菌篮和控制箱组成。

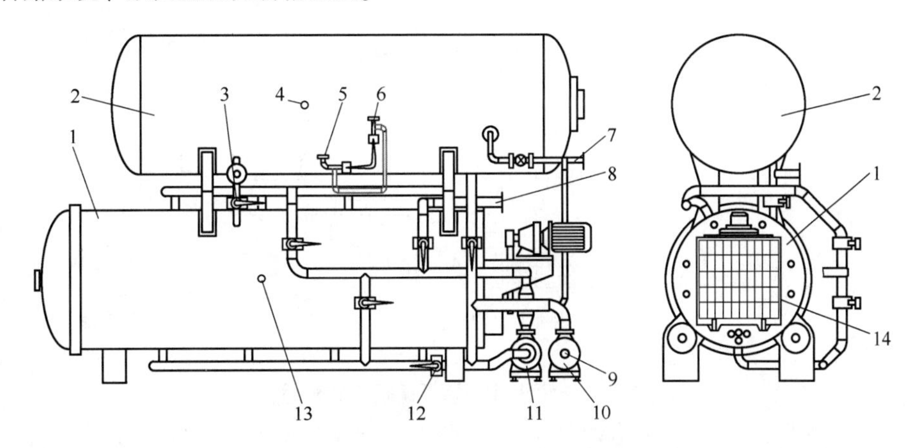

图 9-17　全水式双锅回转杀菌锅

1—杀菌锅　2—贮水锅　3—联通阀　4，13—温度计接口　5—加压口　6—排气口　7—蒸汽入口　8—软化水入口　9—冷却水入口　10—给水泵　11—耐热循环泵　12—排污阀　14—杀菌框

贮水锅为一密闭的卧式贮罐，供应过热水和回收热水。为减轻锅体的腐蚀，锅内采用阴极保护。为降低蒸汽加热水时的噪声并使锅内水温一致，蒸汽经喷射式混流器后才注入水中。杀菌锅置于贮水锅的下方，是回转杀菌机的主要部件。它由锅体、门盖、回转体和压紧装置、托轮、传动部分组成。锅体与门盖铰接，与门盖结合的锅体端面有一凹槽，凹槽内嵌有 Y 形密封圈，当门盖与锅体合上后，转动夹紧转圈，使转圈上的 16 块卡铁与门盖突出的楔块完全对准，由于转圈卡铁与门盖及锅体上接触表面没有斜面，因而即使转圈上的卡铁使门盖、锅身完全吻合也不能压紧密封垫圈。门盖和锅身之间有 1mm 的间隙，因此关闭与开启门盖时方便省力。杀菌操作前，当向密封腔供以 0.5MPa 的洁净压缩空气时，Y 形密封圈便紧紧压住门盖，同时其两侧唇边张开而紧贴密封腔的两侧表面，起到良好的密封作用。

回转体是杀菌锅的回转部件，装满罐头的杀菌篮置于回转体的两根带有滚轮的轨道上，通过压紧装置可将杀菌篮内的罐头压紧。回转体是由 4 只滚圈和 4 根角钢组成一个焊接的框架，其中一个滚圈由一对托轮支承，而托轮轴则固定在锅身下部。回转体在传动装置的驱动下携带装满罐头的杀菌篮回转。

驱动回转体旋转的传动装置主要由电动机、P形齿链式无级变速器和齿轮传动组成。回转体的转速可在6～36r/min内作无级调速。回转轴的轴向密封采用单端面单弹簧内装式机械密封。在传动装置上设有定位装置，从而保证了回转体停止转动时，能停留在某一特定位置，使得回转体的轨道与运送杀菌篮小车的轨道接合，从杀菌锅内取出杀菌篮。全水式回转杀菌机的工艺流程如图9-18所示。

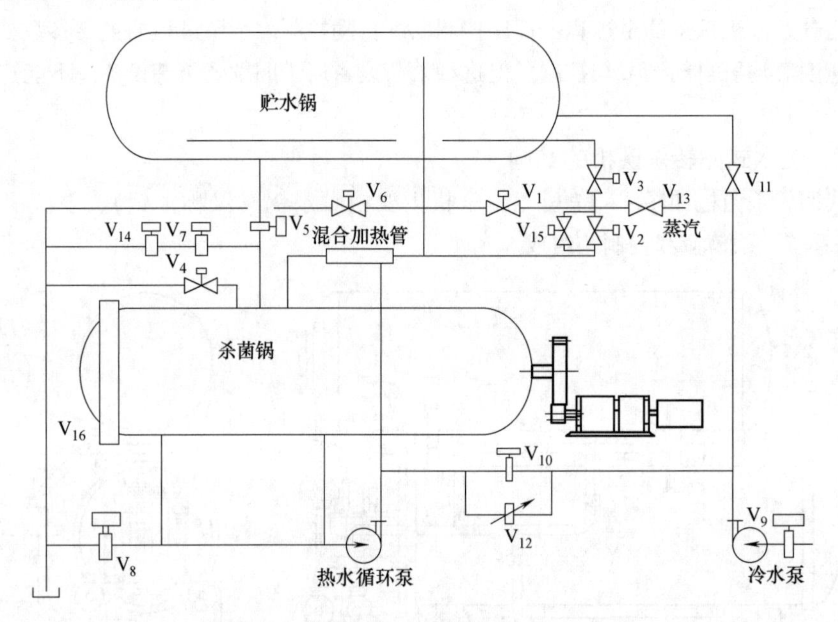

图9-18 全水式回转杀菌机工艺流程图

V_1—贮水锅加热阀 V_2—杀菌锅加热阀 V_3—连接阀 V_4—溢出阀 V_5—增压阀 V_6—减压阀 V_7—降压阀 V_8—排水阀 V_9—冷水阀 V_{10}—置换阀 V_{11}—上水阀 V_{12}—节流阀 V_{13}—蒸汽总阀 V_{14}—截止阀 V_{15}—小加热阀 V_{16}—安全旋塞

贮水锅与杀菌锅之间用连接阀 V_3 的管路连通。蒸汽管、进水管、排水管和空压管等分别连接在两锅的适当位置，在这些管路上根据不同使用目的安装了不同形式的阀门。循环泵使杀菌锅中的水强烈循环，以提高杀菌效率并使锅内的水温均匀扩散。冷水泵用来向贮水锅注入冷水和向杀菌锅注入冷却水。

全水式回转杀菌机的整个杀菌过程分为以下八个操作工序。

（1）制备过热水　第一次操作时，由冷水泵供水，以后当贮水锅的水位到达一定位置时液位控制器自动打开贮水锅加热阀 V_1，0.5MPa的蒸汽直接进入贮水锅，升温速度一般为4～6℃/min，预定温度比杀菌温度高5～20℃。将水加热到预定温度后关闭加热阀，停止加热。一旦贮水锅水温下降到低于预定的温度，则会自动供汽，以维持预定温度。在贮水锅升温时，向杀菌锅装填杀菌篮。

（2）向杀菌锅送水　当杀菌篮装入杀菌锅、关好门盖，向门盖密封腔内通入压缩空气后才允许向杀菌锅送水。为安全起见，用手按动按钮才能从第一工序转到第二工序。全机进入自动程序操作，连接阀 V_3 立即自动打开，贮水锅的过热水由于落差及压差而迅速由杀菌锅锅底送入。当杀菌锅内水位达到液位控制器位置时，连接阀立即关闭。连接阀关闭后，需延时 1～5min 后才能重新打开。

（3）杀菌锅升温　送入杀菌锅里的过热水与罐头换热，水温下降。加热蒸汽送入混合器对循环水加热后再送入杀菌锅。当温度升到预定的杀菌温度，升温过程结束。升温时间取决于温差、罐型及品种等，一般时间 5～20min。在进行加热的过程中，开动回转体和循环泵，使水强制循环以提高传热效率。

（4）杀菌　罐头在预定的杀菌温度下保持一定的时间，小加热阀 V_{15} 根据需要自动向杀菌锅供汽以维持预定的杀菌温度，工艺上需要的杀菌时间则由杀菌定时钟确定。

（5）热水回收　杀菌工序一结束，冷水泵即自行启动，冷水经置换阀 V_1 进入杀菌锅的水循环系统，将热水（混合水）顶到贮水锅，直到贮水锅内液位达到一定位置，液位控制器发出指令，连接阀关闭，将转入冷却工序。此时贮水锅加热阀自动打开，通入蒸汽以重新制备过热水（图 9－19）。

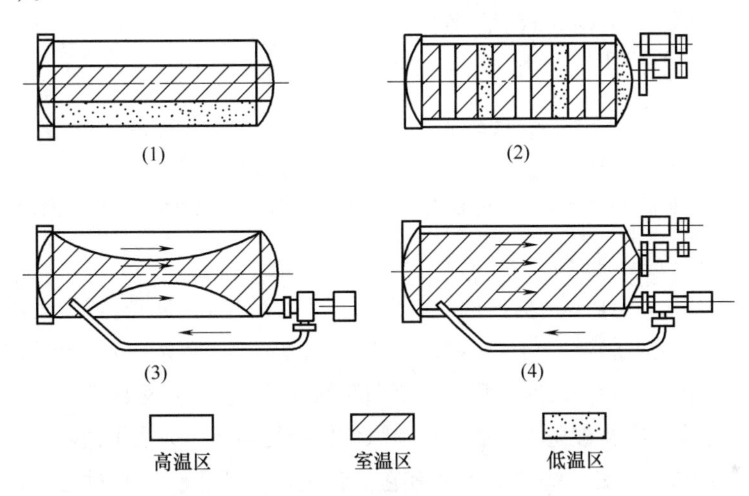

图 9－19　搅拌与循环方式不同时杀菌锅内温度的分布情况

（1）静止式　（2）回转式　（3）循环式　（4）回转循环式

（6）冷却　根据产品的不同要求冷却工序有 3 种操作方式：热水回收后直接进入降压冷却；热水回收后，反压冷却＋降压冷却；热水回收后，降压冷却＋常压冷却。每种冷却方式均可通过调节冷却定时器来获得。

（7）排水　冷却定时器的时间到达后，排水阀 V_8 和溢出阀 V_4 打开。

（8）启锅　拉出杀菌篮，全过程结束。

全水式回转杀菌机是自动控制的，由微型计算机发出指令，根据时间或条件按程序动作，杀菌过程中的温度、压力、时间、液位、转速等由计算机和仪表自动调节，并具有记录、显示、无级调速、低速起动、自动定位等功能。

（二）全水式回转杀菌机的特点

由于在杀菌过程中罐头呈回转状态，且压力、温度可自动调节，因而具有以下特点。

（1）杀菌均匀　由于回转杀菌篮的搅拌作用，加上热水由泵强制循环，使锅内热水形成强烈的涡流，水温均匀一致，达到产品杀菌均匀的效果。搅拌与循环方式不同时杀菌锅呈现的温度分布情况如图 9-20 所示。

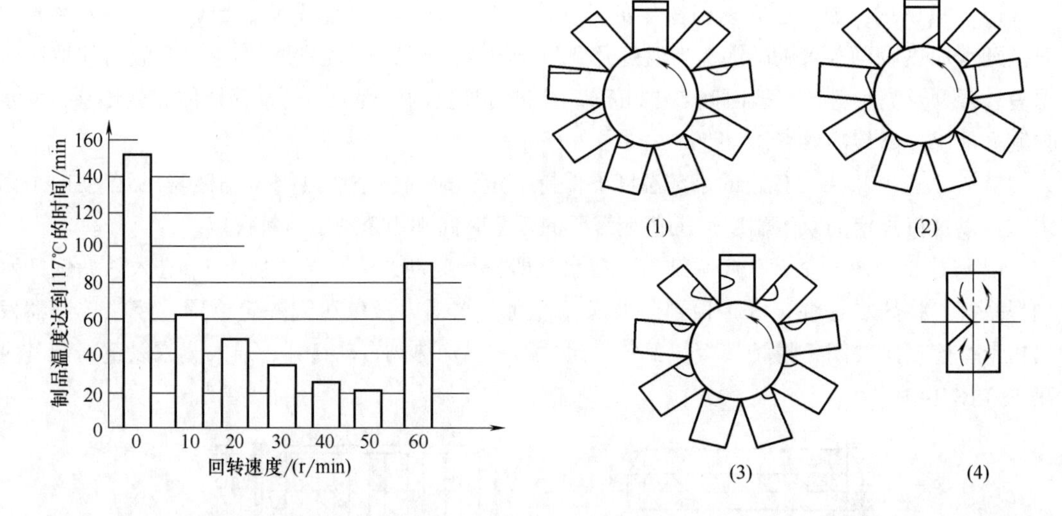

图 9-20　罐头回转速度与杀菌时间的关系

内容物：条状腊肠；

罐头尺寸：ϕ99×119mm，加热到中心温度 117℃

图 9-21　罐头在回转过程中内容物的搅拌情况

（1）回转速度低　（2）回转速度过高　（3）回转速度适宜　（4）罐头顶隙在内容物中心移动时发生摇动情况

（2）杀菌时间短　由于杀菌篮的回转，提高了传热效率，对内容物为流体或半流体的罐头，尤为显著。罐头的回转速度与杀菌时间的关系如图 9-21 所示。随着转速的增加，杀菌时间缩短。当转速增加到一定限度时，反而使杀菌时间延长。其原因是随着转速的增加，离心力达到一定程度，罐头内容物被抛向罐底，使顶隙位置始终不变，失去了内容物摇动而产生的搅拌作用，如图9-20所示。另外每种产品都有它的合适转速范围，当超过这一范围时，就会失去内容物的均质性，出现热传导反而差的现象。

在全水式回转杀菌设备中，罐头的顶隙度对热传导率有一定的影响。顶隙大，内容物的搅拌效果就好，热传导就快，然而过大又会使罐头内形成气袋，产生假胖听，因此顶隙要适中。另外，罐头在杀菌篮里的排列方式对杀菌效果也有一定的影响。

（3）有利于产品质量的提高

由于罐头回转，可防止肉类罐头油脂和胶冻的析出，对高黏度、半流体和热敏性的食品，不会产生因罐壁部分过热形成黏结等现象，可以改善产品的色、香、味，减少营养成分的损失。

（4）由于过热水重复利用，节省了蒸汽。

（5）杀菌与冷却压力自动调节，可防止包装容器的变形和破损。

全水式回转杀菌机的主要缺点是设备较复杂；设备投资较大；杀菌准备时间较长；杀菌过程热冲击较大。

三、　淋水杀菌设备

淋水式杀菌机是以封闭的循环水为工作介质，用高流速喷淋方法对罐头进行加热、杀菌及冷却的卧式高压杀菌设备。其杀菌过程的工作温度 20～145℃，工作压力 0～0.5MPa。

淋水式杀菌机可用于果蔬类、肉类、鱼类、蘑菇和方便食品等的高温杀菌，其包装容器可以是马口铁罐、铝罐、玻璃瓶和蒸煮袋等形式。

（一）淋水式杀菌机的工作原理

双门形淋水式杀菌机外形简图，淋水式杀菌机工作原理示意图分别如图 9－22、图 9－23 所示。

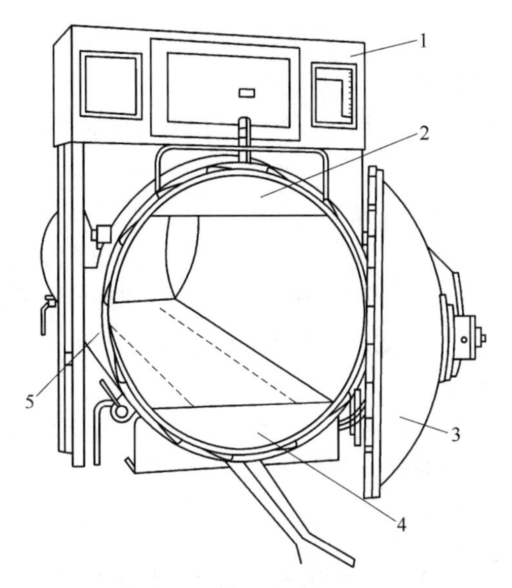

图 9－22　双门形淋水式杀菌机外形简图

1—控制盘　2—水分布器　3—门盖　4—贮水区　5—锅体

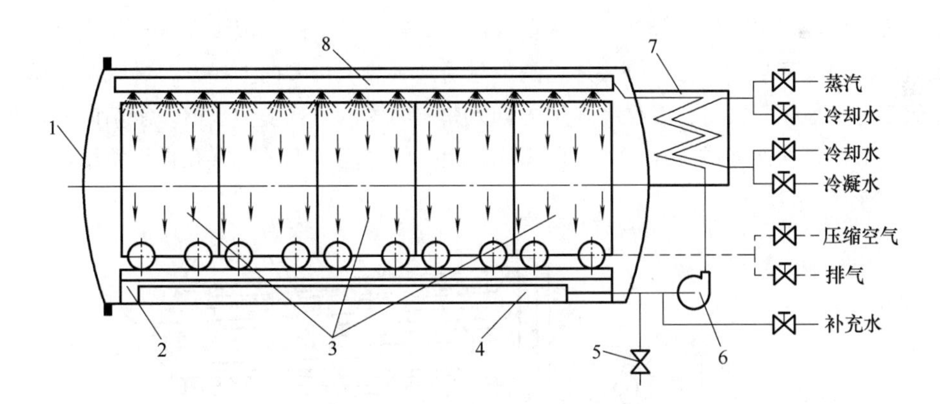

图 9－23　淋水式杀菌锅配置图

1—锅门　2—轨道　3—杀菌篮车　4—集水管　5—排放阀　6—循环泵　7—换热器　8—水分配管

在整个杀菌过程中，贮存在杀菌锅底部的少量水（一般可容纳 4 个杀菌篮的存水量为 400L）作为杀菌传热用水，利用一台大流量热水离心泵进行高速循环，经一台板式热交换器进行热交换后，进入杀菌机内上部的分水系统（水分配器），均匀喷淋在需要杀菌的产品上。为缩短热水流程，有些设备采用侧喷方式使罐头受热更均匀，尤其适用于袋装食品的杀菌。在加热、杀菌和冷却过程中使用的循环水均为同一水体，热交换器也为同一热交换器。在加热产品时，循环水通过间壁式换热器由蒸汽加热，在杀菌过程时则由换热器维持一定的温度，在产品冷却时，循环水通过间壁式换热器由冷却水降低温度。该机的过压控制和温度控制是完全独立的。调节压力的方法是向锅内注入或排出压缩空气。

淋水式杀菌机的操作过程是完全自动化的，温度、压力和时间由一个程序控制器控制。程序控制器是一种能贮存多种程序的微处理机，根据产品不同，每一个程序可分成若干步骤。这种微处理机能与中央计算机相连，实现集中控制。

（二）淋水式杀菌机的特点

（1）由于采用高速喷淋水对产品进行加热、杀菌和冷却，温度分布均匀稳定，提高了杀菌效果，改善了产品质量。

（2）杀菌与冷却使用相同的水（循环水），产品没有再受污染的危险。

（3）由于采用了间壁式换热器，蒸汽或冷却水不会与进行杀菌的容器相接触，消除了热冲击，尤其适用于玻璃容器，可以避免冷却阶段开始时的玻璃容器破碎。

（4）温度和压力控制是完全独立的，容易准确地控制过压，因为控制过压而注入的压缩空气，不影响温度分布的均匀性。

（5）水消耗量低，动力消耗小。工作中，循环水量小，冷却水通过冷却塔可循环使用。整个设备配用一台热水泵，动力消耗小。

（6）设备结构简单，维修方便。

四、连续式高压杀菌设备

（一）水封式连续高压杀菌设备

水封式连续高压杀菌设备是卧式圆筒形压力杀菌锅，其装置如图9-24所示，用链式输送带携带罐头容器经水封式转动阀门送入杀菌锅内。水封式转动阀门浸没在水中，借助部分水力和机械力得以完成密封的任务。罐头通过阀门时受到预热，接着向上提升，进入高压蒸汽加热室内，然后水平地往复运行，在保持稳定的压力和充满蒸汽的环境中杀菌。杀菌时间可根据产品要求调整输送带的速度进行控制。杀菌完毕，罐头经分隔板上的转移孔进入杀菌锅底的冷却

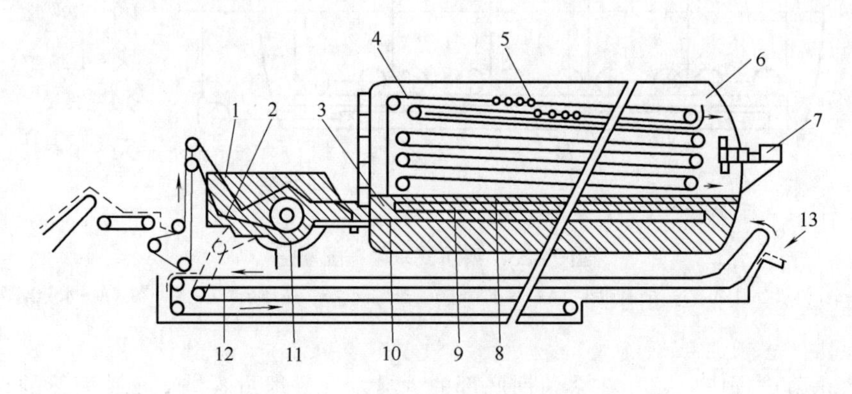

图9-24　水封式连续杀菌设备原理图

1—水封　2—输送链　3—杀菌锅内液面　4—加热杀菌室　5—罐头　6—导热轨　7—风扇　8—隔板　9—冷却室　10—转移孔　11—鼓形阀（水封阀）　12—空气或冷水区　13—出罐处

水内进行加压预冷，然后再次通过水封式转动阀门送至常压冷水内或外界空气中冷却，直到罐头温度降到常温为止。

在链式输送带的下面装上导轨板，罐头在传送过程中可进行轴向回转，传热效率高。如不需要搅动式杀菌，可将导轨拆除。杀菌温度100~143℃（可调），也可进行高温短时杀菌。这种杀菌装置不仅可用于金属罐罐头食品的杀菌，还可用于玻璃瓶和袋装食品的杀菌。这种设备在对薄金属罐装食品，瓶装食品和袋装食品进行杀菌时，采用空气加压来使容器内外的压力保持平衡。因空气导热性差，容易出现加热不均匀，为此在压力蒸汽加热室内需用风扇（或风机）不断地将蒸汽和空气充分混合，以保证加热的均匀性。

该类设备生产能力有大有小，小型设备（2.1m×2.1m）每分钟可杀菌处理袋装食品60袋；大型设备（长22m、宽3.26m、高3.76m）每分钟可处理婴儿食品800个。该设备的优点是蒸汽、水、空间和劳动力的利用上比较经济，缺点是进出罐的水封式转动阀承受的压力相当大，加工制造精度要求高。

（二）静水压连续杀菌设备

1. 静水压连续杀菌设备的用途、结构

静水压连续杀菌设备是一种连续进罐和出罐的加压杀菌设备，用于100℃以上的高温高压罐头的连续杀菌。它利用水柱产生的静压对罐头食品进行高温连续杀菌，其主要构件为进罐柱、升温柱、杀菌柱（蒸汽室）和预冷柱，通过深水柱形成的静压与杀菌室压力相平衡，从而使杀菌室得以密封，工作原理如图9-25所示。

密封后的罐头底盖相接，卧放成行，按一定数量自动地供给到装有平行走动的环式输送链上，由传送器自动地向进罐柱—水柱管（升温柱）—蒸汽室（杀菌柱）—水柱管（出罐柱、加压冷却）—喷淋冷却柱（常压冷却柱）—出罐依次运行。加压杀菌所需饱和蒸汽与蒸汽室相连呈T字形（或称U字管），水柱管的水柱压头保持平衡，水柱的高度决定着饱和水蒸气压的大小和蒸汽加热室的温度，每升高或降低10cm水柱，蒸汽加热室的温度可升高或降低0.18℃，如115.6℃、121.1℃、126.7℃等各个不同的杀菌温度，必须建立的相应蒸气压（表压）为0.07，0.105，0.14MPa，与此蒸气压相平衡的水柱高度应为6.9，10.4，14.8m，杀菌设备的高度相应为12，15.4，27.5m。

罐头从升温柱入口处进去后，随着升温柱下降，并进入蒸汽室。水柱顶部的温度近以罐头的初温，水柱底部的温度则近似于蒸汽室的温度。因此，在进入蒸汽室前有一个平稳的温度梯度，而进入杀菌室后，因蒸汽均匀地充满蒸汽室，在这里可进行恒温杀菌。从杀菌室出来的罐头向上升送，这时的温度变化与通过升温柱时恰好相反，罐头所承受的压力从高到低，形成一个稳定的从高到低的温度和压力的梯度，这种减压冷却过程是十分理想的。

2. 静水压连续杀菌设备的特点

这种杀菌装置加热温度调节简单，进杀菌锅时罐头不会产生突然受压和受热的情况，罐头温度及压力的上升和下降是由于水柱造成的温度梯度而逐步变化的，可避免受温度和压力的剧烈变化所引起的罐头变形或外伤，产品质量好，适用性较强。适于果蔬、肉类、鱼类、汤汁和玉米等罐头和婴儿食品、牛乳、炼乳、牛乳咖啡、牛乳巧克力和奶油等乳制品的杀菌。对金属罐、玻璃瓶、塑料罐及软罐头等容器都可适用，装置高度自动化，有效地利用蒸汽和水，消耗量少。在相似条件下，与一般杀菌锅相比，可节省用汽量70%以上，节约用水量80%以上；杀菌非常均匀，极易控制。占地面积小，操作人员极少，正常情况下，只需一人操作。生产能

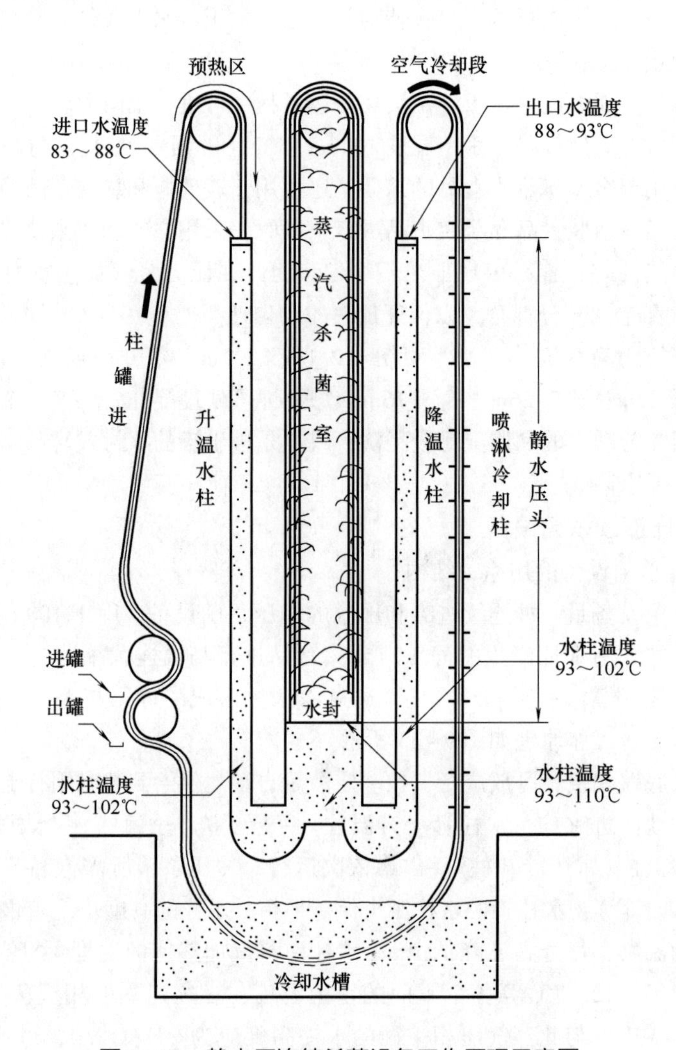

图9-25 静水压连续杀菌设备工作原理示意图

力可调节，一般为60~150罐/min，现在生产能力最高可达1000~1500罐/min。但是这种设备外形较高，需专门盖十几米高的厂房。载罐系统因多种原因（如浮罐等）常会卡死，全机只好停产检修，而检修十分麻烦。适应罐头规格的性能差，设备的实际生产能力仅为额定值的30%~40%，装罐机构和载罐器操作不可靠，需人工辅助，设备的投资费用很高。对大量生产热杀菌处理条件相同的产品工厂适用。

五、 高温短时杀菌设备

食品加热杀菌的主要目的是为了杀灭食品中的微生物，但食品受热的同时，也难免会带来营养成分破坏、褐变等品质下降的变化。大量的实验表明，采用高温短时杀菌时，微生物致死速率的加快远比对食品品质的破坏快得多。因此，采用高温短时杀菌比一般加热杀菌更有效，食品品质也更好。高温短时杀菌一般是指采用120℃以上的温度及加热时间为数秒钟到数分钟的杀菌，有关设备介绍如下。

（一） 火焰连续杀菌设备

火焰连续杀菌设备特别适用于蘑菇、玉米、青豆、胡萝卜等蔬菜罐头的杀菌。这种设备的热源不用蒸汽，而是用特制燃烧器或直接火焰对罐头进行加热杀菌。燃料可用煤气、丁烷、丙烷等。图9-26为这种杀菌设备的结构示意图。

杀菌时，罐头以164罐/min的速度由推杆送入火焰杀菌设备，首先通过机组头部的常压蒸汽室段，使内容物在4min内预热至95℃。随后罐头滚过5组燃烧器，火焰温度为1000℃；使内容物在4min内升温至124℃。接着通过另外4组燃烧器使其在124℃下保温4min，保温燃烧器上的火焰间隔比升温燃烧器大，能供给一定热量维持杀菌温度即可。同时，当罐头通过加热面时，内容物受到更迭的热脉冲，提高微生物的致死率。

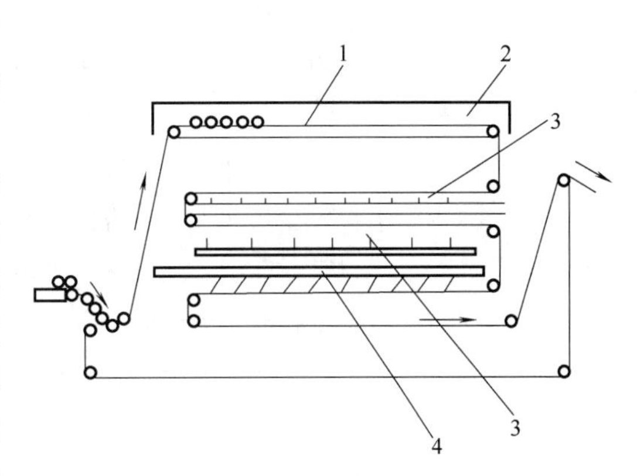

图9-26　火焰杀菌设备

1—链带式输送带　2—蒸汽室　3—火焰　4—喷水器

罐头最后被送至喷水冷却段，使内容物在4min内冷却到43℃。蘑菇罐头用一般高压锅杀菌时共需26min，而火焰杀菌法仅需16min，大大缩短了杀菌过程的时间，保证了产品的质量和提高了劳动生产率。火焰温度是由自控系统控制，罐头在杀菌过程中是滚动的，其滚动速度对产品杀菌有一定影响，一般以10~22r/min为宜。虽然火焰直接加热罐头，但因为传热速度快、时间短，不会损伤彩印罐外观。

火焰连续杀菌设备无密封装置，结构简单，体积小，投资不高，效率很高，但由于没有外压，对有些产品不适用。由于黏稠性产品的流动性差，在高温下罐头内壁周围的产品容易发生焦煳，因而不适用于黏稠状及无汁液的罐头食品。

（二） 软罐头连续超高温杀菌设备

软罐头食品的杀菌条件一般是120℃、30min。为了得到高质量及品种多样化的软罐头，日本研究出了软罐头高温和超高温杀菌技术和设备，软罐头高温杀菌温度为135℃，时间为5~10min；软罐头超高温杀菌温度为150℃，时间为2min，在高温和超高温杀菌条件下，对包装袋的要求更高。我国不少食品厂已有此类设备。

软罐头连续超高温杀菌机的结构如图9-27所示。整个设备分为外部水槽、特殊水封阀及锅体三个部分。锅体内部有链带输送机，以规定的水界为界线，上方充满蒸汽，下方为冷却水，分别形成杀菌区和冷却区，水封阀浸没在水中。

这种杀菌机的杀菌时间为20s~10min。当杀菌时间为20s至1min时，每分钟可处理标准尺寸（130mm×170mm）的软罐头75袋，当杀菌时间超过1min时，设备杀菌处理能力则降低。

（三） 真空杀菌设备

这种设备用于蔬菜类罐头的高温短时杀菌，将排气和杀菌合为一个工序，加热方式采用火焰直接对罐头加热。操作时，先在罐头容器内注入少量食盐水（占空罐容积的1%~4%），然后装入产品，经预封后送入设备的预热部分，在这里以倾斜状态作回转运动，并同时受到火焰

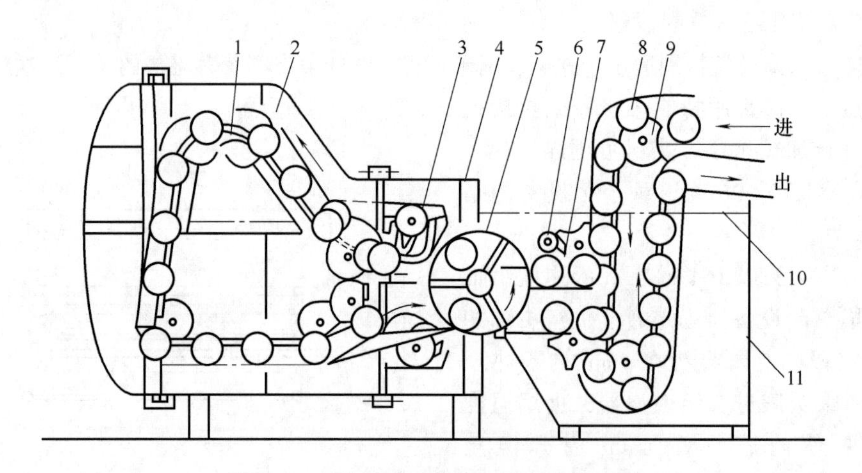

图9-27　软罐头连续高温杀菌机示意图

1—传输带　2—蒸汽杀菌室　3—传送杆　4—外壳　5—水封阀转子　6—喂入杆
7—回转板　8—载盘器　9—载盘器喂入传输带　10—水面　11—水

的加热，使罐头内的水分快速蒸发，将气体排出罐外，预热时间一般为3～5min，然后趁热封罐。并将罐头横放送入杀菌部分，进行急速加热，在1～2min内使罐内温度达到130℃，在此温度下保持1～5min后离开杀菌部分，进入冷却段以冷水喷淋冷却，罐内形成高真空度。

这种杀菌方法在罐头内添加的盐水量少，罐头重量较常规方法轻33%。因罐内汁液少，转移到盐水中的蔬菜成分较少，有利于保持蔬菜的风味，同时罐内可获得一般方法达不到的80～93.3kPa真空度，提高了产品的质量和延长了产品保藏期。

第六节　微波与欧姆杀菌机械与设备

一、微波杀菌装置

在食品的杀菌上，对于高黏度的液体和固体食品，由于完全不存在热对流现象，传热完全依赖于热的传导方式。因此，食品中心部位的升温速度很慢，而色香味、营养成分和口感等质量指标却因受长时间的加热和受热过度而发生难以避免的变化，致使质量降低。为了解决长时间加热的问题，有的国家应用微波高温杀菌装置对高黏度液体食品和软罐头进行杀菌，取得了成功。国内也有不少厂家都生产微波杀菌设备，品种、型号较多，特别以多管微波杀菌设备引人瞩目。

1. 微波杀菌的原理

微波加热的原理在第八章中已有介绍，这里不再重复。但微波的非热效果（本身对生理的作用）也能对发育的霉菌孢子进行杀灭。

2. 高黏度液体食品的管式微波高温杀菌装置

该装置的结构示意图如图9-28所示。这是一种适用于处理高黏度物料的连续杀菌装置。

该装置由料斗供给液体食品物料，通过定量泵加压传送到微波照射部后，利用微波使温度升高到规定的温度。然后，根据需要，用保温管使食品在杀菌温度下杀菌。照射杀菌部选用相当的材质及设计合适的搅拌机构，保证物料不因黏滞而阻塞，从而防止了过度加热现象。最后，在冷却管中冷却后被送出装置。

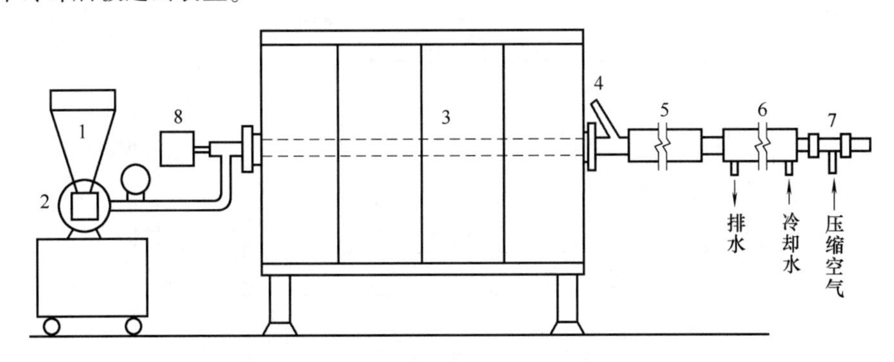

图 9-28　管式微波高温杀菌装置结构

1—料斗　2—定量泵　3—微波照射部　4—测定温度部　5—保温管　6—冷却管　7—调压部　8—搅拌器

在杀菌工艺上，使用与不使用保温管时的温度控制见图 9-29。杀菌温度可定至 140℃，杀菌时间可在数十秒钟至数分钟之间选定，杀菌温度误差为 ±2℃以内，不会产生焦煳现象。在使用范围内，适用于多品种、小批量的食品生产。

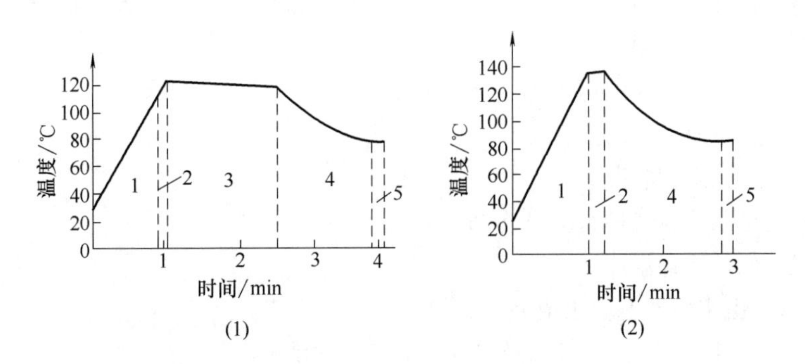

图 9-29　使用与不使用保温管的温度控制

（1）使用保温管　（2）不使用保温管

1—微波加热部　2—测定温度部　3—温度控制部　4—冷却部　5—调压部

在使用范围上，可处理的物料有以下几类。

（1）酱料　番茄酱、调味汁类、果酱、馅、豆酱、糊膏类等。

（2）调制食品　咖喱、炖焖食品、汤类、婴儿食品、豆腐渣、芝麻豆腐等。

（3）饮料　咖啡、红茶、甜酒等。

（4）甜食　布丁、果冻、鲜奶油等。

（5）其他　各种液体医药品、化妆品等。

3. 固体食品的微波高温杀菌装置

固体食品是指已装入包装容器的食品。微波杀菌用的容器只能使用玻璃、塑料薄膜等非金属类型的容器，由于金属表面引起微波反射，而达不到杀菌的目的，故不能使用金属容器。食品充填入容器后，杀菌过程一般分两个阶段进行加热，即预热及充分排气后密封；预热后升温，进行高温杀菌。该装置的结构示意图见图9-30。整个装置由以下几个部分组成。

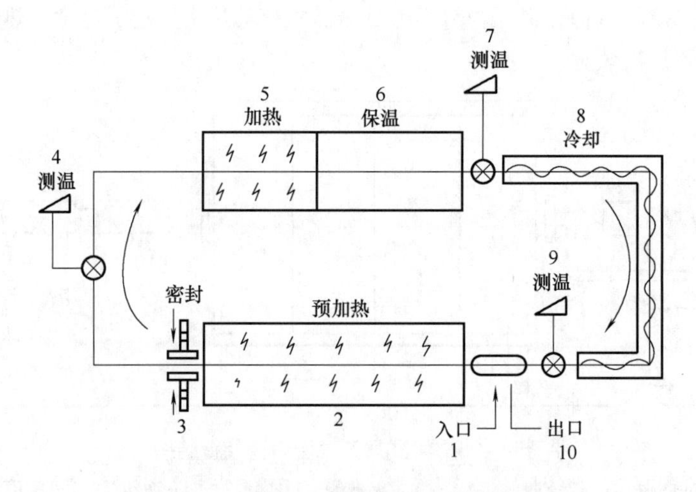

图9-30 固体食品的微波高温杀菌装置

（1）进料 有内容物的食品袋由定位器固定位置。

（2）预热 预热至100℃，受热，排气。

（3）密封 作完全密封。

（4）测温 确认预热温度。

（5）加热 食品在杀菌温度下迅速加热杀菌。

（6）保温 保持杀菌温度。

（7）测温 确认杀菌状况。

（8）冷却 用水或空气进行充分冷却。

（9）测温 确认冷却温度。

（10）出口 由定位器上取出成品。

有资料介绍，用模拟食品接种耐热性细菌的孢子$10^{-7} \sim 10^{-6}$/g，加水后，在F_0为5.5条件下分别进行微波加热杀菌和高压釜杀菌的对比试验，结果见表9-2。

表9-2 不同条件下微波加热杀菌和高压釜杀菌的对比试验

试 样	微波杀菌	高压釜杀菌
A. 液体	$F_0=5.4$	$F_0=5.5$
B. 固体	$F_0=10.4$	$F_0=1.1$
C. 固：液=2：1	$F_0=9.8$	$F_0=1.0$
D. 固：液=1：1	$F_0=11.0$	$F_0=0.9$

注：表中F_0表示杀菌程度。

从试验结果看，对固体物料的杀菌，两种有较大的差别。这是由于固体物料在高压釜中杀菌时，热传导不良，中心温度升高很慢，因此难以取得令人满意的杀菌效果。但当采用微波杀菌时，由于感应电的差异，使固体物料的温度与水温一样能很快上升。因此，无论是固体物料还是固体与液体的混合物，都能取得充分而又稳定的杀菌效果。该装置可应用于猪排、大虾、墨鱼及汉堡包的杀菌等。

目前，由国内研制开发的多管微波杀菌设备与传统的单管大功率微波杀菌设备相比，在杀菌的均匀性、生产效率有一定的优势，使用与维修亦比较方便。主要应用范围如下：

（1）杀菌保鲜　豆奶粉、麦片、玉米片、芝麻糊调料、酱菜、肉类、茶叶、花粉等。

（2）干果烤制　瓜子、花生、板栗、薄皮核桃等。

（3）液体杀菌　牛乳、果茶、中西药饮剂、营养液、饮料、调味品等。

（4）小包装杀菌　卤菜、豆腐干、鱼片、牛肉干、梅子、无花果等。

（5）真空及真空冷冻干燥　脱水蔬菜、活性参、海鲜、热敏性食品。

（6）干燥脱水　中药材、药丸、香精香料、包装材料、饲料、化工原料等。

（7）农副产品深加工　花生脱皮、大豆脱腥、水果膨化等。

（8）微波萃取　加速萃取溶解速度、提高萃取率。

国产多管微波杀菌设备外形见图 9－31。

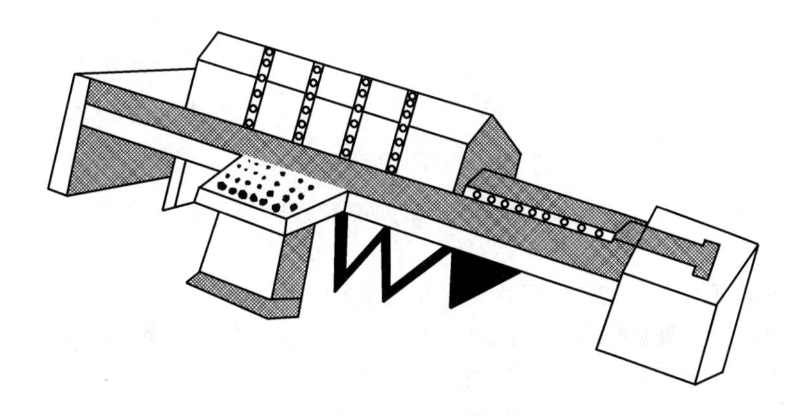

图 9－31　多管微波杀菌设备外形图

二、欧姆杀菌设备

（一）欧姆杀菌的基本原理

欧姆杀菌是采用通入电流使食品内部产生热量，达到杀菌的目的。运用常规热杀菌的方法，对带颗粒食品的杀菌是采用管式或刮板式换热器进行间接热交换，其过程速率取决于传导、对流或辐射的换热条件。要使固体颗粒内部达到杀菌温度，其周围液体部分必须过热，这势必导致含颗粒食品杀菌后质地软烂、外形改变，影响产品品质。而采用欧姆加热，则使颗粒的加热速率与液体的加热速率相接近成为可能，并可获得比常规方法更快的颗粒加热速率（1～2℃/s），因而可缩短加热时间，得到高品质产品。

欧姆加热是利用电极，将 50～60Hz 的低频交流电流直接导入食品，由食品本身介电性质所产生的热量，而达到直接杀菌的目的。

物料内部产生热量必将引起介质温度的变化。温度变化除了与电学性质有关外，还与下列热学性质有关：①物料的密度 ρ 和比热容 C；②物料的热导率 λ。

（二）欧姆杀菌装置和操作

欧姆杀菌装置系统主要由泵、柱式欧姆加热器、保温管、控制仪表等组成，如图 9－32 所示。其中最重要的部分是由 4 个以上电极室组成柱式欧姆加热器（如图 9－33 所示）。电极室由聚四氟乙烯固体块切削而成并包以不锈钢外壳，每个极室内有一个单独的悬臂电极。电极室

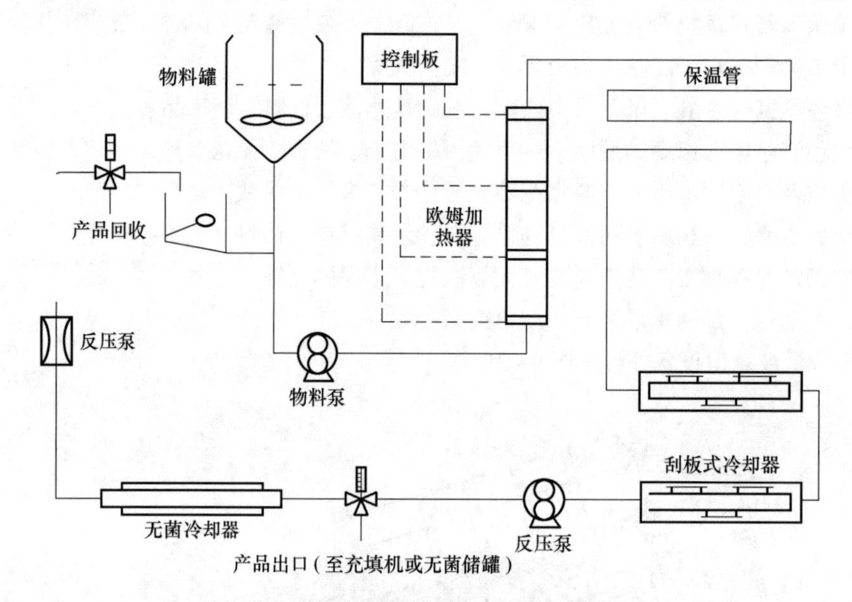

图 9－32　欧姆加热器的加热装置流程示意图

之间用绝缘衬里的不锈钢管连接。可用作衬里的材料有聚偏二氟乙烯（PVDF）、聚醚醚酮（PEEK）和玻璃。欧姆加热柱以垂直或近乎垂直的方式安装，待杀菌物料自下而上流动，加热器顶端的出口阀始终充满物料。加热柱以每个加热区具有相同电阻抗的方式配置，沿出口方向，相互连接管的长度逐段增加。这是由于食品的电导率通常随温度的升高而增大。实际上，离子型水溶液电导率随温度增大呈线性关系。这主要是温度提高加剧了离子运动的缘故。这一规律同样适用于多数食品，不过温度升高黏度随之显著增大的食品除外，例如含有未糊化淀粉的物料。

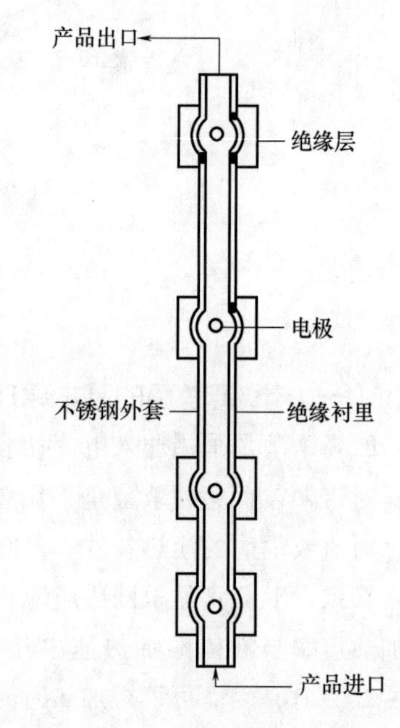

图 9－33　欧姆加热器示意图

欧姆杀菌的工艺操作首先是装置的预杀菌。欧姆加热组件、保温管和冷却管的预杀菌，是用电导率与待杀菌物料相接近的一定浓度硫酸钠溶液循环来实现的。当电流的通入达到一定的杀菌温度时，通过压力调节阀控制杀菌操作的压力。

贮罐至充填机及其管路等其他附属设备的预杀菌则采用传统的蒸汽杀菌方法。采用电导率与产品电导率相近的杀菌剂溶液的目的是使下一步从设备预杀菌过渡到产品杀菌期间避免电能的大幅度调整，以确保平稳而有效地过渡，且温度波动很小。

一旦装置预杀菌完毕，循环杀菌液进入循环管路中的片式换热器进行冷却。当达到稳定状态后，排掉杀菌液，同时将产品引入正位移式料泵的进料斗。在转换期间，利用无菌的空气或氮气，调节收集罐上方的压力，以此对反压进行控制。收集罐用于收集硫酸钠产品的交接部分。一旦收集完交接部分的液体，便将产品转入主杀菌贮罐，该罐上方的压力同样被用来控制系统中的反压。加热高酸食品时，反压维持在0.2MPa，杀菌温度90～95℃，加热低酸食品时，反压维持在0.4MPa，杀菌温度达120～140℃。反压较高是防止食品在欧姆加热器中沸腾。物料通过欧姆加热组件时被逐渐加热至所需的杀菌温度，然后依次进入保温管、冷却管（管式换热器）和贮罐，供无菌充填。

当生产结束之后，切断电源并用水清洗设备，然后用80℃的浓度为2%的氢氧化钠循环清洗30min。因NaOH溶液的电导率很高，不宜用欧姆加热，而用系统中的片式换热器加热。欧姆加热器可装有不同规格电极室和连接管，可形成不同的生产能力，具体产量视所要求达到的温度而定。实验室研究用的欧姆加热器为5kW、50kg/h。

（三） 欧姆杀菌产品的品质

与传统罐装食品的杀菌相比，欧姆杀菌可使产品品质在微生物安全性、蒸煮效果及营养、维生素保持方面得到改善。主要优点：①可生产新鲜、味美的大颗粒产品；②能使产品产生高的附加值；③能加热连续流动的产品而不需要任何热交换表面；④可加工对剪切敏感的产品；⑤热量可在产品固体中产生而不需要借助其液体的传导或对流；⑥系统操作平稳；⑦维护费用低；⑧过程易于控制，且可立即启动或终止；⑨加工和包装费用有节约潜力；⑩包装的选择范围较宽。

第七节 超高压杀菌机械与设备

食品超高压技术（Ultra－high pressure processing，UHP）是当前备受各国重视、广泛研究的一项食品高新技术，简称为高压技术（High pressure processing，HPP）或高静压技术（High hydrostatic pressure，HHP）。1990年4月，高压食品在日本诞生。高压技术不仅能保证食品在微生物方面的安全，而且能较好地保持食品固有的营养品质、质构、风味、色泽、新鲜程度。利用超高压可以达到杀菌、灭酶和改善食品品质的目的，在食品超高压技术研究领域的一个重要方向即是超高压杀菌。在一些发达国家，高压技术已应用于食品（鳄梨酱、肉类、牡蛎）的低温消毒，而且作为杀菌技术也日趋成熟。

一、 食品超高压杀菌原理

食品超高压杀菌，即将食品物料以某种方式包装完好后，放入液体介质（通常是食用油、甘油、油与水的乳液）中，在100～1000MPa压力下作用一段时间后，使之达到灭菌要求。其基本原理就是压力对微生物的致死作用，主要是通过破坏细胞膜、抑制酶的活性和影响DNA等遗传物质的复制来实现的。

1. 超高压对细胞形态的影响

极高的流体静压会影响细胞的形态。通过电子显微镜观察，细胞内的气体空泡在0.6MPa

压力下会破裂。在30～45MPa压力下，能使假单胞菌菌株的形态发生外形变长、脱离细胞质膜、无膜结构细胞壁变厚，较大的细胞胞壁的机械断裂而松解，200MPa的压力可使细胞壁受到破坏。细胞浆中海绵状或网状结构的光亮区和核蛋白体数目减少。

2. 超高压引起酶类的变性

一般来说，100～300MPa压力引起的酶变性是可逆的，而超过300MPa引起的变性则是不可逆的。酶的高压失活的主要机制是，破坏了分子内部结构，改变了活性部位上构象。

二、 超高压对食品中营养成分的影响

传统的食品杀菌方法主要采用加热法，对食品会产生三种形式的破坏，一是食品中热敏性的营养成分易被破坏；二是热加工加剧了褐变反应，造成产品色泽的不佳；三是造成食品中挥发性的风味物质的损失。采用超高压技术处理食品，可以在灭菌的同时，较好地保持食品原有的色、香、味及营养成分。超高压对食品中营养成分的影响主要表现在以下几方面。

（一） 超高压对蛋白质的影响

高压使蛋白质变性。其原因是由于高压使蛋白质原有结构伸展，导致蛋白质体积的改变，利于人体的消化吸收。酶是蛋白质，高压处理对食品中酶的活性也是有影响的。例如，在对甲壳类水产品进行高压处理时，高压使水产品中的蛋白酶、酪氨酸酶等失活，减缓了酶促褐变及降解反应。但是，压力也具有增强酶活力的作用。例如，切片的马铃薯，苹果和洋梨在压力较低时，可激活组织中的多酚氧化酶，导致褐变发生。若加压到400MPa以上，则酶的活性逐渐丧失，与迅速加热使酶失活一样。加压速率提高同样能达到快速钝化酶的目的。使蛋白质发生变性的压力大小依不同的物料及微生物特性而定，通常在100～600MPa范围内。

（二） 超高压对淀粉及糖类的影响

高压能使淀粉分子的长链断裂，分子结构改变。淀粉变性。如淀粉在常温下加压到400～600MPa，即发生糊化而呈不透明的黏稠糊状物，吸水量也发生改变。

（三） 超高压对油脂的影响

食品中的油脂类耐压低，常温下加压到100～200MPa即变成固体，而解除压力后则恢复到原状。另外，高压处理对油脂的氧化有一定的影响。

（四） 超高压对食品中其他成分的影响

高压对食品中的风味物质、维生素、色素及各种小分子物质的天然结构几乎没有影响。例如，在生产草莓等果酱时，可保持鲜果的特有风味、色泽及营养。在柑橘类果汁的生产中，加压处理不影响其营养价值和感官质量，还可以避免因热加工产生的异味，同时还可抑制榨汁后果汁中苦味物质的生成，产品具有原汁原味。

（五） 影响超高压杀菌效果的某些因素

加工过程中的压力大小和加压时间、施压方式、处理温度、微生物种类、食物本身的组成和添加物、pH、水分活度等都会对超高压杀菌效果造成影响。

三、 超高压杀菌设备介绍

（一） 超高压杀菌设备的分类

超高压按加压方式分有直接加压式和间接加压式两类。图9－34所示为两种加压方式的装

置构成示意图。左图为直接加压方式的高压处理装置，高压容器与加压装置分离，用增压机产生高压水，然后通过高压配管将高压水送至高压容器，使物料受到高压处理。右图为间接加压式高压处理装置，高压容器与加压气缸呈上下配置，在加压气缸向上的冲程运动中，活塞将容器内的压力介质压缩产生高压，使物料受到高压处理。

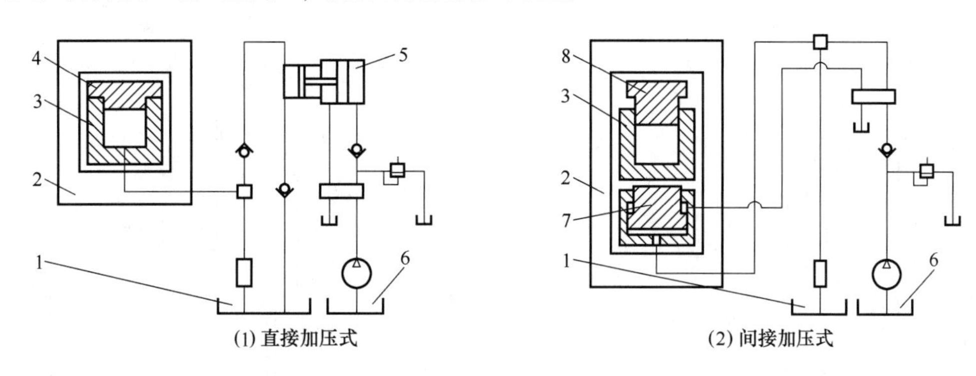

图 9-34　直接加压方式和间接加压方式示意图

1—压媒槽　2—框架　3—压力容器　4—上盖　5—增压机　6—油压装置　7—加压气缸　8—活塞

按高压容器的放置位置分为立式和卧式两种。生产上使用的立式高压处理设备如图 9-35 所示，立式的占地面积小，但物料的装卸需专门装置。与此相反，使用卧式高压处理设备（图 9-36），物料的进出较为方便，但占地面积较大。

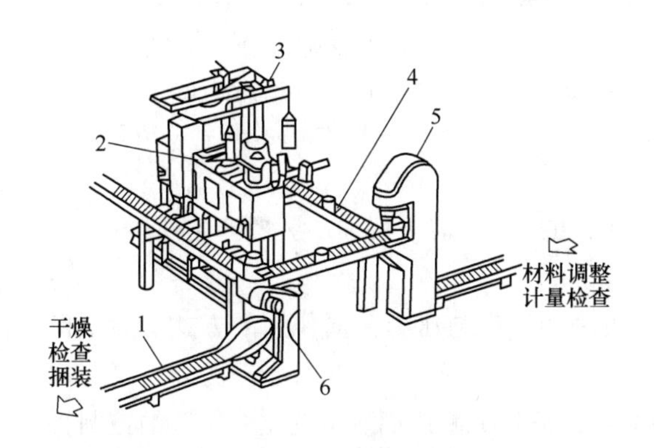

图 9-35　立式超高压处理装置示意图

1—皮带输送机　2—高压容器　3—装卸搬运装置
4—滚轮输送带　5—投入装置　6—排出装置

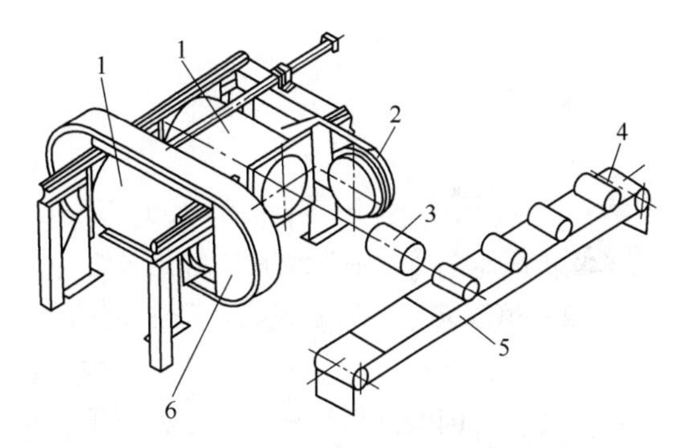

图 9-36　卧式超高压处理装置示意图

1—容器　2—容器盖　3—密封舱
4—处理品　5—输送带　6—框架

（二）超高压杀菌设备组成

超高压杀菌设备主要由高压容器、加压装置及其辅助装置构成。

1. 高压容器

食品的高压处理要求压力高，压力容器的制造是关键。通常压力容器为圆筒形，材料为高强度不锈钢，为了达到必需的耐压强度，容器的器壁很厚，这使设备相当笨重。最近有改进型高压容器产生，如图 9-37 所示，在容器外部加装线圈强化结构。这与单层容器相比，线圈强化结构不但安全可靠，而且实现了装置轻量化。

2. 辅助装置

高压处理装置。

系统中还有许多其他辅助装置，如图 9-38 所示。辅助装置主要包括：

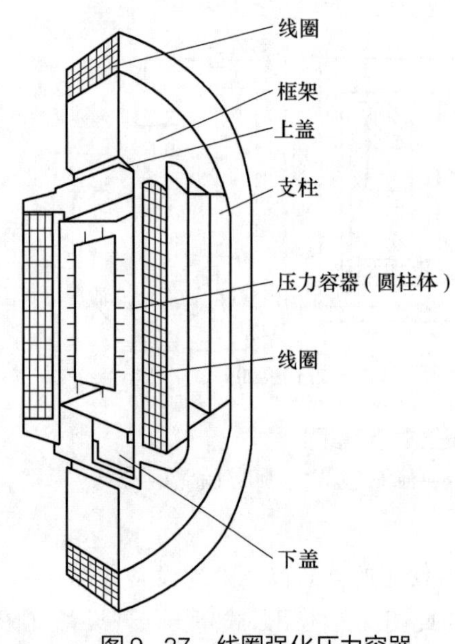

图 9-37 线圈强化压力容器

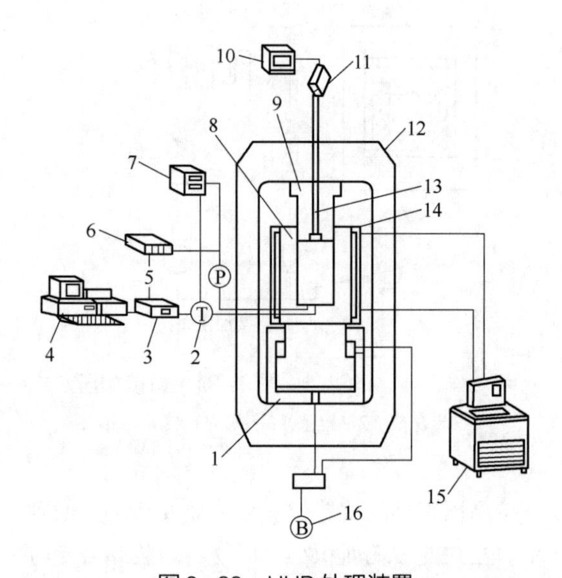

图 9-38 UHP 处理装置

1—气缸 2—热电偶 3—接口 4—计算机 5—传感器 6—压力指示器 7—记录器 8—高压容器 9—活塞 10—监控器 11—电视摄像机 12—框架 13—光纤 14—夹套 15—恒温循环水槽 16—油压泵

（1）高压泵 不论是直接加压方式还是间接加压方式，均需采用油压装置产生所需高压。前者还需高压配管，后者则还需加压气缸。

（2）恒温装置 为了提高加压杀菌的作用，可采用温度与压力共同作用的方式。为了保持一定温度，在高压容器外作了夹套结构，并通以一定温度的循环水。另外，压力介质也需保持一定温度。因为高压处理时，压力介质的温度也会随升压或减压而发生变化，温度的控制直接关系到食品的品质。

（3）测量仪器 包括热电偶测温计，压力传感器及记录仪，压力和温度等数据可输入计算机进行自动控制。还可设置电视摄像系统，以便直接观察加工过程中物料的组织状态及颜色变化情况。

（4）物料的输入输出装置 由输送带、提升机、机械手等构成。

（三）高压杀菌的操作

按操作方式分为间歇式、连续式和半连续式三种。由于高压处理的特殊性，连续操作较难实现。目前工业上采用的是间歇式和半连续式两种操作方式。在间歇式生产中，食品加压处理周期如图 9-39 所示。只有在升压时主驱动装置才工作，这样主驱动装置的开机率很低，浪费了设备投资。因此，在实际生产上将多个高压容器组合使用，这样主驱动装的运转率可提高，同时提高了生产效率，降低了成本。采用多个高压容器组合后的装置系统，实现了半连续化的生产方式，即在同一时间不同容器内完成从原料充填—加压处理—卸料的加工全过程，提高了设备利用率，缩短了生产周期。设备布置如图 9-40 所示。

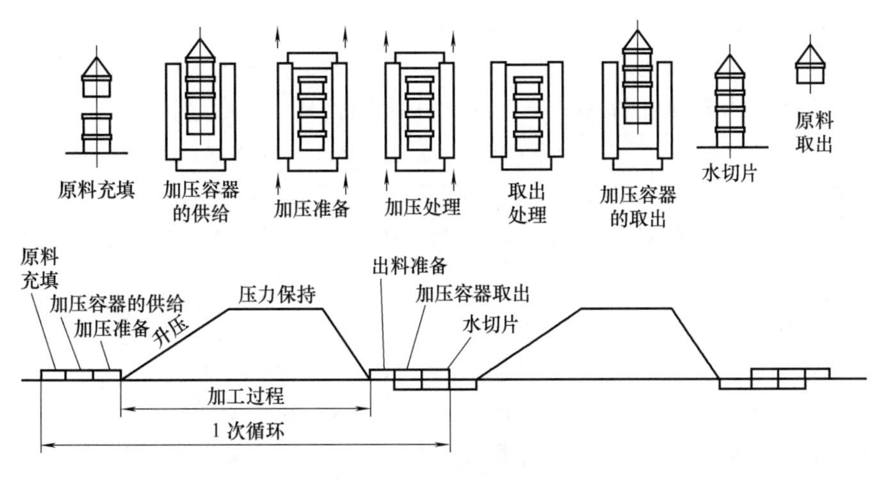

图 9-39　食品高压处理周期示意图

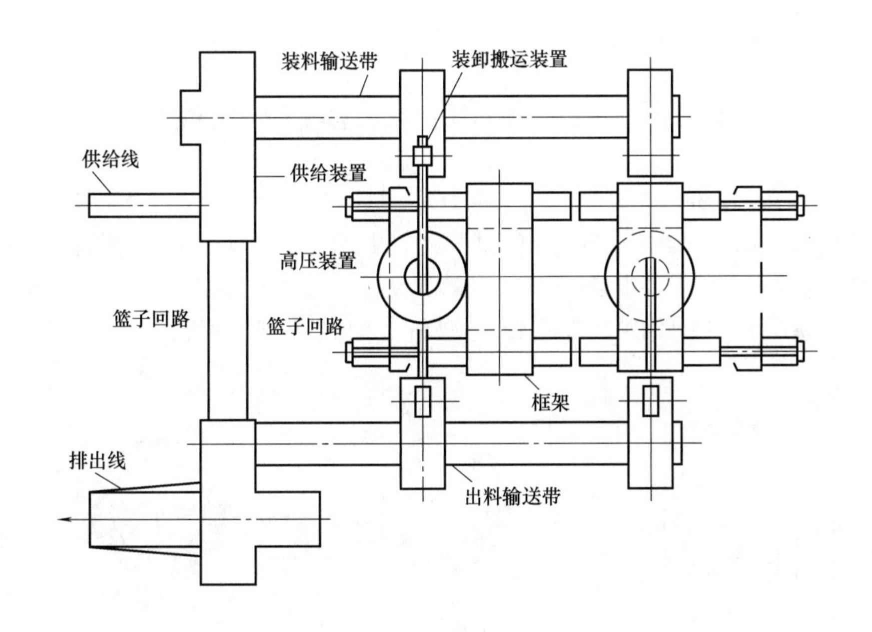

图 9-40　固体食品加压处理装置车间平面布置示意图

四、 高压杀菌的应用举例

（一） 高压处理在肉制品加工中的应用

采用高压技术对肉类制品进行加工处理，与常规加工方法相比，经高压处理后的肉制品在柔嫩度、风味、色泽及成熟度方面均得到改善，同时也增加了保藏性。例如，对廉价质粗的牛肉进行常温 250MPa 处理，结果得到嫩化的牛肉制品。300MPa、10min 处理鸡肉，结果得到类似于轻微烹饪的组织状态。

（二） 高压处理在水产品加工中的应用

水产品的加工不同于其他产品，不仅要求保持水产品原有的风味、色泽，又要具有良好的口感与质地。常规的加热处理、干制处理均不能满足要求。高压处理则可保持水产品原有的色、香、味。例如，水产品在600MPa下处理10min，可使其中的酶完全失活，甲壳类水产品，外观呈红色，内部为白色，并完全呈变性状态，而且减少了细菌数量，保持了原有生鲜味，这对喜食生水产制品的消费者来说极为重要。高压处理还可增大鱼肉制品的凝胶性，将鱼肉加1%及3%的食盐擂溃，然后制成2.5cm厚的块状，在400MPa下0℃处理10min，鱼糜的凝胶性最强。

（三） 高压处理在果酱加工中的应用

在生产果酱中，采用高压杀菌，不仅使水果中的微生物致死，而且还可简化生产工艺，提高产品品质。这方面最成功的例子是日本明治屋食品公司，采用高压杀菌技术生产果酱，如草莓酱、猕猴桃酱和苹果酱，在室温下以400～600MPa的压力对软包装密封果酱处理10～30min，所得产品保持了新鲜水果的口味、颜色和风味。

第八节 高压脉冲电场杀菌技术与应用

高压脉冲电场（High－intensity pulsed electric fields，PFE或HIPEF）杀菌技术是把液态食品作为电介质置于杀菌容器中，与容器绝缘的两个电极通以高压电，产生电脉冲进行间歇式杀菌，或者使液态食品流经脉冲电场进行连续杀菌的加工方法（图9－41）。PEF技术处理对象包括液态或半固态食品，包括酒类、果蔬泥汁、饮料、蛋液、牛乳、豆乳、酱油、醋、果酱、蛋黄酱和沙拉酱等。

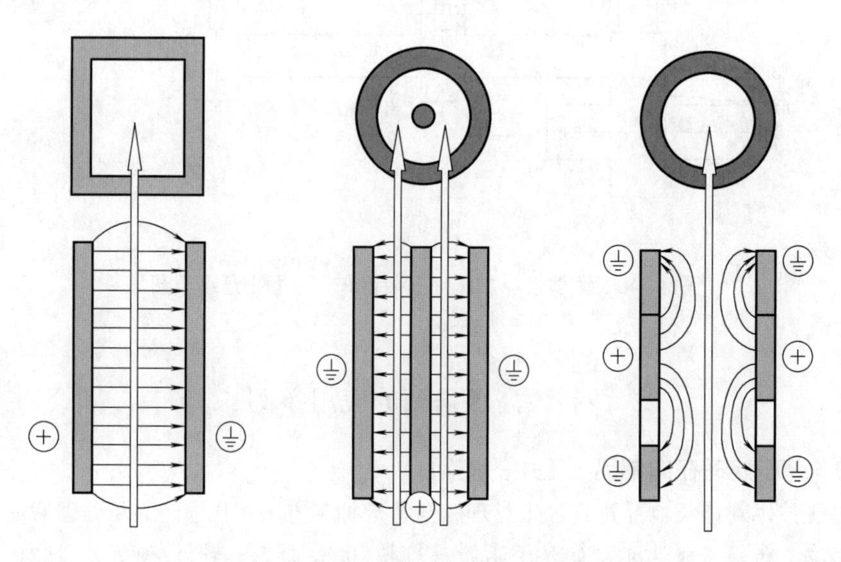

图9－41 脉冲电场杀菌原理图

一、杀菌机理

关于高压脉冲电场杀菌的机理，现有多种假说：主要有细胞膜穿孔效应、电磁机制模型、黏弹极性形成模型，电解产物效应、臭氧效应等，大多数学者倾向于认同电磁场对细胞膜的影响，并以此为基础对抑菌动力学进行探索。

细胞膜穿孔效应假说认为，细胞膜由镶嵌蛋白质的磷脂双分子层构成，它带有一定的电荷，具有一定的通透性和强度。膜的外表面与膜内表面之间具有一定的电势差。当细胞上加一个外加电场，这个电场将使膜内外电势差增大。此时，细胞膜的通透性也随着增加，当电场强度增大到一个临界值时，细胞膜的通透性剧增，膜上出现许多小孔，使膜的强度降低。此外当所加电场为一脉冲电场时，电压在瞬间剧烈波动，在膜上产生振荡效应。孔的加大和振荡效应的共同作用使细胞发生崩溃，从而达到杀菌目的。穿孔效应假说可以通过两种方法来证实，一是电子显微镜下的照片显示，酵母菌被处理后可以见到菌体上有明显的裂痕。另一证据是检测杀菌前后菌液中的离子浓度。JayaMm 对磷酸盐缓冲液中的乳酸杆菌进行高压脉冲电场杀菌，比较杀菌前后的阴离子浓度，发现在乳酸杆菌被杀灭后 Cl^- 离子浓度高了很多。由于实验排除了 Cl^- 的其他来源，故而只能得出因为乳酸杆菌细胞膜破裂，细胞内物质外泄的结论。

电磁机制理论是建立在电极释放的电磁能量互相转化基础上。电磁理论认为电场能量与磁场能量是相互转换的，在两个电极反复充电与放电的过程中，磁场起了主要杀菌作用，而电场能向磁场的转换保证了持续不断的磁场杀菌作用。这样的放电装置在放电端使用电容器与电感线圈直接相连，细菌放置在电感线圈内部，受到强磁场（场强 6.87T，功率 16kJ）作用。

黏弹极性形成模型认为，一是细菌的细胞膜在杀菌时受到强烈的电场作用而产生剧烈振荡，二是在强烈电场作用下，介质中产生等离子体，并且等离子体发生剧烈膨胀，产生强烈的冲击波，超出细菌细胞膜的可塑性范围而将细菌击碎。

电解产物理论指出在电极点施加电场时，电极附近介质中的电解质电离产生阴离子，这些阴阳离子在强电场作用下极为活跃，穿过在电场作用下通透性提高的细胞膜，与细胞的生命物质如蛋白质、核糖核酸结合而使之变性。但其不足之处是难以解释 pH 变化剧烈的条件下，杀菌效果没有什么变化的结果。

臭氧效应理论认为在电场作用下液体介质电解产生臭氧，在低浓度下臭氧已能有效杀灭细菌。

以上各理论均有其独到之处，但是，都不十分完善，要完整而清晰地描述电场对细胞的杀灭作用，还有许多工作要做。

二、影响高压脉冲电场杀菌的因素

1. 对象菌的种类

不同菌种对电场的承受力有很大的不同。无芽孢细菌较有芽孢细菌更易被杀灭，革兰氏阴性菌较阳性菌易于被杀灭。在其他条件均相同的情况下用电场灭菌，霉菌、乳酸菌、大肠杆菌、酵母菌等不同菌种的存活率由高到低排列。特别需要指出的是，对象菌所处的生长周期也对杀菌效果有一定的影响，处于对数生长期的菌体比处于稳定期的菌体对电场更为敏感。

2. 菌的数量

研究中发现，对菌数高的样品与菌数低的样品加以同样强度、同样时间的脉冲，前者菌数下降的对数值比后者要多得多。

3. 电场强度

电场强度在各因素中对杀菌效果影响最明显，增加电场强度，对象菌存活率明显下降。

4. 处理时间

杀菌时间是各次放电释放的脉冲时间的总和。随着杀菌时间的延长，对象菌存活率开始急剧下降，然后平缓，逐渐变平，最后增加杀菌时间也无多大作用。

5. 处理时的温度

随着处理温度上升（在24～60℃范围内），杀菌效果有所提高，其提高的程度一般在10倍以内。

6. 介质电导率

由于介质的电导率提高，脉冲频率上升，因而脉冲的宽度下降。这样，电容器放电时，脉冲数目不变，即杀菌脉冲时间下降，从而杀菌效果相应下降。介质电导率影响放电时的脉冲强度和脉冲次数，如空气导电，则无脉冲产生。

7. 脉冲频率

提高脉冲频率，杀菌效果上升。原因是频率提高后，对应于每一次电容器放电来说，具有更多的脉冲数目，因而指数衰减曲线的下降得到减缓，从而保证了更长的杀菌处理时间。

8. 介质的 pH

在正常的 pH 范围内，对象菌存活率无明显变化。可以认为，pH 对高压脉冲电场灭菌无增效作用。

三、处理效果

高压脉冲电场杀菌主要是利用食品的非热物理性质，温升小（一般在50℃以下）、耗能低。一个35kV的处理系统每处理1mL液体食品只需20J的能量，而对超高温瞬时灭菌热处理系统来说却至少需要100J以上的能量。据国外资料报道，一个脉冲处理系统的操作费用据估计只有0.4～0.8美分，并且物料流率可达1000L/h。

国内外研究人员使用高压脉冲电场对培养液中的酵母、各类革兰阴性菌、革兰阳性菌、细菌孢子，以及苹果汁、香蕉汁、菠萝汁、牛乳、蛋清液等进行了大量研究，并取得了良好的结果。研究结果表明抑菌效果可达到4～6个对数周期，其处理时间一般在几个微秒到几个毫秒，最长不超过1s，该处理没有对食品的感官质量造成影响，其货架期一般都可延长4～6周。1998年，国内曾新安等对高压交流电场的灭菌效果进行了研究，结果表明在22.5kV/cm的场强处理下乳酸杆菌数降低近6个数量级。1997年，陈键在40kV/cm条件下，用50个脉冲处理脱脂乳中的大肠杆菌后，99%大肠杆菌失活。MingyuJia在1999年通过SPME－GC连用分析了高压脉冲处理后的香蕉汁中所含的五种典型香味成分，结果表明高压脉冲处理后的香蕉汁中五种典型香味成分的含量明显高于热处理后的香蕉汁。YeomHyeWon在2000年不仅通过SPME－GC分析了被处理香蕉汁中的五种典型香味成分外，还进一步分析了维生素C含量、颜色品质，以及处理后香蕉汁中颗粒大小等，结果表明高压脉冲处理后的香蕉汁各方面指标均优于热处理前的香蕉汁。总之，高压脉冲电场杀菌的应用研究在实验室水平上已经取得了可喜成果。但是，由于处理系统电路设计的复杂性使得高压脉冲电场杀菌系统的造价非常昂贵，从而限制了这种方法当前的工业化应用。另外，高压脉冲电场在黏性食品及含固体颗粒食品中杀菌的应用还有待于进一步研究，操作条件还有待于进一步优化。应该说高压脉冲电场杀菌技术的工业化应用目前还存在着许多困难，但是高压脉冲电场处理以其优良的处理效果，低廉的操作费用展示出了诱人应用前景，随着高压脉冲技术的发展和高压脉冲电场在食品处理中研究的深入，我们完全可以相信在不久的将来高压脉冲电场杀菌技术必将被大规模工业化应用。

四、高电压脉冲电场杀菌设备

（一）液体高电压脉冲电场杀菌处理装置

图9-42所示的是流动式液体高电压脉冲电场杀菌处理装置结构，图（1）和图（2）为同一原理不同连接方式。图9-43为美国同轴式高电压脉冲电场杀菌处理装置。

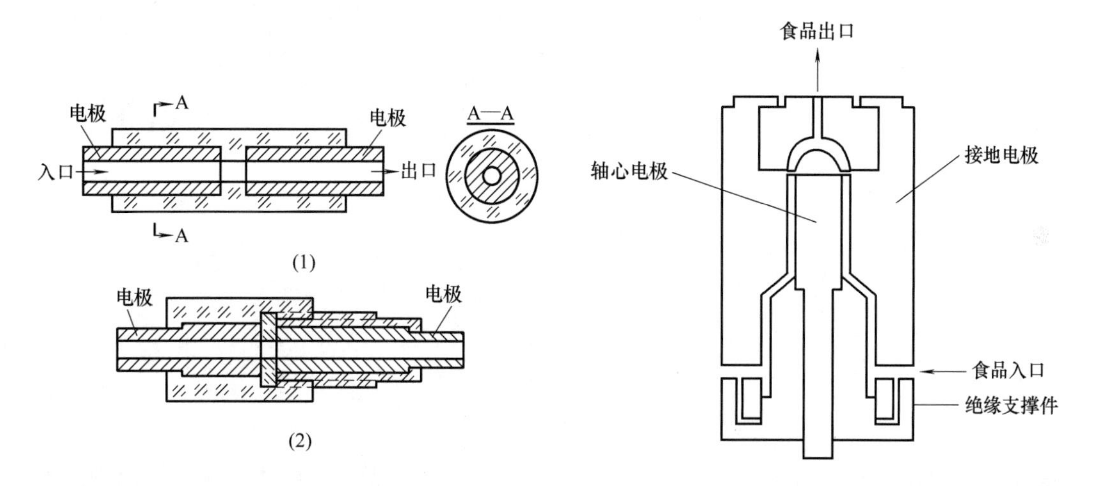

图9-42　液体高压脉冲电场杀菌处理装置

图9-43　同轴式液体高压脉冲电场杀菌处理装置

（二）流通式高压脉冲电场杀菌设备

如图9-44所示，它为不锈钢同轴心三重圆筒形状，中间和里面两圆筒之间的夹层部分为杀菌容器。外面和中间两圆筒之间可在需要时加冷却液，用来控制内夹层杀菌容器内的温度。里面圆筒接脉冲电源正极，中间和外面圆筒接地。

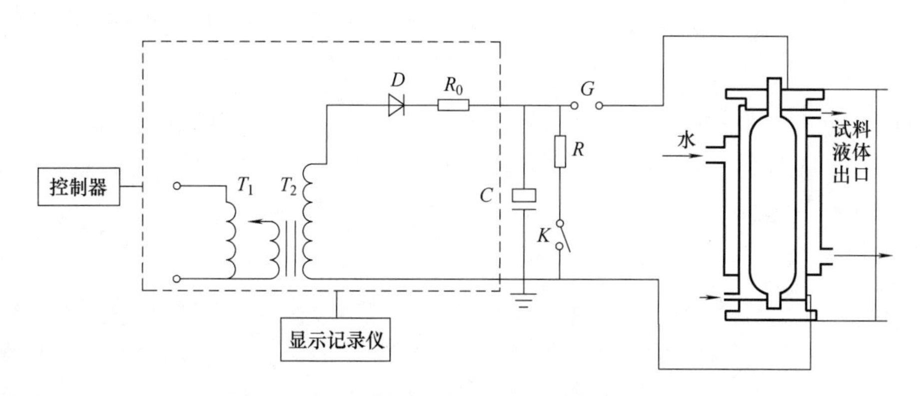

图9-44　流通式高压脉冲电场杀菌置

思考题

1. 请说明食品杀菌、商业杀菌、生物学杀菌的区别。

2. 板式杀菌设备的核心部件就是板式换热器，它由许多冲压成型的不锈钢薄板叠压组合而成，广泛应用于乳品、果汁饮料、清凉饮料以及啤酒、冰淇淋的生产中的高温短时（HTST）和超高温瞬时（UHT）杀菌。其有哪些特点？

3. 以牛乳为例介绍超高温瞬时（UHT）板式杀菌装置的工艺流程。

4. 管式杀菌机的结构特点有哪些？

5. 静水压连续杀菌设备的特点有哪些？

6. 简述欧姆杀菌的基本原理及其特点。

第十章 食品熟化机械与设备

CHAPTER 10

[学习目标]

了解各种食品熟化机械与设备的工作原理和应用场合。掌握各种焙烤设备的特点、工作原理；掌握连续深层油炸设备的工作原理和特点；掌握螺杆挤压机、柱塞式挤压机、活塞式挤压机的工作原理与结构。

第一节 焙烤设备

面包、饼干成型后，置于烤炉等焙烤设备中，经烘烤，使坯料由生变熟，成为具有多孔性海绵状态结构的成品，并具有较深的颜色和令人愉快的香味及优良的保藏和便于携带的特性。

一、加热原理与加热元件

（一）加热原理

焙烤食品生产中常用的热源是电加热器。电加热器是一种通过电热元件把电能转变为热能的加热装置，常用的有远红外加热和微波加热两大类。

红外线是电磁波，波长范围在0.72～1000μm，分为近红外线（波长0.78～2.5μm）、中红外线（波长2.4～20μm）和远红外线（波长20～1000μm）三类。与可见光一样，以直线传播并服从反射、透射和吸收定律。

当红外线或远红外线辐射器所产生的电磁波，以光速直线传播到达物体时，红外线或远红外线的发射频率与被烤物料中分子运动的固有频率相同，即红外线或远红外线的发射波长与被烘烤物料的吸收波长相匹配时，就引起物料中的分子强烈振动，在物料的内部发生激烈摩擦产生热而达到加热目的。

微波加热是新型的加热方法，热效率高，在食品加工中得到越来越广泛的应用。

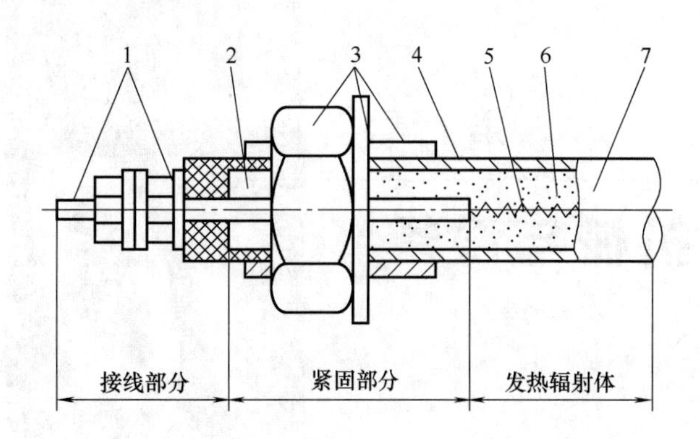

图 10-1 金属氧化镁远红外辐射管结构

1—接线装置 2—导电杆 3—紧固装置 4—金属管 5—电热丝 6—氧化镁粉 7—辐射管表面涂层

（二） 加热元件

1. 远红外加热元件

食品烤炉常用的辐射元件有管状辐射元件和板状辐射元件两种。

（1）管状辐射元件

① 金属氧化镁管：金属氧化镁管是以金属管为基体，表面涂以金属氧化镁的远红外电加热器，其特点是机械强度高，使用寿命长，密封性好，只需拆下炉侧壁外壳即可抽出更换（图 10-1）。

② 碳化硅管：碳化硅管状远红外辐射元件的基体是碳化硅，热源是电阻丝，碳化硅管外涂覆了远红外涂料，碳化硅的远红外辐射特性和糕点的主要成分的远红外吸收光谱特性相匹配，可以取得很好的加热效果。它有辐射效率高、寿命长、制造工艺简单、成本低、涂层不易脱落等优点。缺点是抗机械振动性差，热惯性大，升温时间长（图10-2）。

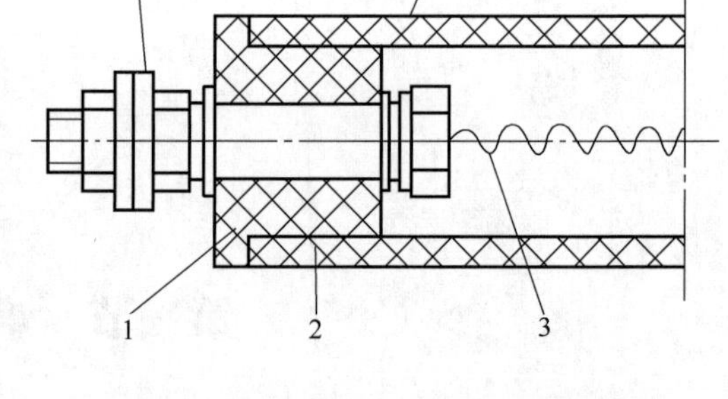

图 10-2 碳化硅管远红外辐射元件结构

1—普通陶瓷管 2—碳化硅管 3—电阻丝 4—接线装置 5—辐射涂层

③ 硅碳棒电热元件：硅碳棒是以高纯度碳化硅（含量 98% 以上）作主要原料，用有机结合剂，经高温挤压成型、预烧，最后再经电阻炉高温硅化再结晶而制得的非金属直热式电热元件。其最大特点是通电自热，不用电热丝，其单位表面的发热量大，升温快，比金属管及碳化硅管等具有明显的节电效果，烘烤产品质量好，但成本较高，使用安装的技术性较强（图 10-3）。

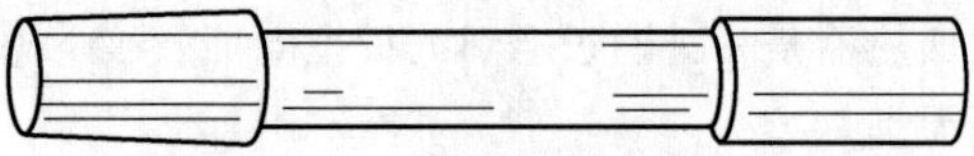

图 10-3 硅碳棒电热元件

④ SHQ 乳白石英管：SHQ 元件由发热丝、乳白石英玻璃管及引出端组成。发热丝材料通常为 Ni80Cr20 镍铬丝或 Cr25Al5 铁铬铝丝。SHQ 元件光谱辐射率高且稳定，节电效果明显，由于不需涂覆远红外涂料，所以没有涂层脱落问题，符合食品加工卫生要求。缺点是价格偏高。

（2）板状辐射元件 板状辐射元件的辐射基体有金属板和陶瓷复合板等。食品烤炉中常用的是碳化硅板状元件。基体为碳化硅，表面涂以远红外辐射涂料。这种元件温度分布均匀，适应性较大，制造简单成本低，安装方便，辐射效率高。但抗机械振动性能差，且热惯性大，升温时间长（图 10-4）。

（3）半导体远红外辐射器 半导体远红外辐射器是在红外加热技术迅速发展的基础上产

生的一种新型的加热辐射器，它以高铝质陶瓷材料为基体，中间层为远红外涂层，两端绕有银电极，电极用金属接线焊接引出后，绝缘封装在金属电极封闭套内，成为辐射器。通电以后，在外电场的作用下，辐射器能形成空穴为多数载流子的半导体发热体，它对有机高分子化合物及含水物质的加热烘烤极为有利。特别适用于300℃以下的低温烘烤。因此，它是比较适用于饼干烤炉的一种辐射加热器如图10-5和图10-6所示。

半导体远红外辐射器的热效率高，热容量小，热响应快。能实现快速升温和降温，抗温变性能好，辐射器表面绝缘性能好，远红外涂层采用珐琅绝缘涂料，不易剥落，符合卫生条件。它的主要缺点是机械强度较低，安装要求较高，对使用要求较严。

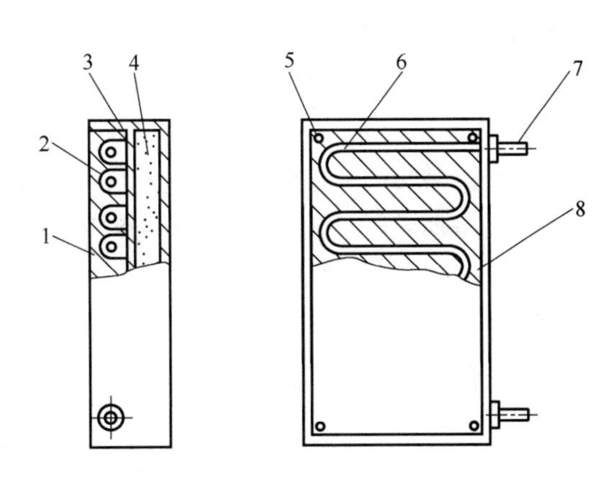

图10-4　碳化硅板式远红外辐射元件结构

1—远红外辐射层　2—碳化硅板　3—电阻丝压板　4—保温材料　5—安全螺栓　6—电阻丝　7—接线装置　8—外壳

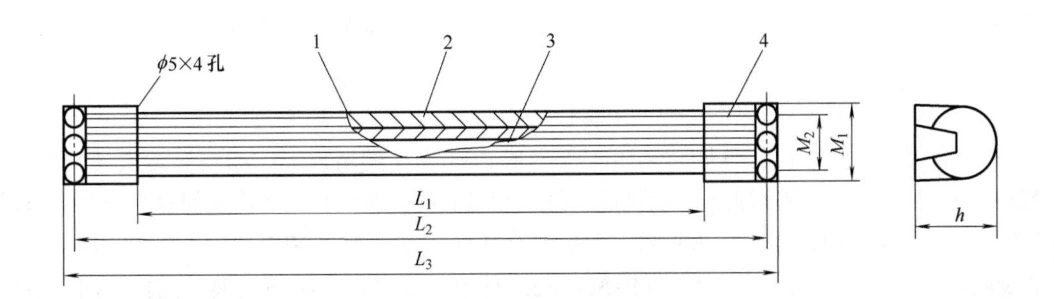

图10-5　管式半导体远红外辐射器

M_1，M_2，L_1，L_2，L_3，h—安装尺寸

1—陶瓷基体　2—半导体导电层　3—绝缘远红外涂层　4—金属电极封闭套

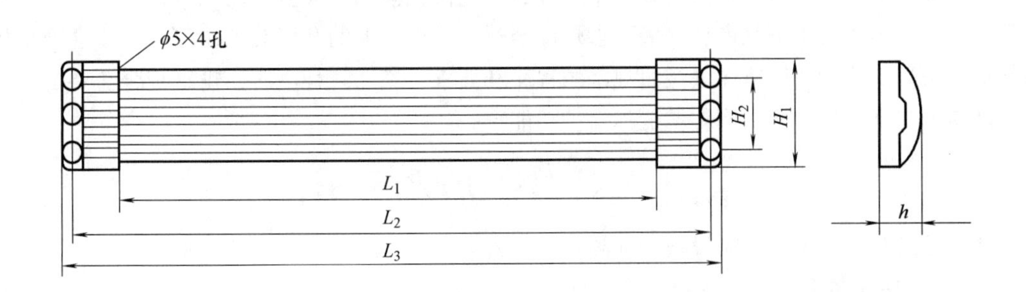

图10-6　板式半导体远红外辐射器

M_1，M_2，L_1，L_2，L_3，H_1，H_2，h—安装尺寸

2. 微波加热设备

微波加热设备种类型号繁多，彼此的功能也不大一样，但其基本结构都大致相同。图10-7为微波加热设备基本结构框图。

微波炉是常见的微波加热设备。从外形上看，微波炉是一个封闭的金属箱体，前面有一扇带观察窗的金属炉门，面板上还有一系列按键、旋钮以及显示器等。

图10-8是普通微波炉的结构示意图，其基本结构包括磁控管、炉腔、波导、模式搅拌器、旋转工作台、炉门、电源、控制系统等。

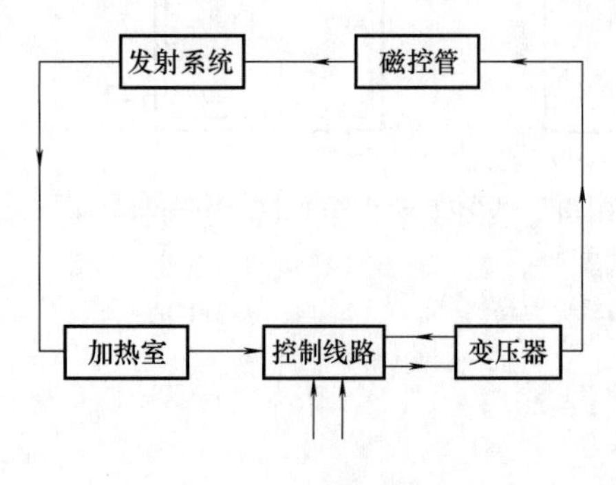

图10-7 微波加热设备的基本组成框图

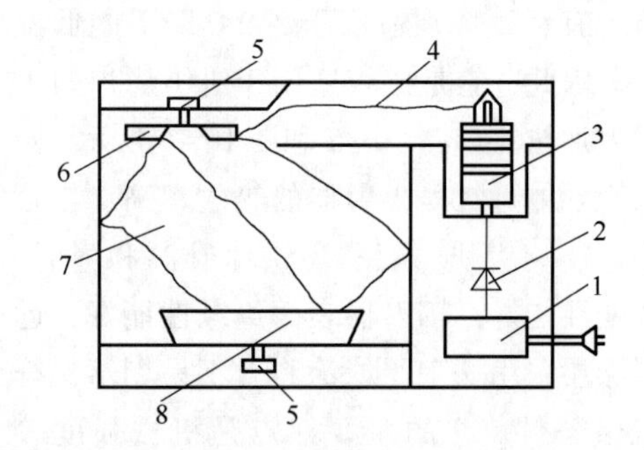

图10-8 微波炉的结构示意图

1—变压器 2—整流器 3—瓷控管 4—波导 5—电动机 6—模式搅拌器 7—炉腔 8—旋转工作台

当微波炉接通电源后，其电源变压器将220V电压升压，然后经过整流，变成直流高压，加在磁控管的阳极上，磁控管则将直流电能变成2450MHz的微波能，经波导传输到炉腔内。微波炉的炉腔是一个多模谐振腔，由馈能波导口激励起的微波场在炉腔内壁间多次反射，形成驻波场，加热其间的食物。所谓驻波，就是由两列振动方向相同、频率相同、振幅相同而传播方向相反的简谐波（即正弦规律传播的波）叠加而成的复合波。炉顶的模式搅拌器在缓缓的转动过程中，能改善微波能量在腔内分布的均匀性。食物放在旋转工作台上，受热会更加均匀。为了避免打火，搅拌器轴采用机械强度高、介质损耗小的聚四氟乙烯等非金属材料制成。炉门上设有屏蔽性能良好的带多孔金属网的观察窗，从而既能观察炉腔内的食物，又能确保微波不会泄漏。炉门上还设有连锁装置，开启炉门时会自动切断磁控管的电源，从而在打开炉门时绝无微波泄漏。为了保证炉门的电气密封性，防止微波泄漏，现多采用抗流式炉门。炉门还必须保证具有足够的机械强度，一般要求炉门经过1万次以上的开、关动作后，仍不会产生机械变形或断裂。控制系统能保证按照规定的程序和要求，施加各种电压，输出符合需要的微波平均功率，实现各种必要的调整功能和保护功能。

二、 烤炉的分类

烤炉是最常用的一种烘烤设备，种类很多。

（一） 烤炉的分类

1. 按烤炉热源分类

根据热源的不同，烤炉可分为煤炉、煤气炉、燃油炉和电炉等，最广泛使用的是电炉。电烤炉具有结构紧凑、占地面积小、操作方便，便于控制，生产效率高，焙烤质量好等优点。其中以远红外烤炉最为突出，它利用远红外线的特点，提高了热效率节约电能，在焙烤行业广泛应用。

2. 按结构型式分类

食品烤炉按结构形式不同，可分为箱式炉和隧道炉两大类。

（二） 常用烤炉

1. 箱式炉

箱式炉外形如箱体，按食品在炉内的运动形式不同，分为烤盘固定式箱式炉、风车炉和水平旋转炉等。其中以烤盘固定式箱式炉是这类烤炉中结构最简单，使用最普遍，最具有代表性的，常简称为箱式炉，图 10-9 是几种典型的箱式炉结构。

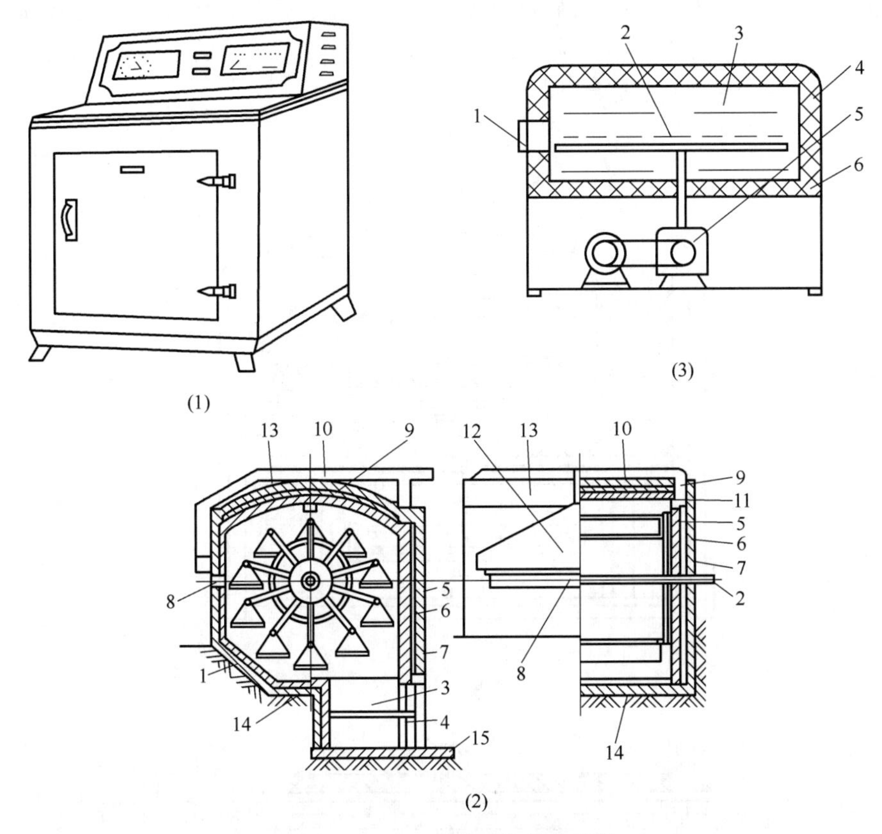

图 10-9　几种典型的箱式烤炉

（1）箱式烤炉外形

（2）风车炉结构

1—转篮　2—转轴　3—焦炭燃烧室　4—空气门　5—炉内壁　6—保温层　7—炉外壁　8—炉门　9—烟道　10—烟筒　11—挡板　12—排气罩　13—炉顶　14—底脚　15—燃烧室底脚

（3）水平旋转炉结构示意图

1—炉门　2—加热元件　3—烤盘　4—回转支架　5—传动装置　6—保温层

风车炉因烘室内有一形状类似于风车的转篮装置而得名。这种烤炉多采用无烟煤、焦炭、煤气等为燃料，也可以采用电与远红外加热技术。热效率高，占地面积小，结构比较简单，产量较大。目前仍用于面包生产。缺点是手工装卸食品，操作紧张，劳动强度较大。

水平旋转炉内设有一水平布置的回转烤盘支架，摆有生坯的烤盘放在回转支架上。烘烤时，由于食品在炉内回转，各面坯间温差很小，所以烘烤均匀，生产能力较大。缺点是劳动强度较大，炉体较笨重。

2. 隧道炉

隧道炉是指炉体很长，烘室为一狭长的隧道，在烘烤过程中食品沿隧道做直线运动的烤炉。隧道炉分为钢带隧道炉、网带隧道炉、烤盘链条隧道炉和手推烤盘隧道炉等几种。

钢带隧道炉是指以钢带为载体，沿隧道运动的烤炉，简称钢带炉，见图 10-10。由于钢带只在炉内循环运转，所以热损失少。网带隧道炉简称网带炉，其结构与钢带炉相似，只是传送面坯的载体采用网带。网带由金属丝编制成。由于网带网眼孔隙大，在焙烤过程中制品底部水分容易蒸发，不会产生油滩和凹底。网带运转过程中不易产生打滑、跑偏现象也比钢带易于控制。网带炉焙烤产量大，热损失小，易与食品成型机械配套组成连续的生产线。缺点是不易清理，网带上的污垢易于粘在食品底层。

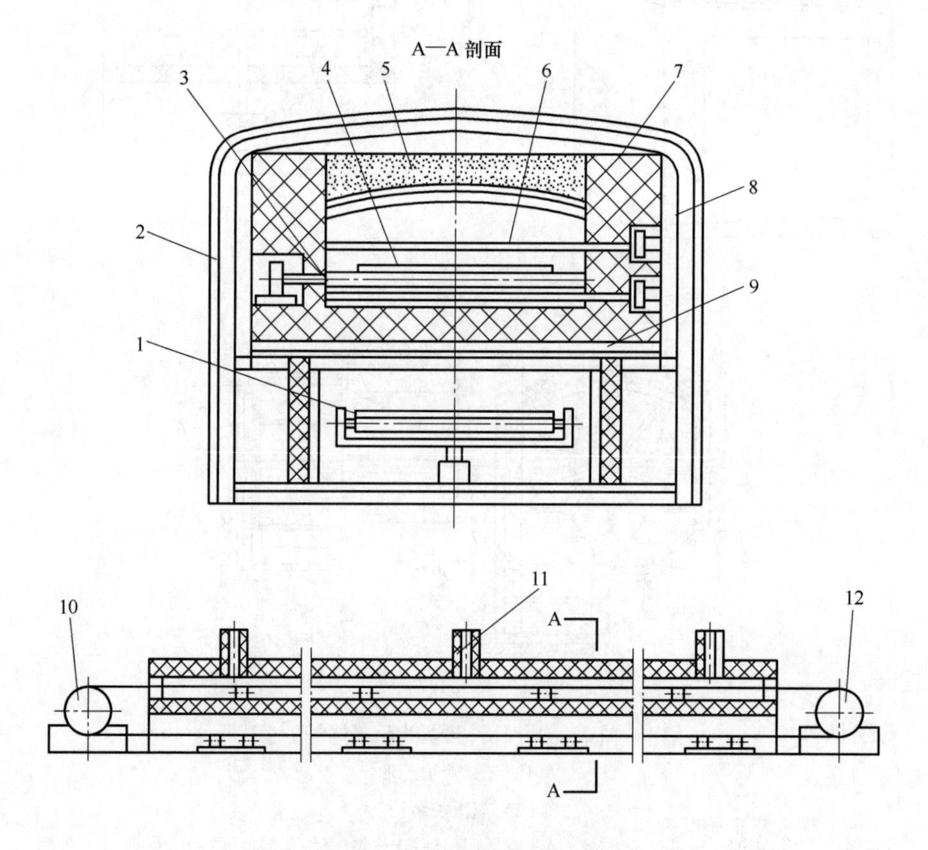

图 10-10　带式烤炉工作原理

1—上托辊或调偏机构　2—炉体外罩　3—上托辊装置　4—炉带　5—炉顶　6—电热装置　7—炉墙　8—炉体机架　9—石棉保温板　10—驱动滚筒　11—排气管　12—改向滚筒

烤盘链条隧道炉是指食品及其载体在炉内的运动靠链条传动来实现的烤炉，简称链条炉。根据焙烤食品品种不同，链条炉的载体大致有两种，即烤盘和烤篮。烤盘用于承载饼干，糕点及花色面包，而烤篮用于听型面包的烘烤。

另有一种推烤盘隧道炉，是靠人力推动烤盘向前运动。操作时，进出口各需操作者完成装炉和出炉。炉体短，结构简单，适用面广，多用于中、小食品厂。

三、 带式饼干烤炉的结构

（一） 炉体

1. 炉体结构

炉体的结构有三种形式：砖砌炉体、金属构架炉体和预制构件炉体。

以前，砖砌炉体的材料为红砖或耐火砖，现在，此类炉体有时采用蛭蛙石或硅藻土保温砖砌成，这种砖保温性能优于红砖。砖砌炉体的特点是结构简单，热惯性大，适用于热强度大，长期连续运转的场合。其缺点是体积庞大、笨重、不能搬运。金属架构炉体由型钢构架、金属薄板和保温材料组成（图 10-11）。型钢构成骨架，金属薄板安装在构架两侧，中间充填保温材料，减少热量损失。特点是炉体轻、灵活、热惯性小，而且可做成各种形式。以适应各种产品的烘烤要求。另外，型钢构架的炉体可分段制造，成批生产，然后根据需要，组成不同的长度，在每节之间用螺栓联结，以便于安装和运输。其缺点是成本比砖砌炉体高，钢材用量较多。

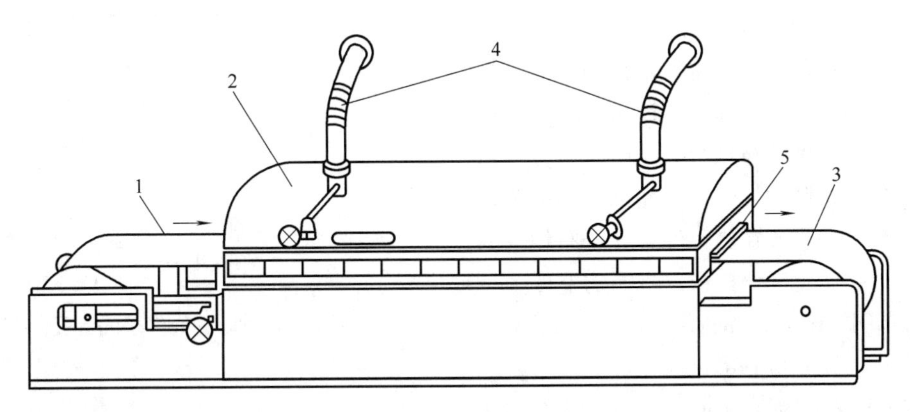

图 10-11　钢带炉外形图

1—入炉端钢带　2—炉顶　3—出炉端钢带　4—排气管　5—炉门

预制构件炉体是以膨胀珍珠岩和硅酸盐水泥以 10 ∶ 1 的比例混合压制而成。其优点是便于拆装，节约钢材，成本较低，保温性好，热量损失少。

2. 炉体尺寸

（1）炉膛截面　炉膛的截面主要有长方形和拱形两种（图 10-12）。长方形的炉顶呈平面形，这样可以减少炉膛高度，降低热量损失，但容易形成死角，这对饼干中水分蒸发不利。拱形顶呈圆弧状，它的截面尺寸比平面尺寸稍大，加热饼干所需的热量将会有所增加。但拱形顶便于水蒸气的排放，避免形成积聚水蒸气的死角，这对提高饼干的质量是有利的。

（2）炉膛高度　平顶炉炉膛高度由下式确定：

$$H = L_1 + h + L_2$$

式中　L_1、L_2——上、下热元件至炉顶与炉底的距离，均取 50 ~ 70mm

h——上下元件之间距离/mm

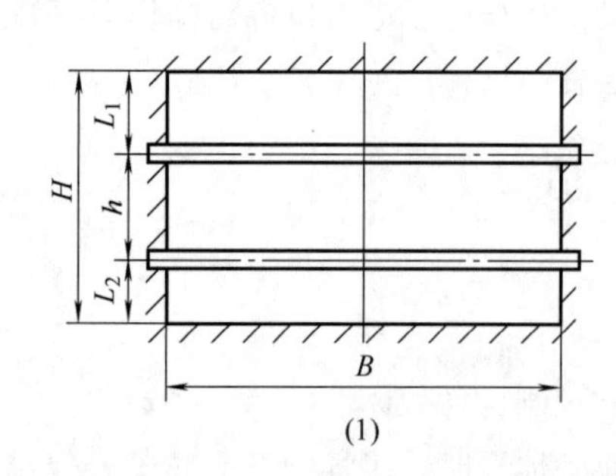

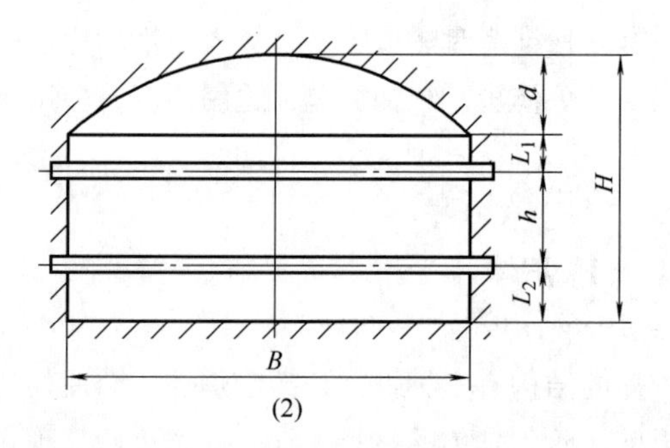

图 10－12 炉膛截面形状

（1）平顶炉 （2）拱顶炉

h 的大小与制品的厚度有关，制品越厚，h 值越大。

拱形顶炉膛断面的中心高度应在平顶炉炉膛高度的基础上再加上拱顶高。

（3）炉膛宽度 对管状辐射元件，其发热部分沿管长方向的温度分布并不均匀。当管长为 500mm、直径为 16mm、功率 1kW 时，其开放状态的管面温度分布见图 10－13。

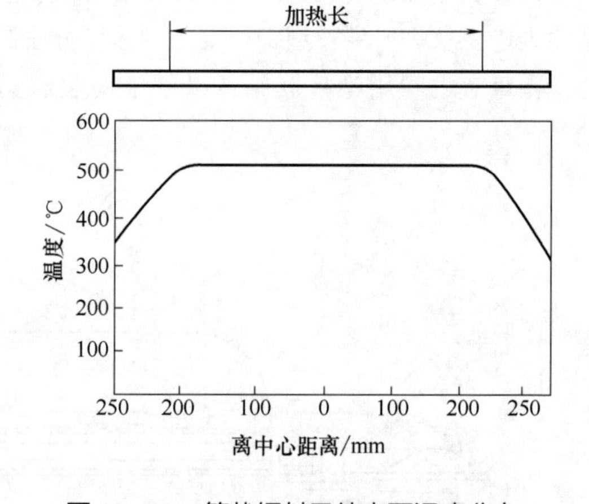

图 10－13 管状辐射元件表面温度分布

为了保证炉膛的两侧与中间部位的火色均匀一致，糕点应排放在热元件温度分布均匀的部位，所以炉膛宽度要比糕点排布的宽度大一些，一般超出 100～150mm，即：

$$B = b + (100 \sim 150)$$

式中 B——炉膛宽度/mm

b——食品排布宽度/mm

（4）炉体的长度 炉体的长度与生产能力、烘烤时间及运行速度有关。对于同一种食品来说，在一定的加热温度条件下，焙烤时间变化不大，所以生产能力越大，则要求食品在炉内的运动速度越快，炉体越长。

3. 炉体的保温

炉体保温形式随炉体结构不同而不同。砖砌和预制构件炉都是以其本身作为保温层，而型钢构连架炉体的保温则是靠保温材料实现的。炉体保温效果的好坏，对烤炉的加热效率影响很大。有些烤炉的外壁温度高达 50～60℃ 以上，这样经外壁散失的热量将占功率的 20% 以上。在加热炉正常工作时，炉外壁的温度不应高于 50℃。为了提高加热效率，尽量减少炉体的热量损失，设计时应考虑以下几点。

（1）提高炉壁热阻，减少传导热损失。

（2）加强炉内壁的反射，减少炉壁吸热。

（3）加强炉体密封，防止不必要的辐射损失与对流损失。

（4）尽量减小炉体尺寸和重量，以减少散热面积和自身蓄热。

炉体的保温效果与保温材料的性能有关。一般将导热系数小于0.2W/(m·K)的材料称为保温材料。炉体设计时应尽量选用容重较轻、导热系数较小的材料作保温层填充料。中、低温(600℃以下)情况下，隔热保温效果较好的保温材料有石棉、硅藻土、蛙石、矿渣棉、膨胀珍珠岩和耐火纤维等，见表10-1。

表10-1　常用的保温材料性能

名　称	密度/(kg/m³)	导热系数/[W/(m·K)]
石棉泥	600	0.054
矿渣棉	125~300	0.055
硅藻土	55	7.048
膨胀蛭石	40~120	0.028~0.07
玻璃纤维	100~300	0.054
珍珠岩制品	180	0.098

耐火纤维是一种新型轻质耐火材料，按其结构可分为非晶质和多品质纤维两类。按其组成又可分为硅酸铝纤维、硅质纤维、氧化铝纤维、硼质纤维和碳质纤维等。目前所使用最普遍的是非品质的硅酸铝纤维，也叫硅酸铝陶瓷纤维。

耐火纤维与传统耐火材料相比，具有以下优点：

① 密度小，热容量小，使烤炉热惯性较小，缩短了生产周期，提高了生产效率；

② 导热率低，具有较好的保温性；

③ 耐热性和抗机械振动性能较好；

④ 具有较高的使用温度及良好的弹性和柔性；

⑤ 具有较好的隔音和化学稳定性，可以减少生产部的各种噪声，并能防止生产过程中的酸、碱和油类蒸气等的侵蚀。

由于耐火纤维这些突出优点，所以它值得大力推广和应用。

（二）加热系统

加热系统是组成饼干烤炉的关键部分之一。目前，加热元件普遍采用红外线辐射元件，它在烤炉中的布置是否合理，对烤炉的热利用率、食品的烘烤质量有直接影响。辐射元件的工艺排布主要指辐射距离、辐射元件间距及辐射元件的整体布局等方面。

1. 辐射距离

辐射距离指管状元件中心或板状元件的辐射涂层到烤盘底部或钢带上表面之间的距离，辐射距离的大小直接影响远红外线的辐射强度。

辐射强度随距离的增加而衰减，辐射距离越近，辐射强度越大，加热效率也越高，但辐射强度分布的不均匀性也越显著，管状元件尤为明显。距离越大，辐射强度越小，温度也越低，同时也导致炉膛尺寸增大，但是辐射强度的分布也趋于均匀。原则上，在保证辐射均匀性的前提下，辐射距离越近越好。一般辐射距离以100~400mm为宜。表10-2列出了几种适宜的辐射距离。

表10-2　几种焙烤食品的辐射距离　单位：mm

食品名称	饼干	面包	月饼	蛋糕
上辐射距离	70~120	50~180	100~140	150~180
下辐射距离	50~70	50~70	50~70	50~70

2. 辐射元件的间距

在烤炉内，辐射强度的均匀性主要取决于炉内辐射元件的组合方式和工艺布置，管状辐射元件之间的距离一般为150～250mm。板状辐射元件的远红外线是从辐射层向外漫射的，长宽尺寸相差不大的板状辐射元件。其两个方向的辐射强度分布差别不大，温度也较均匀，组合起来也很方便，组合时，其板间距离以30～50mm为宜。

3. 辐射元件的布局

（1）箱式炉辐射元件布局　箱式烤炉的热源布局大致有两种形式，一是分层均匀布置式；二是侧壁排布式。分层均匀布置式，烤盘置于上下两层热元件之间，烘烤强烈，热效率高，缺点是受热均匀差，热源层间距不能调整，被烘烤物高度受到限制。侧壁排布式是将远红外辐射元件设置在四周或若干局部，用风机使炉膛内热空气做强制循环，被烘烤物放置在专用的活动架上推入炉内，在炉内固定不动或缓慢转动，这种形式对被烤物的辐射不均匀性强烈。尤其是烤炉中心部分更弱，几乎得不到辐射。

（2）隧道炉辐射元件的布局　在隧道炉内，一般是在被烘烤物的上面和下面设置热元件，以形成烘烤食品的面火及底火。其布置方式有三种：均匀分布、分组排布和根据食品的烘烤工艺排布。

均匀排布是指各个元件间的距离均匀相等，以获得均匀的辐射强度。

分组排布是将元件分成小组安装，每组之间有一定距离，使加热温度出现脉冲式分布，这种脉冲加速了炉内空气的流动，使对流传热变快，可以避免制品表面蒸汽膜的形成，改善了水分的蒸发状况，提高加热效率。

根据食品烘烤工艺排布，是指由于各种食品的烘烤工艺各不相同，因此各个烘烤阶段所需要的温度也不同。排布时所遵守的原则是高温区元件排布密些，低温区元件排布要疏一点。在各个加热段分别配备温度控制调节系统，以便根据工艺要求和品种不同排布。

（三）传动系统

烤炉的传动系统用以输送烘烤制品，并使其在烤炉内有合适的停留时间，保证制品的烘烤质量。传动系统包括传动装置、炉带张紧装置、滚筒、托辊、调偏机构等。这里仅介绍炉带的特点及选用，其他部分请参看通用设备中的有关章节。

常用炉带（或链条）主要有链条、钢带、网带等形式。链条传送通常由2条或4条平行布置的输送链条构成，链条上设有助挡板等附件，以便推动装有食品生坯的烤盘随链条在炉内运行。

钢带传送主要由环状钢带及驱动滚筒等组成。食品生坯可直接放置在钢带上，节省了烤盘，简化了操作。钢带表面光洁，容易清洗；钢带薄，从炉内带出的热量较少，节省了能源；但是钢带容易跑偏，其调偏装置结构复杂。

（四）排潮系统

烘烤过程中，由于生坯中的水分逸出形成大量水蒸气，水蒸气一方面阻碍生坯表面水分的继续蒸发，另一方面水蒸气在红外3～7nm及14～16nm波段附近具有大量的吸收带，使红外线透射衰减，造成热效率大幅度降低，同时影响产品质量，为此应当设置排潮系统，及时排出水蒸气。

1. 箱式炉通风排潮系统

由于箱式炉的产量较小，蒸汽排放量也较小，因此对箱式炉的排潮只需设排汽孔和通风孔。孔的大小、数量可根据排汽量的大小设计。排汽孔过小，对排汽不利；排汽孔过大，则热量散失过多。由经验可知，排汽孔直径以 10 ~ 15mm 为宜。排汽孔数量可按一次烘烤量每 1kg 面粉 0. 8 ~ 1 个孔近似计算，其位置可在顶部或炉后上方。通风孔可视炉体大小在底部开设，大小与排汽孔相同，数量为 2 ~ 4 个。

2. 隧道炉排潮系统

由于隧道炉的产量一般都很大，相应的排汽要求要高的多，同时，排汽管的数量和位置，与制品的焙烤工艺和烤炉加热温度分区有着密切关系。饼干在焙烤过程中可分为胀发、定型脱水、上色 3 个阶段，因而排汽管的数量和位置必须适应这一工艺要求，一般采用自然通风，靠排汽管本身两端的温差产生抽力而实现通风排汽。图 10 - 14 为隧道炉排汽管的布置图。

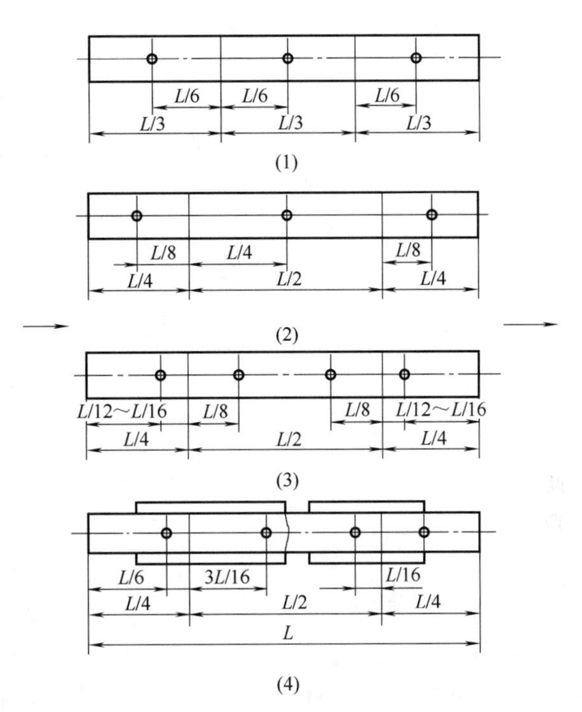

图 10 - 14　隧道炉排气管的布置图

图 10 - 14（1）是一种等分型的布置形式，布置方式简单，但无法与烘烤工艺相配合。图 10 - 14（2）的布置形式将中间一个分区扩大了，将有助于饼干的烘烤过程，但定型脱水阶段只安装一个排汽管，有可能导致中间的蒸汽得不到充分的排放。图 10 - 14（3）的布置方式在定型阶段均匀布置两只排汽管，这样可保证水蒸气的充分排放。图 10 - 14（4）的布置形式取消了脱水上色阶段的排汽管，这样可保证水蒸气引入炉子中部蒸发区，这将进一步提高烤炉的热效率，对上色有利。同时，从后部引入的蒸汽把中部蒸发区附着于饼干表面的水膜吹散，有利于水分的蒸发和扩散速度。另外为了保证饼干在第一阶段获得迅速的蒸发和良好的糊化，可将烤炉中部饼干中大量蒸发的水蒸气引入烤炉入口端。这种排汽管布置方式具有较好的效果，但比较复杂，要求的技术性也比较强。

（五）炉温调节装置

烤炉的温度应根据具体被烘烤食品的工艺条件而定。为扩大烤炉的使用范围，炉内温度及温区必须具有一定的调节量，以适应不同食品的烘烤操作。

烤炉温度调节通常有改变辐射距离法、电压调节法及开关法 3 种。

1. 改变辐射距离法

由于辐射强度与辐射距离有关，因此通过改变辐射距离即可调节辐射强度，进而实现对食品烘烤温度的调节，这种方法称为改变辐射距离法，见图 10 - 15。

这种调节法工作量大，操作不便，调温精度低。必须注意，改变辐射距离会使辐射均匀性受到破坏，使用时应加以注意。

2. 电压调整法

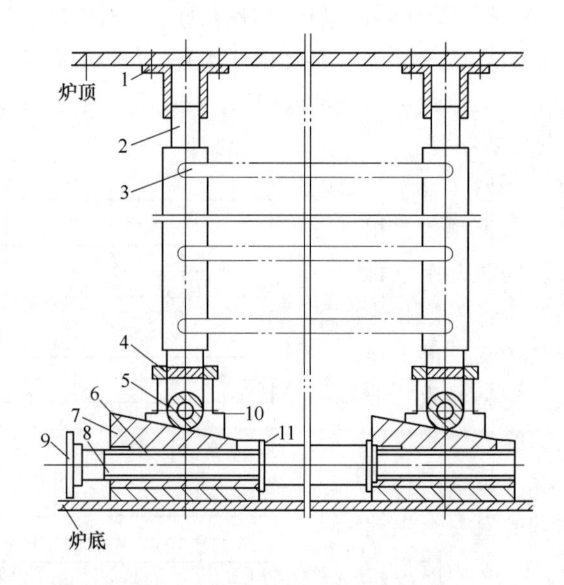

图 10-15　烤盘支撑调节机构

1—上轴　2—立柱　3—烤盘隔板　4—下轴　5—销轴　6—调节螺丝

7,8—滑块　9—调节手轮　10—滚子　11—挡

电压调整法，通过改变加载于电热元件的电压来改变总辐射强度，从而达到调温的目的。因为电热元件的电阻一定时，其电功率与电压平方成正比（$P=V^2/R$），所以可以通过改变电压的方法实现炉温调节，目前常用的电压调整方法有 4 种。

（1）抽头干式变压器调压　这种方法必须在无载条件下进行。

（2）辐射元件的△—Y接法的切换　升温时用△接法，保温时用Y接法。△接法时发热元件的端电压约为Y接法的 1.7 倍。

（3）调压变压器调压　该方法可实现无级调压，并可在有载情况下进行操作。

（4）可控硅控制调压　该方法控制比较先进，它利用相位和波形控制，可以实现连续无级调压、调温，并能在有载情况下操作，是一种理想的温度调节方法。

3. 开关法

开关法是通过接通或断开烤炉内部分或全部辐射元件的电路，改变输入电功率，从而达到调温目的的一种方法。方法简便，但开关频繁，烘烤质量不高。

四、冷却与整理机械

（一）旋转面输出机

饼干离开炉带后，温度仍然很高，需要有一段很长的冷却输送带。通常，冷却带的长度应为炉长的 1.5 倍以上，才能保证制品的包装质量。如果冷却制品的输送带沿炉带方向继续向前延伸，必然会大大增加车间的长度，因此采用旋转面输出机来改变制品的输出方向是一种比较好的方法。图 10-16 为回转 180°的水平旋转面输送机原理图。在输入轴 13 和输出轴 7 上，分别装有小链轮 8、12 和大链轮 6、14，在输入和输出间有许多销轴 10，安装在内外圆弧链 10 上，圆弧链由销带弧状的链片组成。销轴 10 既有固定内、外侧圆链条的作用，又承担了输送饼干的作用。传动时，电动机5通过三角带驱动无级变速器2，再通过链传动驱动输出轴7，然后输出轴上的两个链轮分别驱动内外侧圆弧链运转平稳，在内侧圆弧链的内侧还设置有圆弧导轨。这样就使销轴、内外侧圆弧链构成一组上下平行的封闭扇形旋转面沿着导轨不断运动，使饼干改变方向。

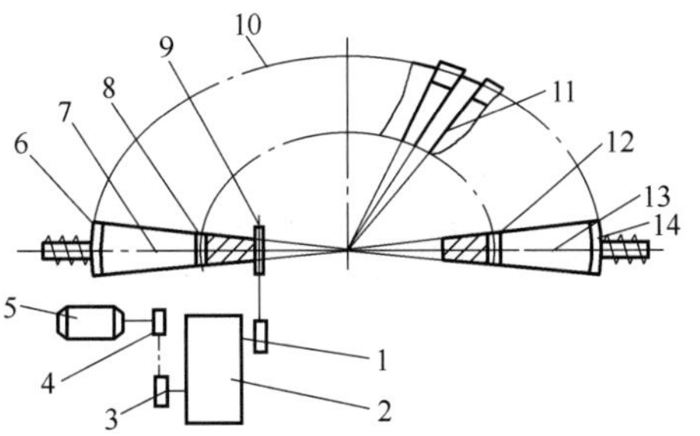

图10-16　旋转面输送机的工作原理

1—链轮　2—无级变速器　3,4—V带轮　5—电动机　6,14—大链轮　7—输出轴　8,12—小链轮　9—链轮　10—内外大圆弧链　11—销轴　13—输送器

为了保证水平旋转面输送机的正确运行，销轴两旁的大小链轮必须齿数相同而节距不同，从而使内、外侧圆弧链条的回转角速度相同，但线速度不同。

通过调节无级变速器，可以获得任意的旋转速度。为使输送饼干的旋转面处于张紧状态，应使输出轴为主动轴，也即电机、无级变速器等应装在输出轴上。也可以直接采用调速电机，以代替电动机和无级变速器。

（二）撒糖、盐装置

在饼干生产中，有时饼干的表面需要撒上一层糖或盐，以改善饼干的口味和增加花色品种。为达到这个目的，可在进炉前安装一个撒糖、盐装置。目前国外撒糖、盐装置的类型很多，图10-17是一种较典型的装置。

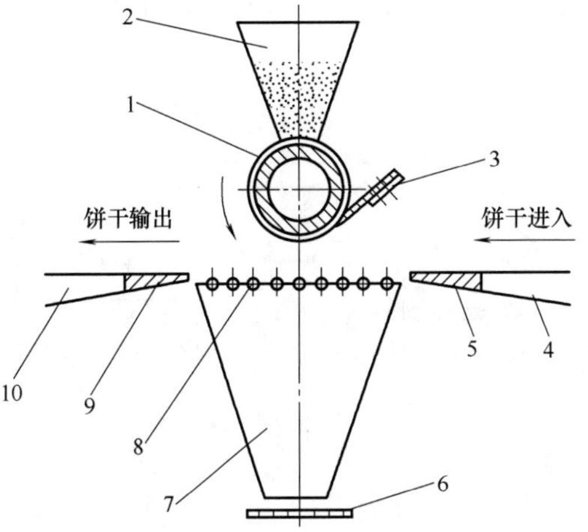

图10-17　撒糖、盐装置示意图

1—糖、盐撒布滚筒　2—料斗　3—刮刀　4—输送带　5—送料舌　6—横向输送器　7—接料斗　8—饼干旋转输送器　9—接饼干舌　10—输送器

饼干经输送带4从送饼舌5送入一排沿逆时针方向转动的输送辊8，然后从接饼舌9经输送带10送入饼干烤炉。糖或盐贮放在料斗2内，在料斗的下方紧贴着一个撒布滚筒1，滚筒的外表面刻有许多横向小槽，糖（或盐）的颗粒可嵌在槽内。当滚筒转动时，糖粒就随着滚筒转向滚筒的下方，撒布在运行的饼干表面上，没有与饼干接触的糖粒从输送辊的间隙落入接料斗7内，然后由横向输送带6送入一个预先安置好的存料斗内，以便回用。刮刀装置3将粘在滚筒上的糖粒刮下，使滚筒转回到料斗下方时，滚筒槽内仍能顺利地嵌入糖粒。有的撒糖、盐装置是用毛刷代替刮刀，也能达到同样的效果。

（三）喷油装置

目前大多数先进的饼干制造厂，都在饼干烤炉的后面安装一个喷油装置，用来在饼干表面喷射一层油雾，以提高饼干的光泽度，改善产品质量和增加花色品种。

图10-18为一种常用的喷油装置工作原理图。饼干输送机由网带与一套传动辊和压辊组

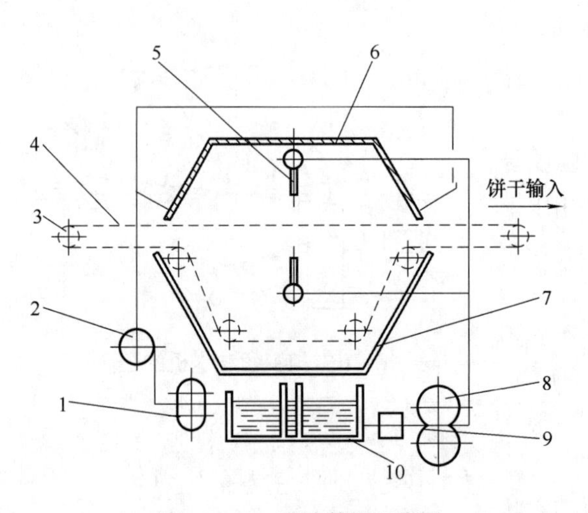

图 10-18　喷油装置示意图

1—油雾冷凝器　2—抽气泵　3—传动辊　4—输送网带　5—油雾喷嘴　6—上箱体　7—下箱体　8—齿轮泵　9—喷油器　10—贮油槽

成。饼干由输送网带 4 的一端进入，另一端传动辊 3 驱动网带运动。饼干处于箱体正中时，喷油机构对饼干的表面进行喷雾。喷油时饼干温度保持在 70～80℃，使其表面易于吸收油雾。贮油槽 10 内的油，经滤油器 9 被齿轮泵 8 打入上、下箱体内的喷嘴 5。喷嘴安装在一根喷管上，横向排列数量可按网带的宽度决定，对 1～1.2m 的宽的网带，喷嘴一般为 2～3 只。喷嘴最好做成扁平形的，使喷雾更为均匀。上下箱体内的喷嘴应由阀门分别控制，这样可以达到饼干正反面同时喷油或单面喷油的目的。喷油的压力一般为 0.8～1.0MPa。为降低油的黏度，使油能从喷油机构内顺利通过，并易于形成油雾，同时使油温与饼干的温差不致太大，贮油槽内的油应预先加热至 50℃ 左右。据国外资料介绍，饼干所吸收的油约为喷油量的 10%。没有被饼干吸收的油，冷凝成液滴流回贮油槽。为了防止油雾从输送网带进出口处逸出，在进出口处设置有油雾回收管。抽气泵 2 将回收的油雾送入油雾冷凝器 1，以便使其冷凝成液体，送回贮油槽重复使用。

（四）饼干颜色测量装置

饼干的颜色是确定饼干质量的重要标志之一，因此先进的饼干烤炉都配备有饼干颜色的测量装置。图 10-19 为饼干颜色的光电测量装置，1 能够把反映饼干颜色的信息传递给电子控制系统 2，控制系统有一个闭合回路，用于指示阀门 3 能够自动调整饼干的颜色。饼干颜色的深度可以通过一个指数指示计或模拟指示计读出，能精确地记录和指示饼干颜色的微量变化。当烤炉 4 内的饼干颜色发生变化时，电子控制系统就把信息反馈给执行机构，重新调整烤炉内加热器提供的热量，以保证饼干的烘烤质量。该装置只要在烤炉内装上自动测温计和在炉带的传动机构上安装一个测速电动机，就能自动测定烤炉内的炉温和炉带的运行速度。

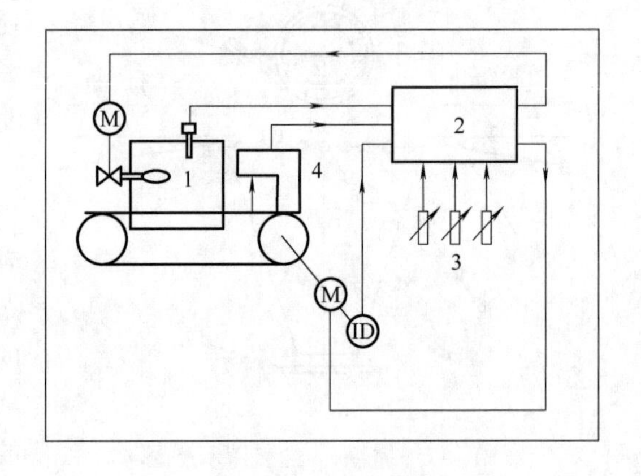

图 10-19　饼干颜色测量装置

1—光电测量装置　2—电子控制装置　3—阀门　4—烤炉

（五）饼干整理机

出炉后的饼干，在输送带上冷却送往包装工序，饼干整理机的作用是将饼干重叠排列起来，便于包装，在整理机前面的输送带上，装有一旋转的毛刷，它与输送带反方向旋转，转速为50～60r/min，刷尖与输送带之间的距离为6mm，可以根据饼干厚薄适当地进行调整，调至只有一片饼干能够通过，经过这个旋转刷，在这道帆布输送带上就不会再有重叠的饼干。饼干平铺在输送带上，运送到整理机道板上部，饼干通过道板进入整理机帆布输送带上，沿着轨道，按前后次序向前运送，由于经过倾斜的道板滑下来的饼干速度较快，因此又有部分饼干重叠起来，故在帆布输送带上装有毛刷，将轨道内重叠起来的饼干分开来（见图10-20）。

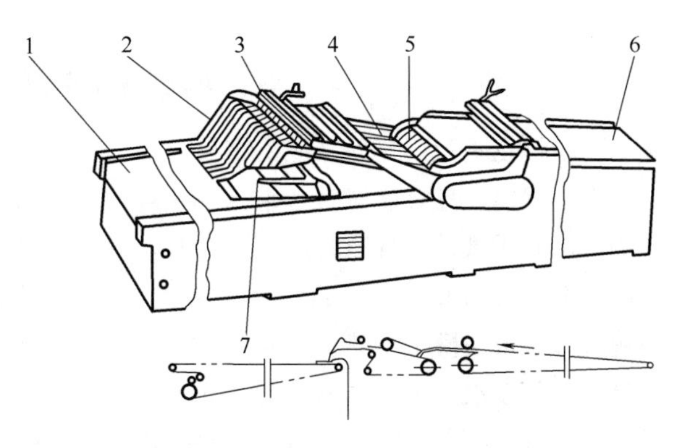

图10-20　饼干整理机

1—理饼台　2—分道脚　3—往复辊　4—分道条子　5—滑板　6—输送带　7—推板

饼干从理饼台板上部滑至下部，推板将其略向前推，推板以350～400次/min做往复运动，在推开第1片饼干后，推板退还原位，第二片饼干滑下来时刚好插入第一片饼干和理饼干道板槽之间的空隙中，此时推板再向前推，第三片饼干亦以同样方式插入第二片饼干和理饼干道板槽之间的空隙中，这样连续操作，就将饼干整齐地排列起来了。

排列整齐的饼干由理饼台帆布输送带缓缓向前运送，由两侧包装人员完成装盒。

饼干整理机的动力是由1kW电机和0.6kW电机分别驱动帆布输送带和牵引推扳；1m宽整理机每1h可以整理饼干1250～1500kg。帆布带上的轨道距离和理饼干道板的距离可以根据饼干尺寸加以调节，因此可以适合一般饼干的整理。其中以圆形和长方形的饼干整理效果较好，正方形的饼干次之，椭圆形饼干整理比较困难。

1m宽整理机的主要技术数据如下：帆布输送带的速度为34m/min，倾斜角为15°，毛刷的转速为250r/min，倾斜式道板的倾斜角度为30°，理饼干道板的倾斜角度为60°，推板的运动频率为350～400次/min，振幅为2mm。

第二节　油炸设备

油炸设备可分为非机械化油炸炉、机械化油炸锅和深层连续油炸设备。

一、非机械化油炸炉

其油槽里上层为油，下层为水，下层的水用来冷却和排除油炸物碎屑之用。加热蒸汽盘管在油槽中部，高于水面25～35mm。加热蒸汽压力要求0.8～1.2MPa。油层分上、中下3层，上层为工作层，炸笼处于这层中（层厚85～105mm）；中层为换热层，加热室处于其中，层厚视换热器形式和尺寸而定；下层称隔离层，将加热室与水隔开（层厚25～35mm）。

其操作过程分使油炸炉达到工作态和进行油炸物料两个阶段。前阶段热量主要消耗在器具、油炉、油和水以及周围介质的加热，使油温达到所需油炸温度。后阶段热量主要消耗在加热物料和周围介质。

二、连续深层油炸设备

该设备的特点是无炸笼但又能使物料全部浸没在油中，连续进行油炸；油的加热在油炸锅外进行；维修方便；具有能把整个输送器框架及其附属零部件从油槽中升起或下降的液压装置。其油炸食品质量好，且油的使用寿命长。图 10-21 为其结构简图，图 10-22 为其输送装置系统图。由矩形油槽 1、支架 2、输送装置 6、液压装置 8 等组成。物料从油槽输入端 3 的顶盖 4 的输入口送入油槽里。热油从输入端的下部用管道 36 输入。物料与油的运行方向一致。输送装置的下部浸没于油 7 之中。电动机 13 通过链 12 带动桨叶 10 作反时针旋转，将物料不断地推进输送装置 6 中去，连接在输送器两链条 18 之间的推杆 19 迫使物料到金属板 20 的下部。环形输送装置 6 是由另一个电机 21 通过链 22 而使轴 23 转动，轴上的主动链轮 24 带动输送器运动。主动链轮至被动链轮 25 之间为水平段，25 至压轮 26 为倾斜段，26 至出口又为水平段。由于在进料部分为倾斜段，推杆 19 便逐渐把物料从油面 27 压向金属板 20 的下部，从而使物料一直处于深层油之中，并用环形输送器 28 从热油中送出。出料输送器由电动机 29 带动，一端浸在油里，另一端高于油槽之上（如图 10-22 所示）。油炸时间是通过调整输送装置 6 的线速度来达到的。

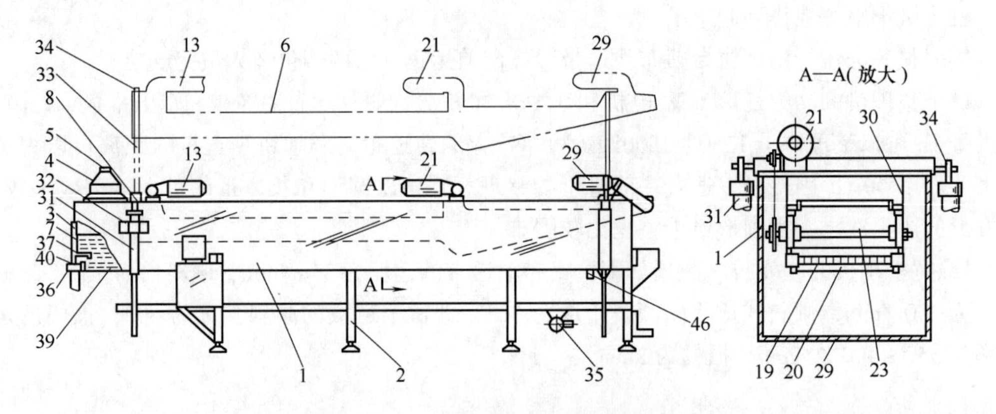

图 10-21 连续式深层油炸设备结构图

1—油槽 2—支架 3—油槽输入端 4—顶盖 5—输入口 6—输送装置 7—油 8—液压装置 13—电动机 19—推杆 20—金属板 21—电动机 23—轴 29—电动机 30—输送器框架 31—活塞 32—托架 33—活塞杆 34—托架 35—泵 36—管道 37—壁板 39—油槽底部 40—挡板 46—出口管道

在油槽 1 的每边末端上装有液压活塞（如图 10-21 所示），是用一托架 32 连接在油槽的边壁上的。活塞杆 33 是以一托架 34 连接在输送器框架 30 的最末端上，当活塞 31 通过泵 35 运动时，活塞杆 33 将垂直地升高使整个输送器 6 离开油槽，以便维修和保养。

热油从管道送入油槽时，因流速等影响也会形成旋涡，仍会把碎屑捕集于油中。由管道送入油槽后的油应能沿宽度方向上均布，并能使之从进口至出口的方向上平滑地流动，为此在进油部分安有一个特殊装置（如图 10-23 所示）。

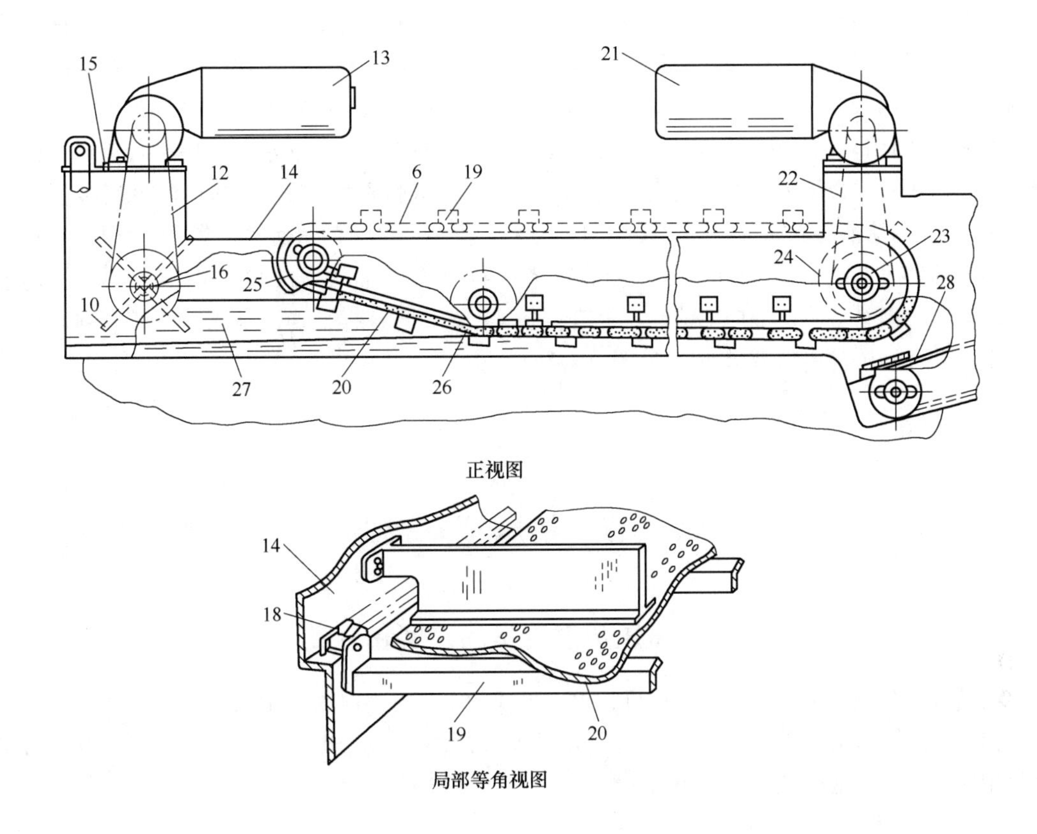

图 10-22　输送装置系统图

6—输送装置　10—桨叶　12—链　13—电动机　14—壁板　15—传动机座　16—轴　18—链条　19—推杆　20—金属板　21—电机　22—链　23—轴　24—主动链轮　25—被动链轮　26—压轮　27—油面　28—环形输送器

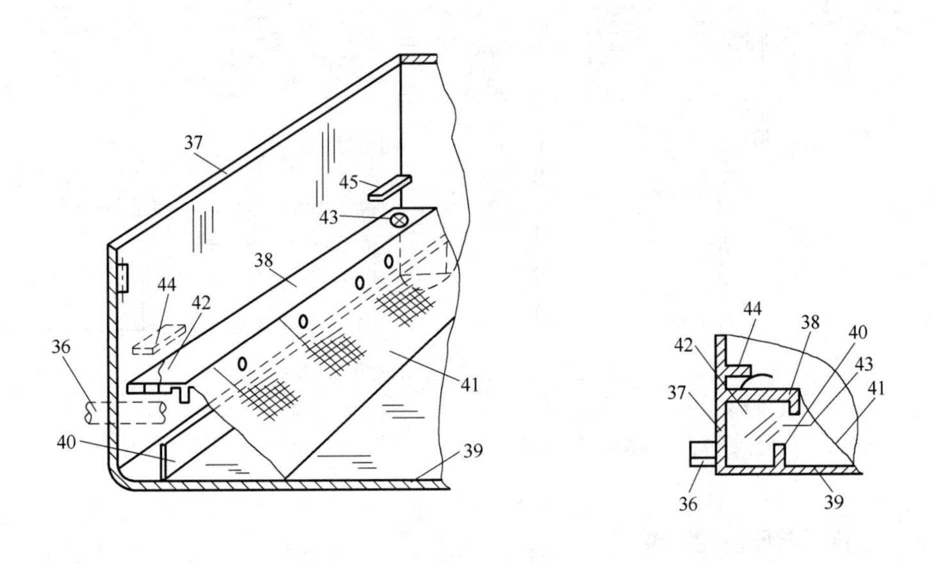

图 10-23　控制油流通的装置

36—管道　37—壁板　38—挡板　39—油槽底部　40—挡板　41—筛网　42、43—小孔　44,45—挡板

热油从一系列管道36中送来，这些管道安装在油槽末端壁板37平卧式挡板38下面，挡板安装在壁板上并与油槽底部39平行。在油槽底部39上垂直地装置一块挡板40，高度略高于进油管。由于挡板40的作用，油受阻挡后就向宽度方向流去，使油在整个油槽宽度方向上均布。挡板38则用来截断从挡板40挡回来的油上升流动的路程，强使油与槽底平行流动。由于挡板38和40的综合作用，能使油从油槽一端至另一端非常平滑地流动而很少产生旋涡。

筛网41可使油的流动分布得更加均匀。为了防止物料在油槽角落的聚集，在挡板38靠近两边角落的地方开有小孔42和43，上面装有挡板44和45，油从小孔42和43流出后把角落里的碎屑冲走。但为了不使油向上流动，设有挡板44及45。这样，油还是流向油槽底部，从而使油平滑一致地流向出口管道46（见图10-21）。

第三节 挤压蒸煮设备

一、 挤压蒸煮设备的发展和分类

食品挤压蒸煮设备是指螺杆挤压机，由一根或两根基本上是阿基米德螺旋线形状的螺杆和与其相配合的筒体组成（如图10-24所示）。挤压食品生产过程中所用的设备不多，占地面积比起相同产量的其他蒸煮设备要小得多。

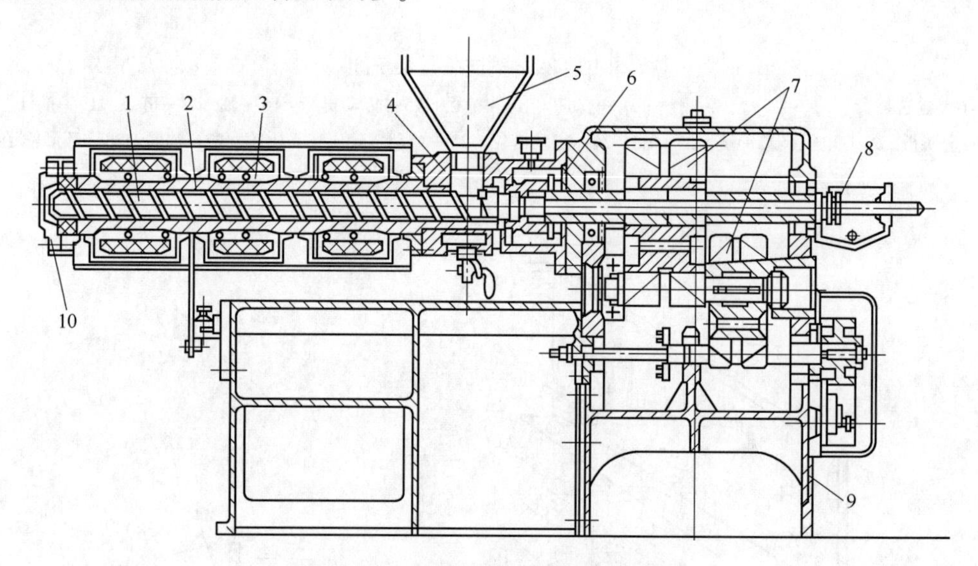

图10-24 食品单螺杆挤压机结构图

1—螺杆 2—机筒 3—加热器 4—料斗支座 5—料斗 6—止推轴承 7—传动系统 8—螺杆冷却系统 9—机身 10—模头

（一） 食品挤压机的发展

食品挤压机在近半个世纪里发展得非常迅速，它的发展过程如下：由单螺杆发展到双螺杆，由单一功能发展到多功能，螺杆长径比由5发展到20（目前有达45的大长径比），由自热式发展到外热式，由每小时几千克的小产量发展到每小时6.5吨的大产量，由手工操作间歇作业发展到全自动电脑控制连续作业。由于用途各异，目前从低级到高级的各种挤压机都存在着。

食品挤压机的发展越完善，也就越显示出它在食品加工中的优越性。单螺杆挤压机只能完成较少量的食品产品的加工，没有大的调整余地；而双螺杆挤压机克服了单螺杆挤压机的不足，目前的发展势头正猛。

螺杆挤压技术自1930年开始在食品加工中得到应用，1946年有了Adams crop商业用玉米膨化机，20世纪50年代膨化饲料用挤出机有很大发展。双螺杆挤压机在食品中的应用是自20世纪70年代开始的，20世纪80年代获得较大进展。到1984年，日本农林水产省成立了双螺杆食品挤压机开发利用研究组。

制造双螺杆食品挤压机的材料比较特殊，制造出的挤压机应耐磨性好，机械加工精度高，所以，世界上生产双螺杆挤压机的国家并不多。较著名的生产双螺杆挤压机的企业有美国的Wenger公司、德国的WP公司、法国的Clexteral公司、意大利的Map公司等。

我国自1979年北京市食品研究所研制出小型自热式食品膨化机后，长春、苏州等一些地区和单位也先后研制出挤压膨化机。进入20世纪80年代中期，我国开始消化、吸收、引进一些双螺杆挤压机，全国范围内生产挤压机的厂家不少，但规模不大。我国在近几年开始生产双螺杆食品挤压机。

目前，不少国家正在投入资金、人力、物力，使双螺杆挤压机向多功能、全自动、连续化方面发展。我国也有不少单位在这方面投入了力量，不久的将来，各个企业必将能为食品挤压加工提供更多、更好的双螺杆挤压机。

（二）食品挤压机的分类

食品挤压机的类型很多，分类方法多种多样。

1. 按螺杆的数量分类

食品挤压机按螺杆数量分有单螺杆挤压机和双螺杆挤压机两种，多螺杆挤压机在食品加工中应用尚少。在机筒内只有一根螺杆旋转工作的称为单螺杆挤压机；在机筒内并排安装有两根同时转动工作的称为双螺杆挤压机，在双螺杆挤压机中又有同向旋转和异向旋转之分。

2. 按加热形式分类

挤压机按加热形式分为自加热式挤压机和外加热式挤压机两种。自加热式食品挤压机中物料温升的热量来自机械能的转化，此机械能一般是指黏滞剪切的耗散热和摩擦热，由于温度受控于喂料的各种组分和螺杆的结构形状，因此，生产过程中的温度难以控制。外加热式挤压机物料温升所需热量除来自机械能转化过来的热能之外，还能通过筒壁或轴心用蒸汽或电加热器按各部分要求进行温度控制。此外，还有一种既有加热系统又有冷却系统的复合型挤压机，这种挤压机多是在筒体夹套内通冷却液（水），在外面用电热元件加热，可以根据要求对物料进行加热和降温。

3. 按功能分类

食品挤压机按功能分有下列五种。

（1）通心粉（面条）挤压机　此种挤压机的挤压螺杆转速低，筒体光滑，剪切作用小，主要用来加工糕点、面条、通心粉等。

（2）高压成形挤压机　该机主要用来挤压未膨化的谷物的半成品，工作特点是压力高，筒体内壁开槽，要求温度不能过高，所以，有时需要冷却降温。

（3）低剪切蒸煮挤压机　该机用来生产软湿食品、宠物食品，挤出机的特点是低剪切、高压缩。

（4）膨化型挤压机　此种挤压机是目前人们较为关注的挤压机，筒体开有防滑槽，螺杆螺槽浅，剪切作用大，在挤压较干的物料时，可在模头处形成高温、高压，使淀粉糊化。此种机器多用来生产膨化食品。

（5）高剪切蒸煮挤压机　这种挤压机一般都具有大的长径比，*L/D* 在 15～20 之间或更大，而且压缩比大。由于机器筒体长，温度可控制，因而适应原料较广泛。这种挤压机具有令人满意的可操作能力，可生产即食谷物、植物组织蛋白、小吃食品等。

以上按功能分 5 种类型的食品挤压机的操作经验数据列于表 10-3 中。

表 10-3　食品挤压机的操作经验数据

参数名称	通心粉挤压机	高压成型挤压机	低剪切蒸煮挤压机	膨化型挤压机	高剪切蒸煮挤压机
原料水分含量/%	31	25	25～35	12	20
成品水分含量/%	30	25	15～30	8	4～10
最高工艺温度/℃	52	80	150	200	180
螺杆槽深径比(h/d)	0.25～0.33	0.22	0.06～0.10	0.10	0.14
螺旋头数 I	1～2	1	1	2～4	1～3
螺杆转数 *n*/(h/d)	30	40	60～200	300	350～500
螺杆剪切率/S^{-1}	5	10	20～100	300	350～500
单产机械能耗/(kW·h/kg)	0.05	0.05	0.02～0.05	0.13	0.14
机械能热耗/(kW·h/kg)	0.03	0.04	0.02～0.03	0.1	0.1
夹套传热量/(kW·h/kg)	0.01	0.01	0.04	0	0～0.03
输入产品的净能量/(kW·h/kg)	0.02	0.03	0.06～0.07	0.10	0.10～0.07

挤压机按照功能分还可分为单一功能挤压机和多功能挤压机。单一功能挤压机适应性单一，产品品种少；而多功能挤压初可通过挤压机某些元件如螺杆、螺套的改变，把低剪切功能变为高剪切功能，把低压缩比变为高压缩比等，以适应不同产品的生产。

二、挤压设备的组成和操作过程

食品挤压设备除了挤压机——主机之外，还有辅助和控制系统。

（一）主机

一台食品挤压机（主机）主要由以下四个系统组成，简单挤压机则没有第四部分，如图 10-25 所示。

1. 挤压系统

此系统主要由螺杆、筒体和机座组成，是主机的核心部分。

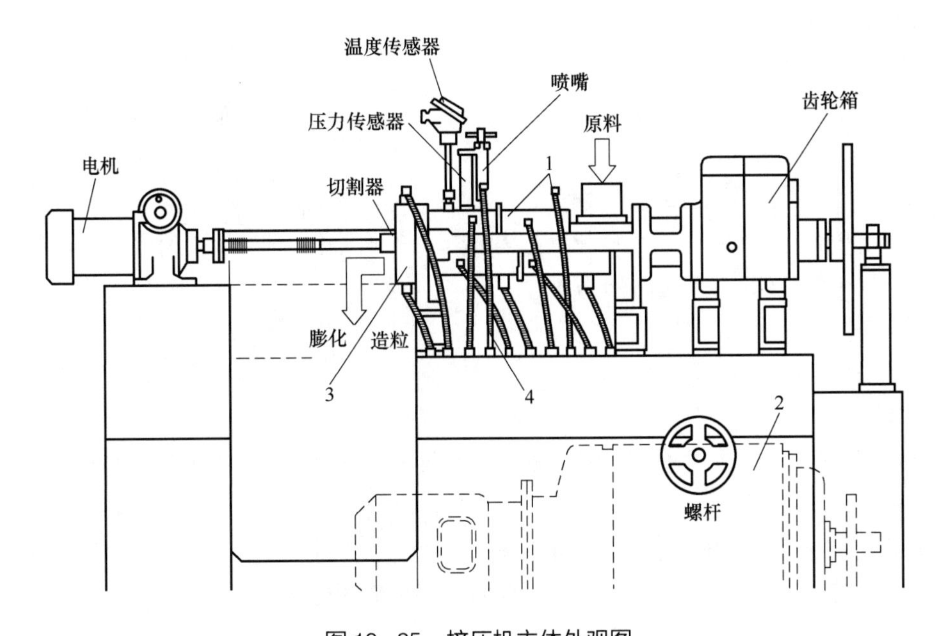

图 10-25　挤压机主体外观图

1—挤压系统　2—传动系统　3—模头系统　4—加热（冷却）系统

2. 传动系统

此系统用来驱动螺杆转动，主要由电机、减速装置和齿轮箱组成，保证螺杆所需的扭矩和转速。

3. 模头系统

此系统用来保证挤压食品的形状和建立模头前的压力，主要由能与机筒连接的模座、分流板和成型模头组成。

4. 加热（冷却）系统

此系统通过在夹层筒体内通蒸汽加热筒体而把热量传递给物料，或通入冷却循环水冷却筒体。也有用电热元件加热筒体的。将螺杆做成中空的，也可用来加热或冷却。

（二）辅机

在挤压食品生产过程中，除主机之外，根据生产产品和所用原料的不同，还需要有不同的、配套的辅机才能生产出所需要的产品，这些辅机有以下几种。

1. 原料混合器

此混合器一般用在多种食品原料需均匀混合的场合下。

2. 预处理装置

原料在进入喂料器之前，可在顶处理装置中根据工艺要求，利用水或蒸汽来调整原料的含水量和温度。

3. 喂料器

喂料器被用来保证均匀地向挤出机中喂料。

4. 切割装置

挤出食品通过模头在正常工作条件下连续不断地被挤出，然后根据产品的形状要求在切割装置中用切刀切断。

5. 烘干（冷却）装置

被切割成形后的产品有的需要进一步脱水，然后进入烘干机；有的需要迅速降温再进入冷却装置。一般用的是电加热烘箱，风冷。

6. 调味装置

有不少挤压食品，特别是一些膨化食品需要具备多种风味，因此，需要将调味料喷涂在产品表面上，这个装置就是完成这一任务的。

7. 其他辅机

包括产品包装机等。

（三）控制系统

食品挤压机的控制系统主要由测量仪器、显示仪表、电器、执行机构和按键等组成，用来完成以下任务。

（1）显示挤压机的工作状态，如显示转速、温度、压力等。

（2）按程序启动，控制主机、辅机的转速和协调他们的运行。

（3）按工艺要求控制喂料量、温度和压力。

（4）用计算机控制实现对整条生产线的全自动控制和管理。

（四）挤压食品加工的主要过程

产品品种不同，加工过程则各异，但对于挤压食品来说不同产品的加工过程又有不少相同之处，它的一般工作过程是。

（1）将多组食品原料按比例称重，人工送入混合机，进行充分混合后用螺旋输送机定量提升送入预处理机中。

（2）原料在顶处理机内与雾化的水滴接触，在双轴的搅拌作用下，使水量均匀，达到工艺要求之后，被定量送到喂料机中。

（3）物料在喂料机中通过调节输送螺杆转速，把物料均匀不断地按生产要求定量喂入挤压机中。

（4）进入挤压机内的物料在转动螺杆的推动下，在挤压机内连续完成破碎、剪切、压缩、加热、熔融、升压过程，然后通过模头被挤出。

（5）挤出的产品按产品要求用螺旋切刀切断。

（6）切割后的食品的含水量稍高，要进一步脱水，须将食品运到干燥（冷却）机内进行干燥。

（7）干燥后的食品要进行调味处理，通过喷油、喷粉（调味料）使食品具有不同风味。

将调味后的产品进行包装后即可上市。挤压膨化食品的工作过程大致是这样，其他的挤出产品的加工过程大同小异。

从以上对于挤压食品设备的介绍和食品挤压工作过程的描述明显看出，作为主机的食品挤压机是挤压食品加工成套设备的核心，而作为主机的关键系统又是螺杆、筒体组成的挤压系统，至于传动系统、加热冷却系统则是保证挤压系统能正常工作的服务性系统。

辅机的各组成部分是为了保证挤压食品质量而设置的，控制系统则是为了在保证质量的前提下减少手工劳作。一套挤压食品生产设备的合理性与先进性，则要从这些系统的相互匹配上全面综合考虑。

三、单螺杆挤压机的主要结构

（一）自热式单螺杆挤压机

自热式单螺杆挤压机是最简单的食品挤压机，它的结构为一个圆管的筒体，在其内部做些加工，外部没有加热用的夹套，在挤压过程中所需的热能是由传动系统所消耗的机械能转化来的，所以，在使用过程中对温度和压力也不作控制。不同的螺杆形状适应不同的物料和生产出不同的产品。

图10-26所示是一种制造成本低、加工制造容易的自热式单螺杆食品挤压机。这种食品挤压机的设计指导思想是要能适应小型企业或乡镇企业的要求，所以，它的结构应设计的尽可

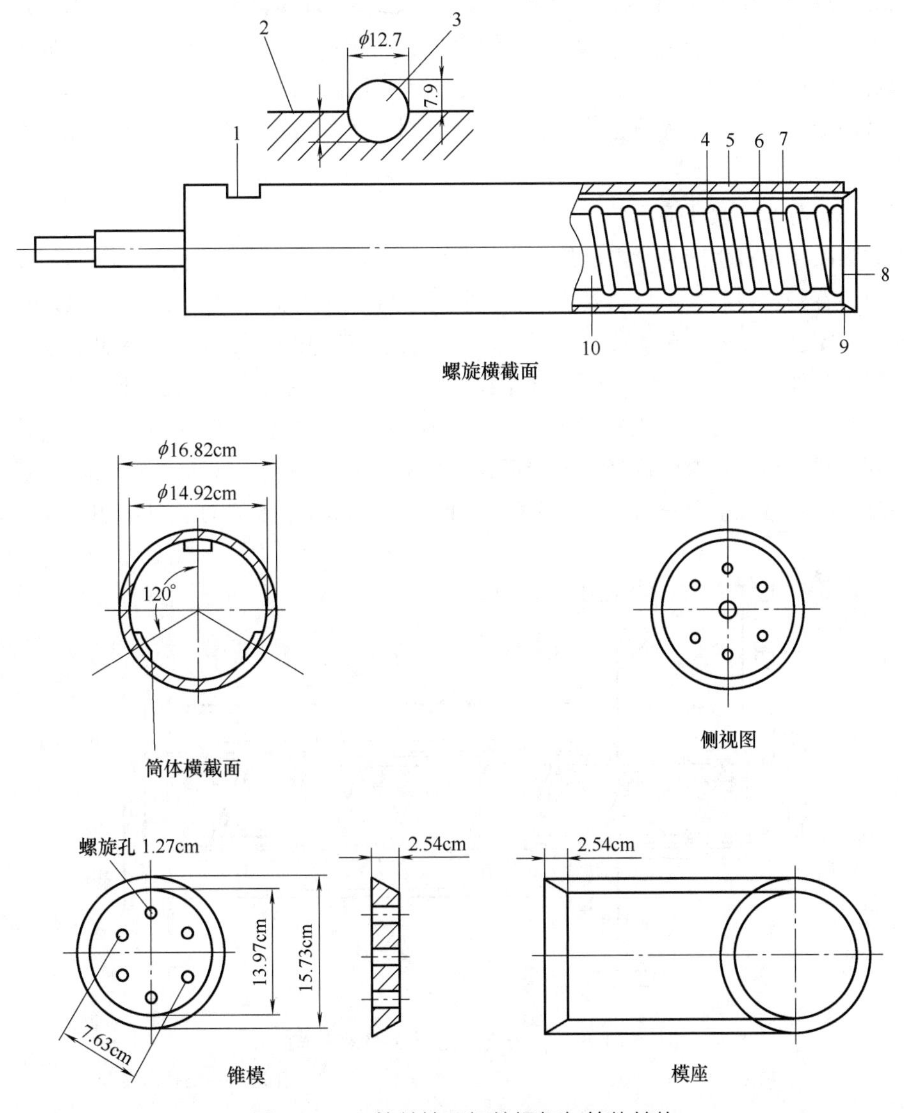

图10-26　简单挤压机的操杆与筒体结构

1—喂料口　2—钢管　3—钢丝　4—螺杆与筒体间隙（32mm）　5—筒体　6—筒体内杆　7—螺旋槽内破碎杆　8—锥模　9—模座　10—螺杆

能简单，尺寸尽可能小，用V型带传动和减速，其动力源可以是电机也可以是柴油发动机。此挤压机主要用来加工玉米膨化食品，可间断性工作，拆装清理方便。

图示的是简单食品挤压机的主要部件结构图，它的螺杆是以长846mm、直径为104mm的空心管为轴体，轴上的螺旋用一条直径为12.7mm的钢丝线成螺旋形与轴焊接在一起，外圆磨平后螺纹尺高为7.9mm。为了增强剪切作用，在靠近出料端的螺旋内，沿轴向分段焊有宽为25.4mm、高为6.4mm的破碎杆，起阻挡作用。

筒体是一内径为149.2mm、外径为168.2mm的圆管，在筒内为了增大物料与筒体之间的摩擦力，筒体内壁上沿圆周互成120°处加工有宽为38.1mm、高为6.4mm的三根内杆，并通过加工使螺杆与筒体之间的最小间隙为3.2mm。

模头是由锥模和模座组成的。锥模是小头直径为139.7mm、大头直径为159.5mm、高为25.4mm的截锥，在端面上有7个12.7mm的螺栓孔，中心一个其余6个均匀分布在直径为76.2mm的圆周上，用以与轴连接，同时与固定在筒体上的模座相配合形成一环形间隙。利用轴向移动来调节锥模与模座的缝隙，虽然它不能控制食品产品的形状，但却能限制产品的扁片厚度和产量。

（二） 外热式单螺杆挤压机

自热式食品挤压机生产时所需的热能主要是由挤压机工作时的机械能转换得到，所以，温度不能控制。有些食品产品用自热式食品挤压机不能生产或很难生产，如在生产成形面条时，有时需要对面团进行冷却，在这种场合下自热式食品挤压机就无能为力了。因此，发展了外热式食品挤压机。外热式食品挤压机的主要结构如图10-27所示。这是成形冷却挤压机，筒体全长为夹套式，可向夹套内通入冷却循环水，螺杆轴也是中空的，可通冷却水，其轴长径比*L/D*小于10。螺杆设计成螺纹底径渐大的形式，形成略有压缩性，挤压系统全由不锈钢制成。外热式食品挤压机已有系列产品，螺杆直径从51mm到356mm，配备动力从1.2kW到102kW。

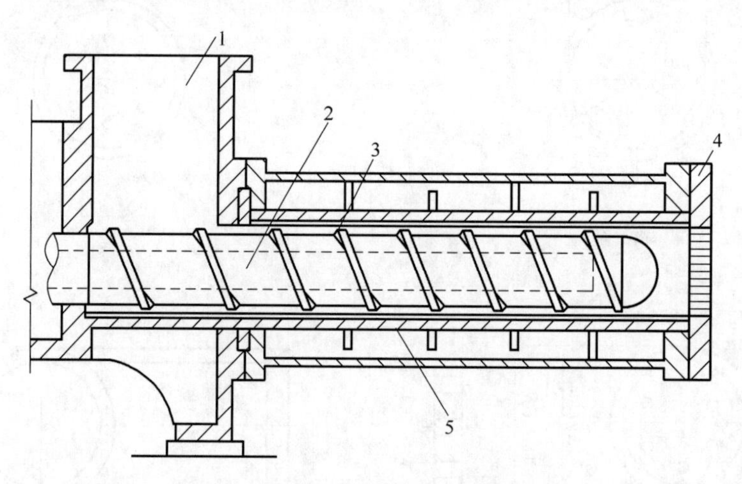

图10-27 挤压机挤压系统结构图

1—喂料斗 2—水冷挤压螺杆 3—淬过火的筒体衬套 4—模板 5—筒体水夹套

挤压机把筒体分成若干段。每段制成夹套式，并且在其外面装有电热元件用来加热筒体，需要降温时，向夹套中通入循环冷却水。这样的结构可以实现筒体温度的分段调节。

四、 多功能单螺杆食品挤压机

普通单螺杆挤压机的功能比较单一，因为螺杆的形状一旦确定后，它的剪切功能、压缩比等就确定了。因此，要想使一台单螺杆挤压机生产出多种类型的产品，适应多种原料，首先变动是螺杆的结构形式，即改变螺槽深度，改变螺距的变化规律，甚至要改变螺纹的齿形等。为了使一台挤压机能具有多种功能，就要制造出多个不同的螺杆，以便在需要时更换。Bonnot 曾在一种单螺杆挤压机上配备有多个不同的螺杆，这种挤压机被誉为多功能单螺杆挤压机，如图 10-28 所示。从图中可清楚看到，有 3 根形状各异的备用螺杆轴放在机架上。这台单螺杆挤压机至少有 4 根不同的螺杆轴，适应 4 种以上的原料品种和能生产出 4 种以上类型的产品，这种多功能挤压机自然要比单一功能的挤压机成本高，售价昂贵，但它却比购买 4 台不同类型的挤压机总价经济得多。

从图 10-28 中可以看到，该机筒体被制成分段式加热和冷却，这就更适应了多功能的要求。近来，也有一些厂家生产的单螺杆挤压机，其螺杆结构被制成芯轴和螺套组装式。这样，就可以在一个芯轴上用更换螺套的方法而组成不同形式的螺杆，这种结构可参见双螺杆挤压机内容中的图 10-30。

单螺杆挤压机对物料实现压缩的挤压系统可大致分为以下 5 种形式，如图 10-29 所示，图中（1）为减小螺距型，这是通用型，采用较多；（2）是增大螺旋底径型，被采用的也较多；（3）是螺旋筒体型，利用的不多；（4）是锥形筒体型，也常见被采用；（5）是变螺距和锥形筒体混合型，比较少用。

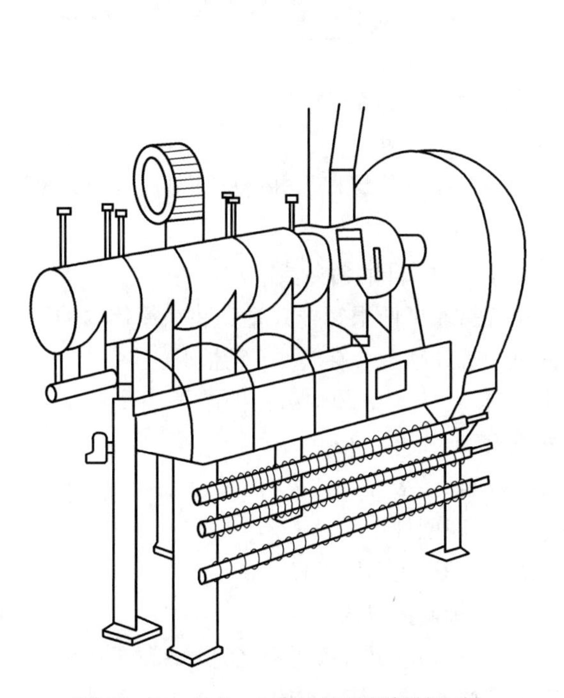

图 10-28　Bonnot 多功能单螺杆挤压机

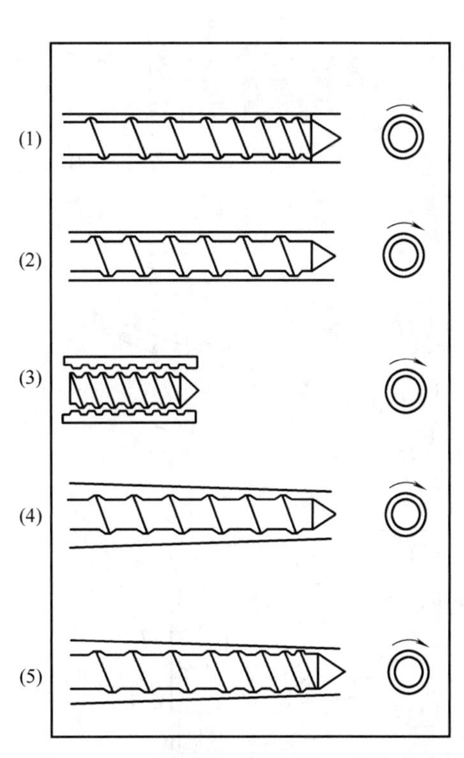

图 10-29　单螺杆挤压系统的几种形式

五、 双螺杆挤压机的主要结构

（一） 双螺杆挤压机基本结构

单螺杆挤压机在食品加工中已被较为普遍地采用了，但是它的适应面窄。一些特殊食品用单螺杆挤压机难以完成，加上单螺杆挤压机本身漏流严重又不能自清洁的致命缺点的存在，迫使人们在单螺杆挤压机的基础上发展了双螺杆挤压机。双螺杆食品挤压机在食品加工中一经出现，立刻显现出了它的无比优越性，所以，近十年来双螺杆挤压机发展非常之快。应用双螺杆挤压机进行生产的厂家越来越多，适用范围不断扩大。以下将主要介绍双螺杆挤压机的主要结构和工作特性，并与单螺杆挤压机做一些性能上的比较。

图 10－30 为双螺杆挤压机生产食品所用设备示意图。物料投入投料口，由真空上料系统提升至混合机进行混料，混料完成后再经由真空上料系统进入固体喂料器。固体喂料器把粉料输送至双螺杆挤压机并且液体喂料器进行在线加水。双螺杆挤压机进行挤压后经切割机切割成成型，由气力输送系统输送至流化床干燥机进行表面水分的预干燥，再经由气力输送系统至烤炉进行焙烤，焙烤完成后经过喷涂干燥机进行糖浆等调料喷涂，并干燥到剩余一定水分后进入冷却机冷却后得到成品。

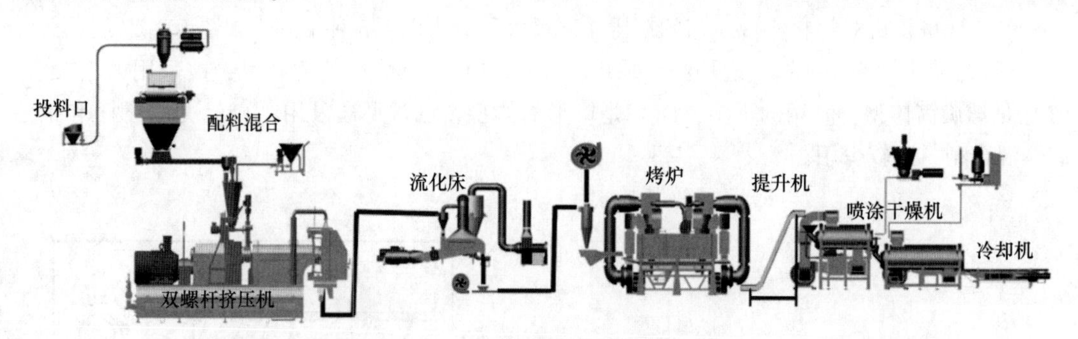

图 10－30　双螺杆挤压食品生产示意图

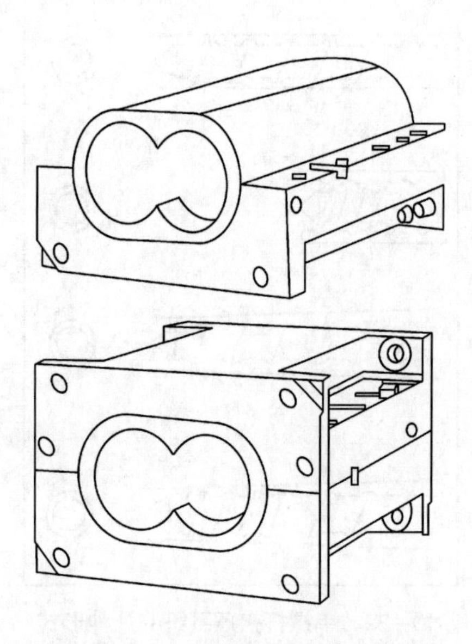

图 10－31　双螺杆挤压机筒体简图

双螺杆挤压机的螺杆为并排的两根，筒体形式如图 10－31 所示。

（二） 双螺杆啮合分类

双螺杆挤压机两根螺杆并排安装在筒体内的不同。两轴的螺纹啮合会有以下三种情况：

全啮合　　$d = R + r + \delta$

非啮合　　$d \geqslant R + R$

部分啮合　　$R + R > A > R + r + \delta$

式中　d——两螺杆中心距

R——螺旋齿顶圆半径

R——螺旋齿根圆半径

δ——齿顶与另一根齿根之间允许的最小间隙

两根螺杆的转动方向有同向旋转和异向旋转两种，这样就可以组合成 6 种双螺杆啮合转动形式，如图 10-32 所示。

图 10-32 中，(1) 表示异向转动非啮合型；(2) 表示同向转动非啮合型；(3) 表示异向转动部分啮合型；(4) 表示同向转动部分啮合型；(5) 为向外反向转动全啮合型；(6) 为同向转动全啮合型。双螺杆挤压机的异向旋转方式还可分为向内异向旋转和向外异向旋转两种。

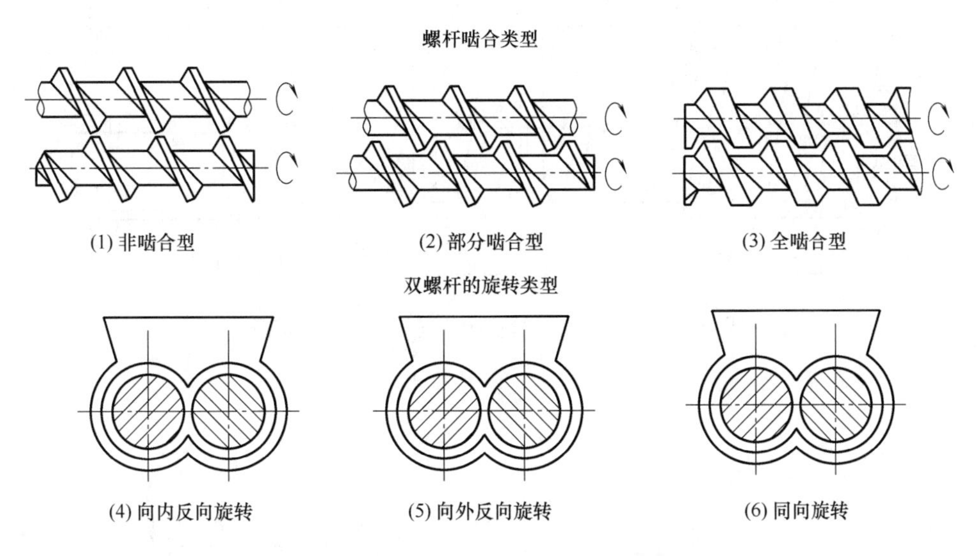

图 10-32 双螺杆啮合类型和旋转方式

非啮合型双螺杆挤压机的工作情况基本上与两个单螺杆并列在一处工作的情况相似，所以，这里不做更多的讨论，主要就啮合型双螺杆与单螺杆的工作特性和优缺点进行比较。仅以双螺杆挤压机中的一根螺杆来与单螺杆挤压机的螺杆比较看不出有多大区别，而把两根螺杆啮合装进一个挤压机筒体内转动起来，情况就大不一样了。不同类型的双螺杆挤压机的工作原理也不完全相同。图 10-33 是两根同向转动的螺杆在挤压机筒体内的装配情况。从图10-33中可清楚看出两根螺杆啮合状态和螺距逐渐变化的趋势，同时也能观察到两轴之间以及轴与筒体之间都保持有一定的间隙，一根螺杆的螺旋齿顶插入到另一根的螺槽内。物料在双螺杆挤压机中向前输送的原理和在单螺杆挤压机中有些不同，在单螺杆挤压机中，物料前移的动力主要来自物料与筒体和螺杆间摩擦力的不同。如果物料与筒体内壁的摩擦力太小，物料将抱住螺杆一起转动，使螺纹不能发挥推动物料前进的作用，这时物料将不能向前输送。在啮合的双螺杆挤压机中则不同，两根螺杆相互啮合，螺杆转动时，随着啮合部分的轴向移动，物料抱住螺杆的可能性遭到破坏，在螺旋升角的作用下及啮合部分轴向的移动，物料不会产生倒流和停滞，这就是双螺杆挤压机固有的强制输送特性。

在双螺杆挤压机中的螺旋啮合处，齿顶与另一根螺旋的齿根存在着速度差（反向旋转时），在转动过程中由于这个速度差，能相互清除黏附在螺杆上的物料。在同向双螺杆中，啮合处的速度方向相反，相对速度差更大，其清除黏附在螺杆上的物料更有效，这就是双螺杆挤压机特有的自清洁性能。

啮合结构的双螺杆由于有同向转动和异向转动，转动的方向不同，因而对物料的压缩、推动、搅拌、剪切形式就不同。图 10-34 是同向转动啮合型双螺杆挤压机工作时对物料的作用情况和物料在筒内流动方式的示意图。

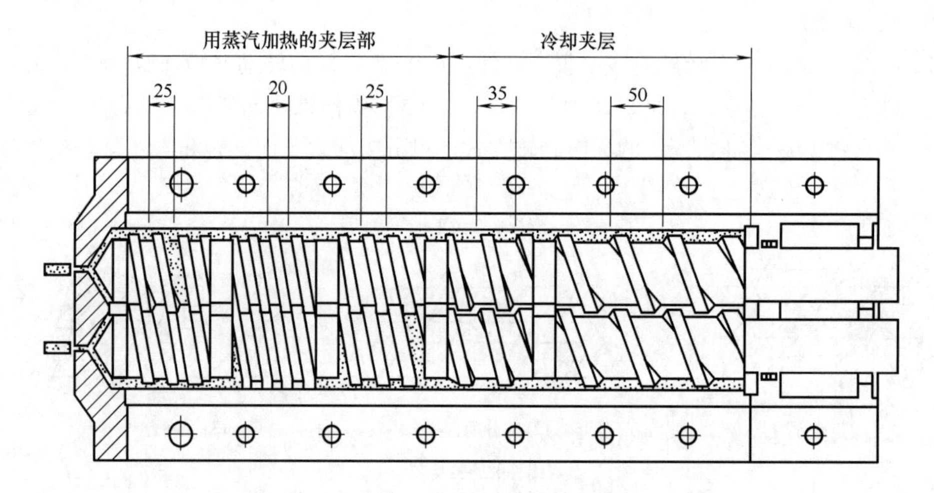

图 10-33　双螺杆挤压机螺杆在机筒内的装配图

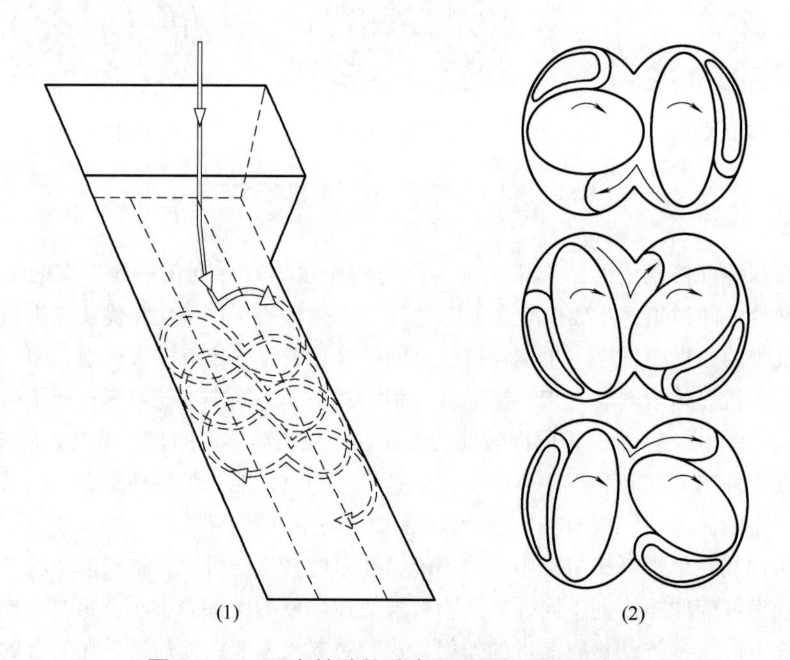

图 10-34　同向转动的啮合型双螺杆工作示意图

（1）物料纵向流动　（2）物料在螺旋中流动

从图 10-34 中可清楚看到，由于同向旋转双螺杆在啮合处的速度方向相反，一根螺杆把物料拉入啮合间隙，另一根螺杆把物料从间隙中推出，结果使物料从一根螺杆移动到另一根螺杆中，成“∞”形前进，有助于物料的混合和均匀。

从图 10-34（1）中可以看到，这种物流在出料端沿圆周横截面上的流量不均匀。同时在挤压过程中产生的蒸汽会从物料的螺旋槽地方回流。

图 10-35 是异向转动啮合型双螺杆挤压机工作时对物料作用的情况和物料在筒内的流动方式示意图。

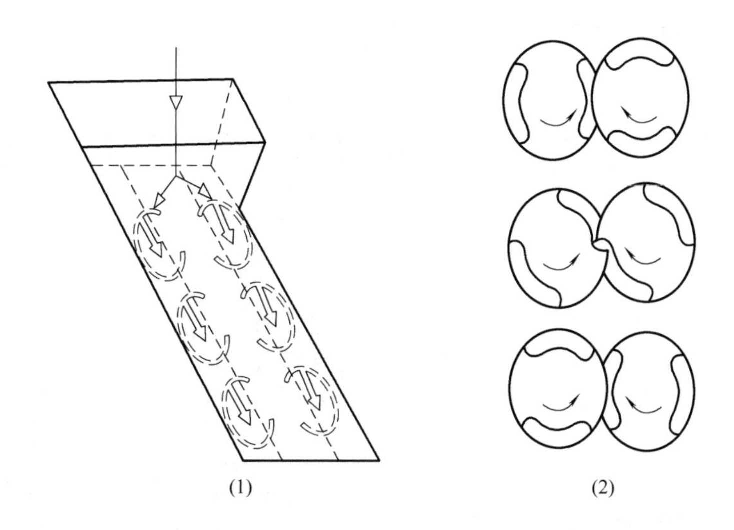

图 10-35　异向转动啮合型双螺杆工作示意图

（1）物料纵向流动　（2）物料在螺旋中流动

从图 10-35 中可以看出，这种转动的螺旋啮合使连续的螺槽被分为相互隔离的 c 形小室。螺杆转动 c 形小室沿着轴向移动，像螺杆泵一样把物料推向前。从图 10-35（1）可看出，c 形小室的物料封闭前进，两螺杆之间物料交换得不多，所以，这种运动在出料端沿圆周方向的流量比同向转动的情况要均匀些，但混合效果没有同向转动效果好。

（三） 整体式螺杆

所谓整体式螺杆，即是把螺杆形状的各要素都加工制造在一根轴上，不可拆卸。

从图 10-33 中可以看到，双螺杆挤压机中的两根螺杆的形线是一样的，螺距、螺槽深、升角等参数都不能有大的误差，否则在运转时就会干涉。同时还能注意到图 10-33 中双螺杆形状除了螺距变化之外，在不同长度上加有剪切块，它是根据工艺要求而在不同部位上设计的不同形线用以增加对物料的啮合剪切。这样一来，这个螺杆的外形就变得很复杂。因而加工制造这样一根螺杆难度大，成本高。特别值得注意的是，在制造过程中一旦某部分的加工精度超过误差范围，则整根轴都将报废，浪费很大，对于长径比 L/D 较大的轴更值得警惕。整体式螺杆的优点是强度高，使用时安装方便，但它除了上述在制造过程中的缺点外，还有就是在应用过程中，一旦发生磨损，虽然只是一小部分的损坏，但却导致整根轴不能使用。整体式螺杆最大的不足是两根很昂贵的螺杆，由于其上的螺距变化规律、剪切处位置和数量都固定不变，因而在食品工厂使用时，只能适应较少的品种和原料，若想要增加生产品种，就要增加新的挤压机或者更换整根螺杆，这是很不经济、也很不方便的，因而目前食品加工用的双螺杆挤压机的螺杆不大采用整体式螺杆，而是采用积木式结构。

（四） 积木式螺杆

为了克服整体式螺杆的缺点，近几年人们设计制造出了积木式螺杆，就是将一根螺杆分成芯轴、螺套和紧固螺钉三大主要部分，组装而成，如图 10-36 所示。积木式螺杆挤压机的芯轴和螺套靠花键连接来传递扭矩，轴向靠紧固螺母或紧固螺钉压紧螺套，保证各元件在螺杆上的轴向位置，轴一般采用刚性和强度均优的材料，经热处理；螺套则根据螺纹各要素的变化分成多段标准件，其长度不一定相等，但要求各螺套前后互换位置而形成的螺纹线是光滑的；另外，剪切块也可制成单片或几片为一组，在轴上任意位置安装，其数量也可按要求增减。剪切块的形状如图 10－37 所示，轴孔为花键孔。

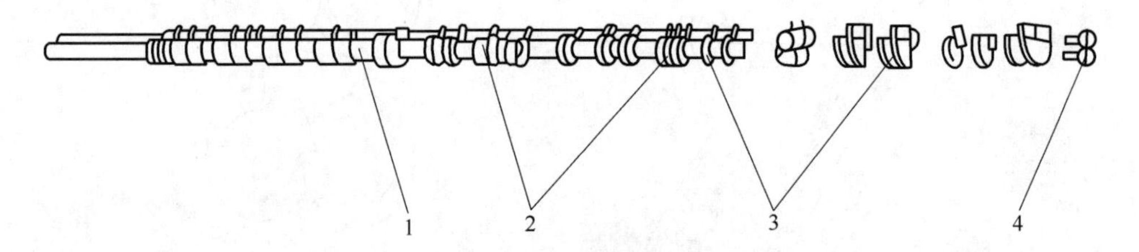

图 10－36 积木式螺杆组成部件

1—心轴 2—剪切块 3—螺套 4—紧固螺钉

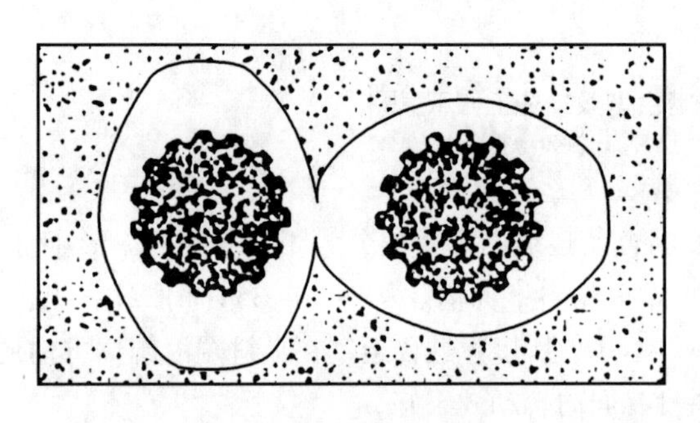

图 10－37 剪切块一例

螺杆采用积木式结构以后，就可以根据不同食品产品的不同工艺要求确定螺套的大小和数量，剪切块的位置不同可实现不同的压缩比和不同的剪切要求，组装出所需要的螺杆。在使用过程中，如某个螺套被磨损失去作用时，只需把该螺套更换就可以恢复使用，这样就相当于延长了整个螺杆的寿命，使这样的组合经济适用。

（五） 整体式套筒

和整体式螺杆一样，整体式筒体即是从与传动机架相连的部分起，到出料端与模头组件相连接处止，包括进料口在内加工在一体，没有可拆卸的部件。这样的筒体在小长径比（L/D 在 10 左右）的挤压机中被采用。整体式螺杆由于筒体长，则给加工、热处理等都带来不方便同时也存在着加工制造时若一部分不合格，则整筒报废，以及使用过程中一处被磨损，则整个筒体被报废的缺点。整体式筒体的优点是，由于接口处只有一个与模头组件相连的断面，因而密封性好、强度高。缺点是由外加热时，不容易分区控制温度。

（六） 积木式套筒

为了克服整体式筒体的不足，在大多数双螺杆挤压机中采用积木式筒体，也就是把整个筒体纵向分成两段以上，每段之间用销钉定位，用螺栓紧固连接。图 10－38 所示即为积木式筒体的基本结构，各段可根据要求加工成具有通冷却水的空腔，在筒体外可以加上电加热元件用来加热筒体和物料。这样组合的积木式筒体，就可以根据不同的工艺要求进行加热和冷却，在使用过程中加发现某段筒体磨损失效，只需更换该一段筒体即可恢复使用，给维修带来很大方便。喂料口、抽气口、副料入口等的轴向位置都可以改变，给生产提供了可调因素以便其达到最佳状态。

用这种积木式筒体和积木式螺杆，可以组装成不同长径比、不同压缩比、不同剪切强度的双螺杆挤压机，可以组合出适合各种用途的挤压机，实现下列工艺各要素的变化：过程长度、螺杆、螺套选配（压缩比、剪切强度）、模头形状、开口面积、螺杆转速、温度、压力、滞留时间。所以，人们把这种挤压机称为“多功能双螺杆食品挤压机”。

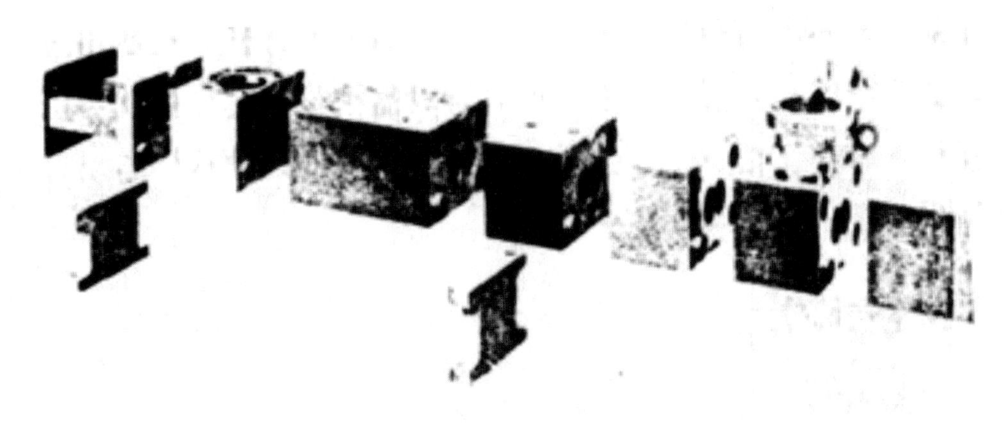

图 10-38　积木式筒体结构

（七）单螺杆与双螺杆挤压机性能比较

单螺杆食品挤压机与双螺杆食品挤压机在性能上有比较大的差异，前面已把单螺杆和双螺杆食品挤压机的结构和工作特性作了简单介绍，为了对比清楚，把它们的各自性能列于表 10-4 中。

表 10-4　单螺杆和双螺杆食品挤压机性能比较

性能名称	单螺杆食品挤压机	双螺杆食品挤压机
输送性能	靠摩擦力、易堵塞、漏流	靠两螺杆啮合、强迫输送、不易倒流
自洁性能	无	有较好的自洁性能
工作可靠性	易堵塞、焦糊	平稳可靠
加热方式	自热式较多，有外加热的	多数是外加热，电加热的多，蒸汽加热的少
冷却方式	采用较少	多数是筒体夹套冷却，也有采用螺杆中空冷却的
控制参数	不易控制，可控参数少	受控参数较多，易于控制
生产能力	小	较大
适应性	适用于含水量不大，有一定颗粒状的原料，不适合含油多的原料	适应性广，含水、含油均可
能耗	900～1500kJ/kg	400～600kJ/kg
调味	只能在成品后调味	可在挤压前和挤压过程中加调味料
加工产品	品种少	可加工多种产品

六、模头系统

模头系统是食品挤压机限制出料、确定产品形状、保证产量、使机器正常运行的一个系统。设计制造一个高质量的模头系统并不是一件容易的事情，正确、合理地使用、拆装模头，也是食品生产中应该给予足够重视的问题。食品产品不同，则模头的结构也不同。

（一） 模头的主要结构

模头的主要结构如图10-39所示。

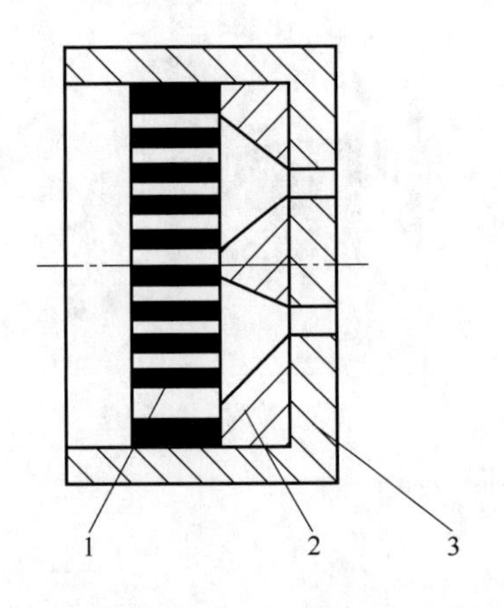

图10-39 模头系统的基本结构

1—多孔板 2—导流板 3—模孔板

1. 多孔板

顾名思义，多孔板就是在一个有一定强度的平板上加工出许多圆孔，其孔的分布视挤出机形式与产品的需要而定，不都是均匀分布。它的作用是使挤出机出口处的不均匀物流在通过多孔板后，在截面上的压力、流向和流速基本达到均匀，起到均压、均速作用。

2. 导流板

根据模孔出口的形状（圆形、方形、环形等）和在截面上分布的位置及数量，加工出不同形状的导流板将物流从多孔板出口截面引向各模孔的入口，达到各孔中的流速流量均匀。所以，导流板的几何形状是很复杂的，形线是按物流流线设计的，加工制造不容易。

3. 模孔板

模孔板就是根据最终产品的形状加工出各种形状（圆形、方形、环等）的通孔后的平板，再根据生产能力确定其孔数量，同时考虑与挤出机的连接形式。模孔板应拆装方便。

（二） 模板的形式

根据模孔出料形式的不同，可将其分为以下几种形式，如图10-40所示。

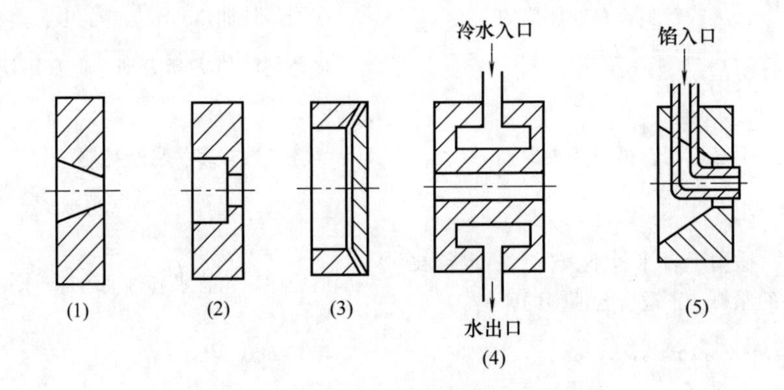

图10-40 模孔板的几种形式

（1）锥面出口模板 （2）突变式出口模板冷却模板 （3）径向式排出模板
（4）具有冷却水循环的冷却模板 （5）有充填夹馅结构的模板

1. 锥面出口模板

即从导流板出口到模板出口用锥形面引导。其特点是机械损失小，压力损失小，挤压食品产品表面整齐。

2. 突变式出料模板

即物流到达出口处孔径才突然变小。这种模板的特点是制造简单，压力损失大，挤压食品产品表面受损伤、不光滑，一般球状产品可用。

3. 径向式排出模板

这种模板的特点是径向排出，产品的间隙在生产中可调，如图 10-26 曾介绍过的结构，挤出食品的纤维性保持的好，产品强度高。注意与这种模头相配合的切割装置的切刀形式与其他的不同。

4. 具有冷却水循环的冷却模板

对一些产品在成形之前可先冷却后使用，如在肉类加工时。

5. 有充填夹馅结构的模板

用这种模板在一些挤压食品中间可充填巧克力、豆沙、果酱等馅料。共挤香肠的模板也和这种形式一样，这种模板的出口与切割装置之间还要有一个整形工作台。

以上介绍的是几种沿轴向出料情况的模板，而对一些长条形的产品，如空心面面条、粉丝等产品，出口放在侧面才可以。安装在挤出机出口的侧面就可以，图 10-41 是侧面出料横板应用实例。

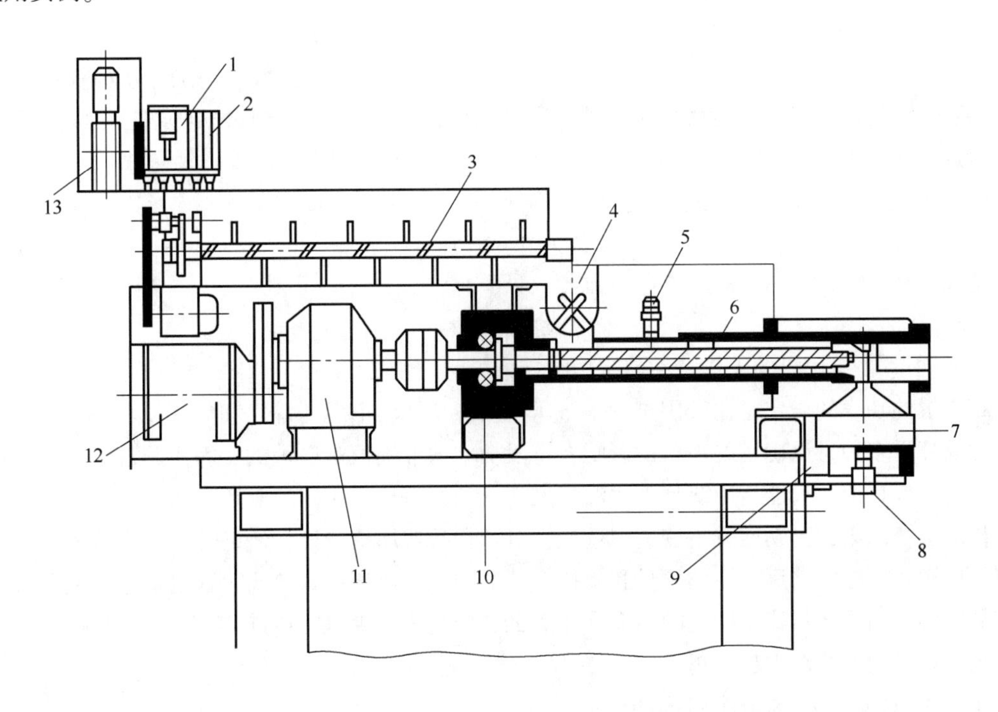

图 10-41　AMc600 型通心粉挤压机（侧面出口的实例）

1—喂料器　2—水杯式加水器　3—有两根平行轴的混合机　4—真空混合机　5—降压阀　6—螺杆　7—模板　8—表面切割器　9—风机　10—止推轴承　11—齿轮减速器　12—传动电机　13—变速传动装置

七、 挤压机的传动系统和过载保护

传动系统是食品挤压机的主要组成部分。

（一） 挤压机传动系统的功率

它的任务是用来驱动螺杆在需要的扭矩下转动，以完成物料从输出到挤出成形的过程。对传动系统进行理论研究不是本书的内容，这里只从使用的角度来比较一下各种传动结构和调速方法。

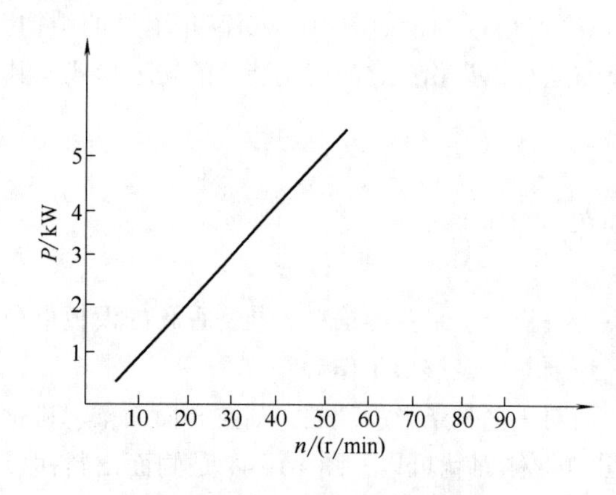

图 10-42 一种挤压机驱动功率与转速的关系曲线

食品挤压机的工作特性是恒扭矩，即挤压机的转速增加时相应的功率也增加。图 10-42 是功率 P 与转速 n 的变化曲线。从曲线上可以看出，这个变化基本呈线性变化，这条线的斜率即表示扭矩 M，只有螺杆的形状与尺寸不同时，这条直线的斜率才有变化。这条曲线的数学关系可用式（10-1）来表示：

$$P = kn^x \tag{10-1}$$

式中 P——功率消耗/kW

n——螺杆转速，r/min

k——几何常数（与螺杆的几何参数和模头尺寸有关）

x——物料指数（与加工物料有关）

指数 x 除与被加工的食品物料有关外，通过试验发现，它还与螺杆转速及挤压工艺有关，但一般近似等于1。

转动扭矩 M 可用式（10-2）表达：

$$M = 97360P/n \tag{10-2}$$

把式（10-1）带入式（10-2）得到：

$$M = 97360kn^x/n \tag{10-3}$$

当 $x=1$ 时，挤压机的工作特性就是恒扭矩的了。

挤压机的功率的确定是比较困难的。挤压机内各功能段消耗功率之和为其总功率，但各段功率的计算受多种难以确定的因素的影响，每段功率的准确值难以得到，因而其总和也不能准确得到。直至目前，只能运用统计类比法确定新设计的挤压机所需的驱动功率。

传动系统的第二个功能就是变速与调速，对于食品挤压机来说，最好是在一定范围内无级调速，这样才能控制挤压食品的质量和保持与其他辅机的协调一致，同时这也是为适应各种加工产品所必需的。自热式挤压机的温度和压力的控制完全依靠螺杆的转速变化来控制，所以，挤压机的转速的调节范围越大越好。

（二） 传动系统的组成相传动形式

食品挤压机的传动系统通常由电动机、调速装置和减速装置等组成。

传动系统所使用的电机有交流电机和直流电机之分；减速装置有用斜齿轮减速器的，有用摆线针减速器的，还有用蜗轮蜗杆减速器的；调速装置较早采用的是机械无级变速器，后来普遍采用可控硅调速器，近几年发展为用变频调速器。变频调速器的优点很多，调速范围可以从0到电机的额定转速，并且能保证恒扭矩特性。表 10-5 所示为国内外较常用的传动形式，传动系统的布置形式有多种多样。一般小型机的电动机（或柴油发动机）放在挤压机的侧面，用V带传动减速；中型挤压机将电机、减速机和挤压机轴成一字式直联，这种排列占地长；为了紧凑，在大型挤压机的布置上，有把电机和传动系统放在挤压系统的下面或侧面的，如表10-5中的3所示。

表10-5 目前国内外常用食品挤压机的传动形式

序号	传动系统	传动特点
1	油泵 测速电机 减速箱	原动机：三相交流电动机 调速：电动机本身无级调速，调速范围为1∶3或1∶6 减速：斜齿轮减速器
2	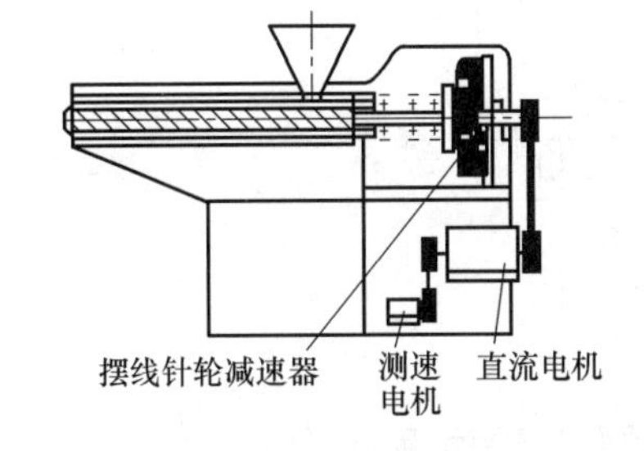	原动机：直流电动机 调速：采用可控硅直流电动机得到无级调速，调速范围为1∶9 减速：摆线针轮减速器
3	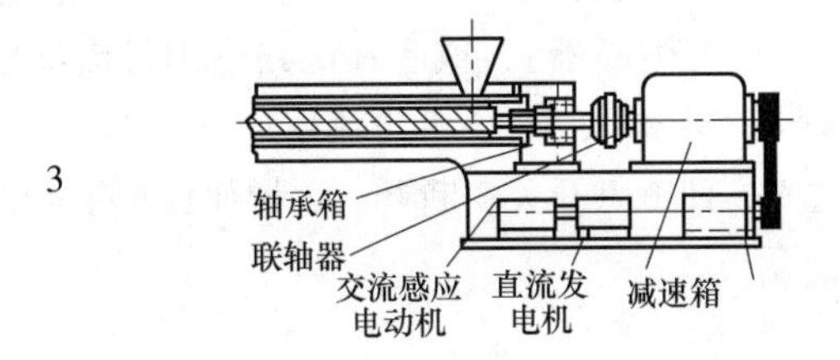	原动机：直流电动机-直流电动机组 调速：改变直流电动机电枢电压和激磁电压 减速：卧式齿轮减速器
4	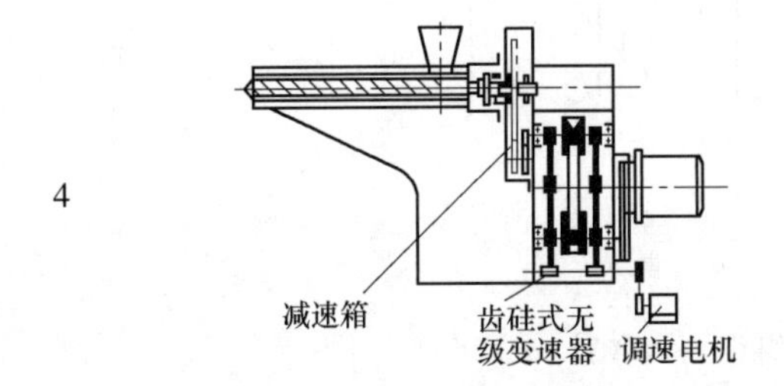	原动机：交流感应电动机 调速：机械无级变速器 减速：齿轮减速器

（三）挤压机的过载保护装置

为了使挤压机在出现过载时不损坏电机和挤压螺杆，通常在挤压螺杆的传动部分和电气部分设有安全保护装置，并同时备有声光报警系统。

机械式过载保护多安装在电机输出轴与减速装置传动系统之间，用剪切销或安全键来实现。图 10-43 所示为一般剪切销的装配情况。它的保护作用是，当螺杆过载时，剪切销被剪断，电机和螺杆之间失去传递作用，螺杆不再转动，从而使机器得到保护。

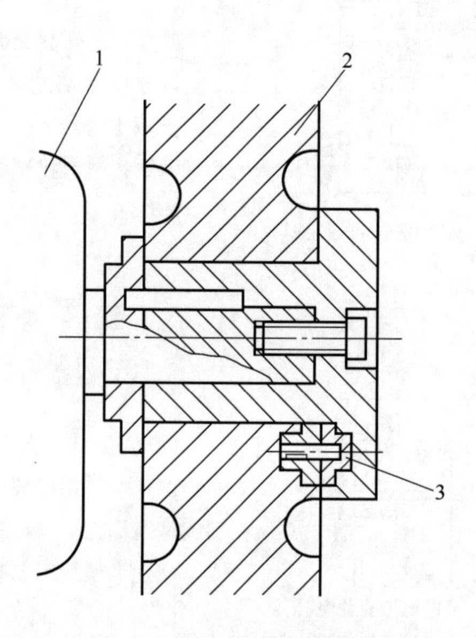

图 10-43　过载保护剪切销安装示意图

1—电机　2—皮带轮　3—剪切销

电气方面的保护装置是为了保护食品挤压机所用电机或其他电器设备不受短路或严重过载的损坏。通常使用的方法是在供电系统中设保险（快速熔断器），或者在电路中加过流继电器，它的作用原理如图 10-44 所示。它的工作过程是当电磁铁线圈 1 的电流超过容许值时，所产生的磁力大于弹簧 4 的拉力，而将衔铁 2 吸引过来，使触点开关 3 断开，这样便保护了电机和电气元件，使它们免遭破坏。

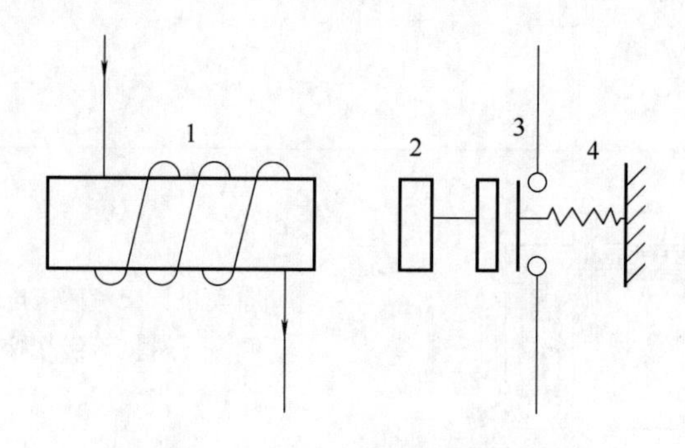

图 10-44　过流继电器示意图

1—线圈　2—衔铁　3—触电开关　4—弹簧

思考题

1. 请叙述各种加热元件的工作原理和适用场合。
2. 简要叙述连续深层油炸设备的工作原理和特点。
3. 简要叙述双螺杆挤压机工作原理与结构。

第十一章

CHAPTER 11

食品速冻机械与设备

[学习目标]

了解各种食品冷冻的基本原理和各种制冷设备工作原理。掌握制冷系统中四大机械部件的结构和工作原理。了解一些食品常用的速冻装置的机构和主要部件。

第一节 食品冷冻的基本原理

近年来，食品的快速冷冻，越来越受到人们的重视。由于速冻处理可以较大程度上缓解食品的腐败，延长食品的保存期限，减少食品损耗和最大限度地保存食品的营养成分，国内外速冻食品的销量不断的增加。为了满足肉类、水产品、禽类、果蔬类食品快速冻结的需要，各类快速冻结的方法和装置的研究工作十分活跃，发展相当迅速。

新鲜的食品在常温下放置一定时间后，原有的色、香、味和营养价值逐渐发生变化，其结果导致食品质量的下降，甚至不能食用，这种变化称为腐败。实验和研究证明，食品腐败的基本原因是酶和微生物的作用。酶是一种生物催化剂，它能使蛋白质变成氨基酸的分解速度大大加快，为微生物的繁殖提供了营养；而微生物的大量繁殖，则消耗了食品的营养成分，使食品质量下降。微生物在繁殖过程中，排出了各种有害的物质，造成人食后易得病。酶的分解和微生物的繁殖对温度具有较强的敏感性和依赖性，温度降低，酶的活性就大大减弱，微生物的生命活力就受到抑制，繁殖能力大大地降低。利用酶和微生物的这种特性能，在食品保存上发展了食品冷冻技术，利用冷冻技术，使食品中的水由液态变成固态，破坏了酶和微生物的生活机能，达到长期保存食品的目的。

用冷冻的方法保存食品，由于既不改变食品中的水分，也不需要添加如防腐剂、电解质之类的物质，所以这种方法能最大限度地保持食品中的色、香、味，营养质量也得到最大限度的保持，是一种优良的食品贮藏方法，也是国内外食品保藏的一种研究和发展的方向。

但是，应该指出，在低温度环境下，无论是酶或微生物引起的变质，都只是一种延缓或减弱的作用，并不能完全抑制它们的作用，这样，食品虽可以较长期的贮藏而不变质，但若温度升高，酶和微生物又开始作用，所以不能认为冷冻食品是无菌的，同时，在长时间的贮藏中，食品的质量也会有所下降。

食品产品的基础是动物类和植物类，因此，在冷藏食品中：

（1）对植物类食品物料，它的特征是活体，有生命力，表现在能够进行“呼吸”，本身有控制体内酶的作用和抵御微生物侵袭的能力，但是由于采摘后，不能再从母株上获得水分和营养成分，其生命活动所需的能量只能不断地消耗采摘前的积蓄，因此，对于植物类食品，在冷藏中，基本上是维持它的活动状态和减弱它的呼吸，使其能耗减少，由于消耗还在进行，一段时间后，植物的水分、色泽、风味和营养成分都会降低，所以植物类食品的保藏期较短，同时，为了防止冷害（变色、水肿等），贮藏的温度也不能低于食品本身的冰点以下。

（2）对于动物类食品产品，由于均为非活体，没有控制酶及抵御微生物活动的能力，因此，冷冻成为控制酶及微物的主要手段，一般地，对动物类产品，贮藏的温度越低，质量保持越久，因其最低活动温度为 -10℃，为此，国际制冷学会推荐贮藏温度为 -12℃，长期贮藏，要求温度更低，鱼类的贮藏温度应比畜肉低。

一、制冷机的制冷

制冷机的“制冷”是指以人工的制冷方式，其理想的循环是逆卡诺循环过程。人工制冷是利用制冷剂在 0.1MPa 的压力下吸热气化后，其低压低温蒸汽回复到液体状态的特性，通过压缩机和冷凝器使制冷剂不断重复上述过程，在蒸发器中蒸发，不断吸热而使食品物料达到冷却的目的，图 11-1 为蒸汽压缩式制冷的循环原理图。实现人工制冷的方式有多种，如利用压缩机作功的压缩式制冷；通过热能为动力，利用溶液的某些特性进行工作循环的吸收式制冷；利用具有一定压力的蒸汽的喷射吸引和扩压实现对工质作功补偿的蒸汽喷射制冷；利用直流电流通过半导体使产生热电效应补偿的热电式制冷等，目前生产应用最广泛的为压缩式制冷系统。

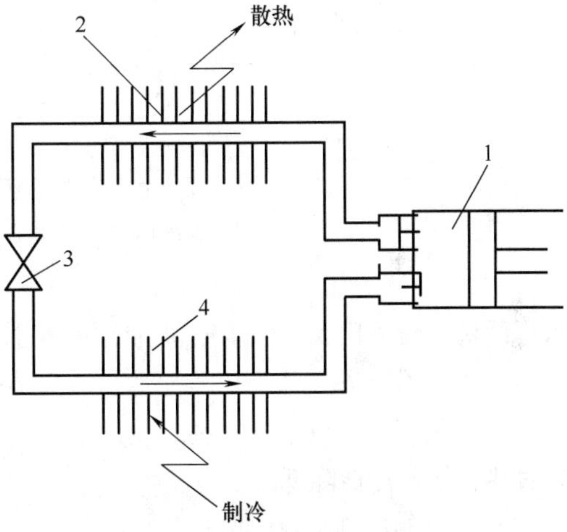

图 11-1　蒸汽压缩式制冷系统

1—压缩机　2—冷凝器　3—节流阀　4—蒸发器

二、单级压缩制冷循环

单级压缩制冷循环是指制冷剂在图 11-1 的系统中经过蒸发、压缩、冷凝、节流四个基本过程完成一个制冷循环过程。其制冷流程如图 11-2 所示。在这个制冷系统中，液态制冷液在蒸发器中吸收被冷却物料的热量后，汽化成低压低温的蒸汽，蒸汽被压缩机吸入，压缩成高温高压的蒸气后排入冷凝器，在冷凝器中向水或空气冷却介质放热冷凝为高压液体，再经膨胀阀节流为低温低压的制冷剂，再次进入蒸发器吸热气化，达到循环制冷的目的。

单级压缩制冷循环的优点是设备结构相对简单，在中温下（-40 ~ -20℃）蒸发温度，则

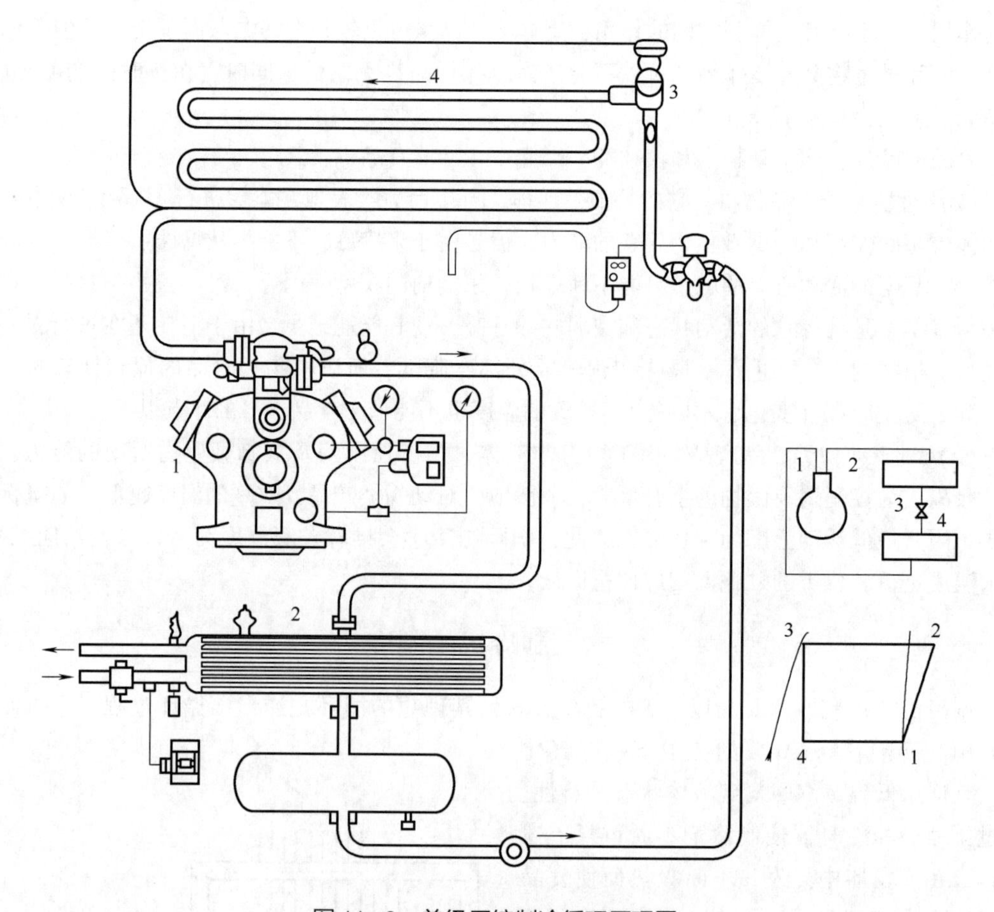

图 11-2　单级压缩制冷循环原理图

1—压缩机　2—冷凝器　3—节流阀　4—蒸发器

要求压缩机的压缩比大，但压缩机的压缩比过大，会出现以下问题：

（1）冷系数下降，如当压缩比达 20 时，输气系数几乎为零，压缩机几乎吸不进气体。

（2）压缩机的排气温度很高，使润滑油变稀，润滑条件变坏，甚至出现润滑油炭化现象，出现过热，使传热性降低。

（3）液态制冷剂节流时的损失增加，单位制冷量和单位容积制冷量大为下降。

因此，单级压缩制冷循环所能达到的蒸发温度是有限制的，一般单级氨制冷压缩机的最大压缩比不超过 8，氟利昂制冷机不超过 10。

三、双级压缩制冷循环

双级压缩制冷循环是在单级压缩制冷循环的基础上发展起来的，其出发点是为了获得比较低的蒸发温度，同时又使压缩机的压缩比控制在一个合适的范围内。

双级压缩制冷循环的压缩过程分两阶段进行，即来自蒸发器的制冷剂压力为 P 的蒸汽，先过入低压级汽缸压缩机压缩到中间压力 P_m，经过中间冷却后再进入高压组气缸，压缩到冷凝压力 P_1，再排入冷凝器，两个阶段的压缩比都在 10 以内。

双级压缩制冷系统可以由两台压缩机组成的双机双级系统，也可以由一台压缩机组成的单机双级系统。

双级压缩循环的中间冷却方式决定于制冷剂的种类，氨制冷剂冷由于回热循环不利，采用的是中间完全冷却的方式，其系统原理如图 11-3 所示。而氟类制冷剂，如 R_{12}、R_{512} 等，因回热循环较好，故可采手中间不完全冷却的循环方式。双级压缩循环一级节流，中间不完全冷却循环原理如图 11-4 所示。

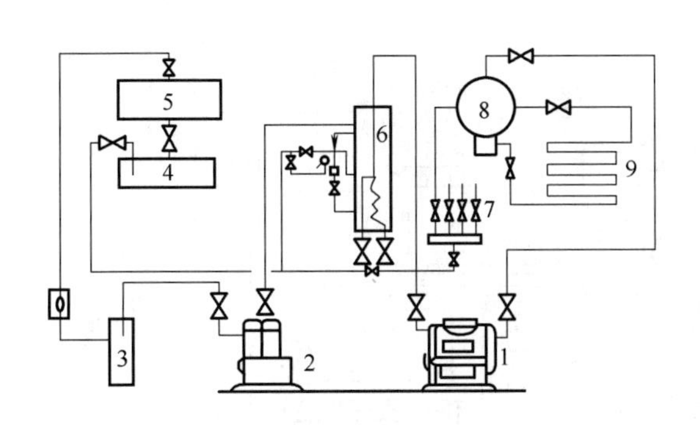

图 11-3　两级压缩制冷系统原理图

1—低压级压缩机　2—高压级压缩机　3—油分离器　4—贮液室　5—冷凝器　6—中间冷凝器　7—分配站　8—氨液分离器　9—蒸发器

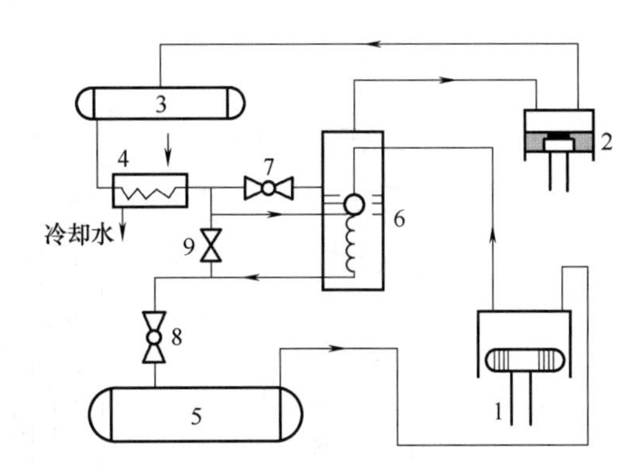

图 11-4　两级压缩一级节流中间完全冷却循环系统原理图

1—低压级压缩机　2—高压级压缩机　3—冷凝器　4—过冷器　5—蒸发器　6—中间冷却器　7，8—节流阀　9—旁通阀

至于双级压缩循环特有的中间压力或温度，则使用计算或采用模拟法来确定。

双级压缩制冷循环的优点是可以获得较低的蒸发温度（-70 ~ -40℃），但缺点是设备投资比单级压缩制冷循环大，操作也复杂。一般当需采用压缩比大于 8 或对氨压机要求蒸发温度低于 -25℃ 或冷凝压力大于 1.2MPa 采用时较为经济。

四、 复叠式制冷循环

随着食品产品的不断开发，当工艺技术上要求更低温度时，如 -120 ~ -70℃，上述的单、双级压缩制冷循环因受制冷剂的蒸发压力或凝固点的限制，已难以胜任。为此，出现了应用两种制冷的复叠式制冷循环技术。

复叠式制冷循环系统通常由高温部分和低温部分组成，高温部分使用中温制冷剂，低温部分使用低温制冷剂，每一部分都有一个完整的制冷循环，高温部分制冷剂的蒸发是用来使低温部分制冷剂冷凝，而低温部分系统中的制冷剂在蒸发时吸热制冷。系统中的高温部分和低温部分用一个蒸发冷凝器联系起来，它既是高温部分的蒸发器，又是低温部分的冷凝器，这样，低温部分制冷剂吸收的热量就可以能过蒸发冷凝器传递级高温部分的制冷剂，而高温部分的制冷再通过其

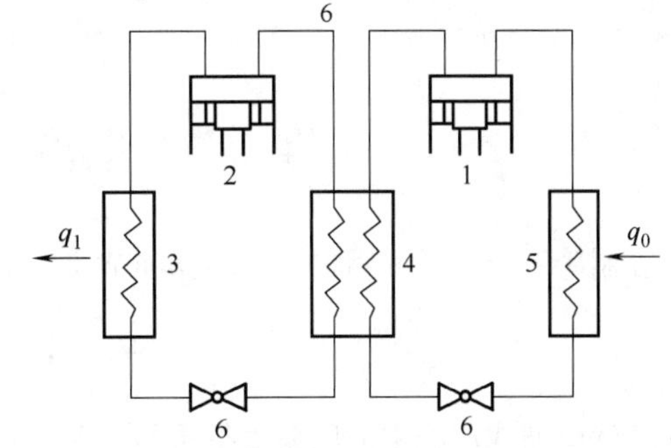

图 11-5　复叠式制冷循环的系统图

1，2—低、高温部分压缩机　3—冷凝器　4—蒸发冷凝器　5—蒸发器　6—节流阀

本身系统中的冷凝器将热量释放给水或空气等环境介质。图 11-5 是复叠式制冷循环的系统示意图，图 11-6 为系统原理图，工作过程为：R_{22}压缩机为高压部分，在高压部分中，制冷剂经压缩为高压蒸气后通过油分离器进入冷凝器，经冷却进入膨胀阀，经节流后成低压液体进入蒸发冷凝器，在蒸发冷凝器汽化吸热，吸收低压部分压缩机排出的制冷剂蒸汽的热量汽化后的蒸汽被压缩机吸收再循环。

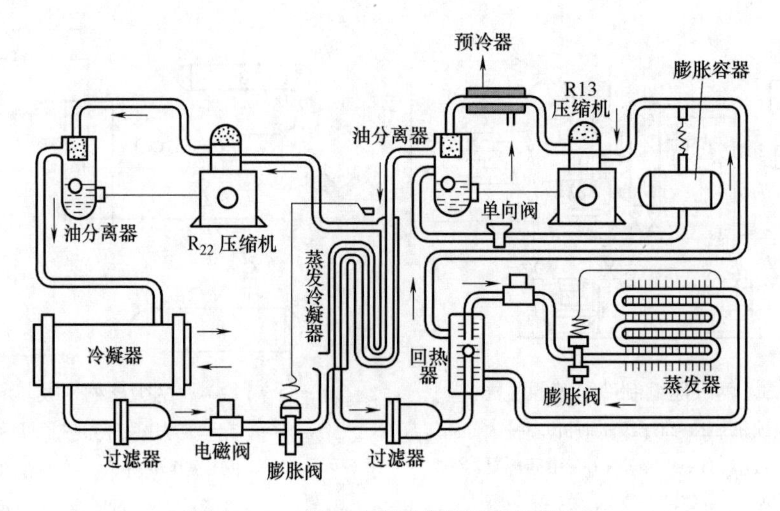

图 11-6　复叠式制冷循环系统示意图

R_{13}压缩机为低压部分，低压部分的液态制冷剂在蒸发器中吸收了低温箱内的热量而汽化，经压缩机压缩后，在水冷却器中预冷，进入蒸发冷凝器，凝结成液体，经干燥器、回热器和膨胀阀，节流降压后进入蒸发器汽化吸收热，如此循环。

系统中的回热器，作用是防止停机后低温部分的制冷剂压力过高，在开机启动时平衡压缩机的排出压力而设。

复叠式制冷循的优点是，在相同的蒸发温度时，制冷压缩机的尺寸比双级压缩制冷循环制冷机要小；系统内保持正压，空气不会漏入，运行稳定；高、低压部分可采用不同的制冷形式。

第二节　制冷系统的主要设备

在制冷系统中，压缩机、冷凝器和节流阀和蒸发器是制冷系统中的四大机械部件。

一、制冷压缩机

蒸汽压缩式制冷中的压缩机是从蒸发器中吸入低温低压制冷剂蒸汽，压缩成高温高压气体后送到冷凝器，使其在冷凝器中液化，同时维持吸气和排气两端的压力差，使制冷剂在制冷系统中循环流动，并经其他部件完成相态变化，达到制冷目的。根据压缩部件的形式及运转方式的不同，压缩机分为活塞式、螺杆式和滚动转子式等。

（一）活塞式压缩机

活塞式压缩机主要靠电机带动连杆，连杆带动活塞在汽缸内做往复运动不断吸汽、压缩、排汽，完成压缩过程。活塞式压缩机按汽缸数分类，有单缸、双缸和多缸压缩机；按压缩部分与驱动电机组合形式分为全封闭式、半封闭式和开启式压缩机。按压缩级数又可分为单级（可制取 -40℃以上温度）、双级（可制取 -70℃以上温度）和三级压缩机（可制取 -110℃以上温度）。食品冷冻冷藏过程中常用的压缩机为制取温度在 -40℃以上这一温度范围。食品快速冻结时会用到双级压缩机或三级压缩机。

全封闭式活塞压缩机，其压缩机和电机组成的整体封闭在钢板冲制的机壳内，结构紧凑，可防止轴封泄露，体积和功率较小，多用于冰箱、冷柜和小型冷库等。

图 11-7 所示为三洋 CL2 型半封闭活塞式压缩机。半封闭活塞式压缩机的电机与压缩部件封闭在一个机壳内，机壳部分靠螺栓连接，可拆启。功率范围比全封闭活塞式压缩机大，多用于冷柜、冷库、冷水机组中。

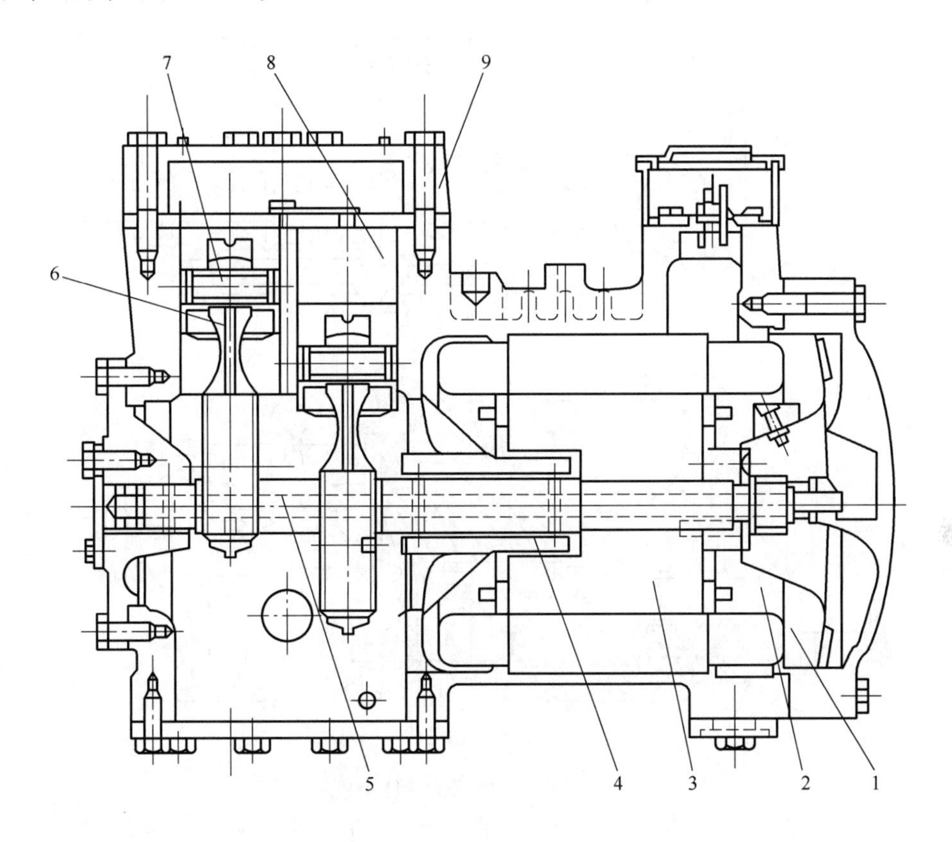

图 11-7　半封闭式制冷压缩机

1—机体　2—电机绕组　3—电机定子　4—电机转子　5—曲轴　6—连杆　7—活塞　8—汽缸　9—阀板

开启活塞式压缩机，其压缩部分与电机部分分开，各自成一独立体，驱动电机与压缩部分靠联轴器或皮带连接。振动、噪声较大，安装需有地基。制取冷量范围广，大多用于大型冷库、食品厂等。

新型压缩机的开发和使用，使得活塞式压缩机的振动、噪声、效率低这些缺点尤为突出，它的应用受到了很大的冲击。但在特殊条件下（例如在环境温度下，单台压缩机制取较低温度）其应用有着不可替代的优势。同时由于活塞式压缩机历史悠久、技术成熟，所以还有着广泛的应用、发展空间。

（二） 螺杆式压缩机

螺杆式压缩机结构如图 11-8 所示，主要由阴、阳转子，机体，轴承、轴封、平衡活塞及能量调节装置等组成。其工作原理是由阴、阳转子螺杆的啮合旋转产生容积变化，进行气体的压缩。阴转子的齿沟相当于活塞缸，阳转子相当于活塞。阳转子带动阴转子做回转运动，使阴阳转子间的容积不断变化，完成制冷剂蒸汽的吸入、压缩、排出。螺杆式压缩机与活塞式相比，其效率高，适应温度范围广，结构简单，易损件少，运行寿命长。制冷量可在 10% ~ 100% 范围内实现无级调节，在低负荷运行时较经济。但其润滑系统较复杂，油分离器体积较大，运行噪声大。螺杆式压缩机在中等制冷量范围（580 ~ 2300kW）应用的较多。

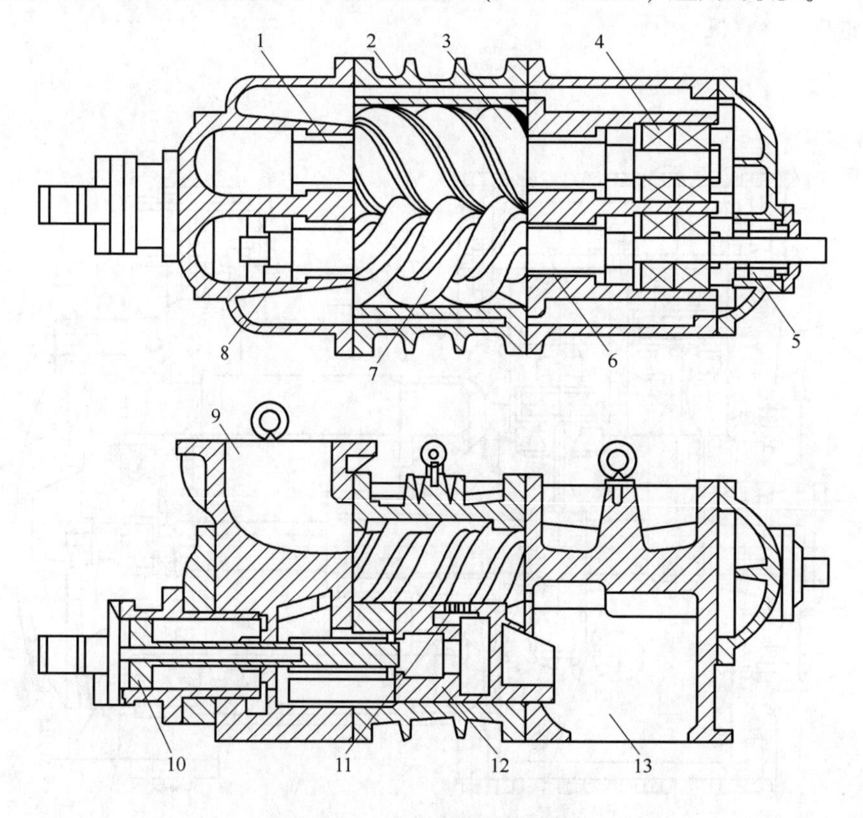

图 11-8 双螺杆制冷压缩机

1,6—滑动轴承 2—机体 3—阴转子 4—推力轴承 5—轴封 7—阳转子 8—平衡活塞
9—吸气孔 10—能量调节用卸载活塞 11—喷油孔 12—卸载滑阀 13—排气口

（三） 滚动转子式压缩机

滚动转子式压缩机是利用一个偏心圆筒形转子在气缸内转动来改变工作容积，以实现气体的吸入、压缩和排出。该压缩机结构如图 11-9 所示，滑片将气缸分成两部分，当转子转动时，与吸气管相通的气缸容积增大，进行吸气，与排气口相连的气缸容积减小进行压缩排气。滚动转子式压缩机结构简单，体积小，重量轻，易损件少，运行比较可靠、效率高。其缺点

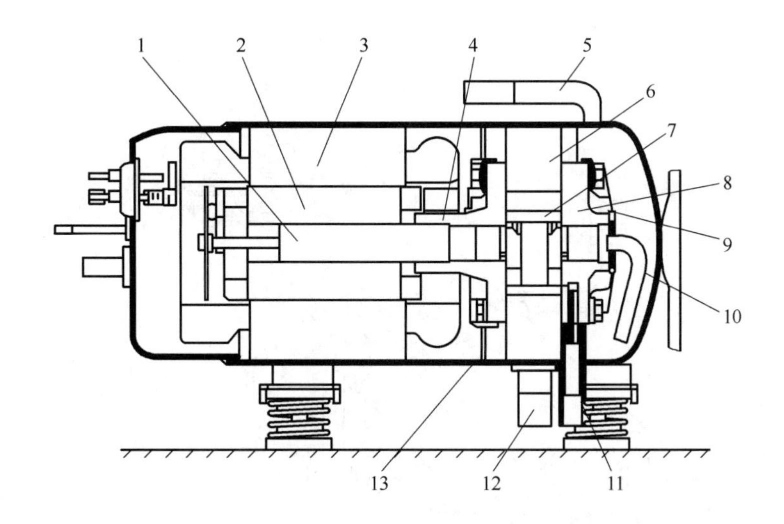

图 11-9　SANYO 1CYL 型滚动转子式压缩机结构

1—曲轴　2—电机转子　3—电机定子　4—上支撑　5—排气管　6—汽缸　7—转子活塞
8—下支撑　9—顶板　10—供油管　11—喷液冷却管　12—吸气管　13—挡板

是：在环境温度高于43℃时性能较差，长期运转后效率下降，用于热泵运转时制热量小，损坏后修复困难。多用于冰箱、冷柜、空调。

二、冷　凝　器

在制冷过程中冷凝器起着输出热量并使制冷剂得以冷凝的作用。从压缩机排出的高压高温蒸汽进入冷凝器后，将其在工作过程吸收的全部热量传递给周围介质（水或空气）。制冷剂由高压高温蒸气重新凝结为高压低温液体。根据冷却介质和冷却方式不同，冷凝器可分为水冷式、空冷式和蒸发式三类。

（一） 水冷式冷凝器

水冷式冷凝器是利用水来吸收制冷剂放出的热量。其特点是传热效率高，结构紧凑，适用于大中型制冷装置。采用这种冷凝器需要有冷却水系统，所以一般水冷冷凝器需附带冷却塔。水冷式冷凝器管壁上结水垢后传热效果会降低，故需要定期清洗。水冷式冷凝器有立式壳管式、卧式壳管式、套管式等几种。其中卧式冷凝器在大中型制冷装置上应用较广，其管内水流速较高，传热系数大，冷却水循环量可比立式冷凝器少，图 11-10 为卧式管壳式冷凝器结构图。

（二） 空冷式冷凝器

空气式冷凝器又称风冷冷凝器。制冷剂蒸汽冷凝放出的热量是用空气冷却的。使用、安装都比较方便，特别适用于小型制冷装置和缺水地区。空冷式冷凝器可分为空气受迫运动和自然对流两种。前者用于中小型氟利昂制冷设备；后者主要用于冰箱的冷凝器。

空气受迫运动的空冷式冷凝器结构如图 11-11 所示。在风机作用下，使空气横向流过翅片管，氟利昂在翅片管内流动，其液化潜热被带走。这种冷凝器由于使用风机，要消耗电能，但电能消耗量不高。自然对流空气式冷凝器，是依靠空气在冷凝器被加热后自动上升的过程将

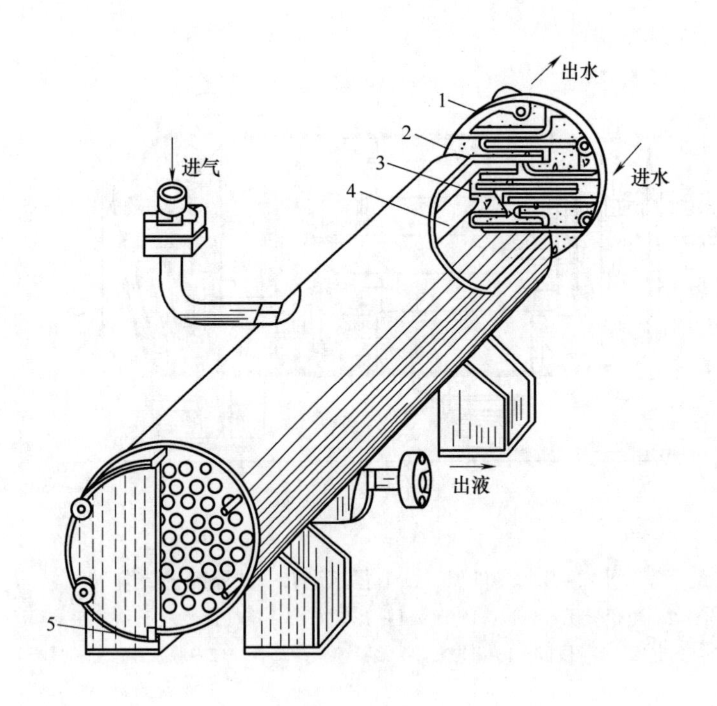

图 11-10　卧式管壳式冷凝器

1—端盖　2—橡皮圈　3—管板　4—冷凝管　5—放水闷头

冷凝器释放的热量带走。这种冷凝器不需要风机，节省能耗，无噪声，但传热系数较低。自然对流空气式冷凝器有线管式和板管式两种，如图 11-12 所示。线管式由两面焊有钢丝的蛇形管组成，钢丝与管子互成垂直，并点焊到管壁上。板管式冷凝器是由蛇形管和整块金属板组成，两者电焊在一起。

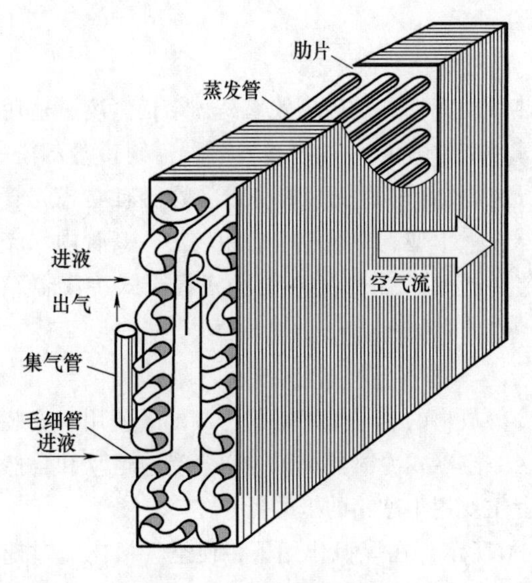

图 11-11　空冷式冷凝器

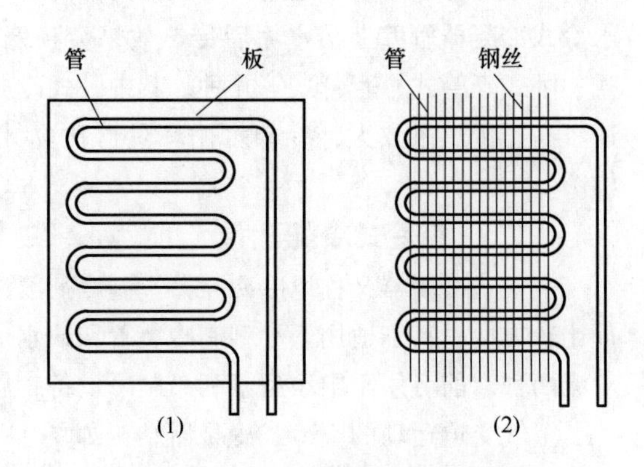

图 11-12　自然对流空冷式冷凝器

（1）蛇管式　（2）线管式

（三）蒸发式冷凝器

蒸发式冷凝器的结构如图 11－13 所示，是利用水蒸发时吸收热量而使管内制冷剂蒸汽冷凝。制冷剂蒸气由上部进入蛇形盘管，冷凝后的液体从盘管的下部流出，冷却水贮于箱底部水池中并保持一定的水位，水池中的冷却水用水泵送到喷水管，经喷嘴喷淋在传热管的外表面上，形成一层水膜。水膜中部分水吸热后蒸发被空气带走。未蒸发的水仍滴回水池内。为了强化传热效果，冷凝器上装有轴流风机。轴流风机装在侧面的称送风式，装在箱体顶部的称吸风式。蒸发式冷凝器中，水的汽化潜热大，换热效果好。由于顶置式轴流风机处于潮湿气流中，容易被腐蚀，故多采用送风式。蒸发式冷凝器耗水量少，适用于缺水地区。

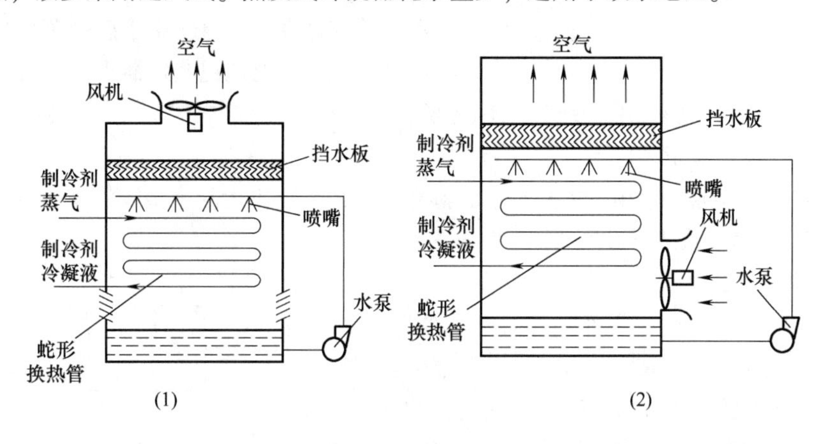

图 11－13　蒸发式冷凝器结构图

（1）吸风式　（2）送风式

（四）冷却塔

冷却塔以水冷却的制冷系统，冷却水是循环使用的。冷却水在冷凝器中吸收热量，温度升高，然后被泵送到冷却塔顶部，经喷嘴水被喷淋成细小水滴，往下流经填料时形成水膜，与往上流的空气接触发生热质传递，降温后流到塔底，冷却后的水经水泵输送到冷凝器，开始新的循环。每次循环会因蒸发损失部分冷却水，所以需要定期给冷却塔补充水。冷却塔是与水冷冷凝器配套使用的，图 11－14 为冷却塔结构示意图。

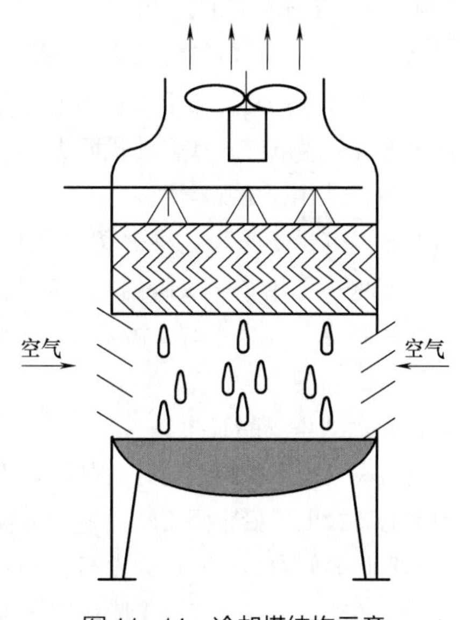

图 11－14　冷却塔结构示意

三、膨　胀　阀

节流装置又称膨胀机构，从冷凝器出来的高压制冷剂液体流经膨胀机构后，压力降低，然后进入蒸发器中。膨胀机构除了起节流作用外，还起调节进入蒸发器的制冷剂流量的作用。常用膨胀机构有热力膨胀阀和电子膨胀阀。

（一） 热力膨胀阀

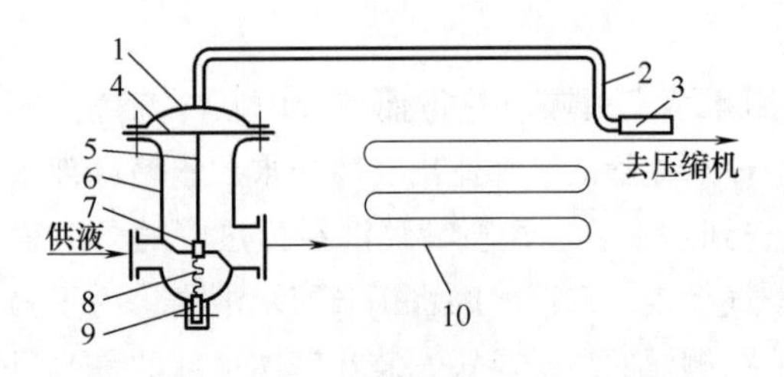

图 11-15 内平衡式热力膨胀阀示意图

1—阀盖 2—导压毛细管 3—感温包 4—膜片 5—推杆 6—阀体 7—阀芯 8—弹簧 9—调整螺钉 10—蒸发器

热力膨胀阀在氟利昂制冷系统中普遍应用，如风冷式冻结间、制冷装置、冰淇淋保藏箱以及空调装置等。其优点是在蒸发器负荷变化时可以自动调节制冷剂液体的流量。图 11-15 为内平衡式热力膨胀阀结构示意图，它由阀芯、阀座、导压毛细管、感温包、调节螺钉、弹簧、进出口接管和过滤器等组成。内平衡式热力膨胀阀中，感温包装在蒸发器出口，用于感受蒸发器出口处的温度。通过感温包把蒸发器出口温度转化成相应的压力，经毛细管传到膜片上，通过膜片变形，推动推杆作轴向移动，从而使阀孔关小或开大，调节蒸发器的供液量。

内平衡式热力膨胀阀适用于能量较小，蒸发器内压力降不大的小型蛇管式蒸发器。对于蛇形管较长、阻力较大或多路供液的大型蒸发器，由于制冷剂的流动阻力较大，压差对膨胀阀性能的影响不可忽略，为此可应用外平衡式热力膨胀阀，其结构原理如图 11-16 所示。外平衡式热力膨胀阀有一条外部连接管，将膜片下部的空间与蒸发器出口相连以平衡蒸发器压力降。由于外平衡式热力膨胀阀的平衡压力来自蒸发器的出口，而感温包正是在附近之前，从而改善了蒸发器的工作条件，使蒸发器传热面积的利用率提高，相应提高了蒸发器的效率。一般冷库用冷风机都采用外平衡式热力膨胀阀。

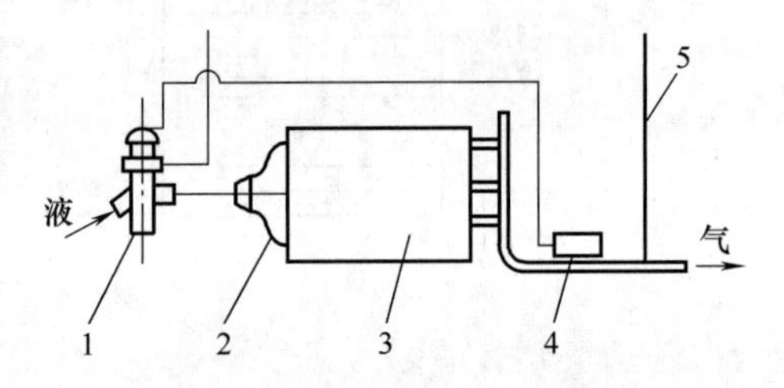

图 11-16 外平衡式热力膨胀阀

1—热力膨胀阀 2—分液器 3—蒸发器 4—感温包 5—平衡导管

（二） 电子膨胀阀

电子膨胀阀的控制精度较高，调节范围大，并为制冷装置的智能化提供了条件。电子膨胀阀是通过调节和控制施加于膨胀阀上的电压或电流，进而控制阀针的运动，达到调节目的。电子膨胀阀可分为电磁式和电动式两类。

1. 电磁式电子膨胀阀

电磁式电子膨胀阀是将被调参数先转化为电压，施加在膨胀阀的电磁线圈上。电压越高，开度越小，流经膨胀阀的制冷剂流量也愈小。该膨胀阀结构简单，对信号变化的响应快。但在制冷系统工作时，需要一直向它提供控制电压。电磁式电子膨胀阀结构如图11-17 所示。

2. 电动式电子膨胀阀

电动式电子膨胀阀的阀针由脉冲电机驱动。电动式电子膨胀阀可分为直动和减速型两种。直动型电动式电子膨胀阀用脉冲电动机直接驱动阀针，适用于较小冷量的节流；减速型电动式电子膨胀阀的阀内装有减速齿轮组，脉冲电机通过减速齿轮组将其磁力矩传递给阀针，适用于较大冷量的节流。电动式电子膨胀阀结构如图 11-18 所示。

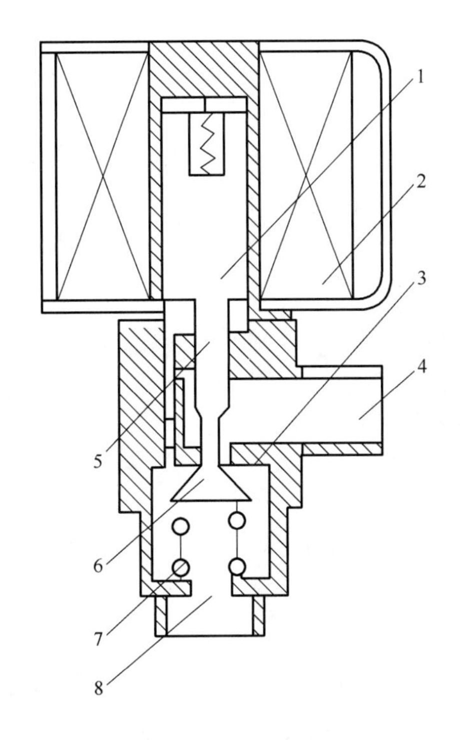

图 11－17　电磁式电子膨胀阀

1—柱塞　2—线圈　3—阀座　4—入口
5—阀杆　6—阀针　7—弹簧　8—出口

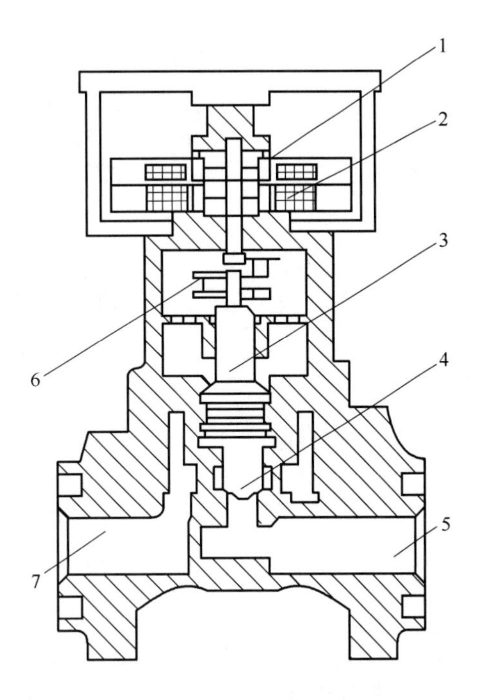

图 11－18　电动式电子膨胀阀（减速型）

1—转子　2—线圈　3—阀杆　4—阀针
5—出口　6—减速齿轮组　7—入口

四、蒸　发　器

蒸发器是制冷系统中制取冷量和输出冷量的设备。在蒸发器中，制冷剂液体在较低的温度下沸腾，转变为蒸气，并吸收被冷却物或介质的热量。根据被冷却介质的种类不同，蒸发器可分为两大类：冷却液体的蒸发器和冷却空气的蒸发器。常用冷却液体的蒸发器又分为壳管卧式、干式蒸发器等。常用冷却空气的蒸发器又分为直接蒸发式和排管式蒸发器等。

（一）壳管卧式蒸发器

壳管卧式蒸发器的外壳是用钢板焊成的圆柱筒体，两端带有管板，管板上扩张或焊接着许多无缝钢管或铜管的换热管束。两头端盖内具有隔板，端盖用螺栓连接在壳体上，如图 11－19 所示。载冷剂在换热管内往返多次流动，而制冷剂则在换热管外蒸发吸收载冷剂的热量。壳管卧式蒸发器具有结构简单，体积紧凑，传热性能好等优点。其缺点是制冷剂的充注量大，载冷剂有冻结的危险，采用氟利昂制冷剂时，回油比较困难，在一定程度上会影响传热效果。

（二）干式蒸发器

干式蒸发器的形状和结构与壳管卧式蒸发器相似，所不同的是液态氟利昂在管内沸腾。在筒体内设置几道隔板，载冷剂在管外的隔板之间曲折流动。这种蒸发器比较适用于 R22 制冷剂，它可以解决回油问题。

（三）直接蒸发式空气冷却蒸发器

直接蒸发式空气冷却蒸发器又称冷风机，广泛用于空气调节、冷库和低温操作间等。这种

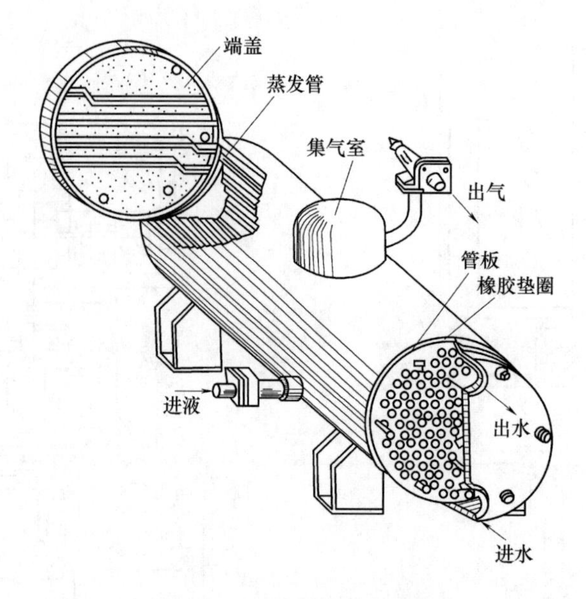

图 11－19　壳管卧式蒸发器

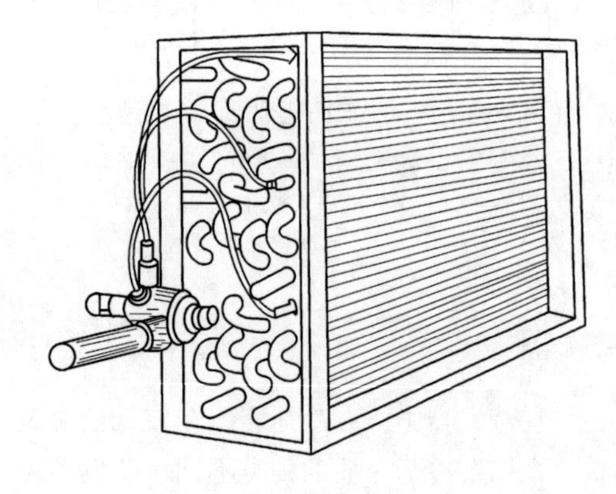

图 11－20　直接蒸发式空气冷却蒸发器

蒸发器采用翅片管式如图 11－20 所示，管内通以氟利昂液体蒸发吸热，管外通以被冷却的空气。这种蒸发器的优点是结构紧凑，占地面积小，冷量损失少；缺点是气密性要求较高，制冷量调节比较困难。

五、制冷机的附属设备

在制冷循环系统中，制冷剂既要经过气态与液态不断循环的过程，又要经历压力、速度、密度和温度等物理参数的变化，因此，会在系统中出现一些诸如压缩机排出的制冷剂气体中会带出一些润滑油；在系统中会渗入一些空气等问题，为了完善制冷系统的工作条件，通常会在系统中加设一些部件，统称为附属设备，附属的部件一般随制冷系统要求的不同而不同，如要求自动化程度高的制冷系统，其附属设备则会增多，一般地，作为必需的附属设备有如下几类。

（一）贮液器

贮液器的结构比较简单，结构示意图如图 11－21 所示，其主体是由钢板卷焊而成的圆柱体，两端有封头。在贮液器上设置了制冷剂进出口、均压管、安全阀、放空阀、放油阀和液位指示器等。

为了防止温度变化而产生的热膨胀对贮液器安全性的影响，贮液器的最大贮液量不能超过其容积的 70%（氨）和 80%（氟利昂），最高的工作压力为 2MPa。

（二）氨液分离器

氨液分离器在制冷机供液系统中用以分离自蒸发器进入氨压缩机氨气中的氨液，以防压缩

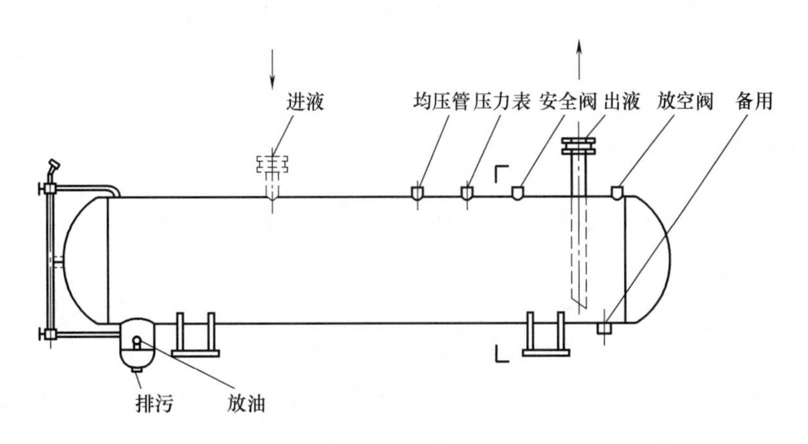

图 11-21 贮氨器（氨用高压贮液器）

机的湿行程；对从贮液器进入的高压氨液经过节流阀节流降压产生的闪发气体，可以在氨液分离器中分离出来，避免闪发气体进入蒸发器中，以充分发挥蒸发器的换热作用；向蒸发器均匀供液。

氨液分离器分为立式和卧式两种，应用最广泛的为立式氨液分离器，立式氨液分离器的基本结构是一个钢板卷焊而成的圆筒，两端为封头，其中部有与蒸发器的回气管相连的进气管，上部有与压缩机吸气相连的出气管，在分离器还设有如压力表、金属液面指示器、安全阀等设备运行安全装置。其结构示意图如图 11-22 所示。

为了充分利用氨液所产生的压力，氨液分离器安装在较高的地方，一般其安装位置高出最高的冷排管 1～2m。

氨液分离器的工作过程可以描述为：蒸发器中氨液沸腾产生的大量气体，在压缩机吸力的作用下，氨蒸气以 8～12m/s 的高速在蒸发管内运动，致使一些未蒸发的氨液微滴随氨蒸气带出。由于在这个过程中，连接了氨液分离器，当带有氨液微滴的蒸气进入分离器后，截面突然扩大，根据流体力学的原理，氨蒸气的流速与扩大的倍数相应地降低，流向改变，从而使密度较大的氨液微滴从氨蒸气中分离出来，并沉降到分离器的底部，被氨压缩机吸回，而分离后的氨蒸气送到蒸发器蒸发。

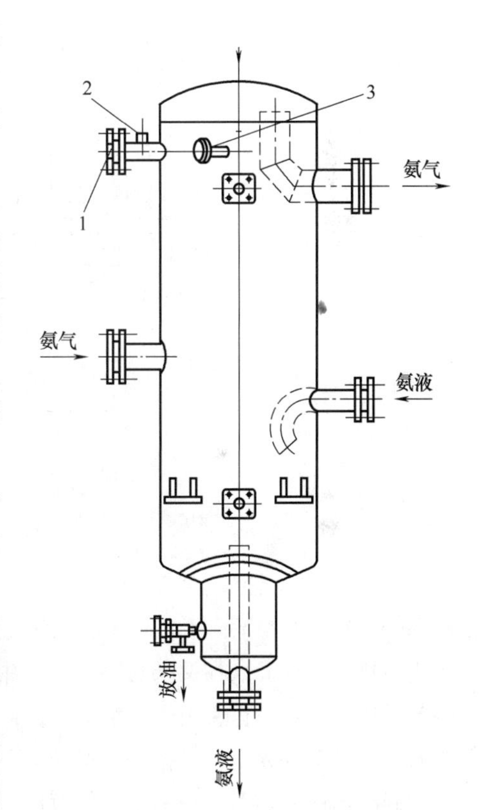

图 11-22 氨液分离器

1—压力表 2—安全阀 3—远距离液面指示器

（三）空气分离器

在制冷系统中，由于运行、操作、系统中都不可避免地混入一些空气或不凝气体，在压缩机排气过高时，也常有部分润滑油或氨分解成不能在冷凝器中液化的气体等原因，在大中型的制冷系统中，特别是以氨为制冷剂的制冷系统，以设置空气分离器的方式，分离排除制冷中的不凝气体，以保证制冷系统的正常运行。

在以氨为制冷剂的制冷系统中，常用的空气分离器有如下几种。

1. 四重管卧式空气分离器

该空气分离器由4根直径不同的无缝钢管套焊而成，如图11-23所示，分离器的最外夹套（称第一夹层）与第三夹层相通，第二夹层与第四夹层相通。其工作过程为：从贮氨器进入的氨液经节流阀节流后进入内管，然后进入第二夹层。来自贮液器和冷凝器的混合气体进入第一层和第三夹层。低温的氨液经传热管壁吸收混合气体的热量而蒸发，蒸发的气体经回汽管去氨液分离器或低压循环桶。混合气体则在较高的冷凝压力和较低的蒸发温度下被冷却，其中的氨蒸气被冷凝为液体，流到分离器的第四层供使用。空气等不凝性气体通过一接管放至水中进行水浴后排入大气中。

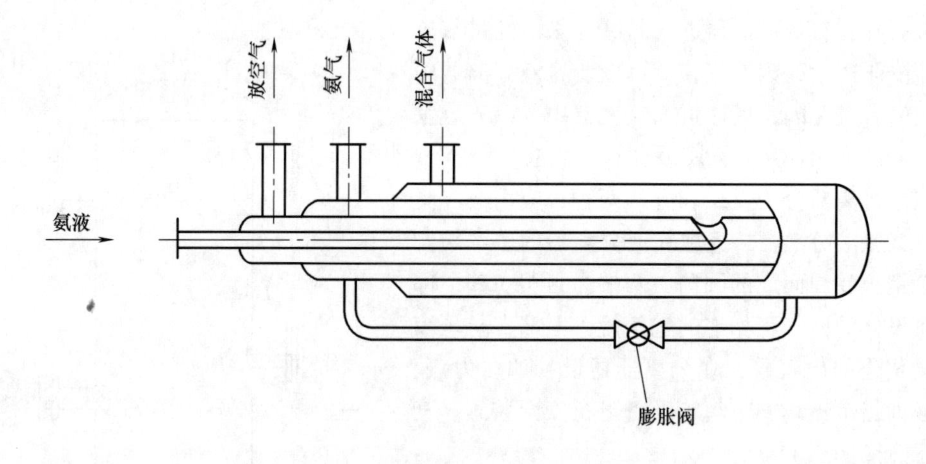

图11-23 四重管式空气分离器

2. 二重管立式空气分离器

图11-24（1）所示为二重管立式空气分离器的示意图，该分离器的壳体由无缝钢管制成，外部用绝热材料保温。在两端封闭的壳体中有一组冷却盘管，冷却盘管的下端与进液管相连，上端与回气管相连，盘管由于氨液的蒸发而成为一个蒸发器。壳体的中部侧面分别焊接了混合气体入口管接头和放空气管接头。操作时，混合气体进入壳体中与盘管表面进行热交换，冷凝下来的制冷剂由壳体下封头引出，经节流阀后与进液管接通，分离下来的不凝性气体由上部的放空气口进行水浴分离。

3. 二重管卧式空气分离器

二重管卧式空气分离与四重管卧式空气分离器相似，但其只有2层管。如图11-24（2）所示。其工作过程为：从贮氨器进入的氨液经节流阀节流后进入内管，在内管中吸收混合气体的热量而蒸发。蒸发后的氨气和不凝性气体一并进入分离的外层管隙间，氨气进一步被冷却而凝固，冷凝液由底部排出，经水浴后排入大气中。

上述3种空气分离器中，立式空气分离器是目前氨制冷系统中使用较多的一种，这种分离

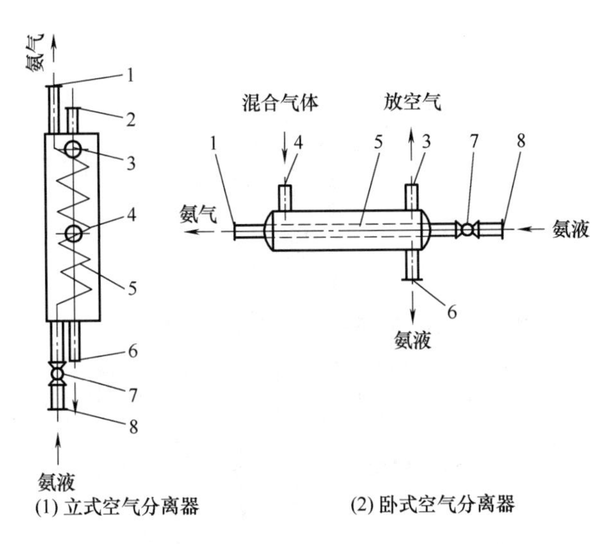

图 11-24　二重管式空气分离器

1—氨气出口　2—温度计插座　3—放空气　4—混合气体进口　5—冷却盘管　6—冷氨液出口　7—膨胀阀　8—氨液进口

器的操作比卧式空气分离器简单和易于实际自动化。而四重管卧式空气分离器比二重管式空气分离器分离效率高。

六、 中间冷却器

中间冷却器应用于双级或多级的压缩制冷系统中，由于氨的绝热指数较大，因而排气温度比较高，它的低压级排气一般采用完全冷却的方式，利用中间冷却器内呈中间温度的氨液的洗涤作用，使低压级排气冷却为饱和气体后被高压级吸入。同时，氨液亦吸收了低压排气的热量而蒸发。

常用的中间冷却器如图 11-25 所示，外形为一个立式带盘管的钢制壳体，上下端封头焊接而成，冷却器外包绝热层，在冷却器的上端，一直管自封头伸入冷却器内，一直伸至在正常氨液面下 150～200mm 处。其作用是保证低压排气能充分被洗涤冷却。进气口下端周围开口并焊有底板，作用是避免进入的气体直接冲击冷却器的底部，将润滑油冲起。冷却器的上部设置了两块多孔伞形挡板，作用是将氨蒸汽中的液滴分离出来。进气管液面以上的管壁上开有一个压力平衡孔，作用是避免停机时氨液进入氨气管道。冷却器的下部设有一组盘管，作用是使氨液获得过冷。冷却器还装置了液面指示器、压力表和安全阀等观察和安全设施。中间冷却器工作过程为：氨气进入直管中进入液面以下，经过氨液的洗涤而迅速地被冷却，氨气上升被送入高压级，在上升的过程中，带有液滴的氨气在上升的过程中通过冷却器上部的带孔伞形挡板时，蒸气中的液滴被子分离。同时，氨液吸收了低压排气的热量而蒸发。

中间冷却器的最高工作压力为盘管内 2MPa，盘管外 1.6MPa。

七、 水冷却装置

制冷设备冷却装置中，常采用循环冷却水系统对制冷系统进行冷却，以保证制冷系统的冷

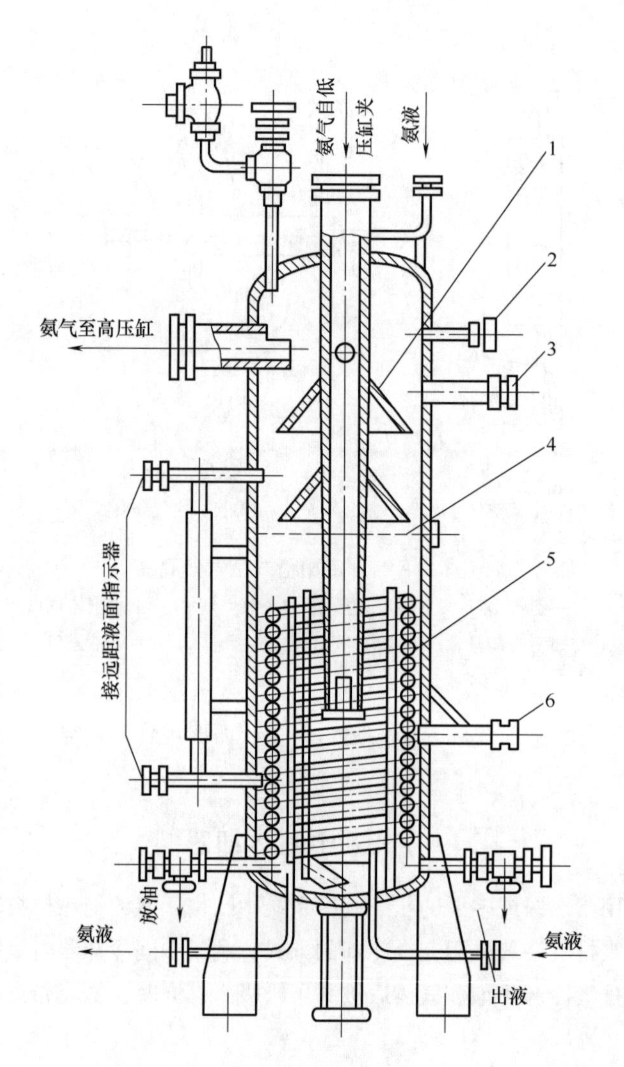

图 11-25　中间冷却器

1—伞形挡板　2—压力表接口　3—气体平衡管　4—液面　5—盘管　6—液体平衡管

凝温度不超过压缩机的允许工作条件。在循环冷却水系统中，用来降低循环水温度的冷却装置很多，如自然通风冷却塔和机械通风冷却塔等通用设备。

第三节　食品冻结装置

根据冻结装置的结构特征和热交换交方式，冻结装置通常又可分为以下几种类型：隧道式冻结装置；螺旋式冻结装置；接触式冻结装置；流化式冻结装置。

一、隧道式冻结装置

隧道式冻结装置的特点是冷空气在隧道中循环，食品通过隧道时被冻结。根据食品通过隧道的方式，可分为传送带式、吊篮式、推盘式冻结隧道等几种。图 11-26 是一种传送带式冻结隧道，主要由蒸发器、风机、传送带及隔热壳体等构成。该冻结装置的传输系统为两条平行工作的液压驱动链式传送带，上面放置冻结盘。开始运行时，将冻结盘放在装卸设备上，盘被自动推上传送带并合盖后，液压传动机构 10 驱动传送带向前移动，使冻结盘通过驱动室 A 进入水分分离室 B。在分离室内，黏附在盘子外面的大部分水被除去，剩余的水分则结成冰，保证水分不被带入冻结间 C 和 D 内，以免蒸发器结霜。食品的冻结过程是在冻结间 C 和 D 内进行的，轴流风机 8 吸入经板片式蒸发器 5 冷却的空气，向冻结盘吹送。为加速冻结过程，并保证食品降温均匀性，在各冻结间内气流流过盘子的方向互为反向。冻结盘到达转向装置时，改变运动方向返回装卸设备。此时，冻结盘自动脱出链条卡扣，在除霜装置 2 上经加热除霜后送至端部位置并翻转，盘盖自动打开，食品冻块落在输送带 11 上，传输到外面包装贮藏。

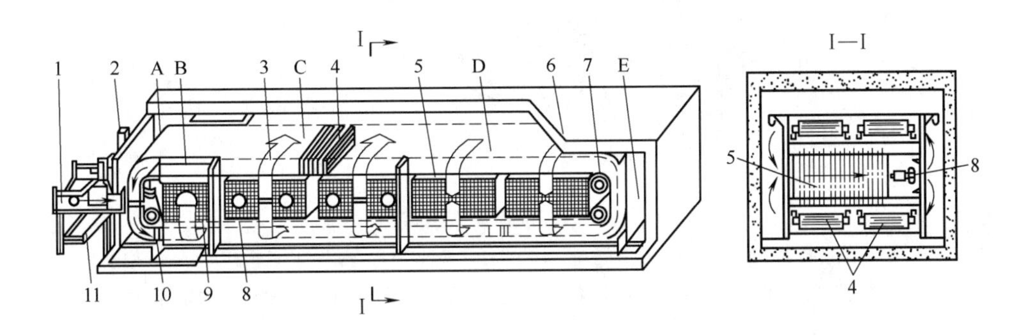

图 11-26　LBH31.5 型带式冻结隧道

1—装卸设备　2—除霜装置　3—气流方向　4—冻结盘　5—板片式蒸发器　6—隔热外壳
7—转向装置　8—轴流风机　9—光管蒸发器　10—液压传动机构　11—冻结块输送带
A—驱动室　B—水分分离室　C，D—冻结间　E—旁路

传送带式冻结隧道可用于冻结块状鱼、肉制品、果酱等。特别适合于包装产品，而且最好用冻结盘操作，冻结盘内也可放散装食品。该装置具有投资费用较低，通用性强，自动化程度高的特点。

二、　螺旋式冻结装置

螺旋式冻结装置如图 11-27 所示，主要由转筒、蒸发器、风机、传送带及附属设备等组成。其主体部分为一转筒，传送带由不锈钢扣环组成，按宽度方向成对接合，在纵横方向上都具有挠性。运行时拉伸带子的一端就压缩另一边，从而形成一个围绕着转筒的曲面。借助摩擦及传动力，传送带随着转筒一起运动，由于传送带上的张力小，故驱动功率不大，传送带的寿命长。传送带的螺旋升角约为2°，近于水平，食品不会下滑。传送带缠绕的圈数由冻结时间和产量确定。

被冻结的食品可直接放在传送带上，也可采用冻结盘，食品随传送带进入冻结装置后，由下盘旋而上，冷风则由上向下吹，与食品逆向对流换热，提高了冻结速度。与空气横向流动相比，冻结时间可缩短30%左右。食品在传送过程中逐渐冻结，冻好的食品从出料口排出。螺旋式冻结装置有多种形式，近年来，人们对传送带的结构、吹风方式等进行了改进，如沈阳新阳

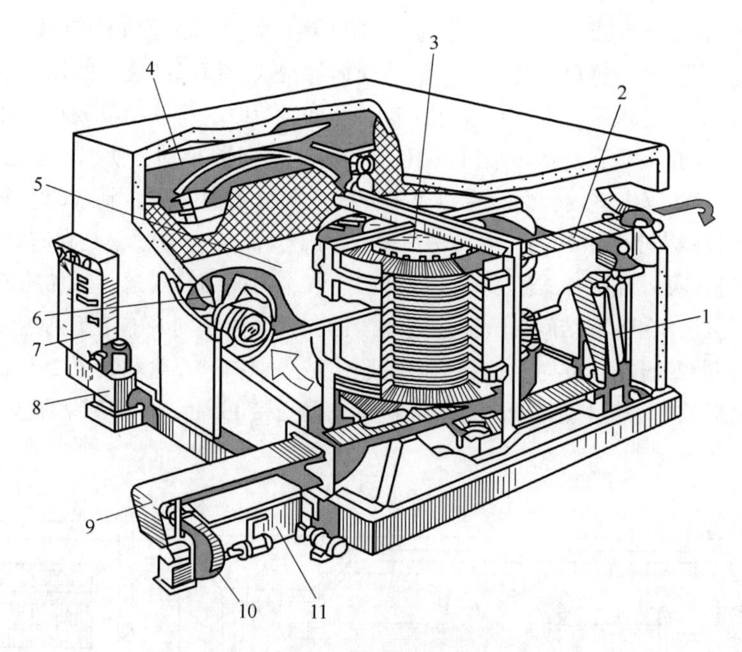

图 11-27　螺旋式冻结装置

1—平带张紧装置　2—出料口　3—转筒　4—翅板蒸发器　5—分隔气流通道顶板　6—风扇
7—控制板　8—液压装置　9—进料口　10—干燥传送风扇　11—传送带清洗系统

速冻设备厂采用国际先进的堆积带做成传送带；美国约克公司改进吹风方式，将冷气流分为两股，其中一股从传送带下面向上吹，另一股经转筒中心到达上部由上向下吹，最后，两股气流在转筒中间汇合，并回到风机。这样，最冷的气流分别在转筒上下两端与最热和最冷的物料接触，使刚进冻的食品尽快达到表面冻结，减少干耗，也减少了装置的结霜量。两股冷气流同时吹到食品上，提高了冻结速度，比常规气流快 15% ~30% 。

螺旋式冻结装置适用于冻结单体食品，如饺子、烧麦、对虾及经加工整理的果蔬，还可用于冻结各种熟制品，如鱼饼、鱼丸等。螺旋式冻结装置有以下特点：

（1）结构紧凑，占地面积小，仅为一般水平输送带的 25%；

（2）在冻结过程中，产品与传送带相对位置保持不变。适于冻结易碎食品和不许混合的产品；

（3）可以通过调整传送带的速度来改变食品的冻结时间，用以冷却不同种类的食品；

（4）进料、冻结等在一条生产线上连续作业，自动化程度高；冻结速度快，干耗小，冻结质量好。

该装置的缺点是在小批量、间歇式生产时，耗电量大，成本较高。

三、　间接接触式冻结装置

间接冻结是将食品放在由制冷剂冷却的板、盘、带或其他冷壁上，食品与冷壁直接接触，而与制冷剂间接接触的冻结方式。对于固态食品，可将食品加工为具有平坦表面的形状，使食品与冷壁面接触良好，增强换热；对于液态食品，用泵使食品通过冷壁热交换器，冻成半融状态。

（一） 平板冻结装置

平板冻结装置是一组作为蒸发器的空心平板与制冷剂管道相连，将冻结食品放在两相邻的平板间，并借助油压系统使平板与食品紧密接触。由于金属平板具有良好的导热性能，故其传热系数高。当接触压力为7～30kPa时，传热系数可达93～120W/(m^2·K)。平板式冻结装置分为卧式平板冻结装置和立式平板冻结装置。

图11－28所示为连续卧式平板冻结装置。食品装入货盘并自动盖上盖2后，随传送带向前移动，并由压紧机构3对货盘进行预压缩，然后货盘被升降机4提升到推杆5前面，由推杆5推入最上层的两平板间；当这两块平板之间填满货盘时，再推入一块，则位于最右面的货盘将由降低货盘装置7送到第二层平板的右边，然后被推杆8推入第二层平板之间。如此不断反复，直至全部平板间均装满货盘时，液压装置6压紧平板进行冻结。冻结完毕，液压装置松开平板，推杆5继续推入货盘，此时，位于最低层平板间最左侧的货盘则被推杆8推上卸货传送带，在此盖从货盘上分离，并被送到起始位置2，而货盘经翻转装置9翻转后，食品从货盘中分离出来。经翻转机构12再次翻转后，货盘由升降机送到起始位置1，重新装货，如此重复，直至全部冻结货盘卸货完毕时，平板间又填满了未冻结的货盘，再进行第二次冻结。除货盘装货外，所有操作都是按程序自动完成的。卧式平板冻结装置主要用于冻结分割肉、鱼片、虾及其他小包装食品的快速冻结。

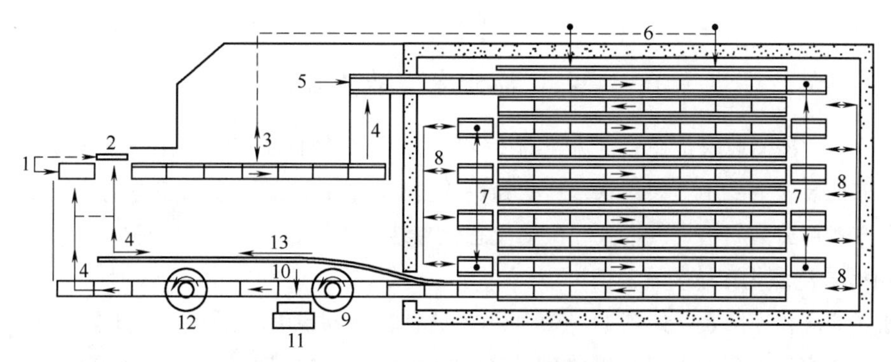

图11－28　连续卧式平板冻结装置

1—货盘　2—盖　3—冻结前预压　4—升降机　5—推杆　6—液压系统　7—降低货盘装置　8—液压推杆　9—翻盘装置　10—卸料　11—传送带　12—翻转装置　13—盖传送带

平板冻结装置适用于厚度小于50mm的食品，冻结速度快、干耗小，冻品质量高；可在常温下操作，改善劳动条件，占地面积小。但该冻结装置不适用于冻结厚度超过90mm的食品；未实现自动装卸的装置，需要较大的劳动强度。

（二） 回转式冻结装置

回转式冻结装置如图11－29所示，是一种新型的间接接触连续式冻结装置。其主体为一不锈钢制成的回转筒，外壁为冷却表面，内壁之间的空间供载冷剂流过换热，载冷剂由空心轴一端输入筒内，从另一端排出。被冻品呈散状由入口送到回转筒的表面，由于转筒表面温度很低，食品立即粘在上面，进料传送带再给冻品稍施加压力，使其与回转筒表面接触的更好。转筒回转一周，完成食品的冻结过程。冻结食品转到刮刀处被刮下，刮下的食品由传送带输送到包装生产线。该冻结装置的特点是占地面积小，结构紧凑，冻结速度快，干耗少，生产率高。

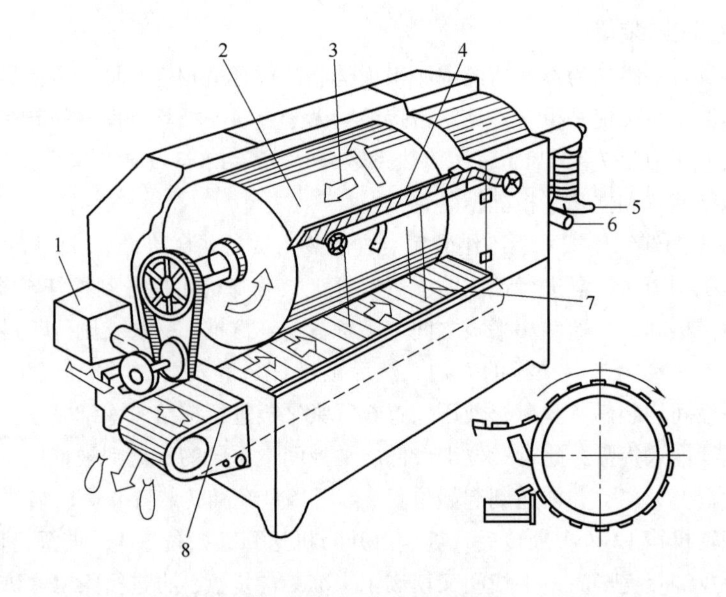

图 11-29 回转式冻结装置

1—电机 2—滚筒冷却器 3—进料口 4—刮刀 5—盐水入口 6—盐水出口 7—刮刀 8—出料输送带

四、 流化床冻结装置

食品流态化冻结装置是在一定流速的冷空气作用下，使食品在流态化条件下得到快速冻结方法。该冻结装置主要用于颗粒状、片状和块状食品的快速冻结。食品流态化冻结装置，按其机械传送方式可分为斜槽式、带式和振动流态化冻结装置等。

1. 斜槽式流态化冻结装置

斜槽式流态化冻结装置如图 11-30 所示。这种冻结器没有传送带，其主体为一固定多孔槽版，槽板的进口稍高于出口，以便食品在流化冻结过程中向前移动。冻结的食品由滑槽排出。冻品的床层厚度、冻结时间和产量可通过改变进料速度和排出堰高度来调节。斜槽式流态化冻结装置的主要特点是构造简单、成本低；冻结速度快，冻品降温均匀，质量好。

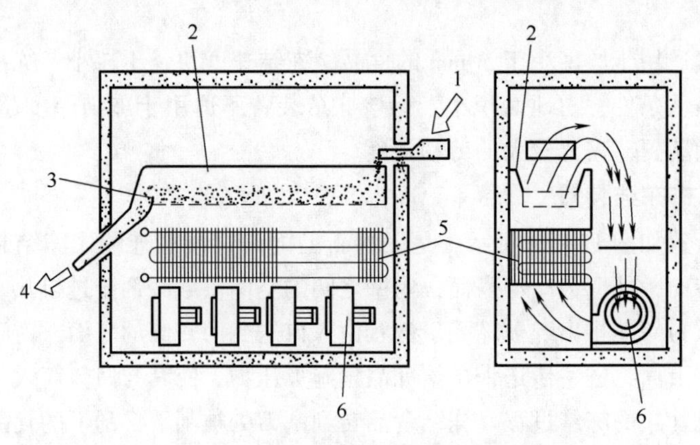

图 11-30 斜槽式流态化冻结装置示意图

1—进料口 2—斜槽 3—排出堰 4—出料口 5—蒸发器 6—风机

2. 带式流态化冻结装置

带式流态化冻结装置如图 11－31 所示，食品在随传送带输送过程中被流态化冻结。食品首先经过脱水振荡器，去除表面的水分，然后随进料带进入“松散相”区域，此时的流态化程度较高，食品悬浮在高速的气流中，从而避免了食品间的相互黏结。待到食品表面冻结后，经“匀料棒”均匀物料，到达“稠密相”区域，此时仅维持最小的流态化程度，使食品进一步降温冻结。冻结好的食品最后从出料口排出。

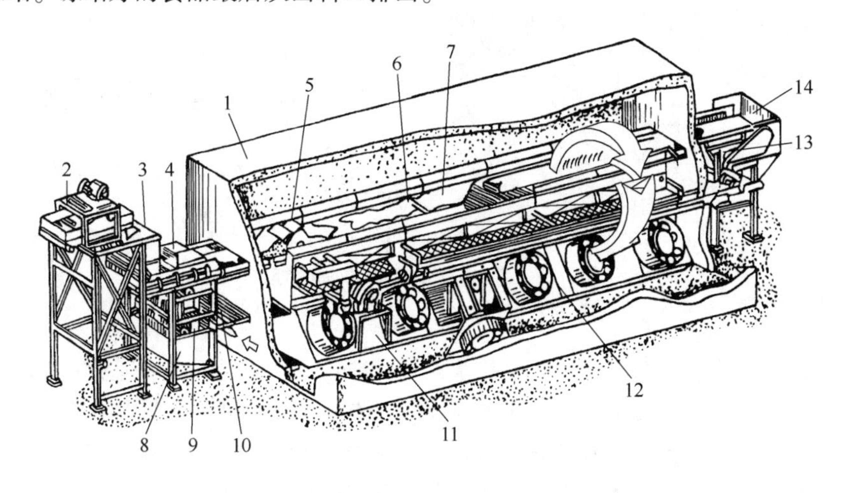

图 11－31　带式流态化冻结装置示意图

1—隔热层　2—脱水振荡器　3—计量漏斗　4—变速进料带　5—松散相区　6—匀料棒　7—稠密相区
8～10—传送带清洗、干燥装置　11—离心风机　12—轴流风机　13—传送带变速驱动装置　14—出料口

与斜槽式流态化冻结装置比较，带式流态化冻结装置适应食品种类多、产量大；由于颗粒间摩擦小，所以冻结易碎食品时损伤较小。但由于食品厚度较小、冻结时间较长，占地面积较大。

3. 往复振动式流态化冻结装置

往复振动式流态化冻结装置的主体部分为一带孔不锈钢板，在连杆机构带动下作水平往复式振动。脉动旁通机构为一旋转风门，可按一定的角速度旋转，使通过流化床和蒸发器的气流量时增时减，因而可以调节到适于各种食品的脉动旁通气流量，以实现最佳流态化。该装置运行时，食品首先进入预冷设备，表面水分被吹干，表面硬化，避免食品相互间的粘连。进入流化床后，冻品受钢板振动和气流脉动的双重作用，冷气流与冻品充分混合，实现了完全的流态化。冻品被包围在强冷气流中，像流体般向前传送，确保了快速的冻结。这种冻结方式消除了流沟和物料跑偏现象，使冷量得到充分有效的利用（如图 11－32 所示）。

五、　直接接触冻结装置

直接接触冻结是将食品与低温液体直接接触，食品与低温液体换热后，迅速降温冻结。食品与低温液体接触的方法有喷淋、浸渍或两者结合使用。采用直接接触冻结食品时，要求低温液体纯净、无毒、无异味、无外来色泽或漂白剂、不易燃易爆等。另外，低温液体与食品接触后，不应改变食品原有的成分和性质。常用的载冷剂有盐水、糖溶液和丙三醇等，经制冷系统

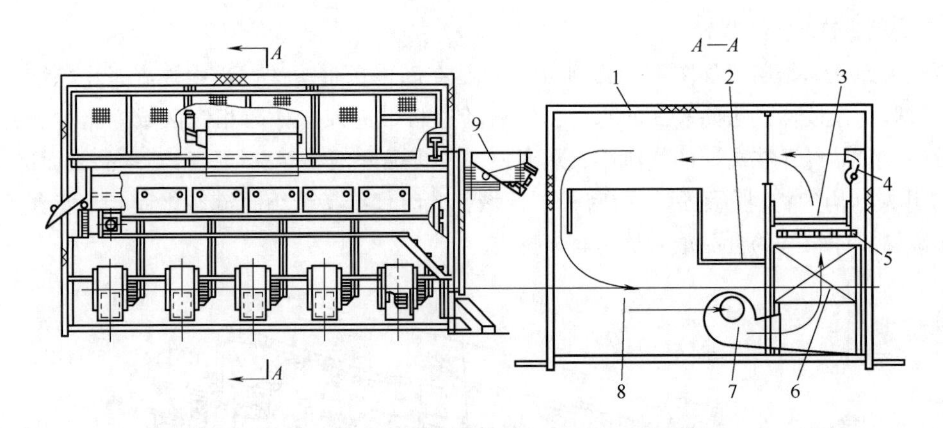

图 11-32　往复振动式流态化冻结装置

1—隔热箱体　2—操作检修廊　3—流化床　4—脉动旋转风门　5—融霜淋水管
6—蒸发器　7—风机　8—冻结隧道　9—振动布风器

降温后与食品接触，使食品冻结。直接接触冻结是将食品与低温液体直接接触，食品与低温液体换热后，迅速降温冻结。食品与低温液体接触的方法有喷淋、浸渍或两者结合使用。采用直接接触冻结食品时，要求低温液体纯净、无毒、无异味、无外来色泽或漂白剂、不易燃易爆等。另外，低温液体与食品接触后，不应改变食品原有的成分和性质。常用的载冷剂有盐水、糖溶液和丙三醇等，经制冷系统降温后与食品接触，使食品冻结。

（一） 盐水浸渍冻结装置

盐水浸渍冻结食品装置如图 11-33 所示。该装置主要用于鱼类的冻结，与盐水接触的容器用玻璃钢制成，有压力的盐水管道用不锈钢，其他盐水管道用塑料，从而解决了盐水的腐蚀问题。鱼由进料口与盐水混合后进入进料管，进料管内盐水涡流下旋，使鱼克服浮力而到达冻结器的底部。冻结后鱼体密度减小，浮至液面，由出料机构送至滑道，在此鱼和盐水分离由出料口排出。冷盐水被泵送到进料口，经进料管进入冻结器，与鱼体换热后盐水升温密度减小，冻结器中的盐水具有一定的温度梯度，上部温度较高的盐水溢出冻结室后，与鱼体分离进入除鳞器，经除去鳞片等杂物的盐水返回盐水箱，与盐水冷却器换热后降温，完成一次循环。其特点是冷盐水既起冻结作用又起输送鱼的作用，冻结速度快，干耗小。缺点是装置的制造材料要求较特殊。

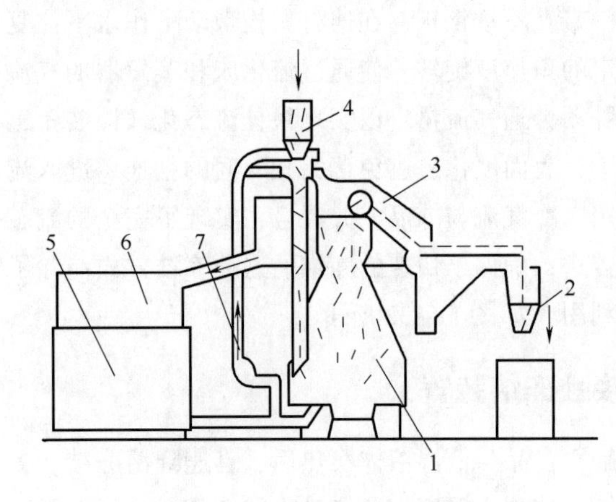

图 11-33　盐水连续浸渍冻结装置示意图

1—冻结器　2—出料口　3—滑道　4—进料口
5—盐水冷却器　6—除鳞器　7—盐水泵

（二） 氮喷淋冻结装置

液氮喷淋冻结装置如图 11-34 所示由隔热隧道式箱体、喷淋装置、不锈钢网格传送带、传动装置、风机等组成。被冻食品由传送带送入，经预冷区、冻结区、均温区，从另一端送出。风机将冻结区内温度较低的氮气输送到预冷区，并吹到传送带上的食品表面，经充分换热使食品预冷。进入冻结区后，食品受到雾化管喷出的雾化液氮的冷却而被冻结。根据食品的种类、形状不同，冻结温度和冻结时间可通过调整贮液罐压力以改变液氮喷射量，以及调节传送带速度来加以控制，以满足不同食品的工艺要求。由于食品表面和中心的温度相差较大，所以冻结后的食品需在均温区停留一段时间，使其内外温度趋于均匀。用液氮喷淋冻结装置冻结食品有以下优点。

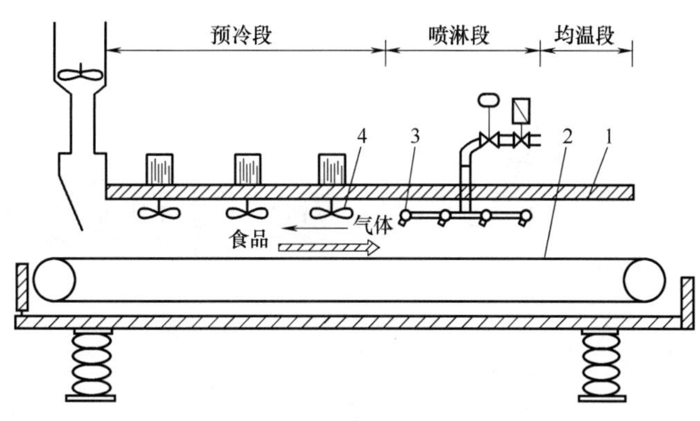

图 11-34　液氮喷淋冻结装置示意图

1—壳体　2—传送带　3—喷嘴　4—风扇

1. 冻结速度快

用 -196℃的液氮喷淋到食品上，冻结速度快，比平板式冻结装置快 5 ~ 6 倍，比空气冻结装置快 20 多倍。

2. 冻结质量好

由于液氮无毒无味，而且对食品成分呈惰性，所以在冻结过程中可防止食品氧化；另外液氮喷淋冻结速度快，每分钟能降温 7 ~ 15℃，食品内的冰结晶细小而均匀，对细胞损伤小，解冻时食品的汁液流失少，解冻后食品质量高。

3. 冻结食品的干耗小

用一般冻结装置冻结的食品，其干耗率在 3% ~ 6%，而用液氮冻结装置冻结，干耗率仅为 0.6% ~ 1%。所以，适于冻结一些含水分较高的食品，如杨梅、番茄、蟹肉等。

4. 液氮喷淋冻结装置生产效率高，占地面积小，设备投资省。

由于上述优点，利用液氮冻结在工业发达国家得到较广泛的应用。液氮冻结食品存在的问题是由于冻结速度快，使食品表面与中心产生极大的瞬间温差，易导致食品冻裂，所以过厚的食品不宜采用液氮冻结。另外，液氮冻结的成本较高，使其应用受到一定的限制。对于冻结不同种类的食品，可选用相应的冻结方法与装置。食品冷冻技术的发展趋势是低温、快速冻结，冻品的形式也从大块盘装转向单体小包装。在选用冻结装置进行冻结食品时，要考虑食品的种类、形态，生产效率，冻结质量等因素，同时需要考虑设备投资、运转费用等经济性问题。

思考题

1. 压缩机、冷凝器和节流阀和蒸发器是制冷系统中的四大机械部件，简述其基本工作原理。

2. 根据冻结装置的结构特征和热交换交方式可以分为哪几种形式，并各举例说明。

第十二章 发酵机械与设备

CHAPTER 12

[学习目标]

了解发酵设备的分类和特性，掌握间歇式、自吸式、气升式发酵罐的基本原理和结构；了解固态发酵的现状和新型固态发酵装备。

第一节　发酵设备的类型和基本构成

一、发酵设备的基本要求

发酵设备的基本功能是按照发酵过程的要求，保证和控制各种发酵条件，主要是适宜微生物生长和形成产物的条件，促进生物体的新陈代谢，使之在低消耗下（包括原料消耗、能量消耗、人工消耗）获得较高的产量。因此发酵设备必须具备一定的条件，应用良好的传递性来传递动量、质量、热量；能量消耗低；结构应尽可能简单，操作方便，易于控制；便于灭菌和消洗，能维持不同程度的无菌度；能适应各种要求的各种发酵条件，以保证微生物正常的生长代谢。

二、发酵设备的分类

发酵设备种类繁多，分类方法有以下几种。

（1）根据发酵用培养基状况，发酵设备分为固体发酵设备（如固体发酵用的缸、池、窖）及液体发酵设备。

（2）根据微生物类型，发酵设备又分为嫌气和好气两大类，酒精、啤酒和丙酮、丁醇溶剂等产品需要用嫌气发酵设备；谷氨酸、柠檬酸、酶制剂和抗生素的好气发酵产品需要用通风发酵设备，在发酵过程中需不断通入无菌空气。

（3）根据发酵过程使用的生物体，可把设备分为微生物反应器、酶反应器和细胞反应器，其中的微生物反应器为发酵行业的主流设备，但在工业生产中仅应用几种形式。以酶为催化剂进行生物催化反应的场所称为酶反应器。根据酶应用形态的不同，酶反应器可分为溶解酶用反应器和固化酶反应器。在工业生产中，酶反应器的应用日益广泛，新近开发了具有辅酶的保留、再生与循环使用功能的反应系统及非水系统的酶反应器等新型酶反应器。细胞反应器中的生物体是动植物细胞，目前，利用大规模细胞培养方法生产的有用产品大致可分为疫苗、干扰素、单克隆抗体和遗传重组产品四大类。

随着发酵产品产量的不断提高，发酵设备日趋大型化。大型发酵罐能简化管理，节省设备投资，降低成本。自动化控制也已广泛地应用于发酵设备中，发酵过程中的温度、压力、设备的清洗都已实现了自动控制。同时，连续发酵工业化的问题已引起人们的普遍关注和重视，目前，连续发酵生产酒精已在大部分工厂得到应用，而啤酒发酵的连续化也相继得到应用。

三、 发酵设备的特性

发酵设备大部分为反应釜。反应釜所以能有广泛的适应性，是与它自身所具有的特性分不开的。反应釜具有以下一些特性：对于连续操作的反应釜，良好的混合可以产生较低的、易于控制的反应速率，当反应剧烈放热时，反应釜可以消除过热点，而间歇操作时，则可将温度按程序排定为反应时间的函数；可按生产需要而进行间歇、半间歇或连续操作；对于容量大和反应时间长的反应，往往更为经济；细小的催化剂颗粒能充分悬浮在整个液体反应体系中，从而获得有效接触；在平行反应系统中，连续釜有利于反应级数较低的反应，间歇釜有利于反应级数较高的反应；在连串反应系统中，连续釜有利于最终产物，间歇釜有利于中间产物的生成。

第二节　嫌气发酵设备

在生产酒精、白酒、啤酒等发酵产品时，微生物不需要氧气来完成发酵，应使用嫌气发酵设备。

一、 间歇式发酵罐

间歇式发酵是指生长缓慢期、加速期、平衡期和衰落期四个阶段的微生物培养过程全部在一个罐内完成。

利用酵母将糖转化为酒精时，要获得较高的转化率，除满足酵母生长和代谢的必要工艺条件外，还需要一定的生化反应时间，并移走在生化反应过程中释放出的生物热，否则将影响酵母的生长和代谢产物的转化率。酒精发酵罐的结构必须首先满足上述工艺要求，还应有利于发酵液的排出、设备清洗、维修以及设备制造安装方便。

间歇式酒精发酵罐（图 12－1）的筒体为圆柱形，底盖和顶盖均为碟形或锥形。为了回收发酵过程中产生的二氧化碳气体及其所带出的部分酒精，发酵罐一般采用密闭式结构。灌顶装有人孔 7、视镜及二氧化碳回收管、进料管、接种管、压力表 3 和测量仪表接口管等。罐底装有排料口和排污口 12，罐身上下部装有取样口 2 和温度计接口。对于大型罐，为了便于清洗和

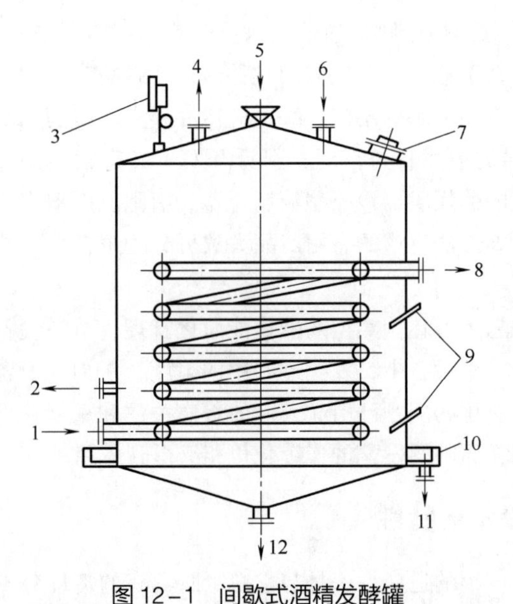

图 12-1 间歇式酒精发酵罐

1—冷却水入口 2—取样口 3—压力表 4—CO_2 气体出口 5—喷淋水入口 6—料液和酵母入口 7—人孔 8—冷却水出口 9—温度计 10—喷淋水收集槽 11—喷淋水出口 12—排污口

维修，接近罐底处设置有人孔。

对于发酵罐的冷却，中小型多采用灌顶喷水装置，而大型的采用罐内冷却蛇管或罐内和罐外喷洒联合冷却装置。有些采用罐外列管式冷却的方法，冷却均匀、效率高。

酒精发酵罐的洗涤多采用水力洗涤器（图 12-2），主要为一根两端装有喷嘴的洒水管，呈水平安装，管壁上均匀地开有一定数量的小孔，两端有弯曲段，通过活络接头与固定供水管相连。工作时，喷水管借助于两头喷嘴处以一定速度喷出而形成的反作用力自由旋转，在旋转过程中，洗涤水由喷水孔排出而均匀喷洒在罐壁、罐顶、罐底上进行罐的洗涤。这种水力喷射洗涤装置在水压不大时洗涤不彻底，对大型罐尤其明显。

与水力洗涤器相比，高压水力喷射洗涤装置（图 12-3）在水平分配管道基础上增加了一直立分配管，洗涤用水压力较高，一般为 0.6～0.8MPa。直立分配管安装于罐的中央，其上面开出的喷水孔与水面呈 20°夹角。水流喷出时可使喷水管以 48～56r/min 的速度自动旋转，并高速喷射到罐体四壁和罐底，一次洗涤过程约需 5min。

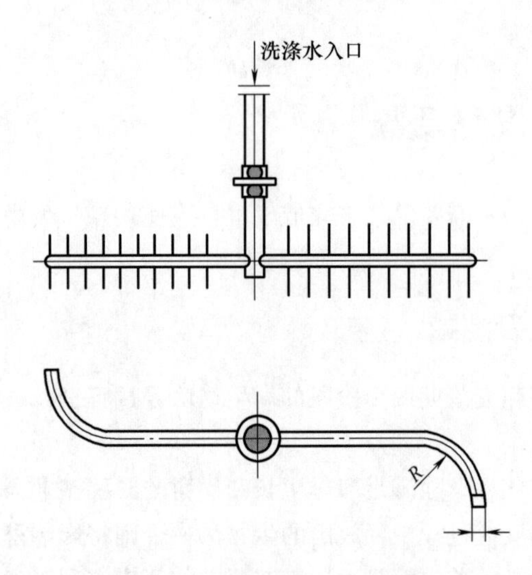

图 12-2 发酵罐水力洗涤装置

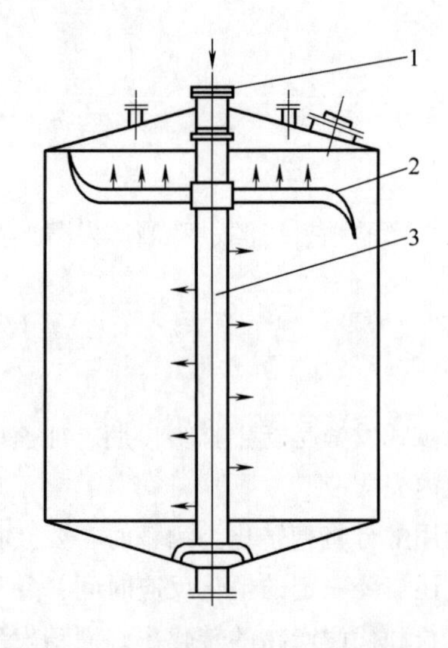

图 12-3 发酵罐高压水力喷射洗涤装置

1—洗涤剂进口 2—水平喷水管 3—垂直喷水管

间歇式酒精发酵罐内的环境和发酵过程易于控制，使得其目前在工业生产应用中仍然占据主要地位。

圆筒体锥形底啤酒发酵罐（图 12-4）属于一种大型发酵罐，简称锥形罐，已广泛应用于发酵啤酒生产，可单独用于前发酵或后发酵，还可以用于前、后发酵合并的罐法工艺中。

该罐一般置于室外使用，罐身为圆筒结构，外部围护有 2~4 段冷却夹套，用以维持适宜的发酵温度，在发酵最旺盛时，冷却夹套全部投入使用，其中冷媒多采用乙二醇或酒精溶液，罐体外设有良好的保温层，以减少冷量损耗。为在啤酒后发酵过程中有饱和的 CO_2，罐底安装有净化的 CO_2 充气管，经小孔吹入发酵液中。同时，为便于在罐中收集并回收 CO_2，罐内需要保持一定的正压状态，并且在灌顶安装有压力表和安全阀。已灭菌的新鲜麦芽汁及酵母由底部进口泵入罐内。发酵完成后最终沉积于锥体部分的酵母可通过底部阀门排出，部分可留作下次使用。

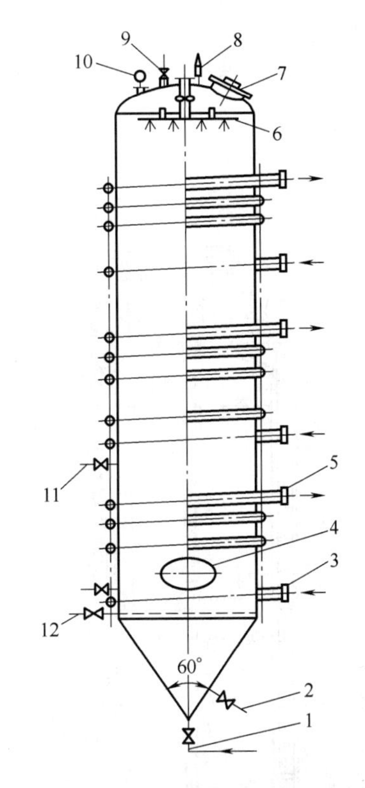

图 12-4　圆筒体锥形底啤酒发酵罐

1—麦汁与酵母进口　2—啤酒出口　3—冷媒进口　4—人孔门　5—冷媒出口　6—洗涤器　7—人口　8—安全阀　9—排气阀　10—压力表　11—取样口　12—CO_2 入口

二、　连续酒精发酵设备

由于前后两个微生物非旺盛生长期延续时间相当长，采用间歇发酵时发酵周期长，发酵罐数多，设备利用率低，通过在发酵罐内连续加入培养液和取出发酵液，可使发酵罐中的微生物一直维持在生长加速期，同时降低代谢产物的积累，培养液浓度和代谢产品含量相对稳定，微生物在整个发酵过程中即可始终维持在稳定状态，细胞处于均质状态，这即为连续发酵技术。

与间歇式发酵相比，连续发酵具有产品产量和质量稳定、发酵周期短、设备利用率高、易对过程进行优化等优点，但也存在一些明显的缺点，如技术要求较高、容易造成杂菌污染、易发生微生物变异、发酵液分布与流动不均匀等。目前虽已对连续发酵的动力学和无菌技术进行了广泛的研究，但还不能根据连续发酵的理论来完全控制和指导生产。因此，在实际发酵工业生产中，连续发酵目前还无法完全取代传统的间歇发酵。

连续发酵的特点是微生物在整个过程中始终维持在稳定状态，细胞处于均质状态、在此前提下，可用数学公式和实验公式来表达连续发酵在稳定状态下，微生物生长速度、代谢产物、底物浓度和流加速度之间的关系。

第三节　通风发酵设备

通风发酵设备需要将空气不断通入发酵液中，以补充微生物所消耗的氧。因此，通风发酵设备又称为好气发酵设备，具有良好的传质和传热性能，结构简单，密封性能好，不易染菌，能耗低，单位时间单位体积的生产能力高，操作维修方便，易于放大。

一、 机械搅拌发酵罐

（一） 工作原理、 分类及特点

机械搅拌通风发酵罐利用机械搅拌器，将通入的空气泡打碎，使气泡破碎的上浮速度下降，增大了气液接触面积，延长了气液接触时间，使空气和发酵液能够充分混合，从而提高发酵液内的溶氧量，并且在搅拌器的作用下发酵液产生强烈的液相湍流，使得液面厚度变薄，传质系数增大，从而获得较大的体积溶氧系数。

机械搅拌通风发酵罐是发酵工厂中常用的通风发酵罐，据不完全统计，它占了发酵罐总数的70% ~ 80%，因此也称为通用式发酵罐。它分为循环式和非循环式两类。循环式又分为外循环和内循环两类。非循环式和内循环式发酵罐使用搅拌桨来分散和打碎气泡，而外循环式发酵罐主要利用循环管中的泵或螺旋桨增加液体的循环量，并使喷入或吸入的气体细化，增加气液两相的接触面积。非循环式发酵罐由于利用搅拌器打碎气泡，溶氧速率较高，混合效果好，所以是目前最常用的发酵罐，缺点是结构复杂，消耗动力较大。这种发酵罐有多种形式，几何尺寸也不完全一致，但其内部结构大致相同。

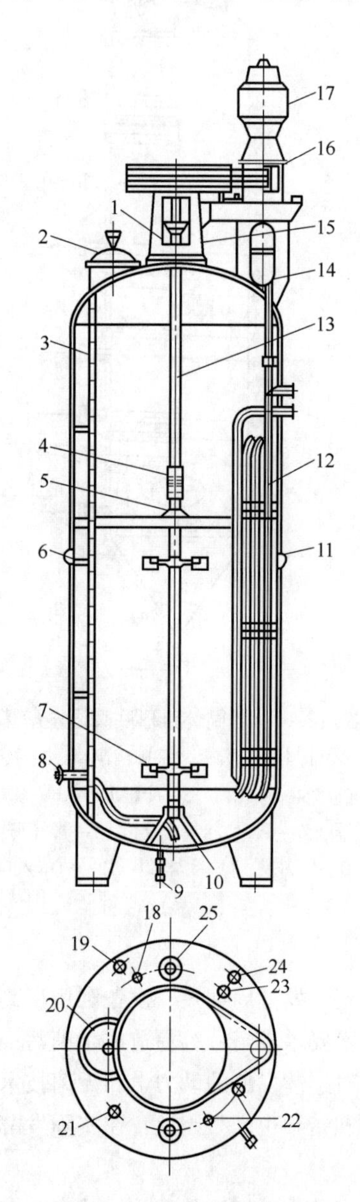

图 12-5　大型机械搅拌通风发酵罐

1—轴封　2，20—人孔　3—梯子　4—联轴器　5—中间轴承　6—热电耦接口　7—搅拌器　8—通风管　9—放料口　10—底轴承　11—温度计　12—冷却管　13—轴　14—取样口　15—轴承支柱　16—皮带　17—电机　18—压力表　19—取样口　21—进料口　22—补料口　23—排气口　24—回流口　25—视镜

机械搅拌发酵罐的优点是：①机械搅拌作用获得的溶氧系数较高，适合于多数好氧发酵的溶氧要求；②搅拌作用形成的液体流型使气泡分散均匀，氧气的利用率较高，所需通风量较小；③液体和空气的混合效果好，不容易产生沉淀，适应有固形物参与发酵的场合。

机械搅拌发酵罐也有以下缺点：①既有通风，又有搅拌，因而结构负责，设备造价较高；②单位溶氧功耗较大，操作费用高；③由于内部有搅拌装置，清洗及维修不方便，通常需设置专用的清洗系统（CIP）。

（二） 发酵罐的结构

机械搅拌通风发酵罐的主要部件包括罐体、搅拌器、挡板、轴封、空气分布器、传动装置、冷却管（或夹套）、消泡器、人孔、视镜等。大型机械搅拌通风发酵罐如图 12-5。

1. 罐体

罐体由圆柱体及椭圆形或碟形封头焊接而成，大型发酵罐罐体材料以不锈钢或复合不锈钢为好，衬里用的不锈钢厚度为2~3mm。对于腐蚀性较小的发酵液也可使用碳钢，内部涂以环氧树脂等合成树脂。为了满足工艺要求，罐体需要承受一定压力，一般要求耐受0.25MPa（绝对压力）的灭菌压力。生产用的发酵罐容积20~500m^3。罐壁厚度决定于罐径及罐压的大小。

小型发酵罐的罐顶设有手孔以方便清洗和配料。大中型发酵罐则设有快开人孔及快开手孔。罐顶装有视镜及灯镜，在其内部装有压缩空气或蒸汽的吹管，用以冲洗玻璃；灌顶的接管有进料管、补料管、排气管和压力接管。为避免堵塞，排气管靠近封头的中心轴封位置。罐身上有冷却水进出管、进空气管、温度外管和测控仪表接口。

2. 搅拌器和挡板

搅拌器能使空气分散成细小的气泡并与发酵液均匀混合，提高溶氧速率，维持适当的气-液-固三相的混合与质量传递，同时强化传热过程。因此，搅拌器的设计应使发酵液有足够的径向流动和适度的轴向流动。搅拌器一般采用涡轮式结构，采用不锈钢板制成，多为两组，也有三组或四组，其中叶片结构有平叶式、弯叶式、箭叶式等。为了拆卸方便，大型搅拌器一般做成两半型结构，通过螺栓联成一体。

挡板的作用是防止因为搅拌而使液面中央形成漩涡，并使液流由径向流型变成轴向流型，促使液体剧烈翻动，提高溶氧量。一般安装4~6块挡板，其宽度通常（0.1~0.12）D（罐直径），可以达到全挡板条件，即在一定转速下再增加罐内附件，轴功率仍保持不变。安装高度自罐底延伸至液面。一般有冷却列管或排管的发酵罐内不另设挡板，但冷却管为盘管结构的则需要设置挡板。挡板与罐壁之间的距离一般为（1/8~1/5）D。

3. 消泡器

发酵液中含有蛋白质等发泡的物质时在通气搅拌条件下会产生泡沫，严重时泡沫会顺着排气管外溢。不但损失发酵液，还容易引起杂菌污染。消泡器的作用是将泡沫打破。其常用形式有锯齿式、孔板式及梳状式等。它可直接安装在搅拌轴上，消泡器的底部应比发酵液面高出适当高度。此外还有涡轮式消泡器、旋风离心式消泡器、碟片式消泡器和刮板式消泡器等。一般生产上将机械消泡和化学消泡结合起来使用。一般孔板式消泡器的直径为10~20mm。消泡器的长度为0.65D。

4. 空气分布装置

其作用是引导无菌空气均匀吹入，有单管及环管等结构形式。常用的分布装置是单管式，管口末端在距罐底一定高度处朝下正对罐底中央位置，空气分散效果较好。空气由分布管喷出上浮时，被搅拌器打碎成细小气泡，并与醪液充分混合，加快气液传质。管内空气流速一般为20m/s。为防止气流直接冲击罐底，罐底中央安装有分散器，以延长罐底寿命。

5. 换热装置

换热装置用于排出发酵热，5m^3以下小型发酵罐一般采用夹套式换热装置。大型发酵罐采用竖式蛇管或列管换热（四组至八组）。带夹套发酵罐的罐体壁厚要按外压计算（0.245MPa外压），夹套内设置螺旋片导板，来增加换热效果，同时对罐身起加强作用。冷却列管极易腐蚀或磨损穿孔，最好用不锈钢管制造。

6. 连轴器及轴承

大型发酵罐搅拌轴较长，而且轴径是随着扭矩大小有所变化的，小型发酵罐可采用法兰连接，大型发酵罐搅拌轴常采用分段结构，采用连轴器连接。为了使搅拌轴转动灵活和减少振动，需要设置轴承，中型发酵罐一般在罐内设有底轴承，而大型发酵罐还设有中间轴承，其水平位置可调。在轴上增加轴套可防止轴颈磨损。

7. 轴封

轴封的作用是防止泄漏和染菌，常用的轴封是端面机械轴封。对于搅拌轴装于罐底的大型发酵罐，因密封要求高，通常采用密封性能良好的填料涵和端面轴封。

二、自吸式发酵罐

自吸式发酵罐是一种不需要空气压缩机提供加压空气，而依靠特设的机械搅拌吸气装置或液体喷射吸气装置吸入无菌空气并同时实现混合搅拌与溶氧传质的发酵罐。目前已广泛用于医药工业、醋酸工业、酵母工业等行业。其优点是：空气自吸进入，节省了空气净化系统中的空气压缩机及冷却器、储罐、油水分离器等辅助设备，投资少，功耗低；气泡小，气液接触均匀，溶氧系数高；便于自动化、连续化操作，劳动强度低；发酵周期短，发酵液浓度较高。

自吸式发酵罐种类繁多，根据通气的形式不同，可分为：无定子回转翼片自吸式发酵罐、具有转子及定子的自吸式发酵罐；喷射及溢流喷射自吸式发酵罐。

1. 无定子回转翼片自吸式发酵罐

无定子回转翼片自吸式发酵罐的空气分布器的翼片呈流线型，压缩空气通过空气轴进入，并有由翼片上的小孔分布于液体中。这种罐体结构简单、制作容易、操作维修方便，但空气的利用率低、电耗稍大。经过改进的福格尔布斯公司（Vogebusch）流线型回转翼片高效通风自吸式发酵罐在装液量、通气量、空气利用率、电耗等方面有很大提高。

2. 有定子自吸式发酵罐

如图 12-6 所示为一具有转子和定子的自吸式发酵罐，主要构件即转子（又称为自吸搅拌器）和定子（又称为导轮）。转子为空心结构，如九叶轮、六叶轮、四叶轮和三叶轮等。

当罐内装有液体并将转子浸没时，启动电动机使转子高速转动，转子内腔中的液体或空气在离心力的作用下，被甩向叶轮边缘。转子转速越高，液体和气体的动能越大，转子中心形成的负压越大，吸入的空气量也越大。气体和液体通过导轮均匀分布甩出。由于转子的搅拌作用，在湍流状态下混合、沸腾、扩散到整个罐中，因此自吸式充气装置在搅拌的同时完成充气作用。

设备的局限性：吸程低，不适用于味精生产等无菌要求高的场合；气液流量调整无法兼顾，因此更适合于连续发酵；搅拌器末端线速度相当高，剪切作用强，不适合于丝状菌发酵；罐压较低，装料系数约为 40%；结构复杂，加工精度要求高。

3. 溢流喷射自吸式发酵罐

溢流喷射自吸式发酵罐为新型发酵罐，特征部件是溢流喷射器。利用液体溢流时形成的抛射流，使靠近液体表面的气体边界层具有一定的移动速度，从而形成气体的流动和自吸作用。流体处于抛射非淹没溢流状态，溢流尾管稍高于液面，尾管高 1 ~ 2m 时，吸气量较大。溢流式自吸发酵罐结构简单，省去了复杂的空压机及其附属设备，电耗少生产率较大，溶氧速率高，输送发酵液效果较好。

4. 喷射自吸式发酵罐（文氏管发酵罐）

文氏管发酵罐的工作原理是让发酵液通过文氏管吸气装置，在文式管的收缩段处流速增

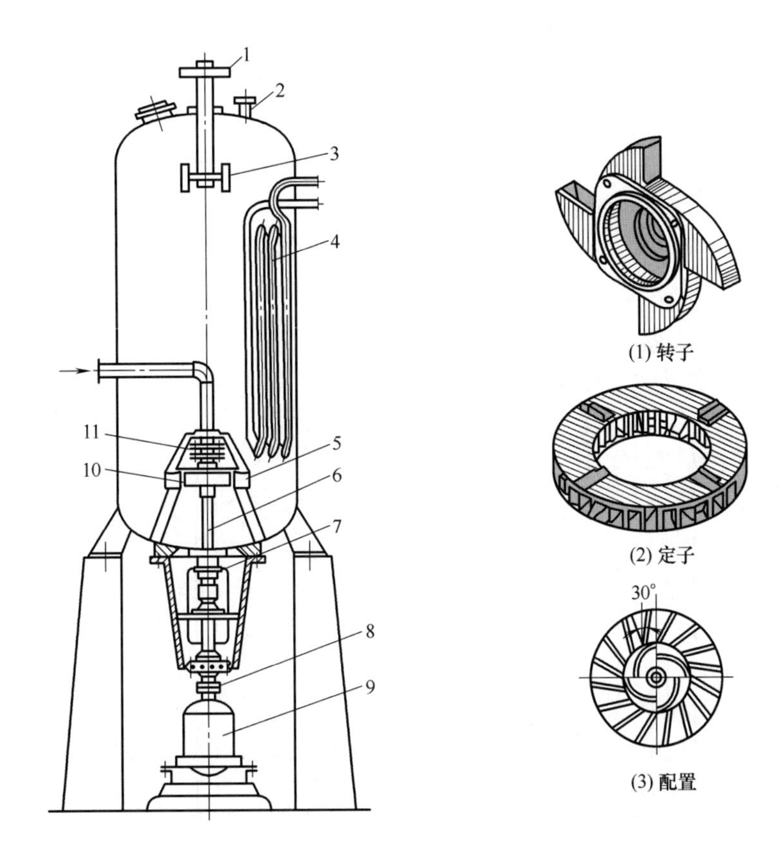

图 12-6 自吸式发酵罐

1—皮带轮 2—排气管 3—消泡器 4—冷却排管 5—定子 6—轴 7—双端面轴封
8—联轴节 9—电机 10—转子 11—端面轴封

加，形成负压而将空气吸入，并使气泡均匀分散到液体中。促进氧在液体中的溶解，因而分散效果好，溶氧速率高。

三、 气升式发酵罐

（一） 工作原理及分类

气升式发酵罐是近20年发展起来的发酵罐，其特点是结构简单，不易污染，氧传质效率高，能耗低，安装维修方便。较适合于单细胞蛋白的生产。这种发酵罐无机械搅拌装置，因此能耗低，减少了杂菌污染的危险，安装维修方便，氧传质效率高，但需要空压机或鼓风机来完成气流搅拌，有时还需要循环泵。目前常用的气升式发酵罐类型有带升式、塔式、气升环流式、气升及外循环式等。

其工作原理是把无菌空气通过喷嘴或喷孔喷射近发酵液中，通过气液混合物的湍流作用而使空气泡分割细碎，同时由于形成的气液混合物密度降低，故向上运动，而气含率小的发酵液则下沉，形成循环流动，实现混合与溶氧传质。

因气升式发酵罐内没有搅拌器，且有定向循环流动，故具有诸多优点：溶液分布均匀；溶氧速率和溶氧效率较高；剪切力小，对生物细胞损伤小；传热良好；结构简单，易于制造；操作维修方便。

（二） 带升式发酵罐

带升式发酵罐的工作原理是在罐外装设上升管，上升管两端与罐底及罐上部相连接，构成一个循环系统。空气分割细碎，与上升管内的发酵液密切接触。由于上升管内的发酵液密度较小，加上压缩空气的动能，使液体上升，罐内液体下降进入上升管，形成反复循环。如图12－7所示。在循环过程中，发酵液不断与空气气泡接触，供给发酵所耗的溶解氧。

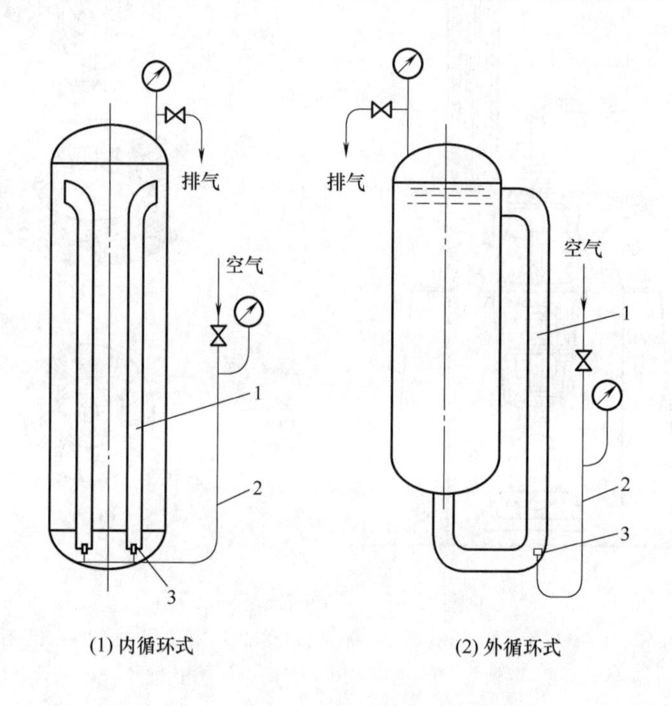

图 12－7　带升式发酵罐

1—上升管　2—空气管　3—空气喷嘴

带升式发酵罐有内循环和外循环两种。内循环式发酵罐的循环管通过采用多层套管结构，延长气液接触时间；并列设置多个上升管，降低罐体高度及所需空气压力，而外循环式发酵罐的上升管外侧可增加冷却夹套，在循环的同时对发酵液进行冷却。

带升式发酵罐的特点是结构简单，冷却面积较小；不需搅拌设备，节省动力约50%；罐主体内无空气，装料系数达80%～90%；维修、操作及清洗简便，减少杂菌污染。但对于黏度较大的发酵液溶氧系数较低，可以通过加大循环管直径，同时在循环管内增设多孔板来提高体积溶氧系数；对于外循环设备，可在循环管上增设液泵来增大循环速度，形成机械循环式反应器；还可采用多根循环管来提高循环速度。

带升式发酵罐的性能指标主要有循环周期（发酵液体积/循环速度）、空气提升能力（发酵液循环量/通入空气量）和通风比（通入空气量/发酵液体积）。

（三） 塔式发酵罐

塔式发酵罐又称为空气搅拌高位发酵罐（如图12－8所示），罐内安装有多层用于空气分布的水平多孔筛板，下部装有空气分配器。空气从空气分配器进入后，经过多孔筛板多次分割，不断形成新的气液界面，使空气泡一直能保持细小，提高了溶氧系数。另外，多孔筛板减缓了气泡的上升速度，延长空气与液体的接触时间，从而提高了空气利用率。在气升式发酵罐中，塔式发酵罐的溶氧效果最好，适用于多级连续发酵。

塔式发酵罐的高径比较大，占地面积小，装料系数高，空气利用率高；通风比和溶氧系数的值范围较宽，几乎可满足所有发酵的要求。但由于塔体较高，塔顶和塔底的料液不易混合均匀，往往采用多点调节和补料。而且多孔筛板的存在不适宜固体颗粒较多的场合，否则固体颗粒多沉积在下面，导致发酵不均匀；如果微生物是丝状菌，则清洗有困难。

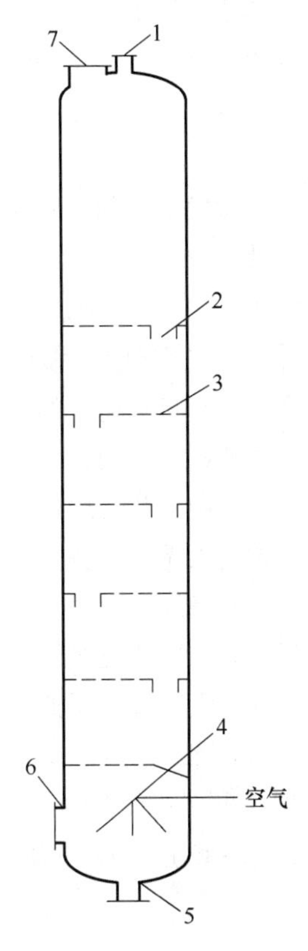

图 12-8　塔式发酵罐

1—排气口　2—降液管　3—筛板　4—分配器　5—出料口　6,7—人孔

（四） 气升环流式发酵罐

这种发酵罐能使发酵液分布均匀，并具有较高的溶氧速率和效果，对菌体没有强烈的剪切作用，传热良好，结构简单，加工制造和维修很方便。图 12-9 所示为一细胞培养气升环流式发酵罐，罐内设置一旋转推进器，气体从推进器转轴的上部进入，由底部的环形气体分布器喷出，与培养液均匀接触后由上部排出，培养液与气泡充分混合后由推进器上部的液体出口排出，然后下流到底部，被推进器吸入，形成环流。

气升环流式发酵罐主要结构参数：①反应器高径比 H/D：据实验结果表明，H/D 的适宜范围是 5～9，这既有利于混合与溶氧，也便于放大设计用于发酵生产，放大设计应以溶氧为主放大较好。②导流筒径与罐径比 D_E/D：对一定的发酵罐，在确定 D 和 H 后，导流筒直径与罐径比 $D_E/D=0.6\sim0.8$ 为宜，具体最佳选值应视发酵液的物化特性及生物细胞的生物学特性

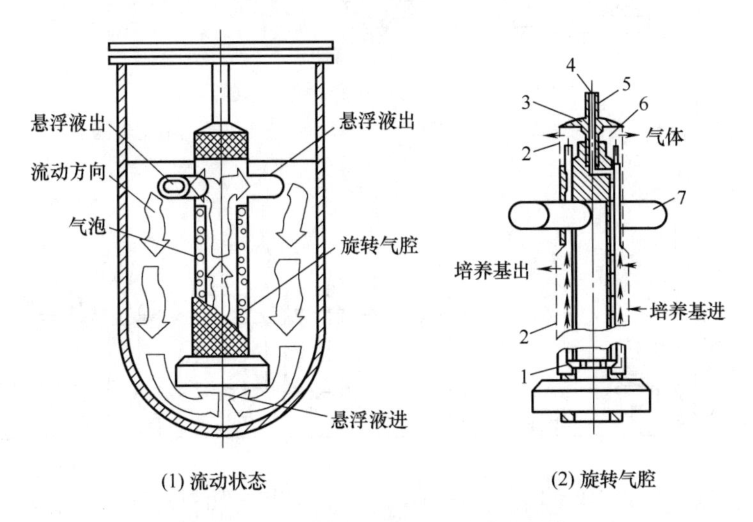

图 12-9　细胞培养气升环流式发酵罐

1—气体颁布器　2—筛网　3—上盖　4—气体进口　5—进气管　6—泡沫室　7—搅拌叶

确定。③空气喷嘴直径与罐径比 D_1/D 以及导流筒上下端面到灌顶及罐底的距离均对发酵液的混合与流动、溶氧有主要影响。

四、 通风发酵附属设备

好气性发酵过程，除通风发酵罐外，还需一些辅助设备来协同完成发酵。例如，用空气净化设备处理发酵所需的无菌空气；用消泡装置来消除发酵过程中因通风等原因产生的泡沫，以免影响正常的发酵；利用冷却装置控制发酵温度等。

（一） 空气除菌设备

好气发酵过程通入的空气可能含有对发酵过程破坏性极大的微生物，这些微生物在适宜的条件下会消耗大量的营养物质，产生各种其他代谢产物，破坏正常发酵的进行，因此必须对自然空气作除菌净化处理。空气除菌方法很多，目前所使用的主要方法为过滤除菌，利用一定厚度的可定期灭菌的过滤介质来阻截流过的空气所含的微生物，获得无菌空气。

过滤除菌原理：微生物微粒的直径很小，微生物微粒在随气流通过滤层时，在改变运动速度和运动方向、绕过纤维前进的过程中，将因滤层纤维产生惯性冲击、阻截、重力沉降、布朗扩散、静电吸引等作用把微生物微粒滞留在纤维表面。

目前我国发酵工厂典型的空气过滤除菌流程主要有：空气压缩冷却过滤除菌流程（图12-10）、两级冷却、分离、加热空气除菌流程（图12-11）、冷热空气直接混合式空气除菌流程（图12-12）、高效前置除菌流程（图12-13）。

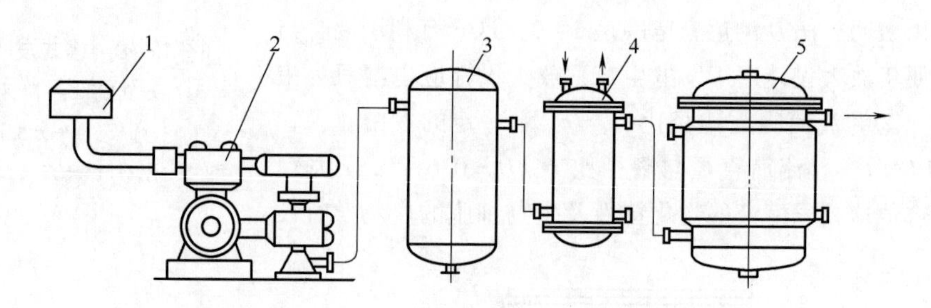

图12-10 空气压缩冷却过滤除菌流程

1—粗过滤器 2—空气压缩机 3—贮罐 4—冷却器 5—总过滤器

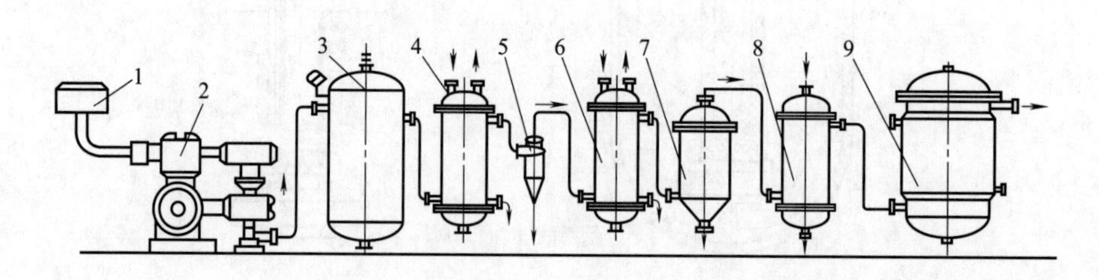

图12-11 两级冷却、 分离、 加热空气除菌流程

1—粗过滤器 2—空气压缩机 3—同室贮罐 4,6—冷却器 5—旋风分离器 7—丝网分离器 8—加热器 9—总过滤器

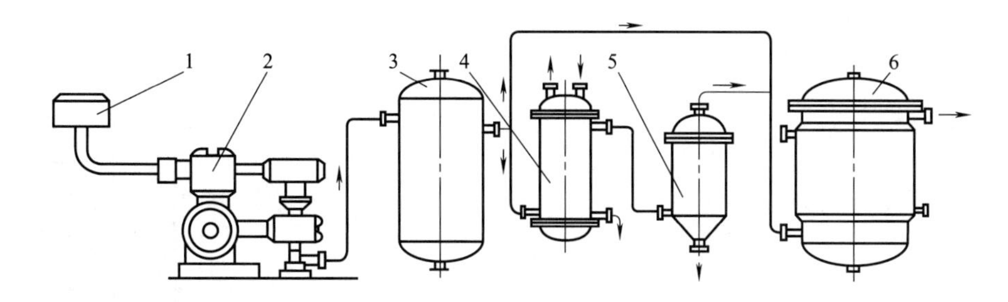

图 12-12 冷热空气直接混合式空气除菌流程

1—粗过滤器 2—压缩机 3—贮罐 4—冷却器 5—丝网分离器 6—总过滤器

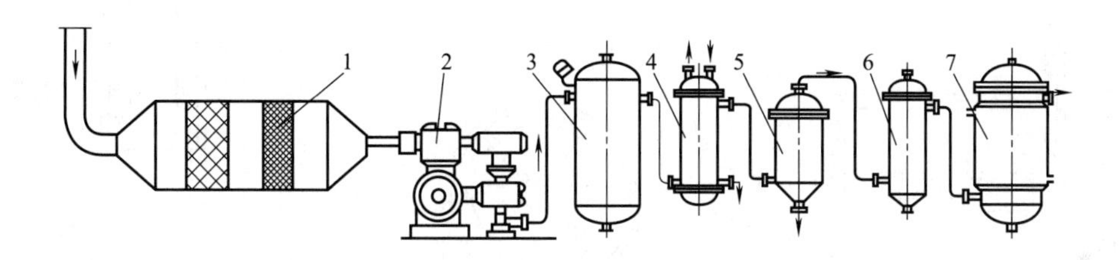

图 12-13 高效前置除菌流程

1—高效前置过滤器 2—压缩机 3—贮罐 4—冷却器 5—丝网分离器 6—加热器 7—总过滤器

过滤器为空气除菌流程中的关键设备，在一般的除菌流程中，为除菌彻底，通常分设二级过滤除菌装置。第一级称为总过滤器，第二级称为分过滤器，安装在用气设备附近，一般是一个用气设备配置一个分过滤器。

（二） 消泡装置

在发酵过程中，发酵液易出现泡沫。主要原因有：微生物菌体代谢过程产生的气体；通入的空气被搅拌器打散；含蛋白质、糊精、糖蜜较多的原料容易形成泡沫；含蛋白质高的菌体衰老时易自溶形成稳定泡沫。在好气性发酵生产中，泡沫过多会减少发酵罐的有效容积，甚至会造成大量发酵液逃溢，引发染菌危险，同时还会影响通气和搅拌效果，妨碍微生物的呼吸作用，使代谢不正常。

常用的消泡方法有化学消泡和机械消泡两种。化学消泡是在发酵液中添加消泡剂。机械消泡装置主要有离心式、耙式、刮板式、涡轮式、射流式和碟片式等。图 12-14、图 12-15 和图 12-16 分别是离心式、刮板式和碟片式消泡器示意图。

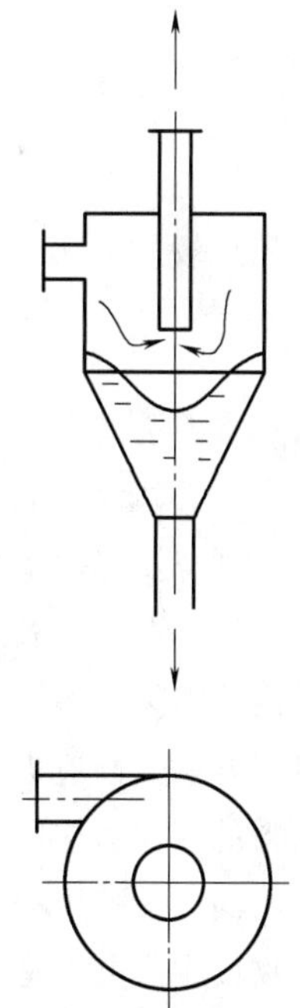

图 12-14 离心式消泡器

（三） 冷却装置

发酵过程中产生的热量会使发酵液温度升高，影响发酵的正常进行，因此发酵罐中必须有冷却装置来控制温度。发酵罐的冷却装置多种多样，常用的冷却装置有夹套式、竖式蛇管式、竖式列管式冷却装置和罐外冷却设备等。

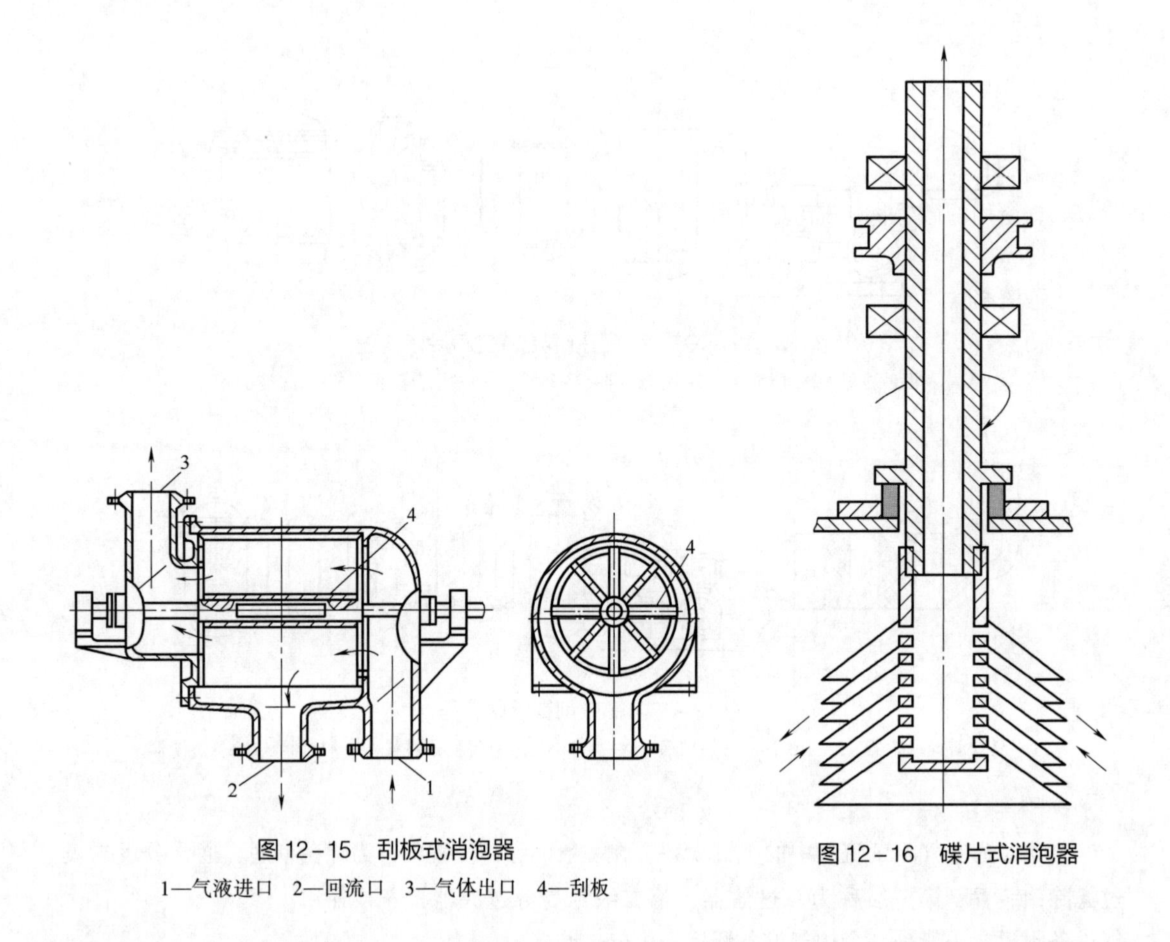

图 12-15　刮板式消泡器

1—气液进口　2—回流口　3—气体出口　4—刮板

图 12-16　碟片式消泡器

第四节　固态发酵设备

一、固态发酵设备的构造和基本性能要求

固态发酵设备是为微生物在固态物料上生长并产生代谢产物提供适宜的环境及条件的设备。发酵设备应满足以下基本条件：可容纳物料（密闭或半封闭）；尽可能防止外界微生物对罐内培养物的污染；并防止发酵微生物泄露到外界环境中；使培养物保持适宜的温度和湿度；对于好氧生物应提供足够的氧气；对于厌氧微生物则要提供厌氧环境；发酵设备的设计应便于物料的翻拌和进出；尽可能使物料分布均匀。

固态发酵生物反应器的种类很多，不同种类的反应器的构造相差很大。最简单的固态发酵生物反应器可以是一个密闭的空间或容器。中国传统的固态发酵酒曲以普通的房间就可以作为培养室。传统的固态发酵生产设施（设备）功能较为单调，一般只有发酵的功能。而其他辅助功能的完成（如物料的浸泡、蒸煮灭菌、冷却、灭菌干燥）需要其他设备的配合。现代固态发酵生物反应器的内部构造及和外部配套的连接趋于复杂化，反应器功能更加完善，正在向多功能化方向发展。

二、 固态发酵设备的分类

根据不同的分类依据，固态发酵设备有多种分类方法。

根据所用的微生物，发酵分为好氧及厌氧。固态发酵反应装置也可以分为两大类型；通风型和密闭型反应器，通风型固态发酵设备分为自然通风和强制通风。

巴西著名的固态发酵技术专家 Mitchell 根据通风方式和搅拌混料方式将固态发酵设备分为 4 种类型。

1. 非通风和非混料型固态发酵设备

典型代表是浅盘式发酵设备。

2. 强制通风，无混料固态发酵设备

其典型是填充床式发酵设备。

3. 非强制通风，混料固态发酵设备

典型代表是转鼓式发酵设备和轴搅拌型鼓式发酵设备或称为转轴式发酵设备。

4. 强制通风及搅拌混料式固态发酵设备

现有以下几种较为成型的反应器。

（1）间歇式类型　圆盘制曲机、厚层通风发酵池等都属于这种类型。搅拌一般是间歇进行的。从带筛孔的底板下通入空气。

（2）连续式类型

① 滚动转鼓式发酵设备。

② 气-固流化床式发酵设备。

③ 搅拌通风式发酵设备。

三、 传统固态发酵设施或装置

传统的固态发酵设备和方式仍在国内许多企业被使用，故在此介绍一些传统的固态发酵设施、设备、装置。随着科技的发展，这些设备和生产方式需要逐步地改进，并用现代生物反应器取而代之。

（一） 培养瓶

培养瓶本是实验室常用的发酵容器，目前有些食用菌的大规模生产中，仍然采用玻璃三角瓶或塑料瓶作为发酵容器（见图 12-17）。之所以仍然采用此法，是因为此法可保证长时间的固态发酵不染菌。即使发生污染，影响面积较小，只要挑出被污染的发酵瓶，不至于大面积影响正在发酵的其他瓶。但玻璃三角瓶易碎，常用可耐高温灭菌的聚乙烯或（聚丙烯）塑料瓶。培养瓶数量巨大，装料、出料、灭菌等操作均耗费大量人力。为提高工作效率，装瓶、接种、扣瓶和洗瓶都可采用专用的装瓶机、接种机、扣瓶机和洗瓶机。

（二） 滚动瓶

如果说上述的瓶式发酵属静止发酵型，滚动瓶式发酵（见图 12-18）则是将发酵瓶放在两条棒之间，其中一条棒是驱动棒，可带动发酵瓶旋转，瓶内的物料随之翻动。这类似于小型的转鼓式反应器。

(1)

(2)

图 12-17　红曲的三角瓶发酵（1）与食用菌的塑料瓶发酵（2）

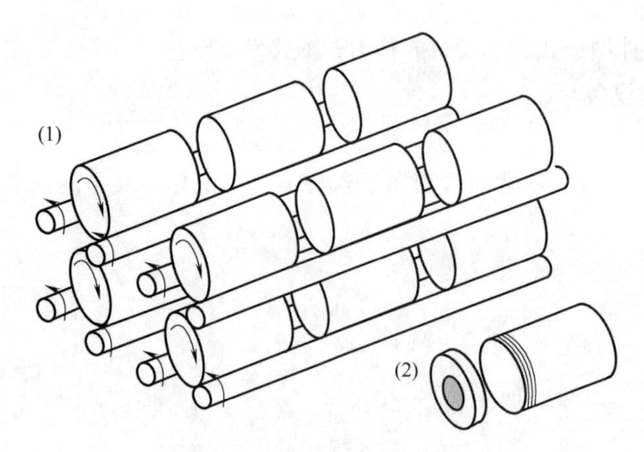

图 12-18　滚动瓶发酵系统

(1) 旋转瓶被夹在两条棒之间，其中一条棒（实线箭头所示）是驱动棒，另一条棒（虚线箭头所示）为从属棒　(2) 带盖的发酵瓶

（三）半透性塑料袋

半透性塑料袋是采用一种半透性塑料膜制成的容器。空气可自由进出，但水汽不能透过塑料袋。在药用或食用菌的培养中常用，类似于三角瓶或塑料瓶发酵。

（四）堆积发酵

传统的堆肥和青贮饲料，采用这种堆积的方法。只需选择一块平整而结实的地面，地面铺上干草，将物料堆积其上，物料外面用泥土或塑料布遮盖严压实即可（基本上属于厌氧发酵，但需留有出气口，使内部发酵产生积聚的气体排出）。这种方式，简单实用，费用低。这种发酵方式的缺点主要是无法控制温度。随着条件的改善，已开发了专门用于青贮饲料或堆肥的生物反应器。

（五）地窖发酵

地窖可用于青贮饲料的生产，但地窖广泛应用于传统白酒的发酵，故地窖或泥窖（见图 12-19 至图 12-21）。掘地为窖，将发酵容器建在地面下。此法创于何时何地，历史文献中少有记载。四川省宜宾有窖龄达五六百年的老窖，地窖的挖筑、采用在明代之初。

（六）酿缸发酵

酿缸发酵容器，主要有陶器、混凝土池和金属罐。大多数用于半固态发酵。发酵初，物料常呈固态，但发酵时物料被液化，故呈半固态。陶缸发酵，是古代常用的酿造方法，俗称为酿缸（图 12-22），常用于传统酱油、黄酒和白酒的发酵，现代常用金属发酵罐，陶缸可放于室内也可放在室外。放于室外的，日晒夜露自然调节温度，现代模拟这种日晒夜露法，设计了日晒棚，将酿缸置于日晒棚中。保温效果明显好于自然日晒夜露法。

图 12-19　已密封正在发酵的酒窖

图 12-20　酒窖

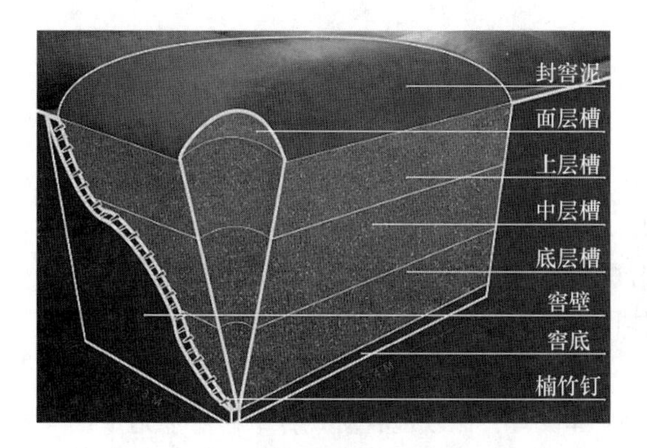

图 12-21　酒窖底部的黄水收集坑

图 12-22　酿缸的露天发酵

四、 现代固态发酵设备

20 世纪以来，随着固态发酵技术应用领域不断扩大，传统的发酵设备已不能满足需要，新型固态发酵系统，特别是适合于大规模生产的固态发酵设备不断被发明出来。自动化和机械化程度高的，多功能集于一体的固态发酵反应器特别受到关注，与固态发酵相关的配套设备层出不穷，现代的固态发酵反应器的要求是：整个生产线紧凑，系统占地少，发酵罐多功能化，大部分工序都能在反应器内完成；发酵容器密闭，防污染能力强；保温和保湿效果好，节约能源；机械化或汽动翻拌物料；工艺参数的检测和控制可实现自动操作；操作简单，劳动强度低，用人少，生产效率高；投资小，运行费用低。

（一） 浅盘式培养发酵设备

浅盘式反应器的主要特征是静止发酵，一般没有搅拌或混料操作，空气是自然循环的，一般不通过物料层（即不强制通风）。

1. 常规的浅盘发酵设备

常规的浅盘发酵设备就是在一个培养箱内或培养室内，放置若干多层架子，浅盘分层叠放在架子上，浅盘之间有一定的间隔。浅盘的材料有竹木制材、铝材或不锈钢材。浅盘上面敞口，底板开孔（以加强通风）或不开孔，示意图见图 12-23。

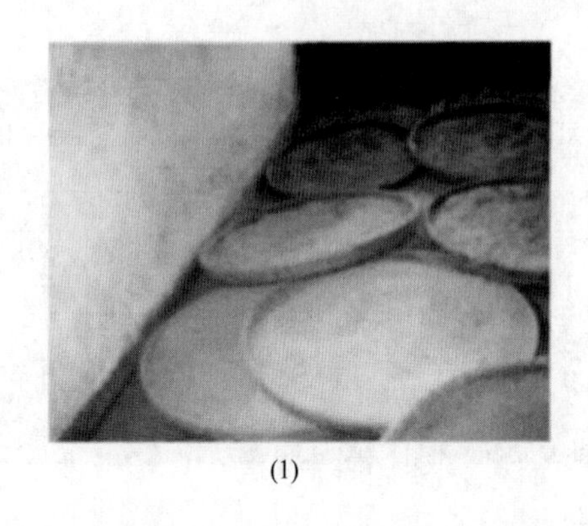
(1)

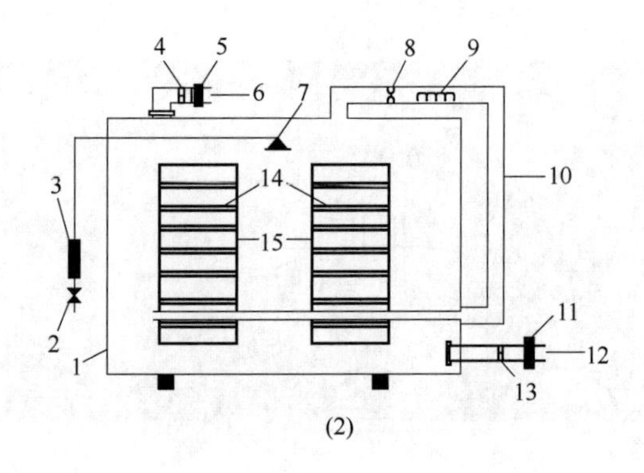

(2)

图12-23 浅盘发酵（1）及浅盘发酵反应器（2）

1—培养室 2—水阀 3—UV灯管 4,8,13—鼓风机 5,11—空气过滤器 6—空气出口 7—加水增湿装置 9—加热器 10—空气循环 12—空气进口 14—浅盘 15—盘架

2. 立式固态发酵设备

立式固态发酵罐是一种新型的固态发酵设备（见图12-24），因其融入了许多现代固态发酵设备的设计理念，实际上立式发酵罐属于浅盘式发酵反应器的改进型。如设备内物料可进行在位高温灭菌和无菌接种，无菌空气通过气体分配管通过浅盘底部的筛孔通入发酵物料内，故还带有强制通风的特征。设备耐压，为罐内气体压力的周期性的变化创造了条件。

（二）填料床型发酵设备

填充型发酵设备属于无搅拌混料强制通风型发酵设备，比较适合对搅拌敏感、易造成菌丝断裂的微生物的固态发酵。

1. 经典填料床型发酵设备

经典填料床型发酵设备的典型代表是圆筒形填料式发酵设备，见图12-25。设备内柱底放置一块筛孔板，板上堆积颗粒物料。采取强制通风方式，具有一定压力，温度和湿度的空气从底部通入，通过物料层，再从顶空排出。在发酵过程中不进行搅拌混料，物料颗粒是静止状态的。传统填充床反应器空气从罐底进入物料层，从顶部排出，故在反应器的轴向方向，物料层从下到上存在明显的温度差。故物料层厚度一般限制在40cm以下。由于强制通风，故发酵热的去除主要靠对流传热和蒸发水分散热。反应器也可配置冷却水夹套或热交换板，便于散热。

2. 改进型的填料床式发酵设备

由于经典的填料床式发酵设备有许多固有的缺点，各国开发了许多改进型的填料床式发酵设备。设备的形状可以是圆柱形，也可以是方形。设备可以是竖立的，也可以是横卧式或与水平线成一定角度的。很显然，如果反应器与水平线成一定的角度，则气流的运动方向更加曲折，可延长气流在物料层中的停留时间。此外还开发了多层填充床式反应器以提高设备的高度及空间利用率。该设备包括：

（1）Zymotis发酵设备 考虑到经典的填料床发酵设备的物料层高度受限于温度，德国公司研发了一种Zymotis反应器，如图12-26所示。

（2）径向流填充床发酵设备 在经典的轴向流填充床式反应的基础上，在物料层中心插入一根穿孔管，如图12-27所示。

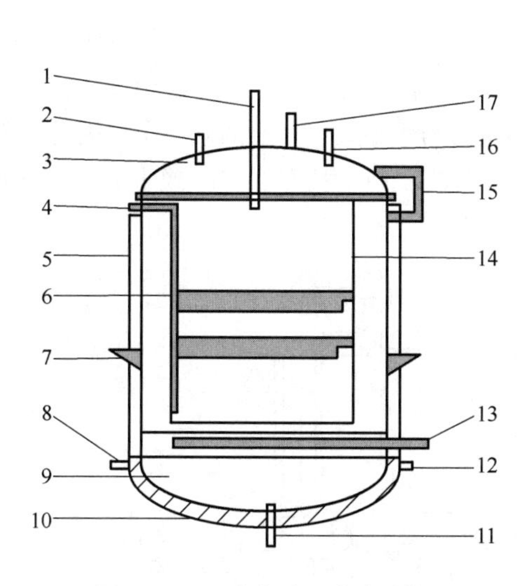

图 12-24　浅盘式固态发酵罐

1—温湿度计　2—减压阀　3—罐盖　4—接种管　5—夹套　6—托盘　7—支耳　8—红外加热器排气口　9—水槽　10—红外加热器　11—进排水口　12—红外加热器进气口　13—进气管　14—托盘架　15—液压装置　16—压力表　17—排气管

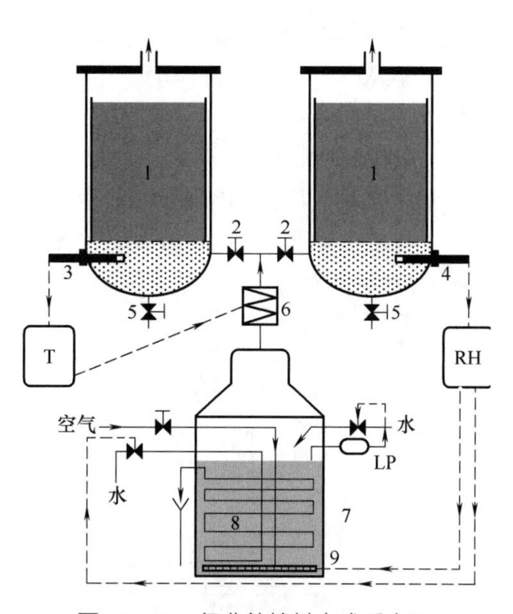

图 12-25　经典的填料床式反应器

1—物料层　2—空气流量调节阀　3—气温测定传感器　4—相对湿度测定传感器　5—排水阀　6—空气加热装置　7—加温装置　8—冷却水循环管　9—循环水加热器　T—温度测定仪（温度计或测温传感器）　RH—相对湿度测定仪　LP—水泵

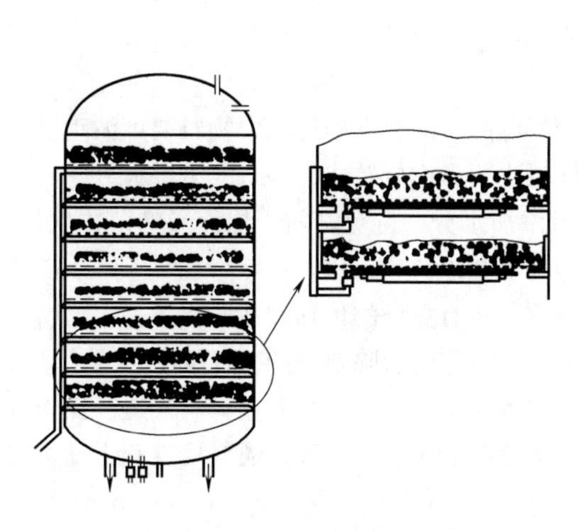

图 12-26　Zymotis 反应器

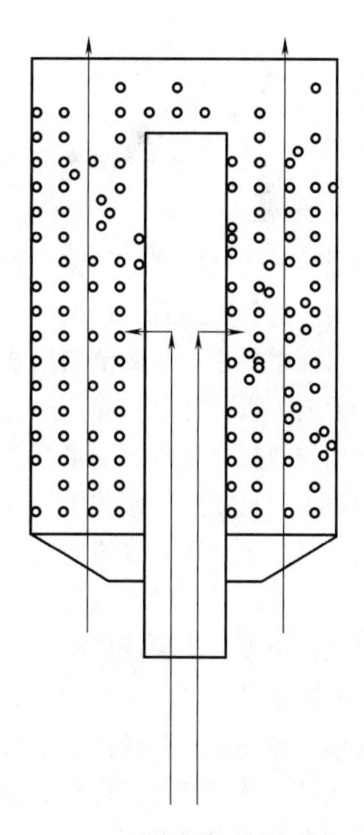

图 12-27　中心插通风管的填充床反应器

（三） 转鼓式发酵设备

1. 转鼓式发酵设备的基本结构

转鼓式发酵设备是非强制通风混料发酵设备（见图12-28）。转鼓是水平轴圆筒体（或非圆形体），其两端固定在支架上，转鼓可向正反两个方向旋转。随着转鼓式容器的旋转，物料依靠自身的重力而下落，达到翻料的目的。转鼓的转轴可与水平线成一定的倾斜角，因此在发酵器内，传热、传质效果均有明显的改善。转鼓内可安装物料提升板（Lifter 或 Baffles，类似于液态发酵罐的挡板）。

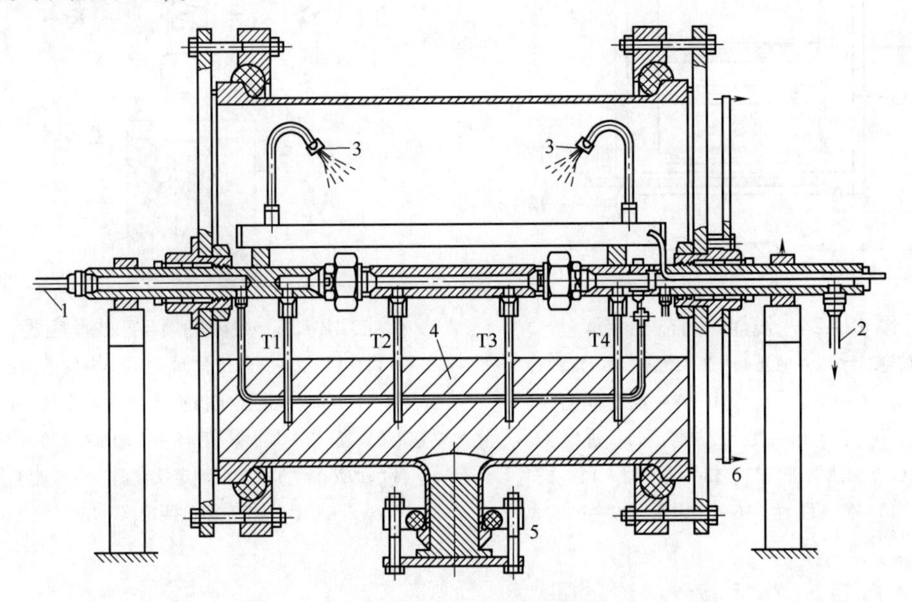

图12-28 转鼓式反应器

1—空气进口 2—空气出口 3—喷水嘴 4—物料层中空气分布槽 5—出料孔
6—齿轮盘节 T1～T4—4个温度传感器，分别插在物料层不同的高度

圆形转鼓式反应器的长度或直径可根据设计要求而定，内部物料提升板的数量及形状根据需要而定。空气不是直接进入物料层，而是从轴心或其他部位进入顶空层。空气入口的位置对于设备内顶空层中空气的流动模式有很大的影响。

设备内可设冷却水夹套，通过恒温水浴控制物料温度，减少发酵过程中物料温度波动。但这会增加需要旋转部件的质量，从而增加能耗，同时也要考虑旋转式的入口或出口水封。

转鼓内也可安装补水装置，在培养过程中适时添加水分，避免基质干燥而影响菌体生长。转鼓式发酵设备也可设计成连续发酵，但这需要增加物料进口和出口。

转鼓式发酵设备的特点是与静止型的发酵罐相比，具有更好的传热和传质效果；但物料的冷却是该种类型大规模反应器的主要障碍。蒸发散热可以作为去除热量的一种机制。

转鼓式发酵设备的优点在于其内部没有用于搅拌的活动的部件，故其设计、建造、操作都更为简单。操作压力降较低，使得操作费用较低。培养基的灭菌、接种、通气培养和干燥均可在转鼓式发酵器内进行，可有效地防止杂菌感染。

2. 其他的转鼓式发酵设备

（1）内筒体旋转的转鼓式发酵设备　由于经典的转鼓式发酵设备装料系数较低，且能耗较大，在此基础上开发了一类内筒体旋转的转鼓式发酵设备，外筒体静止不动，内筒体装入物料。内筒体由带孔的金属板制成。空气从外筒与内筒之间的环隙通入，可穿过内筒筛孔进入物料。物料随内筒体的旋转而滚动，见图 12-29（1）。此类设备还有几种不同的结构。

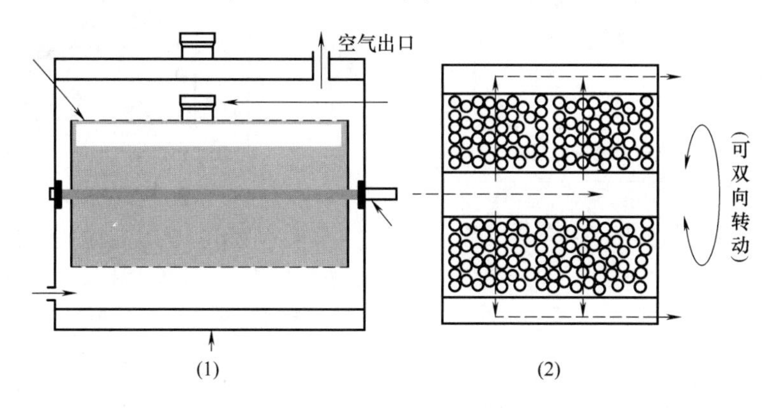

图 12-29　滚动转鼓式反应器

① 内筒中心为穿孔板制成的空心圆柱形，也可通入空气。物料处于内筒与空心圆柱体之间的环形区域内，见图 12-29（2）。

② 从外筒底部注入营养液。罐底预装入一根空气分布管，该管浸没在营养液面之下，通入空气。空气从营养液中冒出，上升进入物料层。内筒体用筛孔板制成，内装有固态培养物，内筒体旋转时，既可给物料补充水分，也补充营养物，见图 12-30。

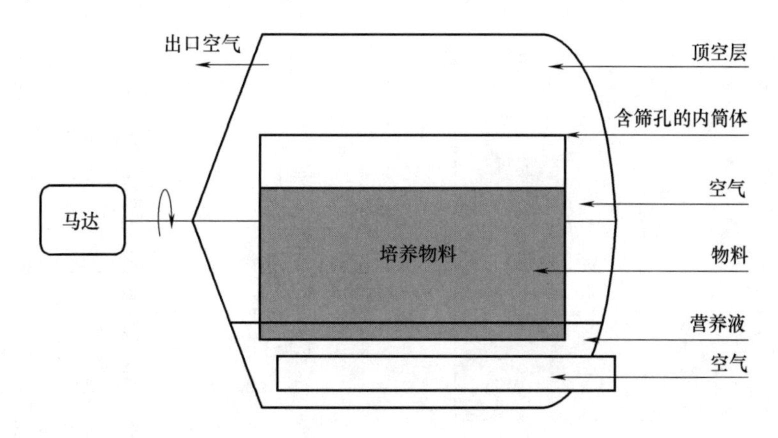

图 12-30　内筒体旋转的转鼓式反应器

（2）倾斜式转鼓发酵设备　倾斜式转鼓发酵设备的转轴方向与水平线成一定角度，见图 12-31。同时，转鼓壁的挡板设计成弯叶形状。由于转轴方向与水平线有一个角度，故在转鼓式反应器旋转时，物料自然会从高处往低处流动。弯叶的作用就是将低处的物料再重新提升到更高的位置。由此，物料的流动方向是三维的，空气的流动也是三维的，这更有利于质量传递和能量传递。

（3）转轴式发酵设备　转轴式发酵设备筒体不转动，将搅拌叶安装在轴上，随着轴的转动，搅拌叶对物料起翻拌作用，见图 12-32。

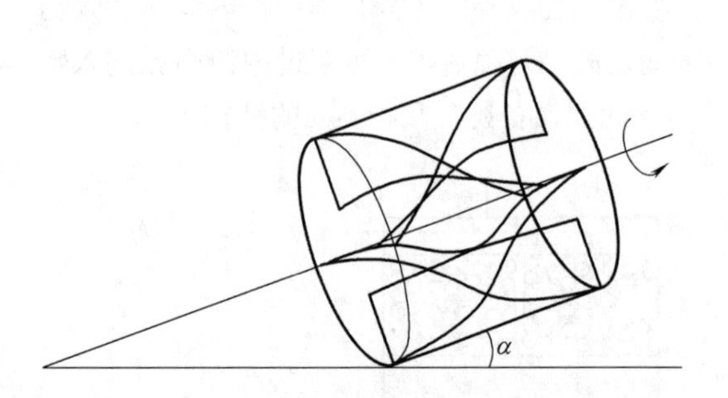

图 12-31　弯叶式挡板倾斜式转鼓反应器

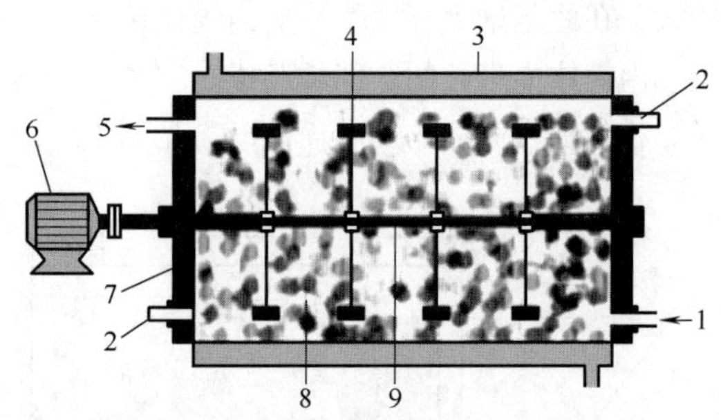

图 12-32　转轴式反应器

1—空气入口　2—测温的传感器　3—水浴保温夹套　4—搅拌器　5—空气出口　6—搅拌电机　7—反应器　8—固态培养物　9—搅拌轴

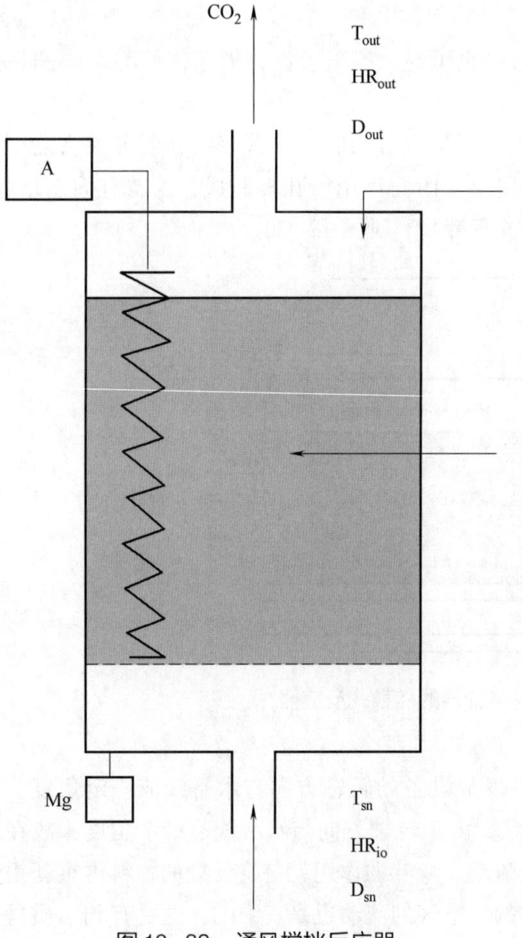

CO_2　T_{out}　HR_{out}　D_{out}　A　Mg　T_{sn}　HR_{io}　D_{sn}

图 12-33　通风搅拌反应器

T_{out}—出口空气温度　T_{sn}—进口空气温度　HR_{out}—出口空气相对湿度　HR_{io}—进口空气相对湿度　D_{out}—出口空气流速　D_{sn}—进口空气流速　Mg—固态物料的总质量　A—搅拌器

（四）连续翻料强制通风型发酵设备

1. 机械搅拌通风固态发酵设备

连续搅拌式的固态发酵设备，采用机械搅拌方式最为普遍。对于立式或卧式圆柱式发酵设备，搅拌器安装在轴上，由电机带动轴，进而使搅拌器转动，实现对物料的翻动（如图 12-33）。

2. 气－固流化床式发酵设备

物料处于固定床静止状态和气流输送状态之间的流化状态。该方法是以向上流动的气流使颗粒或粉粒物料维持在悬浮状态形成流化床而培养微生物的方法。比较常见的流化床发酵设备（见图 12-34）是一立式的圆柱形设备，圆柱形上方设置一个直径更大圆柱体，由于该圆柱体圆截面积更大，在此，空截面气流速度下降，达到某一临界速度，物料颗粒沉降，在底部筛板上可安一搅拌器，以帮助打碎一些未悬浮的较大颗粒团。在流化床发酵设备上方可添加水和营养物。还有一种流化床发酵设备，底部是直径更小的排水管式结构，空气从该处喷出，只有落入该排管的物料被空气吹出并悬浮，见图 12-35。

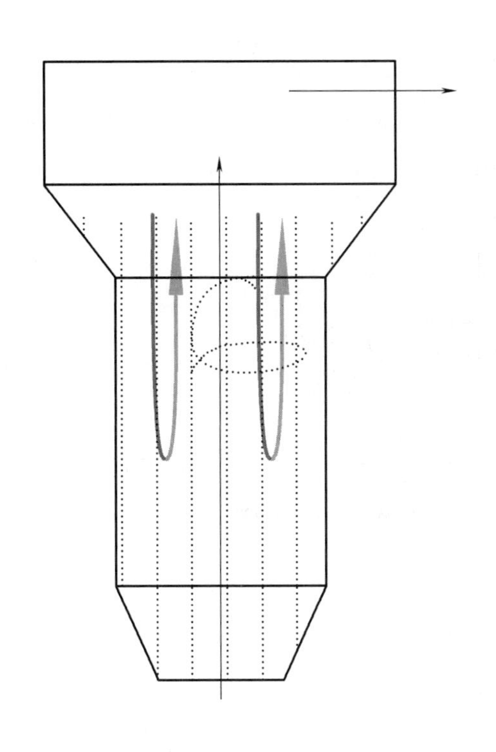

图 12-34　流化床式固态发酵罐

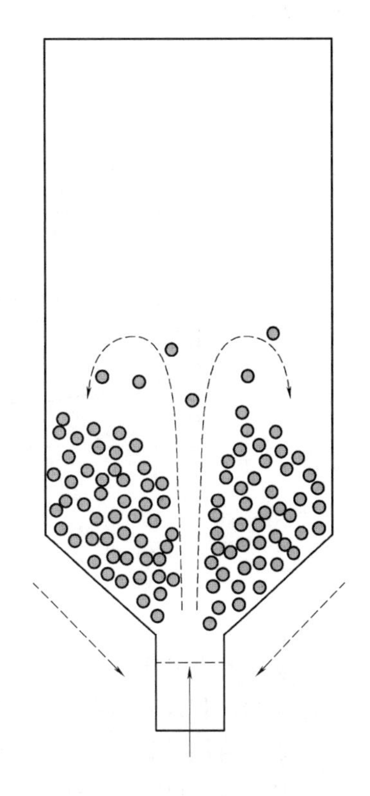

图 12-35　排管式流化床反应器

（五）间歇式搅拌翻料强制通风型反应器

间歇式搅拌翻料强制通风型发酵设备是在工业上应用最广泛的固态发酵反应器。厚层通风发酵池、圆盘制曲机都属于这种类型。

在发酵过程中，搅拌翻料及静止培养这两种操作交替进行。这种间歇搅拌翻料比较适合于对剪切力不是特别敏感、间歇翻料对其伤害不大的微生物的培养。当发现培养基质有结块的趋势，即进行间歇搅拌翻料，可在必要时在培养基中补充水分。采用间歇搅拌翻料，物料层的压力降可随着搅拌的操作而减少。不翻料时，物料层处于静止培养过程中，即属于填料床式模型，此时在物料层中仍要保持均匀通风，以供给微生物足够的氧，并排出二氧化碳。由于可以进行补加水，可以通入相对湿度较低的空气。

1. 厚层通风发酵池

厚层通风发酵池（槽或箱）在酿酒用曲，酱油用曲及酿醋用曲的生产中，这类设备应用极为广泛，设备主体为曲箱（槽、池）。一般内部尺寸为长×宽×高=(7~10)m×2m×(0.7~0.9)m。大型曲箱长度和宽度都要加大。曲箱主体用砖砌成。外粉刷水泥砂浆。曲箱底部的风道采用斜坡，角度以8°~10°为宜。以便排水和均匀通风，并使横向通入的空气改变方向，使之垂直向上。传统曲箱的通风道的两边有10cm左右的边，中间一条安装木撑条，上铺竹排或竹帘。现在则采用不锈钢板，在钢板上有排列整齐的孔。钢板上堆放发酵物料。物料层厚度一般为30cm。曲箱上面可加盖或不加盖，见图12-36。为便于通风，一般每个培养室设置2个曲箱，中间为人行过道。历史上，先后在我国使用过的厚层通风发酵池还有以下几种类型：

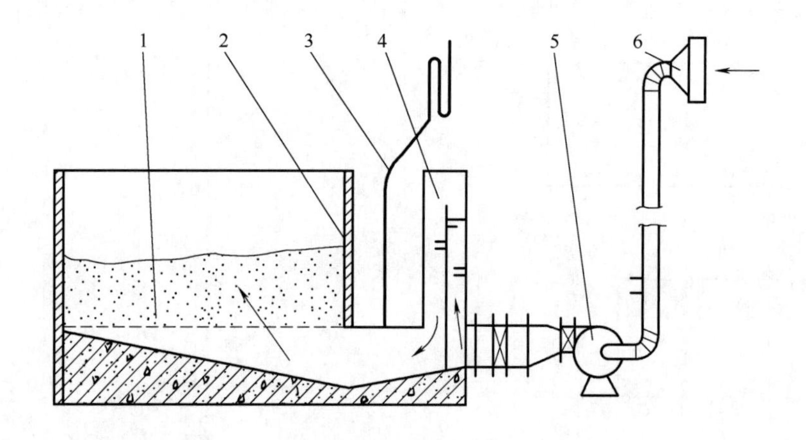

图 12-36　厚层通风发酵池

1—筛棍　2—料床　3—风压计　4—空调室　5—通风机　6—空气过滤机

① 固定式通风曲箱；

② 加盖吊移式通风箱；

③ 加盖可倾式通风曲箱；

④ 四角制曲机；

⑤ 链箱式曲箱；

⑥ 移料制曲床。

2. 圆盘制曲机

圆盘制曲机最早是由日本设计制造的，近年来被引入国内生产制造，目前已被各大型酱油厂接受和使用。圆盘制曲机主要分为空气调节装置和圆盘制取机组。

（1）圆盘制曲机的空气调节装置　采用回风道对吸入的空气（曲室空气和新鲜空气）进行温度、湿度、空气品质（含尘、菌丝、CO_2 等）的调节，使空气符合米曲霉的培养要求，它由曲室回风管道、新鲜空气进口、排风口、调风量闸门、风过滤器、喷水喷雾段、蒸汽加温和冷冻降温装置，无级变速通风机、向曲池进风管道组成。现已实现二次仪表控制。

（2）圆盘制曲机组　主要是由上部曲室、曲床部分、翻曲机、出入曲螺旋推进器、下面通风箱池 5 部分组成（见图 12-37），此外还有控制系统和隔热壳体等主要部分。曲室采用全密封式，供氧、温度和湿度采用空调系统自动调节。圆盘的直径为 2 ~ 16m，装料量（干基）有 6t、10t、15t、25t 等多种，入料、出料和培养过程的翻曲均由机械操作，在整个培养过程中，人与物料不直接接触，可避免人为污染、温度、湿度、风量的调控实现了自动化，可满足微生物生长、产酶所需的各种条件，水、电、气、汽等消耗相对较低，机械化和自动化程度高。

（六）固态连续发酵设备

从固态发酵的操作而言，分间歇式发酵、补料发酵和连续发酵三种方式，一些固态发酵设备既可以用于间歇式发酵，也可以用于连续发酵。

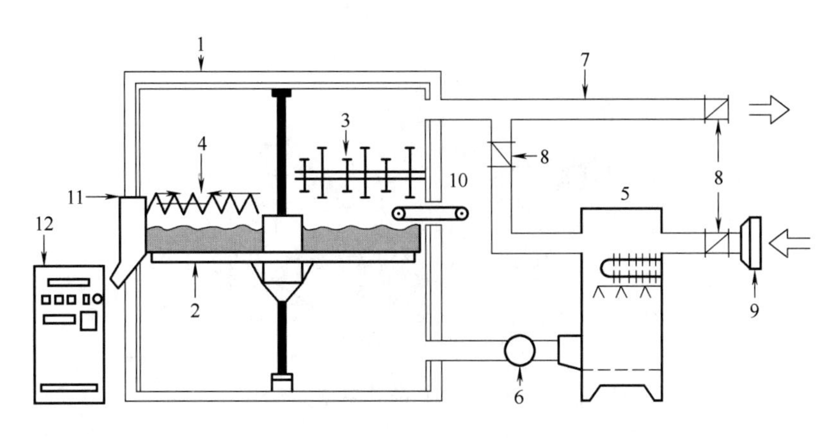

图 12－37　圆盘式制曲机

1—培养室　2—辊底　3—搅拌器　4，11—螺旋式出料器　5—空气温度和湿度调节装置　6—鼓风机　7—空气出口　8—回风挡板　9—空气过滤器　10—进料装置　12—控制柜

按照液态连续发酵的定义，当进料的流量和浓度及出料流量保持恒定时，反应器内各种特性应处于均匀的稳定状态，即微生物的浓度、发酵液的温度、pH、各种物质的浓度、溶氧浓度等都保持均匀，并保持稳定；此外，微生物的比生长速率，底物比消耗速度和产物比生成速度等也保持恒定。

固态发酵物料颗粒流动性差，即使长时间混合搅拌，同一设备内不同部位的固体颗粒，也无法混合均匀；以此固态连续发酵，显然无法达到像液态连续发酵那样均匀恒定的状态。

目前，常见的连续固态发酵设备主要包括连续搅拌罐式发酵设备（见图 12－38）、循环式连续管状固态发酵设备和连续转鼓式发酵设备（见图 12－39）。

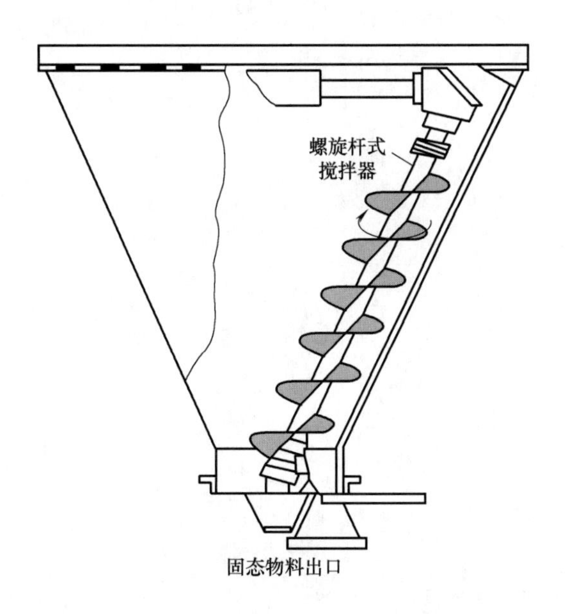

图 12－38　连续搅拌罐式固态发酵罐

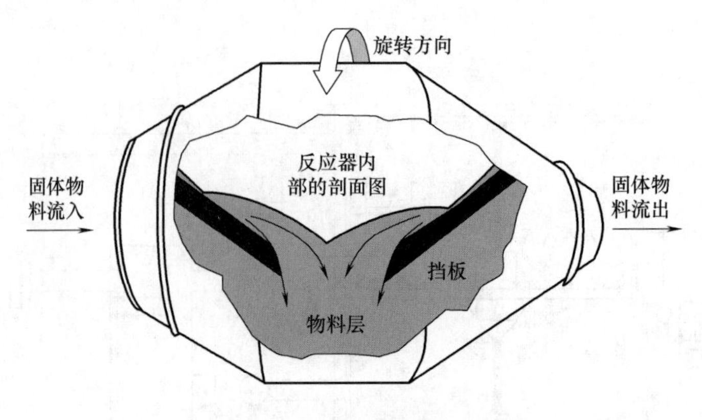

图 12-39　连续转鼓式生物反应器

连续固态发酵的优点是产品质量更加稳定均匀，生产效率高，并可减少上游和下游的设备投资。主要缺点是染菌的危险性较大。

思考题

1. 发酵设备分类方法很多，请简要介绍几种常用分类方法。

2. 请简要叙述本章中各种液体发酵设备的工作原理和适用场合。

3. 中国传统食品中大都采用固态发酵，请根据生活中常见的一种固态发酵食品，设计和选择相关的发酵设备。

第十三章

CHAPTER 13

食品包装机械与设备

[学习目标]

掌握分装机械中液体灌装机的装料方法、基本结构、工作原理；浓酱灌装机的基本结构、工作原理；以及固体装料机中容杯式，转鼓式，柱塞式，螺杆挤出式等容积定量和称重定量装料机的工作原理与结构；了解封袋机械中立式、卧式制袋充填包装机和真空充气包装机工作原理与结构。

第一节　固体物料的包装机械

一、固体装料机

固体物料的形状及性质比较复杂，一般有颗粒状、块状、粉状、片状等。其几何形状也多种多样，所以它的装料机多属于专用设备，型式较多，不易普遍推广使用。下面主要介绍一种螺杆式精密装料机。

螺杆式精密装料机采用螺杆式定量装料装置和称量定量装料装置相结合，适用于装填各种粉状或小颗粒的物料，也可以装半流体胶状物料。

图 13－1 为螺杆式精密装料机的示意图，它由两台电子秤、输送带和粗装料、细装料、装料斗等组成。当输送带将空罐输送到第一台电子秤工作台时，电子秤自动记下其皮重，并将此数值储存在数字存储器中，当该容器进入精装料工作台时，装料头快速充填入所需充填量 90% ~95%，当该容器进入细装料工作台时，细装料斗下部装有第二台电子秤，秤出其重量并自动从数字存储器中取出该容器的皮重，并在称出的计量数中减去其皮重的值作为检点信号，控制细装料装置工作。若发现粗加料量超过或远低于容器内的标定重量时，电子秤向控制器发出信号，控制器自动调节定时器，从而改变粗加料螺旋的工作时间。第二台电子秤也会根据称

量结果，控制不合格产品排除机构，将装填量不合格的产品剔出。

这种装料机的加料仓也采用特殊的结构，以保证送料的精确度，如图 13-2 所示，料仓设计成圆锥筒体，在料仓 1 内装有相应的搅拌系统，搅拌系统由压料器 2、搅拌器 4、刮刀 4 等组成，搅拌速度为 20r/min，其旋转方向与螺旋输送器 5 的旋转方向相反。搅拌系统可保证物料密度均匀，避免搭桥现象。

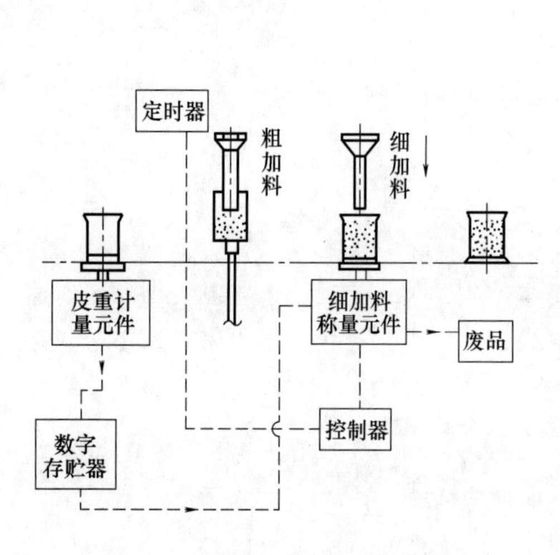

图 13-1　螺杆式精密装料机示意图

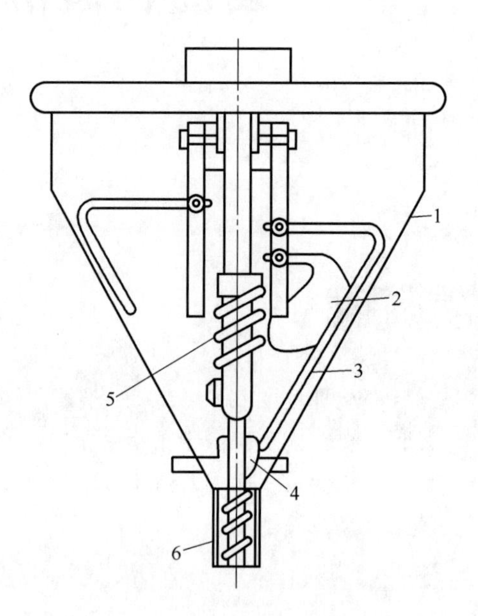

图 13-2　料仓示意图

1—圆锥筒　2—压料器　3—搅拌器

4—刮刀　5—螺旋输送器　6—定量螺杆

螺杆式精密装料机自动化控制水平高，装料精度高，其精度可达 ±2.5/1000。

二、自动制袋装填包装机

这类机械是对可以封接的包装材料（如聚乙烯薄膜、复合塑料薄膜等）先在包装机上制成袋，粉状、颗粒状或液体物料被自动计量后充填到制成的袋内，随后可按需要进行排气（包括再充气）作业，最后封口并切断。

制袋充填包装机根据制袋与充填物料的方向不同，一般可分为立式与卧式两种型式。

1. 立式制袋充填包装机

立式制袋充填包装机的特点是被包装物料的供应筒设置在制袋器内侧，适用于松散体及液体、酱体的包装。图 13-3 是一台立式塑料袋粉末充填包装机的工作原理图。粉料由料仓经计量机构送入包装机上方的料斗内。成卷的塑料薄膜 3 经过多道导辊以后，进入翻领成型器 4，先由纵封加热器 5 搭接或者对接封合成圆筒状，这时由计量装置计量后的一份物料丛料斗 1 通过加料管 2 落入袋内，横封加热器 6 在封住袋底的同时向下拉袋，既对前一个装满物料的袋进行封口，又对后一个袋子进行封底，并使两者切断，使装满物料的成品袋 7 与设备分离。

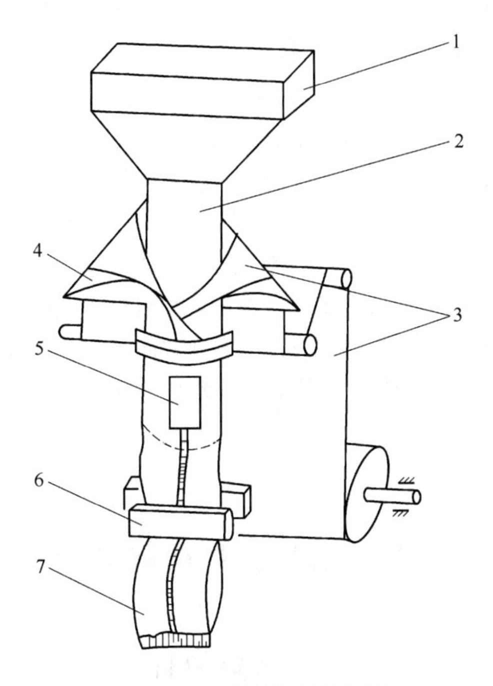

图 13－3　立式制袋充填包装机

1—料斗　2—加料管　3—塑料薄膜　4—翻领成型器　5—纵封加热器　6—横封加热器　7—成品袋

2. 卧式制袋充填包装机

这种包装机有多种类型，其中应用最广的是扁平袋的卧式制袋充填包装机，如图 13－4 所示。包装机结构包括卷筒材料支承装置、导辊装置、制袋成形器、光电检控装置、热封装置、牵引送进装置、切断装置、袋的钳持输送装置、开袋装置，计量装填装置、袋整形装置、袋封口装置等。

卧式制袋充填包装机的包装工艺过程如下：从卷筒 1 拉下的包装材料由导辊 2 导引，经三

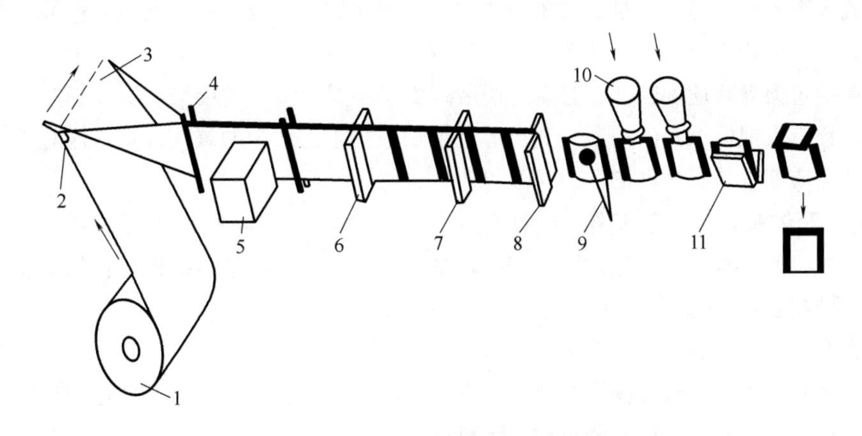

图 13－4　卧式制袋充填包装机

1—包装材料卷　2—导辊　3—成型折合器　4—保持杆　5—光电检测控制器　6—成袋热封装置　7—牵引送进装置　8—切断装置　9—袋开口装置　10—计量装填装置　11—整形装置

角形成型器 3 和 U 形杆 4 而折合成 U 形带；光电检测装置 5 对包装材料上装璜图文的位置进行检测和送进控制，保证热封和切断装置在规定的部位进行。制袋热封装置 6 随后对 U 形折合带进行热封完成制袋。牵引送进装置 7 作往复直线运动，将袋和包装材料作间歇牵引送进，每次送进一个袋宽的距离，电切断装置 8 裁切成单个包装袋，然后由袋钳送进装置钳持送进；在开袋口工位由开袋口装置将袋口吸开，并往袋内喷送压力空气，使袋口扩开。当袋子送到计量装填工位时，物料通过漏斗装入包装袋中。在整形工位由整形装置对袋中松散物料实施整形处理，使其袋形便于封口操作，且钳袋的钳手往内运动，让袋口达到平直闭合状态，在封口工位完成热封，得到的包装件从机器中排出。与立式制袋充填包装机相比较，卧式包装机包装在成型制袋时，物料充填管不伸入袋管筒中，袋口的运动方向与充填物流动方向不是平行而呈垂直状态，因而在包装加工工艺程序和执行机构方面，均比立式包装机要复杂。

第二节　流体物料的包装机械

一、 液体装料机

液体装料机，也称为液体灌装机，适用于定量灌装靠重力作用能在管道内按一定速度自由流动的液体。通常液体的黏度在 1 ~ 10Pa · s，如果汁、牛乳、酒等。

（一） 液体装料机装料方法

对牛乳、果汁等不含气液体物料的灌装，常采用常压法灌装和真空法灌装。常压法灌装是在常压下，直接依靠灌装液料的自重流进包装容器内。采用这种方法的灌装机主要用于灌装低黏度的不含气液料。

真空法灌装是在低于大气压的条件下进行灌装。该法有两种方式：一种是差压真空式，即贮液箱处于常压，只对包装容器抽气使之形成一定真空，液料依靠贮液箱与待灌装容器间的压差作用而流入容器中；另一种是真空重力式，即贮液箱处于一定的负压状态，包装容器首先抽气使之压力与贮液箱中空气压力相等，随后料液依靠自重流进包装容器中。由于牛奶等乳饮料易发泡，真空重力灌装速度较缓，且真空灌装减少了牛奶与空气的接触，所以真空重力灌装常用于牛奶等具有发泡性饮料的灌装。真空灌装由于减少了液体中的氧气含量，这对于提高富含营养的饮品保质期也是有帮助的。

（二） 液体装料机的基本结构

液体装料机的基本结构中除以上提到的定量机构外还包括：送瓶机构（包括进瓶、出瓶机构），瓶子升降机构及传动机构等。

1. 送瓶机构

液体装料机的送瓶机构对保证灌装的正常工作起着十分重要的作用，只有送瓶机构准确地将瓶子送进和排出自动的瓶托升降机构，装料机才能有效地工作。送瓶机构应既能保证瓶子的连续输送，又能保证瓶子的定时供给。

常用的连续送瓶装置有皮带输送器和链板输送器。为了使瓶子之间保持适当间距进入灌装机，目前多采用爪式拨轮或螺旋分隔器等。

（1）圆盘输送机构　图 13－5 所示为圆盘输送机构示意图。空瓶 1 存放在回转的圆盘 2 上，借惯性与离心力的作用，移向圆盘边缘，在边缘设有挡板 3，挡住瓶子以免掉落。圆盘一侧装有弧形导板 4 构成的导槽。空瓶沿导槽依次成单行前移，经螺旋分隔器 5 整理成等距离排列，再由拨轮 6 拨进灌装机工作台进行装料。

（2）链板、拨轮输送机构　如图 13－6 所示，经过清洗机洗净消毒并检验合格的瓶罐，由链板式输送机 1 送入，经四爪拨轮 2 分隔整理排列，沿定位板 3 进入装料机构 4，灌装后经由四爪拨轮 5 拨出，再由链板式输送机 1 带走。完成输送瓶工作。

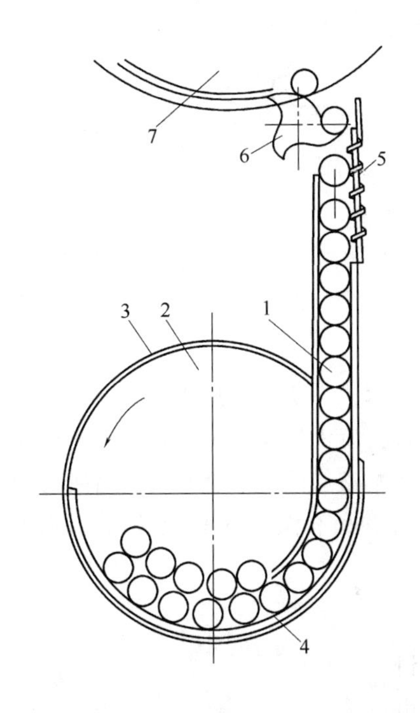

图 13－5　圆盘输送机构示意图

1—空瓶　2—圆盘　3—挡板　4—导板
5—螺旋分隔器　6—拨轮　7—装料工作台

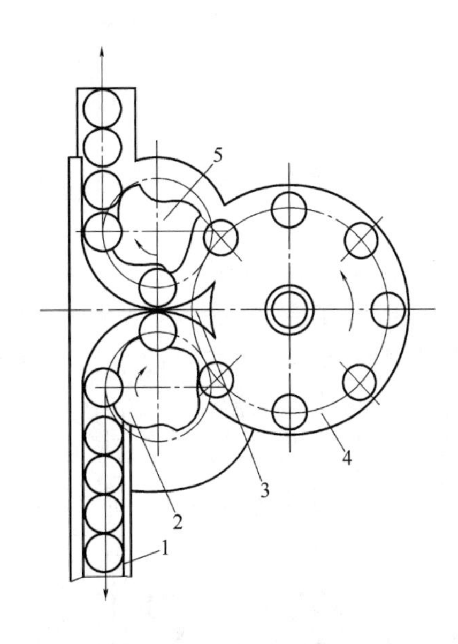

图 13－6　链板、拨轮输送机构示意图

1—链板式输送机　2—四爪拨轮　3—定位板　4—装料机构　5—四爪拨轮

2. 瓶子升降机构

在灌装工作过程中，需要瓶子升到规定的位置进行装料，装满后，要把瓶子降到规定的位置，这一动作由瓶子的升降机构来完成。常用的升降机构为滑道式瓶子升降机构。

滑道式瓶子升降机构是由圆柱形凸轮机构构成。瓶子行程的最高点，必须保证待灌瓶嘴紧压在灌装头上，其最低点应使瓶嘴离开灌装头，并便于退出升降机构。结构如图 13－7 所示。

根据经验，对于瓶托上升的凸轮升角 α，最大许用［α］推荐值为［α］$\leqslant 30°$，这样可避免凸轮机构中的作用力过大，又能使凸轮的尺寸在许可的范围内。对于凸轮机构的空行程（瓶托下降时），由于从动件所受的载荷很小，凸轮的回程运动角 β 可取大些，可使从动件得到较大的速度，以节省时间，通常取 $\beta \leqslant 70°$。长度 L 根据装料所需时间确定其长短。

滑道式瓶子升降机构，结构比较简单，它要求瓶、罐被推上瓶托时要求准确，否则瓶、罐沿滑道强行上升，很容易将瓶子和灌装头压坏。

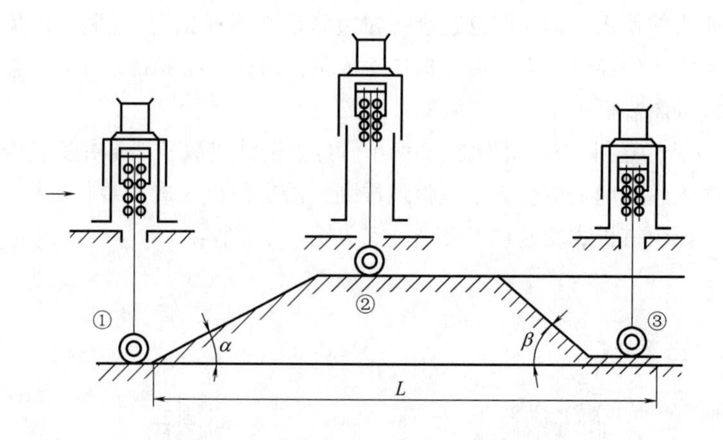

图 13-7　旋转型装料机滑道展开示意图

位置①：罐输送入滑道　位置②：罐升到最高位置进行装料位置　位置③：罐装满后下降到最低位置待送走

3. 液体装料机构

弹簧阀门装料机构为常见的液体装料机构。如图 13-8 所示，当瓶在瓶托作用下上升，瓶嘴压紧橡皮环 4，并将弹簧 2 压缩，使套筒 3 一起上升，这时套筒 3 与碟阀 5 之间形成环形间隙，从而液体由贮液箱流入瓶中，瓶内的空气则顺着管 1 排入贮液箱的液面上空间，当瓶内液面升至管 1 下端时，就停止进液。此时瓶托也开始下降，瓶嘴即离开橡皮环 4，在弹簧力作用下，套筒 3 压紧碟阀 5，这样就完成一个装料周期。

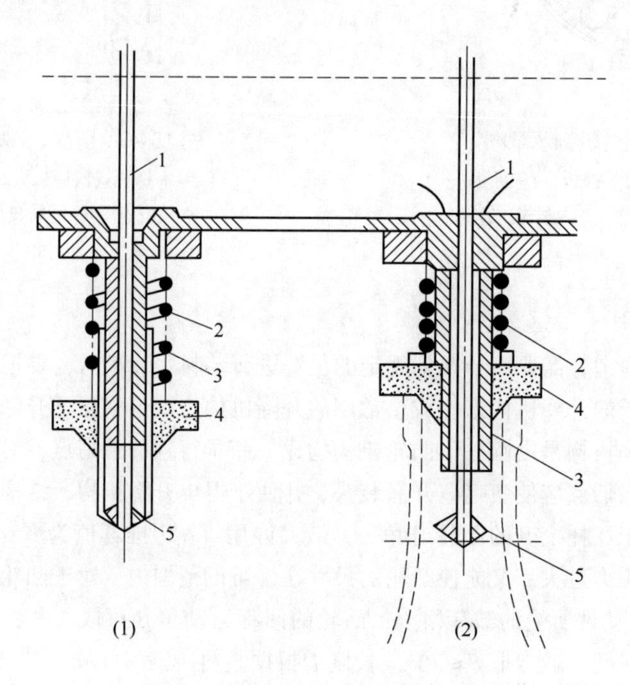

图 13-8　弹簧阀门装料机构示意图

1—排气管　2—弹簧　3—套筒　4—橡皮环　5—碟阀

（三）真空式自动灌装机

图 13-9 为旋转型真空式自动灌装机。它以瓶的容积定量，通过弹簧阀门装料机构将牛奶及其他料液在真空状态下连续灌到玻璃或塑料制成的瓶内，并附有自动打盖装置。

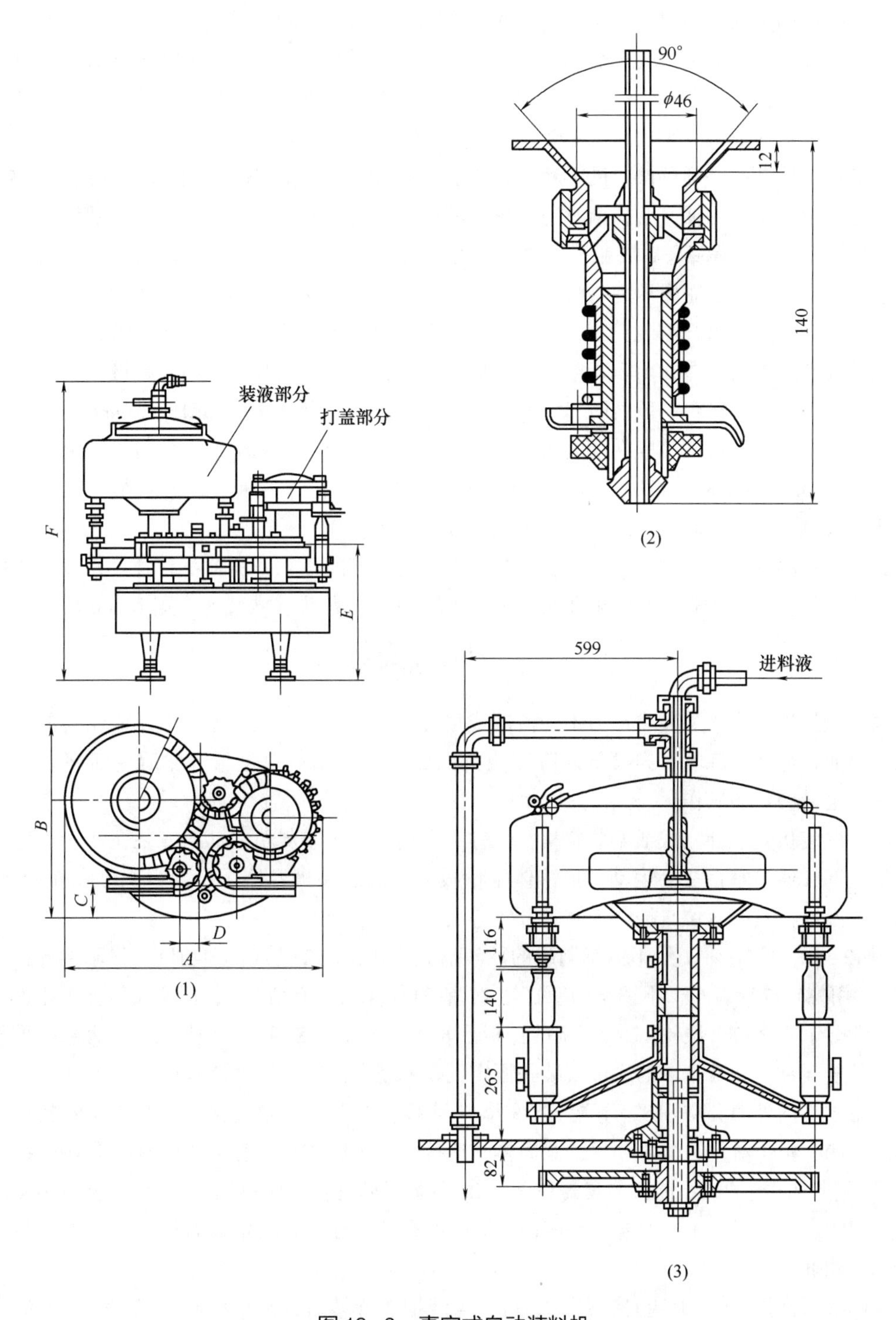

图 13-9　真空式自动装料机

（1）自动装料机　（2）灌装料头剖面图　（3）自动装料机剖面图

灌装机主要由送瓶系统、灌装系统、打盖系统及传动系统等部分组成。送瓶系统主要由链板式输送机、螺旋分隔器、拨轮等组成。灌装部分采用真空装液，主要由瓶子升降机构、贮液槽、弹簧、阀门装料机构、真空装置等组成。

图 13-9（1）为真空式自动装料机的灌装部分示意图。贮液槽 1 为一圆形不锈钢贮槽，底部装有若干灌装头，灌装头为弹簧阀门装料机构如图 13-9（2）所示。贮液槽底部中央部分与旋转主轴 7 相联，并由主轴带动旋转。在主轴上还装有圆盘 6，若干对应于灌装头的瓶托安装在圆盘上。瓶托侧面装有滚轮 5，滚轮与圆柱凸轮相接触，构成瓶子自动升降机构，当主轴带动圆盘和瓶托旋转时，圆柱凸轮的形状将使瓶托按要求升高或降低。装液过程采用真空灌装，首先通过贮液槽中央的抽气管，由真空装置将贮液槽内的气压减到大气压以下。灌装时，瓶托 4 升高将瓶子瓶口与灌装头 2 接触并压紧，瓶内空气经灌装头中央抽气管抽出，同时瓶口压缩弹簧使阀门打开，由于瓶内压力与贮液槽内压力相等，液体在重力作用下流入瓶内。当瓶托带着瓶子下降时，瓶嘴离开灌装头，在弹簧的作用下阀门关闭，这样瓶子完成装液操作。灌装头的中央抽气管下端的液体，由于真空管 8 的抽吸作用，沿管壁上升，排回到贮液槽内，液体不会滴下来弄脏瓶身和机台。装液时，贮液槽中的真空度不要超过 350mmHg（1mmHg = 133Pa）。如果真空度太高，瓶口会吸紧在灌装头的橡皮垫上，不易分开，真空度过低时，灌装头中央抽气管没有吸回管中液体的能力，造成液体流失。这种装液机对于瓶口破损的瓶子无法达到气密，所以液体不会灌到瓶内，这样有利于检出破损瓶子。

真空式自动装料机采用真空灌装，减少了液体与空气的接触，适合不含气、易发泡、低黏度液体的灌装。国产 ZH-30 型自动装瓶打盖机有 30 个灌装头，灌装能力达 10800 瓶/h。

二、 酱体装料机

酱体装料机适用于灌装靠重力不能流动或很难自由流动，必须加上外力才能流动的酱体食品物料，如番茄酱、炼乳、肉糜等。酱体装料机目前多采用活塞定量，然后由活塞装入罐体中，完成定量装料的操作。

浓酱灌装机是一种立式活塞装料机，又称为回转式酱体装料机。活塞安装在回转运动的酱体贮桶底部，通过垂直往复运动，把酱体定量吸入，然后装进容器中。罐容积可在 0～500mL 之间调节。该机具有液位自控，无罐不开阀等装置。

图 13-10 中，转轴 1 使不锈钢制成的贮液槽 2 旋转，槽 2 的底部 3 与轴 1 作刚性连接。槽 2 的底部用螺钉固定着 6 个不锈钢活塞缸体 4，在缸体 4 内装有活塞 5，活塞 5 与杆 6 相连，杆 6 的下端装有滚轮 17，滚轮 17 沿固定的模板凸轮 15，15a，15b 移动，从而控制活塞在垂直方向上作往复运动。在液槽 2 的底部安装一固定的滑阀盖 7，它将六个活塞中的 4 个缸体的顶部盖住。主轴 1 的外面套空轴 8，下端与滑阀盖 7 连接，上端与机架连接。圆筒体 9 安装在贮液槽 2 的外侧，每个活塞缸体 4 和每个圆筒体 9 连接，在圆筒体 9 内有圆柱形的滑阀 10，在滑阀 10 上有凹槽，凹槽的大小能同时覆盖住液槽 2 下侧及活塞缸体上侧的孔道，使活塞缸体 4 和液槽 2 互相沟通。当滑阀 10a 上升时，液槽 2 下侧的孔被封住，这时活塞缸体 4 上侧的孔与圆筒下端的孔相通。

在圆柱形滑阀 10 的上端安装有滚轮 11，当液槽 2 旋转时，每个滑阀 10 的滚轮 11 沿着固定的定位板 12 及 12a 轨道上滑动，如果在机台 13 上有空罐 14 时，滑阀 10 的滚轮 11 便沿着搭接定位板 12 及 12a 的转辙器 16 向上升，并沿着 12a 滚转；当机台上没有空罐时，滑阀 10 的滚

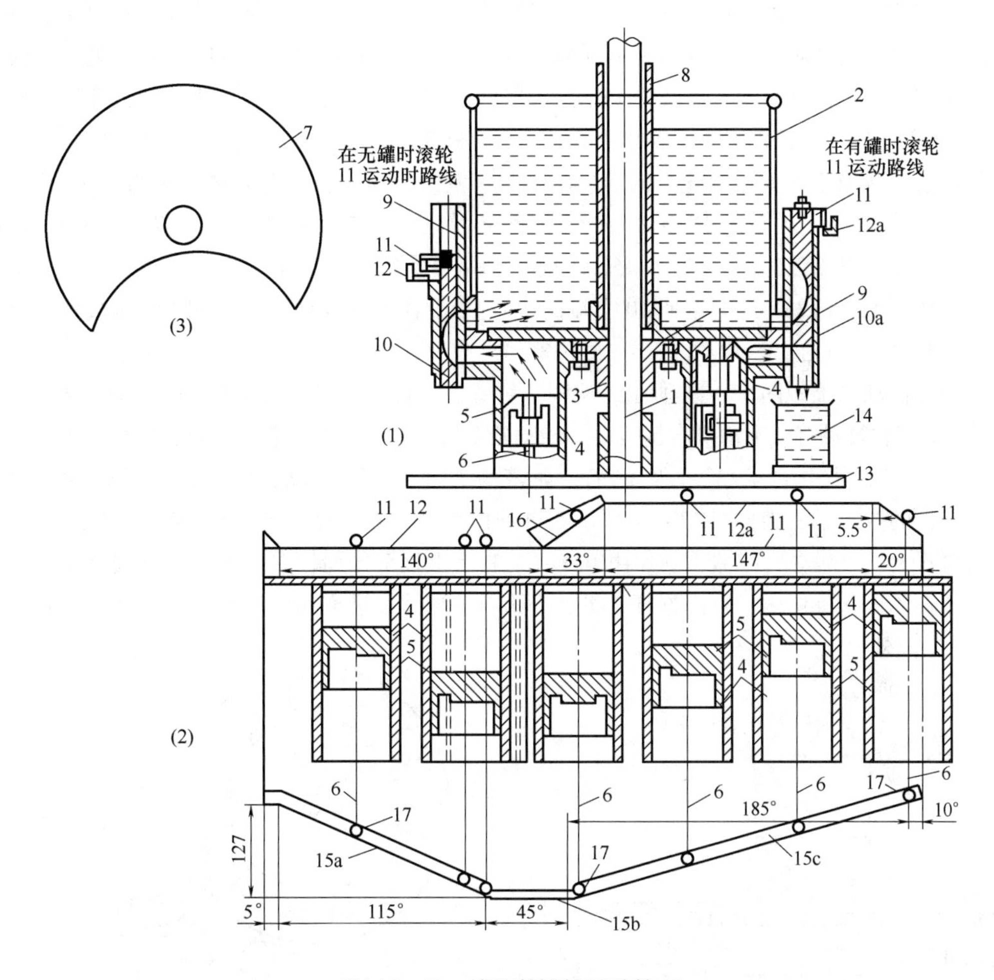

图 13-10　炼乳装罐机运动简图

1—主轴　2—液槽　3—槽底　4—缸体　5—活塞　6—推杆　7—滑阀盖　8—空轴　9—圆筒体　10a,10—滑阀　11,17—滚轮　12,12a—定位板　13—机台　14—空罐　15a,15b,15c—凸轮　16—转辙器

轮 11 只沿着定位板 12 滚转，这时在活塞缸体内的酱液便被活塞 5 压回贮液槽内。

在正常操作时，活塞 5 的运动过程如图 13-10（2）所示，活塞 5 的滚轮 17 沿底部的凸轮 15、15a、15b 移动，杆和活塞作垂直方向运动。滚轮 17 沿凸轮 15a 段运动时，活塞 5 下降，物料被吸进活塞缸体 4 内；当滚轮 17 沿着凸轮 15b 段运动时，活塞停止上下移动；当滚轮 17 沿着凸轮 15c 段运动时，活塞 5 把缸体 4 内的物料压送到空罐中或者回流到槽 2 中，这由圆柱形滑阀 10 的位置所决定。

定位板 12a 处于定位板 12 的上方，并借转辙器 16 使两段相搭接。当转辙器 16 处于图 13-10（2）所示的实线位置时，则与液槽 2 一起旋转的滚轮 11 可由定位板 12 进入定位板 12a 上。如果转辙器 16 处在图 13-10（2）的虚线所示位置上，则滚轮 11 只沿着定位板 12 滑动，这时候滑阀 10 不升高。当空罐 14 在进罐轨道上碰动作用杠杆系统，杠杆系统将使转辙器 16 发生移动。

当活塞 5 下降时，活塞缸体 4 顶部转到滑盖 7 的缺口处，这时缸体 4 和液槽连通，酱液进入到活塞缸体内，当活塞5向上移动时，活塞缸体4与液槽2一起运转，滑盖7便盖住缸体4的顶部，这时在缸体4内的酱液不能从顶部回到液槽2中，而必须通过滑阀10。活塞杆6底部的滚轮17在凸轮15上滚动，在凸轮15的0°~15°的圆周上，活塞不上下移动，过渡阶段5°~12°时，活塞逐步下降，缸体吸入酱液，在120°~165°时活塞不移动，处于最低位置，保证缸体装足酱液，从165°开始，活塞5向上移动，对酱液进行压缩，这时缸体4和滑阀10相配合排出酱液，至350°完全排净，从350°~360°活塞不移动，处于过渡阶段，这样完成一个装料周期。当活塞杆的下端滚轮17旋转到152.5°时，刚好有空罐在滑阀10的下面，转辙器16受杠杆作用，搭接12与12a，这时滑阀10上端的滚轮11沿着转辙器16升高并沿着12a段滚动，转辙器16的升高占凸轮12、12a的圆周中的33°。

灌装机传动系统如图13-11所示，从图中可看出，它由装配在离合器上的传动轮2来传动的，传动轮可由联动轴或电动机直接带动，传动轮2通过水平轴1，锥形齿轮及圆柱形齿轮和中间齿轮3带动三个操作台4，5，9及主轴6，贮液槽7，搅拌器8运动，从而使整台机器动作。

灌装机的进出罐机构如图13-12所示，进到接纳台5的空罐，被三爪拨轮4沿定位板3送到装料台6上，空罐在支撑器7的作用下，在装料台上逐个排列，并随装料台作圆周运动，物料由活塞缸体压入罐体内，再由推杆2将装好物料的罐体拨进离罐台1上，传送至下道工序。

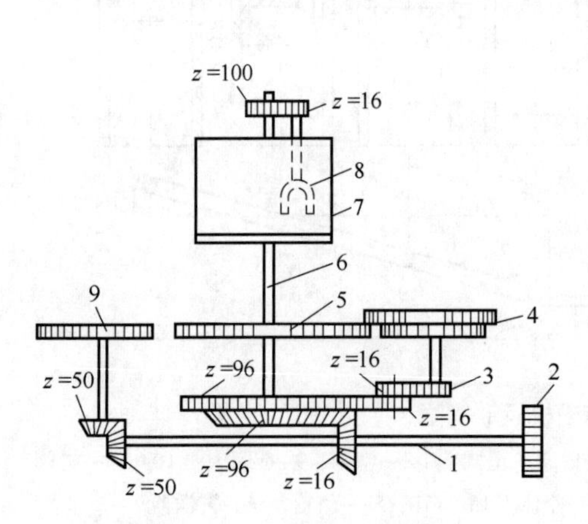

图13-11 传动系统示意图

1—水平轴 2—传动轮 3—中间齿轮
4,5,9—操作台 6—主轴 7—液槽 8—搅拌器

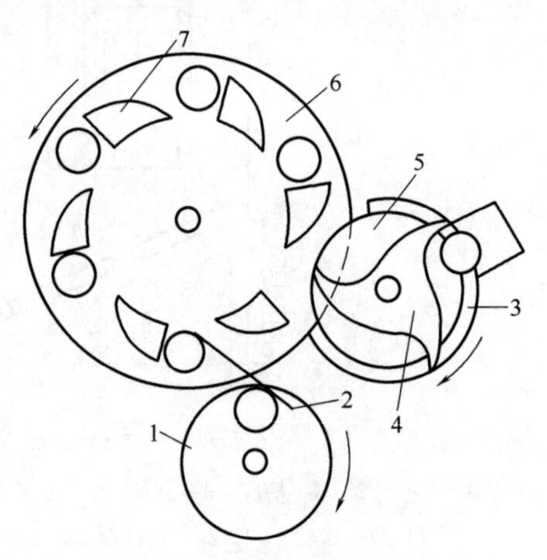

图13-12 罐体的运动简图

1—离罐台 2—推杆 3—定位板 4—三爪拨轮
5—接纳台 6—装料台 7—支撑器

第三节 封罐、封袋机械

一、封罐机械

（一）二重卷边形成原理及封罐工艺过程

金属罐普遍采用二重卷边法将罐体和罐盖进行卷合密封。图13-13所示为常用的圆形罐卷边封罐机的主要结构。卷边工艺过程为：分盖器13从罐盖贮存槽12中分离出一只罐盖，并

由推盖板推出后落入由输罐机构及推头15推送过来的实罐罐口上，推头继续将带盖罐头送入带槽转盘11，内转盘将罐送至卷封工位；托罐盘10将罐上推（或同时旋转），罐盖被上压头紧压在罐口上，同时两个具有不同形状的滚轮8在封盘7旋转带动下，沿罐口先后两次加压滚动，使罐口翻边并和罐盖圆边相咬合，进而卷曲，最后压紧，完成二重卷边封罐。封后的罐头由转盘带离卷封工位并由输罐机构输出。

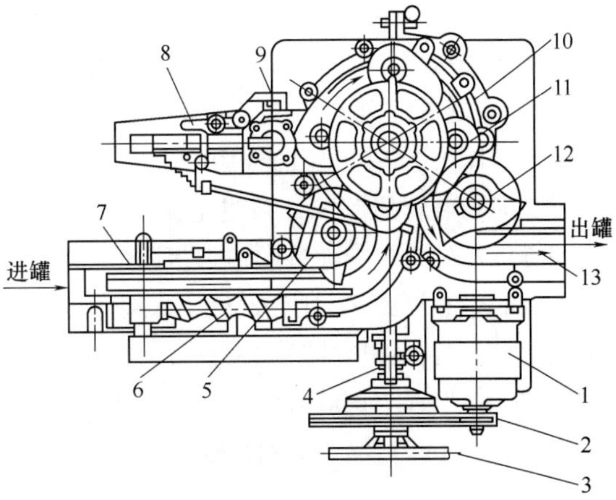

图13－13　圆形罐卷边封罐机主要结构

1—电动机　2—皮带及皮带轮　3—手轮　4—离合器　5—进罐拨盘　6—分罐螺旋　7—进罐链带　8—送盖机构　9—打字机构　10—卷边板　11—上压头　12—出罐拨盘　13—出罐链带

两滚轮分别滚压卷封的过程如图13－13所示，其中1是头道滚轮与底盖钩边接触；2、3、4是表示头道滚轮逐渐向罐体中心移动时卷边的弯曲情况；5表示头道滚轮完成卷边作业；6表示二道滚轮与卷边接触的位置；7、8、9表示二道滚轮向罐盖中心逐渐移动时卷边形成的情况；10表示二道滚轮完成卷边作业。

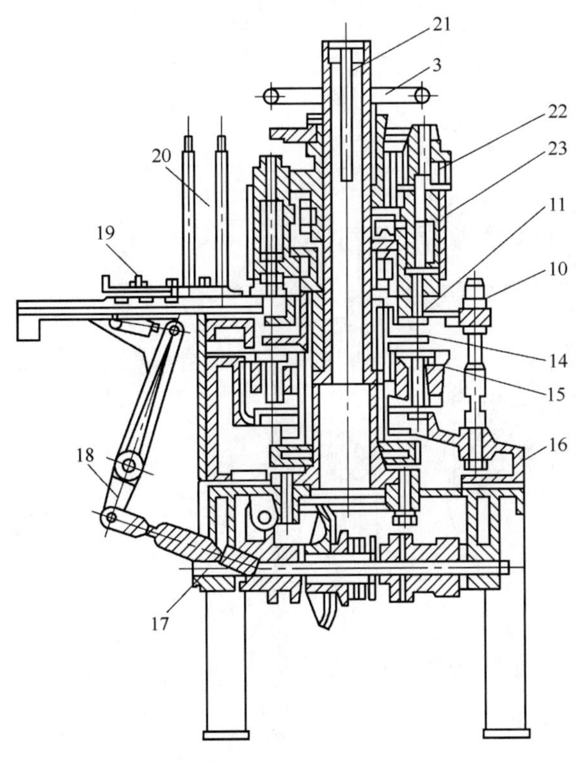

图13－14　预封机

3—手轮　10—卷边板　11—上压头　14—星形轮　15—下托盘　16—下机座　17—水平转轴　18—连杆　19—送盖杆　20—盖膛　21—中心立轴　22—行星齿轮　23—上机座

二重卷边有两种作业方式：第一种是罐体旋转，卷边滚轮对罐体中心仅作径向移动，完成二重卷边；第二种是罐体固定不动，卷边滚轮一方面绕罐体周围旋转，另一方面向罐体中心作径向移动，完成卷边作业，该方式常见于自动封罐机，特别适合于含汤汁类罐头的封口。

（二）主要封罐机械

（1）预封机　预封机的作用是将罐盖预卷合在已装好物料的罐体上。卷合的松紧程度，应以不能用手启开，但又能从罐头内排出气体为合适。预封机一般与热力排气机或高速真空封罐机联用。

整台设备如图13－14所示，由上下机座所构成的预封机头、送盖机构、罐盖打字机构及电气、真空系统、传动系统等组成。

装好物料的罐体由进罐链带7进入，经分罐螺旋6后保持一定间距输送。由进罐拨盘5与中心立轴21的星形拨轮14配合，罐体被放置在下托盘15上。罐体经过分罐螺旋时碰压一压板，压板与连杆机构带动送盖机构8，在连杆18、送盖杆19作用下，把盖膛20内落下的罐盖推送出，经打字机构9打字，然后与星形轮14与下托盘15上的罐体相配合。这时，上压头11在凸轮的作用下下降，上压头11中心连接真空系统，先将盖吸住并保持一定位置。向前旋转的上压头11把盖压在罐体上，继续转至具有凹槽的卷边弧板10处，盖沟边缘连同罐体的卷边一起伸进卷边弧板凹槽内。卷边弧板使罐盖在卷边出口处直径缩小2mm，罐体绕本身的中心线旋转，使罐与盖卷合。当罐体离开卷边弧板时，上压头升起，罐头在出罐拨盘12的作用下，由出罐链带13送出，进入下一台机械。

（2）GT_4B_2 型真空自动封罐机　该机为具有单封头、两对卷边滚轮的全自动真空封罐机，是国家罐头机械定型产品，目前广泛应用于我国各罐头厂的实罐车间，对各种圆形实罐进行真空封罐。

该机主要由自动送罐、自动分罐、自动配盖、卷边机头、卸罐装置、传动系统、真空系统、电气控制系统等组成，如图13-15所示。

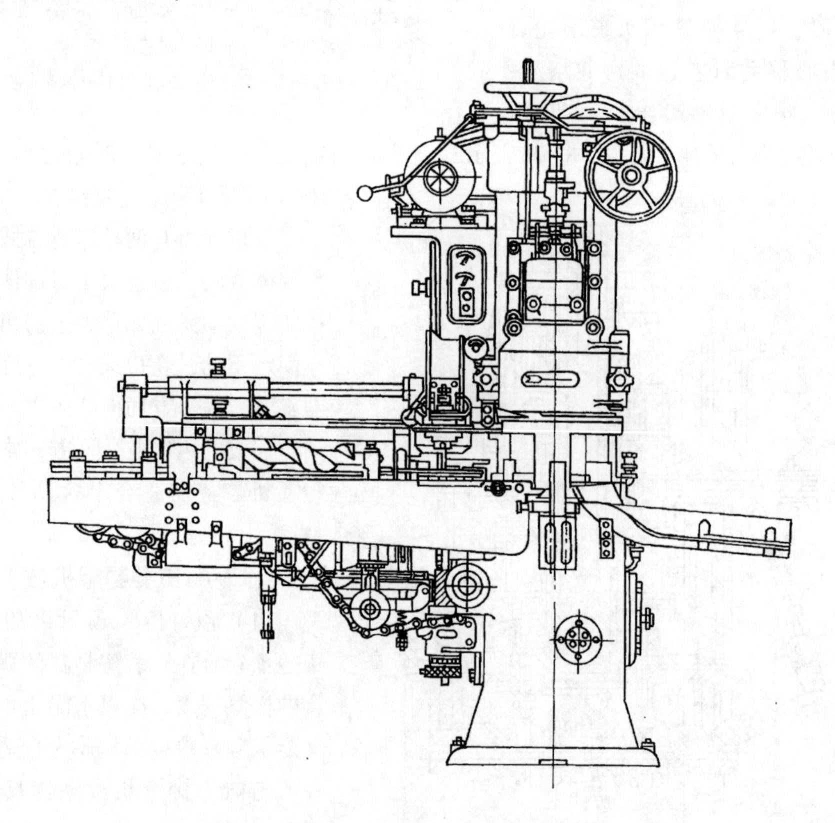

图13-15　GT_4B_2 型真空自动封罐机外形简图

进入机体的实罐被分罐螺杆定距隔开，送入间歇旋转具有六罐位的转座内。同时，配盖机构也将罐盖送入转座每一罐位的盖槽内，然后转座将配盖后的罐身转入密闭的封罐部位，在密闭腔内抽去气体，达到一定的真空，被卷边封口后经转盘带出并拨出机外。卷边封罐时，罐身固定不动，滚轮对罐口作业偏心回转切入，进行二重卷边封口。

密闭腔内的真空度由图 13-16 所示的真空系统维持。真空系统主要通过在封罐机外的一台水环式真空泵 5，真空稳定器 3 和管道 6 与机头密封腔 1 连通组成。真空稳定器作用是使封罐过程保持真空度稳定，并使罐头在抽真空时，对可能抽出的液物进行分离，使真空泵不致受污染。

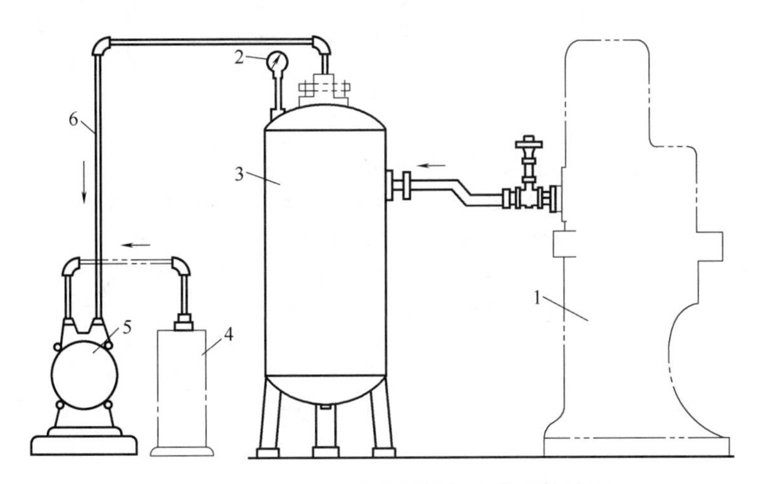

图 13-16　GT_4B_2 真空封罐机真空系统简图

1—封罐机　2—真空表　3—真空稳定器　4—汽水分离器　5—真空泵　6—管道体

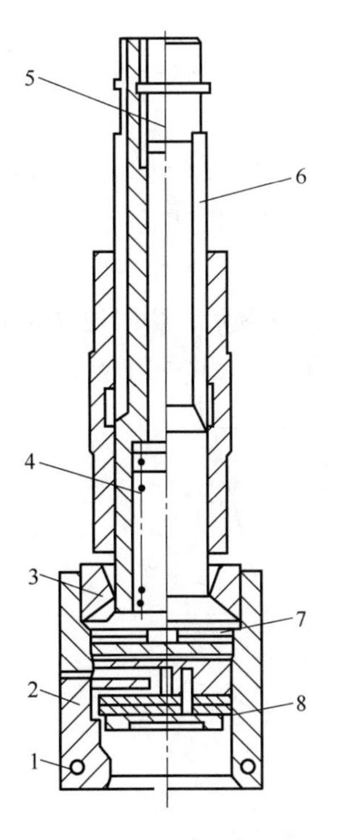

图 13-17　旋盖机头的结构

1—旋爪弹簧　2—旋盖爪　3—球铰　4—压力弹簧　5—调节螺钉　6—传动轴　7—摩擦离合器　8—胶皮

该机还有各种安全控制装置，做到无罐体通过时不落盖，罐体无盖时也能顺利无损地通过卷边机构。机器发生故障时自动停止。该机通过改变卷边机头型式（图 13-17），可以适应多种规格的圆罐密封。

二、封袋机械

（一）封袋方法

袋装包装容器主要是指用各种塑料薄膜、复合薄膜及塑料片材制成的袋、盒、筒状容器，这类容器的封合方法主要有热压封合和铝丝结扎封合两大类。

1. 热压封合方法

热压封合是用某种方式加热容器开口部分的材料，使其达到黏流状态后加压使之粘封，一般用热压封口机完成。热封头是热压封合的执行机构，通过控制调节装置可调整热封头的温度和压力以满足不同的材料容器的封合要求。根据热封头的结构形式及加热方法不同，热压封口方法可分为如下几种：

（1）普通热压封合法　普通热压封合法包括平板热封、圆盘热封、带封和滑动夹封等多种型式，具有封口强度高、结构和操作简单的特点。热封头的结构及热压封合工艺见图13-18。

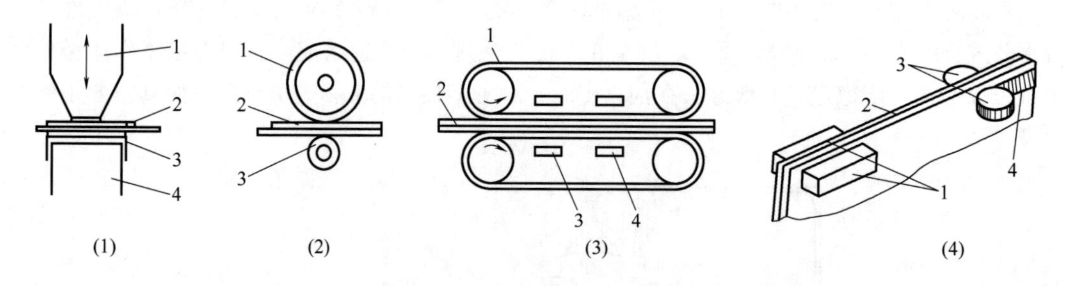

图 13-18　普通热压封合法

（1）平板热封　1—热平板　2—薄膜　3—绝热层　4—橡胶缓冲层

（2）圆盘热封　1—热圆盘　2—薄膜　3—耐热橡胶圆盘

（3）带逢　1—加压皮带　2—薄膜　3,4—加热平板

（4）滑动夹封　1—加热平板　2—薄膜　3—加压滚轮　4—压花

平板热封是以平板为加热板，将薄膜加热到一定温度后加压封合，其结构简单，热压封合速度快，应用广泛。缺点是不能进行连续封合，且不宜用于受热易收缩的薄容器封口。

圆盘热封所用加热加压的热封头为圆盘形，可实现连续热封操作，适用于不易热变形薄膜材料的封合，特别适用于复合塑料袋的封口。

带封法是采用钢带带动薄膜袋在移动中经加热板加热和钢带加压而完成热封。这种热封可进行连续封合，适用于易热变形薄膜的封接。

滑动夹封是用平板加热器对薄膜加热，随后压辊压合完成热压封合。该热封法可进行连续封合，且适合易热变形及热变形较大的薄膜热封。

（2）熔断封合法　这种热封法是用加热刀将薄膜加热到熔融状态后加压封合，同时将已封合的容器与其余材料部分切断分离，如图 13-19（1）所示。溶断封口占用包装材料少，但封口强度低。

（3）脉冲封合法　图 13-19（2）所示，镍铬合金线压住待封薄膜后，瞬间通过大电流，使镍铬合金线发热，从而使薄膜受热封合，冷却后放开加热加压合金线。这种封合方法获得的

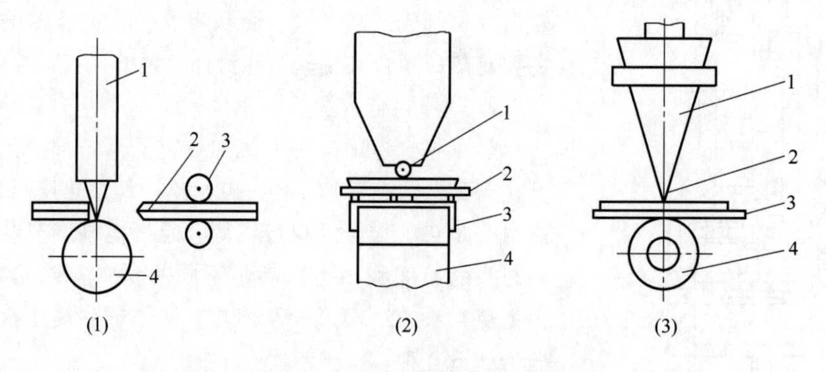

图 13-19　其他几种热压封合法

（1）熔断封合　1—加热刀　2—薄膜　3—薄膜引出轮　4—胶辊

（2）脉冲封合　1—镍镍合金线　2—薄膜　3—绝热层　4—橡胶缓冲层

（3）超声波封合　1—振动头　2—尖端触头　3—薄膜　4—橡胶辊

封口质量好，封接强度高，适用于易变形薄膜的封接，但热封机结构较复杂、封合速度较慢。

(4) 超声波封合法　这是用振荡器发生超声波，经振动头传递到待封薄膜上，使之振动摩擦放热而熔接，如图 13-19 (3) 所示。这种热封方法是使薄膜从内部向外发热，因而适用于易变形薄膜的连续封合。对于被水、油、糖浸渍的薄膜，也能良好地粘接。

(5) 高频热封法　这种热封方法是通过高频电流的电极板压住待封薄膜，同时使薄膜由内向外升温达到热熔状态后加压封合。高频热封不易使薄膜过热，适合于温度范围较窄的薄膜及易变形的薄膜的封口封合。

2. 热压封合工艺参数

软塑包装容器的热压封合加工的主要工艺参数是封接温度、封接时间和封接压力。这些工艺参数的确定取决于被封接薄膜材料的熔点、热稳定性、流动性、薄膜厚度等特性。

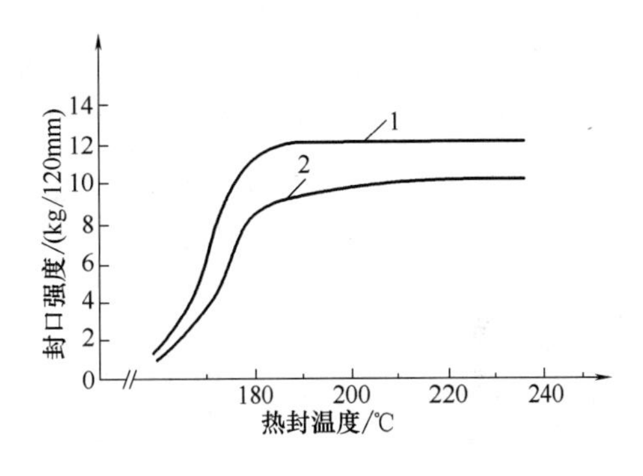

图 13-20　含铝箔复合膜袋热封性

1—横封　2—纵封

薄膜的热封温度应高于材料的熔点，在一定温度范围内，随加热温度的升高，薄膜袋口呈现良好的粘流状态，在加压下可获得封口的封合强度相应升高。但是，热封温度达到一定值，封合强度就不再增加，如图 13-20 所示。过高的加热温度易使薄膜软化变形，影响封口的美观，甚至袋口局部烧穿。对热封后需高温杀菌的包装食品更应注意确定合适的热封温度，以保证封口强度。

图 13-21 表示同一种材料达到同一封口强度时，热封温度、时间、压力的关系。显然，达到同一热封强度，提高热封压力，可以降低热封温度或热封时间。但应注意，热封压力太大会使封口变形而影响热封质量。

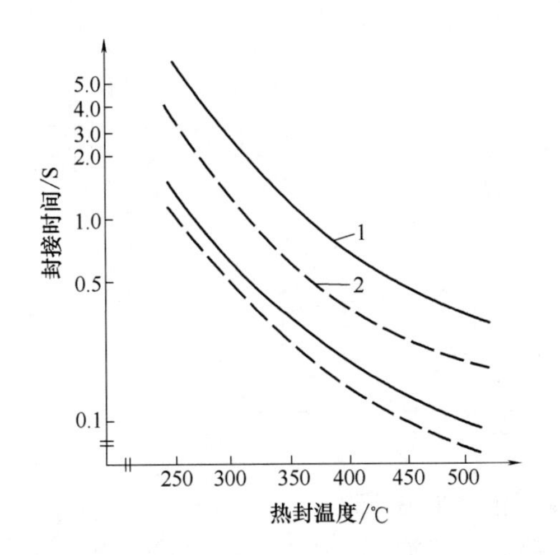

图 13-21　热封温度、时间、压力的关系

1—热封压力 2.8kg/cm^2　2—热封压力 16^{2}kg/cm^2

3. 铝丝结扎封口

各种灌肠类塑料膜或复合薄膜筒装食品的端口常采用铝丝结扎封口。铝丝作为辅助封合材料，具有一定的直径和硬度要求，并应表面光滑无毛刺，以免结扎时刺破薄膜。铝丝的选用是根据被结扎薄膜材料特性、厚度及筒装食品的直径等因素确定。结扎时铝丝环紧扣薄膜筒端口，结扎应有适当的紧度，过松不能保证端口密封，过紧则不能使薄膜破损，这是因为常用的薄膜有不同的收缩率，结扎过紧时，易造成破裂。

铝丝结扎封口通常与香肠自动定量充填结扎机联为一体，完成香肠定量充填后，随即进行结扎。

（二） 封口机

塑料袋封口机用于对装填好产品的塑料袋进行封口，而塑料袋由专业彩印厂生产。常见的封口机械有真空包装机、真空充气包装机和单纯封口的普通封口机。由于普通封口机主要由热封口装置组成，结构较简单，这里不再作介绍。

1. 真空包装机

所谓真空包装机就是将物料装于气密性的塑料袋中，在容器密封之前抽去袋中空气，使薄膜材料紧贴物料。真空包装的主要优点是可以防止食品的氧化，抑制细菌繁殖从而延长产品的保质期。对于需加热杀菌的软罐头，真空包装可防止在加热杀菌时的胀袋现象。

图 13-22 为一种小型真空包装机的主要结构、工作原理图。真空压盖平常呈敞开状态。装填好产品的复合塑料袋，放入包装机的盛物盘 2 内，袋口置于热封头上，扣上压盖 1 并压紧，压盖底部的一圈 O 形密封圈 8 与工作台面 9 贴合并密封，此时真空泵 10 经电磁阀 11、管道 12 和电磁阀 14，对工作室抽真空，同时经三通阀 15 对压紧头 5 上的橡胶膜片的小气室也抽真空。当真空表 3 指示达到真空度要求时，三通阀 15 切换小气室经管 7 与大气接通，膜片 6 在大、小气室压差的作用下带着压紧头 5 向下，对放在夹紧头与热封头 4 之间的塑料袋进行热封。然后电磁阀 14 关闭，二通电磁阀 13 打开，使主气室破真空，膜片带着压紧头向上运动完成热封。打开压盖，取出包装品。

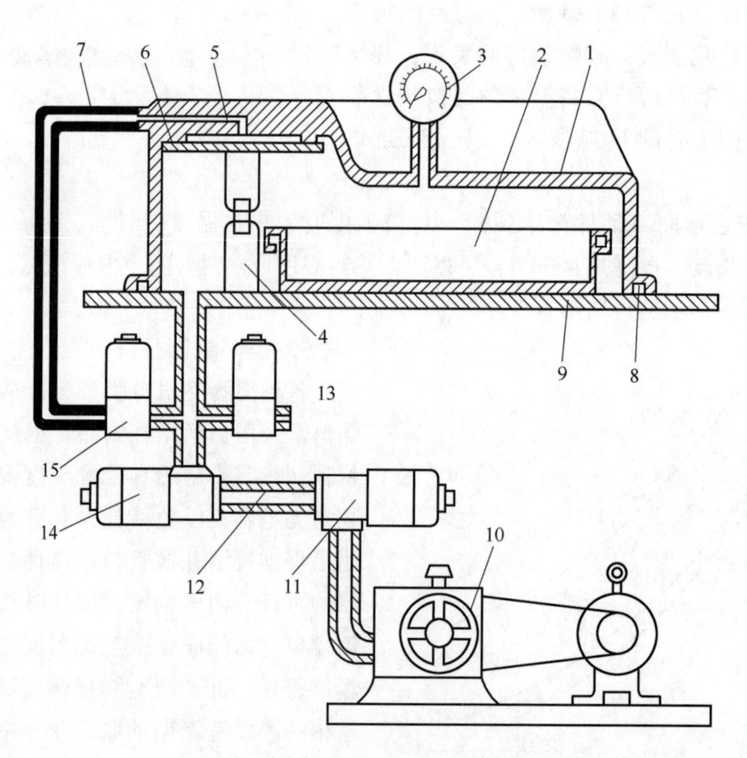

图 13-22　真空封塑料袋式包装机原理图

1—压盖　2—盛物盘　3—真空表　4—热封头　5—压紧头　6—橡胶膜片　7,12—管道　8—橡皮圈
9—工作台面　10—真空泵　11,14—电磁阀　13—二通电磁阀　15—三通阀

2. 真空充气包装机

真空充气包装是将包装物内的空气排除后，立即充入惰性气体（如氮、二氧化碳），然后再进行封口。采用真空充气包装既能有效地保全包装食品的质量，又能使包装袋内压力平衡以保持其包装形体美观。

图 13-23 为真空充气包装机的工作原理图。装填了食品的包装袋被置于真空室内，关上压盖使真空室封闭，包装袋封口部位处于热熔封口压头 4 之间，真空泵抽出真空腔室和包装袋中的空气，充气时，电磁控制阀 7 转换到充气系统，伸入到袋口一定深度的喷嘴向袋中充所需要的气体，然后热合封口，冷却放气，打开机盖，取出包装物。

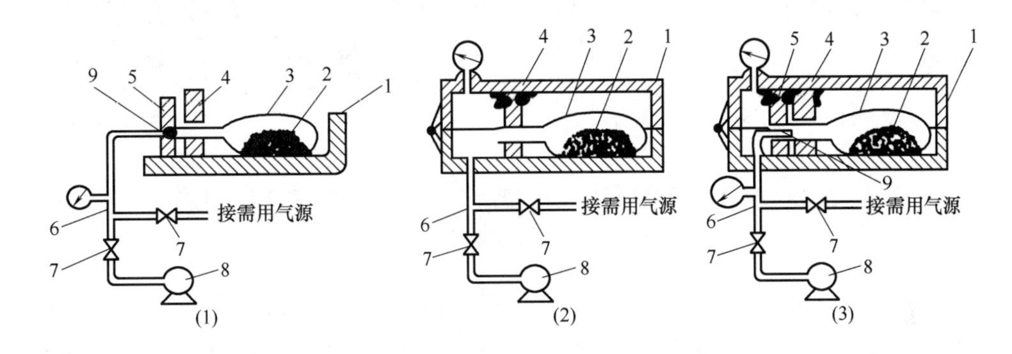

图 13-23　真空与充气包装机工作原理图

（1）喷嘴式　（2）真空式　（3）复合式

1—真空室（工作台）　2—被包装物品　3—包装袋　4—热熔封口装置

5—夹压头　6—气体流路　7—电磁控制阀　8—真空泵　9—喷嘴

第四节　无菌包装机械

一、纸盒无菌包装机械

纸盒无菌包装型式与包装机械有纸板卷材制盒和预制纸盒两种。纸板卷材制盒无菌包装型式与包装机械主要是瑞典利乐公司的纸盒无菌包装机、L-TBA 系列的无菌包装机和国际纸业的 SA-50 无菌包装机。预制纸盒无菌包装型式与机械主要是德国 PKL 公司的康美盒无菌包装机国际液装公司的无菌包装机。

我国 1979 年引进利乐纸盒无菌包装机以来，主要用于生产牛乳、果汁、乌龙茶等无菌纸盒包装，是目前我国应用最广泛的无菌包装型式。利乐包以纸板卷材为原料在无菌包装机上成型、充填、封口和分割为单盒，采用纸板卷材具有节省贮存空间、容器成型与产品包装一体可避免污染、操作强度低和生产效率高等优点。利乐包的包装型式有菱形、砖形、屋顶形、利乐王等，其中菱形是早期采用的包装型式，目前多为砖形或屋顶形包装。包装盒顶端均有圆形或易开式封贴，便于插入吸管或开口。利乐包的容量在 125~2000mL。

图 13-24 是 TBA/8 砖形盒无菌包装机的外形结构和工作原理，主机包括包装材料灭菌、

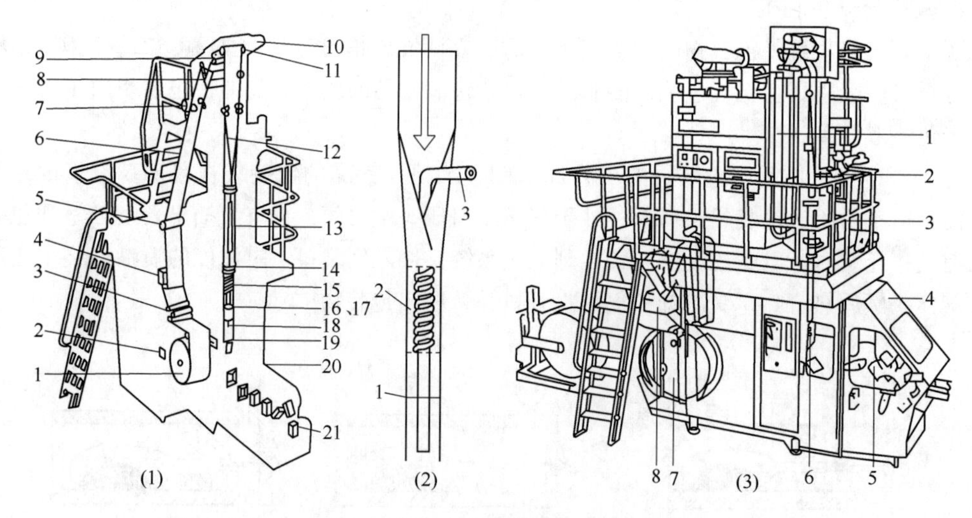

图 13-24 L-TBA/8 砖形盒无菌包装机的外形结构和工作原理

（1）工作原理

（2）食品灌装

1—纸板卷 2—光敏传感器（监测两卷纸板的接头） 3—纸板平服辊 4—打印日期装置 5—纸板弯曲辊 6—纸板接头记录器 7—纸盒纵缝黏接带黏接器 8—双氧水浴槽 9—双氧水挤压辊 10—无菌空气收集罩 11—纸板转向辊 12—物料充填管 13—纸筒纵缝加热器 14—纵缝封口器 15—环形加热管 16—纸筒内液面 17—液面浮标 18—充填管口 19—纸筒横向封口钳 20—有接头纸盒分拣装置 21—纸盒产品

（3）外形结构

1—双氧水浴 2—充填管 3—直缝衬口 4—自动洗涤装置 5—最后折型 6—横封装置 7—包装材料 8—自动黏接装置

纸板成型封口、充填和分割等机构，辅机有无菌空气和双氧水等装置。包装纸板从纸卷 1 经过打印日期装置 4、双氧水浴槽 8 后进入机器上部的无菌腔并折叠成筒状，由纵缝加热器 13 封接纵缝；物料从充填管 12 充入纸筒，接着横向封口钳 19 将纸筒挤压成砖形盒并横向封口和切断为单个盒离开无菌腔；由两台折叠机将砖形纸盒的顶部和底部折叠成角并下屈与盒体粘接。TBA/8 砖形盒无菌包装机的包装范围为 124～355mL，生产能力为 6000 包/h。

无菌包装机操作前灭菌和物料充填时都需要提供无菌空气，图 13-25 是无菌空气装置的空气循环加热灭菌原理。水环泵 1 从进水口 2 供水，在泵运转时构成泵内密封水环并吸收回流空气中残留的双氧水。水环泵压出约 0.015MPa 压力的空气经过气水分离器 3 分离水分，而后进入空气加热器 5 被加热到 350℃。从加热器出来的无菌热空气一部分由管道送至包装机的纸筒纵缝封口器用作热封；一部分无菌热空气经过冷却器 7 被冷却至 80℃左右，冷却的无菌空气分两路由阀 8、9 控制，在小容量包装时阀 8 开启，大容量包装时阀 9 开启而阀 8 关闭。无菌空气从纸筒上部供气管 11 引至密封纸筒液面上的空间。无菌空气在 13 处折流向上经收集罩 17 回流到水环泵再循环使用。

二、 芬包塑料袋无菌包装机械

国外塑料袋无菌包装系统有多种类型，我国 20 世纪 80、90 年代开始使用芬包塑料袋无菌包装系统。它采用特殊的电阻加热超高温瞬时杀菌系统，由于无菌塑料袋包装型式不如纸盒，

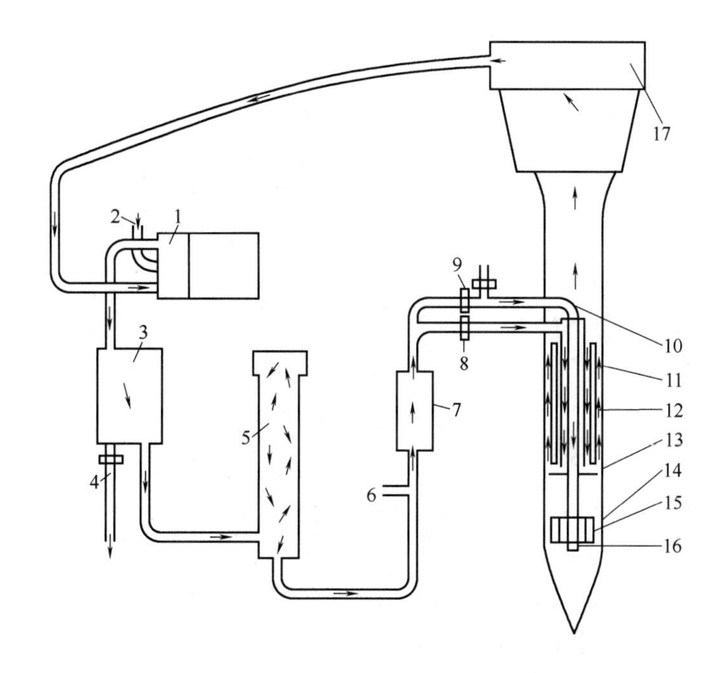

图 13-25 无菌乳灌装设备内无菌气流的循环示意图

1—水环泵 2—进水口 3—气水分离器 4—废水排出阀 5—空气加热器 6—热空气分流管 7—空气冷却器 8，9—空气控制阀 10—进料管 11—无菌空气供气管 12—环形电加热管 13—无菌空气折流点 14—物料液面 15—液面浮子 16—物料节流阀 17—空气收集罩

因而应用不及利乐包或康美包广泛，但其包装材料的费用较低。塑料袋无菌包装的材可以用包装成本低的聚乙烯，但货架期较短，采用铝塑复合膜时货架期可延长到6个月。

芬包塑料袋无菌包装系统是芬兰 Elester 公司的产品，包括电阻式 UHT 杀菌设备、两台 FPS-无菌包装机、空气过滤杀菌器和 CIP 清洗设备。该包装系统主要用于牛乳、饮料等流质食品。

图 13-26 是 FPS-2000LL 塑料袋无菌包装机的结构，属立式自动成型—充填—密封包装机类型，包括薄膜杀菌、成型、无菌纵向和横向热封与定量充填和打印与计数等机构。机器的工作过程：包装薄膜6从膜卷牵引出，经过 H_2O_2 浴槽1用1% H_2O_2 杀菌和 H_2O_2 刮除辊3后进入机器上部的紫外灯室7进行第二次杀菌；灭菌薄膜进入薄膜成型、充填、热封的无菌区9，薄膜由三角形折叠器10折叠成薄膜筒14并被纵缝热封器12将纵缝密封；充填管10将灭菌物料充入薄膜筒，接着横缝热封和切断器13将充满物料的薄膜筒横向热封和切断成单个包装袋。

包装薄膜的杀菌采用 H_2O_2 液和紫外灯双重杀菌的方法。包装薄膜先经1%的 H_2O_2 液浸浴杀菌，接着进入包装机上部的紫外灯照射室再次杀菌。包装机的物料管道阀门和充填部件用电阻式 UHT 加热器提供的0.4MPa压力的130℃过热水在管道内循环杀菌20min，表面温度升到120℃达到无菌要求。

三、 塑料瓶无菌包装机械

塑料瓶无菌包装型式和包装机械有吹塑瓶和预制瓶两大类，前者吹塑制瓶时构成无菌状态

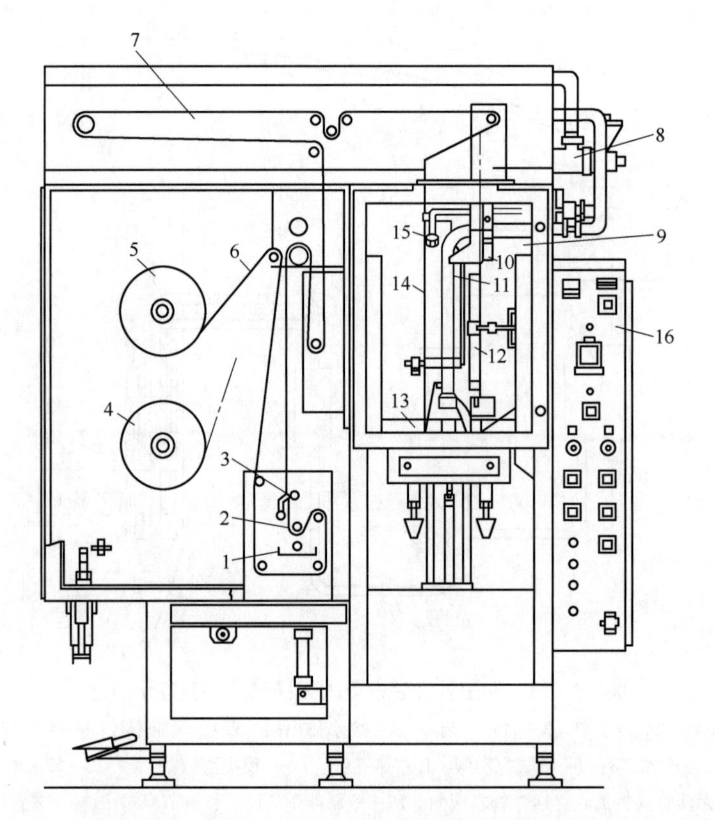

图 13-26 FPS-2000LL 塑料袋无菌包装机的结构

1—H_2O_2 浴槽 2—导向辊 3—H_2O_2 刮除辊 4—备用薄膜卷 5—薄膜卷 6—包装薄膜 7—紫外灯室 8—室量灌装泵 9—无菌腔 10—三角形薄膜折叠器 11—物料灌装管 12—纵缝热封器 13—横缝热封和切断器 14—薄膜筒 15—无菌空气喷管 16—控制箱

并充填和封口，后者将预制瓶在无菌包装机内在杀菌后充填和封口。预制瓶的基本材料有多种，如 PP、PC、PET 等，其中主要是 PET。

塑料瓶无菌包装与玻璃瓶无菌包装的包装机相同，两种瓶可以在同一台机上使用，图 13-27是玻璃瓶或塑料瓶无菌包装系统。该生产线的组成为：前部 1 为将瓶口倒插的瓶子冲洗

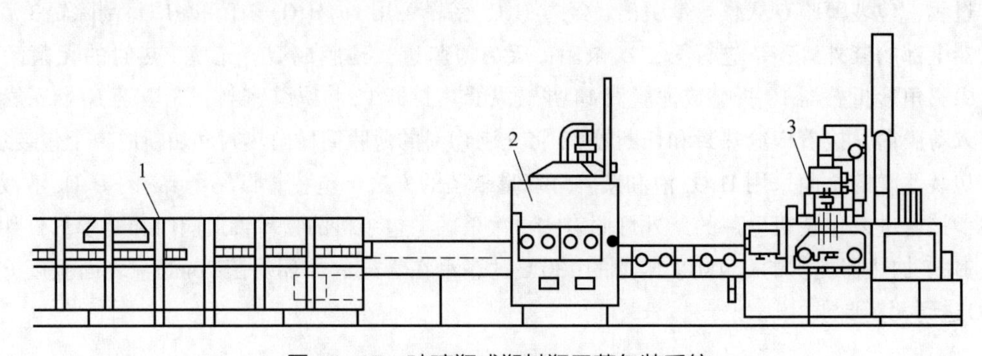

图 13-27 玻璃瓶或塑料瓶无菌包装系统

1—瓶冲洗和预热 2—瓶杀菌和干燥 3—无菌充填和封盖

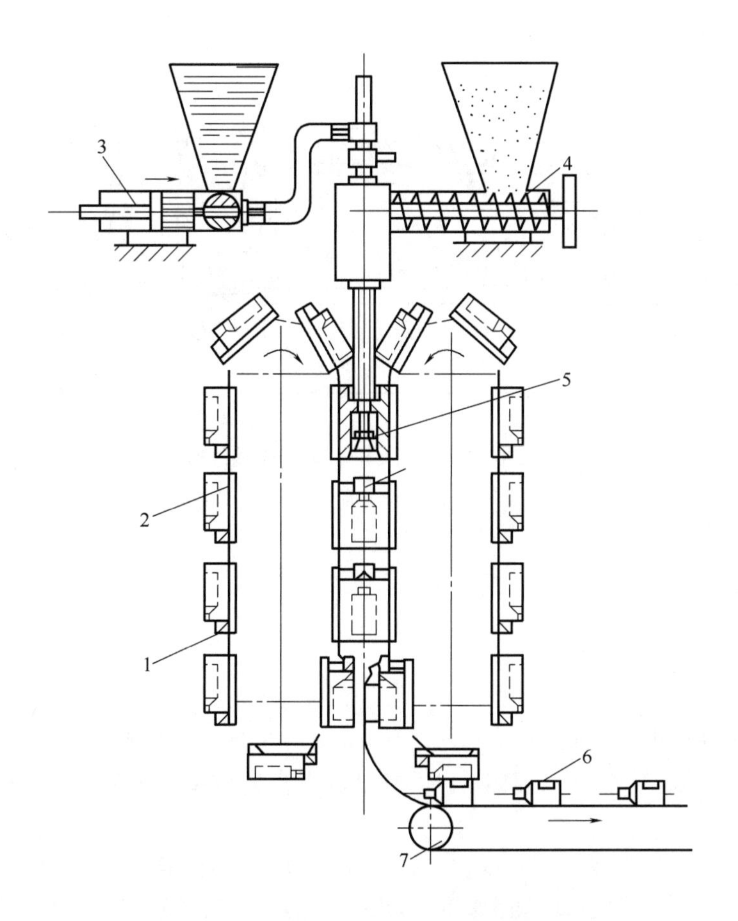

图 13－28　单型坯吹塑瓶无菌包装机的结构

1—型坯模输送链　2—半个吹塑坯模　3—活塞式无菌物料泵　4—塑料挤出机
5—成型模坯　6—产品　7—产品输送带

和预热；中部 2 为瓶子用带 H_2O_2 的热空气杀菌并在瓶的内外表面冷凝，经过一段时间后用无菌热空气干燥；后部 3 无菌充填和加盖密封。

图 13－28 是单型坯吹塑瓶无菌包装机的结构，主要由活塞式无菌物料泵 3、塑料挤出机 4 和成型模坯 5 组成。机器的工作过程是由两条链带 1 各带动半个吹塑坯模 2 在中间会合组成整体型坯模 5，塑料挤出机 4 将熔化的塑料挤入型坯并吹成瓶；无菌物料由活塞泵 3 从物料管充填入瓶内并封口；产品 6 由输送带 7 送出机外。

四、 红肠片连机无菌包装机械

图 13－29 是红肠片连机无菌包装系统的示意图。该系统在 170 ~ 190℃ 下同时挤出聚氯乙烯树脂和聚偏氯乙烯树脂，形成两层或三层薄膜。这时，细菌等微生物在高温中死亡，形成无菌状态。这种同时挤压出的多层薄膜在无菌室与连续真空包装机连接，对经过灭菌处理的肉食加工品进行真空包装。这种无菌包装材料不但不会沾染上细菌，而且还可以防止水分蒸发，具有透氧少的抑制性效能。

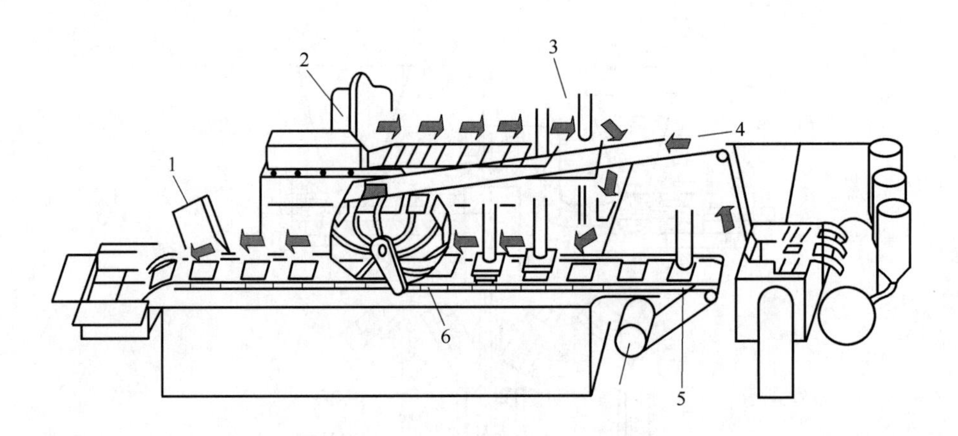

图 13-29 红肠片连机无菌包装机械

1—贴商标 2—切片、称重 3—肉片自动传送 4—挤出薄膜 5—硬式 PVC 基的热成型 6—真空密封

思考题

1. 根据食品的形态，分装机械可以分为哪几种，它们定量的方式有哪些？

2. 对牛乳、果汁等不含气液体物料的灌装，常采用常压法灌装和真空法灌装，请比较各自的特点。

3. 无菌包装的具体含义及其与其他的食品包装方法明显不同的地方有哪些？

4. 简要叙述单头间歇式四旋玻璃瓶启动拧盖设备工作原理。

5. 请简要叙述二重卷边形成原理及封罐工艺过程。

CHAPTER 14

第十四章

典型食品生产线

[学习目标]

通过对整条食品加工生产线的认识，有助于对单台食品机械的基本原理、用途和操作方法的理解，了解几种典型的食品加工生产线中各种设备如何协同工作。

第一节　果蔬加工生产线

一、 浓缩苹果汁生产线

先进的苹果汁生产线中榨汁机采用带式压榨机；过滤设备采用超精过滤技术来取代传统的澄清剂、机械分离和过滤单元操作；浓缩装置采用三效降膜蒸发器和闪蒸新技术，产量大，浓缩效率高。

（一） 工艺流程

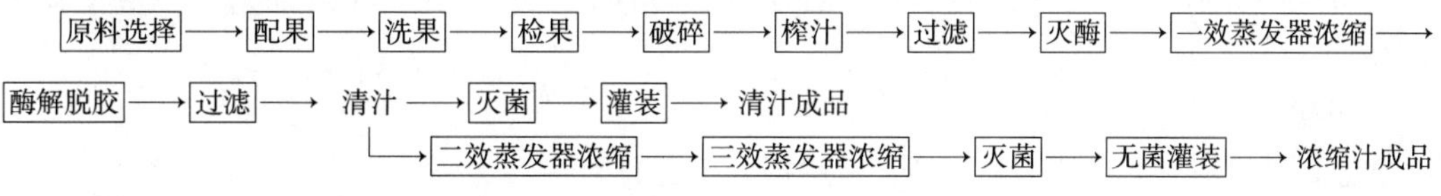

对应于以上工艺流程，配套的生产线如图 14-1 所示。

（二） 操作要点与主要设备

1. 配果

各品种的苹果搭配投料，以保证一定的苹果风味。一般手工完成，不需设备。

2. 洗果

原料果经配果后，送入洗果机中进行洗涤。常用的洗果机包括：

（1）毛刷洗果机　该机型可使水果旋转、涮果、喷淋同时进行，清洗效果好。

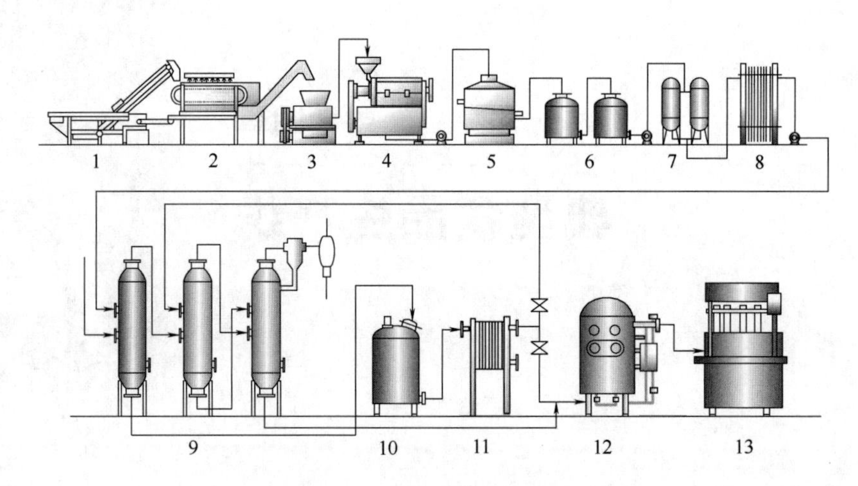

图 14-1 浓缩苹果汁生产线

1—洗果机 2—检果机 3—破碎机 4—榨汁机 5—振动式过滤机 6—贮罐 7—双联过滤器 8—板式灭酶换热器 9—三效蒸发器浓缩器 10—酶解脱胶罐 11—超滤装置 12—瞬时灭菌机 13—无菌灌装机

（2）滚筒清洗机 该机型物料由升运机喂入，随滚筒的旋转而翻滚，高压水全程冲洗。

（3）冲浪式（鼓风式）洗果机 该机型果蔬原料在清洗过程中不停地作任意方向旋转，洗净度高，循环水将原料冲向出料方向，自带升运机方便联线，节能，清洗水过滤后循环使用。

检果机常用的为滚杠检果机，水果旋转，可确保检果质量。滚杠材料分为 1C18N9Ti 不锈钢管、铝管、符合食品卫生工程塑料管。

3. 破碎

破碎机将水果切割成 3~5mm 见方的小块状果料，以便于榨取果汁。果料收集于破碎机底部的果料罐中，由螺杆泵打至榨汁机的进料斗。常用的破碎机为鼠笼式破碎机。

4. 榨汁

常用的榨汁机有带式榨汁机和卧式螺旋榨汁机。带式榨汁机广泛应用于大中型果汁生产线，节能，压滤充分、出汁（水）率高，自动进出料，气囊控制、滤带自动纠偏，工作连续可靠。以苹果计，生产能力一般在 3~20T/h。卧式螺旋榨汁机有单螺杆、双螺杆两种形式，与物料接触部分为全不锈钢材质，渣汁自动分离，以苹果计，生产能力一般在 0.5~1.5T/h。

5. 粗滤

粗滤的目的是除去果汁中的大杂，常用振动式过滤机。

6. 灭酶

振动筛滤出的果汁汇集于收集槽内，再用离心泵打入灭酶进料罐。此时的果汁含有较多的容易引起果汁混浊的细小的果肉固体颗粒、细胞碎片和果胶、淀粉、蛋白质、多糖及多酚等大分子物质，称之为混浊汁。苹果粉碎后，从细胞中逸出的氧化酶如多酚氧化酶、抗坏血酸氧化酶和过氧化酶等，会促进果汁的“褐变”反应，使果汁颜色变深而降低感官质量。灭酶装置的是用高温将各种酶活性钝化，甚至酶分解，从而防止果汁褐变。浊汁从灭酶进料罐用螺杆泵抽吸、经双联过滤器第二次过滤后压入板式灭酶换热器。浊汁在其内被加热至 85~

95℃，并在该温度下保持 20～30s，使酶活性失活，然后被冷却至 70～75℃后经螺杆泵压入一效蒸发器。

灭酶工序主要设备有离心泵、贮料罐、螺杆泵、双联过滤器、板式灭酶换热器。

7. 一效蒸发器浓缩

由于果汁有热敏性，即在高温下易失去原有风味，因而其浓缩过程希望在低温下进行。三效蒸发器就是造成真空条件，使果汁中的水分在低于 100℃的温度下沸腾蒸发，最后获得浓缩果汁。浊汁进入一效蒸发器上部的列管式换热器，温度达 82℃时，水分在真空环境下经“闪蒸”作用而蒸发，果汁中所含的香精由于沸点低而同时全部蒸发出去。生成的二次蒸汽，经主分离器利用离心力分离掉夹带的果汁后，进入二效蒸发器的列管式换热器中作为加热热源。浓缩果汁则落入底部，一部分经循环泵打入蒸发器进口作再次循环，另一部分则被离心泵抽出送入板式二次换加热器，经冷却至 50～55℃后进入酶解脱胶罐。一效蒸发器约蒸发掉果汁中三分之一的水分。

8. 酶解脱胶

果汁在进入超滤前必须将容易黏附于超滤膜上而不易清洗掉的果胶、淀粉类物质进行分解，使其成为易于滤除的絮状物，酶解脱胶罐就是为此而设。

9. 过滤

脱胶后的果汁用超滤法过滤，超滤装置的主要附件是 120 个分成十组串接的 M180 超滤膜管，它只允许相对分子质量小于 20000～30000 的物质透过。被阻留的大分子物质随其余浊汁一起回到循环罐中。生产清汁时，透过液直接经过消毒、灌装、冷却成产品，完成整个生产过程。

10. 二、三效蒸发器浓缩

生产浓汁时，清汁由泵经二次加热器预热至 60～65℃后打入二效蒸发器“闪蒸”蒸发浓缩。生成的二次蒸汽，经二效主分离器分离掉夹带的果汁后进入三效蒸发器作为热源。浓缩果汁则汇集于二效蒸发器底部作再循环，部分被抽出送到三效蒸发器。三效蒸发器的“闪蒸”蒸发温度为 42℃，生成的二次蒸汽不再被利用，而是排入真空冷却塔冷凝成水池，来自二效的加热蒸汽冷凝成水后亦排入冷凝成水池。浓缩汁达到 70～72°Bx 后由螺杆泵抽出送入浓汁罐中贮存，以便定时灌装。

11. 灭菌、灌装

浓缩汁在瞬时灭菌机内进行杀菌，然后送入高位贮罐，再经无菌灌装机灌袋，得到最终产品。

二、　鲜榨苹果汁生产线

目前各国以苹果汁为主的各种果蔬复合饮料日益盛行，苹果浊汁、鲜榨汁已发展成为能够满足不同消费群体需求的时尚饮品。多样化的苹果深加工产品不但丰富了人们的日常生活，也拓展了苹果深加工空间。

先进的膜分离技术与设备、无菌冷灌装技术与设备、冷打浆技术与设备等食品加工高新技术与设备在苹果深加工领域迅速应用，并得到不断提升。这些技术与设备的采用提高了苹果深加工业的加工增值能力。

（一） 鲜榨苹果汁生产工艺

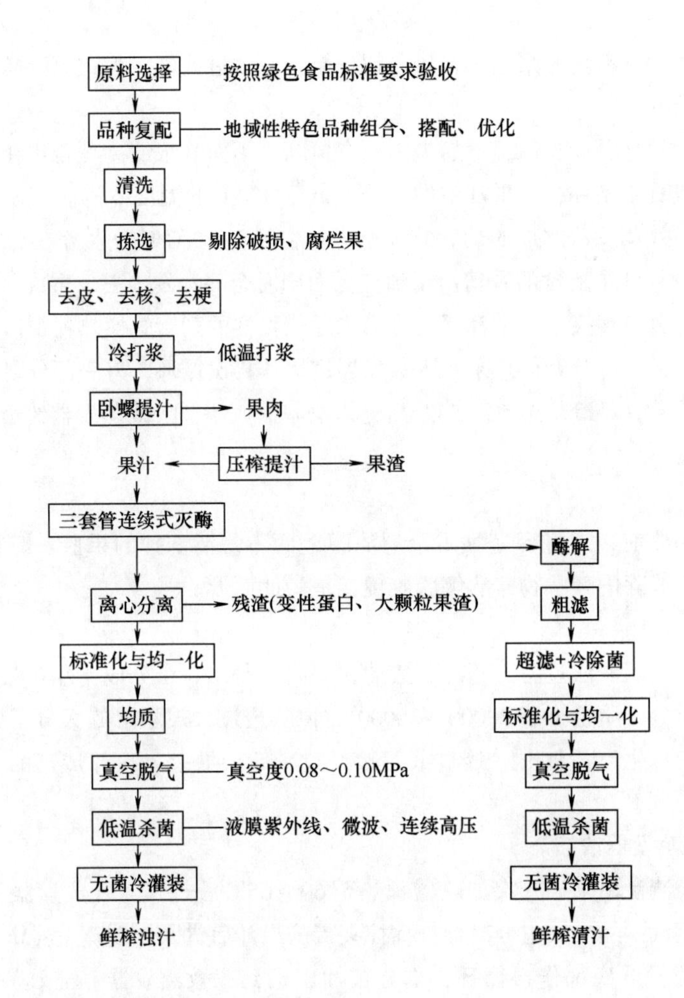

对应于以上工艺流程，配套的生产线如图 14－2 所示。

（二） 主要设备

实现上述工艺流程，需要的主要设备包括：洗果机、去皮机、去核机、去梗机、打浆机、卧螺榨汁机、带式榨汁机、三套管连续式灭酶设备、离心分离机、均质机、真空脱气机、液膜紫外线冷杀菌机（或连续高压冷杀菌设备、微波杀菌设备）、无菌冷灌装机组、酶解罐、过滤机、超滤装置（起到固体颗粒过滤与细菌的脱除两种作用）。

1. 液膜紫外线冷杀菌机

由于紫外线的穿透能力有限，为了改善杀菌效果，本机型通过管式液体成膜机理，提高了紫外线辐射的均匀性，达到低温杀菌的效果。

2. 连续高压冷杀菌设备

利用鲜榨苹果汁中危害性微生物对高压的敏感性，在常温下出现压致死亡的机理，科学利用微生物受低变温协同杀菌效应的影响，进行鲜榨苹果汁的连续高压冷杀菌。

3. 无菌灌装机组

将经过低温杀菌的鲜榨苹果汁，填充到无菌容器并及时密封的一种灌装技术。

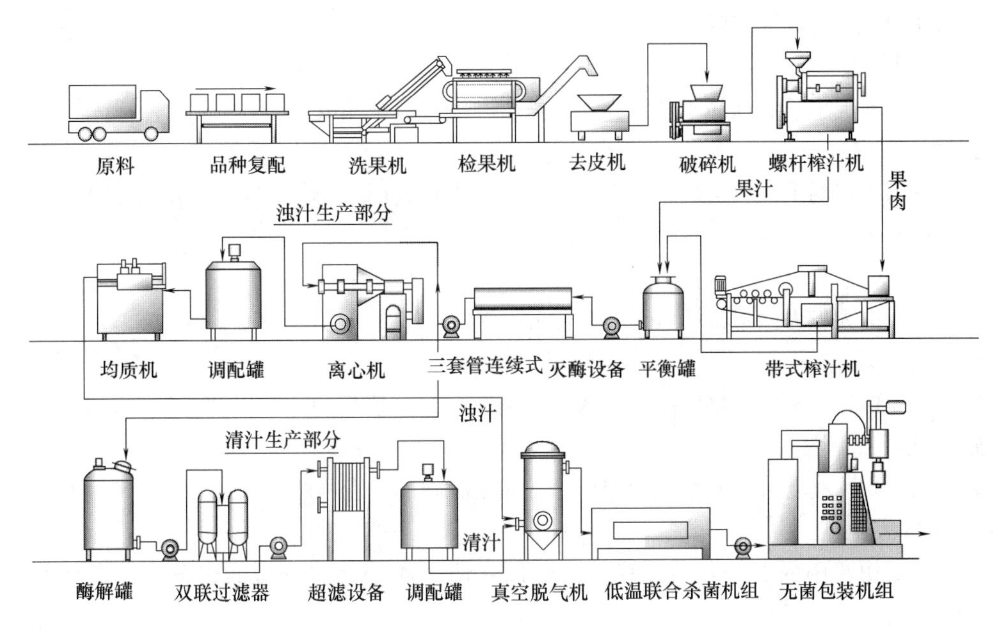

图 14-2　鲜榨苹果汁生产线

三、 果蔬脆片生产线

果蔬脆片是20世纪90年代初兴起的一种高档大众休闲食品，采用真空低温炸制等先进工艺生产的果蔬脆片，保持了原果蔬的色香味，且口感松脆、低热量、高纤维，富含维生素和多种矿物质，不含防腐剂，携带方便，保存期远远长于新鲜果蔬。

（一） 工艺流程

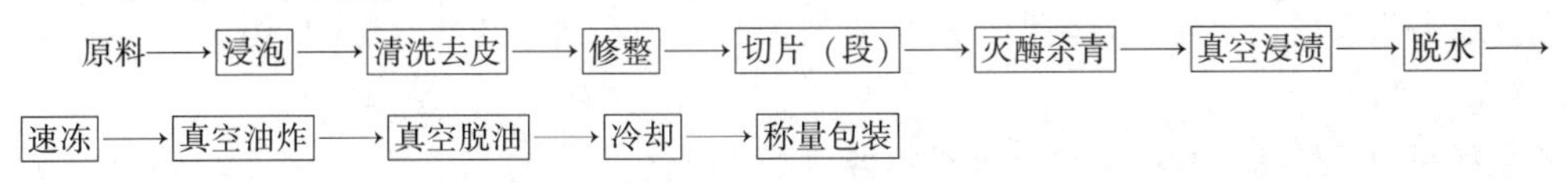

根据以上工艺流程进行的设备配套如图 14-3 所示。

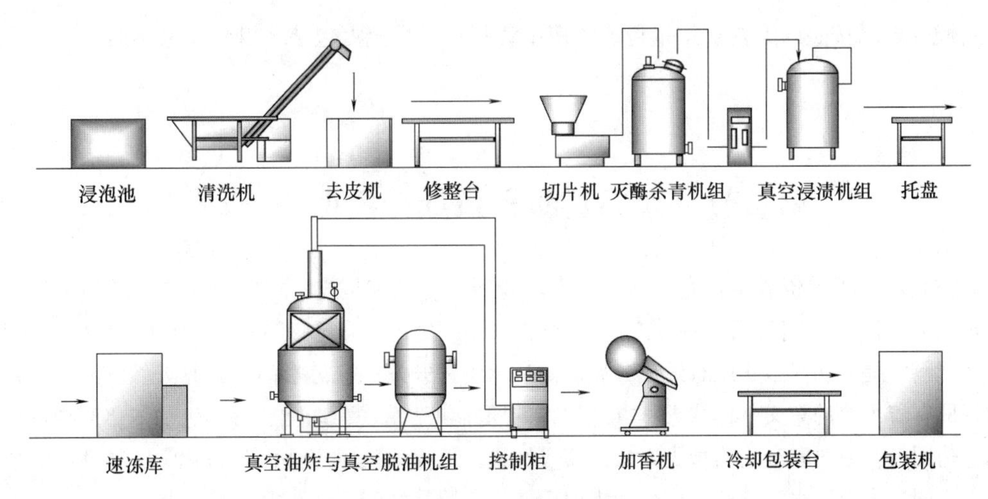

图 14-3　果蔬脆片生产线

（二） 操作要点与主要设备

1. 原料浸泡

使果蔬表面泥土、农药易于清洗去除，一般在浸泡池中完成。

2. 清洗去皮

对不需要去皮的果蔬用清洗机自动清洗，去除果蔬表面杂物；对需要去皮的果蔬用清洗去皮机一次清洗去皮。

3. 修整

在修整台上人工去除果蔬不宜食用的部分。

4. 切片（段）

使用切片机将清洗后的果蔬按要求的形状和厚（长）度切制。

5. 灭酶杀青

防止果蔬切片在空气中发生氧化变色并去除果蔬中的生青异味，杀青温度为 80～100℃。

6. 真空浸渍

去除果蔬切片中的部分水分，浸入工序加入调味或增大渗透压的成分，其真空度可达 0.092MPa，速度快、效果好。

7. 脱水

去除果蔬切片表层在浸渍时联带的浮液。

8. 速冻

改变果蔬切片的内部结构，增加通透性，同时蒸发部分水分。

9. 真空油炸

选用棕榈油，油温控制在 70～100℃进行炸制，真空度可达 0.095MPa，使水分迅速气化，同时引起细胞及组织的破裂膨化并干燥。

10. 真空脱油

更充分地去除果蔬切片内的含油量，减少成品含油率，其真空度可达 0.095MPa。

11. 冷却

降低炸制脱油后果蔬脆片的温度，凉至室温以下。

12. 包装

将脆片成品按照国家要求定量包装，使用镀膜塑料袋充氮包装，以延长保质期。

第二节　天然资源有效成分提取生产线

研究表明，天然资源中含有丰富的活性功能因子，尤其是皮、籽、壳等农产品加工的副产品。近年来，随着人们生活水平的提高，保健食品的发展十分迅速。第三代保健食品的含义是从天然原料中提取功能因子或有效成分后加到产品中去开发的保健食品。因此天然资源中有效成分的提取有着重要的意义。提取天然资源产物的原料包括植物、动物、海洋生物等，产物可用于食用、药用等，原料和产物均种类繁多，其有效成分的提取技术方法因各自化学、物理等性质的不同而不同。本节以水溶性有效成分的提取为例，介绍其生产工艺及生产线构成。

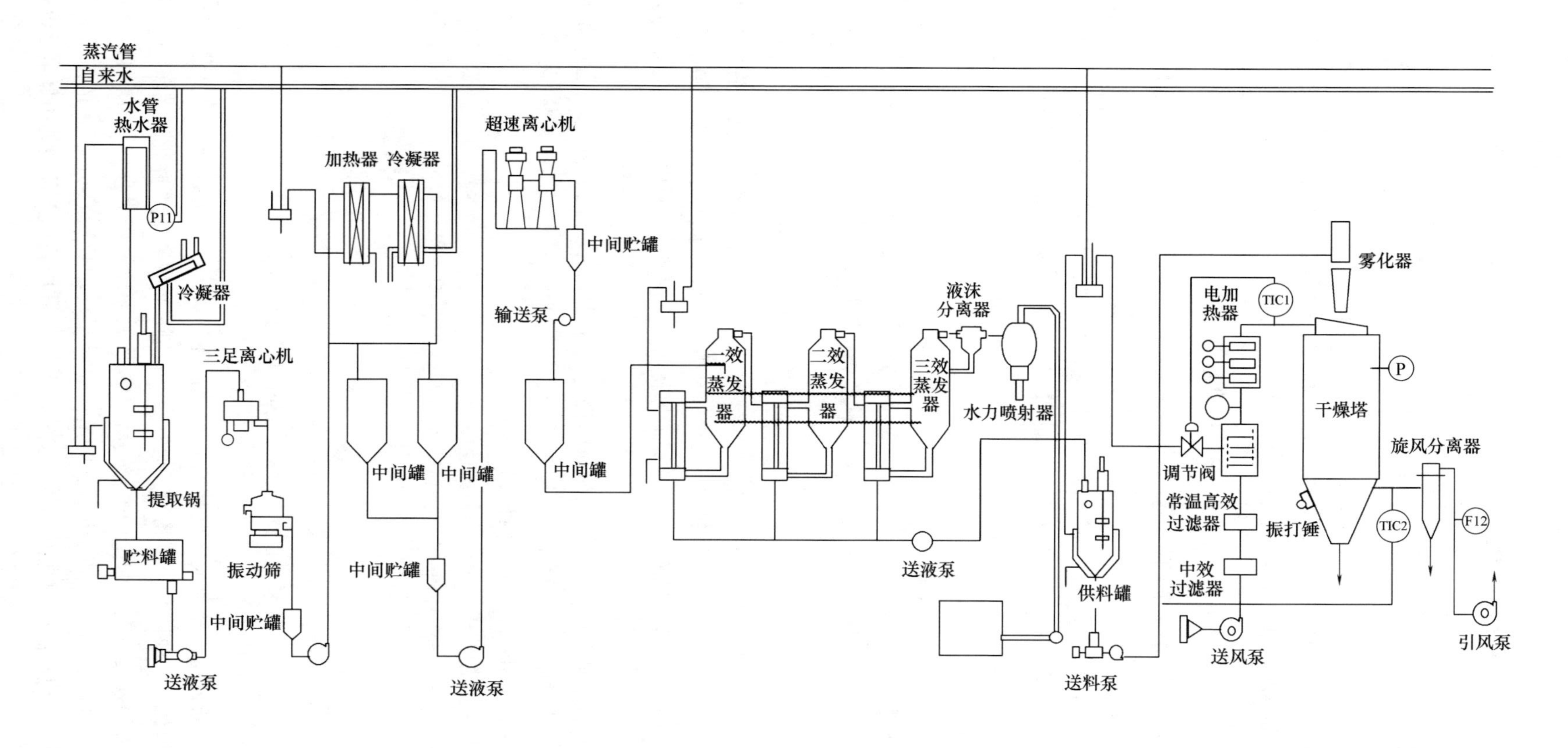

图 14-4　天然资源中水溶性有效成分的提取生产线

一、 天然资源中水溶性有效成分的提取生产工艺

粉碎 ⟶ 动态提取 ⟶ 离心 ⟶ 过滤 ⟶ 杀菌 ⟶ 冷却 ⟶ 超速离心 ⟶ 三效浓缩 ⟶ 喷雾干燥 ⟶ 粉剂成品

根据以上工艺流程进行的设备配套如图 14-4 所示。

本生产线是在参照国内外目前先进的动态提取生产线的基础上，结合我国国情，设计而成的。节电、节水，能缩短提取、浓缩、干燥时间。整套生产线考虑了 GMP 要求。

二、 生产线的组成

本生产线核心设备可分为以下四部分。

1. 提取装置

采用了热水温浸动态提取工艺，提取罐采用蒸汽夹套加热，带有特殊搅拌装置。原料经粉碎后在一定温度下进行动态提取，提取率大大高于静态的提取方式，节省了原料，同时缩短了提取时间，也节省了能源。

2. 固液分离装置

采用了三级分离工艺，由外溢式下卸渣离心机，振动筛和管式高速离心机来完成提取液和残渣及悬浮物的分离，本分离装置残渣较干，残存的提取液量少，减少有效成分的损失，也有利于避免蒸发浓缩和喷雾干燥操作中发生结焦、粘壁、堵塞等问题。

3. 三效节能浓缩装置

本系统不仅考虑了料液的性质、设备的处理能力，并且充分考虑了温度系数、浓缩比、浓缩液浓缩恒定和许多植物提取物易结垢、发泡等特点，结构简单，装卸、清洗、保养方便。对三效节能浓缩器进行了合理安装，由一效进料，经过二效、三效出来已成膏，提取液连续自动循环，具有速度快，节能效益高、缩短蒸发浓缩时间等特点，三效与单效对比节能率在 68% 以上。

4. 喷雾干燥装置

采用新型高效的高速离心干燥机，操作简单稳定，容易实现自动化控制，干燥的时间短，动力消耗小，产品粒度均匀，溶解性及质量均好，为生产冲剂、口服液等减少辅料，降低剂量创造了理想的条件。在制粒方面可分两种选型：

（1）喷雾干燥一步制粒机；

（2）喷雾干燥配合一台干粉制粒机。口服液生产线不需配干燥装置。

第三节 牛乳加工生产线

随着生活水平的提高，我国人均乳品的消费量也逐年加大，加上国外进口乳品的市场竞争，这一现象大大激发了我国乳品市场的飞速发展，乳制品的品种也因此越来越多，品质逐渐提高。目前液态乳的发展速度很快，国家已将无菌包装的液态乳列为最先开发项目，2015 年全国液态乳销售总量 2738.9 万吨，“十二五”期间每年平均增长 5.1%。我国的液态乳品中，巴氏消毒乳占 60%，超高温灭菌乳占 21%，乳酪占 19%，其中超高温灭菌乳明显呈上升趋势。

随着技术的进步，免疫乳等功能性乳制品和无菌包装等先进加工技术与设备逐渐使得乳品加工业跃入一个新的发展阶段。

一、 巴氏消毒乳生产线

（一） 巴氏消毒乳生产工艺

巴氏消毒乳也称市乳，一般生产工艺流程如下：

玻璃瓶→清洗→消毒→干燥

原料乳验收→过滤、净化→冷却→贮存→标准化→均质→杀菌→冷却→灌装封口→装箱→检验→冷藏

塑料袋、纸容器

根据以上工艺流程进行的设备配套如图 14－5 所示（部分巴氏消毒乳生产线）。

（二） 操作要点说明

1. 原料乳净化

原料乳的净化方法可分为过滤净化和离心净化两种，对应的设备为过滤器和离心净乳机。目前大中型工厂多采取自动排渣净乳机。

2. 均质

均质的目的是防止脂肪球上浮、改善消毒奶的风味，促进乳脂肪和乳蛋白质的消化吸收。均质机有高压式、离心式和超声波式之分，其中高压均质机最常用。

3. 杀菌

牛乳的杀菌方法包括：

（1）低温长时间（LTLT）杀菌法　杀菌条件为 62～65℃、30min，该方法使用的设备包括板式换热器（加热）、冷热缸（杀菌）、板式换热器（冷却）。

（2）高温短时（HTST）杀菌法　杀菌条件为 72～75℃、15s。

（3）高温保持灭菌法　分为间歇灭菌和连续灭菌，间歇灭菌使用高压釜灭菌，连续灭菌使用水压式灭菌机。

（4）超高温瞬时（UHT）灭菌法　杀菌条件为 130～150℃、0.5～15s，使用的设备为超高温板式杀菌设备。

4. 冷却

杀菌后的牛乳应立即冷却到 4℃以下，冷却设备因杀菌方法而不同。LTLT 法宜用板式换热器冷却。HTST 法，在板式杀菌器的换热段，与刚输入的温度在 10℃以下的原料乳进行热交换，然后再用冰水冷却到 4℃（用塑料袋或纸容器灌装）或室温（瓶装）。

二、 冰淇淋生产线

（一） 冰淇淋生产工艺

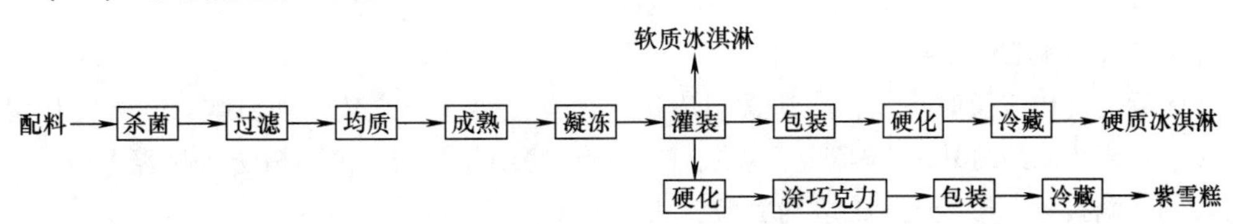

根据以上工艺流程进行的设备配套如图14-5（冰淇淋生产线部分）所示。

（二）操作要点说明

1. 配料

将脱脂奶、奶油、砂糖、稳定剂等按一定比例在配料罐中混合。

2. 杀菌与均质

混合料采用板式换热器进行巴氏消毒，杀菌后立即均质。

3. 成熟

均质后的混合料再通过板式换热器迅速冷却到0~4℃，然后移入老化缸在0~4℃下放置4~6h进行物理成熟，以提高黏度，增加膨胀率。

4. 凝冻

混合料从老化缸被送入凝冻机在强力搅拌下进行冻结，使空气呈极微细的气泡分散于混合料中。

5. 灌装与包装

凝冻后的冰淇淋装入容器，不经硬化，则得到软质冰淇淋；经过硬化，则得到硬质冰淇淋。棒状冰淇淋在自动棒状冰淇淋冷冻机上成型，并完成冷冻硬化、涂巧克力，自动地在热封包装机中包装，装箱后送入冷库，在冷冻贮藏室贮藏。杯式冰淇淋在杯式冰淇淋灌装机中灌装，在连续带式隧道中冷冻硬化。随后装箱送入冷库，在冷冻贮藏室贮藏。

三、脱脂乳粉生产线

（一）脱脂乳粉生产工艺

奶油
↑
原料乳验收 → 预处理 → 标准化 → 脱脂 → 预热杀菌 → 浓缩 → 喷雾干燥 → 冷却 → 包装 → 成品

根据以上工艺流程进行的设备配套如图14-5（脱脂乳粉生产线部分）所示。

（二）操作要点说明

（1）原料乳验收、预处理（净化、冷却、贮存）、标准化与巴氏消毒乳生产工艺相同。

（2）脱脂

采用高速离心机进行脱脂处理。

（3）预热杀菌

为了减少蛋白质的变性，提高脱脂乳粉的溶解性能，生产中杀菌的方法几乎全部为HTST杀菌法和UHT瞬间灭菌法。前者用管式或板式杀菌器，后者采用UHT灭菌机。

（4）浓缩与干燥

为了降低生产成本，提高产品质量，在喷雾干燥前需要对脱脂乳进行浓缩。常用盘管式真空浓缩锅和双效蒸发器。干燥常用喷雾干燥机进行。

（5）冷却与筛分

干燥后的乳粉应及时冷却，冷却常用流化床进行，空气经冷却处理后吹入，可使粉温达18℃左右。流化床的另外一个功能为造粒，流化床可将细粉分离出来，被送入喷雾干燥塔，与刚雾化的乳滴接触，形成较大的乳粉颗粒，从而实现乳粉造粒。

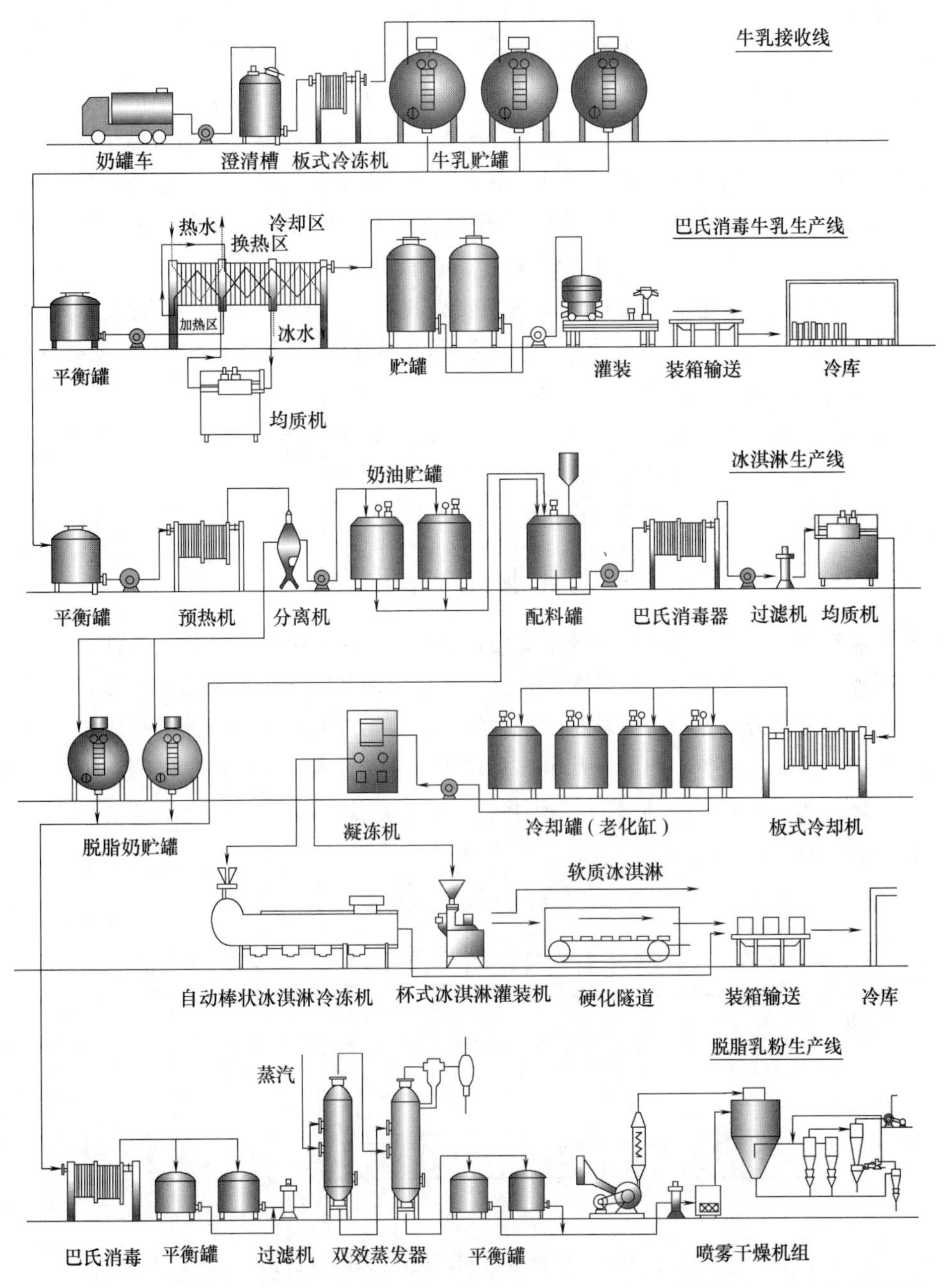

图 14-5　牛乳加工生产线（牛乳接收线、巴氏消毒牛乳线、冰淇淋线、脱脂乳粉线）

第四节　肉类食品生产线

我国肉类禽蛋产业产值已占国民生产总值的 3.7% ~4.7%，约占世界肉类总产量的 29%，居世界之首。2006 年我国肉制品行业共实现销售额 1283 亿元，与上一年相比增加 19.64%。

我国是世界上最大的肉类生产与消费国，但肉制品的加工能力远比不上西方发达国家，如我国肉制品和深加工产品的总量仅占肉类总量的4%，而国外发达国家则占到了40%～70%。我国的传统肉制品主要有腌腊和酱卤类肉制品等产品，如金华火腿、德州扒鸡、广式腊肠、南京板鸭、道口烧鸡等，传统肉制品虽然风味独特，但存在卫生安全性差，不易规模生产的缺点；另一类肉制品是带有中国特色的西式肉制品，如香肠、火腿类、培根类、肉糕类、肉冻类等工业化程度较高的肉制品，我国从1980年开始大量引进国外的肉类加工设备，随机带来和引进了肉制品加工技术。其主要特点是自动化程度高、制造周期短、工艺标准化、产品标准化、可以大规模生产。目前我国制造的主要肉制品种有：火腿类（如盐水火腿、熏制火腿）、灌肠类、发酵产品类（如色拉米、帕尔玛火腿）、罐头类（如午餐肉、火腿肠）、成型产品类（如肉饼、鸡块）等。

西式肉制品的主要生产设备有盐水注射机、滚揉机、绞肉机、斩拌机、搅拌机、灌装机、扭结打卡机、烟熏蒸煮炉、成型机、裹涂设备、连续式油炸机、连续式烘烤炉、连续式速冻机以及各种包装设备等，这些设备自动化程度高，操作方便，适合大规模生产的要求。

一、灌肠类产品生产线

灌肠是以猪肉、牛肉、鸡肉等各种畜禽肉及其他材料，经腌制、绞碎、斩拌后，灌装到可食用或者不可食用的肠衣中，经过烘烤、蒸煮、烟熏、冷却等工艺加工而成。灌肠的种类有很多，按加工方法可分为生香肠、熟熏肠、干制香肠、高温杀菌的火腿肠等。我国主要制造的是熟灌肠，根据产品其工艺各不相同，基本工艺流程如图14-6，即原料经修整、绞肉、搅拌腌制、斩拌乳化、真空灌装、扭结/打卡、烘烤、蒸煮、烟熏、冷却、包装、二次杀菌和冷藏等工艺过程制成产品。

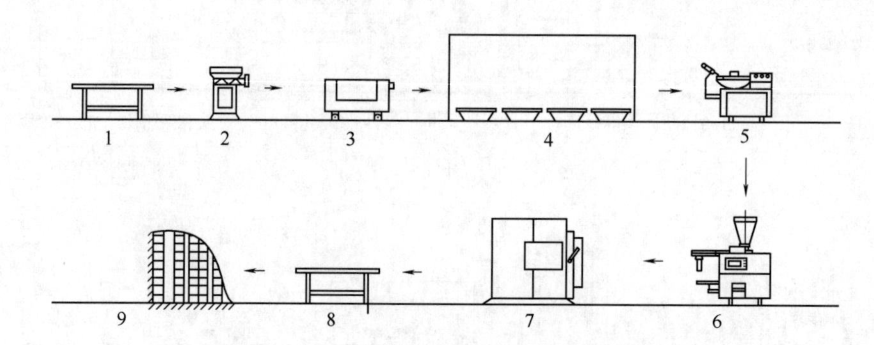

图14-6 生产灌肠类产品的设备流程图

1—工作台 2—绞肉机 3—搅拌机 4—腌制间 5—斩拌机
6—真空灌装机 7—烟熏炉 8—贴标包装台 9—成品库

操作要点如下：

1. 原料的修整

无论使用猪肉、牛肉、禽肉、鱼肉，还是使用各种畜禽的副产品如头、肝、心、血等，所有的原料都经过兽医卫生检验合格，并且按照灌肠的产品需要，进行解冻、去骨、去筋膜及其他结缔组织后，方可使用。

2. 绞肉

绞肉机的孔板口径根据产品而异，传统的绞肉机使用数组绞刀、孔板，现代的绞肉机如图14-7，只使用一个孔板和一个插刀片式的绞刀，能直接用于冻肉、鲜肉的绞制，而且彻底消除了传统绞肉机的“挤碎”现象，保证肉粒的颗粒完整。

绞肉机最好配置自动去除筋膜和骨头等异物的功能。

3. 搅拌腌制

有些产品的制造使用斩拌机代替搅拌机。搅拌的目的主要是将原料、辅料、水、各种香辛料、添加剂等混合均匀，提高亚硝酸盐的发色效果、提高蛋白质的提取效果。美国的肉类企业多使用搅拌机，不使用斩拌机。

4. 斩拌乳化

根据产品的不同，有些产品使用乳化机。由于乳化机的产能巨大，一般用于大批量、连续式、品种单一的肉制品。而斩拌机，主要是欧洲企业使用，由于每批次的产能不高，可以灵活生产各种产品。

斩拌机一般安装6把刀片，转速4000r/min即可。对于肉制品加工而言，刀速过高没有实际意义。斩拌或者搅拌过程中一般加入冰屑，以保持肉温不会过快上升，从而保证肉制品的安全和品质（图14-8）。

图14-7　绞肉机（美国Weiler）

图14-8　非真空斩拌机（德国K+G Wetter公司）

5. 真空灌装

灌装时使用真空，可以充分去除肉糜中的空气，使灌肠的结构紧密、切面无气孔。如图14-9为德国汉德曼灌肠机。

灌装的肠衣有很多种，有可以直接食用的天然羊肠衣、猪肠衣、人工制造的蛋白肠衣，也有不能食用的纤维素肠衣、塑料肠衣等。

灌肠机有刮板式、挤出式，也有火腿肠专用的连续式结扎机等。

6. 扭结打卡

直径比较细的天然肠衣和蛋白肠衣一般使用自动扭结机，但是其他种类的肠衣就要使用打卡机。其主要目的是为了灌肠的定量、定长或者便于进一步的加工。如图14-10。

图 14-9　灌肠机（德国汉德曼）

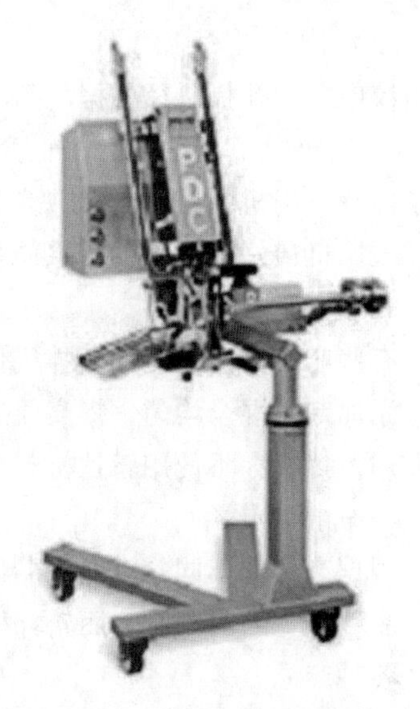

图 14-10　打卡机（德国保利卡）

7. 烘烤、烟熏、蒸煮、冷却

全自动烟熏炉可以一次性地实现所有的功能，使产品通过烘烤而着色、通过烟熏使产品具有特殊的果木味道。

通过使用变频技术，已经能够控制烟熏炉中的风速、风向、风量，使用烟熏液，也能通过特殊的雾化功能，让产品的表面均匀着色（图 14-11）。

图 14-11　现代化烟熏炉（德国施罗特公司）

8. 包装

肉制品多使用真空包装，根据产品和产量的不同，或使用连续式拉伸膜真空包装或使用腔室包装机半自动包装。

通过真空包装的肉制品，由于真空度低于 500Pa，断绝了需氧微生物的生长繁殖，所以极大地延长了保质期。

包装的主要目的是为了保护产品、提供产品食用信息、定量、方便销售和食用。

全自动拉伸膜包装机如图 14-12，可以使用软膜如 PA/PE 尼龙薄膜，也可以使用 PVDC/PE 硬膜材料。既能抽真空包装，也能充气包装。根据需要，可以配备自动日期打印机等。

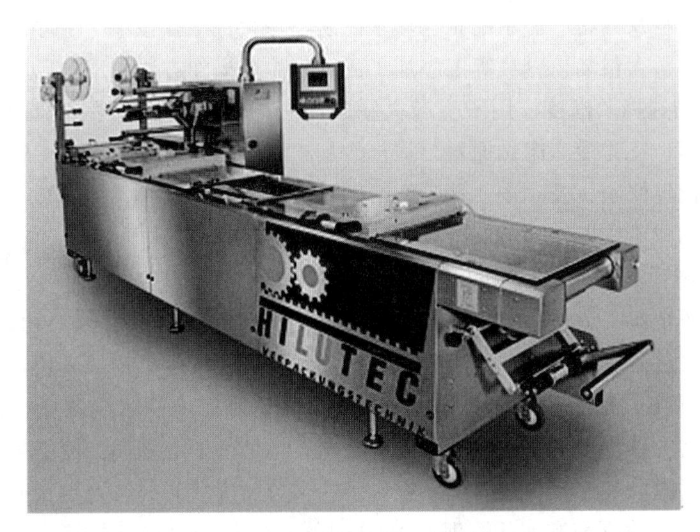

图 14－12　全自动拉伸膜包装机（德国 Hilutec 公司）

9. 二次杀菌

当加工车间卫生状况不佳、包装材料不洁净时，二次杀菌就成为必要。在无菌间包装的肉制品，就不需要二次杀菌的过程了。二次杀菌后最好使用冷水冷却。

10. 冷藏

冷藏温度一般 0℃左右，在小包装完成后，产品进行装箱大包装。

二、 火腿类产品生产线

西式火腿大都是用大块肉经整形修割、盐水注射腌制、嫩化、滚揉、充填，蒸煮、烟熏(或不烟熏)、冷却等工艺制成的熟肉制品。由于其选料精良，加工工艺科学合理，采用低温巴氏杀菌，保持了原料肉的鲜香味，产品组织细嫩，色泽均匀鲜艳，口感良好。西式火腿的生产工艺流程如图 14－13。

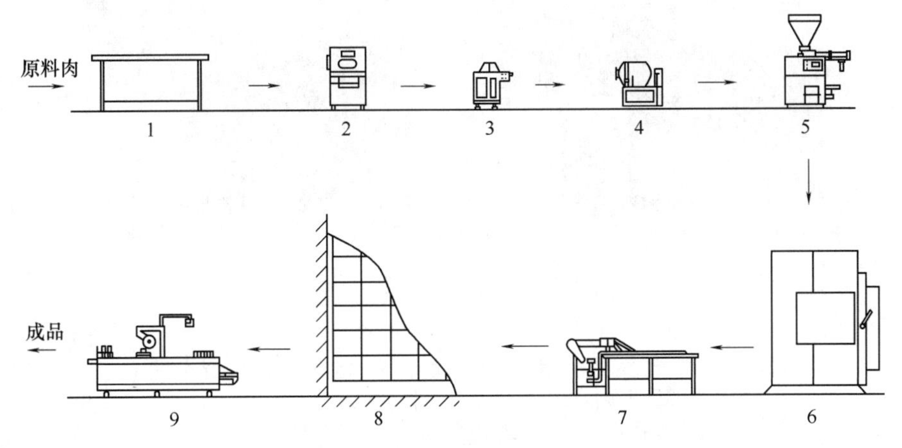

图 14－13　西式火腿的生产工艺流程图

1—选料操作台　2—盐水注射机　3—嫩化机　4—滚揉机　5—充填机
6—熏蒸机　7—冷却池　8—冷藏间　9—包装机

西式火腿经选料及修整、盐水配制、盐水注射与嫩化、滚揉按摩、充填、打卡、蒸煮、冷却、切片、小包装、大包装、冷藏等工序加工成品。主要操作方法如下：

（1）原料肉的选择及修整　用于生产火腿的原料肉原则上仅选猪的腿肉和背脊肉。无论使用热鲜肉作原料、还是冷冻肉做原料，最佳的加工温度为0～4℃。

选好的原料肉经修整，去除皮、骨、结缔组织膜、脂肪和筋腱，使其成为纯精肉，按肌纤维方向将原料肉切成肉块，并尽量保持肌肉的自然块型。

（2）盐水配制　注射腌制所用的盐水，主要成分为食盐、亚硝酸钠、糖、磷酸盐、抗坏血酸钠及防腐剂、香辛料、调味料等。按照配方要求将上述添加剂用0～4℃的软化水充分溶解，配制成注射盐水，过滤后尽快使用，防止静置后盐水的成分发生分离或离析。

（3）注射及嫩化　先进的注射机只需一次即可将盐水完全注入肉块中。根据出品率的要求，可以多次注射。有些产品在注射后要接着嫩化，增加肉的表面积，使肌肉组织中的盐溶性蛋白在滚揉按摩时提取更充分，因而可吸收更多的水分及肉块间的结合更紧密。

（4）滚揉按摩　滚揉与按摩从原理上讲是一样的（图14－14）。将经过盐水注射的肌肉放置在一个旋转的鼓状容器中，或者是放置在带有垂直搅拌桨的容器内进行处理的过程称为滚揉或按摩。

滚揉的方式一般分为间歇滚揉和连续滚揉两种，一般在滚揉时抽真空，以便更好地提取蛋白质成分。

滚揉的温度为0～4℃最佳，因此最好在专用的恒温库中滚揉，否则就要使用带冷却夹层和制冷系统的滚揉机。

滚揉的时间根据肉块的大小而定，有些产品要连续滚揉数十个小时才能灌装。

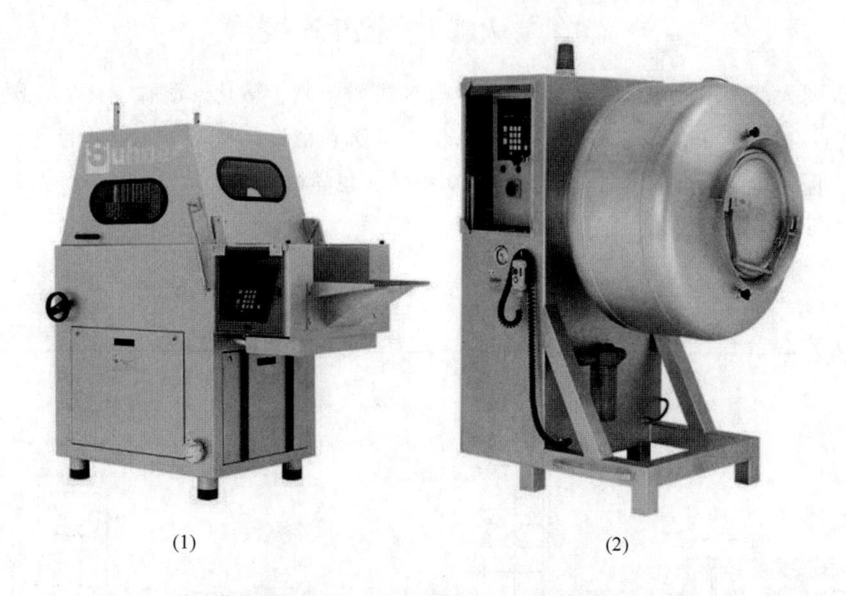

图14－14　盐水注射机和真空滚揉机 （瑞士舒娜Suhner公司）

（1）盐水注射机　（2）真空滚揉机

（5）装模、充填与打卡　滚揉以后的肉，通过真空火腿压模机将肉料压入模具中成型。一般充填压模成型要抽真空，其目的在于避免肉料内有气泡，造成蒸煮时损失或产品切片时出现气孔现象。火腿压模成型，一般包括塑料膜压模成型和人造肠衣成型两类。人造肠衣成型是将肉料用充填机灌入人造肠衣内，用手工或机器封口，再经熟制成型。塑料膜压模成型是将肉料充入塑料膜内再装入模具内，压上盖，蒸煮成型，冷却后脱膜，再包装而成。

需要打卡的火腿在灌装后，必须拉紧才能打卡。

(6) 蒸煮　火腿的加热方式一般有水煮和蒸汽加热两种方式。金属模具火腿多用水煮办法加热，充入肠衣内的火腿多使用全自动烟熏炉完成。

为了保持火腿的颜色、风味、组织形态和切片性能，火腿的熟制和热杀菌过程，一般采用低温巴氏杀菌法，即火腿中心温度达到70℃即可，不宜超过80℃。

(7) 冷却　蒸煮后的火腿应立即进行冷却，采用水浴蒸煮法加热的产品，是将蒸煮篮重新吊起放置于冷却槽中用流动水冷却，冷却到中心温度40℃以下。用全自动烟熏室进行煮制后，可用喷淋冷却水冷却，直至产品中心温度到4℃左右，再脱模。

(8) 切片　随着国内冷藏链的健全、连锁超市的发展，切片产品在火腿中的比例越来越大。切片使用专用的高速切片机，将剥皮后的火腿，切割成厚度均匀的薄片。

(9) 包装和冷藏　与灌肠类产品相同。

三、 肉类罐头产品生产线

国内对肉类罐头分为PVDC塑料薄膜包装的软罐头（俗称火腿肠）、铁听包装的硬罐头（俗称午餐肉）两种，均使用高压釜经过120℃杀菌成熟而成。其基本生产设备流程如图14-15。

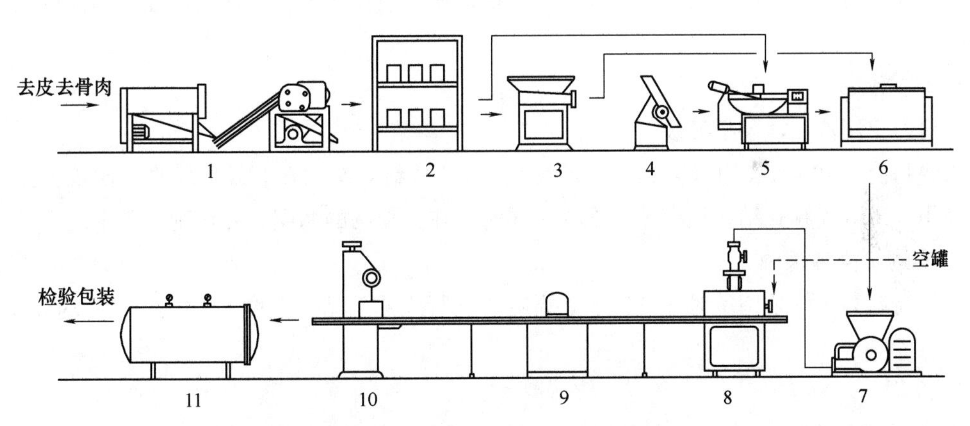

图14-15　午餐肉罐头生产工艺流程图

1—切肉机　2—腌制室　3—绞肉机　4—碎冰机　5—斩拌机　6—搅拌机
7—肉糜输送机　8—装罐机　9—刮平机　10—封罐机　11—杀菌釜

午餐肉罐头基本的操作步骤为：原料修整、绞肉、真空斩拌、真空装罐、封罐、实罐杀菌、冷却、日期打印、包装和冷藏。

火腿肠基本操作步骤为：原料修整、绞肉、搅拌、斩拌/乳化、灌装、打铝卡、高温杀菌、冷却、包装和冷藏。

午餐肉作为高温肉制品因为使用铁听包装，因此包装成本较高。但是无论是午餐肉还是火腿肠，由于采用了高温高压的成熟方式，因此对肉的成分破坏很大，肉类几乎失去了其鲜香的特有香味，因此大量使用香辛料调味。

该类产品的主要操作要点有以下几方面。

1. 原料的修整

与灌肠类相似，无论使用猪肉、牛肉、禽肉、鱼肉，还是使用各种畜禽的副产品如头、肝、心、血等，所有的原料都经过兽医卫生检验合格，进行解冻、去骨、去筋膜及其他结缔组织后，方可使用。

2. 绞肉机

绞肉机的孔板口径根据产品而异，传统的绞肉机使用数组绞刀、孔板，现代的绞肉机如美国 Weiler 公司制造的机器，只使用一个孔板和一个插刀片式的绞刀，能直接用于冻肉、鲜肉的绞制，而且彻底消除了传统绞肉机的“挤碎”现象，保证肉粒的颗粒完整。

绞肉机最好配置自动去除筋膜和骨头等异物的功能。

3. 搅拌

有些产品的制造使用斩拌机代替搅拌机。搅拌的目的主要是将原料、辅料、水、各种香辛料、添加剂等混合均匀，提高亚硝酸盐的发色效果、提高蛋白质的提取效果。

4. 斩拌乳化

午餐肉罐头一般使用斩拌机，而火腿肠的生产，既使用斩拌机，也使用乳化机。

斩拌机一般安装 6 把刀片，转速 4000r/min 即可。对于肉制品加工而言，刀速过高没有实际意义。

斩拌或者搅拌过程中一般加入冰屑，以保持肉温不会过快上升，从而保证肉制品的安全和品质。

5. 真空灌装

午餐肉使用液压灌装机灌装。

火腿肠使用 PVDC 塑料（聚偏二氯乙烯），这种材料具有加热收缩的特性，阻隔性好。火腿肠使用专用的连续式结扎机灌装，把铝卡同时打在火腿肠的两端，并切割成单个的产品。

6. 实罐、高温杀菌

使用高温高压的杀菌釜对午餐肉或者火腿肠进行成熟杀菌，温度 121℃、压力 250kPa，然后冷却。

7. 冷藏

冷藏温度一般 0℃左右，大包装后冷藏。

四、 速冻成型产品生产线

近年来，速冻成型的肉制品逐渐成为快餐业和家庭厨房的新宠。其代表产品为汉堡肉饼类产品、鸡块等。这类产品需要冷藏贮存和销售，只能在厨房加热成熟才能食用。

汉堡肉饼的基本工艺流程：原料修整 → 绞肉 → 搅拌 → 成型 → 轧花 → 速冻 → 精检 → 包装

汉堡肉饼的基本工艺流程（图 14 - 16）：原料修整 → 绞肉 → 搅拌 → 成型 → 上稀浆 → 上细粉 → 裹浓糊 → 瞬间油炸 → 速冻 → 精检 → 包装

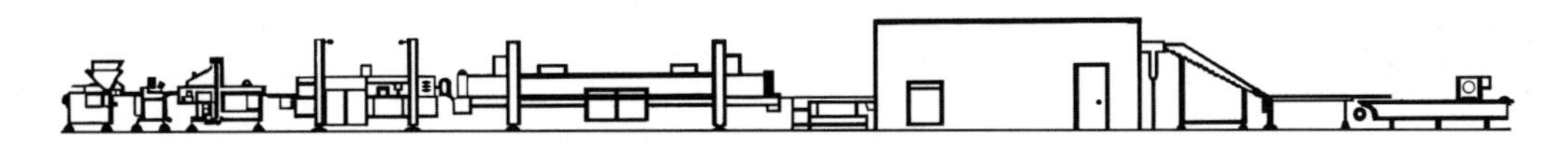

图 14-16　速冻成型产品生产工艺流程图

1. 原料修整

可以使用猪肉、牛肉、禽肉、鱼肉等，所有的原料都经过兽医卫生检验合格，并且按照灌肠的产品需要，进行解冻、去骨、去筋膜及其他结缔组织后，方可使用。

2. 绞肉

绞肉机的孔板口径根据产品而异，传统的绞肉机使用数组绞刀、孔板，现代的绞肉机使用一个孔板和一个插刀片式的绞刀，能直接用于冻肉、鲜肉的绞制，而且彻底消除了传统绞肉机的“挤碎”现象，保证肉粒的颗粒完整。

3. 搅拌

搅拌时为了提高生产效率，最好使用 CO_2 或者 N_2 制冷，将肉糜的温度降低到 -4°C 左右，以便成型。

肉糜冷却到 -4℃后，其所有的原料、辅料、水等，均实现了均质的冰晶化，密度均匀，结构一致，便于准确地定量成型。

4. 成型

专用的成型机，具有准确定量、分份、造型的功能，生产的汉堡肉饼和鸡块受热变形小。

为了使汉堡肉饼在煎炸时快速成熟，使用轧花机对其表面压轧，增加表面积。

5. 裹涂

根据产品的不同，有上稀面浆、面粉、面包屑、浓糊等，均需要使用专用的机器。面浆和面糊的温度不能超过 4℃，否则产品油炸后，将出现脱壳、破碎、色泽差、口感不松脆等现象。

6. 油炸

油炸用的油为色拉油、棕榈油、花生油等。油炸的温度 180℃以上，酸价不宜超过 2.5。

瞬间油炸的目的是将面糊定型，因此油炸时间不超过 30s。油炸机多使用电加热、导热油加热。

7. 速冻

所有产品均使用单体冷冻的方式，使产品快速通过结晶区（在产品内部的冰晶最小），保证产品质量最佳。

速冻机有隧道式速冻机和螺旋式速冻机，根据产量大小选择。速冻机的冷媒有液氨、氟利昂，冷却器的表面蒸发温度 -40℃左右。

8. 精检

使用金属探测器检测产品中的金属类、非金属类异物。

9. 包装

小包装、大包装均可。

10. 冷藏

速冻产品的冷藏温度为 -18℃。

思考题

1. 请简述浓缩苹果汁生产线中主要设备及其操作要点。

2. 简要叙述巴氏消毒奶生产线中各设备的作用。

3. 结合超市中的一些常见食品，请设计生产这种食品的生产线，并标明生产线中相关设备的作用。

参考文献

［1］ 崔建云. 食品加工机械与设备［M］. 北京：中国轻工业出版社，2004.

［2］ 崔建云. 食品机械［M］. 北京：化学工业出版社，2006.

［3］ 陈从贵，张国治. 食品机械与设备［M］. 南京：东南大学出版社，2009.

［4］ 涂国材，等. 食品工厂设备［M］. 北京：中国轻工业出版社，1991.

［5］ 素荷，食品工业的发展，任筑山，陈君石主编“中国的食品安全过去、现在与未来”，2011（6），32-41.

［6］ 天津大学化工原理教研室编. 化工原理（上）［M］. 天津：天津科技出版社，1989.

［7］ 陈斌等. 食品加工机械与设备［M］. 北京：机械工业出版社，2015.

［8］ 马海乐等. 食品机械与设备（第二版）［M］. 北京：中国农业出版社，2011.

［9］ 沈再春等. 农产品加工机械与设备［M］. 北京：中国农业出版社，1993. 10.

［10］ 蒋迪清，唐伟强. 食品通用机械与设备［M］. 广州：华南理工大学出版社，1996.

［11］ 无锡轻工业学院，天津轻工业学院编. 食品工厂机械与设备［M］. 北京：中国轻工业出版社，1989.

［12］ 杨林青，马海乐编著. 果品加工机械与设备［M］. 西安：西北工业大学出版社，1993.

［13］ 赵雪梅，叶兴乾，席屿芳. 我国食品机械工业现状及其发展对策［J］. 农业机械学报，2002，(01).

［14］ 徐景珩. “十五”期间我国包装和食品机械行业发展趋势，包装与食品机械［J］，2001，(03)；包装与食品机械［J］，2001，(04).

［15］ 陈志，李树君. 中国农产品加工业20世纪回眸与21世纪展望. 中国农产品加工业年鉴（2001）［M］. 北京：中国农业出版社.

［16］ 李晓东，张兰威，郑冬梅. 我国乳品加工技术创新体系发展方向的研究［J］. 中国乳品工业，2002，30（5）：134-135.

［17］ 马海乐. 超临界 CO_2 萃取技术及其在生物资源开发利用中应用的最新进展［J］. 包装与食品机械，2001，19（2）：1-5.

［18］ 吴章荣，赵淮，束蓓. 我国无菌包装的现状和发展趋势［J］. 包装与食品机械，2001，19（5）：24-28.

［19］ 王继光. 降低钒钛磁铁矿矿石入磨粒度的试验研究［D］. 昆明理工大学，2001.

［20］ 张少明，马振华，吴其胜. 碟式分级机分选微细粉的研究［J］. 硅酸盐学报，1994，04：392-398.

［21］ 丁建华，黄兴华，林悟民，张果. 大豆平面精选机的试验研究［J］. 东北农业大学学报，1995，04：388-392.

［22］ 张聪. 自动化食品包装机［M］. 广州：广东科技出版社，2003.

［23］ 梁金刚，张文华，刘向东. 现代筛分机械及其提高可靠性的措施［J］. 选煤技术，1999，02：5-7.

［24］ 殷涌光等. 食品机械与设备［M］. 北京：化学工业出版社，2007.

［25］ 肖旭霖等. 食品加工机械与设备［M］. 北京：中国轻工业出版社，2000.

［26］ 高福成等. 食品工程原理［M］. 北京：中国轻工业出版社，1998.

［27］ 李兴国等. 食品机械学（上册）［M］. 成都：四川教育出版社，1991.

［28］ 石一兵等. 食品机械与设备［M］. 北京：中国商业出版社，1992.

［29］ 历建国等. 食品加工机械［M］. 成都：四川科学技术出版社，1984.

［30］ 杨春瑜，马岩，石彦国等. 食品机械设备选型原则及方法［J］. 食品工业科技，2004，25（5）：113-114.

［31］ 李书国，张谦. 食品加工机械与设备手册［M］. 北京：科学技术文献出版社，2006.

［32］ 钟立人. 食品科学与工艺原理［M］. 北京：中国轻工业出版社，1999.

［33］ 本社. 化学化工大辞典［M］. 北京：化学工业出版社，2003.

［34］ 王志良. 真空预浓缩蒸发工艺在尿素装置蒸发系统中的应用［J］. 小氮肥，2014（10）：15-16.

［35］ 胡继强. 食品机械与设备［M］. 北京：科学出版社，2006.

［36］ 张继军，杨大成. 盘式干燥器及新型传导干燥技术［M］. 北京：化学工业出版社，2015.

［37］ 杨晓清. 包装机械与设备［M］. 北京：国防工业出版社，2009.

［38］ 刘琮. 智能化超高压食品灭菌设备［J］. 商品与质量，2015（50）.

［39］ 李里特. 食品杀菌技术的现状与发展［J］. 包装与食品机械，1993（4）：35-39.

［40］ 赵淮.《包装与食品机械》杂志2007年度优秀论文［J］. 包装与食品机械，2008（2）：7-7.

［41］ 邓力，金征宇. 欧姆杀菌装备及其最新进展［J］. 食品与机械，2004，20（2）：61-63.

［42］ 程朝辉，段艳红. 食品制球工艺及设备：CN104000298A［P］. 2014.

［43］ 佚名. 面带熟化新工艺新设备［J］. 食品科技，1992（1）：45-45.

［44］ 相宜. 挤压蒸煮设备［J］. 今日科技，1986（9）：19.

［45］ 何红，朱复华. 单螺杆挤出机的混合及应用［J］. 塑料，2001，30（2）：28-32.

［46］ 钟科俊，刘晓强，冯立霞等. 工程机械的冷却装置：CN104494419A［P］. 2015.

［47］ 刘晓杰，王维坚. 食品加工机械与设备［M］. 北京：高等教育出版社，2010.

［48］ 长鑫，黄广民，宋洪波. 食品机械与设备［M］. 湖南：中南大学出版社，2015.

［49］ 张裕中. 食品制造成套装备［M］. 北京：中国轻工业出版社，2010.

［50］ 许赣荣，胡文锋. 固态发酵原理、设备与应用［M］. 北京：化学工业出版社，2009.

［51］ 金国斌. 现代包装技术［M］. 上海：上海大学出版社，2001.

［52］ 陈黎敏. 食品包装技术与应用［M］. 北京：化学工业出版社，2002.

［53］ 徐文达等. 食品软包装材料与技术［M］. 北京：机械工业出版社，2003.

［54］ 关颖. 全自动膨化果蔬生产线助推果蔬加工业发展［J］. 农产品加工，2011（5）：33-33.

［55］ 颜艳，侯志伟. 一种新型牛乳生产线流量测量装置的研制［C］. 中国人工智能学会智能检测与运动控制技术会议. 2009.

［56］ 蔡功禄. 食品生物工程机械与设备［M］. 北京：高等教育出版社，2002.

［57］ 陆振曦，陆守道. 食品机械原理与设计［M］. 北京：中国轻工业出版社，1995.